EUL VERLAG

EINZELSCHRIFTEN

Christian Biebinger

Treaty- und Directive-Shopping in den Quellenbesteuerungssystemen europäischer Staaten – Eine juristische und ökonomische Analyse

Lohmar – Köln 2016 • 432 S. • € 68,- (D) • ISBN 978-3-8441-0456-1

Andrija Bilobrk

Steuerliche Förderung unternehmerischer Forschung und Entwicklung – Eine Simulation alternativer steuerlicher Fördermaßnahmen für Personen- und Kapitalgesellschaften

Lohmar – Köln 2016 • 364 S. • € 64,- (D) • ISBN 978-3-8441-0459-2

Charlotte Pötters

Umsatzsteuer im Gesundheitswesen

Lohmar – Köln 2016 • 268 S. • € 57,- (D) • ISBN 978-3-8441-0463-9

Friedrich R. Then Bergh und Daniel Reimsbach (Hrsg.)

Entwicklungen und Perspektiven des Finanz- und Rechnungswesens – Festschrift zum 65. Geburtstag von Univ.-Prof. Dr. Raimund Schirmeister

Lohmar – Köln 2016 • 380 S. • € 74,- (D) • ISBN 978-3-8441-0469-1

Frank Wüller

Agency-Probleme und Lösungsansätze in der Bank-Sanierer-Beziehung – Eine qualitativ-empirische Untersuchung aus Banksicht

Lohmar – Köln 2016 • 248 S. • € 60,- (D) • ISBN 978-3-8441-0471-4

Max Monauni

Wandlungskonzepte für Produktionsnetzwerke

Lohmar – Köln 2016 • 176 S. • € 54,- (D) • ISBN 978-3-8441-0476-9

Arne Krey

Risikomanagement auf Rohstoffmärkten und die Bilanzierung nach IFRS

Lohmar – Köln 2016 • 444 S. • € 80,- (D) • ISBN 978-3-8441-0475-2

Dr. Arne Krey

Risikomanagement auf Rohstoffmärkten und die Bilanzierung nach IFRS

EUL VERLAG

Bibliografische Information der Deutschen Nationalbibliothek

Die Deutsche Nationalbibliothek verzeichnet diese Publikation in der Deutschen Nationalbibliografie; detaillierte bibliografische Daten sind im Internet über <http://dnb.d-nb.de> abrufbar.

Dissertation, WHU – Otto Beisheim School of Management, Vallendar, 2014

ISBN 978-3-8441-0475-2
1. Auflage September 2016

JOSEF EUL VERLAG GmbH
Brandsberg 6
53797 Lohmar
Tel.: 0 22 05 / 90 10 6-6
Fax: 0 22 05 / 90 10 6-88
E-Mail: info@eul-verlag.de
http://www.eul-verlag.de

Bei der Herstellung unserer Bücher möchten wir die Umwelt schonen. Dieses Buch ist daher auf säurefreiem, 100% chlorfrei gebleichtem, alterungsbeständigem Papier nach DIN 6738 gedruckt.

Für meine Großmutter Dr. med. Mathilde Thiessen

Vorwort

Für die wunderbare und vertrauensvolle Betreuung meiner Dissertation danke ich besonders herzlich Herrn Prof Dr. Rolf Uwe Fülbier und Herrn Prof. Dr. Edgar Löw. Ebenso gilt mein besonderer Dank meiner Mitdoktorandin Dr. Joyce Clark und den Mitarbeitern am Lehrstuhl, in der Hochschulbibliothek und im Promotionsbüro.

Die Fallstudien bei E.ON, Lufthansa und ThyssenKrupp wurden mir erst durch das Engagement der verantwortlichen Führungskräfte und deren Mitarbeiter ermöglicht, wofür ich sehr dankbar bin. Leider kann ich sie hier aus Gründen der Anonymisierung nicht namentlich nennen.

Ferner danke ich dem Förderverein Kurt Fordan e.V. für das großzügige Stipendium.

Insbesondere danke ich meiner Ehefrau und unseren Familien, die meine Promotion mit liebevoller Unterstützung und Zuspruch zur rechten Zeit begleitet haben.

Hamburg, im September 2016 — Arne Krey

Inhaltsübersicht

Inhaltsverzeichnis

Für eine verbesserte Darstellung sind ausgewählte Abbildungen und der Anhang unter folgendem Link zum Download bereitgestellt:

https://www.eul-verlag.de/pdf-wz/9783844104752_Abbildungen_Anhang.pdf

Abbildungsverzeichnis

Fallbeispielverzeichnis

Abkürzungsverzeichnis

Acct.	Accounting
APT	Arbitrage Pricing Theory
ASC	Accounting Standards Council
et al.	et alii
ARA	Amsterdam/Rotterdam/Antwerpen
BaFin	Bundesanstalt für Finanzdienstleistungsaufsicht
BFOE	Brent Blend, Forties, Oseberg und Ekofisk
BM&F	Brazilian Mercantile & Futures Exchange
bzw.	beziehungsweise
CAPM	Capital Asset Pricing Model
CBOT	Chicago Board of Trade
CFD	Contracts for Difference
CIF	Cost, Insurance and Freight
CME	Chicago Mercantile Exchange
COMEX	New York Commodities Exchange
d.h.	das heißt
DCE	Dalian Commodity Exchange
DOM	Dollar-Offset-Methode
DRS	Deutscher Rechnungslegungs Standard
DRSC	Deutsches Rechnungslegungs Standards Committee e. V.
EEX	European Energy Exchange

EFRAG	European Financial Reporting Advisory Group
EPEX	European Power Exchange
EU	Europäische Union
EVU	Energieversorgungsunternehmen
FAO	Food and Agriculture Organization of the United Nations
FOB	Free on Board
GOFO	gold forward offered
GuV	Gewinn- und Verlustrechnung
Hrsg.	Herausgeber
i. e. S.	im engeren Sinne
i. w. S.	im weiteren Sinne
i.V.m.	in Verbindung mit
IAS	International Accounting Standard
IASB	International Accounting Standards Board
IASC	International Accounting Standards Committe
IDW	Institut der Wirtschaftsprüfer
ICE	InterContinental Exchange
IFRS	International Financial Reporting Standards
KANEX	Kansai Commodities Exchange
KCBT	Kansas City Board of Trade
LBMA	London Bullion Markets Association
LME	London Metal Exchange

LNG	Liquified Natural Gas
LPPM	London Platinum and Palladium Market
MaRisk	Mindestanforderungen an das Risikomanagement
MASP	Monthly Average Settlement Price
MGE	Minneapolis Grain Exchange
Mio.	Millionen
MWh	Megawattstunde
NBP	National Balancing Point
NCG	NetConnect Germany
NE	Nichteisen
NGL	Natural Gas Liquids
NOPA	National Oilseed Processors Association
NYBOT	New York Board of Trade
NYMEX	New York Mercantile Exchange
NYSE	New York Stock Exchange
o.ä.	oder ähnlich
OECD	Organisation for Economic Co-operation and Development
ORB	OPEC Reference Basket
OTC	over-the-counter
OUE	Own-use Exemption
RMX	Risk Management Exchange
RSH	rost-, säure- und hitzebeständig

TAPO	Traded Average Rate Options
TGE	Tokyo Grain Exchange
TOCOM	Tokyo Commodity Exchange
TTF	Title Transfer Facility
u.a.	unter anderem
USA	Vereinigte Staaten von Amerika
USD	US-Dollar
VaR	Value-at-Risk
PaR	Profit-at-Risk
vgl.	vergleiche
vs.	versus
WTI	West Texas Intermediate
z.B.	zum Beispiel
ZCE	Zhengzhou Commodity Exchange
zugl.	zugleich

Symbolverzeichnis

BV	Basisvertrag
c_l	Strike-Preis der gekauften Call-Option (Long-Position)
c_s	Strike-Preis der verkauften Call-Option (Short-Position)
ED	Eingebettetes Derivat
EK	Einkauf
f	Terminpreis
G	Gewinn
GG	Grundgeschäft
P	Preis
p_l	Strike-Preis der gekauften Put-Option (Long-Position)
p_s	Strike-Preis der verkauften Put-Option (Short-Position)
SI	Sicherungsinstrument
V	Verlust
VK	Verkauf

1 Einleitung

1.1 Problemstellung

Rohstoffpreisrisiken sind in den letzten Jahren vermehrt in die Wahrnehmung der allgemeinen Öffentlichkeit, der Politik und in besonderem Maße der rohstoffabhängigen Industrie- und Handelsunternehmen gerückt, nicht zuletzt weil sich die Preise auf Energie-, Metall- und Edelmetall- sowie Agrarmärkten als sehr volatil erwiesen haben.[1] Die hohen Preisschwankungen zeigen sich selbst noch in diversifizierten Indizes, wie sie die Weltbank für diese drei Märkte veröffentlicht und die in Abbildung 1-1 dargestellt sind.[2]

Abbildung 1-1: Entwicklung der monatlichen Rohstoffpreisindizes der Weltbank von 2000 bis 2013[3]

Mit der zunehmenden Bedeutung und Professionalisierung des unternehmerischen Risikomanagements von Rohstoffpreisschwankungen bei Nichtbanken gehen ebenso gestiegene Anforderungen an dessen bilanzielle Abbildung einher. Für die International Financial Reporting Standards (IFRS) hebt das International Accounting Standards Board (IASB) diesen Zusammenhang zwischen Risikomanagement und Rechnungslegung insbesondere im Hinblick auf die Bilanzierung von Sicherungsbeziehungen und die Risikomanagementzielsetzung hervor.[4]

---

1 Vgl. Bartram (1999), S. 7; Das (2006a), S. 453; KPMG (2007a), S. 8-9; Palm (2009); Reuter (2010) bzw. o. V. (2007) für ein Beispiel aus der Chemieindustrie.

2 Siehe auch die Ausführungen zu hohen Rohstoffpreisschwankungen am Beispiel des Ölmarkts bei Gebhardt/Mansch (2001). (Vgl. Gebhardt/Mansch (2001), S. 125.)

3 Quelle: Weltbank (2014). Die Preise sind mit dem Wert 100 im Jahr 2010 indiziert.

4 Vgl. IAS 39.88 (a).

Aufgrund der vielseitigen Rollen und Einsatzmöglichkeiten, die Rohstoffe bei Industrie- und Handelsunternehmen als Produktionsfaktoren, Zwischen-, Endprodukte oder Handelsgüter haben können, beschränken sich die mit ihrer Risikosteuerung verbundenen bilanziellen Fragen jedoch nicht nur auf das Hedge Accounting. Vielmehr berühren sie eine Bandbreite von Geschäftsvorfällen und folglich ebenso von Rechnungslegungsstandards. Gerade die verschiedenen Bewertungsansätze der relevanten Standards – vor allem IAS 2, IAS 37 und IAS 39 – führen zu Anwendungsproblemen, sobald sich die Erfassung der Wertänderungen einzelner Rohstoffpositionen unterscheidet und nicht periodengleich erfolgt. Ergebnisvolatilitäten können die Folge sein, die nicht in der ökonomischen Risikoposition, sondern in diesen unterschiedlichen Bewertungsmodellen begründet sind.

Vor diesem Hintergrund setzt sich die vorliegende Arbeit damit auseinander, wie Industrie- und Handelsunternehmen ihr Risikomanagement – und hier vornehmlich ihre Risikosteuerung – hinsichtlich Preisschwankungen der für sie relevanten Rohstoffe ausgestalten und wie sich ihre Rohstoffgeschäfte und deren Risikosteuerung in ihrer Bilanzierung nach IFRS widerspiegeln.

Hierzu sei nachfolgend zunächst ein Überblick über den Stand der entsprechenden Literatur aus Sicht sowohl der Finanzwirtschaft als auch der externen Rechnungslegung gegeben. Er verdeutlicht, dass die bisherige Literatur zum unternehmerischen Rohstoffpreismanagement und dessen bilanzieller Abbildung sich im Wesentlichen auf Untersuchungen aus Sicht entweder der einen oder der anderen Disziplin konzentriert. Nur wenige Arbeiten verfolgen – wie hier umgesetzt – eine integrierte Darstellung, die mit Fokus auf Nichtbanken die Zusammenhänge zwischen der derivativen und nicht-derivativen Steuerung von Rohstoffpreisrisiken und den Konsequenzen aus der Rechnungslegung nach IFRS herstellt, sie über eine Fallstudie im Kontext ihrer unmittelbaren Anwendung untersucht und die Besonderheiten einzelner Rohstoffmärkte umfasst.

Anschließend werden auf dieser Grundlage die Forschungsfragen abgegrenzt und das weitere Vorgehen vorgestellt.

1.2 Stand der Forschung

1.2.1 Literatur zum finanzwirtschaftlichen Risikomanagement

Auf Seite der Finanzwirtschaft gehen die Arbeiten zum modernen Risikomanagement insbesondere auf die *Portfoliotheorie* nach Markowitz (1952) und das *Irrelevanztheorem* nach Modigliani/Miller (1958) zurück:[5] Die Portfoliotheorie bildet die Grundlage für spätere Modelle der Risikobepreisung entsprechend dem *Capital Asset Pricing Model* (*CAPM*)[6] oder der *Arbitrage Pricing Theory* (*APT*)[7] und veranschaulicht die Rolle der Risikodiversifikation im Kontext des Risikomanagements. Das Irrelevanztheorem wirft die elementare Frage auf, inwieweit finanzwirtschaftliche Aktivitäten wie Finanzierungsentscheidungen oder das hier betrachtete Risikomanagement auf Ebene des Unternehmens – und nicht des Investors – Wertsteigerungsmöglichkeiten bieten können.[8] Bei dieser Frage setzen Smith/Stulz (1985) und Shapiro/Titman (1985) als grundlegende Arbeiten an, die als Ausgangspunkt verschiedener Theorien über die Bestimmungsgründe für ein unternehmerisches Risikomanagement im Rahmen der *Neuen Institutionenökonomik* gesehen werden können.[9] Diese theoretischen Erklärungsansätze zum unternehmerischen Risikomanagement reichen von der Reduzierung von Transaktionskosten, der Koordination von Finanzierungs- und Investitionspolitik, der Effizienzsteigerung finanzieller Verträge und der Wahl des optimalen Risikoportfolios bis zur Senkung der Steuerlast des Unternehmens. Auf einen ausführlicheren Überblick dieser Argumente wird an dieser Stelle verzichtet und zum Beispiel auf Bartram (1999), Hommel (2005), Winter (2007) oder Monda et al. (2013) verwiesen. Der empirisch gestützten Validierung widmet sich ebenfalls eine Reihe von Arbeiten.[10] Den Zusammenhang zwischen den theoretischen Modellen und verschiedenen empirischen Befunden stellt Bühlmann (1998) umfassend her.[11]

---

5 Vaugan (1997) macht Gallagher (1956) als einen der frühesten Aufsätze aus, der auf das Konzept des modernen Risikomanagements unter diesem Begriff Bezug nimmt. Eine frühe Beschreibung einer Risikomanagement-ähnlichen Unternehmensfunktion findet er bereits bei Fayol (1916), der die sogenannten Sicherheitsaktivitäten als einen von sechs Typen betrieblicher Aktivität beschreibt.

6 CAPM wurde von Treynor (1961), Treynor (1962), Sharpe (1964), Lintner (1965) und Mossin (1996) unabhängig voneinander, jedoch ungefähr zeitgleich entwickelt.

7 APT geht auf Ross (1976) zurück. Black/Scholes (1973) begründen auf dieser Basis ihre Theorie zur Optionsbewertung, die unmittelbar von Black/Scholes (1972) und Merton (1973) weiterentwickelt wird.

8 Vgl. Smithson/Smith (2001), S. 396.

9 Etwas früher auch Dufey/Srinivasulu (1983).

10 Als aktuelle Beispiele seien zum Beispiel Campello et al. (2011) und Gay et al. (2011) genannt: Campello et al. (2011) zeigen, wie Hedging die Refinanzierungskosten und Investitionsmöglichkeiten eines Unternehmens beeinflusst. Gay et al. (2011) vergleichen die Eigenkapitalkosten von Unternehmen, die hedgen bzw. nicht hedgen, und die Veränderung der Eigenkapitalkosten von Unternehmen, nachdem diese ein Hedging-Programm eingeführt haben. Der Großteil dieser Forschung konzentriert sich auf das Hedging-Verhalten bei Nichtbanken und wird daher nachfolgend im Zusammenhang mit der Literatur zum Risikomanagement bei Industrie- und Handelsunternehmen behandelt.

11 Vgl. auch Pritsch/Hommel (1997), Ammon (1998), Smithson/Simkins (2005), Aretz/Bartram (2010) oder Monda et al. (2013) für Gegenüberstellungen der theoretisch und empirisch gewonnenen Erkenntnisse hierzu. Kritisch zu den empirischen Untersuchungen der theoretischen Bestimmungsgründe siehe Bartram et al. (2009).

Aus einer prozessorientierten Sicht auf das unternehmerische Risikomanagement arbeitet die Literatur zum Risikocontrolling das Thema auf. So zeigen Weber et al. (2001), wie ein Risikomanagementsystem als umfassender Ansatz neben Überwachung von Risiken ebenfalls Planungs-, Berichterstattungs- und Kontrollfunktion im Hinblick auf gleichermaßen Chancen und Risiken integrieren kann.[12] Ausgehend von dem 1998 in Deutschland verabschiedeten *Gesetz zur Kontrolle und Transparenz im Unternehmensbereich* (*KonTraG*) als rechtliche Rahmenbedingung analysiert Fiege (2005) den Risikomanagementprozess, seine Instrumente und organisatorischen Träger. Eine umfassende Darstellung der verschiedenen Aspekte des Risikocontrollings findet sich bei Burger/Buchhart (2001), die ihren Schwerpunkt auch auf Industrieunternehmen legen. Explizit auf das Risikocontrolling bei Nichtbanken bezieht sich Bühler (1998).[13] Gebhardt (2002) erläutert das Risikocontrolling bei Industrieunternehmen einschließlich seiner Voraussetzungen hinsichtlich Organisation und Berichterstattung gegenüber Unternehmensexternen nach KonTraG und DRS 5, 5-10 bzw. 5-20. Hornung et al. (2000) und Wittmann (2000b) veranschaulichen dies am Fallbeispiel des Metallgesellschaft- bzw. Siemens-Konzerns. Ebenfalls für Industrie- und Handelsunternehmen untersucht Diederichs (2004) ausführlich Methoden zur Messung und Steuerung sowie organisatorische Modelle, während Winter (2007) eine Risikocontrolling-Konzeption entwickelt, um diese anhand der Risikorechnung zu konkretisieren.[14] Löw/Roggenbuck (2002) behandeln detailliert Instrumente zur risikoorientierten Performancemessung, die ein Unternehmen bei der Segmentsteuerung und Kapitalallokation unterstützen können.[15]

Die mit diesen prozessualen und organisatorischen Aspekten des Risikomanagements eng verbundene Frage nach sozialen, politischen und organisatorischen Faktoren, die den breiten Erfolg und die beeindruckende Entwicklung der finanzwirtschaftlichen Risikomanagement-Methodologie erklären, untersuchen Millo/MacKenzie (2009). Einflussfaktoren für Umsetzung und Ausgestaltung unternehmerischer Risikomanagementsysteme wie regulatorische, unternehmensinterne, unternehmens- oder branchenspezifische Aspekte oder die Eigentü-

---

[12] Siehe auch Weber et al. (1999a) und Weber et al. (1999b).

[13] Gleichzeitig greift er auf die Ergebnisse der empirischen Untersuchung von Bühler et al. (1998) zurück, die mit Hilfe einer historischen Simulation die Güte des Value-at-Risk-Konzepts zur Messung von Zins-, Währungs- und Optionsrisiken sowie zur Bestimmung der Eigenkapitalanforderungen bei Kreditinstituten untersuchen.

[14] Beide arbeiten jedoch höchstens am Rande risikospezifische Aspekte heraus.

[15] Für frühere Arbeiten sei auf Ansoff (1976), Haller (1978), Hahn (1979), Mugler (1979), Seifert (1980), Braun (1984), Jacob (1986) und Hahn (1987) verwiesen. Weitere Originalquellen finden sich zum Beispiel bei Löw (2006) und Gebhardt (2002).

merstruktur und die wahrgenommene Effizienz betrachten zum Beispiel Paape/Speklé (2012).[16]

Hinsichtlich der Steuerung einzelner finanzwirtschaftlicher Risiken hat sich die Literatur lange Zeit schwerpunktmäßig mit den im Finanzsektor vorherrschenden Zins-, Kredit- und Währungsrisiken auseinandergesetzt.[17] Dies lässt sich nicht zuletzt darauf zurückführen, dass für Finanzinstitute – aufgrund der Risikotransformation als elementarer Bestandteil ihres Geschäftsmodells sowie aus aufsichtsrechtlichen Gründen – ein professionelles Finanzrisikomanagement bedeutend früher an Bedeutung gewonnen hat.[18]

Zu den Arbeiten, die das finanzwirtschaftliche Risikomanagement ohne branchenspezifischen Fokus darstellen, gehört Bitz (1993), der die grundlegenden Instrumente der Risikopolitik kategorisiert und beschreibt.[19] Ebenso geben Oehler/Unser (2002) einen breiten Überblick über Fragen der Risikoanalyse, -messung, -politik und -steuerung mit dem Schwerpunkt auf Markt- und Kreditrisiken. Sie schließen mit einer Übersicht der empirischen Untersuchungen ab. Mit stärkerem Gewicht auf Sicherungsinstrumente und -strategien befassen sich Cusatis/Thomas (2005) oder Rudolph/Schäfer (2005) mit dem Risikomanagement bei Zins-, Währungs-, Aktien- und Rohstoffprodukten. Frenkel et al. (2005) umfassen als Sammelband Aufsätze zu mehreren Aspekten des Risikomanagements im Allgemeinen sowie im Spezifischen für Banken, Versicherungen und Industrieunternehmen.[20]

Eine Sonderrolle nehmen Reichlich et al. (2007) ein, die das Risikomanagement bei Banken behandeln. Allerdings untersuchen sie neben institutionellen Rahmenbedingungen und dem Kreditrisikomanagement auf Bankenseite insbesondere das Risikomanagementsystem auf der

---

16 Siehe auch Knechel (2007), der der These nachgeht, inwieweit wirtschaftliche Interessen seitens Wirtschaftsprüfungsgesellschaften und Unternehmensberatungen im Sinne einer Diversifizierung des Dienstleistungsangebots die Entwicklung des unternehmerischen Risikomanagements begünstigt haben, oder Power (2009), der sich mit der Entwicklung und Ausgestaltung unternehmerischer Risikomanagementsysteme kritisch auseinandersetzt. Als Antwort hierauf siehe zum Beispiel Mikes (2011), der eine differenziertere Auffassung der quantitativ geprägten Risikomanagementkultur postuliert.

17 Löw (2006), S. 169 verweist hier beispielhaft auf Krumnow (1990), Krumnow (1993), Krumnow (1995a), Krumnow (1995b), Krumnow (1995c), Krumnow (1997a), Krumnow (1997b), Krumnow (2000) sowie Krumnow (2002).

18 Vgl. Pfennig/Schäfer (1999), S. 585-586; Oehler/Unser (2002), S. 1.

19 Bitz (1993) verweist wiederum zum Beispiel auf Brühwiler (1979), Müller (1979), Seifert (1980) und Jacob (1986) als frühere Arbeiten zum unternehmerischen Risikomanagement.

20 Auf rohstoffspezifische Eigenschaften des Risikomanagements bei Nichtbanken gehen jedoch nur Geyer/Seifert (2005) im Zusammenhang mit Elektrizitätsderivaten ein. Auf einen Überblick der Literatur, die sich branchenspezifisch mit dem Risikomanagement bei Banken und Versicherungen beschäftigt, wird hier verzichtet und auf Clark (2011), S. 40-45 verwiesen.

Ebene eines kreditnehmenden Unternehmens, um deren Bedeutung für das Rating und für die Kreditentscheidung einer kreditgebenden Bank zu bestimmen.

Die anfängliche Bedeutung von Wechselkurs- und Zinsänderungsrisiken in der Literatur zum finanzwirtschaftlichen Risikomanagement bei Nichtbanken lässt sich sicher wie bei Glaum/Roth (1993) oder Sperber/Sprink (1999) vor dem Hintergrund des Zusammenbruchs des Systems fixer Wechselkurse in den 1970er Jahren sowie der zunehmenden internationalen Verflechtung von Industrie- und Handelskonzernen zurückführen.[21] Die Empfehlungen des Arbeitskreises „Finanzierungsrechung" der Schmalenbach-Gesellschaft zum Risikomanagement und –controlling bei Industrie- und Handelsunternehmen fassen Gebhardt/Mansch (2001) zusammen und vertiefen sie für die Steuerung von Wechselkurs-, Zins- und Güterpreisrisiken. Ein Rahmenwerk für ein risikoartenübergreifendes Risikomanagement bei Industrieunternehmen entwickelt Köhne (2007).

Als frühere Arbeiten, die Güterpreisrisiken berücksichtigen, ist auf Grebe (1993), Bartram (1999), Gebhardt/Ruß (1999) und Wiedemann (2000) zu verweisen: Grebe (1993) setzt sich konzeptionell mit dem Risikomanagement von Wechselkursen, Zinsen und Rohstoffpreisen bei Industrieunternehmen auseinander. Bartram (1999) untersucht empirisch das Exposure deutscher Industrie- und Handelsunternehmen gegenüber Wechselkurs-, Zins- und Güterpreisrisiken und deren Interdependenz. Gebhardt/Ruß (1999) sowie Wiedemann (2000) führen empirische Erhebungen zum Hedging-Verhalten von deutschen Nichtbanken in Bezug auf dieselben drei Risikogruppen durch. Unter Bezugnahme auf das Datenmaterial von Gebhardt/Ruß (1999) stellen Bodnar/Gebhardt (1999) in einer komparativen empirischen Studie den Einsatz von Finanzderivaten zum Risikomanagement bei Industrie- und Handelsunternehmen in Deutschland und den USA gegenüber.[22] Ruß (2002) vertieft die Untersuchung mithilfe dieses Datensatzes hinsichtlich Fremdwährungsrisiken und verknüpft sie insbesondere mit den theoretischen Erklärungsansätzen. Gleichermaßen auf Fremdwährungsrisiken konzentriert sich Bartram (2004), der jedoch nichtlineare Wechselkurs-Exposures untersucht.

---

21 Arbeiten wie Miller (1992), Wittmann (2000a) oder Bayram (2007) widmen sich dementsprechend dem Risikomanagement vor dem Hintergrund der Internationalisierung. In diesem Kontext werden neben finanzwirtschaftlichen Aspekten oft auch kulturelle Unterschiede betont, so zum Beispiel bei Kajüter (2003) – einschließlich Verweis auf Pausenberger/Roth (1997) – oder Bayram (2007). Ebenso spielt natürlich das Management von Risiken industrieller Produktionsprozesse eine wesentliche Rolle für Nichtbanken. Beispielhaft seien hierzu Hölscher/Efgen (2002) und Strohmeier (2007) genannt: Hölscher/Efgen (2002) beschreiben Entwicklung und Konzeption des modernen industriellen Risikomanagements. Strohmeier (2007) entwickelt ein ganzheitliches Risikomanagement-Modell für Industriebetriebe.

22 Auf übergeordneter Ebene gehen Bodnar/Gebhardt (1999) hierbei auch auf Fragen der Bilanzierung ein. Für die Daten zu Unternehmen aus den USA nehmen sie auf Bodnar et al. (1995) und Bodnar et al. (1996) Bezug.

Ausschließlich auf Rohstoffpreisrisiken konzentrieren sich Bartram (2005) sowie Hong/Sarkar (2008) bei der Frage, inwieweit sich die volatilen Rohstoffpreise in dem Risiko-Exposure von Unternehmen widerspiegeln.[23] Als internationale, branchenübergreifende Studie, die gleichermaßen Zins-, Fremdwährungs- und Rohstoffrisiken betrachtet, ist Bali et al. (2007) zu nennen. Kritisch hingegen beurteilen Guay/Kothari (2003) die Bedeutung von Finanzinstrumenten zur Risikosteuerung bei Industrie- und Handelsunternehmen, nachdem sich in ihrer Stichprobe von 234 nordamerikanischen Nichtbanken für eine Zeitspanne von 1995 bis 1997 eine geringe Sensitivität der Derivatepositionen auf Zins-, Währungs- und Rohstoffpreisschwankungen zeigt.

Mehrere Arbeiten greifen das Hedging-Verhalten von Nichtbanken in spezifischen Ländern wie zum Beispiel Brasilien (Saito/Schiozer (2005)), Großbritannien (Judge (2006a), Judge (2006b), Zhou/Wang (2013), Panaretou (2013)), Holland (Bodnar et al. (2003)), Italien (Bodnar et al. (2008) bzw. Bodnar et al. (2012)) und Skandinavien (Alkebäck/Hagelin (1999), Alkebäck et al. (2006), Brunzell et al. (2011)) als Gegenstand ihrer Analyse auf.

Andere Arbeiten zeichnen sich durch empirische Untersuchungen zu Bestimmungsgründen für das Hedging-Verhalten aus, die auf branchenspezifischen Samples basieren; so zum Beispiel anhand von Fluggesellschaften (Carter et al. (2006a), Carter et al. (2006b), Lin/Chang (2009)), Goldproduzenten (Tufano (1996), Adam/Fernando (2006) und Adam/Fernando (2008)), Öl- und Gasunternehmen (Haushalter (2000), Jin/Jorion (2006), Mackay/Moeller (2007)) oder Pharma- und Biotech-Unternehmen (Choi et al. (2013)).[24]

Abgeleitet aus den Modellen, die anfangs für Bank-typische Risiken entwickelt wurden, haben vermehrt finanzwirtschaftliche Methoden des Risikomanagements Anwendung für Rohstoffmärkte und Verbreitung in der Praxis gefunden.[25] Reichling (1991) analysiert das Sicherungsverhalten von Nichtbanken als Nachfrager von Warentermingeschäften. Als jüngeres Beispiel sei insbesondere Geman (2005) zu nennen, die umfassend in die Modelle zur Preisbestimmung von Rohstoffderivaten im Allgemeinen sowie auf einzelnen Energie-, Metall- und Agrarmärkten einführt. Ein guter Überblick hierzu findet sich ebenfalls bei Heaney

[23] Für eine Untersuchung der Auswirkung von Nachrichten auf die Volatilität von Rohstoffpreisen sei zum Beispiel auf Hua/Went (2010) und Jin et al. (2012) verwiesen.

[24] Eine weiterführende Übersicht der empirischen Forschung einschließlich der jeweiligen Methoden findet sich bei Judge (2006c) und Triki (2005).

[25] Eine Einführung in die nicht-finanzwirtschaftlichen Formen der Steuerung von Rohstoffrisiken – nicht nur im Sinne von Preis-, sondern auch Mengenrisiken – findet sich bei Fridgen et al. (2013).

(2006).[26] Des Weiteren umfassen Fabozzi et al. (2008a) mehrere Aufsätze, die Rohstoffmärkte und ihre Besonderheiten aus Investorensicht aufgreifen: Fabozzi et al. (2008b) zeigen Marktteilnehmer, Instrumente, Institutionen und Modelle der Preisbildung auf. Eller/Sagerer (2008) stellen einzelne Energie-, Metall- und Agrarmärkte vor. Savant (2008) führt in die Fundamentalanalyse des weltweiten Zuckermarkts und dessen Struktur ein. Spurga (2008) vertieft die wesentlichen Spezifika der verschiedenen Agrarmärkte. An der Praxis orientiert stellt Schofield (2007) Besonderheiten des Risikomanagements in verschiedenen Rohstoffmärkten einschließlich spezifischer Instrumente dar. Bünting (2007) gibt eine praxisnahe Beschreibung des Managements von Rohstoffpreisrisiken bei Industrieunternehmen.

Als Arbeit, die aus Sicht des Risikocontrollings bei Nichtbanken das Management von Rohstoffrisiken im Allgemeinen behandelt, erarbeitet Kimmig (2001) zunächst ein generell einsetzbares Modell der Risikocontrolling-Funktion, um anschließend am Beispiel von Warentermingeschäften ein risikoorientiertes Kennzahlensystem zu entwickeln. Anhand einer empirischen Analyse der Rohstoffpreisrisiken von Aluminium, Kupfer und Rohöl für einen Automobilhersteller zeigen Klatt et al. (2010), wie die Methode der Monte-Carlo-Simulation zur Risikomessung für industrielle Anwendungszwecke angepasst und zur Risikoberichterstattung eingesetzt werden kann. Giot/Laurent (2003) vergleichen die Güte verschiedenener VaR-Modelle anhand historischer Preisdaten zu Brent-Rohöl, WTI-Rohöl, Aluminium, Kupfer, Nickel und Kakao. Pfennig/Schäfer (1999) zeigen früh die Besonderheiten von Rohstoffmärkten und deren Implikationen für die Quantifizierung von Rohstoffpreisrisiken auf.

Bei der Literatur, die spezifische Rohstoffmärkte behandelt, überwiegen Darstellungen zu den Energiemärkten. Zum Risikomanagement auf globalen und nordamerikanischen Energiemärkten sei auf die Sammelwerke von Jameson (1995), Fusaro (1998a) und Kaminski (2004) verwiesen: Hier untersucht zum Beispiel Gabillon (1995) die Terminkurve für die Risikoanalyse am Beispiel des Ölmarkts. Kirk (1995) und Alexander (2004) setzen sich mit der Korrelation

---

[26] Kaldor (1939), Working (1948), Working (1949), Brennan (1958), Telser (1958) sowie Fama/French (1987) stellen grundlegende Arbeiten zur Preisbildung auf Rohstoffmärkten dar. Als weiterführende Arbeiten, die sich mit Fragen der Modellierung von Rohstoffpreisen und der Bewertung von Rohstoffderivaten auseinandersetzen, sei u.a. auf Schwartz (1997), Schwartz/Smith (2000) und Geman/Ohana (2008) als allgemein rohstoffspezifische Arbeiten sowie Casassus/Collin-Dufresne (2005), Dincerler et al. (2005), Figuerola-Ferretti/Gonzalo (2010) und Jarrow (2009) als Literatur zur zentralen Rolle des Convencience Yield verwiesen. Als Energiemarkt-spezifische Arbeiten seien Deng et al. (2001), Milonas/Henker (2001), Borovkova (2006), Hinz (2006), Börger et al. (2009), Hochradl/Rammerstorfer (2011) und Bodea (2012) genannt. Ebenso Shafiee/Topal (2000) zur Preisvorhersage auf dem Goldmarkt sowie – auf Agrarmärkten – Jin (2007) zu den Implikationen nicht-normalverteilter Rohstoffpreise auf das Hedging-Verhalten und Routledge et al. (2000), Sørensen (2002) oder Borovkova/Geman (2006) zu Saisonalitäten.

auf Energiemärkten auseinander. Fusaro (1998b) stellt die Entwicklung der weltweiten Energiemärkte vor, Wilcox (1998) und Lewis/Dawson (2004) die der europäischen Elektrizitätshandelsmärkte. Miller (1998) führt in die Anwendung der Optionstheorie und Leong/Siddiqi (1998) sowie Senior (2004) in die Anwendung von Value-at-Risk auf Energiemärkten ein. Amic/Lautard (2004) verdeutlichen das Risikomanagement am Beispiel des Ölmarkts, Kaminski/Prevatt (2004) anhand des Gasmarkts.

Im Hinblick auf die Entwicklung europäischer Energiemärkte stellen Gerke et al. (2000) die Struktur des Energiemarkts im Allgemeinen und seine Ausprägungen in Großbritannien, Skandinavien, den USA und Kontinentaleuropa vor. Sie ergänzen dies durch eine Expertenbefragung zum Stromhandel in Deutschland. Zenke/Schäfer (2005) und Weber (2007a) vereinen Aufsätze zum europäischen Energiehandel. Zenke/Schäfer (2005) behandeln die Öl-, Gas-, Strom- sowie ihre Derivate- und Zertifikatemärkte, während Weber (2007a) Vorträge anlässlich einer Tagung zum europäischen Strommarkt zusammenfasst: Weber (2007b) erläutert zum Beispiel die technischen, organisatorischen und rechtlichen Grundlagen des Stromhandels sowie seine Arten und Formen. Hünerwadel (2007) vertieft letztere für den börslichen und außerbörslichen Stromhandel.

Zu den Formen des deutschen Energiehandels umfasst Schwintowski (2006) mehrere Aufsätze: Hier behandelt Spicker (2006) den außerbörslichen, Pilgram (2006) den börslichen Handel an der EEX. Scholz/Schuler (2006) gehen auf die Methoden und Modelle des Risikocontrollings ein. Den Stromhandel in Deutschland und dessen Risikomanagement mit besonderem Augenmerk auf Modelle und Simulationen für Marktpreisrisiken, Bewertung von Stromderivaten sowie Risikomessung und -steuerung stellen Borchert et al. (2006) dar.

Strategien zur Steuerung des Elektrizitätspreisrisikos mit Termingeschäften entwickelt Rodt (2003). Er stellt die Grundlagen der Steuerung mit Elektrizitätsderivaten vor und analysiert Sicherungsstrategien anhand empirischer Daten der EEX und von Nord Pool.

Bühler/Korn (1998) zeigen in einer theoretisch und empirisch gestützten Analyse anhand des Ölmarkts die Risiken und Grenzen der Absicherung langfristiger Lieferverpflichtungen mit kurzfristigen Termingeschäften. Ebenfalls im Hinblick auf die Hedgeeffektivität bei abweichenden Laufzeiten untersuchen Ripple/Moosa (2007) die Eignung von WTI-Termingeschäften mit verschiedenen Laufzeiten zum Hedging von Kassapreisen. Die Hedgeeffektivität bei illiquiden Energiederivaten analysieren Scarpa/Manera (2008) für einen japanischen Rohölindex.

Die Steuerung des Kerosinpreisrisikos bei Fluggesellschaften wird als branchenspezifische Frage des Risikomanagements wiederholt aufgegriffen: Brooks (2012) untersucht die Entstehung und Fortentwicklung des unternehmerischen Risikomanagements am Beispiel der Kerosin-Hedging-Programme von Southwest Airlines. Weitere Fallstudien zu Southwest Airlines finden sich bei Carter et al. (2004) und Marsh (2004). Die Unternehmenswertsteigerungen durch Hedging-Programme in der Luftfahrtindustrie untersuchen wiederum Carter et al. (2006a), Carter et al. (2006b) und Lin/Chang (2009), während Blanco et al. (2005) und Morrell/Swan (2006) deren Beweggründe im Allgemeinen aufzeigen. Ein Modell zum Cross Hedging von Kerosin mit Rohöl-Termingeschäften entwickeln Bertus et al. (2009). Für denselben Anwendungsfall zeigen Adams/Gerner (2012), dass sich Gasöl-Termingeschäfte in der kurzen Frist und bei längeren Laufzeiten Termingeschäfte auf die WTI- oder Brent-Indizes zunehmend für Cross Hedging eignen.

Die finanzwirtschaftliche Literatur zum Risikomanagement auf spezifischen Metall-, Edelmetall- und Agrarmärkten ist weniger stark ausgeprägt. So umfasst Jameson (1997) mehrere Aufsätze, die auf die unterschiedlichen Instrumente zur Steuerung von Preisrisiken auf Metall- und Edelmetallmärkten eingehen: Sei es mithilfe von Swaps und Termingeschäften bei Smith (1997), mithilfe von OTC-Optionen bei Mengle (1997a) oder börsengehandelten Instrumenten bei Tudor (1997).

Das Risikomanagement auf Agrarmärkten wird oftmals aus der Perspektive von nationalen oder internationalen Einrichtungen aufgegriffen, so zum Beispiel Europäische Kommission (2001), Europäische Kommission (2005), FAO (2004), FAO (2006), FAO (2009) oder OECD (2009). Auch die wissenschaftliche Literatur ist durch die Rolle des Staates und seine möglichen Eingriffe auf die Preisbildung geprägt. So untersuchen zum Beispiel Borensztein et al. (2013) die Wohlfahrtseffekte staatlicher Agrar-Hedging-Programme. Ansätze des Risikomanagements im Agrarmarkt Bulgariens vor dem Hintergrund seiner post-kommunistischen Entwicklung und EU-Integration analysiert Bachev (2012) auf Grundlage der Neuen Institutionenökonomik.

Aufsätze zu Strategien der Risikosteuerung auf Unternehmensebene – d.h. für landwirtschaftliche Betriebe – finden sich zum Beispiel bei Scott (2003) und Hoag (2010): Schapp/Dan (2003) erläutern diese mithilfe von börsengehandelten Termingeschäften und Optionen, Scott/Wijnen (2003) mithilfe von außerbörslichen Finanzderivaten. Prichett (2010) zeigt anhand eines fiktiven Fallbeispiels, wie ein Getreidebauer seine Marktrisiken mithilfe von Termingeschäften und Optionen steuern kann. Ein Überblick über den modell- und empirisch gestützten Erkenntnisstand zu Steuerungsmöglichkeiten landwirtschaftlicher Preis- und Mengenrisiken findet sich bei Tomek/Peterson (2001), die neben Finanzinstrumenten zum Beispiel auch die Rolle von Versicherungen für das Risikomanagement auf Agrarmärkten berücksichtigen. Steffin (2002) entwickelt ein System zur Entscheidungsunterstützung hinsichtlich des Einsatzes von Warentermingeschäften in der landwirtschaftlichen Praxis am Beispiel des Terminmarkts für Schlachtschweine, Starp (2006) ein Modell zum integrierten Risikomanagement für landwirtschaftliche Betriebe.

Manfredo/Leuthold (1998) führen in die Übertragung von Value-at-Risk-Methodologien auf Agrarmärkte ein. Die praktische Anwendbarkeit von Value-at-Risk-Modellen zeigen Wilson et al. (2007) in Form einer Fallstudie am Beispiel einer nordamerikanischen Bäckerei als rohstoffverarbeitender Betrieb, der einem Spread-Risiko ausgesetzt ist. Wie solche verarbeitenden Agrarfirmen Hedging-Instrumente zur Steuerung ihrer Spread-Risiken einsetzen können, zeigen Bullock et al. (2007) ebenfalls am Beispiel von nordamerikanischen Bäckereien.

Wiederum vor dem Hintergrund der Liberalisierung des Kaffeehandels in den Produzentenländern untersucht Mohan (2007) die Kosten dezentraler auf Put-Optionen basierter Hedging-Programme für Kaffeeproduzenten.

1.2.2 Literatur zur Rechnungslegung von Finanzinstrumenten und Sicherungsgeschäften

Bei der Literatur zur bilanziellen Behandlung des finanzwirtschaftlichen Risikomanagements finden sich zunächst Arbeiten, die auf die Bilanzierung von Finanzinstrumenten oder des Risikomanagements im Allgemeinen eingehen.

Neben Standardwerken wie Pellens et al. (2011), Baetge et al. (2012) oder Ballwieser (2013), die die Bilanzierung von Finanzinstrumenten in entsprechenden Kapiteln behandeln, finden sich umfassende Aufarbeitungen zum Beispiel bei Löw (2005a), Kuhn/Scharpf (2006), Barckow (2004) und Nguyen (2007): Löw (2005a) ist ein Beispiel für eine branchenspezifische Betrachtung; hier setzen sich insbesondere Löw/Lorenz (2005) detailliert mit der Rechnungslegung von Finanzinstrumenten einschließlich Sicherungsbeziehungen nach IFRS bei Banken auseinander. Kuhn/Scharpf (2006) gehen in ihrer detaillierten Darstellung der Rechnungslegung von Finanzinstrumenten und Sicherungsbeziehungen nach IFRS zum Beispiel auch auf die Besonderheiten von nicht-finanziellen Posten ein; dies nimmt jedoch einen geringen Stellenwert ein. Barckow (2004) sowie Nguyen (2007) stellen die Bilanzierung von Finanzderivaten und Sicherungsbeziehungen nach HGB und IFRS – bei Barckow (2004) auch nach US-GAAP – gegenüber. Es erfolgt jedoch jeweils keine branchen- oder risikospezifische Unterscheidung.

Schwarz (2006) untersucht, inwieweit die Regelungen von HGB und IFRS es deutschen Unternehmen erlauben, die Sicherungsmaßnahmen ihres Risikomanagements in ihren Jahresabschlüssen abzubilden. Die Arbeit hat allgemeinen Charakter, es erfolgt keine Detailanalyse von industrie- oder risikospezifischen Besonderheiten. Die inhaltliche Verbindung zum finanzwirtschaftlichen Risikomanagement nimmt geringen Stellenwert ein.

Neben der generellen Einführung in das Hedge Accounting (z.B. Freiberg (2007a)) widmen sich einzelne Aufsätze unter anderem den IAS 39 zugrundeliegenden Prinzipien (Hague (2004)), der kritischen Würdigung von Entwicklung und Bedeutung der Fair Value-Option nach IAS 39 und ihrer Rolle im Kontext von Sicherungsbeziehungen aufgrund des Mixed-Model-Ansatzes von IFRS (Löw (2005b), Löw/Blaschke (2005)) sowie den Schwierigkeiten in der Bestimmung der Hedge-Effektivität (Scharpf (2004)).[27]

Ein weiterer Zweig der Literatur zum Hedge Accounting untersucht den Zusammenhang von Hedging-Aktivitäten und Volatilität des ausgewiesenen Gewinns sowie bilanzpolitische Aspekte im Kontext von Hedging (Nan (2008), Beneda (2012), Iatridis (2012)).

Für den Bankensektor analysieren Bischof et al. (2011), inwieweit sich die Geschäftsmodelle von Banken in ihrer Nutzung von Buchstrukturen widerspiegeln, während Fiechter (2011) die ergebnisvolatilitätsmindernde Wirkung der Fair Value-Option aufzeigt. Laux (2012) hingegen greift die Kritik an einer Bilanzierung zu Marktwerten vor dem Hintergrund der Finanzmarktstabilität auf und weist sie zurück.

In den IFRS-Kommentaren – beispielsweise Baetge et al. (2013), Bohl et al. (2013), Buschhüter/Striegel (2011), Heuser/Theile (2012), KPMG (2011a), Lüdenbach/Hoffmann (2012) oder Mackenzie/Ballwieser (2011) – werden die Vorschriften zu Finanzinstrumenten und Hedge Accounting in der Regel ausführlich behandelt. In unterschiedlichem Ausmaß widmen sie sich Fragen der Bilanzierung von Sachverhalten mit Rohstoffbezug – zumeist im Kontext von Warentermingeschäften, jedoch kaum mit Bezug zum finanzwirtschaftlichen Risikomanagement.

---

[27] Als Beispiel für einen Aufsatz, der die Rechnungslegung von Finanzinstrumenten nach HGB behandelt und hierfür auch auf Warentermingeschäfte eingeht, seien Löw/Torabian (2008) genannt, die die Auswirkungen des BilMoG in diesem Kontext untersuchen.

Arbeiten, die sich intensiv mit den komplexen Besonderheiten der bilanziellen Behandlung auseinandersetzen, die das Management von Rohstoffpreisrisiken bei Industrie- und Handelsunternehmen betreffen, finden sich nur vereinzelt.

So stehen bei Brötzmann (2004) Rohstoffgeschäfte stärker im Vordergrund, wenn er die Regeln zum Hedge Accounting nach IFRS für güterwirtschaftliche Sicherungsbeziehungen mit dem Fokus auf Industrie- und Handelsunternehmen untersucht. Prokop (2007) und Kuhn/Albrecht (2008) zeigen die Schwierigkeiten in der Rechnungslegung von Warentermingeschäften in Abhängigkeit von ihrer bilanziellen Einstufung nach IAS 39 auf. Kuhn/Albrecht (2008) behandeln auch Folgeprobleme bei entsprechenden Sicherungsbeziehungen nach IAS 39. Brötzmann (2004) führt noch in die Grundlagen des finanzwirtschaftlichen Risikomanagements ein; auf finanzwirtschaftliche oder bilanzielle Aspekte einzelner Rohstoffmärkte geht jedoch keine der drei Arbeiten ein.

Mit Einzelfragen der bilanziellen Beurteilung von Rohstofflieferverträgen nach IFRS entsprechend der Entwurfsfassung der IDW-Stellungnahme IDW RS HFA 25 setzen sich Fladt/Vielmeyer (2008) auseinander und gehen hierbei auch auf spezifische Fälle der Energiewirtschaft ein. Sowohl theoretisch als auch mit Beispielen gleichermaßen aus der Energieindustrie arbeiten sowohl Freiberg (2007b) als auch Karp (2007) die Bilanzierung von Rohstofflieferverträgen nach IAS 37 bzw. IAS 39 auf. Freiberg (2007b) grenzt deutlich die bilanzielle Einordnung aus Sicht des Käufers bzw. des Lieferanten ab. Die Rechnungslegung von börsengehandelten Elektrizitätsderivaten nach IAS 39 einschließlich Hedge Accounting analysiert Lopes (2007).

Maulshagen/Walterscheidt (2010) untersuchen die Bilanzierung von Rohstoffderivaten nach IAS 37 und IAS 39 einschließlich eingebetteter Derivate und Hedge Accounting und berücksichtigen die Rechnungslegung nach HGB. Sie veranschaulichen ihre Darstellung mithilfe von Beispielen aus dem Strommarkt.

Fragen der Bilanzierung von Rohstoffgeschäften auf Metall- oder Agrarmärkten kommt wieder geringere Aufmerksamkeit in der Literatur zugute. So untersuchen Jamin/Krankowsky (2003) die Hedge Accounting-Regeln des IAS 39 mithilfe des Fallbeispiels eines metallverarbeitenden Unternehmens und verdeutlichen die Schwierigkeiten der Effektivitätsmessung anhand von Sicherungsgeschäften mit Kupfer-Termingeschäften. Die Eigenheiten in Ansatz und Bewertung landwirtschaftlicher Tätigkeit nach IAS 41 – d.h. von biologischen Vermögenswerten und landwirtschaftlichen Erzeugnissen im Allgemeinen – erläutert Kümpel

(2006). Auf die spezifischen Vorgaben von IAS 41 zu einzelnen Gruppen biologischer Vermögenswerte geht Janze (2007) ein und arbeitet die damit verbundenen Schwierigkeiten in der praktischen Anwendung des Standards heraus.

1.2.3 Literatur zum Zusammenhang von Risikomanagement und Rechnungslegung

Unter den Arbeiten, die unmittelbar den Zusammenhang zwischen Risikomanagement und externem Rechnungswesen bzw. Teilaspekten hiervon herstellen, greift eine weitaus begrenztere Anzahl rohstoffspezifische Fragestellungen auf.[28]

So analysiert Scheffler (1994) das Risikomanagement bei Banken vornehmlich für Zinsrisiken und konzipiert ein frühes Hedge Accounting-Modell für die deutsche Rechnungslegung nach HGB. Scharpf/Luz (2000) stellen den rechtlichen Rahmen des Risikomanagements in Deutschland, Rolle und Bestandteil des Risikomanagementsystems sowie die Rechnungslegung von Finanzinstrumenten nach HGB und IFRS mit praxisnahen Beispielen in Kontext zueinander. Ihr Schwerpunkt liegt auf Fremdwährungs- und Zinsrisiken. Dobler (2004) untersucht die Risikoberichterstattung aus Sicht der ökonomischen Anreize zur Offenlegung von Informationen durch das Management. Er stellt den Zusammenhang dieser Analyse zu den Standards zur Risikoberichterstattung nach deutschem und internationalem Recht her. Mithilfe von Daten zu nordamerikanischen Unternehmen aus dem S&P 1500 analysieren Emm et al. (2007) empirisch das Verhalten hinsichtlich Angaben zum Risikomanagement im Geschäftsbericht. Sie zeigen auf, wie die jeweiligen Präferenzen von individuellen Kosten- und Nutzenabwägungen abhängen. Den Zusammenhang zwischen Risikomanagement, Risikocontrolling und dessen Bilanzierung nach IFRS stellt Löw (2006) her. Er geht auf Besonderheiten von Banken und Nichtbanken zum Beispiel im Kontext von Markt- und Kreditrisiken ein, verfolgt jedoch eine allgemeingültige Darstellung. Rohstoffpreisrisiken spielen somit eine geringe Rolle. Die theoretischen Grundlagen von Finanzderivaten, ihren Einsatz zur Absicherung von Fremdwährungs-, Zins-, Aktienpreis- und Rohstoffrisiken und ihre Rechnungslegung nach IFRS erläutert Ramirez (2007) und veranschaulicht sie mithilfe von Fallbeispielen. Der Schwerpunkt liegt auf den ersten drei Risikotypen. Rohstoffspezifische Problemfälle werden nur knapp behandelt und die Verknüpfung zu den Charakteristika einzelner Rohstoff-

---

[28] Ein Überblick zur Literatur zur Konvergenz von externem und internem Rechnungswesen im Allgemeinen findet sich bei Trapp (2012). Beispielhaft sei hier auch auf Simons/Weißenberger (2008), Wagenhofer (2008), Weißenberger/Angelkorn (2011) oder Weißenberger et al. (2011) verwiesen.

märkte unterbleibt. Clark (2011) untersucht die Anforderungen der Hedge-Effektivität nach IAS 39 im Kontext der Risikomanagementstrategie. Die Arbeit geht explizit auf branchen- und risikospezifische Probleme ein und wir durch die Erkenntnisse einer Content-Analyse untermauert. Ebenfalls mit Modellen zur Messung der Hedge-Effektivität – hier unter Berücksichtigung der Sicherungskosten durch Risikoprämien und bezugnehmend sowohl auf US-GAAP und IFRS – setzen sich Howard/D'Antonio (2005) auseinander.

Anreizspezifische Fragen zum Hedging und Hedge Accounting werden in einem neuinstitutionenökonomischen Rahmen unter anderem von Pirchegger (2006), Schöndube-Pirchegger (2006) und Hughen (2010) untersucht.

Anhand von Erläuterungen in den Geschäftsberichten nordamerikanischer Unternehmen ermitteln Comiskey/Mulford (2008) Erklärungsansätze dafür, warum Unternehmen bei ihren Hedging-Aktivitäten auf die Anwendung von Hedge Accounting-Regeln verzichten. Wie sich die Einführung von Rechnungslegungsstandards zur Bilanzierung nach Marktwerten auf die Derivatenutzung ausgewirkt hat, untersuchen Lins et al. (2011) anhand einer Umfrage unter 354 Finanzvorständen in 36 Ländern.[29]

Eine Reihe von empirischen Untersuchungen setzt sich spezifisch mit dem finanzwirtschaftlichen Risikomanagement von Nichtbanken und dessen bilanziellen Aspekten auseinander, oftmals mit dem Fokus auf Fremwährungs- und Zinsrisiken. Als frühe Arbeiten sind hier Gebhardt (1995) und Gebhardt (1997) zu nennen, die die Berichterstattung der 100 größten deutschen Unternehmen zu ihrem Risiskomanagement und Derivateeinsatz auswerten. Des Weiteren gehört hierzu zum Beispiel Glaum (2000), der das finanzwirtschaftliche Risikomanagement von Nichtbanken anhand einer Befragung von Finanzvorständen von 74 großen deutschen Aktiengesellschaften hinsichtlich Fremdwährungs- und Zinsrisiken unter Berücksichtigung der bilanziellen Aspekte nach HGB, IFRS und US-GAAP untersucht. Bei Glaum/Klöcker (2009) steht die Anwendung von Hedge Accounting nach IAS 39 mithilfe einer Befragung von 117 Finanzvorständen börsennotierter Nichtbanken in Deutschland und der Schweiz im Vordergrund. Hier berücksichtigen sie auch Rohstoffpreisrisiken. Gleiches gilt für Glaum/Klöcker (2011), die ihren Schwerpunkt auf Rückwirkungen der Bilanzierungsvorschriften auf Hedging-Entscheidungen legen. Mithilfe von Experteninterviews erheben

[29] Für US-GAAP untersucht Zhang (2009) den Effekt der Einführung der Bilanzierungsvorschriften zu Derivaten nach SFAS 133 auf die Derivatenutzung bei 225 nordamerikanischen Industrie- und Handelsunternehmen.

Eichhorn/Heil (2007) Daten zum Finanzrisikomanagement deutscher Industrieunternehmen mit DAX- bzw. MDAX-Notierung und ohne Börsennotierung. Risikoübergreifend berücksichtigen sie auch die Bilanzierung nach IFRS. Anhand einer weltweiten Umfrage unter 300 Finanzvorständen von Nichtbanken tragen Servaes/Tufano (2006) und Servaes et al. (2009) Erfahrungen zum Risikomanagement bei Fremdwährungen, Zinsen und Rohstoffen zusammen. Sie gehen in geringem Maße auf die Bedeutung der bilanziellen Aspekte ein. Trotz dieser Untersuchungen bemängelt zum Beispiel Gebhardt (2012) noch den aus seiner Sicht weiterhin geringen Erkenntnisstand hinsichtlich des Einsatzes von Finanzinstrumenten bei Industrie- und Handelsunternehmen, vor allem was aktuelle Datenerhebungen zu europäischen Nichtbanken und den Zusammenhang mit der Rechnungslegung betrifft. In diese Richtung gehen Panaretou et al. (2013), die für die Industrie- und Handelsunternehmen des FTSE 350 mit Daten über einen Zeitraum von 2003 bis 2008 zeigen, wie die Anwendung von Hedge Accounting nach IFRS die Verlässlichkeit der Jahresergebnisschätzungen von Analysten erhöht, und schließen daraus auf einen Transparenzgewinn hinsichtlich der Derivateberichterstattung durch Hedge Accounting.

Mit klar rohstoff- und nichtbankenspezifischer Ausprägung greifen nur vereinzelte Arbeiten Fragestellungen sowohl zum Risikomanagement als auch zu dessen bilanziellen Implikationen auf.

Hier ist zunächst Kropp (1999) zu nennen, der anhand einer Fallstudie zu den Öltermingeschäften der Metallgesellschaft das finanzwirtschaftliche Risikomanagement und -controlling eines Industriekonzerns analysiert und hier ebenfalls die Rechnungslegung nach deutschen und internationalen Standards berücksichtigt. Mazur/Wolz (2007) setzen sich mit der bilanziellen Einordnung der Absicherung von Marktpreisrisiken im Gasgeschäft deutscher Energieversorger nach IAS 39 auseinander. Sie gehen hierfür auf typische Vertragsgestaltungen und das Management von Gaspreisrisiken ein und zeigen Schwierigkeiten in der praktischen Umsetzung auf. Die ertragssteuerlichen Implikationen von Rohstoffderivaten untersucht Wallbaum (2005) am Beispiel von Elektrizitätsderivaten. Die Arbeit geht hierfür auf die verschiedenen Sicherungsinstrumente des Strommarkts und die entsprechende handelsrechtliche Bilanzierung ein. Bei der Bilanzierung steht natürlich HGB im Vordergrund, jedoch wird auch IFRS kurz angerissen. Anhand von 12 kanadischen Öl- und Gasproduzenten beobachten Smistad/Pustylnick (2012) den Einsatz von Derivaten zu Sicherungs- und Spekulationszwecken und seine Dokumentation in den Geschäftsberichten.[30] Sie zeigen unter anderem, dass Hedge Accounting von drei der 12 Unternehmen angewandt wird. Es handelt sich bei diesen drei jeweils um größere Firmen, so dass sie Kostenaspekte als Grund der Nichtanwendung von Hedge Accounting bei kleineren Firmen vermuten. Für 67 börsennotierte Energieunternehmen aus Deutschland, Frankreich, Großbritannien, Österreich und der Schweiz untersuchen Leibfried et al. (2010) den Umgang mit und die Offenlegung von Wetterrisiken, deren Einfluss produktionsseitig zum Beispiel für erneuerbare Energien oder wetterbedingte Anlagenausfälle, absatzseitig durch die temperaturabhängige Nachfrage wesentlich ist. Als umfassende Arbeit zu Emissionsmärkten sind Löw/Pietsch (2010) zu nennen, die detailliert Emissionsrechte – von Seiten des Risikomanagements sowie der Rechnungslegung nach IFRS und HGB – behandeln.

Veth (2006) stellt die Rechnungslegung von güterwirtschaftlichen Risiken nach IFRS im Allgemeinen dar und untersucht die Entscheidungsnützlichkeit empirisch anhand der kanadischen Mining-Industrie. Einzelne Rohstoffmärkte und die Folgeprobleme spezifischer Sicherungsstrategien berücksichtigt auch er nicht. Für eine Stichprobe von 341 australischen Bergbauunternehmen zeigen Birt et al. (2013), wie die Derivatenutzung zur Steuerung von Rohstoffpreis- und Fremdwährungsrisiken positiv mit Finanzrisiken und Firmengröße korreliert. Sie können zudem nachvollziehen, wie die Offenlegung des Derivateeinsatzes nach IFRS 7/AASB 7 umfassender bei Firmen ist, die stärker fremdfinanziert bzw. von einer der vier großen Wirtschaftsprüfungsgesellschaften auditiert sind.

Anhand des südafrikanischen Agrarsektors analysiert Middelberg (2011) die Steuerung von Agrarpreisrisiken mithilfe von Derivaten und deren Abbildung nach IAS 39. Neben einer theoretischen Analyse der Sicherungsstrategien und ihrer bilanziellen Implikationen führt sie eine Fallstudie durch. Middelberg/Buys (2012) sowie Middelberg et al. (2013) knüpfen an diese Erkenntnisse an und untersuchen die bilanzielle Abbildung von acht üblichen Transaktionstypen auf ihre einheitliche Anwendung bzw. entwickeln entsprechende Anwendungsempfehlungen.

[30] Kanadische GAAP sind laut Smistad/Pustylnick (2012) den IFRS sehr ähnlich und die großen Publikumsgesellschaften Kanadas befinden sich gerade in einer Übergangsphase zur Anwendung von IFRS. (Vgl. Smistad/Pustylnick (2012), S. 50.)

Die große praktische Relevanz und Dringlichkeit gerade der Fragen, denen sich diese Arbeiten annehmen, spiegelt sich nicht zuletzt auch in der praxisorientierten Literatur wider, die im Wesentlichen von den vier großen Wirtschaftsprüfungsgesellschaften geprägt wird.[31]

1.3 Zielsetzung und Gang der Untersuchung

Wie der Literaturüberblick verdeutlicht, hat sich die wissenschaftliche Literatur von verschiedenen Perspektiven aus mit dem Management von Rohstoffrisiken und/oder der Rechnungslegung von Hedging bei Industrie- und Handelsunternehmen auseinandergesetzt. Jedoch ist – wie auch von Gebhardt (2012) kritisiert – der wissenschaftliche Erkenntnisstand zu den komplexen Zusammenhängen zwischen Risikosteuerung und Rechnungslegung nach den für europäische Nichtbanken relevanten IFRS und unter Berücksichtigung der Besonderheiten spezifischer Rohstoffmärkte begrenzt.

In einer integrierten Betrachtung der modernen finanzwirtschaftlichen Methoden des Risikomanagements auf Rohstoffmärkten und der Bilanzierung der Steuerung von Rohstoffpreisrisiken greift die vorliegende Arbeit diese Lücke auf. Sie will aufzeigen, was für Rohstoffgeschäfte Nichtbanken zu ihrer Risikosteuerung einsetzen, welche Besonderheiten sich auf bestimmten Rohstoffmärkten ergeben, welche bilanziellen Implikationen daraus resultieren und wie diese vor dem Hintergrund vor allem des IFRS-Rahmenwerks kritisch zu würdigen sind.

Den Leitrahmen für die Analyse setzen daher folgende zwei Forschungsfragen:

Forschungsfrage 1: Wie steuern Industrie- und Handelsunternehmen ihre Rohstoffpreisrisiken und wie wirken sich ihre Rohstoffgeschäfte in der Bilanzierung nach IFRS aus?

Forschungsfrage 2: Stellen die IFRS ein geeignetes Rechnungslegungssystem dar, um die Risikosteuerung nach finanzwirtschaftlichen Methoden auf Rohstoffmärkten bilanziell abzubilden?

Zur Beantwortung beider Forschungsfragen erfolgt zunächst eine Bestandsaufnahme und Strukturierung des Problemfelds, um anschließend eine kritische Würdigung vorzunehmen.

---

31 Hier ist insbesondere auf Deloitte (2006), Ernst & Young (2009a), Ernst & Young (2009b), KPMG (2007a), KPMG (2008a), KPMG (2008b), KPMG (2009a), PwC (2004a), PwC (2007), PwC (2008a), PwC (2008b), PwC (2009a) und PwC (2009b) zu verweisen.

Hierfür untergliedert sich die vorliegende Arbeit in drei wesentliche Abschnitte, die jeweils ein Kapitel umfassen: die theoretische Analyse des finanzwirtschaftlichen Risikomanagements, die theoretische Analyse der Bilanzierung nach IFRS und die empirische Analyse beider Aspekte anhand einer Fallstudie. Wie Abbildung 1-2 veranschaulicht, folgen die beiden theoretischen Abschnitte dem Grundsatz „vom Allgemeinen zum Speziellen", um so den hohen Komplexitätsgrad und die interdisziplinäre Aufarbeitung für den Leser zu strukturieren.

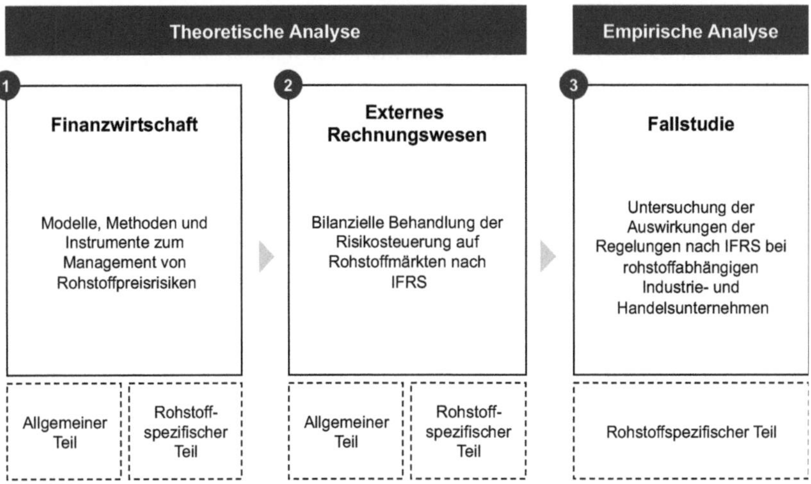

Abbildung 1-2: Konzeption der Analyse[32]

Nachdem in Kapitel 1 Problemstellung, Einordnung, Zielsetzung und Vorgehen der Untersuchung dargestellt wurden, führt Kapitel 2 zunächst in die begrifflichen Grundlagen des unternehmerischen Risikomanagements und der Rohstoffmärkte ein (2.2): Es wird der ökonomische Risikobegriff definiert, eine Systematisierung der Risikoarten bei Industrie- und Handelsunternehmen vorgenommen und der Kontext des finanzwirtschaftlichen Risikomanagements einschließlich der Rolle des finanziellen Hedging vorgestellt. Es erfolgt ebenso eine Kategorisierung der Rohstoffe in Basis- und Edelmetall-, Energie- sowie Agrarrohstoffe, um im Anschluss zu erläutern, wie die Marktstruktur im Allgemeinen durch das Zusammenspiel von physischen und finanziellen Rohstoffmärkten geprägt ist. Aufgrund der vielseitigen Einsatz- und Verwendungsmöglichkeiten von Rohstoffen bei Industrie- und Handelsunternehmen werden mehrere Typen von Marktteilnehmern unterschieden, die sich im Hinblick auf die

[32] Quelle: Eigene Darstellung.

Risikosteuerung vor allem durch ihre charakteristischen Risikoprofile im Sinne von natürlichen Risikopositionen voneinander abgrenzen. Als ein wesentlicher Beitrag wird in der nachfolgenden Analyse stets der Kontext zu dem Geschäftsmodell der Marktteilnehmer sowie zu den jeweiligen Sicherungsstrategien hergestellt. Zudem wird der Zusammenhang zwischen Risikomanagementstrategie und Markt- bzw. Wettbewerbsumfeld erläutert.

Hierauf baut die Darstellung zum Risikomanagementprozess auf, die die Bereiche und Funktionen des Risikomanagements bei Industrie- und Handelsunternehmen behandelt (2.3). Der Abschnitt konkretisiert die Prozessschritte der Risikoidentifikation, Messung und Bewertung qualitativer und quantitativer Risiken, strategischen und operativen Risikosteuerung, des Risikocontrollings sowie der Überwachung des gesamten Risikomanagementsystems. Während hier noch der Schwerpunkt auf dem Management von Marktpreisrisiken bei Nichtbanken im Allgemeinen liegt, werden anschließend die rohstoffspezifischen Aspekte mit Fokus auf die Risikosteuerung vertieft, da aus dem konkreten Sicherungsverhalten die in der Rechnungslegung abzubildenden Sachverhalte resultieren (2.4, 2.5, 2.6). Für die drei Oberkategorien Basis- und Edelmetall-, Energie- sowie Agrarmärkte werden zunächst Eigenschaften, Verwendung und Märkte der jeweils wichtigsten Rohstoffe vorgestellt. Anschließend werden die marktspezifischen Ausprägungen der Risikosteuerung aufgezeigt. Untersuchungsobjekt sind primär Marktpreisrisiken, da diese im finanzwirtschaftlichen Risikomanagement typischerweise eine größere Rolle als zum Beispiel Mengenrisiken spielen.[33]

Kapitel 3 definiert zunächst allgemeingültige Kriterien, die als Beurteilungsrahmen für die nachfolgende Analyse der bilanziellen Abbildung von Sicherungsstrategien auf Rohstoffmärkten dienen. Sie werden aus dem IFRS-Rahmenkonzept hergeleitet und um rohstoffspezifische Kriterien erweitert (3.2). Um die Sachverhalte aus der Risikosteuerung zum Zweck der bilanziellen Analyse zu klassifizieren, werden drei Typen von Rohstoffgeschäften – Rohstoffvorräte, Warenlieferverträge und Rohstoffderivate – voneinander abgegrenzt. Für sie wird jeweils ein einführender Überblick über die grundsätzlichen Formen ihrer Bilanzierung und die einzelnen relevanten Rechnungslegungsstandards – im Wesentlichen IAS 2, IAS 37 und IAS 39[34] – gegeben (3.3).

---

33 Siehe auch Mohan (2007), S. 335 und Larson et al. (1998), S. 2-3.

34 IFRS 13 wird nicht näher betrachtet, da aus dem Standard keine maßgeblichen Auswirkungen auf die Analyse ergeben. (Vgl. auch Janze (2012), Tz. 24.) Auf Erläuterungen zu IFRS 7 wird verzichtet, da die Regelungen für die Untersuchung, welche Schwierigkeiten aus der Steuerung von Rohstoffpreisrisiken für die bilanzielle Abbildung resultieren, nicht erheblich sind.

Dies dient als Ausgangspunkt, um einen integrierten vierstufigen Analyserahmen für alle Arten von Rohstoffgeschäften zu entwickeln (3.4). Als wesentlicher Beitrag der Arbeit strukturiert dieser die theoretische Analyse, welche Schwierigkeiten die Rechnungslegungsstandards für die Abbildung der Risikosteuerung bedingen und wann sie die ökonomischen Zusammenhänge nicht sachgerecht widerspiegeln. Hierfür legt er besonderes Augenmerk darauf, das breite Spektrum gleichermaßen nicht-derivativer sowie derivativer Formen der Risikosteuerung einzubeziehen. Dementsprechend beschränkt sich die Untersuchung nicht auf die Vorschriften zum Hedge Accounting, die üblicherweise im Kontext des Risikomanagements hauptsächlich betrachtet werden, sondern erstreckt sich vielmehr über sämtliche Sachverhalte der betrieblichen Praxis mit Rohstoffbezug.

Auf Grundlage des Analyserahmens werden die Implikationen der Steuerung von Rohstoffvorräten und Warenlieferverträgen für die Rechnungslegung erarbeitet (3.5). Das Vorgehen zeichnet sich dadurch aus, dass es durch Fallunterscheidungen hinsichtlich Geschäftsmodell und Sicherungsverhalten der Marktteilnehmer strukturiert wird, die somit die Steuerung entsprechend der Position in der Wertschöpfungskette sowie auf Grundlage von fixierten oder variablen Preisen berücksichtigen. Als weiteres Merkmal werden in diesem Rahmen die charakteristischen Auswirkungen der Risikosteuerung zweiseitig rohstoffabhängiger Unternehmen – Rohstoffhändler und rohstoffverarbeitende Industrieunternehmen – untersucht. Dieser Bereich der Analyse erfolgt rohstoffspezifisch, ohne sich jedoch auf einzelne Rohstoffe zu begrenzen. Zahlreiche Fallbeispiele vertiefen daher die Ausführungen, indem sie entweder spezifische Probleme detaillierter aufbereiten oder die Besonderheiten einzelner Rohstoffmärkte aufgreifen, wie sie die Analyse in Kapitel 2 offengelegt hat. Abschließend werden unter Bezug auf den eingangs entwickelten Beurteilungsrahmen die Ergebnisse in Form einer Regelanalyse gewürdigt (3.6).

Die theoretisch analysierten Zusammenhänge werden in Kapitel 4 anhand einer Fallstudie zu drei rohstoffabhängigen Industrie- und Handelsunternehmen – ThyssenKrupp AG, Deutsche Lufthansa AG und E.ON AG – empirisch untersucht. Zu Beginn erfolgt eine methodische Einordnung (4.1), um anschließend das methodische Vorgehen und den Aufbau zu beschreiben (4.2). Die einzelnen Fälle untersuchen ausgehend von Geschäftsmodell und Risikopolitik die Ausprägungen der Risikosteuerung und entsprechenden bilanziellen Implikationen (4.3). Mit der Auswahl der Unternehmen kann ein umfassendes Bild der in deutschen Großkonzernen anzutreffenden Praxis auf Energie- und Metallmärkten sowohl hinsichtlich des Risikomanagements auf Rohstoffmärkten als auch hinsichtlich seiner bilanziellen Behandlung wiedergegeben werden. Die Fallstudie erlaubt, die theoretische Analyse der Zusammenhänge, die sich in den vorangegangenen Kapiteln bereits als komplex und kontextabhängig erwiesen haben, um die Beobachtung und Untersuchung in ihrem realen Kontext zu ergänzen. Die Arbeit greift somit den Vorschlag einer Fallstudien-gestützten Untersuchung dieses Themas von Smistad/Pustylnick (2012) sowie die Forderung nach methodologischem Pluralismus in der Rechnungslegungsforschung auf.[35] Sie trägt zudem zum aktuellen Stand der Forschung bei, indem Erklärungen für Beobachtungen bisheriger empirischer Arbeiten erarbeitet werden, die auch Rohstoffpreisrisiken bei Nichtbanken umfassen. Schließlich werden die identifizierten Problemfelder den Ergebnissen der Kapitel 2 und 3 gegenübergestellt und die kritische Würdigung der Vorschriften nach IFRS um die Erkenntnisse aus der Fallstudie erweitert (4.4).

Kapitel 5 schließt mit einem Ausblick auf die neuen Vorschriften nach IFRS 9 und einer kritischen Erörterung der Änderungen unter Berücksichtigung der eingegangenen Stellungnahmen. Somit handelt es sich um die erste Arbeit, die die Auswirkungen von IFRS 9 – einschließlich der dritten Phase – einbezieht. Zuletzt werden die Ergebnisse aus der theoretischen und empirischen Analyse in Thesenform zusammengefasst.

[35] Vgl. Fülbier/Weller (2008), S. 362 mit Verweisen auf Humphrey/Scapens (1996), S. 101 und Ryan et al. (2002), S. 30. Siehe auch Abschnitt 4.1.

2 Risikomanagement von Rohstoffpreisen

2.1 Vorbemerkungen

Nach der Einleitung in Problemstellung, Abgrenzung und Zielsetzung der vorliegenden Arbeit im ersten Kapitel führt dieses Kapitel 2 zunächst in die begrifflichen Grundlagen ein (2.2). Dies umfasst neben dem Risikobegriff eine Systematisierung der Risikoarten, wie sie sich für Industrie- und Handelsunternehmen eignet. Anschließend werden Begriff und Rolle des unternehmerischen Risikomanagements einschließlich des Risikomanagementprozesses sowie der Begriff des finanziellen Hedging zusammen mit einer an IAS 39 angelehnten Definition von Finanzinstrumenten vorgestellt. Grundlegend zu Rohstoffen werden wesentliche Merkmale ihrer Beschaffenheit, der Struktur physischer und finanzieller Rohstoffmärkte sowie der verschiedenen Marktteilnehmer erläutert. Zudem wird der Zusammenhang zwischen Absicherungsstrategie eines Unternehmens und seiner Markt- bzw. Wettbewerbseinschätzung dargestellt.

Hierauf baut die Darstellung zum Risikomanagementprozess bei Industrie- und Handelsunternehmen mit seinen Bereichen und Funktionen auf (2.3). Während der Schwerpunkt dieses Abschnitts noch auf dem Risikomanagement bei Industrie- und Handelsunternehmen im Sinne des finanzwirtschaftlichen Managements von Marktpreisrisiken bei Nichtbanken liegt, erfolgt die Vertiefung rohstoffspezifischer Aspekte mit den Abschnitten zur Risikosteuerung auf den jeweiligen Märkten für Edelmetalle, Metalle, Energie und Agrarprodukte (2.4, 2.5 und 2.6). Grund hierfür ist, dass die originären Rohstoffgeschäfte und die Aktivitäten der operativen Risikosteuerung die Sachverhalte begründen, die sich im Fokus der anschließenden Analyse zur bilanziellen Abbildung (Kapitel 3 und 4) befinden. Den marktspezifischen Steuerungsaktivitäten ist eine Einführung zur Verwendung und Marktstruktur des jeweiligen Rohstoffs vorangestellt.

Das Kapitel verfolgt das Ziel, zunächst für ein einheitliches Verständnis die Grundlage zu legen, um dann – ausgehend von einer allgemeinen Einführung in Struktur und Teilnehmer von Rohstoffmärkten und in das finanzwirtschaftliche Risikomanagement bei Nichtbanken – die wesentlichen Rohstoffmärkte und die Steuerung von Rohstoffpreisrisiken auf Edelmetall-, Metall, Energie- und Agrarmärkten zu behandeln. Die Unterscheidung der Marktteilnehmer hinsichtlich ihrer Rolle in der Wertschöpfungskette wie auch die Aspekte der Risikosteuerung auf den verschiedenen Rohstoffmärkten werden in der Untersuchung der bilanziellen Konsequenzen aufgegriffen.

2.2 Grundlagen und Begriffsabgrenzungen

2.2.1 Risiko

Unternehmen agieren in einer risikobehafteten Umwelt und sind verschiedenen Risikopotentialen ausgesetzt.[36] Die Unternehmensführung geht in diesem Umfeld gezielt Risiken ein, um im Produktions- oder Handelsprozess (Rendite-)Chancen wahrnehmen zu können und den unternehmerischen Erfolg sicherzustellen.[37] Diese unternehmerischen Entscheidungen trifft die Unternehmensleitung unter Unsicherheit, d.h. unter unvollkommener Information über zukünftige Umweltzustände.[38]

Der Risikobegriff selbst ist in Theorie und Praxis nicht eindeutig definiert. Stattdessen gibt es mehrere Theorien mit unterschiedlicher Betonung einzelner Aspekte entsprechend dem jeweiligen Kontext, die jeweils einen Erklärungsansatz für die Ursache von *Risiko i. w. S* bilden.[39]

Risiko i. w. S. umfasst explizit sowohl eine positive wie auch eine negative Abweichung von dem Ziel- bzw. Erwartungswert (*beidseitiger Risikobegriff*).[40] Im Fall von ungünstigen Abweichungen (Verlustmöglichkeiten) wird von *Risiko i. e. S.* (*einseitiger Risikobegriff*) gesprochen; bei günstigen Abweichungen (Gewinnmöglichkeiten) von *Chance*.[41]

Abbildung 2-1 hält diesen Zusammenhang fest.

Der beidseitige Risikobegriff wird vor allem in der Finanzierungs- und Kapitalmarkttheorie verwendet und dient als Ausgangspunkt dieser Arbeit.[42] Die finanzwirtschaftliche Definition

---

36 Vgl. Diederichs (2004), S. 1-2. Als grundlegende Darstellung zum Phänomen Unsicherheit sei auf Segelmann (1959), S. 12-18 verwiesen.

37 Vgl. Löw (2006), S. 172, Reichling et al. (2007), S. 209 und Nguyen (2007), S. 11. Eine Systematisierung der verschiedenen Risikoarten erfolgt im Anschluss in Kapitel 0.

38 Vgl. Grebe (1993), S. 5 und Trummer (2006), S. 9.

39 In der Literatur werden drei wesentliche Richtungen unterschieden, die Risiko entweder als Verlust- oder Schadensgefahr (*extensive* oder *materielle Auffassung*), als Informationsstand (*informationsorientierte* oder *formale Auffassung*) oder als Gefahr einer Fehlentscheidung (*entscheidungsbezogene Auffassung*) verstehen. Der materielle Risikobegriff wird als *ursachenbezogene* und der formale Risikobegriff als *wirkungsbezogene* Definition bezeichnet. Da diese Unterscheidungen nachfolgend in dieser Arbeit nicht verwendet werden, wird auf eine tiefergehende Betrachtung verzichtet. Hierfür sei auf Bamberg/Coenenberg (1974), S. 20; Imboden (1983), S. 39-49; Dobler (2004), S. 9-10; Grebe (1993), S. 5-10 oder Mikus (2001), S. 5-7 verwiesen.

40 Vgl. Abuaf/Schoess (1988), S. 1; Sercu/Uppal (1995), S. 470; Lück (1999a), S. 21; Lück (1999b), S. 144; Diederichs (2004), S. 9.

41 Vgl. Lisowsky (1947), S. 98; Segelmann (1959), S. 7; Grebe (1993), S. 5-6 und 9-10; Krumnow et al. (2002), S. 123 und Kramer (2002), S. 157.

42 In Abhängigkeit vom Untersuchungsziel kann es punktuell notwendig sein, ein Verständnis von Risiko i. e. S. zu verwenden. Beispielhaft sei hier das später ausführlich behandelte Value-at-Risk-Konzept genannt, dem ein Risikoverständnis i. e. S. zugrunde liegt. (Vgl. Abschnitt 2.3.2.1.2.)

versteht Risiko als die zufallsbedingte, zweiseitige Abweichung einer Variablen – beispielsweise des Zukunftserfolgs wirtschaftlicher Aktivität – von ihrem Erwartungs- bzw. Zielwert.[43] Dem μ-σ-Entscheidungsprinzip entsprechend wird Risiko hier als Varianz bzw. Standardabweichung quantifiziert.[44]

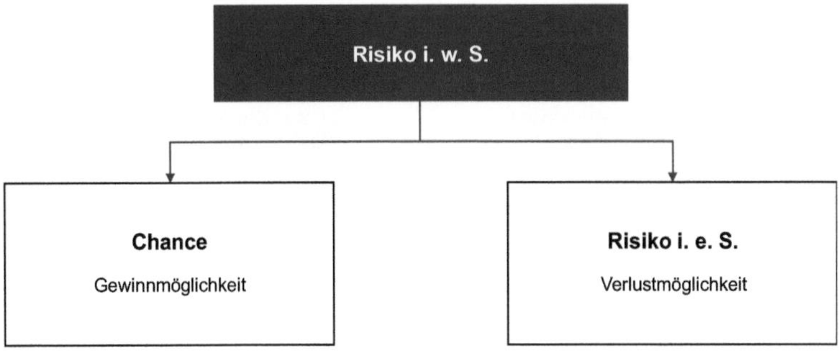

Abbildung 2-1: Der Risikobegriff[45]

Da diese Streuung sowohl positiv wie auch negativ sein kann, werden ausschließlich ergebnisschmälernde Abweichungen auch als *Downside Risk* oder *Shortfall Risk* spezifiziert.[46]

In dem hier gewählten Kontext wird hinsichtlich der Wahl der Variablen in der Regel zwischen Stromgrößen wie der Bandbreite möglicher Periodenergebnisse oder Cash Flows (*Stromgrößenrisiken*) und (Markt-)Werten von Aktiva oder Passiva (*Bestandsgrößenrisiken*) unterschieden.[47]

Risiko wird hier stets direkt auf die Schwankung einer unternehmensspezifischen – nicht einer umweltspezifischen – Variablen bezogen. Schwankende Variablen der Unternehmensumwelt werden als *Risikofaktoren* bezeichnet. Den Zusammenhang von Risikofaktoren und (Unternehmens-)Risiken bestimmen unternehmensindividuelle Sensitivitäten.[48] Die Gesamt-

---

43 Vgl. Bartram (1999), S. 9, Grebe (1993), S. 9 und Lück (2001), S. 14.
44 Vgl. Markowitz (1952). Vgl. hierzu auch Bitz (1981), S. 98-99.
45 Quelle: Eigene Darstellung in Anlehnung an Gebhardt/Mansch (2001), S. 10; Oehler/Unser (2002), S. 11-12; Bartram (1999), S. 9; Grebe (1993), S. 5-6 und 9-10.
46 Vgl. Bartram (1999), S. 9 und Gebhardt/Mansch (2001), S. 59.
47 Vgl. Gebhardt/Mansch (2001), S. 10.
48 Dieses Begriffsverständnis ist an Adler/Dumas (1984) angelehnt. Vgl. auch Bartram (1999), S. 10-11.

heit der (Unternehmens-)Risiken stellt seine *Risikoposition* (auch *Exposure*) dar.[49] Abbildung 2-2 veranschaulicht den Zusammenhang.

Die hier gewählte Risikoauffassung i. w. S. steht im Einklang mit DRS 5.9, der Risiko als „Möglichkeit von negativen künftigen Entwicklungen der wirtschaftlichen Lage des Konzerns“ und Chance als „Möglichkeit von positiven künftigen Entwicklungen der wirtschaftlichen Lage des Konzerns“ definiert.[50]

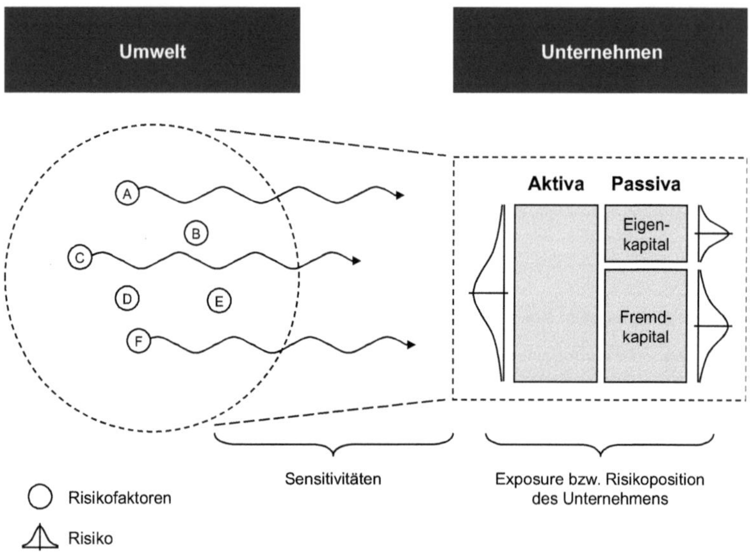

Abbildung 2-2: Umweltspezifische Risikofaktoren und die Risikoposition des Unternehmens[51]

2.2.2 Systematisierung der Risikoarten bei Industrie- und Handelsunternehmen

Im Vordergrund dieser Arbeit stehen wie bereits eingangs festgehalten Preisrisiken auf Rohstoffmärkten. Zur Abgrenzung und Einordnung ist daher eine Systematisierung der Risikoar-

---

49 Vgl. Adler/Dumas (1984), S. 42; Bartram (1999), S. 11 und Rudolph/Johanning (2000), S. 17.

50 Branchenspezifisch für Kredit- und Finanzdienstleistungsinstitute konkretisiert DRS 5-10 mehrere Risikokategorien: Adressenausfall-, Liquiditäts-, Markt-, operationale und sonstige Risiken. Für die hier gewählte Systematisierung von Risikoarten bei Industrie- und Handelsunternehmen sei auf das anschließende Kapitel 0 verwiesen.

51 Quelle: Eigene Darstellung in Anlehnung an Bartram (1999), S. 10.

ten zu wählen, die diesen Kontext in Betracht zieht. Die hier angewandte Kategorisierung folgt weitgehend Bühler (1998) und Gebhardt/Mansch (2001). Sie bietet sich für diese Arbeit an, da ihre Untergliederung des Marktrisikos hinsichtlich drei Arten von ökonomischem Risiko sowie die Berücksichtigung der beiden Risikofaktoren Preis- bzw. Mengenrisiko den Besonderheiten der realwirtschaftlichen Geschäftstätigkeit von Industrie- und Handelsunternehmen im Vergleich zu Kredit- und Finanzdienstleistungsinstituten Rechnung tragen.[52]

Wie Abbildung 2-3 zeigt, lassen sich auf oberster Ebene im Wesentlichen die betrieblichen und die Marktrisiken unterscheiden, die um eine verbleibende Gruppe sonstiger Risiken ergänzt werden.

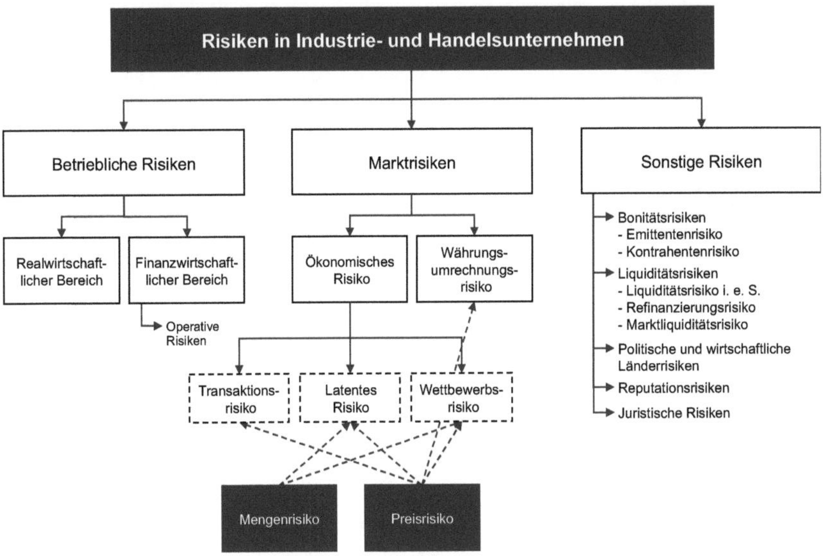

Abbildung 2-3: Systematisierung der Risikoarten in Industrie- und Handelsunternehmen[53]

Betriebliche Risiken betreffen vornehmlich den *realwirtschaftlichen Bereich* von Nichtbanken und schließen alle Formen einer zeitlichen, qualitativen oder mengenmäßigen Beeinträchti-

[52] Für weitere Gliederungen betrieblicher Risikoarten siehe stellvertretend Lisowsky (1947), S. 97-110; Jenni (1952), S. 33-42; Bussmann (1955), S. 21-24; Segelmann (1959), S. 19-26; Philipp (1967), S. 28-34; Grebe (1993), S. 10-16 oder Bayram (2007), S. 26-53.

[53] Quelle: Eigene Darstellung in Anlehnung an Gebhardt/Mansch (2001), S. 23; Bühler (1998), S. 208-209; DRS 5-10.9.

gung der Leistungserstellung des Unternehmens ein. Beispiele hierfür sind Produktionsausfälle durch Maschinendefekte oder Streiks.[54] Im *finanzwirtschaftlichen Bereich* treten betriebliche Risiken vor allem in Form des operativen Risikos auf, das hier – wie im Bankenbereich – als Risiko aus mangelhaften Planungs-, Informations-, Abwicklungs- und Kontrollsystemen für finanzielle Transaktionen des Unternehmens verstanden wird.[55]

Unter *Marktrisiken* fallen das *ökonomische* und das *Währungsumrechnungsrisiko*. Letzteres ist nicht mit dem eigentlichen Währungsrisiko zu verwechseln, welches unter die ökonomischen Marktrisiken fällt. Vielmehr resultiert es ausschließlich aus den Umrechnungsmethoden für die bilanzielle Konsolidierung von ausländischen Tochtergesellschaften, die nicht in der funktionalen Währung der Muttergesellschaft wirtschaftlich tätig sind. Da dieses Risiko üblicherweise weder direkte noch indirekte Zahlungswirkung besitzt, kann es zwar das buchhalterische Reinvermögen und den Konzerngewinn, jedoch nicht den finanziellen Überschuss des Konzerns beeinflussen. Daher wird üblicherweise empfohlen, das Währungsumrechnungsrisiko nicht abzusichern.[56]

Das *ökonomische Risiko* hingegen unterteilt sich in Transaktionsrisiko, latentes Risiko und Wettbewerbsrisiko. Ein *Transaktionsrisiko* liegt bei Geschäften vor, die bereits vertraglich vereinbart sind, deren Preis jedoch erst zu einem zukünftigen Zeitpunkt festgesetzt wird. Im Rechnungswesen können sich solche Geschäfte in Form von Forderungen, Verbindlichkeiten, schwebenden Geschäften oder Drohverlustrückstellungen auswirken. Insbesondere als Güterpreisrisiko für Rohstoffe und Fertigprodukte spielt das Transaktionsrisiko eine entscheidende Rolle für Industrie- und Handelsunternehmen.[57]

Das *latente Risiko* beschreibt die preis- als auch mengenmäßige Unsicherheit, die mit internationalen Ausschreibungen verbunden ist.[58] Als *Wettbewerbsrisiko* werden ungünstige Ergebnisveränderungen aufgrund einer Verschlechterung der Position des Unternehmens im Vergleich zu seinen Wettbewerbern bezeichnet. Als Folge der entsprechenden Preis- und/oder

---

[54] Vgl. Bühler (1998), S. 208; Gebhardt/Mansch (2001), S. 24-25. Eine detailreichere Aufgliederung der betrieblichen Risiken findet sich unter dem Begriff der *leistungswirtschaftlichen Risiken* zum Beispiel bei Bayram (2007), S. 28-34 oder bei Diederichs et al. (2004), S. 190.

[55] Vgl. Gebhardt/Mansch (2001), S. 25-26.

[56] Vgl. etwa Pausenberger/Glaum (1993), S. 768-770 und O'Brien (1997), S. 21-28.

[57] Vgl. Buckley (1986), S. 132; Bühler (1998), S. 209; Gebhardt/Mansch (2001), S. 26-27.

[58] Der Begriff latenter Risiken wird auch in anderem Kontext genutzt, so zum Beispiel bei Hahn (1987), der darunter verdeckt vorhandene Risiken versteht. (Vgl. Hahn (1987), S. 138.)

Mengenänderungen sinken die Einzahlungen oder steigen die Auszahlungen des Unternehmens.[59]

Eine wichtige Abgrenzung der vier Formen von Marktrisiko betrifft die Frage, welche *Risikofaktoren der Märkte* auf sie wirken: Sowohl das Währungsumrechnungsrisiko als auch die drei genannten Ausprägungen des ökonomischen Risikos implizieren alle ein *Preisrisiko*. Das latente und das Wettbewerbsrisiko unterliegen zusätzlich einem *Mengenrisiko*, also der Gefahr, „dass eine Abweichung der tatsächlich zugegangenen oder abgesetzten Menge von der geplanten Referenzmenge auftritt“[60].[61]

Die Gruppe der *sonstigen Risiken* untergliedert sich in *Bonitäts-*, *Liquiditäts-*, *Länder-*, *Reputations-* und *juristische Risiken*, die hier jedoch nicht näher betrachtet werden.

2.2.3 Finanzwirtschaftliches Risikomanagement und der Risikomanagementprozess

Während in den 1980er Jahren Banken verstärkt im Fokus der Risikomanagementforschung standen, setzte die Professionalisierung des Risikomanagements bei Industrie- und Handelsunternehmen zeitverzögert in den 1990er Jahren ein und hat stetig an Bedeutung gewonnen.[62]

Diese Entwicklung lässt sich anhand verschiedener Aspekte erklären: Zum einen waren Banken mit den Möglichkeiten derivativer Finanzinstrumente weitaus besser vertraut, da sie maßgeblich an der Entwicklung von Produkten und Märkten zum Transfer von Marktrisiken beteiligt waren.[63] Zum anderen beruhen die Risikopositionen eines Finanzunternehmens ausschließlich auf finanziellen Ansprüchen und Verpflichtungen, während im Vergleich die Struktur risikobehafteter Zahlungen bei Industrie- und Handelsunternehmen deutlich komplexer ist. Damit geht einher, dass die vergleichsweise höhere Liquidität in den Märkten für im Bankensektor relevante Risikoarten die Entwicklung dieser Märkte bevorzugt hat.[64] Nicht

---

[59] Vgl. Gebhardt/Mansch (2001), S. 28; Bühler (1998), S. 209. Der Begriff von latenten Risiken wird unterschiedlich genutzt. Hahn (1987) versteht hierunter zum Beispiel verdeckt vorhandene Risiken. (Vgl. Hahn (1987), S. 138.)

[60] Gebhardt/Mansch (2001), S. 27. Bezüglich des Transaktionsrisikos gilt diese Aussage nur eingeschränkt, wenn auch geplante Geschäfte bei dessen Erfassung berücksichtigt werden. In der Praxis relativiert sich das Mengenrisiko, wenn ausschließlich geplante Transaktionen mit einer hohen Realisationswahrscheinlichkeit in die Risikoanalyse eingeschlossen werden. (Vgl. Gebhardt/Mansch (2001), S. 26-27.)

[61] Zum Mengenrisiko als Risiko bei der Absatzplanung siehe auch Braun (1984), S. 132-134.

[62] Vgl. Eichhorn/Heil (2007), S. 73.

[63] Vgl. Gebhardt/Mansch (2001), S. 6.

[64] Vgl. Gebhardt/Mansch (2001), S. 7. Künftige risikobehaftete Zahlungsströme resultieren hier nicht aus-

zuletzt haben rechtliche und regulatorische Rahmenbedingungen in der Finanzindustrie einen traditionell höheren Stellenwert und somit frühzeitig die Entwicklung der entsprechenden Theorien und Modelle gefördert.[65]

Das strategische Rahmenkonzept des Risikomanagements bildet die *Risikopolitik*, die die Ausprägung von Aufgaben und Funktionen des Risikomanagements bestimmt.[66] Sie formuliert in Form von risikopolitischen Grundsätzen, in welchem Ausmaß das Unternehmen bereit ist, Risiken zu tragen, und legt das Zielsystem des Unternehmens im Umgang mit Rendite-Risiko-Entscheidungen fest.[67] Die unternehmensindividuelle Risikoaversion bzw. -freudigkeit folgt im Wesentlichen aus der subjektiven *Risikokultur* des Unternehmens sowie seiner objektiven *Risikotragfähigkeit*.[68] Abbildung 2-4 veranschaulicht den Kontext der Risikopolitik.

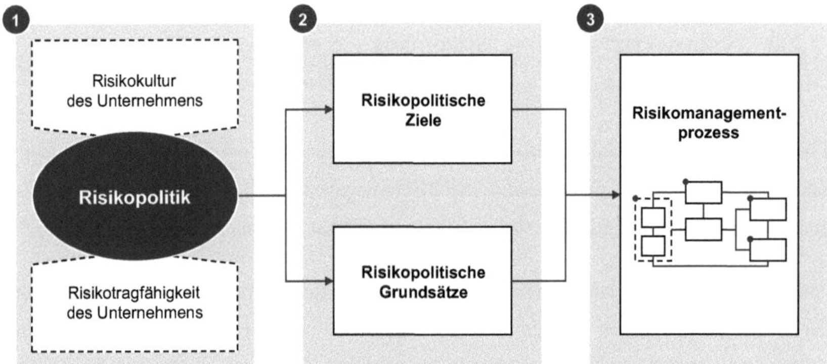

Abbildung 2-4: Risikopolitik als Leitrahmen für das Risikomanagement[69]

Für den Zweck dieser Arbeit wird der Risikomanagementbegriff im Sinne eines *finanzwirtschaftlichen Risikomanagements* verstanden, dessen Funktion in der Analyse und Steuerung von Risiken besteht, die entweder „im Leistungsbereich der Unternehmung entstanden sind, sich aber auch auf finanzwirtschaftliche Zielgrößen auswirken und deren Konsequenzen

schließlich aus finanziellen Ansprüchen und Verpflichtungen sondern vielmehr aus der primären Geschäftstätigkeit der Unternehmen.

65 Vgl. Pfennig/Schäfer (1999), S. 585-586 und Bartram (1999), S. 1-2. Eine tiefer gehende Darstellung des Einflusses bankbetrieblicher Regulierungen auf das industrielle Risikomanagement findet sich bei Bühler (1998), S. 212-214. Weiterführend zur Entwicklung des unternehmerischen Risikomanagements siehe auch Millo/MacKenzie (2009) sowie Paape/Speklé (2012).

66 Vgl. Vogler/Gundert (1998), S. 2379; Fiege (2005), S. 97 und Bayram (2007), S. 57.

67 Vgl. Haller (1978), S. 483; Haller (1986), S. 25 und Scheffler (1994), S. 19.

68 Vgl. Diederichs (2004), S. 16 und Löw/Roggenbuck (2002), Sp. 1395-1396. Auf die Rolle der Risikotragfähigkeit wird in Kapitel 2.3.3.1 detaillierter eingegangen.

69 Quelle: Eigene Darstellung in Anlehnung an Haller (1986), S. 25 und Scheffler (1994), S. 19.

durch Finanztitel beeinflussbar sind“[70] oder die unmittelbar aus dem Abschluss von Finanzkontrakten und -titeln resultieren. Vornehmlich gilt das finanzwirtschaftliche Risikomanagement den Marktpreisrisiken.[71] Ein breiteres Verständnis von Risikomanagement wie zum Beispiel bei Bitz (1993) ist hier nicht hilfreich, da diese sehr allgemeine Auffassung unter anderem Fragen der strategischen Position, Fertigungstiefe oder Lieferanten- und Kundenabhängigkeiten umfasst, die hier nicht Untersuchungsobjekt sind.[72]

Dementsprechend wird im Folgenden *Risikomanagement* als die Gesamtheit aller Institutionen, Prozesse und Instrumente definiert, die auf Basis einer festgelegten Risikopolitik der systematischen und permanenten Identifizierung, Bewertung und Überwachung von Risiken, der Gestaltung der Risikoposition mittels risikopolitischer Instrumente sowie der Überwachung dieser Aktivitäten mit dem Ziel dienen, über die Wahrung der Existenz des Unternehmens hinaus den Unternehmenswert zu steigern.[73]

Die Arbeit fasst Risikomanagement als eine umfassende Funktion der unternehmerischen Führung auf, „die nicht allein auf die Absicherung von Unternehmen gegen Risiken abstellt, sondern sämtliche Aspekte der Bestimmung und Bewertung von Risiken sowie der Auswahl und Implementierung von Maßnahmen zu ihrer Steuerung einschließt“[74]. Sie folgt somit dem Verständnis von DRS 5.9, der Risikomanagement als „[n]achvollziehbares, alle Unternehmensaktivitäten umfassendes System [beschreibt], das auf Basis einer definierten Risikostrategie ein systematisches und permanentes Vorgehen mit folgenden Elementen umfasst: Identifikation, Analyse, Bewertung, Steuerung, Dokumentation und Kommunikation von Risiken sowie die Überwachung dieser Aktivitäten“[75].

Das primäre *Ziel* des Risikomanagements ist folglich die Existenzsicherung des Unternehmens:[76] Es gilt zu prüfen, inwieweit die Auswirkungen von Risiken auf Ergebnis und Insolvenzwahrscheinlichkeit des Unternehmens seiner Risikotragfähigkeit entgegenstehen.[77] Als

---

[70] Oehler/Unser (2002), S. 15.
[71] Vgl. Bühlmann (1998), S. 29 und 32-34.
[72] Vgl. Bitz (1993), S. 643-644.
[73] Vgl. Löw (2006), S. 171, Bartram (1999), S. 17; Bayram (2007), S. 56 und DRS 5.9. Der hier gewählte Risikomanagementbegriff folgt im Wesentlichen der finanzwirtschaftlichen Begriffsbildung bei Bartram (1999) und ist als Risikomanagement i. w. S. aufzufassen. Er wird nachfolgend vom Risikomanagement i. e. S. abgegrenzt.
[74] Bartram (1999), S. 17.
[75] DRS 5.9.
[76] Vgl. Bartram (1999), S. 17 und Diederichs (2004), S. 12. Hierzu ausführlicher bereits Ulrich (1978), S. 20.
[77] Vgl. Bühler (1998), S. 214.

sekundäre Zielsetzung dient die Wertsteigerung des Unternehmens.[78] Nicht die unbedingte Vermeidung von Risiken, sondern vielmehr ein planvolles, zielgerichtetes Handeln gegenüber unternehmerischen Risiken im Sinne einer Rendite-Risiko-Abwägung bestimmt folglich das Vorgehen.[79]

Die *Aufgabe* des Risikomanagements besteht darin, im Einklang mit den Grundsätzen der Risikopolitik des Unternehmens seine Risikopositionen in einem systematischen und kontinuierlichen Vorgehen zu koordinieren. Dies erfolgt im Rahmen des Risikomanagementprozesses.[80]

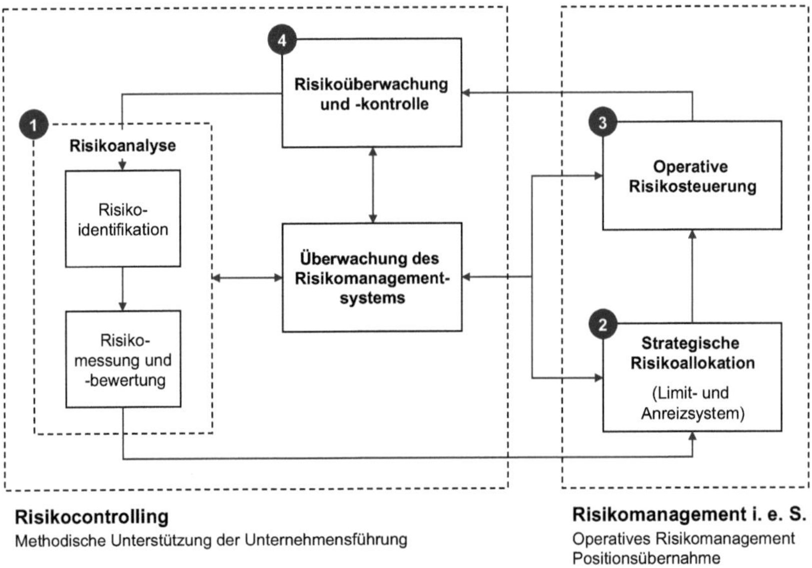

Abbildung 2-5: Risikomanagement (i. w. S.) als unternehmerische Führung[81]

---

[78] Vgl. Bartram (1999), S. 17. Dies umfasst im Wesentlichen das Verständnis von Wolf/Runzheimer (2003) und Sauerwein/Thurner (1998), die statt Steigerung des Unternehmenswertes von der Sicherung des künftigen Unternehmenserfolges und von der Minimierung der Risikokosten sprechen. Das Ziel des Risikomanagements ist nicht mit dem der Unternehmensleitung zu verwechseln. Deren primäre Zielsetzung gilt der Unternehmenswertsteigerung, während die Existenzsicherung hierbei Sekundärziel ist.

[79] Vgl. Banse/Bechmann 1998, S. 43; Bayram (2007), S. 54-55 und Härle-Willerich/von Rekowski (2005), S. 3. Entsprechende Risikomaße des Rendite-Risiko-Managements werden in Kapitel 2.3.2 vorgestellt.

[80] Vgl. Bayram (2007), S. 54.

[81] Quelle: Eigene Darstellung in Anlehnung an Gebhardt/Mansch (2001), S. 151; Rudolph/Johanning (2000), S. 17-18; Burger/Buchhart (2002), S. 61; Hölscher (2002), S. 13.

Der *Risikomanagementprozess* (oder das *Risikomanagementsystem*) beschreibt den Kreislauf von Risikoanalyse (Risikoidentifikation und -bewertung), strategischer Risikoallokation und operativer Risikosteuerung sowie Risikoüberwachung und -kontrolle. Alle Prozessschritte unterliegen der Überwachung des Risikomanagementsystems.[82] Abbildung 2-5 veranschaulicht diese Zusammenhänge.

Der gesamte Risikomanagementprozess lässt sich in das *Risikocontrolling* und das *Risikomanagement i. e. S.* unterteilen.[83] Das Risikocontrolling umfasst die Informationsbereitstellung über die aus den Primäraktivitäten des Unternehmens resultierenden Risikoposition sowie die zieladäquate Koordination aller Aktivitäten bezüglich dieser Risikoposition und unterstützt das Management methodisch.[84] Das Risikomanagement i. e. S. ist eine Sekundäraktivität des Unternehmens, um dessen *Risikoposition* zu modifizieren.[85] Da hier die operative Entscheidung zum Rahmen der Risikoübernahme[86] sowie deren Ausführung erfolgt, wird dies auch als *operatives Risikomanagement* bezeichnet. Das Risikocontrolling schließt also alle Planungs- und Kontrollaktivitäten ein, während das Risikomanagement i. e. S. alle Steuerungsaktivitäten umfasst.[87] Die Gesamtheit von Risikocontrolling und Risikomanagement i. e. S. entspricht der obigen Definition des Risikomanagements i. w. S.[88]

Bevor in Kapitel 2.3 die Ausgestaltung der einzelnen Prozessschritte erläutert wird, sei an dieser Stelle zunächst ein Überblick über ihre Aufgaben gegeben:

---

82 Die hier gewählte Darstellung basiert auf Gebhardt/Mansch (2001); Rudolph/Johanning (2000); Burger/Buchhart (2002) und Hölscher (2002). In Details variierende Auffassungen vertreten beispielsweise Diederichs (2004); Lück (2001); Oehler/Unser (2002) oder Reichling (2007).

83 Vgl. Buschmann (1992), S. 722; Rudolf/Johanning (2000), S. 17-18; Kropp (1999), S. 131-133 und BaFin (2009), AT 4.3.2, Tz. 1.

84 Vgl. Kropp (1999), S. 131, Hornung et al. (2000), S. 158 und Fiege (2005), S. 81.

85 Vgl. Oehler/Unser (2002), S. 36.

86 Den Schritt der Risikoallokation können abweichende Auffassungen auch dem Risikocontrolling zuordnen. Dies würde die gesetzten Limite und Anreize ausschließlich als Kontrollfunktion wahrnehmen. Hier wird dieser Prozessschritt jedoch als die Ausrichtung des Unternehmens auf ein definiertes Risikoprofil und somit als Steuerungsfunktion begriffen, die der operativen Ausführung vorangestellt ist. Das Risikocontrolling hingegen verfolgt ausschließlich das Ziel, Risikotransparenz zu schaffen.

87 Vgl. Fiege (2005), S. 61. Die Risikosteuerung ist folglich Gegenstand, aber nicht Bestandteil des Risikocontrollings. (Vgl. Gebhardt (2002), Sp. 1721.)

88 In Anlehnung an Strohmeier (2007), S. 48-51 kann man das Risikocontrolling auch als Phase der Willensbildung und das Risikomanagement i. e. S. als Phase der Willensdurchsetzung auffassen, wobei dort die Risikoüberwachung und -kontrolle letzterer zugeordnet wird.

Den Ausgangspunkt der *Risikoanalyse* bildet die *Risikoidentifikation*. Hier werden die risikobehafteten Strom- und Bestandsgrößen des Unternehmens als Zielvariablen sowie deren Risikofaktoren bestimmt und die entsprechenden Maßgrößen abgeleitet.[89]

Die identifizierten Risikofaktoren sind im Rahmen der *Risikomessung und -bewertung* bezüglich ihrer Wirkung auf die Risikoposition des Unternehmens – also auf die aus ihnen resultierenden Gewinn- und Verlustpotentiale – zu prüfen.[90] Die Risikomessung als erster Schritt untersucht die Ursachen und Auswirkungen der Gesamtheit der identifizierten Risikofaktoren, um das risikobehaftete Umfeld des Unternehmens zu erfassen.[91] Die Risikobewertung als zweiter Schritt schafft die Verbindung der gemessenen Risikofaktoren zu den Zielvariablen des Unternehmens, um schließlich die spezifische Risikoposition des Unternehmens abzuleiten.[92] Hierzu werden verschiedene Verfahren eingesetzt, anhand deren Risikomaße das Risiko bewertet werden kann.[93]

Dies erfolgt für jedes Einzelrisiko mit der Zielsetzung, durch Aggregation der Risikopositionen gegenüber den jeweiligen Einzelrisiken die Gesamtrisikoposition des Unternehmens – einschließlich ihrer Diversifikationseffekte – zu ermitteln.[94]

Im Rahmen der *strategischen Risikoallokation* wird das Anreiz- und Limitsystem für das operative Risikomanagement bestimmt, um in Form von Maximalwerten die grobe Risikoposition des Unternehmens zu steuern.

Gleichzeitig ist zurückgreifend auf die Risikomessung und -bewertung festzustellen, ob ein Risiko ein Ausmaß erreicht, das operative Steuerungsmaßnahmen erforderlich macht. Dafür wird ein Soll-Ist-Vergleich zwischen der aggregierten Netto-Risikoposition und den definierten Risikolimiten durchgeführt.

In der *operativen Risikosteuerung* werden gezielte Steuerungsmaßnahmen ergriffen, wenn die vorherige Analyse ergeben hat, dass die Risikoposition des Unternehmens hinsichtlich der

---

89 Vgl. Williams et al. (1998), S. 66 und 68; Scharpf/Luz (2000), S. 78; Gebhardt/Mansch (2001), S. 151; Gebhardt (2002), Sp. 1715.

90 Vgl. Baetge/Schulze (1998), S. 944; Gebhardt/Mansch (2001), S. 153.

91 Vgl. Farny (1978), S. 327; Baetge/Schulze (1998), S. 944; Dobler (2004), S. 17.

92 Vgl. Liebwein (2000), S. 29-31; Dobler (2004), S. 18 sowie die Ausführungen zu Risikofaktoren und Unternehmensrisiken in Kapitel 2.2.1.

93 Vgl. Gebhardt (2002), Sp. 1719 sowie die Darstellung der Methoden zur quantitativen und zur qualitativen Risikomessung und -bewertung in Kapitel 2.3.2.

94 Vgl. Gebhardt (2002), Sp. 1718-1719.

einzuhaltenden Limite noch nicht erreicht ist.[95] Sie soll sicherstellen, dass das Unternehmen nur den Risiken ausgesetzt ist, die tatsächlich eingegangen werden sollen.[96] Dafür stehen verschiedene risikopolitische Instrumente zur Verfügung.[97]

Die *Risikoüberwachung und -kontrolle* ist als Erfolgskontrolle zu verstehen, ob durch die Maßnahmen des operativen Risikomanagements die von der Unternehmensleitung festgesetzten Zielvorgaben erreicht wurden.[98] Zu diesem Zweck bildet sie die Auswirkungen der geschäftspolitischen Entscheidungen sowie der Maßnahmen der Positionsübernahme auf die Risikoposition des Unternehmens ab. In Form der Risikoberichterstattung zeigt sie Einhaltung, Auslastung und Überschreitung von vorgesehenen Limiten auf und leitet diese Informationen der Unternehmensführung zu.[99]

Neben dieser *Abweichungsanalyse* umfasst dieser Prozessschritt gleichsam eine *Vollständigkeitskontrolle*, ob alle relevanten Risikofaktoren in der Risikoidentifikation erfasst wurden, sowie eine *Methodenkontrolle*, ob jeweils die richtigen Instrumente gewählt wurden.[100]

Durch die Ergebnisse ihrer Analyse unter anderem zu noch bestehenden Restrisiken spannt die Risikoüberwachung und -kontrolle den Bogen zur Ausgangsphase der Risikoanalyse und schließt den Regelkreis des Risikomanagementprozesses.[101]

Schlussendlich unterliegt der gesamte Risikomanagementprozess einer kontinuierlichen Systemprüfung in Form der *Überwachung des Risikomanagementsystems*, die dessen Existenz, Funktionsfähigkeit und Wirksamkeit sicherstellt und die im Gegensatz zu der prozessabhängigen Risikoüberwachung und -kontrolle prozessunabhängig ist.[102]

Somit werden nicht nur die Risiken selbst, sondern auch die Prozesse zu ihrer Analyse, Steuerung und Kontrolle überwacht.[103]

---

[95] Vgl. Oehler/Unser (2002), S. 20. Die operative Risikosteuerung lässt sich folglich als die aktive Steuerung des Risiko-Exposure des Unternehmens verstehen, während die Herleitung von Limiten im Rahmen der strategischen Risikoallokation passiven Steuerungscharakter hat.

[96] Vgl. Scharpf/Luz (2000), S. 79.

[97] Auf die risikopolitischen Instrumente der Risikosteuerung geht Kapitel 2.3.3.2 ein.

[98] Vgl. Crouhy et al. (2001), S. 629-630 und Oehler/Unser (2002), S. 20.

[99] Vgl. Wittmann (2000a), S. 815; Gebhardt (2002), Sp. 1721 und Strohmeier (2007), S. 50-51.

[100] Vgl. Burger/Buchhart (2002), S. 52-53.

[101] Vgl. Heinen (1992), S. 23; Heinen (1991), S. 36; Weber et al. (1999a), S. 1716.

[102] Vgl. Gernoth (2001), S. 299-300; Scharpf/Luz (2000), S. 79 und Dobler (2004), S. 19-20.

[103] Vgl. Diederichs et al. (2004), S. 189; Burger/Buchhart (2002), S. 54.

2.2.4 Finanzielles Hedging

Hedging bezeichnet in dieser Arbeit ein risikopolitisches Instrument zur Risikoreduktion, um mit Hilfe von (vor allem derivativen) Finanzinstrumenten das systematische Risiko von Preisänderungen oder Cash Flows teilweise oder gänzlich an eine dritte Partei zu übertragen.[104] Dieser Definition liegt das Begriffsverständnis des *finanziellen Hedging* zugrunde. Operative Anpassungsmaßnahmen als Pendant dazu auf der Realgüterebene bezeichnet die Literatur als *operatives Hedging*.[105] Sie sind jedoch nicht Inhalt dieser Arbeit.

Als Gegengeschäft zu der abzusichernden offenen Risikoposition (*Grundposition, Grundgeschäft, hedged position*) umfasst der *Hedge* ein oder mehrere Sicherungsinstrumente (*Sicherungsposition, hedging instrument*), die dem gleichen Risiko unterliegen, sich jedoch wertmäßig gegenläufig verhalten und somit kompensatorisch die Nettoposition reduzieren oder schließen.[106]

Hedging ist folglich die praktische Anwendung des *Diversifikationsprinzips*:[107] Das Ziel der Hedging-Strategie besteht darin, „die Wahrscheinlichkeitsverteilung der risikobehafteten Position durch den Aufbau einer Gegenposition so zu verändern, dass das Portefeuille aus Risikoposition und Hedge-Position eine Wahrscheinlichkeitsverteilung mit deutlich reduzierter Streuung aufweist“.[108] Abbildung 2-6 veranschaulicht diesen Gedanken.

Im Idealfall einer vollständig negativen Korrelation zwischen der mit Risiko behafteten Ausgangsposition und der aufgebauten Gegenposition verhalten sich die Wertänderungen beider Positionen exakt gegenläufig. Ein sowohl fristen- als auch mengenkongruenter, vollständiger Risikoausgleich erfolgt (*perfect hedge* oder *covering*) so, dass Bestands- und Stromgrößen des Unternehmens keiner Volatilität mehr unterliegen. Dieser Idealfall ist in der Praxis selten anzutreffen, vor allem wenn Laufzeiten, Beträge (Kontraktvolumen) oder Bezugsobjekte von Grund- und Absicherungsposition nicht identisch gestaltet werden können, weil entsprechen-

---

[104] Vgl. Dufey (1993), S. 616-617; Gebhardt/Naumann (1999), S. 1462; Cusatis/Thomas (2005), S. 1; Nguyen (2007), S. 39. Für eine ausführliche Darstellung der risikopolitischen Instrumente der Risikosteuerung siehe Kapitel 2.3.3.2.

[105] Vgl. Bartram (1999), S. 24-26. Für ausführlichere Darstellungen zum operativen Hedging siehe auch Shapiro/Titman (1985), S. 52-53; Miller (1992), S 320-325; Amihud (1994), S. 52-53 und Mason (1995), S. 180-181.

[106] Vgl. Scheffler (1994), S. 56, Schmidt (1996), S. 55 und Schwarz (2006), S. 29. Weiterführend siehe Grebe (1993), S. 58-60

[107] Vgl. Bitz (1993), S. 649-650; Bühler (1998), S. 210 sowie im Original bei Markowitz (1952).

[108] Oehler/Unser (2002), S. 32 bezugnehmend auf Bodie/Merton (1997), S. 224-227.

de Finanzinstrumente nicht verfügbar sind. Der Teil des Gesamtrisikos, der aufgrund dieser Friktionen nicht absicherbar ist, wird als *Basisrisiko* bezeichnet.[109]

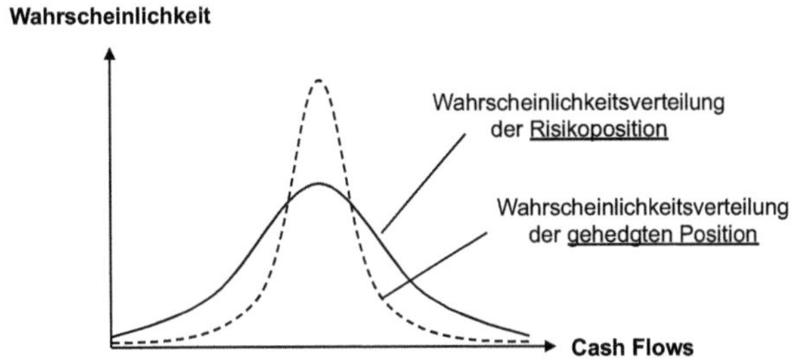

Abbildung 2-6: Wahrscheinlichkeitsverteilung einer risikobehafteten Position mit und ohne Hedging[110]

In Bezug auf Rohstoffpreisrisiken resultiert die ursprüngliche Risikoposition in der Regel aus güterwirtschaftlichen Positionen in dem sogenannten *physischen Markt* für Rohstoffe. Zum Hedging hingegen wird üblicherweise auf den – in Anlehnung an Wertpapiere als *Papiermarkt* bezeichneten – Markt für derivative Finanzinstrumente zurückgegriffen.[111]

Obwohl es sich bei Hedging um eine Methode der Risikoreduktion handelt, impliziert dies nicht zwangsläufig, dass die Risikoposition vollständig geschlossen wird. Der Grad der Absicherung hängt entscheidend von der unternehmensindividuellen Risikotoleranz ab. Einzelne Unternehmen werden daher vergleichbare Risiken zu einem unterschiedlichen Grad hedgen.[112] Das bei extremer Risikoscheu vorzufindende *vollständige Hedging* spielt in der Praxis eine deutlich geringere Rolle als das *selektive* (oder *partielle*) *Hedging*:[113] Solche teilweisen Absicherungen einer oder mehrerer Risikopositionen resultieren entweder aus Einschätzungen über die künftige Marktentwicklung oder aus einer bereits erreichten Risikoreduktion auf das gewünschte Niveau.[114] Dem *Risikoreduzierungsmotiv* (*Absicherungsmotiv*) steht dann ein *Gewinnerzielungsmotiv* (*Spekulationsmotiv*) gegenüber.[115] Hier ist zu beachten,

---

[109] Vgl. Berger (1990), S. 9-10; Grebe (1993), S. 49; Oehler/Unser (2002), S. 32-33; Rudolph/Schäfer (2005), S. 202.
[110] Quelle: Oehler/Unser (2002), S. 33.
[111] Vgl. Fusaro (1998b), S. 4.
[112] Vgl. Cusatis/Thomas (2005), S. 4. Dies wird ausführlich in Kapitel 2.3.4.1.3 im Zusammenhang mit der Hedge-Ratio aufgegriffen.
[113] Vgl. Reichling (1991), S. 35; Oehler/Unser (2002), S. 30.
[114] Vgl. Reichling (1991), S. 39-40; Cusatis/Thomas (2005), S. 5.
[115] Vgl. Johnson (1960), S. 139; Glaum/Roth (1993), S. 1189-1190; Kropp (1999), S. 58-59, Nguyen (2007),

dass der Verzicht auf eine Absicherung als Form der passiven Risikoübernahme ebenso einen spekulativen Aspekt hat wie das bewusste (aktive) Eingehen der Risikopositionen.[116]

Durchführung und Wirksamkeit eines Hedge werden durch die drei Eigenschaften *Hedging-Strategie*, *Korrelation* und *Hedge-Ratio* beschrieben.[117]

2.2.5 Finanzinstrumente als risikopolitische Instrumente der Risikosteuerung

Im Hinblick auf die spätere Analyse aus Sicht der Rechnungslegung folgen die nächsten Definitionen primär IAS 32 und IAS 39. Im Bereich der Finanzderivate wird für eine weiterführende Systematisierung der verschiedenen Derivattypen auf finanzwirtschaftliche Begriffe Bezug genommen.[118]

IAS 32.11 definiert ein *Finanzinstrument* als einen „Vertrag, der gleichzeitig bei dem einen Unternehmen zu einem finanziellen Vermögenswert und bei dem anderen Unternehmen zu einer finanziellen Verbindlichkeit oder einem Eigenkapitalinstrument führt“[119].

Finanzielle Vermögenswerte umfassen den Kassenbestand, andere flüssige Mittel, Eigenkapitalinstrumente eines anderen Unternehmens sowie Rechte darauf oder Rechte auf einen potenziell vorteilhaften Austausch von Finanzinstrumenten.[120]

Finanzielle Verbindlichkeiten entstehen aus einer vertraglichen Verpflichtung der bilanzierenden Partei, entweder flüssige Mittel an eine externe Vertragspartei zu liefern oder mit dieser Finanzinstrumente zu potenziell unvorteilhaften Bedingungen zu tauschen.[121]

Eigenkapitalinstrumente sind Verträge, die dem Eigentümer einen anteiligen Residualanspruch an allen Vermögenswerten des Unternehmens nach Abzug aller Schulden garantieren.[122]

S. 40.

[116] Vgl. Scharpf/Luz (2000), S. 123. Spekulation ist hier lediglich ein alternativer Begriff zu Risikoübernahme und geht – im Gegensatz zum allgemeinen Sprachgebrauch – in keiner Weise mit einer negativen Konnotation einher. (Vgl. Bartram (1999), S. 21.)

[117] Vgl. Scheffler (1994), S. 56-63 und Schmidt (1996), S. 56-73. In Kapitel 2.3.4.1 werden diese drei Punkte vertieft.

[118] Nach der Einführung dieser Begriffe wird in den Kapiteln 2.3.4 (im Allgemeinen), 2.4.2 für Edelmetallmärkte), 2.4.3 (für Metallmärkte), 2.5.2 (für Energiemärkte) und 2.6.2 (für Agrarmärkte) dargestellt, wie Finanzinstrumente zur Absicherung von Rohstoffpreisrisiken eingesetzt werden.

[119] IAS 32.11.

[120] Vgl. IAS 32.11.

[121] Vgl. IAS 32.11.

Obige Definition von Finanzinstrumenten schließt nicht nur die klassischen bilanziellen Finanzinstrumente, sondern auch derivative Finanzinstrumente ein, die als Finanztitel 2. Ordnung von *originären Finanzinstrumenten* (Finanztitel 1. Ordnung) unterschieden werden.[123]

Als *Derivat* definiert IAS 39.9 ein Finanzinstrument oder einen anderen Vertrag, der in den Anwendungsbereich von IAS 39 fällt und alle der drei folgenden Merkmale aufweist:

(a) Seine Wertentwicklung leitet sich von einem bestimmten *Basiswert (Underlying)* ab. Dabei kann es sich um einen Zinssatz, den Preis eines Finanzinstruments, einen Rohstoffpreis, einen Wechselkurs, einen Preis- oder Zinsindex, ein Bonitätsrating oder einen Kreditindex oder eine ähnliche Variable handeln.

(b) Es erfordert keine Anfangsauszahlung oder eine Auszahlung, die im Vergleich zu anderen Vertragsformen, von denen zu erwarten ist, dass sie in ähnlicher Weise auf Änderungen der Marktbedingungen reagieren, geringer ist.

(c) Es wird in der Zukunft beglichen.[124]

Systematisieren lassen sich Finanzinstrumente nach dem Zeitpunkt ihres Vertragsabschlusses: Stimmt dieser nicht mit dem Erfüllungszeitpunkt überein, werden Derivate als *Termingeschäfte* bezeichnet, die auf *Terminmärkten* gehandelt werden. Die ihnen zugrundeliegenden Basiskontrakte werden hingegen als *Kassageschäfte* auf *Kassamärkten* abgeschlossen.[125]

Finanzderivate werden üblicherweise in *unbedingte* (*symmetrische*, *deterministische*) und *bedingte* (*asymmetrische*, *optionale*) *Derivate* untergliedert.[126]

Bei unbedingten Derivaten erwirbt der Halter von dem Stillhalter das Recht und die Pflicht, zu einem bestimmten zukünftigen Zeitpunkt eine bestimmte Menge des Basiswerts zu einem bestimmten Preis zu erwerben. In Abhängigkeit von der Wertentwicklung des Basiswerts in Relation zu dem festgesetzten Terminpreis resultiert aus dem Derivat folglich ein Vermögenswert- oder ein Schuldcharakter. Aufgrund der beidseitigen Partizipation an positiven wie

---

122 Vgl. IAS 32.11.

123 Vgl. Löw/Lorenz (2005), S. 429; Oehler/Unser (2002), S. 17. Auf eingebettete Derivate wird in Kapitel 3.3.6 eingegangen.

124 Vgl. IAS 39.9 und Löw/Lorenz (2005), S. 430.

125 Vgl. Steiner/Wittrock (1993), S. 670.

126 Vgl. Bitz (1993), S. 644; Scheffler (1994), S. 38; Barckow (2004), S. 33; Brötzmann (2004), S. 22; Rudolph/Schäfer (2005), S. 14.

auch an negativen Wertänderungen wird dieser Typ auch als symmetrisches Derivat bezeichnet. Im Fall von börsengehandelten Papieren spricht man von *Futures*, bei außerbörslichen Geschäften (*over-the-counter* oder *OTC*) von *Forwards*.[127]

Swapgeschäfte als ein weiterer Typ von Finanzderivaten können als eine zeitlich gestaffelte Kombination aus Forward-Geschäften aufgefasst werden und werden daher hier unter die Termingeschäfte subsumiert. Dabei verpflichten sich die beiden Vertragspartner, die Zahlungsströme aus zwei Basiswerten für einen bestimmten Zeitraum zu tauschen.[128]

Im Gegensatz zu unbedingten Kontrakten erwirbt der Halter von bedingten Derivaten (*Option*) ausschließlich das Recht, jedoch nicht die Verpflichtung, innerhalb eines Zeitraums (*amerikanische Option*) oder zu einem festen zukünftigen Zeitpunkt (*europäische Option*) den Basiswert zu einem vorab bestimmten Preis zu kaufen (*call*) oder zu verkaufen (*put*).[129]

Abbildung 2-7 fasst diese Typisierung von derivativen Finanzinstrumenten zusammen.

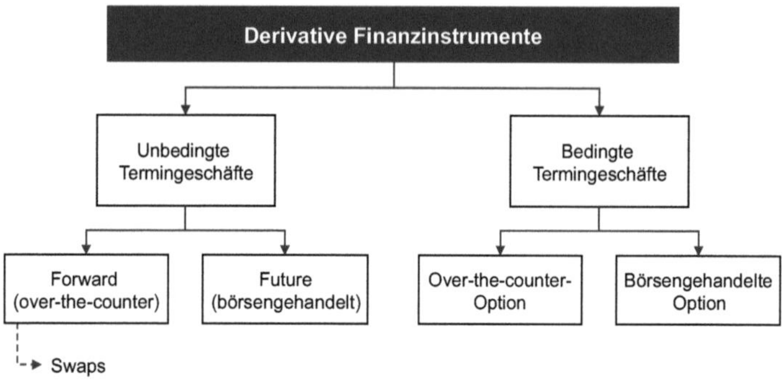

Abbildung 2-7: Systematisierung derivativer Finanzinstrumente[130]

Bezüglich ihrer Lieferbestimmungen bei Fälligkeit wird zwischen physischer Lieferung (*physical settlement*) und Barerfüllung (*cash settlement*) unterschieden. Bei letzterer tauschen die

---

[127] Vgl. Brötzmann (2004), S. 22-23; Hull (2003), S. 2 und 5; Pellens et al. (2011), S. 557.

[128] Vgl. Steiner/Wittrock (1993), S. 671; Hull (2003), S. 125 und 138; Pellens et al. (2011), S. 557.

[129] Vgl. Pellens et al. (2011), S. 557. Zum Beispiel Oehler/Unser (2002) fassen Versicherungen ebenfalls als einen Typ bedingter Derivate auf. Der Definition des IAS 39 folgend wird diese Auffassung hier nicht vertreten.

[130] Quelle: Oehler/Unser (2002), S. 18; Brötzmann (2004), S. 22.

Vertragsparteien eine Nettozahlung entsprechend der Differenz zwischen Termin- und Kassapreis aus.[131]

Börsengehandelte Derivate bedürfen zum Zweck ihrer Fungibilität einer Standardisierung im Hinblick auf die Art des Finanzinstruments, die Menge und Qualität des Basisobjekts, auf Laufzeiten, Lieferbestimmungen und auf die Quotierung.[132] Die Konditionen von OTC-Derivaten hingegen werden von den Vertragsparteien frei ausgehandelt.[133]

2.2.6 Beschaffenheit von Rohstoffen

Als Rohstoffe werden im Allgemeinen homogene Gruppen von Realgütern bezeichnet, die als Rohwaren oder Primärerzeugnisse zum überwiegenden Teil entweder am Anfang einer Wertschöpfungskette oder in einem frühen Stadium der Veredelung zu finden sind. Durch ihre üblicherweise hohe Homogenität sind sie leicht austauschbar und werden rege auf Großmärkten wie Börsen oder Auktionen sowie im außerbörslichen Freiverkehr gehandelt.[134]

Üblicherweise klassifiziert die Literatur Rohstoffe in drei Kategorien: Energieprodukte, Edelmetalle und Metalle sowie Agrarprodukte. Energieprodukte, Edelmetalle und Metalle werden oft als *harte Rohstoffe* zusammengefasst, während Agrarprodukte aufgrund ihrer Witterungsabhängigkeit und Verderblichkeit als *weiche Rohstoffe* bezeichnet werden. Abbildung 2-8 führt die üblichen Rohstoffe in den drei Gruppen auf.[135]

In der Literatur werden teilweise noch weitere Rohstoffmärkte behandelt, die sich in den letzten Jahren entwickelt haben, so zum Beispiel für Wetter, Emissionsrechte oder Frachtkosten. Der Fokus dieser Arbeit liegt jedoch auf den genannten drei Kategorien, da es sich hierbei um die Rohstoffe im klassischen Verständnis von Produktionsfaktoren handelt.

Die zentrale Besonderheit von Rohstoff- im Vergleich zu Kapitalmärkten etwa für Aktien oder Anleihen besteht darin, dass es sich bei Rohstoffen um Realgüter – d.h. primär um Verbrauchs- und nicht um Investitionsgüter – handelt. Ihr intrinsischer Wert resultiert aus ihrem Nutzen im Produktionsprozess oder aus ihrem Konsum. Nur in Ausnahmen schließen sie ein

[131] Vgl. Hull (2003), S. 31-32 und Prokop (2007), S. 337.
[132] Vgl. Oehler/Unser (2002), S. 19; Hull (2003), S. 20-23.
[133] Vgl. Scheffler (1994), S. 39.
[134] Vgl. Bünting (2007), S. 397.
[135] Vgl. Kimmig (2001), S. 70-71.

Anrecht auf einen zukünftigen Zahlungsstrom ein.[136] Das Angebot an Rohstoffen zu einem bestimmten Zeitpunkt ist stets durch ihre Produktion begrenzt und unterliegt oft saisonalen Schwankungen. Lagerbarkeit und Verfügbarkeit spielen ebenfalls eine Rolle. Des Weiteren sind Rohstoffe heterogen hinsichtlich Qualität und Güteklasse.[137]

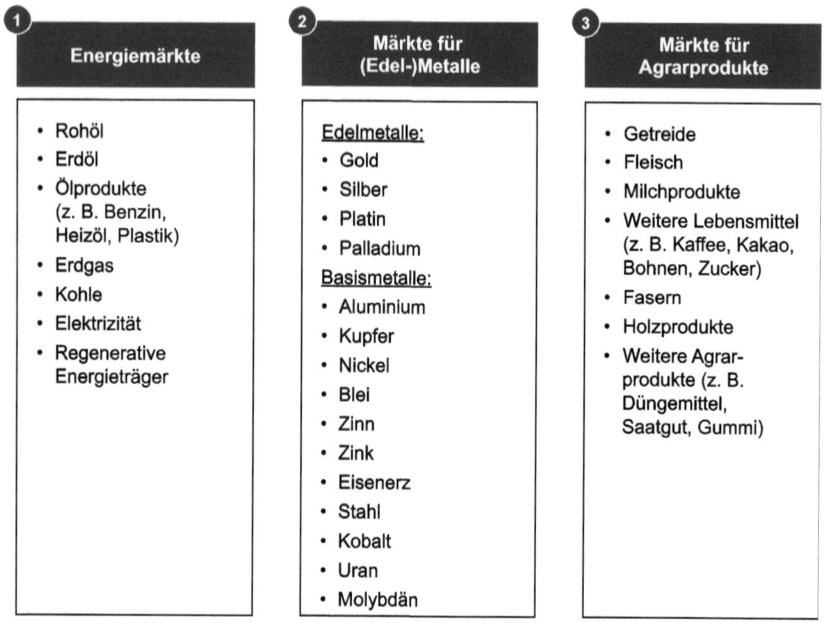

Abbildung 2-8: Kategorisierung der Rohstoffmärkte[138]

2.2.7 Marktstruktur auf Rohstoffmärkten

Auf Rohstoffmärkten ist eine deutliche Unterscheidung zwischen der physischen und der finanziellen Ebene zu treffen. Diese Trennung resultiert aus der im Gegensatz zu reinen Finanzvermögen unstandardisierten Beschaffenheit von Rohstoffen.[139]

---

136 Ansprüche auf zukünftige Zahlungsströme bestehen ausschließlich im Fall von Leihgeschäften bei Edelmetallen wie Gold oder Silber.

137 Vgl. Fabozzi et al. (2008b), S. 6-7, Anson (2008), S 38 und Das (2006a), S. 448-449.

138 Quelle: Eigene Darstellung in Anlehnung an Das (2006a), S. 540, 615 und 658; Deutsche Bank (2006); UBS (2005).

139 Vgl. Das (2006a), S. 449.

Die Preisbildung auf physischen Spotmärkten ist von anderen Angebots- und Nachfrageeffekten geprägt, als es in Aktien- oder Anleihemärkten üblich ist, deren Bewertungen direkt oder indirekt Barwertüberlegungen unterliegen. So ist aufgrund des Bedarfs an physischen Rohstoffen für den Produktionsprozess eines Unternehmens dessen Nachfrage begrenzt elastisch und eng mit der Substituierbarkeit des Rohstoffes verbunden. Das Angebot hingegen ist bestimmt durch die Produktion (bzw. Förderung oder Erzeugung) des Rohstoffes, durch dessen Lagerbestände sowie gegebenenfalls durch Rohstoffreserven zum Beispiel bei Energierohstoffen. Die Handelsgeschäfte im physischen Markt sind nicht standardisiert, so dass für jede Transaktion Qualität und Quantität, Lieferadresse und -bedingungen sowie Einzelheiten zur Abwicklung und zum Preis separat ausgehandelt werden.[140]

Für die Ebene der finanziellen Wertpapiermärkte bezogen auf Rohstoffe ist eine – wenn auch künstliche – Festlegung von standardisierten Rohstoffeigenschaften als Referenzpunkte für den Handel notwendig. Hierfür werden Kriterien hinsichtlich Qualität bzw. Güteklasse sowie Lieferort und Lieferzeit definiert.[141]

Aus den Eigenschaften von Rohstoffen ergeben sich einige Besonderheiten bei der Preisbildung auf finanziellen Rohstoffmärkten beispielsweise im Vergleich zu Zins- oder Währungsmärkten.

So setzt sich die Differenz zwischen Kassa- und Terminkursen aus zwei Komponenten zusammen: den Besitzkosten (*cost of carry*) und der Verfügbarkeitsprämie (*convenience yield*).[142]

Die *cost of carry* bezeichnen die Finanzierungskosten abzüglich der Finanzierungserträge, die aus dem Halten der physischen Position eines Rohstoffs resultieren. Dies sind hier insbesondere Kosten für die Lagerhaltung und Opportunitätskosten aus entgangenen Zinsen der Geldhaltung.[143]

Der *convenience yield* spiegelt den Nutzen wider, der dem Besitzer eines Rohstoffes aus dessen physischer Vorratshaltung erwächst. Er ist die Prämie, die der Markt für die jederzeitige

---

[140] Vgl. Geman (2005), S. xv-xvi, Das (2006a), S. 449 und UBS (2005), S. 31.
[141] Vgl. Das (2006a), S. 456-457. Diese Standardisierung ist Quelle des bereits in Kapitel 2.2.4 und später ausführlicher dargestellten Basisrisikos bei der Absicherung von Rohstoffpreisschwankungen mit Finanzderivaten.
[142] Vgl. Gebhardt/Mansch (2001), S. 126.
[143] Vgl. Gebhardt/Mansch (2001), S. 126.

Verfügbarkeit des Rohstoffes zu zahlen bereit ist, um Produktionsausfälle trotz kurzfristiger Versorgungsengpässe zu vermeiden. Diese Verfügbarkeitsprämie ist Ausdruck der nicht vollkommenen Elastizität des Angebots als Reaktion auf die Nachfrage.[144]

Die Verteilungseigenschaften von Rohstoffpreisen werden oft als *mean reversion* beschrieben, d.h. dass Rohstoffpreise dazu tendieren, zu ihrem Mittelwert zurückzukehren. Dies impliziert, dass die Wahrscheinlichkeit eines zukünftigen Preisanstiegs bzw. -verfalls von der zurückliegenden Preisentwicklung abhängig ist: Nach starken Preisausschlägen in eine Richtung ist die Tendenz zu einer gegensätzlichen Wertentwicklung zu erwarten. Diese Mittelwertrückkehr kennzeichnet die Trägheit der Anbieter, ihre Produktion auf kurzfristige Nachfrageänderungen anzupassen: Vielmehr können die Produktionskapazitäten nur mit einer zeitlichen Verzögerung erhöht bzw. reduziert werden.[145]

Ebenso spielen *Saisonalitäten* eine Rolle bei der Preisbildung. Insbesondere bei Landwirtschafts- und Energiekontrakten zeigen sich saisonale Strukturen aufgrund von regelmäßigen Schwankungen von Produktion und Verbrauch des entsprechenden Rohstoffs sowie in dessen Lagerbarkeit. Das Angebot beispielsweise vieler landwirtschaftliche Produkte ist durch ihre Erntezyklen bestimmt und unterliegt Kalender- als auch Wetterabhängigkeiten, während die Nachfrage über das gesamte Jahr konstant sein kann.[146]

Schließlich hängt die *Volatilität* stark vom Lagerbestand und – bei nicht-erneuerbaren Rohstoffen wie Öl und Gas – von den Rohstoffreserven ab. Ein steigender convenience yield drückt sinkende Lagerbestände aus, was die Sensitivität von Kassa- und Terminpreisen erhöht. In der Folge erhöht sich deren Volatilität, wobei die Volatilität der Kassakursveränderungen stärker als diejenige der Terminkurse ansteigt. Dadurch sinkt mit steigendem convenience yield die Korrelation zwischen Kassa- und Terminpreisen.[147]

Der convenience yield ist nicht intertemporal konstant, so dass die Terminkurve unterschiedliche Formen annehmen kann. Die von anderen Finanzmärkten üblicherweise bekannte Form,

---

[144] Vgl. Gebhardt/Mansch (2001), S. 126-127 und Anson (2008), S. 45-47. Mit der *Theorie der Lagerhaltung* (*Theory of Storage*) hat sich die Literatur ausführlich auseinander gesetzt. Für einen Überblick siehe Geman (2005), S. 24-28; für grundlegende Arbeiten Kaldor (1939), Working (1948), Working (1949), Brennan (1958), Telser (1958) und später Fama/French (1987).

[145] Vgl. Schwartz (1997), S. 972; Gebhardt/Mansch (2001), S. 127-128. Weiterführend vgl. auch Pindyck/Rotemberg (1990); Peterson et al. (1992); Pindyck (1993); Allen et al. (1994); Ma et al. (1990); Kolb et al. (1994); Gay et al. (1994). Kritisch hierzu zum Beispiel Irwin et al. (1996).

[146] Vgl. Kimmig (2001), S. 74-75. Weiterführend vgl. auch Roll (1984), S. 861-880; Fama/French (1987), S. 55-73; Stevens (1991), S. 1-88.

[147] Vgl. Geman (2005), S. 28-31 und Gebhardt/Mansch (2001), S. 128.

dass die Kurse länger laufender Kontrakte über dem von kurzfristigen Kontrakten verlaufen, wird als *Contango* bezeichnet. Hier fordert der Markt nur niedrige Verfügbarkeitsprämien. Bei dem umgekehrten Bild einer Terminkurve mit fallendem Verlauf wird von *Backwardation* gesprochen. Hier sind die Marktteilnehmer bereit, eine hohe Verfügbarkeitsprämie zu zahlen, so dass die Spotpreise die Terminpreise übersteigen. Abbildung 2-9 veranschaulicht die beiden Konstellationen.

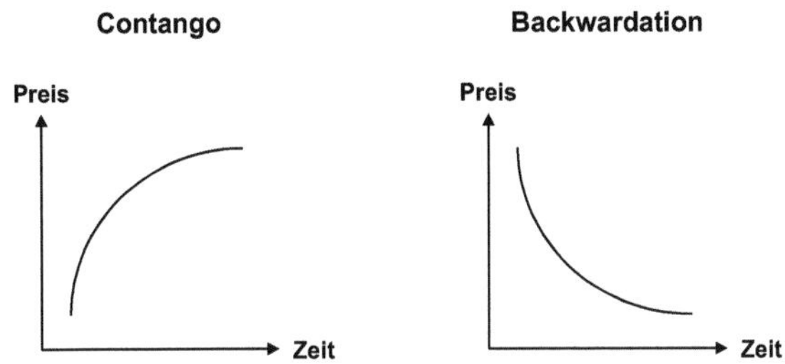

Abbildung 2-9: Terminstruktur von Rohstoffen: Contango und Backwardation[148]

Hier können sich ebenfalls saisonale Muster zeigen. So weist beispielsweise der Terminmarkt für Heizöl in der Regel im Sommer eine Contango- und im Winter eine Backwardation-Konstellation auf. Oftmals reagieren Kontrakte mit kurzen Laufzeiten volatiler auf Marktinformationen, so dass steigende Preise tendenziell eine Backwardation-Konstellation und fallende Preise tendenziell eine Contango-Konstellation zur Folge haben. Dies hängt damit zusammen, dass sich die Faktoren unterschiedlich auf die Preisbildung bei kurz- und bei langfristigen Rohstoffderivaten auswirken. Der Teil der Terminstruktur mit kurzen Laufzeiten wird durch den physischen Markt und kurzfristige Erwartungen beeinflusst. Das Nachfrage-Angebot-Gleichgewicht, der aktuelle Lagerbestand und die Sorge von Versorgungsunterbrechungen spielen eine große Rolle. Der langfristige Teil der Terminstruktur orientiert sich deutlich stärker an finanziellen Größen wie dem Zinsniveau, Inflationserwartungen und den Terminkurven verwandter Rohstoffe, die als Substitute dienen können.[149]

Im Hinblick auf die schlechtere Standardisierbarkeit von Warengütern lässt sich die Heterogenität in deren Beschaffenheit nach Lieferqualität und -herkunft, Lieferform sowie Lieferort systematisieren. Je nachdem, inwieweit ein außerbörslicher Kontrakt mit physischer Liefe-

[148] Quelle: Eigene Darstellung.

[149] Vgl. Gebhardt/Mansch (2001), S. 129-130; Gabillon (1995), S. 34-35; Das (2006a), S. 619; Geman (2005), S. 38-39; Fabozzi et al. (2008b), S. 18-22 und Kropp (1999), S. 54-55.

rung mit den Konditionen eines Future übereinstimmt, kann er daher mit einem Auf- oder Abschlag zu diesem Future gehandelt werden. Diese Differenz wird bei identischer Restlaufzeit der beiden Verträge als *physische Prämie* bezeichnet. Aufgrund dieser physischen Prämie sowie der Verfügbarkeitsprämie herrscht auf Rohstoffmärkten ein Dualismus von finanzwirtschaftlichen und angebots- bzw. nachfrageinduzierten Einflüssen auf die Preisbildung.[150]

2.2.8 Marktteilnehmer auf Rohstoffmärkten

Rohstoffe treten in Unternehmen an unterschiedlichen Stellen auf: als Ausgangs- oder Zwischenprodukte der Produktion, als Produkte des Fertigungsprozesses, als Hilfs- bzw. Betriebsstoffe oder als Handelsobjekte.[151]

Ihre Rolle hängt jeweils von der Natur des entsprechenden Marktteilnehmers ab. Abbildung 2-10 veranschaulicht, welche Rolle die verschiedenen Akteure in der Wertschöpfungskette eines Rohstoffs haben.

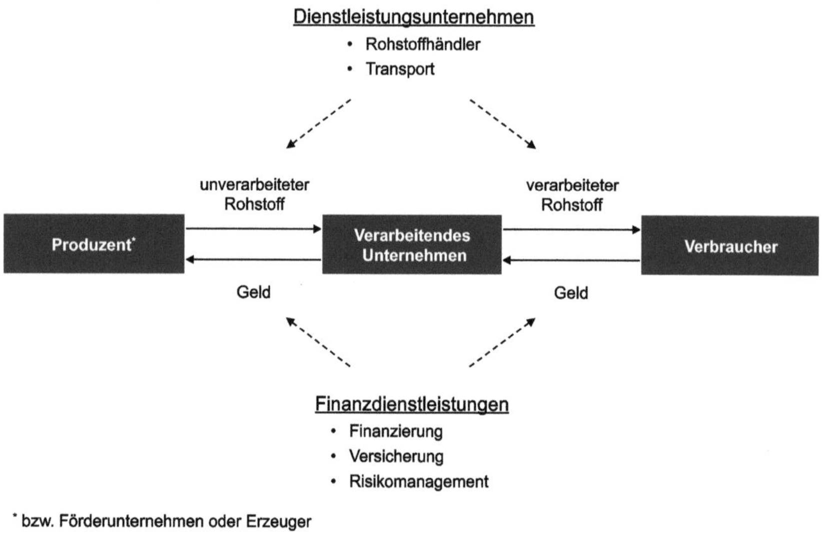

Abbildung 2-10: Marktteilnehmer und ihre Rolle in der Wertschöpfung[152]

---

[150] Vgl. Gebhardt/Mansch (2001), S. 130-131.
[151] Vgl. Priermeier (2005b), S. 22.
[152] Quelle: Eigene Darstellung in Anlehnung an Das (2006a), S. 450.

Der Schwerpunkt dieser Arbeit liegt auf Produzenten, verarbeitenden Unternehmen und Verbrauchern.[153] Dienstleistungen für diese drei Gruppen von Marktteilnehmern bieten Banken, Rohstoffhändler und Logistikunternehmen an.

Rohstoffproduzenten bzw. *-erzeuger* oder *-förderunternehmen* verkaufen den von ihnen gewonnen Rohstoff unbehandelt weiter. Diese Position haben beispielsweise Eisenerzminen, Erdölförderunternehmen oder landwirtschaftliche Betriebe inne. Produzenten haben eine *natürliche Long-Position* in ihrem Rohstoff: Sie besitzen den Rohstoff. Diese Unternehmen profitieren von steigenden Rohstoffpreisen. Demgegenüber steht das Risiko fallender Rohstoffpreise.

Der unbehandelte Rohstoff wird in *verarbeitenden Unternehmen* veredelt, um ihn anschließend an Verbraucher zu veräußern. Der Veredelungsprozess kann unterschiedliche Formen annehmen – sei es zum Beispiel die Weiterverarbeitung von Erdöl zu Heizöl, Benzin oder Kerosin bzw. von Eisenerzen zu Stahl. Nur begrenzt tragen verarbeitende Unternehmen ein unmittelbares, singuläres Rohstoffpreisrisiko. Vielmehr sind sie einem *natürlichen Preisdifferenzrisiko* zwischen den Einkaufskosten für ihr Rohprodukt und dem Verkaufspreis für ihr Fertigprodukt (*Spreadrisiko*) ausgesetzt. Der Chance von fallenden Inputpreisen bei konstanten (oder steigenden) Outputpreisen steht das Risiko fallender Outputpreise bei konstanten (oder steigenden) Inputpreisen gegenüber.

Am Ende der Wertschöpfungskette konsumieren *Verbraucher* den Rohstoff – zum Beispiel Automobilhersteller im Fall von Metallen, Energieversorger im Fall von Erdgas oder Nahrungsmittelkonzerne im Fall von Getreide. Alle Verbraucher haben eine *natürliche Short-Position* in ihrem Rohstoff, da sie ihren Bedarf an Rohstoff durch Einkauf zu decken haben. Sie profitieren von sinkenden und leiden unter steigenden Rohstoffpreisen.

Abbildung 2-11 fasst die natürlichen Risikopositionen für Rohstoffpreise dieser drei Parteien zusammen.

Die Marktteilnehmer treten mit unterschiedlichen Transaktionsmotiven auf Rohstoffmärkten auf. Für Produzenten, verarbeitende Unternehmen und Verbraucher stehen Absicherungsmoti-

---

[153] Die hier gewählte Unterscheidung ist idealtypisch. Üblicherweise nehmen Teilnehmer auf Rohstoffmärkten eine oder mehrere dieser Rollen wahr, wie die nachfolgende Fallstudie in Kapitel 4 zeigt.

ve im Vordergrund.[154] Die Aktivitäten von Rohstoffhändler und Banken hingegen können gleichermaßen auf Arbitrage- oder Spekulationsgeschäfte abzielen.[155]

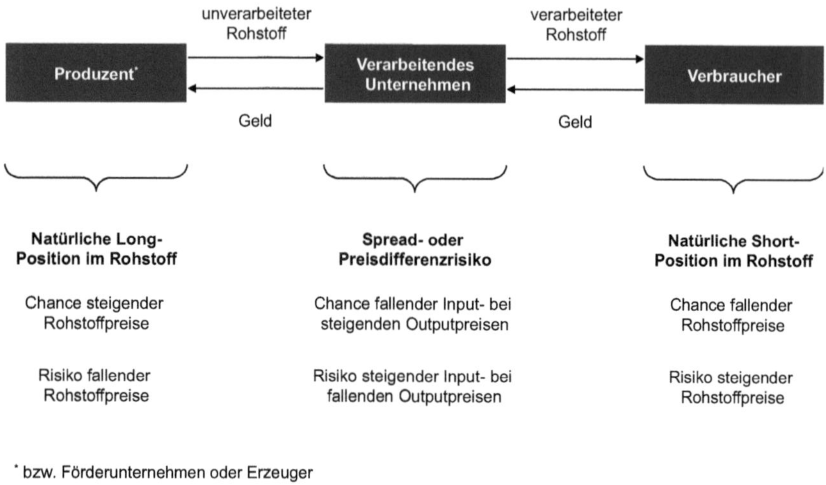

Abbildung 2-11: Marktteilnehmer und ihr natürliches Rohstoffpreisrisiko[156]

Nicht nur hinsichtlich ihrer Motive, sondern auch bezüglich des Zeithorizonts unterscheiden sich die Aktivitäten der Marktteilnehmer. Anhand einer beispielhaften Terminkurve für den Ölmarkt in Abbildung 2-12 lässt sich schematisch die Rolle der Parteien und ihre Wirkung auf die Terminstruktur erläutern.[157]

Wie auch andere Produzenten sind Ölförderunternehmen darauf angewiesen, vorab umfangreiche Investitionen zu tätigen, um ihr Erdöl zu gewinnen. Um eine ausreichende Rendite und ihre Zahlungsströme für Verpflichtungen aus der Finanzierung dieser Investitionen abzusichern, nutzen sie sowohl lang- als auch kurz- und mittelfristige Absicherungsinstrumente. Durch einen *Short-Hedge* sichern sie ihre natürliche Long-Position gegen fallende Kurse ab

---

[154] Für eine vergleichende Analyse von finanziellem Hedging und vertikaler Integration als alternative Mittel zur Diversifikation von Mengen- und Preisrisiken für Marktteilnehmer auf unterschiedlichen Stufen der Wertschöpfungskette in Strommärkten siehe Aïd et al. (2011).

[155] Vgl. Kimmig (2001), S. 77-83 und Geman (2005), S. 6-9.

[156] Quelle: Eigene Darstellung in Anlehnung an Das (2006a), S. 450-452.

[157] Zur Risikosteuerung auf dem Erdölmarkt siehe auch Abschnitt 2.5.2.1.

und haben durch ihr zukünftiges Ölangebot einen preissenkenden Einfluss auf die Terminkurve.[158]

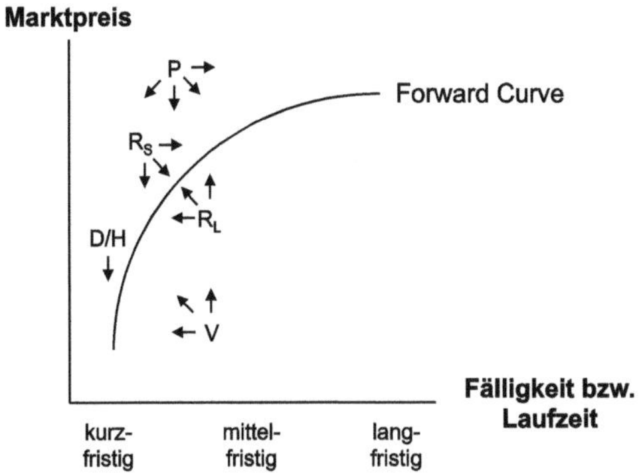

Marktteilnehmer	Sicherungsposition	Hedging-Horizont
Produzenten (P)	• Short	• Kurz-, mittel- und langfristig
Raffinierien ($R_{L/S}$)	• Long (Rohöl), Short (Öl)	• Kurz- bis mittelfristig
Distributoren/Händler (D/H)	• Short	• Kurzfristig
Verbraucher (V)	• Long	• Kurz- bis mittelfristig

Abbildung 2-12: Marktteilnehmer und die Zeitdimension[159]

Das Absicherungsverhalten von Verbrauchern wie Luftfahrtunternehmen ist davon geprägt, inwieweit substitutive Produkte verfügbar sind und inwieweit der Verbraucher in der Lage ist, höhere Rohstoffpreise im Einkauf an seine eigenen Kunden weiterzugeben. Ihre natürlich Short-Position decken sie durch kurz- bis mittelfristige *Long-Hedges* gegen steigende Kurse ab. Ihre zukünftige Nachfrage wirkt preissteigernd auf die Kontrakte mit der entsprechenden Laufzeit.[160]

Erdölraffinerien sichern ihre Spreadposition zwischen Rohöl (Short-Position) und den entsprechenden Ölprodukten (Long-Position) durch einen Long-Hedge auf dem Rohölmarkt und

[158] Vgl. Gabillon (1995), S. 33, Schofield (2007), S. 30; Das (2006a), S. 450-451 und Schmidt (1996), S. 79.
[159] Quelle: Eigene Darstellung in Anlehnung an Gabillon (1995), S. 33-35 und Schofield (2007), S. 29-30.
[160] Vgl. Gabillon (1995), S. 34; Schofield (2007), S. 30; Das (2006a), S. 451 und Schmidt (1996), S. 79.

einen Short-Hedge auf den Märkten der Ölprodukte. Hinsichtlich der Fristigkeiten nutzen sie kurz- bis mittelfristige Kontrakte.[161]

Vergleichbar zu Raffinerien, sind Distributoren und Händler ebenfalls einem Preisdifferenzrisiko ausgesetzt. Jedoch betrifft diese Preisdifferenz nur den Markt für ein Produkt und nicht für mehrere. Da Distributoren und Händler die zu einem festen Preis bezogene Ware erst zu einem späteren Zeitpunkt verkaufen, halten sie in der Regel zeitlich begrenzt ein Lager vor und treten somit ähnlich den Produzenten als Short-Hedger auf den Terminmärkten auf. Folglich ist ihre Wirkung auf den kurzfristigen Teil der Terminstruktur preissenkend.[162]

2.2.9 Markteinschätzungen, die Wettbewerbssituation und die Wahl der Absicherungsstrategie

Wegen der zahlreichen Absicherungsmöglichkeiten hat mit der Entscheidung für eine bestimmte Absicherungsstrategie stets eine – wenn auch nur implizite – Einschätzung über die zukünftige Preisentwicklung des Rohstoffes einherzugehen.[163]

So wird ein Produzent eher darauf verzichten, einen Rohstoff auf Termin zu verkaufen, dessen Terminpreis deutlich unter dem erwarteten zukünftigen Kassapreis liegt. Diese Entscheidung trifft er nicht nur aufgrund seines unmittelbaren Gewinnstrebens, sondern auch zur Sicherung seiner Wettbewerbsfähigkeit – also in Abhängigkeit von der Industriestruktur und dem Wettbewerbsumfeld des Produzenten.[164]

Selbst wenn ein Unternehmen Rohstoffpreise absichert, ist seine Gewinn- und Verlustrechnung weiterhin einem indirekten Einfluss von Rohstoffpreisschwankungen ausgesetzt. Dies kann an einem Beispiel verdeutlicht werden, in dem der Verbraucher seinen Rohstoffeinkauf im Gegensatz zu seinen Wettbewerbern durch Termingeschäfte absichert und der Marktpreis dieses Rohstoffs unter den fixierten Terminpreis sinkt. Zwar werden bei entsprechender Kor-

---

[161] Vgl. Das (2006a), S. 452; Schofield (2007), S. 30 und Gabillon (1995), S. 33.

[162] Vgl. Gabillon (1995), S. 33-34 und Schofield (2007), S. 29.

[163] Vgl. hierzu und im Folgenden Das (2006b), S. 17. Die Überlegungen dieses Kapitels setzen voraus, dass die definierten Risikolimite noch einen entsprechenden Handlungsspielraum zulassen.

[164] Dies kann als Form des Wettbewerbsrisikos aufgefasst werden, das in Kapitel 0 vorgestellt wurde. Der Zusammenhang zwischen Hedging-Verhalten und Marktstruktur gilt insbesondere bei oligopolistischen Marktstrukturen, wie Knill et al. (2006) oder Buhl et al. (2011) zeigen. Weiterführend hierzu siehe Brown (2001); Williamson (2001); Nain (2004); Adam et al. (2007); Haushalter et al. (2007); Liu/Parlour (2009); Lin/Lin (2012) sowie Loss (2012). Weiterführend zu der hiermit eng verbundenen Frage der Wirksamkeit von selektivem Hedging siehe zum Beispiel Beltratti et al. (2004); Brown et al. (2006); Wojakowski (2012) sowie Sanda et al. (2013).

relation und Hedge-Ratio die Verluste auf das Termingeschäft durch Wertsteigerungen des Grundgeschäftes ausgeglichen, jedoch beeinträchtigen die aus der Absicherung resultierenden Opportunitätskosten die Wettbewerbsfähigkeit des absichernden Unternehmens.

Schließlich profitieren Wettbewerber, die kein (oder nur ein partielles) Hedging für Rohstoffpreise durchführen, von einer günstigeren Kostenstruktur durch den Einkauf zu den aktuellen Marktkonditionen. Als Folge ihres Verzichts auf eine Absicherung und die für sie günstige Marktentwicklung können sie auf ihrem Absatzmarkt entweder bei konstanten Verkaufspreisen ihre Marge optimieren oder durch Preissenkungen Marktanteile zu Lasten des absichernden Unternehmens gewinnen.[165]

Dieselbe Logik lässt sich auf die Absicherungsstrategie eines Produzenten übertragen: Wenn sich ein Rohstoffverkäufer mit Termingeschäften absichert und seine Mitbewerber auf Hedging verzichten, können diese von steigenden Marktpreisen profitieren und eine relativ höhere Marge erzielen.[166]

2.3 Bereiche und Funktionen des Risikomanagements bei Industrie- und Handelsunternehmen

2.3.1 Risikoidentifikation

Die Risikoidentifikation ist der erste Schritt der Risikoerfassung und -analyse. Sie untersucht, welchen Risiken das Unternehmen ausgesetzt ist und welche Risikoarten im Rahmen des Risikomanagements erfasst werden sollen.[167] Folglich sind zunächst zum Beispiel anhand der eingangs vorgenommenen Kategorisierung von Risikoarten[168] die *Schwerpunktrisiken* des Unternehmens zu definieren, die anschließend – wie unter 2.3.2 dargestellt – als Untersuchungsobjekt der Risikomessung und -bewertung näher analysiert werden.[169] Dabei handelt es

---

165 Dieser Zusammenhang zwischen dem Wettbewerbsumfeld und der gewählten Sicherungsstrategie zeigt sich auch – wie im Rahmen der Fallstudie in Abschnitt 4.3.2.2 dargestellt – bei den Konzernfluggesellschaften der Lufthansa AG, die auf verschiedenen Teilmärkten mit jeweils eigenen Marktstrukturen aktiv sind.

166 Vgl. Das (2006b), S. 11.

167 Vgl. Wittmann (2000b), S. 472; Scharpf/Luz (2000), S. 78; Wolke (2008), S. 6.

168 Vgl. Abschnitt 0.

169 Vgl. Gebhardt/Mansch (2001), S. 151; Scharpf/Luz (2000), S. 134 und Mikus (2001), S. 13. Ein erheblicher Spielraum im Umfang der als Schwerpunktrisiken festgelegten Untersuchungsobjekte der Risikoidentifikation (sowie der nachfolgenden Schritte des Risikomanagementprozesses) besteht hinsichtlich der einzubeziehenden Geschäfte. So ist vorab festzulegen, in welchem Ausmaß neben kontrahierten auch geplante und latente Geschäfte berücksichtigt werden. Bühler (1998) behandelt dies ausführlich und empfiehlt, geplante Geschäfte bis zu einem bestimmten, überschaubaren Zeithorizont einzuschließen. Risiken aus latenten Geschäften sollen jedoch außerhalb der Risikoanalyse für kontrahierte und geplante Geschäfte erfasst werden.

sich nicht um eine einmalige, sondern um eine dauernde, prozessbegleitende Aufgabe, um neu entstehende Risiken nicht zu vernachlässigen.[170]

Die Bandbreite der Instrumente zur Risikoerfassung steht der Vielfalt der Risikoarten, denen ein Industrie- und Handelsunternehmen ausgesetzt sein kann, in nichts nach. Sie reichen von der unsystematischen bzw. systematischen Erhebung von Einzelrisiken zum Beispiel durch *Brainstorming* bzw. durch *Frühwarnsysteme*, *Checklisten* und *Risikokataloge* sowie *Ausfalleffekt-* und *Fehlerbaumanalysen* bis hin zur Erfassung von aggregierten Risiken – sei es durch die *Szenario-Technik* oder mehr auf strategischer Ebene mittels eines *Risikoinventars* (*Risk Map*).[171]

Die in dieser Arbeit im Vordergrund stehenden Rohstoffpreisrisiken finden sich vornehmlich an vier Stellen in einem Industrie- und Handelsunternehmen:[172]

- Preisänderungen von Grund- und Rohstoffen, die als Ausgangsprodukte der Produktion dienen,
- Preisänderungen von Hilfs- und Betriebsstoffen für den Wertschöpfungsprozess,
- Preisänderungen von Lagerbeständen und
- Preisänderungen von Verkaufsgütern, wenn der Rohstoff ein Produkt des Unternehmens oder ein Handelsgut darstellt.

Aus dieser Auflistung wird gleichermaßen deutlich, wie für das Management von Rohstoffpreisrisiken die Kompetenzen mehrerer betrieblicher Funktionen und Abteilungen – insbesondere Einkauf/Beschaffung, Produktion, Vertrieb und Finanzen – notwendig sind.[173]

Für die Risikoidentifikation bei Industrie- und Handelsunternehmen bietet der in Abbildung 2-13 gezeigte *Risikowürfel* einen geeigneten Rahmen.

(Vgl. Bühler (1998), S. 221-222.)[170] Vgl. Scheffler (1994), S. 21; Emmerich (1999), S. 1080; Weidemann/Wieben (2001), S. 1792.

[170] Vgl. Scheffler (1994), S. 21; Emmerich (1999), S. 1080; Weidemann/Wieben (2001), S. 1792.

[171] Detaillierte Beschreibungen der verschiedenen Instrumente zur Risikoerfassung finden sich zum Beispiel bei Burger/Buchhart (2002), S. 67-99; Fiege (2005), S. 109-159 oder Bayram (2007), S. 67-71. Früher auch Imboden (1983), S. 190-198 oder Jacob (1986), S. 30-31.

[172] Vgl. Priermeier (2005b), S. 22.

[173] Vgl. Priermeier (2005b), S. 211 und Fridgen et al. (2013), S. 172-173.

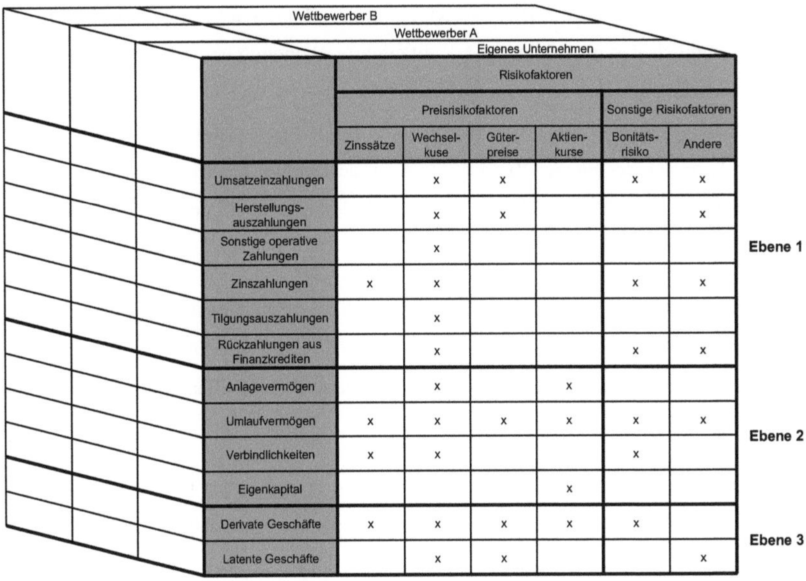

	Risikofaktoren					
	Preisrisikofaktoren				Sonstige Risikofaktoren	
	Zinssätze	Wechselkuse	Güterpreise	Aktienkurse	Bonitätsrisiko	Andere
Umsatzeinzahlungen		x	x		x	x
Herstellungsauszahlungen		x	x			x
Sonstige operative Zahlungen		x				
Zinszahlungen	x	x			x	x
Tilgungsauszahlungen		x				
Rückzahlungen aus Finanzkrediten		x			x	x
Anlagevermögen		x		x		
Umlaufvermögen	x	x	x	x	x	x
Verbindlichkeiten	x	x			x	
Eigenkapital				x		
Derivate Geschäfte	x	x	x	x	x	
Latente Geschäfte		x	x			x

Abbildung 2-13: Identifizierung der Risiken von Industrie- und Handelsunternehmen[174]

Der Risikowürfel erfasst in jeweils einer Dimension die Risikofaktoren (Spalten der Frontseite), ausgewählte von diesen Risikofaktoren betroffene Größen aus dem Rechnungswesen (Zeilen der Frontseite) sowie das Unternehmen und sein Wettbewerbsumfeld.[175]

Die Risikofaktoren bestimmen Ursache und Höhe der Risikoposition des Unternehmens. Die zweite Dimension umfasst sechs zentrale Positionen des finanziellen Überschusses (*Ebene 1*), vier entscheidende Positionen der Bilanz (*Ebene 2*) und zwei weitere Größen, die nach traditionellem Verständnis als bilanzunwirksam angesehen würden (*Ebene 3*). Die Frontseite des Würfels bildet folglich in qualitativer Form die Risikoposition des Unternehmens ab. Durch die dritte Dimension werden die komparativen Vor- und Nachteile der Risikoposition des Unternehmens im Vergleich zu Wettbewerbern dargestellt.[176]

---

[174] Quelle: Gebhardt/Mansch (2001), S. 30 in Anlehnung an Mengle (1997b), S. 14.

[175] Vgl. Gebhardt/Mansch (2001), S. 29. Gebhardt/Mansch (2001) erweitert den Ansatz des Risikowürfels auch um eine intern orientierte Variante zum Vergleich mehrerer Unternehmensbereiche. (Vgl. Gebhardt/Mansch (2001), S. 39-41; siehe auch Burger/Buchhart (2002), S. 199-202.)

[176] Vgl. Gebhardt/Mansch (2001), S. 29. Siehe auch Mengle (1997b), S. 13-20 und Burger/Buchhart (2002), S. 202.

Im Mittelpunkt einer solchen Analyse stehen die mit Marktpreisen verbundenen Risiken und somit vornehmlich das in Abbildung 2-3 aufgeführte ökonomische und Währungsumrechnungsrisiko. Mengenrisiken hingegen sind durch den Risikowürfel nur zu einem kleinen Teil und nur indirekt erfasst. Zwar lassen sich aus Preisänderungen resultierende Mengenrisiken durch den Vergleich der eigenen Risikoposition mit der der Wettbewerber untersuchen. Mengenrisiken z.B. aus latenten Geschäften werden jedoch weder direkt noch indirekt durch den Risikowürfel erfasst.[177]

In Abbildung 2-13 sind typische Ursache-Wirkung-Zusammenhänge der Risikofaktoren auf Bilanzierungsgrößen abgetragen. Hierbei wurden nur Effekte erster Ordnung – also direkte Effekte – berücksichtigt.[178] Wie die Abbildung verdeutlicht, betreffen Rohstoffpreisrisiken typischerweise alle drei Ebenen der Risikoposition.

Die Gesamtwirkung der einzelnen Risikofaktoren auf den finanziellen Überschuss hängt von Kompensationseffekten der einzelnen Überschusskomponenten ab. Diese Effekte gilt es bei der Risikomessung und -bewertung zu berücksichtigen.[179]

2.3.2 Risikomessung und -bewertung

Um die möglichen Auswirkungen der Risikofaktoren auf das Unternehmen weitergehend analysieren zu können, ist aufbauend auf der Risikoidentifikation die Risikoposition des Unternehmens zu messen und zu bewerten.[180] Zielsetzung der Risikomessung und -bewertung ist, die als relevant identifizierten Risiken näher einzuschätzen, um daraus notwendige Maßnahmen der Risikosteuerung abzuleiten.[181]

Auch wenn entsprechend DRS 5 Chancen und Risiken nicht saldiert werden dürfen, so erfolgt jedoch eine unmittelbare Verknüpfung dieser beiden in der Betrachtung, da Risiken in der Regel nur eingegangen werden, wenn die Chancen sie übersteigen.[182]

Zunächst muss zwischen Instrumenten zur quantitativen und zur qualitativen Messung und Bewertung von Risiken unterschieden werden. Die entsprechende Klassifizierung der Verfahren veranschaulicht Abbildung 2-14.

[177] Vgl. Gebhardt/Mansch (2001), S. 29.
[178] Vgl. Gebhardt/Mansch (2001), S. 30.
[179] Vgl. Gebhardt/Mansch (2001), S. 31. Siehe auch Burger/Buchhart (2002), S. 200-201.
[180] Vgl. Scheffler (1994), S. 22; Emmerich (1999), S. 1082 sowie Fiege (2005), S. 159.
[181] Vgl. Fiege (2005), S. 183.
[182] Vgl. DRS 5.6; Hornung et al. (1999), S. 319 und Fiege (2005), S. 161.

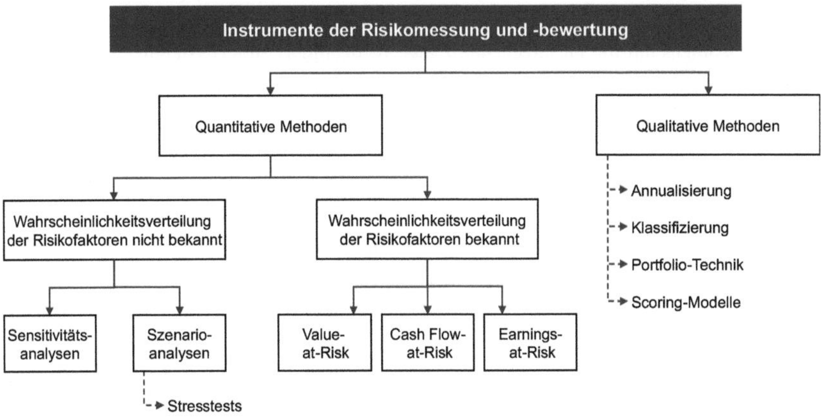

Abbildung 2-14: Instrumente der Risikomessung und -bewertung[183]

Die wesentlichen Methoden werden im Folgenden vorgestellt.

2.3.2.1 Methoden zur quantitativen Risikomessung und -bewertung

2.3.2.1.1 Sensitivitäts- und Szenarioanalysen

Die quantitativen Verfahren zur Risikomessung und -bewertung haben sich in den letzten Jahren deutlich weiterentwickelt und werden somit für die Erfassung von finanzwirtschaftlichen Risiken vornehmlich eingesetzt.[184] Sie sind hinsichtlich der Kenntnis der Wahrscheinlichkeitsverteilung der Risikofaktoren zu unterscheiden.[185] Für die Anwendung von Sensitivitäts- und Szenarioanalysen bedarf es keiner Kenntnis über diese Verteilung. Diesen beiden Methoden ist gemein, dass für alle Risikofaktoren bis auf einen jeweils ein fester Wert definiert wird (*ceteris paribus*-Bedingung). Ausschließlich der verbleibende, nicht fixierte Risikofaktor wird variiert und seine Auswirkung auf eine einperiodische Zielgröße untersucht. Als Untersuchungsobjekt kommt gleichermaßen eine Bestands- oder eine Stromgröße in Betracht. Eine Gewichtung der möglichen Werte des Risikofaktors und der resultierenden Zielgröße entsprechend ihrer Wahrscheinlichkeit erfolgt hier nicht.[186]

---

[183] Quelle: Eigene Darstellung in Anlehnung an Gebhardt/Mansch (2001), S. 64-76 und Fiege (2005), S. 159-185.

[184] Vgl. Köhne (2007), S. 313; Gebhardt (2002), S. 1719.

[185] Vgl. Gebhardt/Mansch (2001), S. 64.

[186] Vgl. Gebhardt/Mansch (2001), S. 64; Buger/Buchhart (2002), S. 120.

Diese isolierte Betrachtung erlaubt, die Wirkung einzelner Komponenten der Risikoposition des Unternehmens auf die entsprechende Zielgröße detailliert zu analysieren.[187] Zwei unterschiedliche Fragestellungen können dabei im Fokus stehen: die Ermittlung kritischer Werte und eine Bandbreitenanalyse. Bei ersterer wird beispielsweise untersucht, bis zu welchem Wert der Risikofaktor in eine Richtung schwanken kann, so dass das Unternehmen gerade noch einen Ertrag erwirtschaftet.[188] Bei der Bandbreitenanalyse hingegen wird der Wert des Risikofaktors in beide Richtungen verändert, um die Bandbreite möglicher Ergebnisse zu ermitteln und insbesondere bestandsgefährdende Bereiche aufzuzeigen.[189]

Sensitivitäts- und Szenarioanalysen unterscheiden sich hinsichtlich der Variationsbreite des Risikofaktors: Während im Rahmen von Sensitivitätsanalysen die Wirkung von kleinen Veränderungen des Risikofaktors auf die Zielgröße betrachtet wird, untersuchen Szenarioanalysen die Wirkung von stark variierenden Werten für den Risikofaktor, die anhand von historischen Eintrittswahrscheinlichkeiten oder Expertenbefragungen ermittelt werden.[190] Eine Sonderform der Szenarioanalysen sind *Stresstests*. Sie sind eine hilfreiche Erweiterung der Methoden für durchschnittliche Risiken und werden zur Untersuchung von Risiken mit großem Schaden und geringer Eintrittswahrscheinlichkeit eingesetzt:[191] Im Fall von *Crash-Tests* wird dabei auf außergewöhnliche, historische Ereignisse zurückgegriffen. *Worst-Case-Szenarien* hingegen beruhen auf hypothetischen Annahmen bzw. Erwartungen, die sich aus neuen Marktentwicklungen abzeichnen.[192]

Sensitivitätsanalysen sind dann hilfreich, wenn verschiedene Risikofaktoren im Wesentlichen bekannt sind und die isolierte Wirkungsweise eines einzelnen Risikofaktors auf die gewählte Zielgröße prognostiziert werden soll.[193] Aufgrund verschiedener Vereinfachungen wie z.B. die Vernachlässigung von Korrelationen der Risikofaktoren eignet sie sich jedoch nur für grobe Schätzungen.[194]

---

[187] Vgl. Bartram (1999), S. 20; Kimmig (2001), S. 227; Wolf/Runzheimer (2003), S. 61.
[188] Vgl. Kimmig (2001), S. 227; Fiege (2005), S. 173.
[189] Vgl. Fiege (2005), S. 173; Bayram (2007), S. 78.
[190] Vgl. Gebhardt/Mansch (2001), S. 64, 134 und 154 sowie Kimmig (2001), S. 229.
[191] Vgl. Fiege (2005), S. 172 und Burger/Buchhart (2002), S. 154.
[192] Vgl. Löw/Roggenbuck (2002), Sp. 1399-1400; Scharpf/Luz (2000), S. 144-145. Ausführlicher zur Definition solcher Worst-Case-Szenarien siehe zum Beispiel Kimmig (2001), S. 229-230 und die dort genannten Verweise.
[193] Vgl. Kimmig (2001), S. 228-229; Fiege (2005), S. 173.
[194] Vgl. Burger/Buchhart (2002), S. 110 und 120.

Szenarioanalysen hingegen eignen sich insbesondere in Form von Stresstests als sinnvolle Ergänzung weiterer Methoden zu Risikomessung und -bewertung, da somit Szenarien für außergewöhnliche Restrisiken analysiert werden können.[195] Dies gilt zum Beispiel für Restrisiken, die sich nicht mehr innerhalb des Konfidenzintervalls eines Value-at-Risk-Modells befinden, das im anschließenden Kapitel 2.3.2.1.2 vorgestellt wird.

Sensitivitäts- und Szenarioanalysen sind bei Industrie- und Handelsunternehmen weit verbreitete Methoden der Risikomessung.[196] In Bezug auf Rohstoffpreisrisiken eignen sie sich vor allem für Warengüter, die nicht permanent, sondern in größeren Zeitabständen gekauft bzw. verkauft werden oder deren Preise nur zu wenigen Zeitpunkten fixiert werden. Für die laufende Messung und Bewertung von Rohstoffpreisrisiken bieten sich eher komplexere Methoden wie eines der nachfolgend beschriebenen *at-Risk*-Modelle an.[197]

2.3.2.1.2 Value-at-Risk

Ursprünglich für Markt- und Preisrisiken bei normalen Marktbedingungen im Bankgeschäft entwickelt, gilt das *Value-at-Risk*-Konzept aufgrund seiner breiten Anwendungsmöglichkeit und hohen Flexibilität in Methodik und Anwendung als eine der bedeutendsten Methoden zur Risikomessung und -bewertung.[198] Im Gegensatz zur Sensitivitäts- und Szenarioanalyse ist die Kenntnis der (oder eine Annahme über die) Wahrscheinlichkeitsverteilung der Risikofaktoren hier zwingende Voraussetzung.

Die Kennzahl des Value-at-Risk ist im Allgemeinen als ein in absoluten Geldeinheiten bewerteter Verlust definiert, der während eines vorgegebenen Zeitraums mit einer bestimmten Wahrscheinlichkeit nicht überschritten wird.[199] So wird zum Beispiel nur mit einer Wahrscheinlichkeit von 0,1% ein höherer Verlust als derjenige Value-at-Risk-Wert erwartet, der für ein Konfidenzintervall von 99,0% und den Zeitraum von einem Tag ermittelt wurde.[200] Da diese Risikomaßdefinition nur auf Realisationen bezogen ist, die unterhalb eines bestimmten

---

[195] Vgl. Scharpf/Luz (2000), S. 144; Kimmig (2001), S. 230-231; Löw/Roggenbuck (2002), S. 1399; Burger/Buchhart (2002), S. 152-155.

[196] Vgl. Wiedemann (2000), S. 382; Eichhorn/Heil (2007) , S. 73; Köhne (2007), S. 322; Clark (2011), S. 218-219.

[197] Vgl. Priermeier (2005b), S. 214-216.

[198] Vgl. Jackson et al. (1997), S. 73-90. Für eine umfangreiche Sammlung weiterführender Literatur zu Value-at-Risk siehe Scharpf/Luz (2000), S. 142.

[199] Vgl. Löw/Roggenbuck (2002), Sp. 1397; Hull (2003), S. 346-347.

[200] Vgl. Löw/Roggenbuck (2002), Sp. 1399.

Niveaus liegen, wird der Value-at-Risk als *Downside-Risikomaß* bezeichnet.[201] In der Sprache der Statistik repräsentiert der Value-at-Risk das Quantil der Verteilung möglicher Wertänderungen der Zielgröße wie Abbildung 2-15 darstellt.[202]

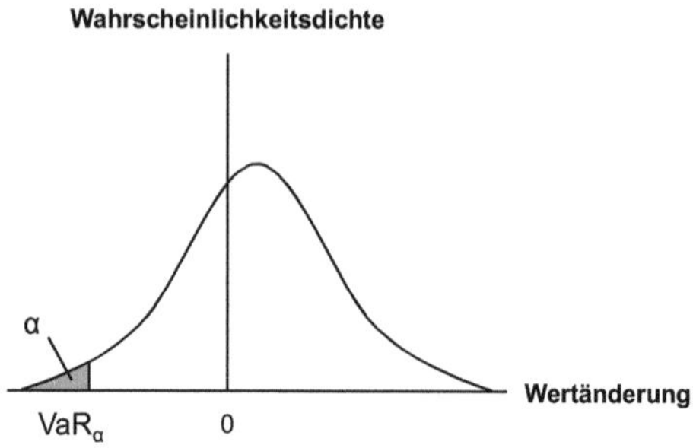

Abbildung 2-15: Value-at-Risk als Quantil der Verteilung möglicher Wertänderungen[203]

Eine wesentliche Stärke des Value-at-Risk-Konzepts besteht in seiner Flexibilität und der damit verbundenen Möglichkeit, unterschiedliche Typen von Marktrisiken zusammenzufassen, somit die Gesamtrisikoposition eines Unternehmens unter Berücksichtigung der Risikoverbundeffekte zu erfassen und diese in einer einzigen Kennzahl zum Ausdruck zu bringen.[204] Ebenfalls besticht er als Risikokennzahl durch seine gute Kommunizierbarkeit.[205]

Um den Value-at-Risk zu berechnen, sind vorab fünf Prämissen festzulegen, die den Rahmen der Risikobetrachtung abstecken und sich wesentlich auf das Ergebnis der Analyse auswirken. Zuerst ist die Risikoposition bzw. die Risikogröße festzulegen, die Gegenstand der Berechnung des Value-at-Risk ist – sei es eine Einzelposition, ein Portfolio oder ein Unternehmensbereich. Anschließend sind die Risikoparameter wie Rohstoffpreise zu identifizieren, die den Wert der Risikogröße beeinflussen, und der Beobachtungszeitraum (oder Datenhorizont) festzulegen. Dieser wird gewählt, um unabhängig von dem konkret gewählten Verfahren aus Beobachtungen in der Vergangenheit auf zukünftige Entwicklungen zu schließen. Gleichermaßen wird der Zeithorizont festgesetzt, der der üblichen Haltedauer einer Risikoposition

201 Vgl. Schröder (1999), S. 383; Diederichs (2004), S. 175. Diese Bezeichnung verdeutlicht auch, dass den at-Risk-Modellen – entsprechend der Abgrenzung in Kapitel 2.2.1 – ein Risikobegriff im engeren Sinne zugrunde liegt.

202 Vgl. Gebhardt/Mansch (2001), S. 64; Hull (2003), S. 347.

203 Quelle: Gebhardt/Mansch (2001), S. 65.

204 Vgl. Scharpf/Luz (2000), S. 143; Oehler/Unser (2002), S. 153; Hager (2004), S. 205.

205 Vgl. Burger/Buchhart (2002), S. 133.

zwischen Risikoanalyse und Auflösung der Risikoposition entspricht. Dieser Wert hängt im Wesentlichen von der Liquidität des Marktes dieses Risikos sowie von den mit der Auflösung verbundenen Kosten der Position ab. Abschließend wird mit dem Konfidenzintervall die Wahrscheinlichkeit definiert, mit der der errechnete Value-at-Risk-Wert nicht überschritten wird.[206]

Die größte Schwachstelle, die allen at-Risk-Modellen gemein ist und mit diesen Prämissen direkt zusammenhängt, stellt die Annahme normaler Marktbedingungen dar. Das Eintreten von extremen Ereignissen wird vernachlässigt; in einem solchen Fall sind die Modellannahmen obsolet:[207] Die Aussagekraft einer at-Risk-Kennzahl wird gegebenenfalls durch die Verwendung historischer Daten, durch implizite Annahmen über die kurzfristige Liquidierbarkeit von Positionen bei der Annahme einer kurzen Haltedauer, durch die Negierung extremer Ereignisse durch die Anwendung hoher Konfidenzintervalle oder durch außer Acht gelassenes Herdenverhalten der Marktteilnehmer in Extremsituationen eingeschränkt.[208]

Des Weiteren kann ein at-Risk-Modell keine Aussage über die Höhe des Verlustes treffen, wenn der tatsächliche Verlust den nach dem at-Risk-Modell erwarteten Verlust überschreitet.[209] Um ein ganzheitliches Bild der Risikoposition zu erhalten und Extremsituationen angemessen zu berücksichtigen, bedarf es daher der Verknüpfung mit weiteren Methoden zum Beispiel in Form der oben dargestellten Stresstests.[210] Selbst dann können ein at-Risk-Modell und seine vordergründig einfach verständliche Kennzahl dazu verleiten, methodische Fehler zu übersehen oder Risiken zu verschleiern.[211]

Value-at-Risk setzt eine vergleichsweise hohe Methodenkompetenz sowie einen angemessenen infrastrukturellen Rahmen voraus. Industrieunternehmen steht hier oft kein Spezialistenteam von Mathematikern zur Verfügung, wie es in Banken anzutreffen ist. Dies kann die Verlässlichkeit einer at-Risk-Risikokennzahl reduzieren.[212] Subjektive Elemente bei der Parameterwahl können hier ebenso eine Rolle wie Einschränkungen bei Datenbeschaffung und -verfügbarkeit spielen.[213] Für Industrieunternehmen kann sich dies zudem schwieriger

---

[206] Vgl. Scharpf/Luz (2000), S. 143; Diederichs (2004), S. 167-170.
[207] Vgl. Gleason (2001), S. 228
[208] Vgl. Löw (2006), S. 177.
[209] Vgl. Löw (2006), S. 177-178.
[210] Vgl. Deutsch (1997), S. 11; Löw/Roggenbuck (2002), S. 1399.
[211] Vgl. Dembo/Freeman (1998), S. 49; Fiege (2005), S. 171.
[212] Vgl. Ulmke/Schmale (1999), S. 222; Fiege (2005), S. 172.
[213] Vgl. Burger/Buchhart (2002), S. 134-135.

gestalten, da sich Value-at-Risk eher für kurzfristig orientierte Risikoanalysen als für mittel- bis langfristige Betrachungungen eignet und sich für sie auch die Definition der Risikoportfolien komplizierter darstellt.[214] Da at-Risk-Modelle weder qualitative oder Extremrisiken abbilden noch die damit einhergehenden Chancen berücksichtigen, sind sie nie als isoliertes Instrument, sondern stets in Kombination mit anderen Methoden der Risikomessung anzuwenden.[215]

Methodisch ist im Wesentlichen zwischen der Benchmark-Methode, der historischen Simulation und der Monte-Carlo-Simulation als Simulationsverfahren sowie dem Varianz-Kovarianz-Modell als analytischem Verfahren zu unterscheiden.[216]

Bei der *Benchmark-Methode* werden zum Zweck einer punktuellen Simulation aus der gesamten Breite möglicher wertbestimmender Faktoren diejenigen isoliert, von denen eine wesentliche Wirkung auf die Risikoposition erwartet wird. Aus der größten negativen Wertdifferenz von dem derzeitigen Wert der Risikoposition resultiert unmittelbar der Value-at-Risk als maximal auftretender Verlust.[217]

Im Rahmen der *historischen Simulation* wird die Verteilung der Risikoparameter aus Vergangenheitsdaten übertragen. Dabei wird vereinfachend unterstellt, dass diese historische Wahrscheinlichkeitsverteilung gleichermaßen für den zu untersuchenden zukünftigen Zeitraum gilt und dass die Bewertungszusammenhänge linear sind.[218] Der Value-at-Risk leitet sich aus der größten Differenz zwischen dem derzeitigen Wert der Risikoposition und einem der Werte aus der Vergangenheit her.[219] Die historische Simulation hat den Vorteil, verhältnismäßig unkompliziert in der Anwendung zu sein und auf eine reale, nicht-simulierte Verteilung zurückzugreifen, so dass zum Beispiel keine Normalverteilung angenommen werden muss.[220] Dem gegenüber steht der Nachteil, dass durch veränderte Gegebenheiten historische Verhältnisse, die als Grundlage für die Untersuchung genutzt werden, für die heutige Risikoanalyse nicht

---

[214] Vgl. Ulmke/Schmale (1999), S. 220-221; Burger/Buchhart (2002), S. 133 und 135; Fiege (2005), S. 172.

[215] Vgl. Weber et al. (1999b), S. 26; Holst/Holtkamp (2000), S. 817; Burger/Buchhart (2002), S. 134.

[216] Vgl. Löw/Roggenbuck (2002), Sp. 1397-1399; Gebhardt/Mansch (2001), S. 70; Oehler/Unser (2002), S. 154. Für einen umfassenderen Vergleich dieser Verfahren einschließlich ihrer Vor- und Nachteile sei auf Jorion (1997), S. 185-203; Dowd (1998), S. 38-120; Duffie/Pan (1997), S. 7-49; Deutsch (2004), S. 397-433; Diederichs (2004), S. 174; Oehler/Unser (2002), S. 155-162 oder Burger/Buchhart (2002), S. 124-132, für eine Darstellung der chronologischen Entwicklung dieser Verfahren vor allem auf Tuor (2003), S. 3-7 verwiesen.

[217] Vgl. Löw/Roggenbuck (2002), Sp. 1397-1398.

[218] Vgl. Holst/Holtkamp (2000), S. 817; Fiege (2005), S. 169.

[219] Vgl. Löw/Roggenbuck (2002), Sp. 1398. Weiterführend zur historischen Simulation siehe Schierenbeck (2003b), S. 86-88; Hager (2004), S. 123-144 sowie Hull (2003), S. 348-350.

[220] Vgl. Schierenbeck (2003b), S. 73.

mehr zutreffen können und neue Konstellationen nicht mehr in das Modell einfließen.[221] Des Weiteren setzt sie die Verfügbarkeit von historischen Daten in ausreichender Menge voraus.[222]

Die *Monte-Carlo-Simulation* schätzt die Verteilung zufällig generierter Ausprägungen der Risikofaktoren und orientiert sich im Gegensatz zur historischen Simulation nicht an faktisch eingetretenen Werten der Vergangenheit.[223] Dafür wird in der Regel eine Normalverteilung der Risikofaktoren angenommen.[224] Als numerische Lösung ist sie vielseitig einsetzbar, insbesondere, wenn ein Problem nicht analytisch gelöst werden kann. Die Aussagequalität ist eng damit verbunden, inwieweit die Verteilungsannahme die Realität genügend abbilden kann. Wie auch die historische Simulation ist sie abhängig von Umfang, Auswahl und Güte des zugrundeliegenden Datenmaterials.[225] Hier fällt insbesondere ins Gewicht, dass ebenfalls historische Parameter wie Volatilitäten und Korrelationen in das Modell eingehen, für die vor allem in Zeiten angespannter Marktbewegungen keine Stationarität angenommen werden kann.[226]

Die analytische *Varianz-Kovarianz-Methode* (oder *Korrelationsmethode*) leitet den Value-at-Risk nicht mittels einer Simulation, sondern mit Hilfe von statistischen Verfahren aus den Volatilitäten der definierten Risikoparameter ab.[227] Als Besonderheit dieses Verfahrens werden die Korrelationen der einzelnen Risikofaktoren durch eine Varianz-Kovarianz-Matrix abgebildet, wobei für die einzelnen Faktoren üblicherweise eine Normalverteilung angenommen wird.[228] Die Wahrscheinlichkeit der Risikoposition leitete sich dann aus Anzahl, Verteilung und Korrelation der Risikofaktoren ab, so dass nach Festlegung von Konfidenzintervallen und Bezugsperiode der Value-at-Risk ermittelt werden kann.[229]

---

221 Vgl. Löw/Roggenbuck (2002), Sp. 1398; Hager (2004), S. 138.

222 Vgl. Hager (2004), S. 119-120.

223 Vgl. Löw/Roggenbuck (2002), Sp. 1398. Weiterführend zur Monte-Carlo-Simulation siehe Schierenbeck (2003b), S. 89-92; Hager (2004), S. 145-161 sowie Hull (2003), S. 359.

224 Der Ansatz ist jedoch nicht auf normalverteilte Risikofaktoren beschränkt. (Vgl. Hager (2004), S. 157)

225 Vgl. Schierenbeck (2003b), S. 93.

226 Vgl. Chew (1994), S. 69; Holton (1998), S. 61; Kimmig (2001), S. 179.

227 Vgl. Löw/Roggenbuck (2002), Sp. 1398-1399. Unter der geschützten Marke *RiskMetrics* hat J. P. Morgan seit 1994 kostenlos eine Korrelationsmatrix bereitgestellt, die zur weiten Verbreitung von Varianz-Kovarianz-Modellen in der Praxis beigetragen hat. (Vgl. Johanning (1998), S. 25; Kimmig (2001), S. 171.) Vertiefend zur Varianz-Kovarianz-Methode siehe Schierenbeck (2003b), S. 73-83; Hager (2004), S. 103-122 sowie Hull (2003), S. 350-359.

228 Vgl. Schierenbeck (2003b), S. 73. Um den Varianz-Kovarianz-Ansatz auf Portfolien mit asymmetrischen Derivaten anzuwenden, bedarf es einer Weiterentwicklung, da hierfür keine Normalverteilung unterstellt werden kann. (Vgl. Schierenbeck (2003b), S. 83; Hull (2003), S. 356-359.)

229 Vgl. Fiege (2005), S. 170; Burger/Buchhart (2002), S. 129-132.

Auch wenn at-Risk-Modelle als Risikokennzahlen vermehrt bei Nichtbanken eingesetzt werden,[230] gestalteten sich ihre Anwendung für Warenpreisrisiken und hier nicht zuletzt die Bestimmung der Verteilungsfunktion jedoch aus mehreren Gründen problematisch: Zum einen sprechen die Kursverläufe von Rohstoffpreisen gegen eine Normalverteilung. Zum anderen kann aufgrund der Bedeutung des convenience yield[231] für die Entwicklung des Kurses und dessen Änderungen im Zeitverlauf nicht davon ausgegangen werden, dass die Standardabweichung über die Zeit konstant ist.[232] Value-at-Risk wird daher vornehmlich für (kurzfristig orientierte) handels-, weniger für produktionsbedingte Rohstoffpositionen angewandt.[233]

2.3.2.1.3 Cash Flow-at-Risk und Earnings-at-Risk

Bei dem ursprünglichen Value-at-Risk handelt es sich um eine bestandsgrößenorientierte Risikokennzahl zur Steuerung kurzfristiger Marktwertänderungen. Eine Anwendung dieses Value-at-Risk-Konzepts aus der Bankenwelt auf Industrie- und Handelsunternehmen ist nur für bestimmte Fragestellungen und abgegrenzte Teilbereiche hilfreich, da die Bedeutung von Marktwerten finanzieller Vermögenswerte dort geringer und die von Zahlungsströmen aus Realgütern wie zum Beispiel Produktionsanlagen und Fabrikgebäuden höher ist. Daher liegt besonderer Fokus auf der Cash Flow- oder der Gewinn- und Verlustrechnung. Die entwickelten Verfahren wurden dementsprechend vor allem in Form des *Cash Flow-at-Risk* für die kurz- und mittelfristige Finanz- und Liquiditätsplanung sowie in Form des *Earnings-at-Risk* für die kurz- und mittelfristige Ertragsplanung modifiziert.[234]

Neben der Zahlungsstromebene berücksichtigen Methoden wie das Cash Flow-at-Risk- und das Earnings-at-Risk-Modell weitere Charakteristika der operativen Geschäftstätigkeit von

---

[230] Vgl. Gebhardt (1997), S. 397-398; Wiedemann (2000), S. 382; Gehardt/Mansch (2001), S. 154; Eichhorn/Heil (2007), S. 73; Klatt et al. (2010), S. 646-647 sowie Clark (2011), S. 218-219.

[231] Kapitel 2.2.7 behandelt die Bedeutung des convenience yield für die Preisbildung auf Rohstoffmärkten.

[232] Vgl. Gebhardt/Mansch (2001), S. 133-134; Kimmig (2001), S. 171. Hier sei auf die Eigenheiten der Preisbildung auf Rohstoffmärkten – wie zum Beispiel mean reversion als Beschreibung der Verteilungseigenschaft – verwiesen, die in Kapitel 2.2.7 vorgestellt wird.

[233] Weiterführend zum Vergleich der Vor- und Nachteile verschiedener Methoden zur Value-at-Risk-Ermittlung für Rohstoffpreisrisiken siehe zum Beispiel Pfennig/Schäfer (1999), S. 584-586 oder auch Giot/Laurent (2003) für eine Gegenüberstellung verschiedener Varianz-Kovarianz-Modelle bezüglich ihrer Anwendbarkeit für Handelspositionen in verschiedene Metallen, Kakao, Brent- und WTI-Rohöl. Vertiefend zu Value-at-Risk auf Strommärkten siehe Borchert et al. (2006), S. 301-361 sowie Manfredo/Leuthold (1998), Giot (2003) und Wilson et al. (2007) für Value-at-Risk auf Agrarmärkten. Die Bedeutung von Monte-Carlo-Simulationen für die 30 DAX- und 50 MDAX-Unternehmen zeigen Klatt et al. (2010) und veranschaulichen ihre Anwendung am Beispiel von Aluminium- und Kupferpreisrisiken für die Automobilindustrie.

[234] Vgl. Gebhardt/Mansch (2001), S. 154; Hager (2004), S. 205-206 und Härle-Willerich/von Rekowski (2005), S. 7-8. Ähnliche Modifikationen für andere erfolgsorientierte Maßzahlen wie EBT oder EBIT können gleichermaßen in Abhängigkeit davon eingesetzt werden, was als zentrale Erfolgs- und Steuerungsgröße im Unternehmen Anwendung findet.

Nichtbanken.[235] Anhand des Cash Flow-at-Risk werden diese Modifikationen im Folgenden vorgestellt.[236]

Cash Flow-at-Risk ist definiert als der niedrigste Cash Flow, der in einer vorgegebenen Periode mit einer bestimmten Wahrscheinlichkeit mindestens erreicht wird. Das Grundprinzip besteht darin, eine Wahrscheinlichkeitsverteilung für den Cash Flow als risikobehaftete Steuerungsgröße herzuleiten und daraus den Cash Flow-at-Risk-Wert zu ermitteln.[237]

Die Wahrscheinlichkeitsverteilung der Cash Flows lässt sich entweder auf Basis geschätzter Cash Flow-Volatilitäten oder mit Hilfe eines *Business Risk Models* bestimmen. Bei dem ersten Verfahren werden Annahmen über die Verteilung des Cash Flow festgelegt, um dann dessen Erwartungswert und Volatilität zu schätzen. Auf historische Volatilitäten zurückzugreifen, ist umstritten, da ein Unternehmen und sein Wettbewerbsumfeld sich im Zeitablauf wesentlich verändern.[238]

Alternativ kann für die Verteilung der Cash Flows auf bereits im Unternehmen existierende Planungsmodelle zurückgegriffen werden, die ausgehend von prognostizierten Umsätzen und geschätzten Risikofaktoren (wie zum Beispiel Rohstoffpreisen) Planbilanzen und Plan-Gewinn- und Verlustrechnungen erstellen. Diese Planungsmodelle bilden bereits die Beziehungen zwischen verschiedenen Input-Faktoren ab und können durch zwei Modifikationen zu einem Business Risk Model erweitert werden: Zum einen werden die Planungsmodelle um die Abhängigkeiten der Cash Flows als risikobehaftete Größe von den sie beeinflussenden Risikofaktoren ergänzt. Diese Sensitivitäten werden entweder durch historische Daten und Regressionsanalysen oder mit Hilfe von Expertenmeinungen ermittelt. Zum anderen werden die im Planungsmodell als deterministisch angenommenen Risikofaktoren stochastiziert, indem zum Beispiel auf Basis von theoretischen Modellen Wahrscheinlichkeitsverteilungen für

---

[235] Vgl. Hager (2004), S. 206; Burger/Buchhart (2002), S. 136.

[236] Auf eine detaillierte Darstellung des Earnings-at-Risk-Verfahrens wird hier verzichtet, da dieses in Analogie zu den Erläuterungen des Cash Flow-at-Risk-Modells mit dem Unternehmensüberschuss als Zielgröße aufgebaut ist. Welche Risikokennzahl in dem jeweiligen Unternehmen angewandt wird, ist in Abhängigkeit der für die Unternehmenssteuerung gewählten Zielgröße zu entscheiden.

[237] Vgl. Dowd (1998), S. 239; Diederichs (2004), S. 181. Alternativ kann der Cash Flow-at-Risk auch als maximal mögliche negative Abweichung von einem erwarteten Zielwert des Cash Flow für ein gegebenes Konfidenzintervall gesehen werden. (Vgl. zum Beispiel Härle-Willerich/von Rekowski (2005), S. 7 oder Bayram (2007), S. 79.)

[238] Vgl. Diederichs (2004), S. 181-184.

die entsprechenden Risikofaktoren generiert werden. Abbildung 2-16 veranschaulicht die Ableitung eines Business Risk Modells aus den Planungsmodellen des Unternehmens.[239]

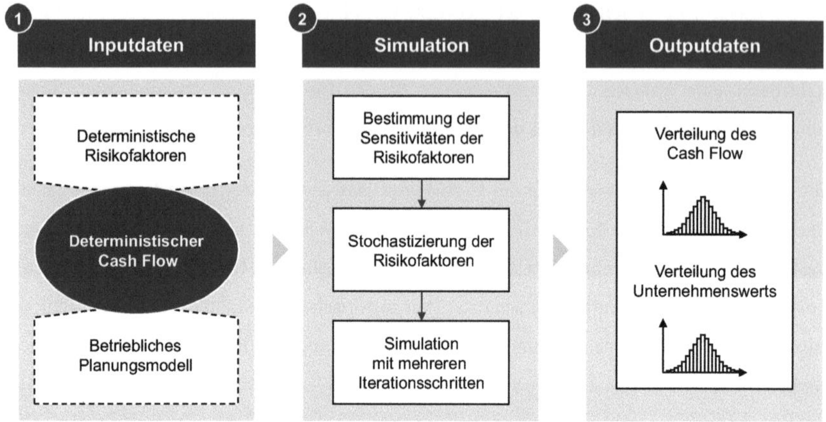

Abbildung 2-16: Konstruktion eines Business Risk Models[240]

Durch Methoden wie die Monte-Carlo-Simulation wird eine große Zahl von Realisationen der Risikofaktoren und in Folge der Risikogröße Cash Flow erzeugt, aus der sich die Wahrscheinlichkeitsverteilung des Cash Flow ergibt und analog zum Value-at-Risk-Verfahren der Cash Flow-at-Risk für ein definiertes Konfidenzintervall errechnet wird.[241]

Im Vergleich zu den kurzen Zeithorizonten, wie sie für die Risikobetrachtung in der Value-at-Risk-Methodik verwendet werden, ist die Risikobewertung bei dem Cash Flow-at-Risk-Verfahren entsprechend der Unternehmensplanung längerfristig an Quartalen, Halbjahren oder Jahren orientiert.[242] Dies ist vor allem auf die unterschiedlichen Liquidationsmöglichkeiten zwischen finanz- und realwirtschaftlicher Geschäftstätigkeit zurückzuführen.[243]

Eine generelle Aussage, ob ein Industrie- und Handelsunternehmen sein Risikomanagement strom- oder bestandsgrößenorientiert ausrichten soll, kann nicht getroffen werden. In der Regel sind beide Sichtweisen zu verbinden: Für am Markt gehandelte Positionen ist eine Analy-

---

239 Vgl. Diederichs (2004), S. 182-184.

240 Quelle: Eigene Darstellung in Anlehnung an Diederichs (2004), S. 183-184; Burger/Buchhart (2002), S. 140-141.

241 Vgl. Bühler (1998), S. 225; Priermeier (2005b), S. 66-70. Weiterführend siehe auch Hager (2004), S. 206-212.

242 Vgl. Bayram (2007), S. 79.

243 Vgl. Diederichs (2004), S. 186 und Gebhardt/Mansch (2001), S. 63.

se und Steuerung auf Basis von Marktwerten sinnvoll. Risiken aus der realwirtschaftlichen Geschäftstätigkeit werden eher mit Hilfe von periodenbezogenen finanziellen Überschüssen oder Zahlungsströmen abgebildet.[244]

Die Vorteilhaftigkeit des Cash Flow-at-Risk-Verfahrens für die Anwendung in Nichtbanken resultiert zum einen daraus, dass erfolgswirtschaftliche Risikogrößen für Nichtbanken eine deutlich wichtigere Rolle als die Marktwerte einzelner Positionen spielen. Zum anderen erlaubt es die Cash Flow-at-Risk-Methodik, die Risikoposition des gesamten Unternehmens oder vollständiger Unternehmensteile abzubilden, während der Value-at-Risk in der Regel ausschließlich Risikopositionen eines Industrie- und Handelsunternehmens betrachten kann, die zu Marktpreisen gehandelt werden. Des Weiteren lässt sich der längerfristige Zeitraum der Risikobetrachtung besser an den im Unternehmen verwendeten Planungshorizont anpassen.[245]

Trotz der Vorteile dieses Verfahrens für Industrie- und Handelsunternehmen im Vergleich zu Value-at-Risk ist zu berücksichtigen, dass solche unternehmensspezifischen Simulationsmodelle auf subjektiven Einschätzungen beruhen und dass die Vergleichbarkeit verschiedener Risiken eines Unternehmens mithilfe dieser Risikokennzahl eingeschränkt ist. So kann sie ebenfalls nicht zur Erfassung nicht-finanzieller Risiken eingesetzt werden.[246]

2.3.2.2 Methoden zur qualitativen Risikomessung und -bewertung

Je langfristiger die Ziele sind, umso eher bieten sich qualitative Methoden zur Risikomessung und -bewertung an. Daher finden sie primär auf einer strategischen Untersuchungsebene Anwendung. Des Weiteren eignen sich qualitative Verfahren, wenn keine objektiven Wahrscheinlichkeiten und damit Erwartungswerte vorliegen und eine exakte Bemessung des Schadenpotentials nicht möglich ist. Vier wichtige Methoden werden im Folgenden kurz vorgestellt.[247]

2.3.2.2.1 Annualisierung

Die *Annualisierung* ist ein sehr einfaches Verfahren, um Eintrittswahrscheinlichkeit und Erwartungswert für einen Schadenseintritt zu ermitteln. Dafür wird hilfsweise die Frage verwendet, wie oft und mit welchem Ausmaß ein Schaden zum Beispiel in den nächsten 5, 10, 20

[244] Vgl. Gebhardt/Mansch (2001), S. 63; Härle-Willerich/von Rekowski (2005), S. 8; Priermeier (2005b), S. 34-36.
[245] Vgl. Bühler (1998), S. 222; Diederichs (2004), S. 184-186.
[246] Vgl. Bayram (2007), S. 79-80.
[247] Vgl. Braun (1984), S. 238-239; Fiege (2005), S. 175.

oder 100 Jahren auftritt. Diese Ergebnisse werden anschließend in Form einer jährlichen Eintrittswahrscheinlichkeit und dem Erwartungswert der Schadenshöhe für ein Jahr periodisiert.[248]

Diese Methode hat entscheidende Nachteile, und es wird häufig von ihr abgeraten: So werden Interdependenzen verschiedener Risiken nicht betrachtet, das einzelne Risiko wird nur unzureichend abgebildet, und unterschiedliche Risiken werden hinsichtlich ihrer Eintrittswahrscheinlichkeit gleich behandelt.[249]

2.3.2.2.2 *Klassifizierung*

Im Rahmen der *Klassifizierung* werden die Risiken nach qualitativen Möglichkeiten ihres Eintretens und ihrer Schadenshöhe eingeordnet. Die entsprechenden Risikoklassen entsprechen qualitativen Ausprägungen zum Beispiel von „sehr unwahrscheinlich" über „möglich" bis „sehr wahrscheinlich".[250]

Der Nutzen der Klassifizierung ist in der Systematisierung zu sehen, durch die weiterer Beobachtungs- oder Handlungsbedarf deutlicher ersichtlich wird. Die hohe Subjektivität in der Klassifizierung der Risiken lässt sich nur schwer durch Einbindung zum Beispiel von Expertenbefragungen reduzieren.[251]

2.3.2.2.3 *Portfolio-Technik*

Die *Portfolio-Technik* ist an die Matrix-Methode zum strategischen Management von Unternehmensaktivitäten angelegt. Sie eignet sich gleichermaßen für qualitative und quantitative Risiken und ist für einzelne Risikopositionen, für bestimmte Risikobereiche eines Unternehmens oder unternehmensweit einsetzbar. Die Achsen werden je nach Quantifizierbarkeit des Risikofaktors numerisch oder ordinal skaliert.[252]

---

[248] Vgl. Fiege (2005), S. 176. Weiterführend zum Beispiel Burger/Buchhart (2002), S. 106-109.
[249] Vgl. Burger/Buchhart (2002), S. 109; Fiege (2005), S. 176-177.
[250] Vgl. Reichmann/Form (2000), S. 192; Fiege (2005), S. 177-178.
[251] Vgl. Burger/Buchhart (2002), S. 105; Fiege (2005), S. 178-179.
[252] Vgl. Baum et al. (1999), S. 181; Fiege (2005), S. 179.

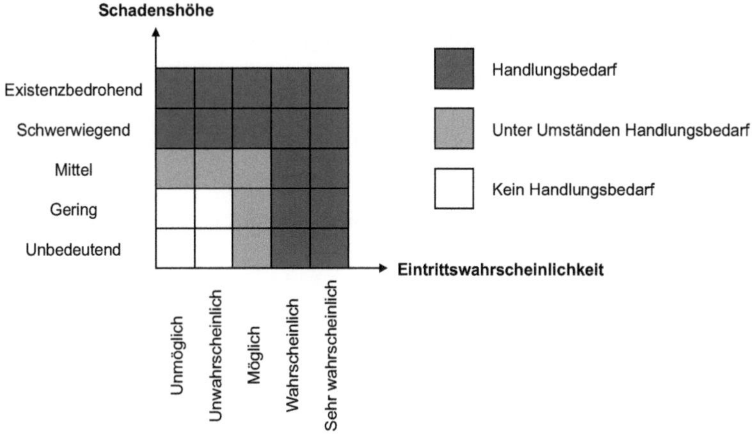

Abbildung 2-17: Risikoportfolio[253]

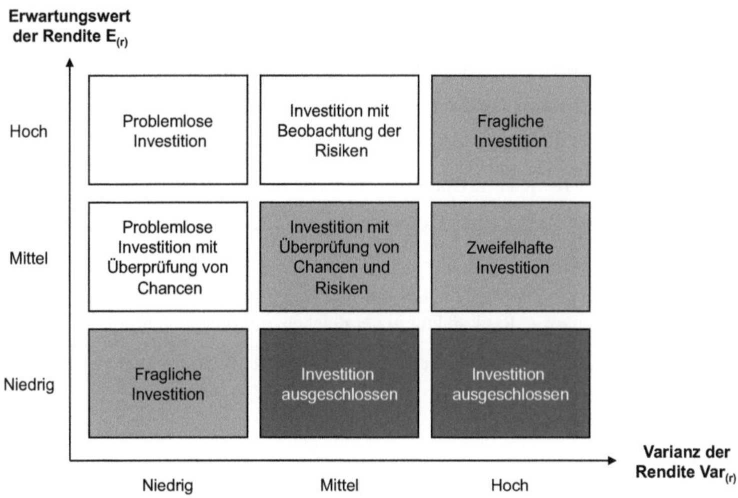

Abbildung 2-18: Chancen-Risiko-Matrix mit Handlungsempfehlungen[254]

[253] Quelle: Fiege (2005), S. 180.
[254] Quelle: Fiege (2005), S. 181.

Eine Darstellungsform bildet Risiken entsprechend ihrer Eintrittswahrscheinlichkeit und Schadenshöhe ab.[255] Aus einer Darstellung wie Abbildung 2-17 lässt sich gleichzeitig der entsprechende Handlungsbedarf ablesen.

Bei der *Chancen-Risiko-Matrix* in Abbildung 2-18 handelt es sich um eine weitere Darstellungsvariante, die neben den Risiken gleichermaßen die damit verbundenen Chancen veranschaulicht. Die erwartete Rendite auf einer Achse repräsentiert die Chance, die Varianz der Rendite auf der anderen Achse das Risiko.[256]

Im Allgemeinen stehen der Einfachheit und Kommunizierbarkeit der Portfolio-Technik ihr Charakter als Momentaufnahme, ihre zeitliche Eindimensionalität in der Risikobetrachtung und Unvollständigkeitsprobleme gegenüber, die aus ihrer Beschränkung auf zwei oder drei Dimensionen resultiert.[257]

2.3.2.2.4 Scoring-Modelle

Scoring-Modelle können ebenfalls zur qualitativen wie auch quantitativen Messung und Bewertung von Risikofaktoren eingesetzt werden. Indem bestimmte Kriterien wie Eintrittswahrscheinlichkeit, Schadensausmaß und weitere festlegt werden, lässt sich eine Vergleichbarkeit von Risikofaktoren trotz ihres heterogenen Charakters bezüglich ihrer Auswirkungen erzielen. In der Analyse werden für jeden Risikofaktor in jeder Kategorie Wertpunkte vergeben und diese anhand einer vorab festgelegten Gewichtung der Kriterien multipliziert, um jeweils einen Risikowert zu erhalten.[258]

Der Vorteil, verschiedenartige Risikofaktoren vergleichen zu können, geht mit Nachteilen wie der Gefahr hoher Subjektivität und der Vernachlässigung von Wechselwirkungen einher.[259]

---

[255] Vgl. Lindeiner-Wildau (1986), S. 28; Amhof/Schweizer (2000), S. 718; Fiege (2005), S. 180.
[256] Vgl. Burger/Buchhart (2002), S. 169-170; Fiege (2005), S. 181-182.
[257] Vgl. Hornung et al. (2000), S. 224; Burger/Buchhart (2002), S. 172-174; Fiege (2005), S. 182.
[258] Vgl. Burger/Buchhart (2002), S. 156-160; Fiege (2005), S. 182-183. Weiterführend hierzu auch Simons (1999), S. 46-56; Reichmann/Form (2000), S. 189-198 sowie Burger/Buchhart (2002), S. 156-162.
[259] Vgl. Bayram (2007), S. 80-81.

2.3.3 Strategische Risikoallokation und risikopolitische Instrumente der Risikosteuerung

2.3.3.1 Strategische Risikoallokation

Im Rahmen der *strategischen Risikoallokation* wird anhand von Anreiz- und Limitsystemen festgelegt, welche Risikotypen das Unternehmen bis zu welchen Schwellenwerten einzugehen bereit bzw. in der Lage ist. Nachdem zuvor die originären Risiken aus den Primäraktivitäten des Unternehmens erkannt, analysiert und bewertet wurden, folgt aus diesen Limiten unmittelbar, welche Risikopositionen des Unternehmens einen Handlungsbedarf auslösen.[260]

Für die Ausgestaltung der Anreiz- und Limitsysteme spielt die Risikotragfähigkeit des Unternehmens eine zentrale Rolle. In letzter Konsequenz ist diese durch die Eigenkapitalausstattung bestimmt, auch wenn sie von weiteren Komponenten wie Liquiditätsreserven, offenen Kreditlinien oder der Ertragskraft des Unternehmens beeinflusst wird. Das risikotragende Kapital wird so zugeordnet, dass die Summe der eingegangenen Risiken optimal auf die verschiedenen Risikoquellen aufgeteilt ist.[261]

Werden Methoden wie Value-at-Risk oder Cash Flow-at-Risk zur Risikomessung eingesetzt, lassen sich Globallimite als maximal zulässiges Verlustpotential auf einzelne Risikoarten und Unternehmensbereiche in Form von Sub-Limiten verteilen. Diese Limite lassen sich durch Stresstest- bzw. Worst-Case-Limite ergänzen.[262]

Aus einem Abgleich der Ergebnisse aus der Risikomessung und -bewertung mit den Limitvorgaben leitet sich der Bedarf an *operativer Risikosteuerung* als Sekundäraktivität des Unternehmens zur Modifizierung der originären Risiken ab.[263]

2.3.3.2 Risikopolitische Instrumente der Risikosteuerung

Für die Risikosteuerung stehen unterschiedliche risikopolitische Instrumente zur Verfügung, um das gewünschte Risikoprofil für das Unternehmen zu erreichen. Dabei wird zwischen ursachenbezogenen und wirkungsbezogenen Maßnahmen unterschieden. Eine ursachenbezoge-

---

260 Vgl. Scharpf/Luz (2000), S. 79.

261 Vgl. Baetge (1998), S. 64; Löw/Roggenbuck (2002), Sp. 1396. Weiterführend zur Risikotragfähigkeit siehe Schierenbeck (2003b), S. 2-3 sowie Hölscher/Efgen (2002), S. 21-26.

262 Vgl. Gebhardt/Mansch (2001), S. 157-158. Vertiefend zu Limitsystemen siehe auch Scharpf/Luz (2000), S. 166-170 und Schierenbeck (2003a), S. 299-300.

263 Vgl. Bitz (1993), S. 651.

ne Risikopolitik strebt an, ex ante die Schadenseintrittswahrscheinlichkeit zu beeinflussen, während eine wirkungsbezogene Risikopolitik ex post die Schadenshöhe manipulieren soll.[264]

Wie Abbildung 2-19 zeigt, steht neben den zwei extremen, oft nicht umsetzbaren Strategien des Verzichts auf jegliche risikobehafteten Aktivitäten (*Risikomeidung*) oder der vollständigen *Risikotragung* eine Reihe von schadenbezogenen Instrumenten zur *Risikoreduktion* zur Verfügung.[265]

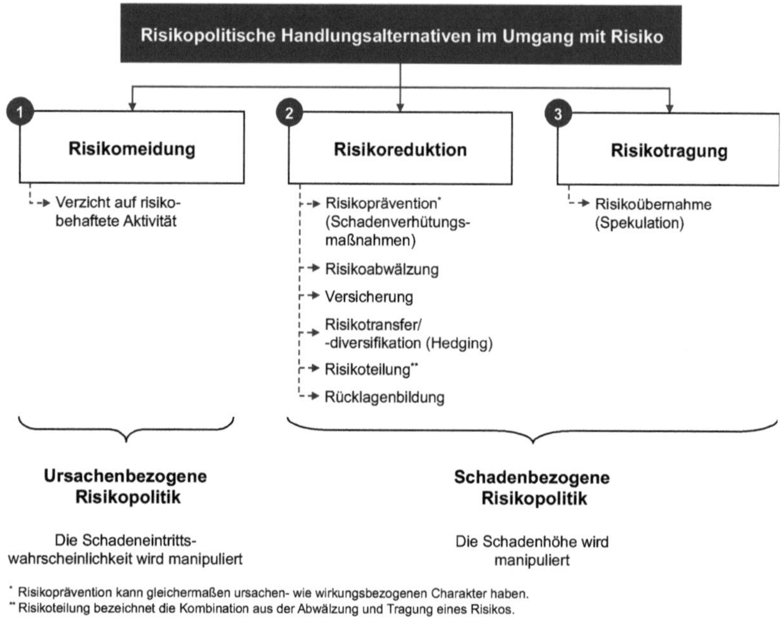

Abbildung 2-19: Risikopolitischen Instrumente[266]

Risikomeidung im Sinne der Unterlassung risikobehafteter Maßnahmen kann sich sinnvoll ausschließlich auf einzelne Geschäftsfelder, Investitionsprojekte oder Produkte beziehen.

[264] Vgl. Burger/Buchhart (2002), S. 49 und Dobler (2004), S. 18-19. Hier kann auch zwischen *aktiver* und *passiver Risikobewältigung* unterschieden werden. (Vgl. Hölscher et al. (1996), S. 8 sowie Hölscher (2002), S. 13.)

[265] Vgl. Bühler (1998), S. 210; Gebhardt/Mansch (2001), S. 33; Diederichs/Form/Reichmann (2004), S. 189. Weiterführend hierzu vgl. unter anderem Haller (1986), S. 31-32; Helten (1992), S. 92-95; Vaughan (1997), S. 18-21 oder Weber et al. (1999a), S. 1715.

[266] Quelle: Eigene Darstellung in Anlehnung an Burger/Buchhart (2002), S. 51; Bühler (1998), S. 211; Lück (2001), S. 16; Hölscher/Efgen (2002), S. 14; Zweifel/Eisen (2003), S. 47-48.

Würde sie auf das gesamte Unternehmen angewandt werden, würde dies eine Verzinsung des gesamten Kapitals nur mit dem risikolosen Zinssatz erlauben.[267]

Risikotragung als gänzliche Akzeptanz aller Risiken im Sinne der Spekulation kann nur im Rahmen der definierten Risikolimite eine Wahlmöglichkeit darstellen.[268]

Instrumente der *Risikoreduktion* umfassen die *Risikoprävention*, die *Risikoabwälzung*, die *Versicherung* eines Risikos, die *Risikodiversifikation*, die *Risikoteilung* und die *Rücklagenbildung*.

Unter *Risikoprävention* werden Maßnahmen zur Schadensverhütung insbesondere in Bezug auf Betriebsrisiken oder Risiken des operativen finanziellen Bereichs verstanden. Entsprechende Vorkehrungen reichen von der Verwendung nicht brennbarer Materialien im Produktionsprozess oder Diebstahlsicherungen bis hin zu Limitsystemen beim Einsatz von Finanzinstrumenten. Die Risikoprävention kann ursachen- wie auch schadenbezogenen Charakter haben.[269]

Risikoabwälzung bezeichnet individuelle, vertragliche Regelungen, mit denen Preis- oder Mengenrisiken auf einen Dritten übertragen werden. Hierzu zählen fixe Abnahmeverträge, die Vereinbarung von Festpreisen in inländischer Währung, aber auch Haftungsregeln, Garantiezusagen o.ä. Die Grenzen der Risikoabwälzung liegen in ihrer Durchsetzbarkeit in Vertragsverhandlungen.[270]

Für versicherbare Risiken stellen *Versicherungen* einen vollständigen Risikoschutz dar, wenn der Versicherer im Versicherungsfall den Schaden trägt. Die Anwendbarkeit dieses Instrumentes ist durch die Versicherbarkeit von Risiken und die Kosten der Versicherung beschränkt.[271]

---

[267] Vgl. Scheffler (1994), S. 35; Gebhardt/Mansch (2001), S. 33.

[268] Vgl. Gebhardt/Mansch (2001), S. 33; Diederichs/Form/Reichmann (2004), S. 193.

[269] Vgl. Gebhardt/Mansch (2001), S. 33; Zweifel/Eisen (2003), S. 47-48. Die Risikosteuerung mit Hilfe von Limiten wird auch als *Risikolimitierung* bezeichnet. (Vgl. Scheffler (1994), S. 35.)

[270] Vgl. Gebhardt/Mansch (2001), S. 34; Zweifel/Eisen (2003), S. 48. Systematische, marktmäßige Risikoverschiebungen zum Beispiel in Form von Versicherungseffekten, (marktmäßigen) Diversifikations- oder Risikoteilungsmechanismen werden von der Risikoabwälzung abgegrenzt und als *Risikotransfer* bezeichnet. Eine Kombination aus Risikoabwälzung und Risikotragung bildet die *Risikoteilung*, bei der das Chance-Risiko-Profil als attraktiv, das Risiko insgesamt jedoch als zu hoch eingeschätzt wird und daher zum Beispiel Joint Ventures mit einem Partner eingegangen werden. (Vgl. auch Zweifel/Eisen (2003), S. 48 und Kajüter (2003), S. 65-66.)

[271] Vgl. Gebhardt/Mansch (2001), S. 33.

Eine Reduktion des Risikos durch *Diversifikation* ist jeweils möglich, wenn aufgrund von ausreichenden Ausgleichseffekten der einzelnen Risiken Verluste aus der einen Position teilweise oder vollständig durch Gewinne einer anderen Position ausgeglichen werden. Der Sonderfall der Diversifikation von exakt (oder weitgehend) gegenläufigen Risiko-Chance-Profilen wird als Hedging bezeichnet. Er kann sowohl im finanziellen wie auch im operativen Bereich als *finanzwirtschaftliches* (oder *finanzielles*) bzw. als *realwirtschaftliches* (oder *operatives*) *Hedging* eingesetzt werden. Finanzwirtschaftliches Hedging setzt in der Regel derivative Finanzinstrumente ein, um eine zum Grundgeschäft gegenläufige Position aufzubauen. Realwirtschaftliches Hedging bezeichnet zum Beispiel die geographische Verteilung von Produktionsstandorten, Abnahmemärkten oder eine diversifizierte Produktpalette.[272]

Die *Rücklagenbildung* weicht in ihrer Art von den anderen Instrumenten der Risikosteuerung ab: Sie erreicht keine Reduktion der originären Risiken, sondern schwächt durch einen Risikopuffer in Form von Rückstellungen, stillen Reserven, Liquiditätsreserven oder hohen Eigenkapitalquoten die Folgen eines Risikoeintritts ab und reduziert somit das Insolvenzrisiko.[273]

2.3.4 Die operative Risikosteuerung von Marktpreisen

Zeigt sich bei der Risikomessung und -bewertung, dass die in der strategischen Risikosteuerung festgelegten Risikolimite überschritten sind, resultiert daraus Handlungsbedarf in der operativen Risikosteuerung. Für finanzwirtschaftliche Marktpreisrisiken steht hierbei das finanzielle Hedging im Vordergrund, mit dem die Risikoposition des Unternehmens entsprechend der festgelegten Limite modifiziert wird.

Im Folgenden werden die grundlegenden Eigenschaften eines Hedge sowie die unterschiedlichen Absicherungsmechanismen für Long- und Short-Positionen in einem Rohstoff vorgestellt.

---

[272] Vgl. Scheffler (1994), S. 36; Bartram (1999), S. 24-26; Gebhardt/Mansch (2001), S. 34-35; Barckow (2004), S. 25. Siehe auch die Definition von Hedging in Abschnitt 2.2.4. Wie dort dargestellt, hat die teilweise Absicherung einer Risikoposition durch den weiterhin offenen Teil des Risikos gleichermaßen ein spekulatives Element. (Vgl. hierzu Kropp (1991), S. 134.)

[273] Vgl. Gebhardt/Mansch (2001), S. 34; Bartram (1999), S. 25. Abweichend von der hier vertretenen Auffassung kann die Rücklagenbildung auch als Form des finanziellen Hedging aufgefasst werden. (Vgl. hierzu Bartram (1999), S. 25.)

2.3.4.1 *Eigenschaften eines Hedge*

Hinsichtlich der Durchführung und Wirksamkeit der Absicherung von Marktpreisrisiken mit Finanzinstrumenten unterscheidet die Literatur drei verbundene Eigenschaften, die im Folgenden vorgestellt werden: der *Hedging-Strategie*, der *Korrelation* und der *Hedge-Ratio*.[274]

2.3.4.1.1 *Hedging-Strategien*

Die Hedging-Strategie legt Umfang, Art, Zeitpunkt und Ablauf der Risikoabsicherung fest.[275] Mögliche Hedging-Strategien lassen sich nach Umfang der abzusichernden Position, Identität der Basis, Veränderlichkeit der Sicherung und Zeitpunkt der Sicherung systematisieren.[276] Die unterschiedlichen Ansätze werden nachfolgend dargestellt. Abbildung 2-20 gibt einen Überblick über die Systematisierung.

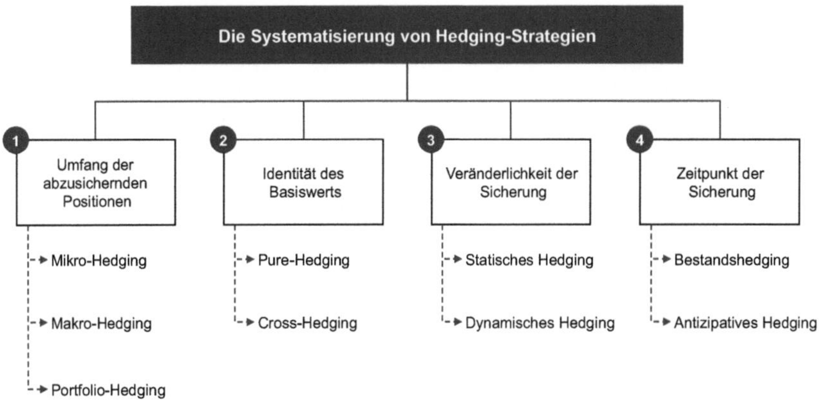

Abbildung 2-20: Systematisierung von Hedging-Strategien[277]

2.3.4.1.1.1 Umfang der abzusichernden Position

Eine grundlegende Entscheidung betrifft den Umfang des Hedging: Wenn ein einzelnes Grundgeschäft abgesichert werden soll, wird dies als Mikro-Hedging bezeichnet. Werden

[274] Vgl. Bierman et al. (1991), S. 69; Scheffler (1994), S. 56 und Schmidt (1996), S. 56.
[275] Vgl. Scheffler (1994), S. 56.
[276] Vgl. Schwarz (2006), S. 31-43.
[277] Quelle: Eigene Darstellung in Anlehnung an Schwarz (2006), S. 43.

mehrere Grundgeschäfte aggregiert betrachtet und deren Netto-Risikoposition abgesichert, wird von Makro- oder Portfolio-Hedging gesprochen.[278]

Die Absicherung beim *Mikro-Hedging* umfasst ein einzelnes Grundgeschäft und ein einzelnes Sicherungsinstrument, die einander eindeutig zugeordnet werden können. Der Vorteil dieser 1:1-Beziehung liegt in deren Schlicht- und Klarheit: Das Risiko der Grundposition kann genau bestimmt und die Sicherungsposition verhältnismäßig exakt daran angepasst werden. Nachteilig ist, dass durch die Absicherung aller Einzelgeschäfte hohe Transaktionskosten entstehen können. Ausgleichende Effekte unterschiedlicher Grundpositionen aufeinander werden nicht berücksichtigt.[279]

Die Begriffsbestimmung hinsichtlich *Makro-* und *Portfolio-Hedging* ist in der Literatur uneinheitlich. Oft wird die Unterscheidung daran festgemacht, ob es sich bei den abzusichernden Grundgeschäften um eine homogene oder inhomogene Gruppe handelt.[280] Wenn Hedging-Strategien nach dem Umfang der abzusichernden Position differenziert werden, spricht die finanzwirtschaftliche Literatur vornehmlich von Makro-Hedging als der Absicherung einer homogenen Gruppe von Grundgeschäften und von Portfolio-Hedging als der Absicherung einer inhomogenen Gruppe von Grundgeschäften. Makro-Hedging bezieht sich vor allem auf die Zusammenfassung ähnlicher Risiken in einer Gruppe zur gemeinsamen Steuerung, während beim Portfolio-Hedging eine spartenübergreifende, unternehmensweite Risikobetrachtung im Vordergrund steht. Portfolio-Hedging findet sich daher häufig bei Zins- oder Währungsrisiken.[281]

Sowohl Makro- als auch Portfolio-Hedging nutzen risikokompensierende Wirkungen der verschiedenen Grundgeschäfte aus, um nur die verbleibende offene Risikoposition abzusichern. Eine unmittelbare Zuordnung von Grundgeschäften und Sicherungsinstrumenten ist hierdurch nicht mehr möglich.[282] Der Vorteil dieses Vorgehens liegt in niedrigeren Transaktionskosten

---

[278] Vgl. Buschmann (1992), S. 720.

[279] Vgl. Scheffler (1994), S. 56; Prahl/Naumann (2005), S. 93. Wie in der Fallstudie in Kapitel 4 dargestellt, dominieren Mikro-Hedges bei der Steuerung von Rohstoffpreisrisiken in Nichtbanken. (Vgl. insbesondere Abschnitt 4.5.)

[280] Vgl. Löw/Lorenz (2005), S. 590-602; Löw/Torabian (2008), S. 612-613; Scheffler (1994), 57; Schmidt (1996), S. 59 sowie Scharf/Luz (2000), S. 296-326. Eine ausführliche Diskussion der verschiedenen Auffassungen findet sich bei Schwarz (2006), S. 32-37, der schließlich Makro- und Portfolio-Hedging als Synonyme bezeichnet.

[281] Vgl. Löw/Lorenz (2005), S. 590-602; Rudolph/Schäfer (2005), S. 30; Löw/Torabian (2008), S. 612-613. Dieses Begriffsverständnis wird später aufgegriffen, wenn die Regelungen zu bilanziellen Sicherungsbeziehungen in Kapitel 3.3.4 vorgestellt werden.

[282] Vgl. Herzig/Mauritz (1998), S. 101, Seidl (2000), S. 40.

im Vergleich zu vielen einzelnen Absicherungspositionen. Komplexer sind jedoch die Messung der offenen Risikoposition nach Kompensationseffekten der Grundgeschäfte und die Auswahl einer geeigneten Absicherungsposition für das verbleibende Risiko. Die Homogenität der Grundgeschäfte bei einem Makro-Hedge vereinfacht diese beiden Punkte im Vergleich zum einem Portfolio-Hedge.[283]

2.3.4.1.1.2 Identität des Basiswerts

Wird ein Grundgeschäft durch ein Sicherungsinstrument abgesichert, dessen Basiswert mit der abzusichernden Position übereinstimmt, wird dies als *Pure-Hedging* bezeichnet. Durch den identischen Basiswert wird sichergestellt, dass die gegenläufigen Wertentwicklungen von Grund- und Absicherungsposition sich ausgleichen.[284]

Beim *Cross-Hedging* hingegen referenziert das Sicherungsinstrument einen abweichenden, jedoch ähnlichen Basiswert.[285] Eine hohe Korrelation soll gewährleisten, dass sich die Gewinne und Verluste der beiden Positionen ausgleichen. Eine solche Absicherung ersetzt das ursprüngliche Preisrisiko durch ein sogenanntes *Spreadrisiko*. Dieses Restrisiko besteht darin, dass die Korrelation der beiden Geschäfte sich über den Sicherungszeitraum ändert und Gewinne und Verluste sich nicht vollständig kompensieren. Auch wenn ein *Cross-Hedge* das ursprüngliche Preisrisiko folglich nicht vollständig eliminieren kann, ist seine Anwendung sinnvoll, da das verbleibende Risiko in der Regel geringer als das ursprüngliche Preisrisiko ist.[286]

Cross-Hedging wird angewandt, wenn ein Absicherungsinstrument mit derselben Basis nicht verfügbar ist oder ein *Pure-Hedge* mit wesentlich höheren, ökonomisch nicht vertretbaren Mehrkosten verbunden ist.[287] Aus diesen Gründen ist Cross-Hedging gerade auf Rohstoffmärkten gängige Praxis.[288]

---

[283] Vgl. Scheffler (1994), S. 57 und Schmidt (1996), S. 59-70.
[284] Vgl. Schmidt (1996), S. 71; Riddermann/Straßenberger (1998), S. 4 und Locarek-Junge (2001), S. 1018.
[285] Vgl. Scheffler (1994), S. 58; Schmidt (1996), S. 71
[286] Vgl. Schmidt (1996), S. 71.
[287] Vgl. Oehler/Unser (2002), S. 33 und Schwarz (2006), S. 40-41.
[288] Siehe auch die Darstellungen zum Hedging insbesondere auf Energiemärkten (Abschnitt 2.5.2) sowie die Fallstudie zur Lufthansa AG (Abschnitt 4.3.2.2). Die Schwierigkeiten, die aus dieser marktbedingten Praxis für die Bilanzierung im Rahmen der Effektivitätsmessung resultieren, werden u.a. in Abschnitt 3.5.1.2 sowie in Fallbeispiel 6 erörtert.

2.3.4.1.1.3 Veränderlichkeit der Sicherung

Hedging-Strategien lassen sich des Weiteren nach ihrem zeitlichen Ablauf und der Veränderlichkeit der Sicherung in statisches und in dynamisches Hedging unterteilen.[289] Bei *statischem Hedging* werden Grundgeschäft und Sicherungsinstrument zu Beginn der Sicherungsbeziehung festgelegt und bleiben unverändert über die gesamte Laufzeit des Hedging erhalten. Dies ist in der Regel nur bei Mikro-Hedging möglich, wenn gleich zu Beginn ein geeignetes Sicherungsinstrument gefunden wird.[290]

Als *dynamisches Hedging* wird hingegen eine Sicherungsstrategie bezeichnet, bei der eine Sicherungsposition während der Laufzeit der Sicherungsbeziehung mindestens einmal angepasst wird. Wenn sich – wie dies insbesondere beim Makro- oder Portfolio-Hedging auftreten kann – das Risiko der Grundposition im Laufe der Zeit ändert, ist es für eine konstant hohe Absicherungsrate (*Hedge-Ratio*) notwendig, die Sicherungsinstrumente anzupassen.[291]

Dynamische Hedging-Strategien werden insbesondere zur Absicherung von Handelsbüchern in Banken angewandt.[292] Aufgrund ihrer geringen Bedeutung für Industrieunternehmen werden sie in dieser Arbeit nicht weiter betrachtet.

2.3.4.1.1.4 Zeitpunkt der Sicherung

Während bisher immer davon ausgegangen wurde, dass die abzusichernde Risikoposition zum Sicherungszeitpunkt besteht (*Bestandshedging*), kann genauso die Absicherung geplanter, jedoch noch nicht kontrahierter Geschäfte Ziel der Hedging-Strategie sein. Dies wird als *antizipatives Hedging* bezeichnet.[293]

Da noch keine offene Risikoposition besteht, sichert antizipatives Hedging keinen tatsächlichen Verlust, sondern vielmehr den Opportunitätsverlust einer zukünftigen Transaktion ab.

---

[289] Scharpf/Luz (2000), S. 189-193; Locarek-Junge (2001), S. 1018.

[290] Vgl. Schmidt (1996), S. 72.

[291] Vgl. Schwarz (2006), S. 41. Weiterführend siehe Luskin (1988) und hier insbesondere Leland/Rubinstein (1988), S. 3-10.

[292] Vgl. Scheffler (1994), S. 66-67.

[293] Vgl. Riddermann/Straßenberger (1998), S. 3; Rudolph/Schäfer (2005), S. 29 und Schwarz (2006), S. 42. Scheffler (1994) spricht nur bei Mikro-Hedging von antizipativem Hedging. Da nach seinem Verständnis eine antizipative Sicherung auf Makro- oder Portfolio-Ebene anstelle einer Einzelposition die künftige Gesamtposition des Unternehmens im Sinne einer unternehmensweiten Ausrichtung hinsichtlich des globalen Preisrisikos betrifft, bezeichnet er dies als *strategisches Hedging*. (Vgl. Scheffler (1994), S. 59-60.) Diese Unterscheidung hat sich in der Literatur nicht durchgesetzt und entspricht nicht der hier gewählten Auffassung.

Wird das Grundgeschäft später zu Konditionen abgeschlossen, die schlechter als zum Absicherungszeitpunkt sind, kompensieren Gewinne aus der im Voraus abgeschlossenen Sicherungsposition die entsprechenden Verluste.[294]

2.3.4.1.2 Korrelation

Die zweite zu beschreibende Eigenschaft eines Hedge ist die *Korrelation*. Sie ist ein mathematisches Maß für die Gleichläufigkeit zweier Variablen, in der Risikosteuerung also von Grund- und Sicherungsposition.[295] Der *Korrelationskoeffizient* misst die lineare Abhängigkeit zweier Variablen; sein Wert liegt zwischen -1 (bei vollständig entgegengesetzter Wertänderung) und +1 (bei absolut identischer Wertentwicklung). Bei einem Korrelationseffizienten von 0 sind die beiden Variablen unabhängig voneinander. Je näher ihr Wert an -1 oder +1 liegt, desto stärker ist ihre Abhängigkeit. Ein Wert von -1 bezeichnet eine perfekt negative Korrelation.[296]

Beim Hedging ist der Korrelationskoeffizient eine zentrale Kennzahl, die die Absicherungsgüte beschreibt. Umso näher die Korrelation zwischen Grund- und Absicherungsposition an -1 sich annähert, desto besser kompensieren Gewinne (Verluste) der Sicherungsposition Verluste (Gewinne) der Grundposition.[297]

Ein Korrelationskoeffizient von annähernd -1 kann am ehesten bei einem Pure-Hedge erwartet werden. Beim Cross-Hedging dient die Korrelation vielmehr zur Bestimmung, inwieweit ein Sicherungsinstrument zur Absicherung der Grundposition geeignet ist. Implizit wird hierfür angenommen, dass die historisch gemessene Korrelation zumindest für die betrachtete Absicherungsperiode erhalten bleibt. Aus dem Problem der möglichen Instabilität der historisch festgestellten Zusammenhänge ergibt sich die Notwendigkeit, die Korrelation laufend zu überwachen und gegebenenfalls den Absicherungsmechanismus neuen Gegebenheiten anzupassen.[298]

---

[294] Vgl. Scheffler (1994), 59-60 und Schmidt (1996), S. 70. Abschnitt 3.4.6 greift diese Abgrenzung durch eine Systematisierung der entsprechenden Grundgeschäfte in *feste Verpflichtungen* und *erwartete Transaktionen* aus Sicht der Rechnungslegung auf.

[295] Vgl. Bierman et al. (1991), S. 69; Rößler/Ungerer (2008), S. 210.

[296] Vgl. Benninga et al. (1984), S. 158; Schmidt (1996), S. 56.

[297] Vgl. Scheffler (1994), S. 61-62.

[298] Vgl. Schmidt (1996), S. 57; Schwarz (2006), S. 172.

2.3.4.1.3 Hedge-Ratio

Als letzte Eigenschaft eines Hedge bezeichnet die *Hedge-Ratio* den tatsächlichen Umfang der Absicherung. Sie gibt an, zu wie viel Prozent die Wertänderung einer Grundposition durch die gegenläufige Wertänderung der Absicherungsposition ausgeglichen wird. Daraus folgt unmittelbar, zu wie viel Prozent das Grundgeschäft durch das Sicherungsinstrument abgesichert ist. Eine Hedge-Ratio von 100% wird als *perfekter Hedge* bezeichnet. Dieser setzt in der Regel eine Korrelation von -1 voraus.[299]

Üblicherweise ist die Hedge-Ratio unter 100%, wofür zwei unterschiedliche Ursachen in Betracht kommen: Zum einen kann die Korrelation zwischen Grund- und Sicherungsposition zu gering sein, um einen perfekten Hedge zu erzielen. Zum anderen wird bei einem *partiellen Hedging* bewusst nicht die gesamte Grundposition abgesichert.[300]

Die Hedge-Ratio ist kein Gütemaß für die Absicherung. Vielmehr lässt sich die Kompensationswirkung einer Absicherung nur durch eine kombinierte Betrachtung von Hedge-Ratio und Korrelationskoeffizienten einschätzen. In der Praxis können Hedge-Ratios eingesetzt werden, um Limits für eine Mindestabsicherung vorzuschreiben. Eine vorgeschriebene Absicherung zu 80% entspricht direkt einer Mindest-Hedge-Ratio von 80%.[301]

2.3.4.2 Absicherung einer Long-Position

2.3.4.2.1 Termingeschäfte und Swaps zur Absicherung einer Long-Position

Wie zu Beginn dieses Kapitels dargestellt,[302] ist die Long-Position in einem Rohstoff die natürliche Position eines Produzenten, Förderunternehmens oder Erzeugers: Als Rohstoffverkäufer profitiert er von steigenden Rohstoffpreisen, leidet unter sinkenden Rohstoffpreisen. Abbildung 2-21 veranschaulicht das Auszahlungsprofil einer solchen Long-Position.

Aus Gründen der Anschaulichkeit und um die Wirkungsweise der Absicherungsmechanismen deutlich herauszuarbeiten, wird in diesem Abschnitt jeweils die natürliche Rohstoffposition eines Unternehmens als Referenzpunkt der Absicherung gewählt. Die abzusichernde Position

---

[299] Vgl. Schmidt (1996), S. 57-58; Staudt/Weinberger (1997), S. 47-48.
[300] Vgl. Scheffler (1994), S. 62.
[301] Vgl. Scheffler (1994), S. 62-63. Weiterführend zu verschiedenen mathematischen Definitionen der Hedge-Ratio siehe Scharpf/Luz (2000), S. 189-192; Chen et al. (2003), S. 433-465; Rudolph/Schäfer (2006), S. 127-129 sowie Clark (2011), S. 36-40.
[302] Vgl. Kapitel 2.2.8.

wird selten mit der gänzlichen natürlichen Rohstoffposition eines Unternehmens übereinstimmen. Vielmehr wird ein Unternehmen nicht seine gesamte natürliche Rohstoffposition neutralisieren, sondern in Abhängigkeit seiner definierten Risikolimite und deren Auslastung, die in der Risikomessung und -bewertung bestimmt wurde, Absicherungsgeschäfte eingehen.

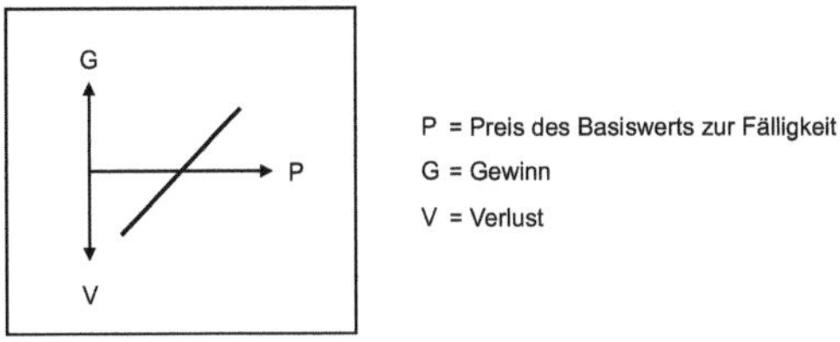

Abbildung 2-21: Auszahlungsprofil einer Long-Position zur Fälligkeit[303]

Termingeschäfte und Swaps als deterministische Finanzinstrumente bewirken eine *beidseitige Absicherung*, da der Hedge vor Wertverlusten der Grundposition schützt und umgekehrt Wertzunahmen der Grundposition durch entsprechende Verluste der Sicherungsposition aufzehrt. Für den Schutz vor zukünftigen Wertverlusten werden folglich eventuelle Gewinne aus Wertsteigerungen aufgegeben.[304] Für eine solche Absicherung ist kein Bargeld im Voraus zu zahlen.[305] Bei der entsprechenden Korrelation und Hedge-Ratio hat dies eine beidseitige Immunisierung zur Folge.[306]

Um Wertschwankungen einer Long-Position im Rohstoff auszugleichen und im Voraus einen Verkaufspreis zu fixieren, baut der Rohstoffverkäufer eine gegenläufige Short-Position in einem Termingeschäft auf. Im Fall eines perfekten Hedge eliminiert der Erzeuger dadurch vollständig den Einfluss von zukünftigen Preisschwankungen. Abbildung 2-22 veranschaulicht die Auszahlungsprofile der einzelnen Positionen sowie ihrer Gesamtposition.[307]

---

303 Quelle: Schmidt (1996), S. 83; Hull (2003), S. 4.

304 Im Folgenden wird immer davon ausgegangen, dass es sich um Finanzderivate mit Barerfüllung handelt.

305 Von möglichen Sicherheiten oder *margin calls* als Kosten im Fall von börsengehandelten Futures wird hier abgesehen.

306 Vgl. Scheffler (1994), S. 65; Schmidt (1996), S. 74-75; Eichhorn/Heil (2007), S. 79. Das asymmetrische Auszahlungsprofil einer Option führt hingegen zu einer *einseitigen Absicherung*; auf sie wird im nächsten Abschnitt eingegangen.

307 Vgl. Das (2006b), S. 13-14.

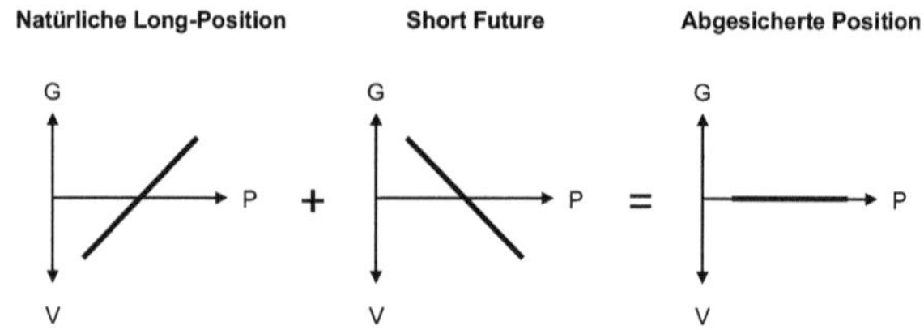

Abbildung 2-22: Auszahlungsprofil für den Short-Hedge mit einem verkauften Termingeschäft zur Fälligkeit[308]

Soll als Form von selektivem Hedging die Partizipation an Rohstoffpreisschwankungen nicht gänzlich immunisiert, sondern lediglich abgeschwächt werden, kann der Grad der Absicherung angepasst werden, indem die Hedge-Ratio deutlich unter 100% angesetzt wird (*Partizipationsstruktur*).[309] Das entsprechende Auszahlungsprofil zeigt Abbildung 2-23. Ein vergleichbares Auszahlungsprofil kann aus einem Cross-Hedge resultieren, der kein perfekter Hedge ist.[310]

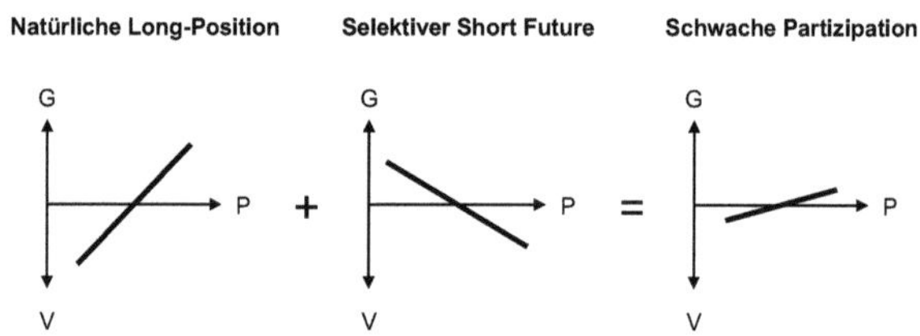

Abbildung 2-23: Auszahlungsprofil einer partiellen Absicherung bzw. bei Cross-Hedging[311]

Da Swapgeschäfte einer zeitlich gestaffelten Kombination aus Termingeschäften entsprechen, folgen sie denselben wie den hier ausgeführten Prinzipien. Auf eine detaillierte Darstellung wird daher an dieser Stelle verzichtet.

---

308 Quelle: Eigene Darstellung in Anlehnung an Schmidt (1996), S. 83; Hull (2003), S. 4; Das (2006b), S. 15.

309 Vgl. Erläuterungen in den Kapiteln 2.2.4 und 2.3.4.1.3.

310 Vgl. Scheffler (1994), S. 65; Das (2006b), S. 500-501. Bei Cross-Hedging führt nicht die Hedge-Ratio, sondern eine Korrelation unter dem Wert 1 zu diesem Auszahlungsprofil.

311 Quelle: Eigene Darstellung in Anlehnung an Scheffler (1994), S. 65.

2.3.4.2.2 Optionen zur Absicherung einer Long-Position

Optionen als bedingte Finanzinstrumente werden in Industrie- und Handelsunternehmen im Wesentlichen zur Absicherung von nicht fest kontrahierten, aber geplanten zukünftigen Geschäften eingesetzt. So spiegelt sich der bedingte Charakter des Grundgeschäfts im Absicherungsinstrument wider. Für die Absicherung bereits bestehender Bilanzpositionen wird oft auf Optionen zugunsten von Termingeschäften verzichtet, um die bereits bei Vertragsabschluss zu zahlende Prämie zu vermeiden.[312]

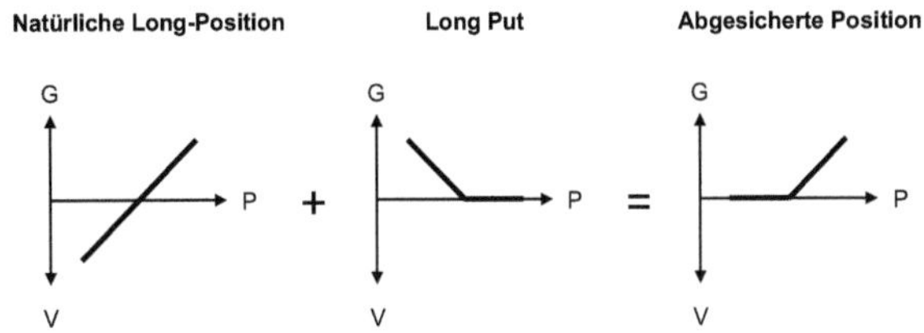

Abbildung 2-24: Auszahlungsprofil für den Short-Hedge mit einer gekauften Put-Option zur Fälligkeit[313]

Um Wertschwankungen der Long-Position in einem Rohstoff in eine Richtung zu beschränken und somit im Voraus einen Mindestverkaufspreis zu fixieren, kann der Rohstoffverkäufer eine Put-Option kaufen. Der mindestens erzielte Verkaufspreis entspricht hier dem Ausübungspreis der Option. Der Erzeuger sichert sich gegen Wertverluste des Rohstoffs ab, gibt Gewinne aus Wertsteigerungen jedoch nicht auf. Dafür zahlt er eine Optionsprämie zum Zeitpunkt des Optionserwerbs. Bis auf die Optionsprämie hat der Erzeuger bis zur Fälligkeit der Option keine weiteren Zahlungen zu leisten. Abbildung 2-24 veranschaulicht die Auszahlungsprofile der einzelnen Positionen sowie ihrer Gesamtposition zur Fälligkeit.[314]

Weitergehende Möglichkeiten ergeben sich durch kombinierte Optionsstrategien. Zur Absicherung einer Long-Position sind hier für Nichtbanken vornehmlich zwei Optionskombinationen interessant, die Abbildung 2-25 aufzeigt.

---

[312] Vgl. Eichhorn/Heil (2007), S. 79.
[313] Quelle: Eigene Darstellung in Anlehnung an Schmidt (1996), S. 83; Hull (2003), S. 8; Das (2006b), S. 15.
[314] Vgl. Das (2006b), S. 14. Zur Vereinfachung der Darstellung wird der Einfluss der Optionsprämie nicht in den Auszahlungsprofilen berücksichtigt.

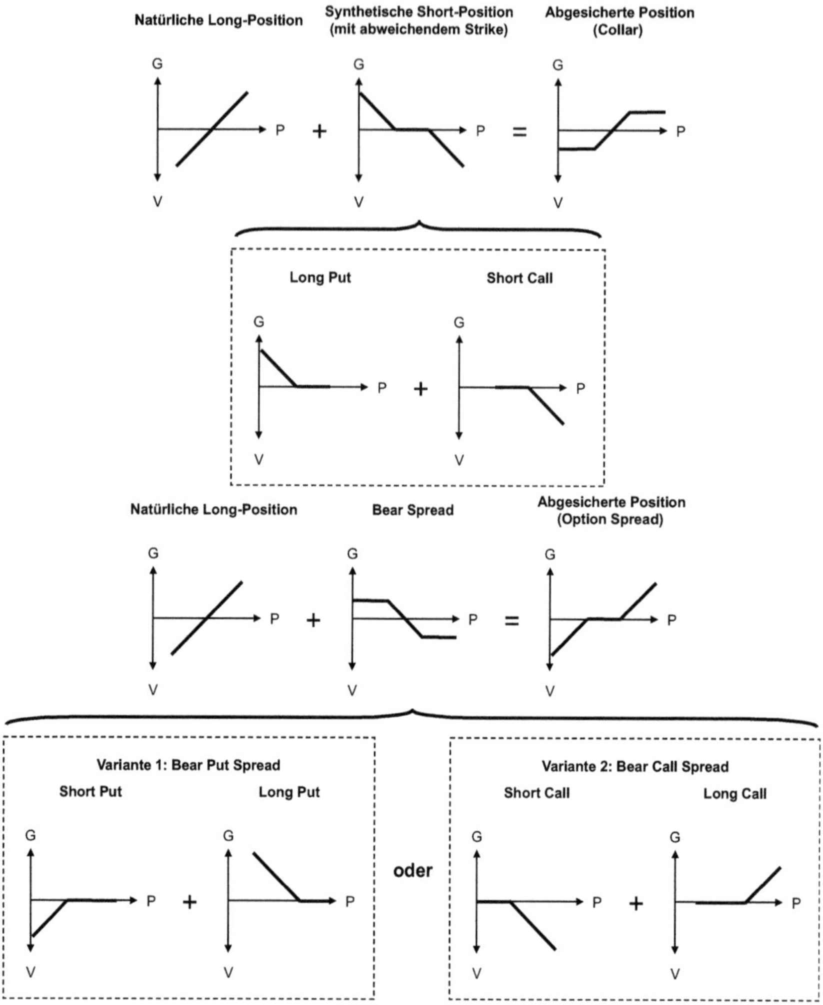

Abbildung 2-25: Kombinierte Optionsstrategien zur Absicherung einer Long-Position[315]

Im Gegensatz zur Absicherung mit dem Kauf einer Option wird hier eine weitere Option verkauft, um mit der aus diesem Verkauf verdienten Optionsprämie die Absicherungskosten zu reduzieren.[316]

---

[315] Quelle: Eigene Darstellung in Anlehnung an Hull (2003), S. 187-190.

Zuerst ist eine kombinierte Optionsstrategie möglich, die Rohstoffpreisschwankungen in einem bestimmten Rahmen in beide Richtungen erlaubt, aber ab einem festgesetzten Schwellenwert die Partizipation an Preisänderungen nach oben und unten beschränkt. Hierfür wird eine *synthetische Short-Position mit abweichenden Ausübungspreisen* aufgebaut: Diese besteht aus dem Kauf einer Put- und dem Verkauf einer Call-Option, wobei der Ausübungspreis der Put-Option unter dem der Call-Option festgesetzt ist. Bei entsprechender Ausgestaltung deckt die Prämieneinnahme aus dem Verkauf der Call-Option die zu zahlende Prämie für den Kauf der Put-Option. Das resultierende Auszahlungsprofil wird als *Collar* bezeichnet.[317]

Der *Option Spread* als eine zweite kombinierte Optionsstrategie erlaubt es, Rohstoffpreisänderungen bis zu einem oberen und unteren Schwellenwerte zu immunisieren. An Preisschwankungen, die einen der beiden Schwellenwerte übertreten, partizipiert das abgesicherte Unternehmen. Dafür schließt das Unternehmen einen *Bear Spread* ab, der gleichermaßen mit Call- als auch mit Put-Optionen konstruiert werden kann. Ein *Bear Call Spread* resultiert aus dem Verkauf einer Call-Option mit relativ niedrigerem Ausübungspreis und dem Kauf einer Call-Option mit relativ höherem Ausübungspreis. Ein *Bear Put Spread* besteht aus einer verkauften Put-Option mit relativ niedrigerem Strike und einer gekauften Put-Option mit relativ höherem Strike. Bei Kombination der entsprechenden Optionen ist auch hier eine Absicherung zu Nullkosten bei Abschluss des Sicherungsgeschäfts möglich.[318]

Werden Optionen eingesetzt, um ein geplantes Geschäft und nicht den Marktwert eines bestehenden Bilanzpostens abzusichern, bestimmt der Nennwert des Grundgeschäfts die benötigte Anzahl von Optionen und nicht die Hedge-Ratio.[319]

Wie auch bei den Termingeschäften lässt sich hier durch entsprechende Änderung der Anzahl von eingesetzten Optionen jeweils der Grad der Partizipation an Preisschwankungen modifizieren.

[316] Vgl. Cusatis/Thomas (2005), S. 180.
[317] Vgl. Cusatis/Thomas (2005), S. 179-181.
[318] Vgl. Hull (2003), S. 189-190.
[319] Vgl. Cusatis/Thomas (2005), S. 223-224.

2.3.4.3 *Absicherung einer Short-Position*

2.3.4.3.1 *Termingeschäfte und Swaps zur Absicherung einer Short-Position*

Verbraucher haben eine natürliche Short-Position in einem Rohstoff und profitieren somit von sinkenden Rohstoffpreisen, während höhere Rohstoffpreise Mehrkosten verursachen.[320] Abbildung 2-26 veranschaulicht das Auszahlungsprofil einer solchen Short-Position.

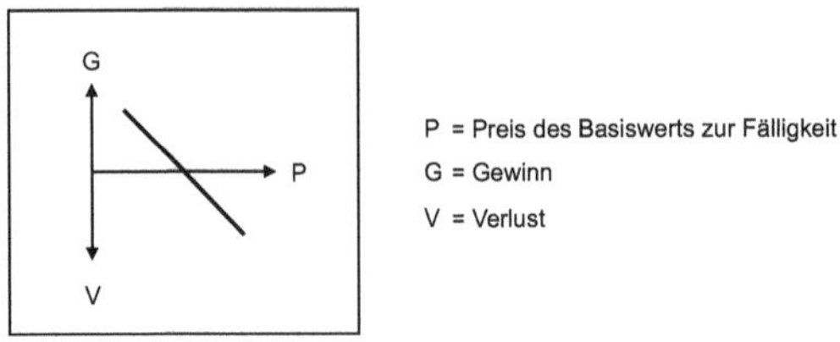

Abbildung 2-26: Auszahlungsprofil einer Short-Position zur Fälligkeit[321]

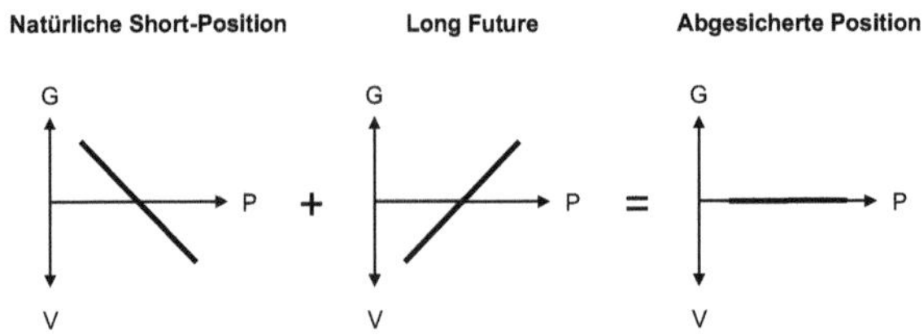

Abbildung 2-27: Auszahlungsprofil für den Long-Hedge mit einem gekauften Termingeschäft zur Fälligkeit[322]

Wie im Fall einer Long-Position kann der Verbraucher sich gegen Auswirkungen von Rohstoffpreisschwankungen seiner Short-Position mit Hilfe von Termingeschäften oder Swaps beidseitig absichern. Dafür baut er eine gegenläufige Long-Position auf, indem er zum Beispiel ein Termingeschäft kauft. Wiederum erfolgt diese Absicherungsstrategie zu Nullkosten zum Zeitpunkt des Erwerbs des Finanzderivats und es ist eine partielle Absicherung durch eine angepasste Hedge-Ratio möglich. Abbildung 2-27 veranschaulicht die Auszahlungsprofile der einzelnen Positionen sowie ihrer Gesamtposition.[323]

---

320 Vgl. auch hier Kapitel 2.2.8.
321 Quelle: Schmidt (1996), S.83; Hull (2003), S. 4.
322 Quelle: Eigene Darstellung in Anlehnung an Schmidt (1996), S. 83; Hull (2003), S. 4; Das (2006b), S. 15.
323 Vgl. Das (2006b), S. 7-8. Auf eine detaillierte Darstellung der Absicherung mit Swapgeschäften wird hier aus

2.3.4.3.2 Optionen zur Absicherung einer Short-Position

Optionen können ebenso zur Absicherung von bedingten Short-Positionen eingesetzt werden. Die gegenläufige, bedingte Long-Position resultiert aus dem Kauf einer Call-Option, deren Ausübungspreis dem Maximalpreis entspricht, zu dem der Verbraucher seinen Rohstoff beziehen wird. Dafür, dass er nicht an negativen, sondern ausschließlich an positiven Wertentwicklungen partizipiert, zahlt der Rohstoffkäufer eine Optionsprämie zum Zeitpunkt des Optionskaufs. Abbildung 2-28 veranschaulicht die Auszahlungsprofile der einzelnen Positionen sowie ihrer Gesamtposition zur Fälligkeit. Durch eine entsprechend niedrigere Hedge-Ratio bzw. einen niedrigeren Nennwert des Absicherungsgeschäfts reduziert sich wiederum der Absicherungsgrad.[324]

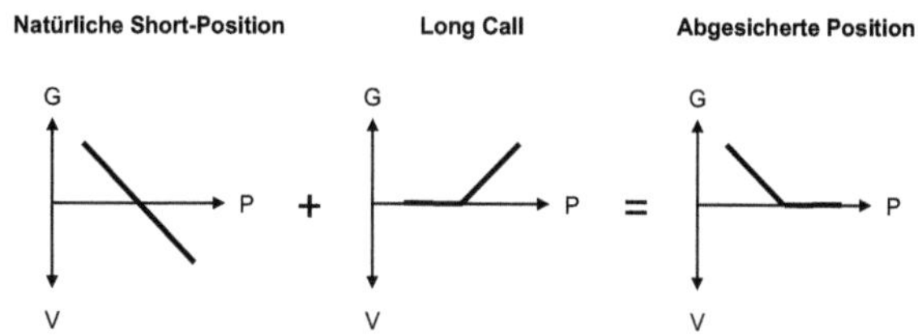

Abbildung 2-28: Auszahlungsprofil für den Long-Hedge mit einer gekauften Call-Option zur Fälligkeit[325]

Kombinierte Optionsstrategien lassen sich mit leichten Modifikationen auch auf eine Short-Position anwenden. Abbildung 2-29 fasst die Auszahlungsprofile zusammen.

Zur Beschränkung der Auswirkungen von Rohstoffpreisschwankungen ab einem bestimmten oberen und unteren Schwellenwert wird eine *synthetische Long-Position mit abweichenden Ausübungspreisen* eingegangen (Collar): Dafür wird eine Call-Option gekauft und eine Put-Option verkauft, wobei der Ausübungspreis der Call-Option über dem der Put-Option liegt. In Abhängigkeit von der konkreten Ausgestaltung lässt sich die Absicherung zu Nullkosten zum Zeitpunkt der Optionsgeschäfte abschließen.

denselben Gründen wie in Kapitel 2.3.4.2.1 verzichtet.

[324] Vgl. Das (2006b), S. 14.

[325] Quelle: Eigene Darstellung in Anlehnung an Schmidt (1996), S. 83; Hull (2003), S. 7; Das (2006b), S. 15.

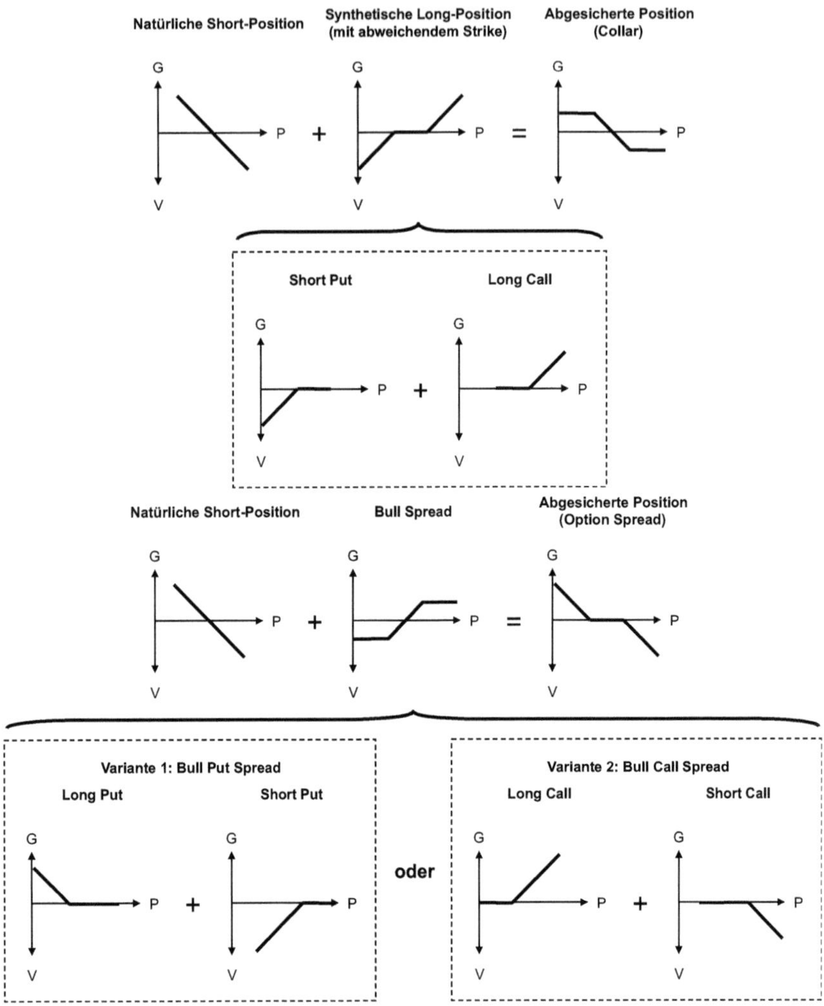

Abbildung 2-29: Kombinierte Optionsstrategien zur Absicherung einer Short-Position[326]

Um Rohstoffpreisschwankungen bis zu einem oberen und unteren Schwellenwert zu immunisieren und darüber hinaus zu akzeptieren (Option Spread), wird ein *Bull Spread* eingesetzt. Wird dieser als *Bull Call Spread* konstruiert, wird eine Call-Option mit relativ niedrigerem Ausübungspreis gekauft und eine Call-Option mit relativ höherem Ausübungspreis verkauft.

[326] Quelle: Eigene Darstellung in Anlehnung an Hull (2003), S. 187-190.

Für einen *Bull Put Spread* wird eine Put-Option mit relativ niedrigerem Ausübungspreis gekauft und eine Put-Option mit einem relativ höheren Ausübungspreis verkauft.[327]

2.3.5 Risikoüberwachung und -kontrolle sowie Überwachung des Risikomanagementsystems

Die *Risikoüberwachung und -kontrolle* hat die Aufgabe, die Risikoanalyse und -steuerung auf ihre Effektivität und Effizienz zu prüfen. Sie überwacht, ob die Risikoidentifikation vollständig die Risikofaktoren abdeckt, denen das Unternehmen ausgesetzt ist, ob die gewählten Methoden geeignet sind und ob die Maßnahmen der operativen Risikosteuerung erfolgreich die Zielvorgaben der Unternehmensführung erreichen. Die Risikoüberwachung und -kontrolle stellt somit die Verbindung zur Risikoanalyse als Ausgangspunkt des Regelkreises des Risikomanagementprozesses her. Ihre funktionale Trennung von der Risikoanalyse und Risikosteuerung ist notwendig, um eine neutrale, unabhängige Kontrolle zu gewährleisten.[328]

Für die Abweichungsanalyse bei quantifizierbaren Risiken wie Rohstoffpreisänderungen eignen sich Soll-Ist-Vergleiche entsprechend der verwendeten Methoden zur Risikomessung.[329] Sind entsprechende Systeme nicht implementiert, ist zumindest die Entwicklung von Schadensfällen zu beobachten.[330]

Des Weiteren umfasst das Risikocontrolling die Risikoberichterstattung: Limite und Limitauslastung werden sowohl an operative Einheiten zur Unterstützung des dortigen Risikomanagements als auch den höheren Hierarchieebenen und der Geschäftsleitung berichtet.[331] Die Risikoberichterstattung für die Geschäftsleitung umfasst als Bestandteil des Managementinformationssystems zumindest die folgenden Punkte:

- Risikopositionen aufgegliedert nach Geschäfts-, Risikoart, Organisationseinheiten oder Portfolios,
- festgesetzte Limite und deren Auslastung,
- aufgelaufene realisierte wie auch unrealisierte Gewinne und Verluste,
- Entwicklung der Risiko- und Ertragslage,

---

327 Vgl. Hull (2003), S. 187-190.

328 Vgl. Weber et al. (1999a), S. 1716; Scharpf/Luz (2000), S. 220.

329 Vgl. Erichsen (2004), S. 5. Hier sei des Weiteren auf die in Kapitel 2.3.2 vorgestellten Methoden der Risikomessung und -bewertung verwiesen.

330 Vgl. Gebhardt/Mansch (2001), S. 155.

331 Vgl. Scheffler (1994), S. 37.

- schwebende Termingeschäfte mit bedeutenden Kontrahenten sowie
- festgestellte Pflichtverletzungen von Mitarbeitern.[332]

Zu guter Letzt bedarf der gesamte Risikomanagementprozess an sich einer Kontrollfunktion hinsichtlich Effektivität, Effizienz und Adäquanz (*Überwachung des Risikomanagementsystems*). Damit Probleme in der Struktur und bei den getroffenen Maßnahmen aufgedeckt werden können, ist dies als prozessunabhängige Überwachung aufbau- und ablauforganisatorisch von dem Risikomanagementprozess getrennt zu gestalten. Um diese Funktion zu gewährleisten, ist diese Aufgabe an externe Spezialisten oder eine interne Gruppe zu übertragen, die nicht in den Risikomanagementprozess eingebunden sind und direkt an die Unternehmensführung bzw. deren Aufsichtsgremium berichten.[333]

2.4 Risikosteuerung auf Märkten für (Edel-)Metalle

2.4.1 Eigenschaften und Verwendung der wichtigsten Edelmetalle und Metalle

Metalle werden hinsichtlich ihrer Korrosionsbeständigkeit in *Edelmetalle* und *unedle Metalle* unterteilt. Im Folgenden werden die jeweils wichtigsten Edelmetalle und (unedlen) Metalle kurz vorgestellt.

2.4.1.1 Edelmetalle

Das bekannteste Edelmetall ist *Gold* – nicht nur aufgrund seiner Bedeutung für die Schmuckherstellung, sondern auch da es immer noch einen erheblichen Anteil der weltweiten Währungsreserven darstellt. Diese Bedeutung von Gold für das Währungssystem resultiert aus dem Abkommen von Bretton Woods, in dem 1944 der US-Dollar in einem festen Verhältnis an Gold und die restlichen Währungen wiederum in einem relativ fixen Verhältnis an die amerikanische Währung gekoppelt wurden. Auch nach Ende des Währungssystems von Bretton Woods besteht eine gewisse Bindung zwischen dem Dollarkurs und dem Goldpreis, da dieser in US-Dollar notiert.[334]

---

332 Vgl. Gebhardt/Mansch (2001), S. 155-156. Priermeier (2005b), S. 88-92 vertieft die Ausgestaltung der Risikoberichterstattung.

333 Vgl. Weber et al. (2001), S. 63; Gebhardt (2002), S. 1722.

334 Für eine ausführlichere Darstellung der Rolle von Gold im Währungssystem von Bretton Woods siehe Knafo (2006) und D'Arista (2009).

Die wichtigsten Ursprungsländer für das weltweite Goldangebot sind Südafrika, die USA und Westaustralien. Die wesentliche Nutzung von Gold besteht in der Schmuckindustrie. Oft werden hier Goldlegierungen verwendet, da reines Gold sehr weich ist. Aufgrund seiner hohen Leitfähigkeit für Elektrizität und Wärme, seiner Korrosionsbeständigkeit und seiner hohen chemischen Stabilität findet Gold auch industrielle Anwendung, so zum Beispiel in Computern, Kommunikationsgeräten oder Flugzeugmotoren. Weiterhin wird Gold für die Herstellung von Barrengold und Goldmünzen sowie im zahntechnischen Bereich eingesetzt.[335]

Ähnlich wie Gold hat gleichermaßen *Silber* eine hohe Bedeutung in der Schmuckindustrie. Silber hat die höchste elektrische Leitfähigkeit aller Metalle, die noch über der von Kupfer liegt. Einer breiteren industriellen Verwendung für diesen Zweck steht jedoch sein im Vergleich zu Kupfer deutlich höherer Preis im Weg. Silber tritt oft in Verbindung mit anderen Erzen[336] wie Blei, Kupfer oder Zink auf, wo es als Nebenprodukt durch Erzseparation gewonnen wird. Rund 70% des weltweiten Silberangebots stammt aus solchen Quellen, der Rest aus natürlichen Vorkommen. Die wesentlichen Einsatzbereiche von Silber umfassen Schmuck und Silberwaren, Fotografie, elektrische und elektronische sowie weitere industrielle Produkte. Für die Schmuckherstellung wird häufig die Silberlegierung Sterlingsilber eingesetzt, die zu 92,5% aus Silber und 7,5% aus Kupfer besteht. Im Vergleich zu Gold ist die industrielle Verwendung von Silber aufgrund seines niedrigeren Preises deutlich ausgeprägter.[337]

Platin ist das Hauptmetall der Platingruppenmetalle, die neben Platin Palladium, Rhodium, Ruthenium, Osmium und Iridium einschließen.[338] Platin gehört zu den seltensten Metallen; seine jährliche Fördermenge beläuft sich auf einen Bruchteil der Fördermengen von Gold oder Silber. Über drei Viertel des weltweiten Platinangebots stammt aus Südafrika. Es wird als Nebenprodukt der Nickel- und Palladiumproduktion gewonnen. Anwendung findet Platin vornehmlich als chemischer Katalysator für Automobile, jedoch auch in verschiedenen indust-

---

335 Vgl. UBS (2005), S. 77-79, NYMEX (2006), S. 8 und Deutsche Bank (2006), S. 20-22. Zu strukturellen Angebot- und Nachfragecharakteristika auf dem Goldmarkt siehe auch Neuberger (2001), S. 15-28 sowie Shafiee/Topal (2010), S. 178-180. Shafiee/Topal (2010) analysieren des Weiteren die langfristigen Zusammenhänge von Goldpreis, Inflation und Ölpreis.

336 Erze bezeichnen Gestein, das einen hohen Anteil eines bestimmten Metalls hat.

337 Vgl. UBS (2005), S. 82-84 und Deutsche Bank (2006), S. 23-24. Zu Interdependenzen zwischen Silber- und Goldmarkt vgl. auch Liu/Chou (2003).

338 Für weitergehende Informationen zu Rhodium, Ruthenium und Iridium siehe Deutsche Bank (2006), S. 29-30.

riellen Prozessen z.B. in der chemischen Industrie, der Glasherstellung oder im Elektrizitätssektor und in der Schmuckherstellung.[339]

Unter den anderen Metallen der Platingruppe hat *Palladium* einen besonderen Stellenwert. Es besitzt platinähnliche Eigenschaften, läuft nicht an der Luft an und hat unter allen Platingruppenmetallen die geringste Dichte und den niedrigsten Schmelzpunkt. Palladium liegt entweder in der Natur als freies Metall oder als Legierung mit Gold oder Platin vor oder wird als Nebenprodukt der Nickel- oder Kupferförderung gewonnen. Russland ist Herkunftsland von über 50% des Palladiumangebots, gefolgt von Südafrika und den USA. Der wichtigste Einsatzbereich ist als Substitut für Platin in Autokatalysatoren. Weitere Anwendungen findet Palladium zum Beispiel als Goldlegierung in Form von Weißgold in der Schmuckindustrie, in der chemischen Industrie zum Beispiel beim Öl-Cracking, in der Elektronik und der Zahnmedizin.[340]

Die Edelmetalle Gold, Silber, Platin und Palladium werden an mehreren Börsen gehandelt. Die Märkte für andere Platingruppenmetalle sind klein und illiquide.[341]

Obwohl Gold an verschiedenen Börsen wie u.a. der *New York Mercantile Exchange* (NYMEX) oder *Tokyo Commodity Exchange* (TOCOM) gehandelt wird, gilt der OTC-Markt in London als das Handelszentrum für Edelmetalle. Der Interessenverband *London Bullion Markets Association* (LBMA) legt die üblichen Marktkonventionen fest, die weltweit Allgemeingültigkeit haben. Der Goldpreis wird zweimal täglich durch bestimmte Mitglieder der LBMA festgesetzt und dient somit als Referenzwert für OTC-Geschäfte. Als *market maker* bezeichnete Primärhändler stellen die Liquidität des OTC-Marktes sicher. Um eine gewisse Standardisierung zu erreichen, wird Gold auf einer *loco London*-Basis nach der Konvention *London Good Delivery* gehandelt: Hier wird Gold, das eine bestimmte Qualität erfüllt, an den Londoner Tresorraum eines *clearing member* geliefert. Geschäfte, die nicht diesen Konventionen entsprechen, werden mit Auf- oder Abschlägen zu diesem Referenzpreis gehandelt.[342]

---

339 Vgl. UBS (2005), S. 85-87, NYMEX (2006), S. 9 und Deutsche Bank (2006), S. 25-26.
340 Vgl. UBS (2005), S. 88-90, NYMEX (2006), S. 10 und Deutsche Bank (2006), S. 27.
341 Vgl. Deutsche Bank (2006), S. 20-30.
342 Vgl. Neuberger (2001), S. 37-40.

Börsenplätze für Silber sind die *New York Commodity Exchange* (COMEX), TOCOM und das *Chicago Board of Trade* (CBOT), für Platin sind es ebenfalls die TOCOM und COMEX; die OTC-Märkte spielen jedoch eine größere Rolle.[343]

2.4.1.2 Basis- und Industriemetalle

Aluminiumerz, auch bekannt als Bauxit, ist reichlich in der Erdkruste vorhanden, auch wenn es in freier Form sehr selten vorkommt. Von keinem anderen *Nichteisenmetall* (*NE-Metall*) wird so viel produziert. Als Vorstufe der Aluminiumherstellung wird aus dem Rohstoff Aluminiumerz reines Aluminiumoxid gewonnen. Dieses weiße Pulver wird unter hohem Energieaufwand zu Aluminium geschmolzen und anschließend zum Beispiel mit Legierungen von Eisen, Silikon, Zink, Kupfer oder Magnesium oder durch einen Walzprozess weiterverarbeitet. Aufgrund des hohen Energiebedarfs der Aluminiumgewinnung hat die Wiederaufbereitung von Altaluminium als alternativer Herstellungsprozess eine große Bedeutung.[344] Die größten Produzenten sind China, Russland, Kanada und die USA. Das Endprodukt Aluminium ist sehr leicht, korrosionsbeständig, nicht magnetisch und sehr stark. Da es weiterhin gut form- und dehnbar sowie einfach weiterzuverarbeiten ist, hat Aluminium vielfältige Anwendungsbereiche. Es wird eingesetzt bei Transportmitteln wie z.B. Automobilen oder Flugzeugen, Verpackungen, Gebrauchsgüter, Stromübertragungsleitungen sowie im Gebäude- und Anlagenbau.[345]

Kupfer ist eines der am längsten bekannten Metalle und gehört zusammen mit seinen Legierungen zu den wichtigsten Handelsmetallen. Es handelt sich um ein rötlich gefärbtes Metall und kommt in Reinform nur selten in der Natur vor. Insbesondere verfügt es über eine hohe thermische und elektrische Leitfähigkeit, eine gute Korrosionsbeständigkeit und ist dehn- und formbar. Kupfer wird durch Extraktion aus Felsgesteinen gewonnen, die genug Metalle enthalten und daher als Erze bezeichnet werden. Dabei werden die Erze zerkleinert und zermahlen, durch das Flotationsverfahren von unerwünschtem Material bereinigt und durch den Re-

---

[343] Vgl. Deutsche Bank (2006), S. 23-26; Mengle (1997a), S. 29. Weiterführend zum *London Platinum and Palladium Market* (LPPM) als außerbörslicher Handelsplatz für Platin und Palladium siehe auch Kendall (2004).

[344] Für eine ökonometrische Analyse des europäischen Markts für recyceltes Aluminium siehe Blomberg/Söderholm (2009).

[345] Vgl. UBS (2005), S. 64-66, Deutsche Bank (2006), S. 31-32, Schofield (2007), S. 70-73 und NYMEX (2006), S. 11. Auf die zentrale Rolle der *London Metal Exchange* (LME) als Handelsplatz und Abwicklungsplattform für Metalle wird im Kontext der Sicherungsstrategien insbesondere auf Aluminium- und Kupfermärkten eingegangen. (Vgl. Kapitel 2.4.3.) Für eine Modellierung der Preise von Industriemetallen anhand des Aluminiummarkts vgl. auch Baldursson (1999).

duktionsprozess chemisch in Metall umgewandelt. Da Kupfer weniger reaktiv ist, ist dieser Schritt verhältnismäßig einfach. Eine weitere Reinigung des Kupfers erfolgt durch Elektrolyse. Die wichtigsten Produzentenländer sind Chile, die USA, Indonesien und Peru, wobei allein Chile 40% der Weltexporte erbringt. Die mit Abstand größte Anwendung findet Kupfer in der Elektrizität, die 75% Prozent des Kupferbedarfs ausmacht. Da Bakterien sich auf seiner Oberfläche nicht vermehren können, findet es Verwendung bei Klimaanlagen und im Nahrungsmittelbereich. Je nach Anwendung können Aluminium, Titan, Stahl, Glasfaser und Plastik Substitute darstellen. Kupfer kann mit anderen Metallen kombiniert werden, um geläufige Legierungen zu erhalten, so zum Beispiel mit Zinn für Bronze oder mit Zink für Messing.[346]

Nickel ist ein langlebiges, silberweißes Metall mit geringer thermischer und elektrischer Leitfähigkeit, hoher Korrosions- und Oxidationsbeständigkeit sowie außerordentlicher Festigkeit und Härte. Es verbindet sich leicht mit anderen Metallen. Seine Hauptanwendung stellt daher die Produktion von rostfreiem und hitzebeständigem Stahl dar, wo es als Metalllegierung mit Chrom oder anderen Metallen eingesetzt wird. Des Weiteren wird es in verschiedenen Spezialanwendungen wie beispielsweise Nickelstahl für Panzerplatten, magnetisiert als Alnico-Legierung oder als höchst korrosionsbeständiges Monelmetall für Schiffspropeller, Küchenausrüstungen oder Rohrleitungen in der chemischen Industrie genutzt. Nickel kommt in natürlicher Form in Mineralien vor und gehört zu den am häufigsten vorkommenden Elementen. Die primären Herkunftsländer sind Russland, Japan, Australien und Kanada.[347]

Blei gehört wegen seiner vielfältigen Einsatzmöglichkeiten, seiner einfachen Gewinnung, guten Form- und Dehnbarkeit zu den am häufigsten verwendeten Metallen. Aufgrund seiner Giftigkeit beschränken sich seine Anwendungsbereiche heutzutage größtenteils auf Bleisäurebatterien, Elektrobauteile, Kabelummantelungen und Munition. Die wichtigsten Erzeugerländer sind China, Australien und die USA. Durch Bohrungen und Sprengungen wird Blei als Erz gewonnen und in zertrümmerter und gemahlener Form in einem mehrstufigen Prozess gereinigt. Wie auch bei Aluminium hat der Sekundärmarkt einen beträchtlichen Anteil.[348]

---

[346] Vgl. Heaney (2006), S. 392; UBS (2005), S. 61-63, Deutsche Bank (2006), S. 33-34, Schofield (2007), S. 73-75 und NYMEX (2006), S. 10. Für eine Analyse der Zusammenhänge zwischen Future-, Primärerz- und Schrottpreise vgl. auch Aruga/Managi (2011) sowie Varela (1999), Bracker/Smith (1999), Smith/Bracker (2003) und Chan/Young (2006) zur Modellierung von Spot- bzw. Future-Preisen für Kupfer. Rosenau-Tornow et al. (2009) vertieft angebotsseitige Risiken auf dem Kupfermarkt.

[347] Vgl. UBS (2005), S. 67 und Deutsche Bank (2006), S. 37-38.

[348] Vgl. Heaney (2006), S. 392; UBS (2005), S. 71 und Deutsche Bank (2006), S. 35. Für Transmissionseffekte hinsichtlich Preis und Volatilität zwischen Primär- und Sekundärmärkten für Blei, Kupfer und Zink siehe

Zink wird noch häufiger verwendet als Blei, und Zinksulfit gilt als bedeutendstes Erzmineral. Primärzink deckt zwei Drittel der Produktion ab, ein Drittel wird aus Schrott und Reststoffen gewonnen. Die wichtigsten Herkunftsländer sind Australien, Kanada, China, Peru und die USA. Im Gegensatz zu Kupferminen befinden sich die meisten Zinkvorkommen untertage. Nach der Gewinnung und Zermahlung von Zink resultiert aus einem Flotationsverfahren Zinkkonzentrat als Rohstoff für die weitere Produktion. Dieses Konzentrat wird stark erhitzt, Zink und Eisen werden mit verdünnter Schwefelsäure ausgelaugt, die Lösung wird neutralisiert, filtriert und elektrolytisch weiterbehandelt. Als reines Metall oder als Legierung zusammen mit Kupfer, Aluminium oder Magnesium wird Zink abschließend in der Gießerei in seine endgültige Form gebracht. Zink wird vor allem zur Galvanisierung von Metallen wie Stahl eingesetzt, um dessen Korrosion zu verhindern. Ein weiterer Anwendungsbereich sind Legierungen wie Messing, das aufgrund seiner Stärke und Korrosionsbeständigkeit vielseitig genutzt wird. Der größte Einsatzbereich von Zink ist der Bausektor und die Automobilindustrie, wo es als Material für die Gussformen dient.[349]

Zinn stammt größtenteils aus losen Zinnseifenablagerungen in Flussbetten oder -tälern oder auf dem Meeresgrund. Nur etwa ein Fünftel tritt in Form von primären Gesteinsadern, also Erzen auf. Dabei spielt allein das Mineral Kassiterit eine Rolle in der kommerziellen Gewinnung. Es handelt sich um ein form- und dehnbares, silberweißes Metall, das korrosionsbeständig gegenüber destilliertem Meerwasser und weichem Leitungswasser ist, jedoch auf starke Säuren, Laugen oder Säuresalze reagiert. Des Weiteren wirkt es bei gelöstem Sauerstoff katalysatorisch. Seine wichtigsten Anwendungsbereiche sind als Lötmaterial beim Zinnlöten sowie Zinnbeschichtungen, da es sich leicht mit Metall verbindet und zum Korrosionsschutz von Blei, Zink und Stahl verwendet wird. Mehr als die Hälfte der Weltproduktion liefert Südostasien.[350]

Eisenerz kommt nach Aluminium am häufigsten in der Erdkruste vor. Die wichtigsten Eisenerze sind Hämatit, Magnetit und Takonit. Hämatit findet sich hauptsächlich als Ablagerung in wechselnden Schichten von Kieselerde, Hämatit und Magnetit. Es kann aufgrund seines hohen Eisengehalts direkt in Hochöfen verwendet werden. Magnetit ist das magnetischste aller Metalle und wird durch Zerkleinerung und magnetischer Trennung für die Verwendung in der Stahlproduktion vorbereitet. Takonit ist reich an Silizium und enthält nur wenig Eisen. Durch

auch Xiarchos/Fletcher (2009).

[349] Vgl. Heaney (2006), S. 392; UBS (2005), S. 69-70 und Deutsche Bank (2006), S. 41.

[350] Vgl. UBS (2005), S. 73-74 und Deutsche Bank (2006), S. 39.

eine entsprechende Aufbereitung kann jedoch eine Konzentration von 65% Eisen erzielt werden. Oftmals enthalten Eisenerze neben Eisen und Wasserstoff Verunreinigungen wie Kieselerde, Phosphor, Aluminium oder Schwefel. Der größte Produzent von Eisenerz ist China. Eisenerz wird fast ausschließlich für die Stahlherstellung verwendet. Die allmähliche Erschöpfung der abbaubaren Hämatitvorkommen hat zur Folge, dass vermehrt Erze mit chemischen und physischen Eigenschaften geringerer Qualität mit Hilfe von neuen Hochofentechnologien verwendet werden.[351]

Bei *Stahl* handelt es sich um eine metallische Legierung, die hauptsächlich aus Eisen und zu einem geringen Teil aus Kohlenstoff besteht. Indem mehr Kohlenstoff beigefügt wird, erhöhen sich die Härte und Stärke, jedoch auch die Brüchigkeit des Stahls. Die Herstellung von Stahl erfolgt in einem Schmelzprozess.[352] Je nach Kombination mit anderen Legierungselementen sowie entsprechender wärme- und thermomechanischer Behandlung können verschiedenen Eigenschaften und somit ein breites Spektrum von Anwendungen erzielt werden. Stahl gehört zu den am häufigsten und vielseitigsten eingesetzten industriellen Werkstoffen. Hauptanwendungsbereiche umfassen den Gebäude- und Anlagenbau sowie die Produktion von Transportmitteln. Durch seine starke Position in der Eisenerzgewinnung ist China auch bei der Stahlproduktion führend.[353]

2.4.2 Hedging auf Edelmetallmärkten

Entscheidend für das Absicherungsverhalten von Industrie- und Handelsunternehmen bei Edelmetallen und Metallen sind die jeweiligen Marktgegebenheiten. Umso entwickelter die Märkte für Absicherungsprodukte sind, desto komplexere Hedging-Strategien erlauben sie.

So hat sich zum Beispiel ein liquider Markt für Leihgeschäfte als wesentliche Besonderheit des Goldmarktes entwickelt: Da nicht zuletzt aufgrund der Reserven der weltweiten Notenbanken das physische Angebot von Gold reichlich vorhanden ist, sind viele Marktteilnehmer bereit, das Edelmetall gegen eine Leihgebühr zu verleihen. Hierfür wird einmal täglich die *gold forward offered*-Rate (*GOFO*, *gold swap rate*, *contango bid*) als Differenz zwischen Kassa- und Terminpreis in Prozent pro Jahr festgesetzt. Die Differenz zwischen gold forward offered und USD-Libor als derjenige Teil des Terminpreises, der der Goldleihe zuzuordnen

---

351 Vgl. Deutsche Bank (2006), S. 43.
352 Auf den Herstellungsprozess von Stahl wird in Kapitel 4.3.1.3.1 im Rahmen der Fallstudie zur ThyssenKrupp AG detaillierter eingegangen.
353 Vgl. Deutsche Bank (2006), S. 44.

ist, wird als *gold lease rate* bezeichnet. Durch die Arbitragemöglichkeiten, die der liquide Leihmarkt erlaubt, befindet sich der Goldmarkt meistens in Contango.[354]

Zum einen können diese Leihgeschäfte zur Preisabsicherung eingesetzt werden. Ähnlich zu einem Termingeschäft können Förderunternehmen Gold leihen, auf dem Spotmarkt verkaufen, mit den Erlösen den Minenbetrieb finanzieren und zum Ende des Leihgeschäfts ihr zwischenzeitlich gefördertes Gold an den Partner des Leihgeschäfts zurückliefern. Auf ähnliche Weise können Goldraffinerien ihr Goldpreisrisiko steuern, indem sie Gold leihen und dies direkt verkaufen, um mit dem Bargeld Erze bei einem Goldförderunternehmen einzukaufen. Im Anschluss kann die Raffinerie ihr Leihgeschäft begleichen, indem sie das weiterverarbeitete Gold an denjenigen liefert, von dem sie das Gold geliehen hat.[355] Hierzu vergleichbar sind sogenannte *pre-paid forwards*, bei denen ein Forward mit einem Kredit verknüpft wird, so dass das Unternehmen, das auf Termin verkauft, den Barwert des festgesetzten zukünftigen Kaufpreises bereits zum Zeitpunkt des Vertragsabschlusses erhält.[356]

Darüber hinaus ermöglicht die Existenz eines liquiden Marktes für Goldleihen, dass Banken komplexere Absicherungsinstrumente anbieten:[357] Das Produktangebot umfasst somit unter anderem sogenannte spot deferred-, floating rate forward-, flat rate forward- oder convertible forward-Verträge.[358]

Bei einem *spot deferred*-Vertrag handelt es sich um ein Termingeschäft, dessen Laufzeit nicht fixiert ist. Der Verkäufer kann das Termingeschäft verlängern, wenn der Kassa- über dem vereinbarten Terminpreis liegt. Im Endeffekt handelt es sich hierbei um einen rollierenden Forward-Kontrakt, da der Terminpreis kontinuierlich an die aktuelle Marktsituation angepasst wird.[359]

Da die gold swap rate zusammen mit dem USD-Libor die Differenz zwischen Kassa- und Terminpreis bilden und in der kurzen Frist sehr volatil ist, hat sie einen großen Einfluss auf den Forward-Preis. Ein *floating rate forward* wird daher eingesetzt, wenn der Durchschnitt

---

354 Vgl. Smith (1997), S. 13; Cross (2000), S. 15-16. Für eine weiterführende Analyse des Markts für Leihgeschäfte siehe Cross (2000), S. 41-58.

355 Vgl. Cross (2000), S. 24-25; Das (2006a), S. 632-633.

356 Vgl. Tufano (1996), S. 1100. Fallbeispiel 10 zeigt die bilanzielle Behandlung verschiedener Formen von Goldleihen als Mittel zur Refinanzierung einer Goldmine auf.

357 Zur Rolle des Bankensektors auf dem Goldmarkt vgl. auch Neuberger (2001), S. 43-45.

358 Wie Tufano/Serbin (1993) zeigen, kombinieren Goldproduzenten mit fortgeschrittenen Absicherungsstrategien auch diese Bandbreite an Hedging-Instrumenten. Hierzu siehe auch Neuberger (2001), S. 50-52 und S. 115-117.

359 Vgl. Tufano (1996), S. 1130-1131.

der gold swap rate über die Laufzeit des Forward unter der gold swap rate bei Vertragsabschluss liegt. Dafür wird der Gold-Kassapreis und der USD-Zinssatz zu Beginn festgelegt und die gold swap rate für kurze Laufzeiten bis zur Fälligkeit rolliert. Der exakte Terminpreis ist somit erst zur Fälligkeit bekannt.[360]

Bei einem *flat rate forward* wird ein Termingeschäft vereinbart, dem entsprechend der Verkäufer zu mehreren, festgelegten Zeitpunkten die vereinbarte Menge Gold liefert. Im Gegensatz zur Kombination mehrerer einzelner Forwards, erfolgt die Lieferung jedoch jeweils zu demselben Preis.[361]

Bei einem *convertible forward*-Vertrag wird eine synthetische Short-Position aus dem Verkauf einer Call- und dem Kauf einer Put-Option hergestellt, die das Goldpreisrisiko der natürlichen Long-Position eines Goldproduzenten ausgleichen soll.[362]

Trotz dieser fortgeschrittenen Finanzinstrumente bevorzugen Industrie- und Handelsunternehmen im Goldmarkt in der Regel einfache Sicherungsinstrumente wie Forwards oder Optionen.[363] Förderunternehmen sichern häufig ihre zukünftige physische Produktion mit gestaffelten Termingeschäften ab. Der Bedarf an Edelmetall bei Gold verarbeitenden Betrieben ist oft saisonal geprägt und konzentriert sich zum Beispiel auf die Zeit vor Weihnachten oder vor den indischen Hochzeiten. Um unvorteilhafte Kassapreise zu vermeiden, kaufen Goldfabrikanten daher oft über das gesamte Jahr Gold auf Termin mit einer Fälligkeit, die in den saisonal bedingten Zeitraum der Nachfrage fällt, wenn sie die Preise als attraktiv einschätzen.[364]

Die Marktstruktur bei anderen Edelmetallen wie Silber und Platin weicht meistens von den Gegebenheiten im Goldmarkt ab und ähnelt mehr Industriemetallen. Schlussendlich ist dies darauf zurückzuführen, dass Notenbanken als zentrale Partner von Leihgeschäften keine großen Silber- und Platinreserven vorhalten und es an einer zentralen Quelle fehlt, die durch Leihgeschäfte einen liquiden Markt für diese Edelmetalle unterstützen kann. Vielmehr sind überirdische Silber- und Platinbestände verstreut in privatem Besitz, so dass der Marktzugang schwieriger und die Liquidität deutlich eingeschränkter ist. Aus diesem Grund befinden sich

[360] Vgl. Schofield (2007), S. 57; Das (2006a), S. 636-637.
[361] Vgl. Schofield (2007), S. 57-58; Das (2006a), S. 636.
[362] Vgl. Schofield (2007), S. 58. Siehe auch die Darstellung zu synthetischen Short-Positionen in Kapitel 2.3.4.2.2. Für eine detailliertere Darstellung der Anwendungsbereiche, Vor- und Nachteile der einzelnen Produkte sei auf Smith (1997), S. 21-22 verwiesen.
[363] Wie Tufano (1996) zeigt, sind Sicherungsgeschäfte in unterschiedlichen Ausprägungen bereits zu Beginn der 1990er Jahre in der Goldindustrie weit verbreitet. (Vgl. Tufano (1996), S. 1098.)
[364] Vgl. Smith (1997), S. 17.

insbesondere der kleine und illiquide Platinmarkt häufig in einer Backwardation oder wechselt wiederholt zwischen Contango und Backwardation.[365]

Aufgrund der Marktstruktur mit Terminpreisen, die oft unter den Kassapreisen liegen, ist die Absicherung mit Forwards deutlich unattraktiver für Short-Hedger, wenn nicht erwartet wird, dass zukünftige Kassapreise unter dem heutigen Terminpreis liegen. Gerade im Platinmarkt ist es daher weit verbreitet, das Preisrisiko mehr durch die Ausgestaltung von Lieferverträgen als durch Finanzinstrumente zu steuern. Die Risikosteuerung erfolgt zum Beispiel durch langfristige Lieferverträge mit Laufzeiten von üblicherweise einem Jahr, durch die preisliche Kopplung an einen gleitenden Durchschnitt der Kassapreise und durch Verpflichtungen des Käufers zu bestimmten Mindestabnahmemengen. Aufgrund der Konzentration der Käufer und Verkäufer wird direkt verhandelt; selten treten Banken als Intermediäre auf.[366]

Das Preisrisiko für Silber hat für Förderunternehmen geringe Bedeutung. Dies ist darauf zurückzuführen, dass Silber als Nebenprodukt der Basis- und Edelmetallproduktion anfällt und eher als „Bonus“ für die Produktionskosten betrachtet wird, für den jeder Preis über den Grenzkosten der Raffinierung akzeptabel ist.[367]

2.4.3 Hedging auf Metallmärkten

Bei den Märkten für Basismetalle liegt der Schwerpunkt auf Kupfer und Aluminium. Die zentrale Rolle als Marktplatz spielt die *London Metal Exchange* (LME), deren Organisation und Struktur auf die Bedürfnisse industrieller Handelsgeschäfte von Metallproduzenten und -verbrauchern ausgerichtet ist. An ihr werden Verträge auf eine Vielzahl wichtiger Basismetalle wie Kupfer, Aluminium, Zink, Nickel und Blei gehandelt. Die LME ist als zentrale Handels- und Abwicklungsplattform und als Referenz für die Preisfindung maßgeblich für den Metallmarkt. Zusätzlich wächst die Bedeutung des außerbörslichen Handels.[368]

Aufgrund seiner engen Verknüpfung zu physischem Bedarf und Lieferbeziehungen weicht der Handel an der LME von anderen Börsen hinsichtlich mehrerer Punkte ab: Zum einen ähneln die Termingeschäfte mehr Forwards als den sonst an Börsen üblichen Futures: Gewinne und

---

365 Vgl. Smith (1997), S. 18; Das (2006a), S. 639. Ähnliches gilt auch für Palladium.

366 Vgl. Smith (1997), S. 19.

367 Vgl. Smith (1997), S. 19; Das (2006a), S. 638.

368 Vgl. Das (2006a), S. 639-640 und 642. Zur Entwicklung der LME und ihrer Bedeutung für die Preisfindung auf Aluminiummärkten vgl. auch Figuerola-Ferretti/Gilbert (2005). Zum Paradigmenwechsel auf dem Eisenerzmarkt siehe sowohl die Fallstudie zur ThyssenKrupp Steel AG in Abschnitt 4.3.1.3.1 sowie Fallbeispiel 13.

Verluste aus dem Derivatgeschäft werden erst zum Laufzeitende realisiert. Dies erlaubt den Produzenten und Konsumenten, den Zahlungsstrom aus dem Sicherungsinstrument an der LME dem Zahlungsstrom ihres Grundgeschäfts anzupassen.[369] Um das Kontrahentenrisiko zu kontrollieren, räumen die LME-Mitglieder den Industrie- und Handelsunternehmen, die über sie handeln, üblicherweise eine Kreditlinie ein und begleichen in deren Namen die täglichen Margenzahlungen beim *London Clearing House*. Dies ermöglicht, dass die Endnutzer keine Margin Calls zu begleichen haben, solange die Marktwertschwankungen ihrer Absicherungsposition nicht ihre Kreditlinie übersteigen.[370] Des Weiteren weicht die Regelung der Kontraktlaufzeiten von denen an anderen Börsen üblichen Konventionen ab: So kann an einem Handelstag Fälligkeiten zu jedem Tag innerhalb der nächsten drei Monate gehandelt werden. Wöchentliche Fälligkeiten werden für den Zeitraum zwischen drei und sechs Monaten in der Zukunft, gefolgt von monatlichen Fälligkeiten, gehandelt. Schließlich werden stets Fälligkeiten von 15, 27 oder 63 Monaten in der Zukunft gehandelt.[371]

Auf Seiten der Optionsgeschäfte wird zwischen zwei Typen – europäischen Optionen und *Traded Average Rate Options* (TAPOs) – unterschieden, deren Basiswert jeweils ein Forward ist. Bei TAPOs erfolgt die Abwicklung zur Fälligkeit nicht zu einem einzigen Marktpreis, sondern zu einem Durchschnittspreis in einem vorher festgelegten Zeitraum. Als Referenzpreis wird der *Monthly Average Settlement Price* (MASP) verwendet, der von der LME veröffentlicht wird und den Durchschnitt der Tagespreise eines Monats abbildet.[372]

Eine weitere Eigenheit besteht darin, dass die LME selbst als physischer Käufer und Anbieter für Metalle auftritt. So können Metalle in Phasen mit Überschussangebot in registrierte Warenhäuser geliefert und in Phasen mit Überschussnachfrage von dort gekauft werden. Die Metalle haben bestimmte Eigenschaften hinsichtlich Qualität und Größe zu erfüllen und werden in Abhängigkeit davon mit Auf- oder Abschlägen zu dem LME-Referenzpreis gehandelt.[373]

Aufgrund der Transparenz für die Preisfindung wird sowohl für OTC-Geschäfte als auch für normale Lieferverträge oftmals ein LME-Preis als Referenz gewählt. Aspekte wie Produkt-

[369] Vgl. Tudor (1997), S. 51.

[370] Vgl. Tudor (1997), S. 48 und 51-52.

[371] Vgl. Schofield (2007), S. 80.

[372] Vgl. Das (2006a), S. 641; Schofield (2007), S. 76. Optionen, die durchschnittliche Preise referenzieren, werden auch *asiatische Optionen* genannt. Der Optionspreis ist aufgrund der niedrigeren Volatilität des Basiswerts in der Regel niedriger als bei vergleichbaren europäischen oder amerikanischen Optionen.

[373] Vgl. Das (2006a), S. 641.

qualität und Lieferdetails werden auch hier durch individuell verhandelte Auf- oder Abschläge zu diesem Referenzpreis berücksichtigt.[374]

Die drei wichtigsten Formen von Basisrisiken auf Metallmärkten sind Fälligkeits-, Orts- und Produktbasisrisiken. *Fälligkeitsbasisrisiko* (oder *Kalenderbasisrisiko*) bezieht sich auf das Basisrisiko aus unterschiedlichen Laufzeiten des Sicherungsinstruments und des Grundgeschäfts, das besonders beim Rollieren von Hedging-Verträgen für längere Laufzeiten ins Gewicht fällt. *Ortsbasisrisiko*, das aus abweichenden Lieferorten resultiert, ist oftmals gering, da zum einen LME-Warenhäuser als zentrale Abwicklungsstellen fungieren und physische Prämien für spezifische Lieferorte üblicherweise wertmäßig gering im Vergleich zu dem absoluten Wert des Metalls sind. *Produktbasisrisiko* schließlich ist auf Abweichungen hinsichtlich Qualität und Güteklasse zurückzuführen. Die Bandbreite an gehandelten Metallqualitäten ist begrenzt, da besonders bei veredelten und nachbearbeiteten Metallprodukten der Reinheitsgrad sehr hoch ist.[375]

Hedging-Aktivitäten auf Metallmärkten werden im Folgenden am Beispiel eines Aluminiumproduzenten, einer Kupferraffinerie und eines Aluminiumverbrauchers vorgestellt. Insbesondere am Beispiel eines Aluminiumverbrauchers sollen ein paar komplexere Absicherungsstrategien erläutert werden.

Ein Aluminiumproduzent ist in der Regel den Preisentwicklungen von Aluminium als Endprodukt und von Aluminiumoxid und Elektrizität als Materialeinsatz ausgesetzt.[376] Oft sind die Verträge über Aluminiumlieferungen an einen LME-Referenzpreis gekoppelt. Nach Industriepraxis ist davon auszugehen, dass der Preis für Aluminiumoxid ebenfalls Aluminiumpreise an der LME referenziert, so dass das Aluminiumpreisrisiko des Produzenten minimiert ist. Wenn ein Verbraucher eine Fixpreisvereinbarung fordert, kann der Produzent durch Termingeschäfte das aus dem Liefervertrag entstehende Preisrisiko absichern. Dafür kauft er Aluminium in der passenden Menge und Laufzeit auf Termin und kann somit seinen ursprünglichen Risikomanagement-Ansatz beibehalten.[377]

---

[374] Hierzu weiterführend siehe auch Tudor (1997), S. 55.

[375] Vgl. Tudor (1997), S. 59-60.

[376] Die Steuerung des Elektrizitätspreisrisikos wird hier nicht näher betrachtet. Dies erfolgt in Kapitel 2.5.2.4. Fallbeispiel 18 untersucht zudem die bilanzielle Behandlung, wenn ein Stahlproduzent seine Verkaufsverträge an Produktionsfaktoren wie beispielsweise Strom koppelt.

[377] Vgl. Das (2006a), S. 645-646.

Eine Kupferraffinerie ist einem Kupferpreisrisiko in der Zeit zwischen dem Kauf von unbehandeltem Kupfer und dem späteren Verkauf des raffinierten Kupfers ausgesetzt. Um dieses Preisrisiko zu hedgen, kann sie ein Termingeschäft zu dem Zeitpunkt eingehen, zu dem der Preis für seinen physischen Kauf von unbehandeltem Kupfer fixiert ist.[378] Sie verkauft Kupfer auf Termin mit dem Fälligkeitsdatum, an dem sie das raffinierte Kupfer verkaufen wird. Somit sichert die Kupferraffinerie sich vor einem Preisverfall auf dem Kupfermarkt ab.[379] Die Effektivität des Sicherungsgeschäfts hängt von der Terminstruktur für Kupfer ab: Befindet sich der Kupfermarkt in einem Contango, kann die Raffinerie ihr Preisrisiko vollständig absichern und aus dem Sicherungsgeschäft einen Gewinn erzielen. Bei Backwardation resultiert aus der Absicherung ein Verlust. Die Raffinerie ist trotzdem gegen absolute Preisschwankungen geschützt.[380]

Angenommen ein Aluminiumverbraucher hat Aluminium auf Termin mit Erfüllungsdatum in drei Monaten gekauft. Nach einem Monat stellt er fest, dass er die Lieferung lieber einen Monat später erfolgen soll. Dafür schließt er den ursprünglichen Terminkauf durch einen Verkauf auf Termin mit Erfüllungsdatum in zwei Monaten. Gleichzeitig kauft er das Aluminium auf Termin erneut mit einer Erfüllung drei Monaten in der Zukunft zurück. Die Kombination dieser beiden Termingeschäfte wird in Basismetallmärkten als *Verleih* bezeichnet. Bei inversen Laufzeiten – also einer vorgezogenen Lieferung – wird von einer *Leihe* gesprochen.[381]

Wenn der Aluminiumverbraucher in Ergänzung zu seinem Termingeschäft eine Put- oder Call-Option verkauft, kann er den Terminpreis um die Höhe der verdienten Optionsprämie reduzieren. Das Unternehmen erklärt sich bereit, das Preisrisiko zu tragen, dass der Aluminiumpreis einen bestimmten Schwellenwert übersteigt. Erwartet das Unternehmen, dass Aluminium nicht unter einen bestimmten Marktpreis fällt, wird es eine Put-Option mit diesem Wert als Ausübungspreis verkaufen. Für den umgekehrten Fall wird der Aluminiumverbraucher eine Call-Option mit dem entsprechenden Strike verkaufen. Erwartet das Unternehmen, dass der Aluminiumpreis sowohl nach oben wie auch nach unten bestimmte Werte nicht über- bzw.

---

[378] Zur Bestimmung der optimalen Hedge Ratio auf Kupfermärkten siehe auch Chan/Young (2006).

[379] Vgl. Higgins/Verraster (2008), S. 44. Die bilanziellen Besonderheiten, die für solche zweiseitig rohstoffabhängigen Unternehmen aus ihren Sicherungsstrategien resultieren, zeigt Abschnitt 3.5.3.2 auf.

[380] Vgl. Tudor (1997), S. 58.

[381] Vgl. Schofield (2007), S. 88. Zum Hedging einzelner Risikokomponenten eines Verbrauchers auf Metallmärkten am Beispiel von Edelstahl siehe auch Fallbeispiel 11.

unterschreiten wird, kann es durch den Verkauf einer Call- sowie einer Put-Option den Terminpreis weiter vermindern.[382]

Ein sogenannter *3-Way* besteht aus drei Optionen: Hier wird die zu zahlende Netto-Optionsprämie eines Bull Spread bestehend aus einem gekauften in-the-money Call (mit einem niedrigeren Ausübungspreis) und einem verkauften out-of-the-money Call (mit einem höheren Ausübungspreis) durch den Verkauf einer Put-Option gegenfinanziert,[383] deren Ausübungspreis unter dem der gekauften Call-Option liegt. Der Mindestpreis für Aluminium bei dieser Absicherung resultiert aus dem Ausübungspreis der verkauften Put-Option. Der Aluminiumverbraucher zahlt den Marktpreis für Aluminium, wenn dieser zwischen dem Ausübungspreis der Put-Option und der gekauften Call-Option liegt. Liegt dieser zwischen den Ausübungspreisen der beiden Call-Optionen, zahlt er den Ausübungspreis der gekauften Call-Option. Über dem Strike der verkauften Call-Option, besteht keine Absicherung mehr, der Aluminiumverbraucher bezieht das Aluminium zum Marktpreis. Aufgrund der Konstruktion der Call-Optionen erzielt das Unternehmen dann jedoch eine Reduktion auf den Marktpreis in Höhe der Differenz des Strike beider ausgeübten Call-Optionen.[384] Abbildung 2-30 veranschaulicht das Auszahlungsprofil des 3-Way.

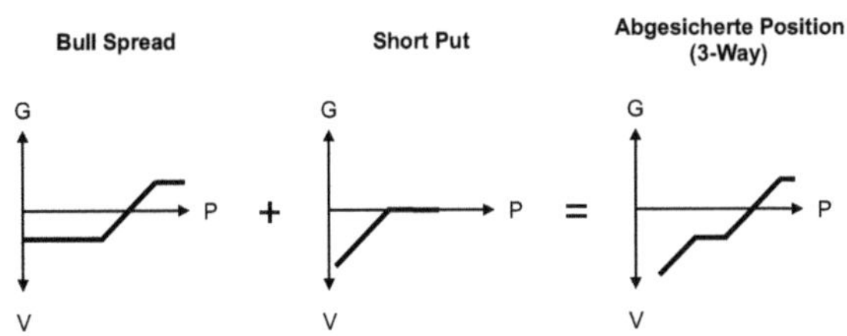

Abbildung 2-30: Auszahlungsprofil eines 3-Way zur Fälligkeit[385]

Komplexere Auszahlungsprofile für eine Absicherung ergeben sich bei der Verwendung von *exotischen Optionen*, zu denen insbesondere Barrier-Optionen zählen.[386] Beispiele für die

---

[382] Vgl. Schofield (2007), S. 90-92. Hierbei ist zu beachten, dass das Unternehmen teilweise spekulativ agiert, da es nicht gänzlich gegen Rohstoffpreisschwankungen abgesichert ist.

[383] Der Bull Spread ist hier im Gegensatz zu dem in Kapitel 2.3.4.3.2 beschriebenen Beispiel nicht symmetrisch strukturiert, so dass eine Netto-Optionsprämie für ihn anfällt.

[384] Vgl. Schofield (2007), S. 92-93. Sicherungsstrategien, die auf Optionskombinationen aufbauen, behandelt auch die Fallstudie zur Lufthansa AG in Abschnitt 4.3.2.

[385] Quelle: Eigene Darstellung in Anlehnung an Schofield (2007), S. 92-93.

[386] Sie werden im Folgenden kurz umrissen, jedoch nicht in der weiteren Analyse vertiefend aufgegriffen, da sie in der Praxis von Industrie- und Handelsunternehmen nur sehr begrenzt eine Rolle spielen. Fallbeispiel 16 greift die Bilanzierung dieser Produkte als Sicherungsinstrumente auf.

Verwendung von *Barrier-Optionen* sind *knock-out forwards*, ein *forward plus* und *bonus forwards*. Bei dem *knock-out forward* handelt es sich um einen standardmäßigen Forward, der aufgekündigt wird, sobald der Kassapreis für Aluminium einmal während der Laufzeit eine festgesetzte *Barriere* erreicht oder übersteigt. Diesem Terminierungsrisiko steht der Vorteil gegenüber, dass der Kaufpreis für Aluminium des knock-out forward unter dem normalen Forward-Preis liegt. Der knock-out forward resultiert aus der Kombination eines knock-out call und eines knock-out put mit der entsprechenden Barriere.[387] Ein *forward plus* ähnelt einer Call-Option in der Absicherung gegen steigende Aluminiumpreise. Erreicht der Marktpreis während der Laufzeit jedoch einen Schwellenwert, der unter dem aktuellen Kassapreis definiert ist, wird aus dem Recht zu kaufen eine Verpflichtung: Der Aluminiumverbraucher kann sich folglich gegen steigende Marktpreise absichern und an sinkenden Marktpreisen partizipieren – jedoch nur, wenn der Schwellenwert bis zur Fälligkeit nicht erreicht wurde. Der forward plus wird durch den Kauf einer Call-Option und dem gleichzeitigen Verkauf eines Knock-in-Puts mit demselben Ausübungspreis und derselben Optionsprämie erzielt, so dass keine Nettoprämienzahlung zu Beginn der Transaktion anfällt.[388] Ein *bonus forward* schließlich erlaubt dem Aluminiumverbraucher sein Metall zu einem vergünstigten Forward-Kurs (*bonus rate*) zu kaufen, solange der Marktpreis nicht zu einem definierten Barrierewert (unter dem aktuellen Marktpreis) handelt. Wird dieser jedoch einmal während der Laufzeit erreicht, ist das absichernde Unternehmen verpflichtet, zu einem nachteiligen Kurs (*protection rate*) zu kaufen, der über dem ursprünglichen Preis eines normalen Forwards liegt. Der bonus forward besteht aus zwei Long-Positionen in je einem synthetischen Forward: Der eine resultiert aus dem Kauf eines Knock-out-Calls und dem Verkauf eines Knock-out-Puts mit der bonus rate als Ausübungspreis, der andere aus dem Kauf eines Knock-in-Calls und dem Verkauf eines Knock-in-Puts mit der protection rate als Ausübungspreis. Alle vier Optionen haben dieselbe Barriere.[389]

---

[387] Vgl. Schofield (2007), S. 95-96.
[388] Vgl. Schofield (2007), S. 96.
[389] Vgl. Schofield (2007), S. 96-97.

2.5 Risikosteuerung auf Energiemärkten

2.5.1 Eigenschaften und Verwendung der wichtigsten Energieprodukte

Die Energiemärkte umfassen im Wesentlichen die Primärenergieträger Öl, Gas und Kohle sowie Elektrizität als deren Produkt. Die einzelnen Energieprodukte werden im Folgenden vorgestellt.[390]

2.5.1.1 Erdöl, Rohöl und Ölprodukte

Als größter fossiler Energieträger spielt *Erdöl* eine zentrale Rolle auf dem Energiemarkt. Als bakterielles Abbauprodukt aus prähistorischen Meerestieren und Erdpflanzen wird Erdöl in einem mehrstufigen Verfahren aus den unterirdischen Gesteinsschichten gewonnen. Zuerst wird der natürliche Druck der sogenannten *Ölfalle* ausgenutzt, um das Erdöl zutage zu fördern. Anschließend werden Pumpen eingesetzt, so dass der Druck durch Einpressen von Wasser, Dampf oder Erdgas aufrechterhalten oder erhöht wird. Für Ölvorkommen mit geringem Eigendruck gibt es weitere mechanische Verfahren wie *Beam Pumping*, *Electrical Submersible Pumps* und *Gas Lift*. Mit *Hydraulic Fractioning* können Ölvorkommen gefördert werden, die in Gesteinsschichten gebunden sind. Das geförderte und zur Weiterverarbeitung aufbereitete Erdöl wird als *Rohöl* bezeichnet.[391]

Rohöl wird hinsichtlich seiner *Dichte* und chemischer Zusammensetzung – insbesondere nach seinem Schwefelgehalt – unterschieden. Der Wert von wenig schwefelhaltigem (*süßem*) und leichterem Rohöl ist höher, da sich daraus ein geringerer Anteil an weniger wertvollen Ölprodukten wie Schweröl und schwerem Heizöl im Destillationsprozess ergibt. Schwere Rohölsorten mit einem hohen Schwefelanteil werden als *sauer* bezeichnet und in der Regel mit einem Abschlag gegenüber leichteren Ölsorten gehandelt. Bei den beiden wichtigsten Rohöl-Referenzwerten *West Texas Intermediate* (*WTI*) für nordamerikanisches Erdöl und *Brend Blend* für Erdöl aus der Nordsee handelt es sich um leichte, süße Sorten.[392]

Auf der Angebotsseite des Ölmarktes tritt die *Organisation Erdöl exportierender Länder* (*OPEC*) als teilweiser Monopolist auf.[393] Saudi-Arabien ist der größte Erdölförderer und

---

[390] Häufiger wird der Handel mit CO_2-Emissionszertifikaten im Kontext der Energiemärkte behandelt. Da dieser Markt sich deutlich von den oben genannten Energieprodukten unterscheidet, wird er hier nicht behandelt.
[391] Vgl. UBS (2005), S. 52-55.
[392] Vgl. Schofield (2007), S. 101-103; Geman (2005), S. 206-207.
[393] Zur Entwicklung der Struktur des Ölmarkts und der Rolle der OPEC vgl. auch Ushijima (2001).

-exporteur, gefolgt von Russland. Die USA sind der drittgrößte Förderer, jedoch gleichzeitig auch der größte Verbraucher von Erdöl. Weitere wichtige Herkunftsländer sind Norwegen, Iran, Venezuela, die Vereinigte Arabische Emirate, Nigeria und Kuwait. Die wichtigsten Nachfrageländer nach den USA sind China, Japan, Russland und Deutschland.[394]

Erdöl wird vornehmlich für Treibstoffe wie Benzin, Diesel, Kerosin sowie als Heizöl verwendet. Weiterhin spielt es eine große Rolle in der petrochemischen Chemie zum Beispiel in der Herstellung von Plastik, Lösungsmitteln, Schmierölen, Wachsen, Asphalt, Düngemitteln, Pestiziden und synthetischem Gummi. Das Raffinationsverfahren untergliedert sich in die drei Teilschritte *fraktionierte Destillation*, *Cracken* und *Raffination*, in denen die jeweiligen Produkte gewonnen werden.[395]

2.5.1.2 Erdgas

Erdgasvorkommen treten entweder für sich alleine (*nicht-assoziiertes Erdgas*) oder zusammen mit Rohölvorkommen auf (*assoziiertes Erdgas*). Das liegt daran, dass Erdgas auf dieselbe Weise wie Erdöl entsteht. Bei Erdgas handelt es sich um ein Gemisch aus leichten Kohlenwasserstoffgasen, darunter aus Methan und Äthan, gleichermaßen auch aus Propan, Butan und anderen schwereren Bestandteilen. Letztere werden als *Erdgaskondensat* (*Natural Gas Liquids*, *NGL*) bezeichnet. Da der Transport von Erdgas schwieriger als der von Erdöl ist, sind Erdgasmärkte stärker regional geprägt.[396] Die Entwicklung von *Flüssigerdgas* (*Liquified Natural Gas*, *LNG*) vereinfacht den weltweiten Transport auf Schiffen, da das abgekühlte Gas sich leichter lagern lässt und im verflüssigten Aggregatzustand ein geringeres Volumen hat. LNG wird vor allem dort eingesetzt, wo der Transport über Pipelines nicht möglich ist.[397]

Die wichtigsten Produktionsländer für Erdgas sind die ehemalige Sowjetunion, die USA, Kanada und Großbritannien. Weitere große Exporteure sind Norwegen und Algerien. Die größten Reserven liegen im Mittleren Osten, Eurasien und Europa. Das meiste Erdgas wird in den USA, der ehemaligen Sowjetunion, Großbritannien und Kanada konsumiert. Für Flüssigerdgas sind die wichtigsten Exporteure Indonesien und Malaysia, die vornehmlich Japan, Südko-

---

394 Vgl. Deutsche Bank (2006), S. 5-6; Fabozzi et al. (2008b), S. 683. Für eine Modellierung des weltweiten Ölmarkts vgl. auch Dées et al. (2007) sowie Bachmeier/Griffin (2006) für eine Analyse des Integrationsgrades von Öl-, Gas- und Kohlemärkten.

395 Vgl. Deutsche Bank (2006), S. 6; UBS (2005), S. 58.

396 Vgl. Däuper/Lokau (2009), S. 37; UBS (2005), S. 55-56. Zur Entwicklung globaler Gasmärkte siehe Siliverstovs et al. (2005) sowie Ellis et al. (2000) zur Entwicklung der europäischen Gasmärkte.

397 Zum Beitrag von LNG zur überregionalen Marktintegration vgl. auch Howard (2004).

rea und Taiwan beliefern, Algerien für Europa und Russland sowie Katar für Spanien, Indien, Japan und Südkorea.[398]

Da Erdgas sauberer als Rohöl und Kohle verbrennt und weniger Schadstoffe an die Umwelt abgibt, nimmt seine Bedeutung als Energieträger zu. Hauptabnehmer von Erdgas sind private Haushalte, Gewerbe, Industrie und Stromerzeuger. Erdgas wird dort zum Heizen, Kochen und für Klimaanlagen bzw. zur Elektrizitätsgewinnung verwendet.[399]

2.5.1.3 *Kohle*

Auf Kohle entfällt ca. 40% der weltweiten Stromgewinnung. Als fossiler Brennstoff besteht Kohle aus Kohlen-, Wasser- und Sauerstoff und wird in Abhängigkeit seines Kohlenstoff- und Wassergehalts in verschiedene Typen klassifiziert. *Lignit* (*Braunkohle*) hat den niedrigsten Kohlenstoffanteil und Brennwert und wird – wie Fettkohle – oft zur Energieerzeugung eingesetzt. *Anthrazit* hat aufgrund seines hohen Kohlenstoff- und geringen Wasserstoffgehalts den höchsten Brennwert und wird daher insbesondere bei der Herstellung von Edelstahl verwendet. *Steinkohle* als Sammelbegriff für höherwertige Kohlesorten wird sowohl in der Energieerzeugung als auch für *Koks* in der Stahlproduktion genutzt. Weitere Anwendungsbereiche von Kohle sind die Produktion von Zement und Flüssigbrennstoff.[400]

Die größten Kohle produzierenden Länder sind China, die USA, Indien, Australien und Südafrika. China, die USA, Indien und Südafrika sind gleichzeitig die größten Verbraucher; Australien ist der größte Exporteur. Nach Schätzungen, die von heutigen Fördertechnologien ausgehen, reichen die Kohlereserven noch 200 Jahre.[401]

2.5.1.4 *Elektrizität*

Lange Zeit wurde der Strommarkt als ein *natürliches Monopol* erachtet, das staatlich reguliert wurde. Diese Ansicht beruhte auf der Notwendigkeit großer Investitionskosten, hohen Ska-

---

398 Vgl. Deutsche Bank (2006), S. 10 und S. 12; Fabozzi et al. (2008b), S. 685. Für eine Modellierung des Weltgasmarkts siehe Egging et al. (2010).

399 Vgl. UBS (2005), S. 57.

400 Vgl. Deutsche Bank (2006), S. 15. Zur Entwicklung und zum Integrationsgrad des internationalen Kohlemarkts vgl. auch Ellerman (1995), Wårell (2005), Wårell (2006) sowie Li (2010).

401 Vgl. Deutsche Bank (2006), S. 15; Fabozzi et al. (2008b), S. 688. Weiterführend zu einer Analyse des langfristigen Lignit- und Steinkohleangebots siehe Thielemann et al. (2007).

lenerträgen, dem Wunsch nach Versorgungssicherheit und nicht zuletzt der Exklusivität eines Stromnetzes im Strommarkt.[402]

Erst mit Beginn der Privatisierungstendenzen in den 1970/80er Jahren setzten Bestrebungen ein, die Wertschöpfungskette im Strommarkt in *Erzeugung* (*Produktion*), *Transport* (*Verteilung*) und *Vertrieb* (*Verkauf*) zu zerlegen und einen Wettbewerb auf denjenigen Stufen der Wertschöpfung zu erzeugen, in denen kein natürliches Monopol besteht: in der Erzeugung und im Vertrieb. Durch die Abtrennung und Neutralisierung des Netzbereichs entstand gleichzeitig der Großhandel als neue Wertschöpfungsstufe: Erzeuger oder Produzenten, die im Wettbewerb um die Energiebereitstellung stehen, sowie Versorger, die im Wettbewerb um die Belieferung der Kunden stehen, treffen in diesem Großhandelsmarkt aufeinander, um Elektrizität anzukaufen oder zu verkaufen.[403]

Die USA spielten eine Vorreiterrolle in der Privatisierung der Strommärkte; Deregulierungsbestrebungen entwickelten sich bereits in den 1970er Jahren. In Großbritannien begann die Aufteilung des staatlichen Monopolversorgers in drei private Stromerzeuger Ende der 1980er Jahre. In den 1990er und vor allem frühen 2000er Jahren erließ die Europäische Union mehrere Rechtsakte mit dem Ziel, einen europäischen Binnenmarkt für leitungsgebundene Energieversorgung mit wirksamem Wettbewerb zu schaffen.[404] Als Musterbeispiel für einen deregulierten Strommarkt in Europa gilt der skandinavische Strombinnenmarkt, auf dessen Schaffung sich Norwegen, Finnland, Schweden und Dänemark bereits 1994 verständigt haben. Der entscheidende Schritt für die deutsche Elektrizitätswirtschaft war sicher die Umsetzung der EU-Richtlinie 96/92/EG[405] durch das Gesetz zur Neuregelung des Energiewirtschaftsrechts[406] in 1998.[407]

---

402 Vgl. Geyer/Siefert (2005), S. 651-652.

403 Vgl. Spicker (2006), S. 36-37; Aeschimann (2007), S. 13. Weiterführend zur Entwicklung der Marktliberalisierung für Strom in Deutschland und der EU siehe Lokau/Ritzau (2009), S. 60-67.

404 Für eine Analyse der Deregulierung europäischer Strommärkte und ihrer Integration siehe zum Beispiel Mork (2000), Bunn/Gianfreda (2010), Farahmand/Doorman (2012), Makkonen et al. (2012) und Srivastava et al. (2012).

405 Richtlinie 96/92/EG des Europäischen Parlaments und des Rates vom 19.12.1996 betreffend gemeinsame Vorschriften für den Elektrizitätsmarkt (EltRL), EG-ABl. 1997, Nr. L 27, S. 20, aufgehoben zum 01.07.2004 und erweitert durch die Richtlinie 2003/54/EG des Europäischen Parlaments und des Rates vom 26.06.2003, EG-ABl. 2003, L 176 S. 37.

406 BGBl. I 1998, S. 730.

407 Vgl. Deutsche Bank (2006), S. 13; Gerke et al. (2000), S. 75; Wallbaum (2005), S. 1 und S. 8-9; Spicker (2006), S. 37. Für eine wettbewerbspolitische Analyse des deutschen Strommarkts siehe Veit et al. (2009).

Der Stromhandel wird von einigen Besonderheiten geprägt, die auf mehreren spezifischen Eigenschaften dieses Handelsgutes beruhen: Zunächst zeichnet sich Elektrizität im Gegensatz zu Primärrohstoffen wie beispielsweise fossilen Brennstoffen durch seine stark eingeschränkte Lagerbarkeit aus. Zudem kann Strom in physischen Leitungsnetzen nur über begrenzte Entfernungen transportiert werden, er ist leitungsgebunden, und seine Ausbreitung im Stromnetz lässt sich nur schwierig steuern. Nicht zuletzt hat ein Lastmanagement sicherzustellen, dass Elektrizität immer gleichgewichtig in das Netz ein- und aus ihm ausgespeist wird, und so einer Netzüberlastung vorgebeugt wird.[408]

2.5.2 Hedging auf Energiemärkten

2.5.2.1 Hedging auf dem Erdölmarkt

Öl ist der größte und liquideste Energiemarkt der Welt.[409] Die physische Lieferkette wird untergliedert in die Erschließung und Förderung von Erdöl zu Land und auf dem Meer, in den Transport über Pipelines oder mit Öltankern und die Lagerung, in die Weiterverarbeitung in Raffinerien und schließlich den Großhandel und Endkundenvertrieb. Die wichtigsten Marktteilnehmer sind entweder private Konzerne wie British Petroleum oder nationale Ölgesellschaften im Staatsbesitz wie Saudi Aramco. Auch wenn die privaten Ölkonzerne zu den weltweit größten Unternehmen gehören, werden sie in ihrer Größe von den staatlichen Gesellschaften deutlich übertroffen. Neben diesen Großkonzernen, deren Wertschöpfung üblicherweise vertikal integriert ist, treten kleinere, unabhängige Firmen, Banken und private Handelsgesellschaften am Ölmarkt auf.[410]

Trotz der Vielzahl von unterschiedlichen Rohölsorten konzentriert sich der Ölhandel auf ein paar wenige Referenzwerte wie WTI für den Handel in und mit den USA und Brent betreffend Europa und viele westafrikanische Ölsorten, so dass der Großteil der Handelsaktivität auf diese geringe Anzahl von standardisierten Handelsinstrumenten entfällt.[411] Um zusätzlich zu dem absoluten Preisrisiko Unterschiede in Qualität, Ort oder Lieferzeitpunkt zu bewältigen, hat sich ein breites Angebot an Kontrakten für Preisdifferenzen entwickelt, so dass einzelne Rohölsorten oft als Auf- oder Abschlag zu den großen Bezugswerten quotiert werden.

---

[408] Vgl. Gerke et al. (2000), S. 13-14; Rodt (2003), S. 19-28; Lokau/Ritzau (2009), S. 59.

[409] Vgl. Deutsche Bank (2006), S. 4.

[410] Vgl. Schofield (2007), S. 103-104; Amic/Lautard (2004), S. 256.

[411] Vgl. Däuper (2009), S. 27 und 31. Weitere sogenannte *marker oil*-Sorten, die regional wichtig sind, schließen *Dubai*, *Tapis* und *Urals* ein. Für die OPEC ist des Weiteren der *OPEC Reference Basket* (*ORB*), ein Korb unterschiedlicher Ölsorten, relevant. (Vgl. Schofield (2007), S. 123.)

Der Ölpreis wird allgemein üblich in US-Dollar pro Barrel angegeben. Er kann als *Free on Board* (*FOB*) oder als *Cost, Insurance and Freight* (*CIF*) definiert sein: Ersteres ist der Preis bei Verladung; Letzteres umfasst zusätzlich Fracht-, sonstige Transport-, Versicherungs- und weitere Kosten und dient dem besseren Preisvergleich.[412]

Aufgrund der abnehmenden Ölförderung in der Nordsee wurde die Brent-Definition zu einem Korb bestehend aus den Nordsee-Ölsorten *Brent Blend*, *Forties*, *Oseberg* und *Ekofisk* (*BFOE*) erweitert. Die wichtigsten Derivate auf Nordseeöl sind Dated Brent, Brent Forwards, Contracts for Difference (CFDs) und Brent Futures. Der Großteil der physischen Öl-Transaktionen wird außerbörslich und mit physischer Lieferung abgewickelt. *Dated Brent* bezeichnet Rohöl, das in zehn bis einundzwanzig Tagen (physisch) geliefert wird, und entspricht dem Kassamarkt, da Lieferzeiten unter zehn Tagen unüblich sind. Bei *Brent Forwards* handelt es sich um OTC-Geschäfte auf Nordseeöl, für die unterschiedliche Bezeichnungen (*paper Brent*, *cash BFOE*, *paper BFOE*, *21-day cash BFOE*, *cash forwards*) verwendet werden. Zum Zeitpunkt der Forward-Transaktion steht der genaue Lieferzeitpunkt noch nicht fest. Erst beginnend mit dem Monat vor dem Laufzeitende des Termingeschäfts legt der Verkäufer den exakten Verladetermin fest; er hat jedoch eine Frist von 21 Tagen vor Verladung einzuhalten, zu der er den Käufer informiert. Barerfüllung ist ebenfalls möglich. *Contracts for Difference* sind kurzfristige Einperioden-Swaps auf die Differenz zwischen Dated Blend und den Brent Forward für den zweiten Monat in der Zukunft. Sie werden mit Cash Settlement und wöchentlicher Fälligkeit acht Wochen in die Zukunft gehandelt. Durch die Kombination eines CFD mit einem Brent Forward kann ein Termingeschäft mit Laufzeit unterhalb der für Brent Forwards gehandelte Fälligkeiten erzielt werden. Aufgrund der Bedeutung von Öltankern beim Öltransport in Europa spielen die Handelsplätze Rotterdam, Antwerpen und Le Havre eine zentrale Rolle. Der wichtigste *Brent Future* schließlich wird mit physischer Lieferung, einer Option auf Barerfüllung und Laufzeiten bis zu sechs Jahren an der Londonder *InterContinental Exchange* (*ICE*) gehandelt. Auch dieser Kontrakt wird nicht mit einem festen Lieferzeitpunkt, sondern einem festen Lieferzeitraum gehandelt. Über bestimmte Mechanismen (zum Beispiel *Exchange for Physicals*) ist es möglich, von dem standardisierten Lieferort *FOB Sullom Voe* und den standardisierten Lieferfristen abzuweichen.[413]

---

412 Vgl. Amic/Lautard (2004), S. 217 und 255; Schofield (2007), S. 121 und 123.

413 Vgl. Däuper (2009), S. 30-31; Schofield (2007), S. 128-134.

Rohöl der Sorte WTI wird mit Laufzeiten bis zu fünf Jahren an der NYMEX gehandelt. Aufgrund von Anforderungen der Pipeline-Gesellschaften werden alle Lieferungen für einen Monat bis zum 25. des Vormonats angemeldet, so dass die Grenzen zwischen Kassa- und Terminmarkt nicht eindeutig sind. Die *Alternative Delivery Procedure* erlaubt, dass die Börse auf Wunsch Käufer und Verkäufer zu Lieferkonditionen zusammenbringt, die von den standardisierten Börsenkontrakten abweichen. Trotz der Möglichkeit einer physischen Lieferung werden die meisten Positionen an der NYMEX und ICE vor Laufzeitende geschlossen. Längere Laufzeiten als an diesen institutionalisierten Handelsplätzen sind im OTC-Handel möglich, so zum Beispiel bei Öl-Swaps mit Laufzeiten bis zu zehn Jahren oder bei Öl-Optionen etwas darunter.[414]

Die Preisbildung auf Ölmärkten hängt eng zusammen mit der gesamtwirtschaftlichen Entwicklung, den Ölreserven, geopolitischen Ereignissen sowie Aspekten der Lieferkette wie Förder- oder Raffineriekapazitäten, Lagerbeständen, Raffineriemargen oder Naturkatastrophen. Ein wichtiger Punkt auf dem Öl- wie im Allgemeinen auf Energiemärkten ist die Substitution eines Energieträgers durch alternative Energierohstoffe. Hieraus resultieren bestimmte Korrelationen bis hin zu direkten Preisbindungen zwischen verschiedenen Energiemärkten.[415]

Öl kann sowohl in Contango als auch in Backwardation handeln, auch wenn die Terminkurve mehr zu Backwardation neigt. Eine Erklärung hierfür sind die hohen mit Öl verbundenen Lagerkosten, die nicht zur Lagerhaltung ermutigen, so dass – anders als bei Gold – nur wenig gelagertes Öl zu kurzfristigen Anpassungen an Nachfrageänderungen zur Verfügung steht.[416]

Der Großteil der Hedging-Strategien für Rohöl und Ölprodukte konzentriert sich auf verhältnismäßig grundlegende Finanzinstrumente.[417] Im Folgenden werden einige zentrale Absicherungsstrategien aus Sicht eines Ölproduzenten, einer Ölraffinerie sowie eines Ölverbrauchers dargestellt.

---

[414] Vgl. Schofield (2007), S. 135; Das (2006a), S. 546.

[415] Vgl. Schofield (2007), S. 114-121. Dies wird in Kapitel 2.5.2.2 am Beispiel des Erdgasmarkts vertieft. Zur Korrelation zwischen Erdöl- und Ölproduktpreisen bzw. Erdöl und Erdgas siehe Kirk (1995) bzw. Alexander (2004).

[416] Vgl. Schofield (2007), S. 125; Das (2006a), S. 549-550. Weiterführend zur Struktur der Forwardkurve auf dem Ölmarkt vgl. auch Gabillon (1995).

[417] So zeigt Haushalter (2000) anhand einer Umfrage unter nordamerikanischen Öl- und Gasunternehmen, dass diese größtenteils auf Termingeschäfte, Swaps oder vergleichbare Festpreisverträge und kaum auf Optionen setzen. (Vgl. Haushalter (2000), S. 125.) Als treibende Kraft hinter strukturierten Ölderivaten gilt vornehmlich die Nachfrage von Investorenseite. (Vgl. Amic/Lautard (2004), S. 256 und 260.)

Ölproduzenten und -förderunternehmen, deren physische Lieferverträge an Preisindizes gebunden sind, können – wie bereits dargestellt – Termingeschäfte einsetzen, wobei bei Futures das aus der Standardisierung resultierende Basisrisiko zu beachten ist.[418] Rohöl-Swaps werden eingesetzt, um Festpreisforderungen oder -verbindlichkeiten an Indizes zu koppeln, um die Preisbindung an einen Index gegen die an einen anderen Index oder Future-Preis zu tauschen oder um Rohöl als referenzierten Preis durch den Preis eines Ölprodukts zu ersetzen. Oftmals unterscheiden Ölproduzenten zwischen dem Hedging von kurzfristigen Preisrisiken von Fracht zu Fracht und dem langfristigen Hedging, das auf finanzielle Stabilität, einer garantierten Mindestprofitabilität und der erfolgreichen Entwicklung neuer Förderquellen ausgerichtet ist. So kann zum Beispiel bei einem größeren Fördervorhaben ein Swap (oder Terminverkauf von Rohöl zu einem fixen Preis) eingesetzt werden, um die Zahlungen an Gläubiger und Eigenkapitalgeber abzusichern, und das restliche Produktionsvolumen gegen einen sinkenden Ölpreis durch den Kauf einer Put-Option gehedgt werden. Solche Überlegungen spielen insbesondere bei Projektfinanzierungen eine Rolle.[419]

Raffinerien sind als Käufer von Rohöl und Verkäufer von Ölprodukten dem Preisdifferenzrisiko zwischen diesen ausgesetzt. Diese Differenz wird als *Crack Spread* bezeichnet; zu dessen Absicherung werden sogenannte *Spread-Produkte* – meistens Futures, Forwards oder Optionen – eingesetzt. Als Beispiel für eine weit verbreitete Absicherungsstrategie ist der *3:2:1 Futures Crack Spread*: Dieser basiert darauf, dass aus einem Barrel Rohöl als Schätzwert doppelt so viel Benzin wie Heizöl raffiniert wird. Da somit aus drei Barrel Rohöl zwei Barrel Benzin und ein Barrel Heizöl resultieren, kann die Raffinerie den Crack Spread auf Termin verkaufen, indem sie diesem Verhältnis entsprechend das Rohöl auf Termin kauft und die Ölprodukte Benzin und Heizöl auf Termin verkauft.[420] Um die Verarbeitungszeit des Rohöls zu berücksichtigen, übersteigt die Laufzeit der Derivate auf Ölprodukte üblicherweise die der Rohölderivate. Bei dieser Absicherung sind zwei Typen von Basisrisiko wichtig: Zum einen können nicht nur der Lieferort der Raffinerie von dem der Derivate, sondern auch die Lieferorte der einzelnen Derivate voneinander abweichen. Zum anderen kann sich die Qualität der

---

[418] Zur Wahl der Future-Laufzeit zeigen Ripple/Moosa (2007) für den Ölmarkt, wie die höhere Korrelation kurzfristiger Futures zum Spotmarkt die Hedge-Effektivität positiver als die geringere Volatilität längerfristigerer Kontrakte beeinflusst.

[419] Vgl. Schofield (2007), S. 137-142; Das (2006a), S. 556-557; Amic/Lautard (2004), S. 227. Zur Sicherung langfristiger Lieferverträge für Öl mithilfe von kurzfristigen Termingeschäften siehe Bühler/Korn (1998) und die dort genannte Literatur.

[420] Andere Ölprodukte abzusichern, ist oftmals mangels eines Futures-Marktes für diese Produkte schwierig. Sollen diese ebenfalls gehedgt werden, kann auf OTC-Produkte zurückgegriffen werden, wie anschließend im Fall des Crack Swap dargestellt.

physischen Produkte und der standardisierten Derivate unterscheiden. Als Variation auf dem OTC-Markt kann Rohöl per Forward zu einem Preis gekauft werden, der an die Preise der Raffinerieprodukte indiziert ist. Um alle Ölprodukte einer Raffinerie – und nicht nur die an institutionalisierten Märkten gehandelten – zu hedgen und somit das Basisrisiko im Vergleich zu obiger Absicherung mit Futures zu reduzieren, kann eine Raffinerie *Crack Swaps* als OTC-Produkt einsetzen. Sie erhält periodisch eine fixierte Zahlung aus dem Durchschnitt der Swap-Preise der Ölprodukte, gewichtet entsprechend ihrer Produktion, abzüglich des Preises eines Dated Brent-Swaps. Im Gegenzug zahlt sie an den Vertragspartner die durchschnittliche monatliche Raffineriemarge als einen variablen Betrag entsprechend der vereinbarten Indizes auf die Ölprodukte. Schließlich stehen einer Raffinerie auch Optionen auf den Crack Spread zur Verfügung, mit denen parallel zu den bereits beschriebenen Optionsstrategien[421] die Raffineriemarge abgesichert werden kann.[422]

Das Absicherungsverhalten von Ölverbrauchern konzentriert sich vornehmlich auf eine Reihe von Ölprodukten wie beispielsweise Kerosin bei Fluggesellschaften, Treiböl bei Schifffahrtsgesellschaften, Diesel und Ottobenzin bei Logistikunternehmen, Heizöl in der Industrie oder Naphtha in der chemischen Industrie. Wenn zum Beispiel eine Fluggesellschaft ihr Kerosin an den jeweiligen Flughäfen über Rahmenverträge zum jeweiligen Monatsdurchschnitt der täglichen Kerosinpreise zuzüglich einer Transportpauschale bezieht, kann sie das Risiko eines variablen Kerosinpreises durch einen Kerosin-Swap absichern, der denselben Kerosinpreisindex referenziert. Aufgrund der chemischen Nähe von Kerosin zu Gasöl wird Kerosin oft zu einem Aufschlag auf den Gasölpreis gehandelt. Da der Gasölpreis dementsprechend ein wesentlicher Einflussfaktor für die absolute Preisentwicklung von Kerosin darstellt, kann ein Luftfahrtunternehmen auch den liquiden Markt für Gasöl-Futures zur Absicherung nutzen. Das resultierende Basisrisiko kann die Fluggesellschaft durch einen Basis-Swap reduzieren, so dass sie für einen zu zahlenden Fixbetrag (der als fixierter Kerosin-Aufschlag zu verstehen ist) die gegebenenfalls schwankende Differenz zwischen Kerosin- und Gasölpreis erhält. Anstelle von Gasöl-Futures kommen gleichermaßen Heizöl- oder Rohöl-Kontrakte in Betracht.

---

[421] Vgl. Kapitel 2.3.4.2.2.

[422] Vgl. Schofield (2007), S. 142-144; Das (2006a), S. 558-559; Amic/Lautard (2004), S. 236-238; NYMEX (2000), S. 1-17. Zu bilanziellen Behandlung des Hedging von Spread-Risiken siehe wiederum Abschnitt 3.5.3.2.

Komplexere Strukturen wie *double-up swaps* oder Barrier-Optionen werden manchmal eingesetzt, um die Kerosinkosten zu senken.[423]

2.5.2.2 Hedging auf dem Erdgasmarkt

Aufgrund der zeitlichen Verzögerung seiner Deregulierung im Vergleich zum Strommarkt hinkt die Entwicklung des deutschen (und europäischen) Gasmarkts dem Strommarkt hinterher. Nach der Liberalisierung sind die gewachsenen Strukturen im Wesentlichen unverändert geblieben und prägen bis heute den deutschen Gasmarkt.[424]

Wie in Abbildung 2-31 dargestellt, sind die Gasnetze, mit denen die *Netzbetreiber* das Erdgas von den Produzenten an die Endkunden transportieren und verteilen, dreistufig aufgebaut: Als *Transportnetze* werden Gasnetze mit direktem Zugang zu Produktions- oder Importkapazitäten definiert. Die Ferngasgesellschaften dieser ersten Stufe werden als *Transportnetzbetreiber* bezeichnet. *Regionalnetze* dienen der regionalen Weiterleitung und haben keinen Direktzugang zu primären Erdgaskapazitäten. Ihre Betreiber werden daher *Ferngasgesellschaften zweiter Stufe* genannt. *Verteilnetze* schließlich haben eine lokale Verteilungsfunktion an die Endkunden. Die Netzbetreiber umfassen Regionalgesellschaften, Stadtwerke und örtliche Gasversorger.[425]

Die Lieferverträge sind durch lange Laufzeiten über mehrere Jahre und eine Bindung an den Ölpreis gekennzeichnet.[426] Diese *Anlegbarkeit* an den Ölpreis stammt aus der Konkurrenz von Erdgas als Primärenergieträger zu anderen Energieträgern, vornehmlich Ölprodukten. Gasversorgungsunternehmen versuchen, jeweils die Konditionen ihres Lieferanten zuzüglich einer Marge an ihre Abnehmer weiterzureichen.[427]

Aufgrund dieser Marktstruktur besteht ein Großhandel nur auf der Beschaffungsseite und konzentriert sich insbesondere auf *Hubs* als Handelspunkte. Ein Hub bezeichnet einen Knotenpunkt, an dem mehrere Pipelines miteinander verbunden sind. Neben der logistischen Ver-

---

[423] Vgl. Schofield (2007), S. 144-147; Das (2006a), S. 546-547 und S. 561-564; Amic/Lautard (2004), S. 221-222. Siehe auch Bertus et al. (2009) und Adams/Gerner (2012) für Analysen der Hedge-Effektivitäten bzw. geeigneter Underlyings für das Cross-Hedging von Kerosin. Das Hedging von Kerosinpreisrisiken und dessen bilanzielle Behandlung vertieft Abschnitt 4.3.2 mit der Fallstudie zur Lufthansa AG.

[424] Vgl. Spicker (2006), S. 71; Scheib (2008), S. 26. Weiterführend zur europäischen und deutschen Gasmarktliberalisierung siehe Däuper/Lokau (2009), S. 44-59.

[425] Vgl. Spicker (2006), S. 55-57; Scheib (2008), S. 26-28.

[426] Vgl. Däuper/Lokau (2009), S. 39-40. Für die bilanzielle Analyse solcher Vertragsklauseln siehe insbesondere Abschnitt 3.5.2.2.1 und Fallbeispiel 12.

[427] Vgl. Scheib (2008), S. 28; Spicker (2006), S. 57; Schofield (2007), S. 164-166.

teilung der Lieferungen zwischen diesen Pipelines wird dort u.a. eine kurzfristige Lagerung, Notfallversorgung oder fiktive Übergabe zwischen nicht verbundenen Pipelines als weitere Dienstleistungen angeboten, so dass sich Hubs oft als liquide Marktzentren herausgebildet haben. Wichtige europäische Hubs sind beispielsweise der *National Balancing Point* (NBP) in Großbritannien, die *Title Transfer Facility* (TTF) in den Niederlanden und Zeebrügge in Belgien. Dazu kommen zum Beispiel als physische Lieferorte Emden in Deutschland und Baumgarten in Österreich sowie *NetConnect Germany* (NCG) und *GASPOOL* als virtuelle Handelspunkte für die an der *European Energy Exchange* (EEX) in Leipzig gehandelten Kontrakte. In anderen Ländern wie den USA und Großbritannien lässt sich beobachten, wie die Bindung an den Ölpreis durch die Entstehung von liquiden Handelsplätzen für Erdgas und in Folge von einer Preisbildung durch Angebot und Nachfrage abgelöst wurde.[428]

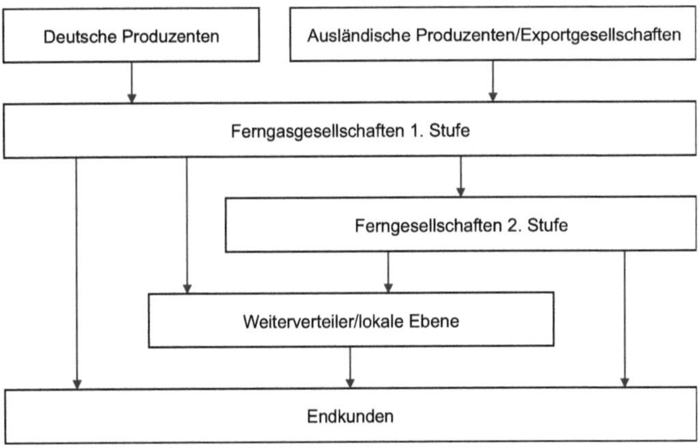

Abbildung 2-31: Struktur des deutschen Erdgasmarkts[429]

In den großen und liquiden Erdgasmärkten wie vor allem in den USA wird zwischen dem Monatshandel (innerhalb eines Monats), dem kurzfristigen (Laufzeiten ab einem Monat und bis zu einem Jahr) und dem langfristigen Handel (Laufzeiten ab einem Jahr und bis zu 20 Jahren) unterschieden.[430]

Die Liquidität des entsprechenden Erdgasmarktes prägt die vorherrschenden Absicherungsstrategien. So können die üblichen Absicherungsinstrumente wie Futures, Forwards, Swaps

---

[428] Vgl. Däupler/Lokau (2009), S. 42-43; Spicker (2006), S. 57, S. 64-66 und S. 71-72; EEX (2008a), S. 4.
[429] Quelle: Eigene Darstellung in Anlehnung an Scheib (2008), S. 27.
[430] Vgl. Kaminski/Prevatt (2004), S. 295.

oder Optionen verwendet werden. Beispiele für komplexere Produkte in den stärker entwickelten Märkten sind *Cross-Commodity Swaps* und *Spark Spread*-Produkte: Mit Cross-Commodity Swaps kann die Bindung einer Lieferbeziehung zum Beispiel an den Ölpreis durch einen anderen Referenzwert ersetzt werden. Betreiber von Gasturbinen zur Stromerzeugung sind dem sogenannten Spark Spread, der Differenz zwischen dem Strom- und dem Erdgaspreis, ausgesetzt. Die Absicherung erfolgt hier vergleichbar mit den Crack Spread-Produkten im Ölmarkt.[431]

2.5.2.3 Hedging auf dem Kohlemarkt

Weltweit haben sich mehrere Lieferorte herausgebildet, die als Referenzen für die Preisbildung von Kohle dienen: *ARA* für Amsterdam/Rotterdam/Antwerpen, *Richards Bay* in Südafrika, *Newcastle* in Australien sowie *Central Appalachia* und *Powder River Basin, Wyoming* in den USA. Nicht alle dieser Indizes werden im internationalen Handel verwendet.[432]

Futures auf Richards Bay, Amsterdam und Newcastle werden an der ICE in London gehandelt. An der EEX in Leipzig notieren Futures auf ARA und Richards Bay. Die Abwicklung börsengehandelter Instrumente erfolgt in der Regel als Barausgleich.[433]

Die wichtigsten industriellen Marktteilnehmer im Kohlemarkt sind Minengesellschaften, Energiekonzerne und Industrieunternehmen. Sie können sich wie üblich mittels börsengehandelter Futures absichern. Den Großteil der Finanzinstrumente bilden jedoch OTC-Instrumente und hier vornehmlich *Kohle-Swaps* und *Kohle-Swaptions* als Optionen auf einen Kohle-Swap. Analog zu dem Spark Spread im Erdgasmarkt wird die Differenz zwischen Strom- und Kohlepreis als *Dark Spread* bezeichnet. Werden die Kosten für die Kohlenstoffdioxidemission einbezogen, wird von *„Clean" Dark Spread* gesprochen. Die Anwendung von Absicherungsinstrumenten erfolgt vergleichbar zu der Darstellung für den Öl- und Erdgasmarkt.[434]

---

[431] Vgl. Spicker (2006), S. 101-103; Schofield (2007), S. 171-180; Kaminski/Prevatt (2004), S. 308 und S. 311. Für eine ausführliche Darstellung der im nordamerikanischen verfügbaren Absicherungsinstrumente siehe Das (2006a), S. 575-580 und Kaminski/Prevatt (2004), S. 295-302.

[432] Vgl. Schofield (2007), S. 232; Geman (2005), S. 317.

[433] Vgl. Schofield (2007), S. 236; EEX (2010), S. 4.

[434] Vgl. Schofield (2007), S. 232; EEX (2010), S. 8; Geman (2005), S. 316-317; Das (2006a), S. 606-607. Siehe auch Fallbeispiel 17.

2.5.2.4 Hedging auf dem Elektrizitätsmarkt

Strom als Produkt der Elektrizitätswirtschaft und als handelbares Gut wird in der Regel als die über eine bestimmte Zeit abgenommene elektrische Leistung verstanden.[435]

Bei der Preisbildung im Strommarkt wirken sich mehrere Besonderheiten aus, insbesondere die bereits beschriebenen Eigenschaften von Strom als Waren-Underlying: Da Strom nicht effizient gelagert werden kann, erfolgt der Ausgleich von Angebot und Nachfrage ausschließlich durch Preisanpassungen, so dass die Volatilität im Strommarkt sehr hoch ist. Als weitere Folge der Nichtlagerbarkeit sind Leihgeschäfte auf Strom zum Zweck von Leerverkäufen nicht möglich. Folglich kann die Terminkurve für den Strommarkt nicht auf Grundlage der üblichen Arbitrage-Bedingungen hergeleitet werden.[436] Große Angebots- und Nachfrageschwankungen resultieren aus Betriebsstörungen bei der Stromerzeugung bzw. aus Nachfrageschwankungen im Tagesverlauf oder in Abhängigkeit von Jahreszeiten und Wetter. Da Strom nur eingeschränkt transportiert werden kann, ist der Ausgleich von regionalen Unterschieden von Angebot und Nachfrage nur begrenzt möglich, was ebenfalls die hohe Preisvolatilität unterstützt.[437] Schließlich „staffeln" Energieerzeuger ihre Kraftwerke in Abhängigkeit des Marktpreises: Die Grundlast wird in der Regel durch Kraftwerke mit geringen Grenzkosten (und niedriger Flexibilität) wie im Fall von Wasser- und Atomkraft gedeckt. Braun- und Steinkohlekraftwerke, die höhere Grenzkosten (und mehr Flexibilität) aufweisen, werden hinzugeschaltet, um zusätzliche Nachfrage zu bedienen. Bei Spitzenlast werden die Kraftwerke mit den höchsten Grenzkosten (und größter Flexibilität) wie im Fall von Öl und Erdgas eingesetzt. Durch diese Staffelung besteht eine direkte Abhängigkeit des Kassapreises von den jeweiligen Grenzkosten der Stromerzeugung. Hieraus resultiert eine konvexe Elektrizitätsangebotsfunktion, die Sprünge aufweist.[438]

Die zentralen Marktteilnehmer im Strommarkt sind Stromproduzenten (*Energieversorgungsunternehmen*, EVU) als *Anbieter*, die über die Strombörse, Individualkontrakte (OTC) oder Lieferverträge Großunternehmen, Einkaufsgemeinschaften und Händler als *Erst-Nachfrager* beliefern. Die Endkunden als *Zweit-Nachfrager* beziehen ihren Strom entweder über die Erst-

---

[435] Vgl. Wallbaum (2005), S. 34-35.

[436] Zur Schätzung der Terminpreise können ökonometrische, brennstoffkostenbasierte oder heuristische Bewertungsmodelle herangezogen werden. (Vgl. Das (2006a), S. 586-587.) Für einen Überblick zu Modellierungsansätzen von Strommärkten siehe Ventosa et al. (2005).

[437] Vgl. Das (2006a), S. 583-585; Rodt (2003), S. 20-26. Zur Offenlegung der hier nicht näher betrachteten Wetterrisiken bei Unternehmen der Energiebranche siehe Leibfried et al. (2010).

[438] Vgl. Rodt (2003), S. 21-24; Spicker (2006), S. 75-76.

Nachfrager oder über Lieferverträge direkt von den Anbietern. Abbildung 2-32 veranschaulicht die *Stromhandelsschienen.*[439]

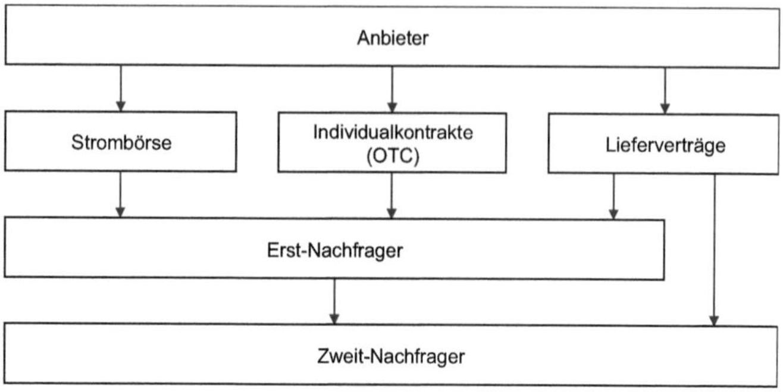

Abbildung 2-32: Marktteilnehmer und Handelsschienen im Strommarkt[440]

Die qualitative Homogenität des Handelsgutes Strom erleichtert seine Standardisierung für den liquiden Handel in Spot- und Terminmärkten. Auch wenn auf den OTC-Handel weiterhin der Großteil des Stromhandels entfällt, gilt der Börsenhandel als liquide und nimmt an Volumen kontinuierlich zu.[441]

Der kurzfristige Handel auf Spotmärkten umfasst an der EEX[442] sowohl Stunden- als auch Blockkontrakte. *Stundenkontrakte* werden für jede Stunde des Tages gehandelt. *Blockkontrakte* werden in Tages-Grundlastlieferungen (*Base-Load-Kontrakt*), Tages-Spitzenlastlieferungen (*Peak-Load-Kontrakt*) und Wochenend-Grundlastlieferungen (*Weekend-Base-Load-Kontrakt*) unterschieden. Base-Load-Lieferungen entsprechen einer konstanten Leistung von 0-24 Uhr an jedem Tag; Peak-Load-Lieferungen einer konstanten Leistung von 8-20 Uhr von Montag bis Freitag. Als Lieferorte sind vier Regelzonen von definierten Übertragungsnetzbetreibern festgelegt, so dass für jeden Liefertag 96 (4 x 24) Stundenkontrakte gehandelt werden. Durch den Handel mit Stundenkontrakte können die Marktteilnehmer ein stundengenaues Gleichgewicht zwischen ihren Bezugs- und Absatzverpflichtungen erzielen und den Einsatz ihrer Stromerzeugungsanlagen optimieren. So können sie ihren Bedarf am Spotmarkt decken und

---

[439] Vgl. Weber (2007b), S. 2. Den Einfluss der Rolle eines Marktteilnehmers auf die bilanzielle Beurteilung von Stromeinkaufsverträgen analysiert Fallbeispiel 7.

[440] Quelle: Eigene Darstellung in Anlehnung an Weber (2007b), S. 2.

[441] Vgl. Aeschimann (2007), S. 18-19; Hünerwadel (2007), S. 52; Wallbaum (2005), S. 36.

[442] Für einen Überblick der an der NYMEX als nordamerikanischer Strombörse gehandelten Instrumente siehe zum Beispiel Deng/Oren (2006).

ihre Anlagen außer Betrieb lassen, wenn die Produktionskosten dieser Anlagen den Marktpreis übersteigen.[443]

Während Kontrakte mit täglichen Preisen über eine Laufzeit bis zu einer Woche noch zum Spotmarkt zählen, sind Kontrakte mit wöchentlichen, monatlichen, Quartals- und Jahrespreisen dem Terminmarkt zugehörig. Zwischen Kontrakten mit Base-Load- und Peak-Load-Profil wird auch im Futures-Markt der EEX unterschieden. Die maximalen Kontraktfristigkeiten für Strom-Futures untergliedern sich in die nächsten neun Monate, elf Quartale bzw. sechs Jahre. Die Erfüllung kann finanziell oder physisch erfolgen. Aus den Terminmarktpreisen lassen sich Bewertungen für *Fahrpläne*, zweiseitige Liefer- und Leistungspflichten über eine fest definierte Leistungszeitreihe, ableiten. Unter den Optionen finden sich vornehmlich europäische Verträge, auf die ein entsprechender Future (bei börsengehandelten Optionen) bzw. Forward (bei außerbörslich gehandelten Optionen) geliefert wird. An der EEX werden Optionen auf die nächsten fünf Monats-, sechs Quartals- und drei Jahres-Futures gehandelt.[444]

Stromerzeuger und -abnehmer können diese Termingeschäfte und Optionen wie bereits für andere Rohstoffmärkte dargestellt zur Absicherung von Strompreisrisiken einsetzen. Stromerzeuger können weiterhin *Realoptionen* auf den Einsatz bestimmter Anlagen nutzen und eine Call-Option auf deren Kapazität am Markt verkaufen.[445] Übt der Käufer die Option aus, nimmt der Kraftwerkbetreiber seine Anlage in Betrieb und liefert den Strom zu dem vorab festgelegten Ausübungspreis. Andernfalls kann der Stromproduzent durch die Prämieneinnahme aus dem Optionsverkauf die Fixkosten seines Kraftwerkes reduzieren.[446]

Strukturierte OTC-Verträge können verschiedene Ausgestaltungen annehmen. Mittels *Strompreisbegrenzungsverträgen* als rein finanzielles OTC-Produkt können Preisobergrenzen (*Cap*), Preisuntergrenzen (*Floor*) oder beides (Collar) vereinbart werden. *Fixe Fahrpläne* verbriefen eine fest vereinbarte Leistungszeitreihe innerhalb eines definierten Zeitraums zu einem fixen Preis. Die Leistungszeitreihe umfasst typischerweise Stundenblöcke mit abwei-

---

443 Vgl. EPEX (2009), S. 4-6; Hünerwadel (2007), S. 57; Borchert et al. (2006), S. 10. Für eine Darstellung der Abwicklung zwischen der Handelsebene an der Strombörse und dem physischen Netzbetrieb sei auf Pilgram (2006), S. 316-318 verwiesen.

444 Vgl. EEX (2008b), S. 6-7 und 12-17; Borchert et al. (2006), S. 12-15; Hünerwadel (2007), S. 57-58. Die Besonderheiten im Settlement von Stromderivate mit längeren Laufzeiten an der EEX behandelt Fallbeispiel 8.

445 Zur Bewertung von Kraftwerken oder auch Übertragungsnetzen als solche Realoptionen siehe zum Beispiel Deng et al. (2001).

446 Vgl. EEX (2008b), S. 18-19. Für ausführliche Beispiele zu Absicherungen mit Futures und Optionen sei auf Rodt (2003), S. 43-52 und EEX (2008b), S. 7-12 und S. 20-21 verwiesen.

chenden Leistungswerten. Der Käufer eines fixen Fahrplans kann Feinjustierungen seinem Bedarf entsprechend zu den jeweiligen zukünftigen Zeitpunkten im Spotmarkt vornehmen. Alternativ können *flexible Fahrpläne* oder *Swing-Optionen* dem Käufer das Recht einräumen, von der vereinbarten Leistungszeitreihe innerhalb gewisser Grenzen oder sogar unbegrenzt abzuweichen.[447]

Mit Strom-Swaps und -Swaptions können wiederum fixe gegen variable Zahlungen getauscht werden. *Strom-Forward-Swaps* sind bereits fixierte Swaps, deren Laufzeit in der Zukunft beginnen. Bei einem *Extendible Swap* besteht gegen einen bereits zu Laufzeitbeginn reduzierten Swappreis die Option, die Laufzeit des Swaps zu verlängern.[448]

Unter dem Begriff *Spread Swaps* werden mehrere Produkte zusammengefasst, die sich auf die Differenz zwischen zwei Preisen beziehen. Hierzu zählen insbesondere *Electricity Basis Swaps* zur Steuerung von Strompreisabweichungen zwischen verschiedenen Lieferorten oder die Gruppe der Cross-Commodity Swaps. Letztere dienen der Steuerung von Preisdifferenzen zwischen Strom und Primärenergieträgern; ein Stromerzeuger kann somit die Produzentenmarge gegen gegenläufige Preisschwankungen an seinen Beschaffungs- und Absatzmärkten absichern. *Spark Spread Swaps* referenzieren den Strom- und Erdgasmarkt; *Dark Spread Swaps* referenzieren den Strom- und Kohlemarkt. Als entsprechende Produkte mit asymmetrischen Auszahlungsprofilen können *Spread-Optionen* eingesetzte werden. Eng verwandt zu Spark und Dark Spread Swaps gelten *Tolling-Kontrakte*. Hier liefert eine Partei der anderen den Primärenergieträger, aus dem diese zu einem fest vereinbarten Entgelt Strom erzeugt.[449]

Bei der Verwendung von standardisierten Stromderivaten ist als Besonderheit im Gegensatz zu anderen Rohstoffderivaten zu beachten, dass aufgrund der Homogenität von Elektrizität kein Basisrisiko hinsichtlich Qualität des Underlying, sondern nur ein Orts- und Zeitbasisrisiko bestehen kann.[450]

---

[447] Vgl. Wallbaum (2005), S. 49-52 und Borchert et al. (2006), S. 171-173. Zur Bewertung strukturierter Stromderivate siehe Borchert et al. (2006), S. 270-296 als Überblick sowie Bodea (2012) zu Swing-Optionen im Speziellen. Wie solche Mengenanpassungsklauseln aus bilanzieller Sicht zu werten sind, vertieft Fallbeispiel 9.

[448] Vgl. Wallbaum (2005), S. 44.

[449] Vgl. Rodt (2003), S. 53-56; Schofield (2007), S. 193. Hier sei wiederum auf Abschnitt 3.5.3.2 sowie insbesondere Fallbeispiel 17 verwiesen.

[450] Vgl. Rodt (2003), S. 46.

2.6 Risikosteuerung auf Märkten für Agrarprodukte

2.6.1 Eigenschaften und Verwendung der wichtigsten Agrarprodukte

Zu den wichtigsten Agrarmärkten gehören Getreide und Ölsaaten, Vieh und weitere Lebensmittel wie Kaffee, Kakao und Zucker. Da diese Rohstoffe üblicherweise durch den alltäglichen Kontakt vertrauter als Metall- und Energierohstoffe sind, ist die nachfolgende Darstellung knapper gefasst.

2.6.1.1 Getreide und Ölsaaten

Die wichtigsten Rohstoffe unter den Getreiden und Ölsaaten sind Mais, Weizen und Soja. Gerste, Raps, Hafer und Reis sind weitere Rohstoffe, die zu dieser Gruppe gezählt werden.

Mais ist das nach Weltproduktion wichtigste Getreide.[451] Seine primäre Verwendung findet es als Futtergut in der Viehzucht. Zunehmende Bedeutung gewinnt jedoch die Herstellung von Ethanol als Kraftstoff. Zusätzliche Anwendungsbereiche in deutlich geringerem Ausmaß sind die Gewinnung von Pflanzenöl und Zucker. Als Substitut für Mais als Tierfutter gelten Weizen, Sorghumhirsen und Sojakuchen.[452] Größtes Produzentenland und gleichzeitig der größte Exporteur sind die USA. Drittgrößter Produzent nach China ist die Europäische Union. Dieselbe Rangordnung gilt für den Maiskonsum.[453] Die wichtigsten Börsenhandelsplätze sind die CBOT, die *Dalian Commodity Exchange* (DCE) in China sowie die *Tokyo Grain Exchange* (TGE). In Europa findet der institutionalisierte Handel mit Mais an der Euronext in Paris statt.[454]

Weizen ist nach Mais der Agrarrohstoff mit der zweitgrößten Weltproduktion.[455] Er wird nach Saison (Frühjahrs- und Winterweizen), Glutengehalt (harter Weizen mit hohem Proteingehalt und weicher Weizen mit hohem Stärkegehalt) sowie nach Farbe (rot oder weiß) unterschieden.[456] Weizen findet als Grundnahrungsmittel Verwendung als Mehl für Brot, Kuchen, Teigwaren und Nudeln sowie zur Gärung für die Alkoholproduktion. Die Weizenhülse wird zu Kleie verarbeitet. Weitere Anwendungsbereiche sind Tierfutter oder Strohdächer.[457] Die Euro-

---

[451] Vgl. Schumacher/Chilla (2009), S. 16.
[452] Vgl. Deutsche Bank (2006), S. 52.
[453] Vgl. Geman (2005), S. 149-150; Schofield (2007), S. 262; Eller/Sagerer (2008), S. 707.
[454] Vgl. Deutsche Bank (2006), S. 52-53; Spurga (2008), S. 864.
[455] Vgl. Schumacher/Chilla (2009), S. 16.
[456] Vgl. Geman (2005), S. 151-152.
[457] Vgl. Deutsche Bank (2006), S. 61.

päische Union, China und Indien sind sowohl die größten Produzenten als auch Konsumenten. Größter Exporteur sind die USA, Australien und Kanada.[458] Die höchsten Umsätze mit Börsenkontrakten auf Weizen werden an der CBOT, der *Kansas City Board of Trade* (KCBT) und der *Minneapolis Grain Exchange* (MGE) getätigt. In Europa sind Weizenkontrakte an der Euronext in Paris gelistet.[459]

Sojabohnen gehören zu der Familie der Ölsaaten, zu denen auch Raps, Rapssamen, Erdnüsse und Sonnenblumenkerne zählen.[460] Sie werden vornehmlich in der Nahrungsmittelherstellung eingesetzt. Als Sojamehl wird Soja an Tiere verfüttert. Sojamilch dient als Milchersatzprodukt zum Beispiel für Sojajoghurt, -eiscreme oder -käse. Produkte mit Sojaöl umfassen Margarine, Salatöl, Ölfarben und Lacke. Ein weiterer Anwendungsbereich ist die industrielle Fertigung von Seife, Kosmetika, Harzen, Kunststoffen, Farben, Farbstiften, Lösungsmittel und Biodiesel.[461] USA, Brasilien und Argentinien sind die größten Sojaproduzenten und -exporteure; zusammen mit China gehören sie zu den größten Konsumenten.[462] Zentrale institutionalisierte Handelsplätze sind die DCE, die CBOT und die TGE. Sojamehl und -öl werden ebenfalls an der DCE und der CBOT gehandelt.[463]

2.6.1.2 Vieh

Im Gegensatz zu den Märkten für Getreide und Ölsaaten sind die Viehmärkte deutlich lokaler.[464] Viehmärkte untergliedern sich in Schlacht- und Mastrinder, Schlachtschweine und gefrorene Schweinebäuche. Der Aufzuchtszeitraum reicht von vier Jahren bei Schweinen bis zu zwölf Jahren bei Rindern. Die Produktion hängt von der Jahreszeit ab. Des Weiteren besteht ein direkter Zusammenhang zwischen den Preisen für Getreide als Futtermittel und dem Viehangebot. Bei hohen Getreidepreisen steigt das Angebot; bei niedrigen Getreidepreisen wird das Angebot in die Zukunft verlagert.[465]

---

[458] Vgl. Schofield (2007), S. 262; Eller/Sagerer (2008), S. 706-707.
[459] Vgl. Spurga (2008), S. 864.
[460] Vgl. Schumacher/Chilla (2009), S. 22.
[461] Vgl. Geman (2005), S. 144-149; Spurga (2008), S. 865.
[462] Vgl. Eller/Sagerer (2008), S. 707.
[463] Vgl. Deutsche Bank (2006), S. 57-58.
[464] So gilt zum Beispiel auch der europäische Binnenmarkt aufgrund der innereuropäisch gehandelten Volumina als weltweit bedeutendster HandelsplaTz. (Vgl. Efken et al. (2009), S. 53.)
[465] Vgl. UBS (2005), S. 91-92; Geman (2005), S. 161.

Kontrakte auf gefrorene Schweinebäuche werden an der *Chicago Mercantile Exchange* (CME) gehandelt. Futures auf Ferkel und Schlachtschweine sind seit Juli 2009 an der Eurex gelistet.[466]

2.6.1.3 Weichwaren und weitere Agrarprodukte

Die Agrarmärkte umfassen eine Vielzahl von weiteren Lebensmitteln, oftmals als *Weichwaren* (*softs*) bezeichnet, und Agrarprodukten. Zu den wichtigsten gehören Kaffee, Kakao, Zucker, Baumwolle, Orangensaft und Holz; diese werden nachfolgend vorgestellt.

Kaffee gehört zu den wichtigsten Agrarrohstoffen und wird in zwei Kategorien aufgeteilt: *Robusta*-Kaffee ist die stärkere und koffeinhaltigere Bohne mit einem bitteren Geschmack. *Arabica*-Kaffee gilt als höherwertig und entspricht 70% der Weltproduktion. In einem mehrstufigen Verarbeitungsverfahren werden aus der Frucht der Kaffeepflanze die Bohnen gewonnen.[467] Brasilien und Kolumbien sind die größten Anbauländer für Arabica-Kaffee, Vietnam, Indonesien und Westafrika für Robusta-Kaffee. Die USA und die Europäische Union sind die wichtigsten Konsumenten und Importeure.[468] Termingeschäfte und Optionen auf Kaffee werden an der TGE (Arabica und Robusta), der *New York Board of Trade* (NYBOT; Arabica), der Euronext in London (Robusta) und der *Brazilian Mercantile & Futures Exchange* (BM&F) gehandelt.[469]

Kakao wird durch Veredelung der weichen, mandelförmigen Samen der Kakaofrucht gewonnen. Kakaobutter wird für Schokolade, Konditoreiwaren, Seife und Kosmetikprodukte verwendet. Fast die Hälfte des Weltkakaoangebots kommt von der Elfenbeinküste. Weitere große Anbauländer sind Indonesien, Ghana und Brasilien. Lateinamerikanische Länder beliefern vornehmlich die USA, während Afrika größtenteils nach Europa exportiert. Wichtige Handelsplätze für Kakao sind NYSE Liffe in London, die ICE und die NYMEX.[470]

Zucker ist das Produkt eines Raffinationsprozesses von Zuckerrohr, -rüben oder -palmen und wird in Kristall-, Würfel- oder Puderform hergestellt. Neben der Verwendung in Nahrungs-

---

466 Vgl. Geman (2005), S. 161; Eurex (2009), S. 1.
467 Vgl. Eller/Sagerer (2008), S. 707-707. Zur Entwicklung des internationalen Kaffeehandels vornehmlich aus Produzentensicht vgl. auch Mohan (2007), S. 333-334.
468 Vgl. UBS (2005), S. 94.
469 Vgl. Deutsche Bank (2006), S. 50-51.
470 Vgl. UBS (2005), S. 98-99; Eller/Sagerer (2008), S. 708.

mitteln gewinnt Zucker für die Herstellung von Ethanol an Bedeutung.[471] Wichtigstes Erzeugerland ist Brasilien, gefolgt von der EU, Indien, China und Thailand. Die bedeutendsten Zuckerimporteure sind Industrieländer wie die EU, Russland, die USA, China und Japan. Kontrakte auf Zucker werden an der NYBOT, der BM&F, der *Kansai Commodities Exchange* (KANEX) in Japan, der TGE und der Euronext in London gehandelt.[472]

Baumwolle ist eine der ältesten und wichtigsten Fasern; ihr Anteil an der weltweiten Textilfaserherstellung übersteigt 40%. Sie wird nach Stapellänge (Faserlänge), Güte (grob bis hochwertig in Abhängigkeit von Farbe, Helligkeit und Reinheit) und Charakter (Faserstärke und -homogenität) unterschieden. Aufgrund ihrer weichen, saugfähigen und dämmenden Eigenschaften hat Baumwolle viele Einsatzbereiche, darunter vornehmlich in der Textilherstellung für Kleidung und Möbel sowie in der industriellen Anwendung.[473] Die größten Baumwollproduzenten sind China, die USA und Indien. Aufgrund seiner großen Textilindustrie ist China größter Verbraucher und Importeur. Die USA sind der größte Exporteur. Kontrakte auf Baumwolle sind an der *Zhengzhou Commodity Exchange* (ZCE) in China und der NYBOT gelistet.[474]

Orangen werden in ihrer Qualität durch die Grad *Brix*, eine Maßzahl für den Zuckergehalt, und den Säuregehalt bestimmt. Ihr Geschmack resultiert aus dem Zucker-zu-Säure-Verhältnis. Orangen werden vor allem zu Orangensaft verarbeitet, der als gefrorenes Orangensaftkonzentrat an Börsen wie der ICE gehandelt wird. Die wichtigsten Produzentenländer sind Brasilien und die USA.[475]

Holz wird in *Nadel-* und *Laubhölzer* und nach unbehandeltem oder bearbeitetem Zustand untergliedert.[476] Es wird vor allem im Hausbau (Nadelholz, 85% des weltweiten Holzverbrauchs) und für Möbel (Laubholz) benötigt. Als Nebenprodukte der Holzverarbeitung können zum Beispiel Sägemehl, Hackspäne oder Pellets anfallen. Die wichtigsten Holzproduzenten und gleichzeitig -konsumenten sind Kanada und die USA. Kontrakte auf Holz werden insbesondere an der CME gehandelt.[477]

---

[471] Vgl. UBS (2005), S. 95; Nolte/Grethe (2009), S. 26.
[472] Vgl. Deutsche Bank (2006), S. 59; Eller/Sagerer (2008), S. 708-709.
[473] Vgl. Deutsche Bank (2006), S. 54.
[474] Vgl. Eller/Sagerer (2008), S. 709-710; Deutsche Bank (2006), S. 54-55.
[475] Vgl. Geman (2005), S. 158-159; Würtenberger et al. (2009), S. 69.
[476] Vgl. Eller/Sagerer (2008), S. 710.
[477] Vgl. Deutsche Bank (2006), S. 56.

2.6.2 Hedging auf Agrarmärkten

Wie die Europäische Kommission in einer Untersuchung zusammenfasst, sind die europäischen Agrarmärkte durch eine „geringe Verbreitung und Nutzung von marktorientierten Risikomanagementinstrumenten"[478] wie Warenterminmärkte geprägt.[479] Obwohl die Historie der Termingeschäfte auf den Agrarsektor zurückgeht, hatten bisherige Bestrebungen für eine Warenterminbörse für Agrarprodukte in Deutschland mit Schwierigkeiten zu kämpfen.[480] Seit Sommer 2009 werden vier Futures auf Agrarprodukte, zwei auf Kartoffeln und zwei auf Schweinefleisch, an der Eurex in Frankfurt am Main gehandelt.[481] Durch die Internationalisierung der Agrarmärkte und durch Bestrebungen, Handelsbarrieren abzubauen, zeichnet sich ein größeres Interesse an Absicherungsprodukten auf Agrarmärkten ab. Die bisherige Literatur zur Steuerung von Preisrisiken auf Agrarmärkten legt jedoch den Schwerpunkt auf Instrumente an nordamerikanischen Börsen.

Agrarprodukte haben mehrere Besonderheiten, die für die Preisbildung relevant sind und zum Teil von den bisher vorgestellten Faktoren abweichen. Sie sind *erneuerbar*, und ihre Herstellung ist in der Regel durch *Saisonalitäten* geprägt.[482] Des Weiteren wirken sich *Wetterverhältnisse* insbesondere bei Pflanzen und *Krankheiten* insbesondere bei Vieh unmittelbar auf das Angebot aus.[483] Die *Verderblichkeit* einer Ware bestimmt, inwieweit Angebots- und Nachfrageabweichungen sowohl durch Lagerung intertemporal als auch durch Transport zwischen verschiedenen Orten ausgeglichen werden können. Dies wirkt sich wiederum auf die Preis-

---

478 Europäische Kommission (2005), S. 7.

479 Keiner der fünf Börsen in der Europäischen Union, an denen Agrarderivate gehandelt werden können, verzeichnet signifikante Liquidität. (Vgl. Europäische Kommission (2001), S. 4-5 und 22.) So findet sich zum Beispiel in einer Rangliste der zwanzig umsatzstärksten Agrar-Futures in 2005 der Future auf Robusta-Kaffee der Euronext als einziger europäischer Kontrakt an letzter Stelle. (Vgl. Deutsche Bank (2006), S. 49.)

480 Dies kann unter anderem auf Regulierung bzw. Eingriffe durch den öffentlichen Sektor zurückgeführt werden, die durch preisstützende Maßnahmen das Interesse an Hedging und freier Preisbildung auf Agrarmärkten reduzieren. (Vgl. Das (2006a), S. 650.) Die Europäische Union sieht in der geringen Liquidität hingegen einen Grund für die Notwendigkeit von Markteingriffen. (Vgl. Europäische Kommission (2001), S. 5-6 und 31-32.)

481 Die Eurex übernahm einige Kontrakte, die vorher an der der *Risk Management Exchange* (RMX) in Hannover gehandelt wurde. Diese ging ursprünglich aus der Warenterminbörse Hannover und der Dekrebo München hervor, stellte jedoch 2009 den Geschäftsbetrieb ein.

482 Weiterführend zu Saisonalitäten auf Agrarmärkten vgl. auch Routledge et al. (2000), Schwartz/Schmidt (2000), Sørensen (2002) oder Borovkova/Geman (2006).

483 Für eine ausführliche Darstellung der Risikofaktoren wie Wetter und Krankheit sei auf OECD (2009), S. 130-132 und S. 152-153 (für Getreide) sowie auf OECD (2009), S. 133-134 und S. 153 (für Vieh) verwiesen.

volatilität aus. Der *inhomogene Charakter* von Agrarprodukten erschwert ihren Handel über standardisierte Finanzinstrumente und bedingt ein signifikantes Basisrisiko.[484]

Die Preisbildung auf Agrarmärkten basiert auf modellgestützten Schätzungen für Angebot und Nachfrage. Unter Berücksichtigung der Verderblichkeit von Agrarprodukten wird das Angebot aus den Lagerbeständen, der aktuellen Produktion und Importen abgeleitet.[485] Die Nachfrage wird anhand des inländischen Verbrauchs und des Exportbedarfs geschätzt. Die Lagerbarkeit bestimmt, inwieweit bei einem niedrigen Preisniveau Angebot vom aktuellen Jahr in das nächste verlagert werden kann (*carry-over*), und beeinflusst somit Preiszusammenhänge zwischen Terminkontrakten mit verschiedenen Laufzeiten. Ein weiterer Grund für Angebotsverlagerungen können Zusammenhänge zwischen Angebot und Preisen für verschiedene Agrarrohstoffe sein, wie bereits am Beispiel des Viehmarkts zwischen dem Rindangebot und Maispreis dargestellt: Bei niedrigen Maispreisen neigen Bauern dazu, ihre Rinder weiterzufüttern und erst später zu schlachten, während sie sie bei höheren Futterpreisen eher auf den Markt bringen. Ähnliche Verknüpfungen zwischen Agrarmärkten bestehen aufgrund von *Substitutionsbeziehungen*: Viehbauern können beispielsweise zwischen Mais und Sojamehl als Futtermittel oder sojaverarbeitende Betriebe in Abhängigkeit der Nachfrage zwischen der Produktion von Sojamehl und Sojaöl wechseln.[486]

Die wichtigsten industriellen Marktteilnehmer auf Handelsplätzen für Agrarprodukte sind Bauern und Viehzüchter (als Produzenten), Vermarktungsgesellschaften, Händler, Lagerbetriebe, verarbeitende Betriebe und Verbraucher.[487]

Der Handel an institutionalisierten Börsen und am OTC-Markt ähnelt den beschriebenen Rohstoffmärkten. Es werden sowohl Futures bzw. Forwards als auch Optionen und Swaps gehandelt. Die Bedeutung des OTC-Marktes ist jedoch ungleich geringer als in anderen Rohstoffmärkten, und die physische Erfüllung von Börsenkontrakten (in Form von Lagerscheinen) herrscht vor. OTC-Instrumente werden vornehmlich eingesetzt, wenn der gewünschte

---

[484] Vgl. Das (2006a), S. 651-653; Eller/Sagerer (2008), S. 711. Geman (2005), S. 876 beschreibt charakteristische Entwicklungen des Basisrisikos über die Laufzeit der Absicherung im Fall von Getreide.

[485] Weiterführende Informationen zum *Pipeline-Modell* als Beispiel zur Schätzung des zukünftigen Viehangebots sind bei CME (2009a), S. 12-18 sowie bei Spurga (2008), S. 881-883 zu finden. Zur Preisschätzung auf dem Zuckermarkt siehe Savant (2008), S. 888-889.

[486] Vgl. Geman (2005), S. 143; 148-149 und 161.

[487] Vgl. CME (2008a), S. 6-7.

Referenzwert oder die Laufzeit nicht als Börsenkontrakt verfügbar sind oder das Hedging-Volumen für die Liquidität oder Limitbeschränkungen im Börsenhandel zu groß ist.[488]

In Abhängigkeit der Liquidität der Finanzinstrumente des jeweiligen Agrarmarkts werden die üblichen Sicherungsinstrumente für Long- und Short-Positionen eingesetzt.[489] Im Gegensatz zu den bisher dargestellten Hedging-Strategien erschweren es starke Schwankungen im *Ernteertrag*, ex ante ein geeignetes Hedging-Volumen zu bestimmen.[490] Bei Agrarrohstoffen mit volatilem Ernteertrag (hohem *Produktionsrisiko*) überwiegt daher in der Praxis eine schrittweise Absicherung, so dass zum Beispiel ein Getreidebauer seine Sicherungsposition langsam aufbaut und anpasst, so wie er Einflussfaktoren wie Wetterbedingungen und folglich den Ernteertrag genauer abschätzen kann.[491]

Eine weitere zentrale Rolle spielt die *cash future basis*, die Differenz zwischen dem Termin- und dem Kassapreis.[492] Dieses an die Terminstruktur der Agrarpreise angelehnte Konzept nutzen Marktteilnehmer regelmäßig, um Entwicklungen von Angebot und Nachfrage einzuschätzen. Oftmals sind Veränderungen der Basis für diesen Zweck wichtiger als die absoluten Preisbewegungen. Auch wenn die cash future basis im Zeitverlauf nicht konstant ist, kann sie jedoch saisonalen Mustern folgen. Für Nutzer von Agrarderivaten ist dieses Basisrisiko von besonderer Wichtigkeit, denn es bedingt, dass sie Veränderungen der Basis bis zum Laufzeitende in ihrer Absicherungsstrategie berücksichtigen. Um diese Form von Basisrisiko abzusichern eignen sich unter anderem Lieferverträge in lokale Kassamärkte, die mit einer fixierten Basis an die Preisentwicklung des Futures gebunden sind.[493]

In liquiden Märkten können selbst Preisdifferenzen zwischen verschiedenen Produkten gehandelt werden. Dies gilt zum Beispiel für den *Crush Spread*, der Marge aus der Verarbeitung von Sojabohnen zu Sojamehl und -öl.[494]

---

488 Vgl. Scott/Wijnen (2003), S. 36-40.

489 Um auf Wiederholungen zu verzichten sei auf die vorherigen Kapitel verwiesen. Detaillierte Darstellungen der standardmäßigen Future- und Optionsgeschäfte zur Absicherung auf Getreide-, Vieh-, Holz- und Milchmärkten finden sich bei CBOT (2004), CME (2008a), CME (2008b), CME (2009a), CME (2009b) und CME (2009c). Zur Entwicklung eines Entscheidungsunterstützungssystems für einen Schlachtschweinbetrieb vgl. Steffin (2002).

490 Vgl. Europäische Kommission (2001), S. 20.

491 Vgl. Das (2006a), S. 655-656.

492 Vgl. Europäische Kommission (2001), S. 20.

493 Vgl. Schapp/Dan (2003), S. 27-28; CME (2008b), S. 10-11; CBOT (2004), S. 7-10. Für eine ausführliche Darstellung zum Basisrisikos aus der Veränderlichkeit der cash future basis und zu OTC-Produkten für dessen Absicherung sei auf Prichett (2010), S. 277-280 und 289-292 verwiesen.

494 Geman (2005), S. 148; Schapp/Dan (2003), S. 29. Für eine analytische Untersuchung der strategischen Deri-

2.7 Zwischenfazit

Das Kapitel hat zunächst grundlegende Begriffe eingeführt und abgegrenzt. Es wurde der Risikomanagementprozess für Industrie- und Handelsunternehmen vorgestellt, um den Kontext der Absicherungsaktivitäten von Nichtbanken darzustellen und ihn anschließend anhand der Risikosteuerung für Rohstoffpreisrisiken zu vertiefen. Hierbei wurden die wesentlichen Rohstoffe auf Edelmetall-, Metall, Energie- und Agrarmärkten vorgestellt und aufgezeigt, welche Absicherungsstrategien sich aufgrund der verschiedenen Marktstrukturen entwickelt haben.

Es hat sich gezeigt, dass auf Rohstoffmärkten strukturelle Besonderheiten wie die Eigenschaften von Rohstoffen als Realgüter, die durch die Unterscheidung zwischen physischen und finanziellen Märkten geprägte Marktstruktur sowie die Position der verschiedenen Marktteilnehmer in der Wertschöpfungskette sich auf die jeweils üblichen Formen der Steuerung von Rohstoffpreisrisiken auswirken. So spiegelt der Metallhandel an der LME erkennbar die Bedeutung der physischen Lieferbeziehungen unter den Marktteilnehmern wieder. Die eingesetzten Absicherungsmethoden resultieren unmittelbar aus der Liquidität der an der LME gehandelten Kontrakte. Insbesondere die Hedging-Strategien auf Energiemärkten erweisen sich als sehr fortgeschritten. Die Absicherung von Spreads als Preisdifferenzen verschiedener Produkte wie im Fall von Ölraffinerien oder Cross-Hedging mit Hilfe von Ölkontrakten bei Erdgasverträgen sind gängige Praxis. Auf dem Elektrizitätsmarkt werden Stromverträge mit strukturierten Elementen eingesetzt. Die Absicherung über Derivate auf landwirtschaftliche Produkte spielt nicht zuletzt aufgrund der hohen Regulierung des europäischen Agrarsektors eine bisher untergeordnete Rolle.

Selbst wenn weiterentwickelte Märkte durchaus komplexe Absicherungsmechanismen zulassen, wurde im Hinblick auf die Ausgestaltung der Steuerung von Rohstoffpreisen als erstem Teil von Forschungsfrage 1 deutlich, dass in der Regel Sicherungsstrategien überwiegen, die je nach Branchenpraxis auf Formen von Termingeschäften oder Optionen entweder als Derivate oder als Teile der Vertragsgestaltung in den Lieferbeziehungen basieren.

Als Nächstes sind daher die anwendbaren Rechnungslegungsstandards vorzustellen und ihr Zusammenwirken für die vielseitigen in der Risikosteuerung beobachteten Sachverhalte zu

vatenutzung durch Nahrungsmittelproduzenten vgl. Bullock et al. (2007). Hier gelten ebenfalls die Besonderheiten in der Bilanzierung für die Risikosteuerung bei zweiseitig rohstoffabhängigen Unternehmen, die in Abschnitt 3.5.3 und Fallbeispiel 17 dargestellt werden.

erarbeiten, um die bilanziellen Konsequenzen und Verzerrungen zwischen ökonomischer und bilanzieller Betrachtung beurteilen zu können. Neben einer rohstoffmarktübergreifenden Analyse sind hier stets die Besonderheiten der einzelnen Rohstoffmärkte mit einzubeziehen, die sich in diesem Kapitel gezeigt haben. Gleichermaßen bietet sich für diese Untersuchung an, auf die Abgrenzung der Teilnehmer auf Rohstoffmärkten entsprechend ihrer Position in der Wertschöpfungskette Bezug zu nehmen, die hier hinsichtlich Rohstoffproduzenten, rohstoffverarbeitenden Unternehmen, Rohstoffproduzenten und Rohstoffhändler vorgenommen wurde.

3 Die bilanzielle Abbildung der Steuerung von Rohstoffpreisrisiken nach IFRS

3.1 Vorbemerkungen

Nachdem das vorangegangene Kapitel gezeigt hat, wie und in welchem Kontext Industrie- und Handelsunternehmen ihre Rohstoffpreisrisiken steuern, gilt es nun zu untersuchen, wie sich die Sicherungsstrategien auf die Rechnungslegung nach IFRS auswirken (zweiter Teil von Forschungsfrage 1). Um anschließend die Eignung der IFRS für die bilanzielle Abbildung der Steuerung von Rohstoffpreisrisiken kritisch zu würdigen (Forschungsfrage 2), werden zuerst allgemeingültige Kriterien für diese Beurteilung erarbeitet, die aus dem IFRS-Rahmenkonzept hergeleitet und um rohstoffspezifische Kriterien erweitert werden (3.2).

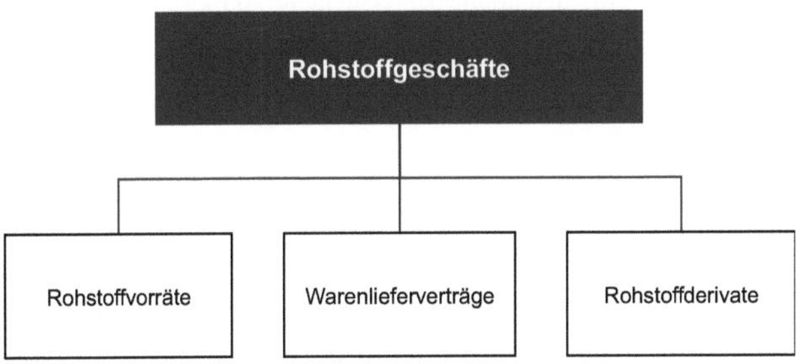

Abbildung 3-1: Systematisierung von Rohstoffgeschäften[495]

Da Rohstoffe in unterschiedlicher Form in der betrieblichen Praxis in Erscheinung treten, seien sie als *Rohstoffgeschäfte* im Sinne von Rohstoffvorräten, Warenlieferverträgen und Rohstoffderivaten voneinander abgegrenzt, wie Abbildung 3-1 veranschaulicht.[496] Dieser Systematik folgend werden anschließend die grundsätzlichen Formen der Bilanzierung der Rohstoffgeschäfte und die einzelnen relevanten Rechnungslegungsstandards – insbesondere IAS 2, IAS 37 und IAS 39 – vorgestellt (3.3).[497]

Anschließend wird ein integrierter vierstufiger Analyserahmen für alle Ausprägungen von Rohstoffgeschäften entwickelt (3.4), um untersuchen zu können, welche Schwierigkeiten bei

[495] Quelle: Eigene Darstellung.

[496] Rohstoffderivate werden hier ausschließlich als Finanzinstrumente und nicht im Sinne von Kaufverträgen verstanden, die zu bilanziellen Zwecken als Derivate klassifiziert werden. Vgl. Abschnitt 3.3.3.

[497] Auf Erläuterungen zu IFRS 7 wird verzichtet, da dies für die Analyse, wie die dargestellte Steuerung von Rohstoffpreisrisiken bilanziell abzubilden ist, nicht erheblich ist.

der bilanziellen Abbildung der Risikosteuerung im Kontext dieser Sachverhalte auftreten und wann die Rechnungslegung die ökonomischen Zusammenhänge nicht adäquat wiederspiegelt. Diese Strukturierung ist ein wesentlicher Beitrag der Arbeit, da sie sich – wie bereits aus der Abgrenzung der Rohstoffgeschäfte ersichtlich – keineswegs nur auf bilanzielle Sicherungsbeziehungen im Sinne von Hedge Accounting nach IAS 39 beschränkt. Vielmehr werden sämtliche Sachverhalte der betrieblichen Praxis mit Rohstoffbezug abgebildet.

Im Anschluss werden mithilfe des Analyserahmens die bilanziellen Implikationen der Steuerung von Rohstoffpreisrisiken bei Rohstoffvorräten und Warenlieferverträgen erarbeitet (3.5).[498] Im Hinblick auf das Geschäftsmodell eines Marktteilnehmers und die Branchenpraxis werden deutliche Fallunterscheidungen vorgenommen, die das Hedging-Verhalten auf Grundlage von fixierten oder variablen Preisen berücksichtigen. Als weiteres wichtiges Merkmal dieser Arbeit schließt dies eine detaillierte Untersuchung von zweiseitig rohstoffabhängigen Unternehmen ein. Während dieser Teil der Analyse im Allgemeinen rohstoffspezifisch ist, jedoch sich nicht auf einzelne Rohstoffe begrenzt, werden in Form von Fallbeispielen bilanzielle Fragen aus der Praxis einzelner Branchen bzw. Rohstoffmärkte wie beispielhafte Vertragsklauseln – aufbauend auf Kapitel 2 – aufgearbeitet. Dementsprechend wird in diesem Abschnitt besonderer Augenmerk auf das breite Spektrum an nicht-derivativen Steuerungsmitteln gerichtet, die – anders als bei Zins-, Kredit- oder Fremdwährungsmärkten – auf Rohstoffmärkten eine zentrale Rolle spielen und spezifische bilanzielle Fragen nach sich ziehen.

Zusammenfassend verfolgt das Kapitel somit das Ziel einer integrierten Betrachtung von Risikosteuerung und Bilanzierung unter Einbezug verschiedener Sicherungsstrategien, Geschäftsmodelle bzw. Positionen in der Wertschöpfungskette sowie branchentypischer Einzelfragen.

3.2 Allgemeingültige Kriterien zur Beurteilung der bilanziellen Abbildung der Steuerung von Rohstoffpreisrisiken

Um im Nachfolgenden die IFRS-Vorschriften zur bilanziellen Abbildung der Steuerung von Rohstoffpreisrisiken systematisch und zielorientiert zu untersuchen und zu würdigen, bedarf es eines geeigneten Beurteilungsrahmens als Ausgangs- und Referenzpunkt. Um hierfür einen Katalog von allgemeingültigen Beurteilungskriterien herzuleiten, eignen sich zunächst die

[498] Die Bilanzierung von Rohstoffderivaten wird jeweils im Zusammenhang mit den Ausführungen zum Hedge Accounting dargestellt.

qualitativen Anforderungen an die IFRS-Rechnungslegung, wie sie das IASB selbst im IFRS-Rahmenkonzept formuliert hat. Um darüber hinaus den Besonderheiten der Rohstoffpreisrisiken gerecht zu werden, wird der Beurteilungsrahmen für die vorliegende Untersuchung des Weiteren durch zwei rohstoffspezifische Kriterien ergänzt.

Das IFRS-Rahmenkonzept umfasst die zentralen Werte, die der Vorbereitung und Darstellung von Finanzinstrumenten zugrunde liegen. Das IASB hat sie festgelegt, insbesondere um von ihnen bei der Entwicklung neuer und der Überarbeitung bestehender Rechnungslegungsstandards geleitet zu werden und um einen Referenzrahmen für die grundsätzliche Ausrichtung der IFRS-Rechnungslegung zu definieren.[499]

Zwar besitzt das Rahmenkonzept nicht den Verpflichtungsgrad der einzelnen IFRS, jedoch bildet es die konzeptionelle Grundlage, die Leitgedanken für die IFRS.[500]

Um das Ziel der *Entscheidungsnützlichkeit* der Finanzberichterstattung umzusetzen,[501] hat das IASB in RK.QC4 die *qualitativen Anforderungen* der *Relevanz* (*relevance*) und der *glaubwürdigen Darstellung* (*faithful representation*) als fundamentale Merkmale festgeschrieben.[502] Nach BC3.4 entscheidet das IASB bei der Neu- oder Weiterentwicklung von Rechnungslegungsstandards danach, welche Lösungsalternative dieses Ziel am umfänglichsten erreicht.

Als *relevant* wird laut RK.QC6 eine Information angesehen, die in der Lage ist, einen Unterschied für die Entscheidungsfindung der Adressaten zu machen. Hierfür muss sie vorhersagenden und/oder bestätigenden Charakter haben.[503] Dieses Merkmal stellt einen direkten Zusammenhang mit dem Primärziel der IFRS-Rechnungslegung her, entscheidungsrelevante Informationen zu vermitteln.[504]

---

[499] Vgl. Pellens et al. (2011), S. 117.

[500] Über die Bezugnahme auf das Rahmenkonzept und dessen Konkretisierung in IAS 1 sind die Regelungen des Rahmenkonzepts der Sache nach weitgehend verpflichtend und haben somit auch das EU-Endorsement durchlaufen, das das Rahmenkonzept an sich nicht umfasst. (Vgl. Pellens et al. (2011), S. 117-118.)

[501] Vgl. RK.OB2.

[502] An einer aus RK.QC17 ableitbaren Gleichstellung dieser beiden Primärgrundsätze lässt die in RK.QC18 aufgezeigte Prüfreihenfolge zweifeln, die die Prüfung auf Relevanz derjenigen auf glaubwürdige Darstellung voranstellt. (Vgl. Pellens et al. (2011), S. 125.)

[503] Vgl. RK.QC7-10 und BC3.14.

[504] Vgl. Pellens et al. (2011), S. 123. Des Weiteren konkretisiert RK.QC11 das Kriterium der Relevanz durch den Sekundärgrundsatz der *Wesentlichkeit* (*materiality*). Sie besagt, dass relevante Informationen auch wesentlich sein müssen, was sich durch die Art und Auswirkung der entsprechenden Information auf zentrale Rechnungslegungsgrößen wie Eigenkapital, Gewinn oder Verlust bestimmt. (Vgl. Pellens et al. (2011), S. 124.) BC3.18 stellt jedoch klar, dass dieses Kriterium nur auf Ebene des jeweiligen berichtenden Unternehmens und nicht bei der Entwicklung von Rechnungslegungsstandards Anwendung findet. Daher wird es hier nicht

Das zweite Primärmerkmal der *glaubwürdigen Darstellung* wird anstelle einer konkreten Definition umschrieben, indem RK.QC12 voraussetzt, dass die Information *vollständig*, *neutral* und *fehlerfrei* dargestellt wird: Die Darstellung sei *vollständig*, wenn sie alle für die Entscheidungsfindung des Addressaten notwendigen Informationen umfasst.[505] Sie sei *neutral*, wenn weder Auswahl noch Aufbereitung der Informationen einer Beeinflussung unterliegen oder eine positive bzw. negative Wahrnehmung beim Addressaten begünstigen.[506] Die *fehlerfreie* Darstellung bedinge weniger deren absolute Richtigkeit als das korrekte Herleiten zum Beispiel eines Schätzwerts und die Beschreibung des Vorgehens und seiner Limitierungen.[507]

Mit *Vergleichbarkeit* (*comparability*), *intersubjektiver Überprüfbarkeit* (*verifiability*), *zeitnahem Zugang* (*timeliness*) und *Verständlichkeit* (*understandability*) hat das IASB zusätzlich vier unterstützende qualitative Kriterien definiert, die den obigen Voraussetzungen hierarchisch untergeordnet sind. Sie dienen dazu, die richtige Darstellung zu bestimmen, wenn ein Sachverhalt auf unterschiedliche Weisen abgebildet werden kann, die gleichermaßen als relevant und glaubwürdig in der Darstellung angesehen werden und somit die Primärmerkmale erfüllen.[508]

Die *Vergleichbarkeit* – sowohl im Zeitverlauf als auch unternehmensübergreifend – erhöht die Informationsnützlichkeit.[509] Sie ist jedoch nach RK.QC22 nicht unmittelbar mit *Stetigkeit* (*consistency*) der gewählten Darstellungsmethode – wiederum im Zeitverlauf sowie unternehmensübergreifend – gleichzusetzen. Diese ist vielmehr ein Hilfsmittel, um das Ziel der Vergleichbarkeit zu erreichen. Gleichzeitig ist Vergleichbarkeit nicht als ähnliche Darstellung unterschiedlicher Sachverhalte zu verstehen.[510] Das Einräumen von Bilanzierungswahlrechten vermindert natürlich die Vergleichbarkeit.[511]

Überprüfbarkeit beschreibt, dass fachkundige und unabhängige Außenstehende einen Konsens darüber finden können, wenn auch sich gegebenenfalls nicht gänzlich darüber einigen können, dass eine gewählte Darstellung glaubwürdig ist. Dies umfasst nicht nur absolute Wertangaben im Fall von quantifizierbaren Informationen sondern auch Bandbreiten von

---

näher betrachtet.
505 Vgl. RK.QC13.
506 Vgl. RK.QC14.
507 Vgl. RK.QC15.
508 Vgl. RK.QC19.
509 Vgl. RK.QC20.
510 Vgl. RK.QC23.
511 Vgl. RK.QC24.

Werten einschließlich ihrer entsprechenden Wahrscheinlichkeiten.[512] Hierzu unterscheidet RK.QC27 zwischen direkter und indirekter Überprüfbarkeit: Nach ersterer lässt sich die Wertangabe oder andere Sachverhaltsdarstellung durch unmittelbare Beobachtung verifizieren; letztere bezeichnet die Überprüfbarkeit des Ergebnisses eines Berechnungsmodells durch Nachvollziehen der Ausgangsdaten, der Annahmen und des Berechnungsansatzes. In BC3.36 schwächt das IASB die Bedeutung der Überprüfbarkeit ab, indem sie als wünschenswert, aber nicht unbedingt erforderlich bezeichnet wird.

Da im Allgemeinen der Wert von Informationen über die Zeit hinweg abnimmt, führt das Kriterium des *zeitnahen Zugangs* zu Information an, dass hierdurch Entscheidungsträgern rechtzeitig die Informationen zur Verfügung stehen sollen, die ihren Entscheidungsprozess beeinflussen können. Selbstverständlich behalten einige Informationen jedoch auch über längere Zeit ihren Wert, zum Beispiel indem sie dazu dienen, Trends zu identifizieren und zu analysieren.[513]

Das Sekundärmerkmal der *Verständlichkeit* setzt nach RK.QC30 voraus, dass eine Information klar und prägnant eingeordnet, charakterisiert und dargestellt wird. Gerade bei komplexen Zusammenhängen darf die Darstellung nach RK.QC31 nicht unter Bezug auf dieses Kriterium unterlassen werden: Denn dies würde eine unvollständige oder möglicherweise irreführende Abbildung zur Folge haben.[514] RK.QC32 stellt klar, dass selbst ein Addressat, der über angemessene Wirtschafts- und Rechnungslegungskenntnisse verfügt und die Informationen sorgfältig analysiert, zeitweise auf die Hilfe von Beratern angewiesen ist, um die Informationen zu komplexen wirtschaftlichen Zusammenhängen zu verstehen.[515]

Alle diesen Anforderungen steht die Nebenbedingung des *Wirtschaftlichkeitsprinzips* im Sinne einer *Kosten-Nutzen-Abwägung* nach RK.QC35 gegenüber: Kosten resultieren naturgegeben aus den Pflichten der Rechnungslegung und müssen durch ihre Vorzüge gerechtfertigt sein. Sie umfassen sowohl direkte Kosten, wie sie auf der Seite der Informationsgeber für Sammeln, Verarbeiten, Verifizieren und Verbreiten der Informationen und auf Adressatenseite für deren Auswertung oder mangels Veröffentlichung für deren Beschaffung bzw. Schätzung

---

[512] Vgl. RK.QC26.

[513] Vgl. RK.QC29.

[514] Das IASB hebt auch in BC3.42 hervor, dass Verständlichkeit als Sekundärmerkmal gewählt wurde, um sicherzustellen, dass auf relevante und glaubwürdig dargestellte Informationen nicht aufgrund ihrer möglicherweise schwierigen Verständlichkeit verzichtet werden kann.

[515] Vgl. Pellens et al. (2011), S. 127.

anfallen, als auch indirekte Kosten.[516] Letztere entstehen zum Beispiel durch höheren Wettbewerbsdruck, den die höhere Transparenz gegenüber Wettbewerbern bedingt.[517] Dem Kosten-Nutzen-Postulat liegt das Verständnis zugrunde, dass durch Vorteile informierter Entscheidungen der Adressaten die Kapitalmärkte effizienter funktionieren und die Kapitalkosten der gesamten Wirtschaft niedriger sind.[518] An Kosten und Nutzen haben nicht nur berichterstattende Unternehmen ihre Rechnungslegung sondern auch das IASB Rechnungslegungsstandards bei deren Entwicklung und Überarbeitung zu messen.[519]

Zum Verhältnis der Primär- und Sekundärgrundsätze zueinander stellt das IASB in RK.QC34 klar, dass letztere nicht allein – d.h. ohne dass die Primärmerkmale erfüllt sind – die Entscheidungsnützlichkeit von Informationen sicherstellen können. Vielmehr gilt es, ihre Ausprägung zu maximieren. Sie dienen ausdrücklich als Hilfestellung für die vergleichende Einschätzung verschiedener Darstellungsweisen, die die Primärmerkmale gleichermaßen erfüllen. Gleichzeitig können sie jedoch zugunsten einer höheren Relevanz oder glaubwürdigeren Darstellung reduziert werden.

Das System der qualitativen Anforderungen des IFRS-Rahmenkonzepts lässt sich anhand von Abbildung 3-2 veranschaulichen.

Unter den qualitativen Anforderungen, die das IFRS-Rahmenkonzept benennt, eignet sich das Kriterium des zeitnahen Zugangs nicht explizit für die Beurteilung der bilanziellen Abbildungs der Rohstoffpreissteuerung. Die Bedeutung der Überprüfbarkeit schränkt das IASB selbst ein, indem es am Beispiel von zukunftsgerichteten Aussagen darstellt, wie Informationen nicht unmittelbar verifizierbar, jedoch entscheidungsnützlich sein können.[520] Für die weitere Untersuchung wird daher unter den Kriterien des IFRS-Rahmenkonzepts besonderes Augenmerk auf die Relevanz und glaubwürdige Darstellung als Primärmerkmale, unter den Sekundärmerkmalen auf die Vergleichbarkeit und Verständlichkeit sowie auf die Nebenbedingung der Kosten-Nutzen-Abwägung gelegt.

---

[516] Unter dem Wirtschaftlichkeitsprinzip subsumiert das IASB auch Punkte wie Einfachheit (simplicity), Operationalität (operationality), Praktikabilität (practicability, practicality) und Akzeptanz (acceptability), die während der Diskussion zur Entwicklung das IFRS-Rahmenkonzept vorgeschlagen wurden. (Vgl. BC3.45-46.)

[517] Vgl. RK.QC35 und weiterführend Pellens et al. (2011), S. 127.

[518] Vgl. RK.QC37.

[519] Vgl. RK.QC38.

[520] Vgl. RK.BC3.36.

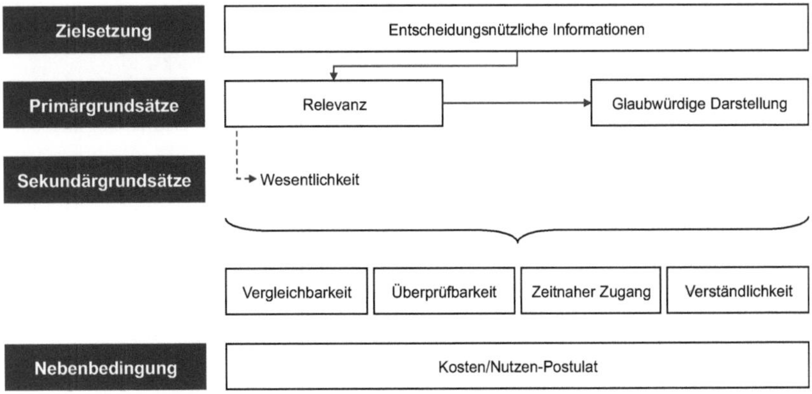

Abbildung 3-2: System allgemeiner Rechnungslegungsgrundsätze nach dem IFRS-Rahmenkonzept[521]

Um die Besonderheiten von Rohstoffen im Kontext des Risikomanagements bei Industrie- und Handelsunternehmen zu berücksichtigen, werden ergänzend zwei rohstoffspezifische Anforderungen formuliert:

So ist zunächst der *Hybridität* Rechnung zu tragen. Diese bezeichnet den hybriden Charakter von Rohstoffen einerseits als Bestandteil eines industriellen Produktionsprozesses und andererseits als gegebenenfalls standardisiertes, marktfähiges Handelsobjekt. Während beispielsweise bei letzterem eine unmittelbare Beobachtbarkeit von Marktpreisen gegeben sein kann, kann aus den durch den Produktionsprozess definierten Spezifikationen eines Rohstoffs eine signifikante Rolle von Basisrisiken resultieren.

Eng damit verbunden ist die Bedeutung des *Geschäftszwecks*, zu dem der Rohstoff verwendet wird: Hier ist die Erwirtschaftung von Produktionsmargen in der Verarbeitung realwirtschaftlicher Güter von der Erzielung von Handelsmargen abzugrenzen. Während die Wertschöpfung durch industrielle Weiterverarbeitung mit den Unwägbarkeiten eines industriellen Produktionsprozesses einhergeht, wird der Rohstoff im Handelsbereich typischerweise ohne Weiterverarbeitung wieder veräußert.

Um die Anforderungen beider Kriterien zu erfüllen, muss die bilanzielle Darstellung erlauben, jeweils grundsätzlich unterschiedlichen Ausprägungen ähnlicher Sachverhalte gerecht zu

[521] Quelle: Eigene Darstellung in Anlehnung an Pellens et al. (2011), S. 128.

werden. Im Vordergrund stehen die rohstoffspezifisch unterschiedlichen Ausprägungen zum einen der Charaktereigenschaften und zum anderen des Verwendungszwecks.

Im Folgenden werden die aus dem IFRS-Rahmenkonzept hergeleiteten Beurteilungsmaße als Kriterien der *Standardkonformität*, die Maße zur Berücksichtigung rohstoffspezifischer Aspekte als Kriterien der *Rohstoffadäquanz* zusammengefasst. Abbildung 3-3 bietet einen Überblick über den Referenzrahmen, um die bilanzielle Abbildung der Steuerung von Rohstoffpreisrisiken zu untersuchen.

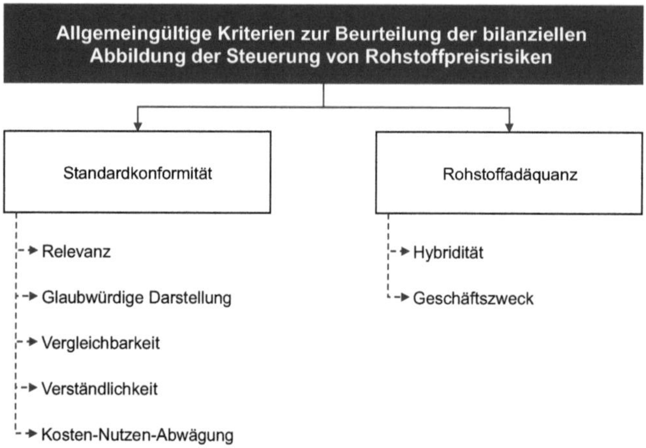

Abbildung 3-3: Beurteilungsrahmen für die bilanzielle Abbildung der Steuerung von Rohstoffpreisrisiken[522]

3.3 Übersicht der rohstoffrelevanten Rechnungslegungsvorschriften nach IFRS

3.3.1 Rechnungslegung von Rohstoffen als Vorräte nach IAS 2

Rohstoffe, die ein Unternehmen als Vorräte auf Lager hält, werden in der Regel nach IAS 2 bilanziert.[523] IAS 2.6 definiert *Vorräte* als „Vermögenswerte,

[522] Quelle: Eigene Darstellung.

[523] Für unfertige Erzeugnisse im Rahmen von Auftragsfertigungen ist auf IAS 11 zu verweisen, der jedoch für Rohstoffgeschäfte nicht relevant ist. Für biologische Vermögenswerte und landwirtschaftliche Erzeugnisse ist IAS 41 als Sonderregel zu beachten, auf dessen Besonderheiten in Fallbeispiel 5 eingegangen wird. Des Wei-

(a) die zum Verkauf im normalen Geschäftsgang gehalten werden;

(b) die sich in der Herstellung für einen solchen Verkauf befinden; oder

(c) die als Roh-, Hilfs- und Betriebsstoffe dazu bestimmt sind, bei der Herstellung oder der Erbringung von Dienstleistungen verbraucht zu werden".[524]

Zum Zeitpunkt des Zugangs sind Vorräte nach IAS 2.9 mit dem niedrigeren Wert aus historischen Anschaffungs- (bei von Dritten bezogenen Handelswaren) bzw. Herstellungskosten (bei selbsterstellten Erzeugnissen) und ihrem Nettoveräußerungswert anzusetzen (*Erstbewertung*).[525]

Gemäß IAS 2.11, 2.15 und 2.17 setzen sich die *Anschaffungskosten* aus dem Anschaffungspreis zuzüglich Anschaffungsnebenkosten[526], abzüglich Anschaffungspreisminderungen, zuzüglich sonstiger Kosten zusammen.[527]

Im Sinne produktionsorientierter Vollkosten umfassen die *Herstellungskosten* nach IAS 2.12-14, 2.15 und 2.17 die Einzelkosten zuzüglich der direkt zurechenbaren produktionsbedingten Gemeinkosten (fixe und variable Produktionsgemeinkosten sowie sonstige Kosten).[528]

Den *Nettoveräußerungswert* definiert IAS 2.6 als den „geschätzte[n], im normalen Geschäftsgang erzielbare[n] Verkaufserlös abzüglich der geschätzten Kosten bis zur Fertigstellung und der geschätzten notwendigen Vertriebskosten"[529]. Da bei der Ermittlung des geschätzten Verkaufserlöses über den Absatzmarkt die zu erwartenden Kosten abgezogen werden, weicht der Nettoveräußerungswert üblicherweise vom beizulegenden Zeitwert ab. Er ist somit als unternehmensspezifische Wertkategorie zu verstehen.[530]

---

teren besteht für Warenmakler und -händler eine Ausnahmeregelung nach IAS 2.3 (b), die in Abschnitt 3.5.3.1 behandelt wird.

524 IAS 2.6.

525 Vgl. Pellens et al. (2011), S. 394.

526 Unter die Anschaffungsnebenkosten fallen u.a. die bei Rohstoffen relevanten Transportkosten. (Vgl. IAS 2.11.)

527 Vgl. Pellens et al. (2011), S. 398.

528 Vgl. Pellens et al. (2011), S. 400-406. Für eine ausführliche Darstellung zur Standardkosten- oder retrograden Methode als vereinfachte Verfahren, um Anschaffungs- bzw. Herstellungskosten zu ermitteln, sei auf Pellens et al. (2011), S. 406-408 verwiesen.

529 IAS 2.6.

530 Vgl. Riese (2013), Tz. 8; Hoffmann (2012a), Tz. 3.

Im Rahmen der *Folgebewertung* hat das Unternehmen das Vorratsvermögen zu jedem Bilanzstichtag auf seine Werthaltigkeit zu überprüfen. Hierfür wird der Nettoveräußerungswert am Bilanzstichtag ermittelt und mit dem bestehenden Wertansatz zu historischen Anschaffungs- bzw. Herstellungskosten (bzw. zum historischen Nettoveräußerungswert) verglichen.[531] Unterschreitet der aktuelle Nettoveräußerungswert diesen Wertansatz, sind die Vorräte auf diesen niedrigeren Wert abzuschreiben (IAS 2.9).[532] In jeder Folgeperiode ist zu prüfen, ob die Gründe für die Wertminderung fortbestehen. Ist dies nicht der Fall, besteht ein *Wertaufholungsgebot* wiederum zum niedrigeren Wert aus Anschaffungs- bzw. Herstellungskosten und dem neu ermittelten Nettoveräußerungswert (IAS 2.33). Die historischen Anschaffungs- bzw. Herstellungskosten stellen folglich eine Wertobergrenze dar.[533]

Unter bestimmten Voraussetzungen, die Rohstoffe als Vorräte in der Regel erfüllen,[534] werden – abweichend vom Einzelbewertungsgrundsatz (IAS 2.23-24) – *Bewertungsvereinfachungsverfahren* nach IAS 2.25-27 angewandt. Hier wird zwischen dem *First-in-First-out-Verfahren* (FIFO) und der *Durchschnittsmethode* unterschieden.[535] Die einheitliche Behandlung von Vorräten ähnlicher Beschaffenheit und Verwendung ist verpflichtend. Das FIFO-Verfahren basiert auf der Annahme, dass „die zuerst erworbenen bzw. erzeugten Vorräte zuerst verkauft werden“.[536] Bei der Durchschnittsmethode werden gleichartige Vorräte zum gewogenen oder gleitenden Durchschnitt bewertet.[537]

3.3.2 Rechnungslegung von Warenlieferverträgen als schwebende Geschäfte nach IAS 37

Bei einem Warenliefervertrag kann es sich um ein *schwebendes Geschäft* (*executory contract*) im Sinne von IAS 37.1 und IAS 37.3 handeln.[538] Ein solcher Vertrag, bei dem beide Vertrags-

---

531 Zur Schätzung des Nettoveräußerungswertes nach IAS 2.30 auf Basis der verlässlichsten substanziellen Hinweise eignen sich insbesondere Börsen- oder Marktpreise. (Vgl. Pellens et al. (2011), S. 409.)

532 Besonderheiten aufgrund der absatzmarktorientierten Ermittlung des Nettoveräußerungswerts bei Unternehmen, die Rohstoffvorräte zur Weiterverarbeitung oder zum Verbrauch in ihrer Produktion halten, behandeln Abschnitt 3.5.1.1 und Fallbeispiel 1.

533 Vgl. Pellens et al. (2011), S. 408-410.

534 IAS 2.24 erfordert hier, sowohl dass es sich um eine große Stückzahl von Vorratsgegenständen handelt als auch, dass diese normalerweise untereinander austauschbar sind.

535 In Fallbeispiel 2 werden sowohl die FIFO- als auch die Durchschnittsmethode ausführlicher dargestellt und der Bewertung zum beizulegenden Zeitwert gegenübergestellt.

536 IAS 2.27. Siehe auch Pellens et al. (2011), S. 412; Meyer (2011), Tz. 61; Peemöller (2011), Tz. 39.

537 Vgl. Pellens et al. (2011), S. 411-412; Hoffmann (2012b), Tz. 43; Riese (2013), Tz. 84.

538 Der bei Warenlieferverträgen regelmäßig zu prüfende Fall, dass der Liefervertrag die Kriterien eines Derivats nach IAS 39 erfüllt, wird – nach Erläuterung der Rechnungslegung aus Sicht eines „üblichen“ Liefervertrages in diesem Kapitel – in Kapitel 3.3.5 zusammen mit der Ausnahme für Eigennutzung dargestellt.

parteien ihre Verpflichtungen nicht erfüllt haben, ist nach IFRS grundsätzlich bis zu seiner Erfüllung bilanzunwirksam.[539]

Nimmt ein schwebender Vertrag jedoch den Charakter eines *belastenden Vertrages* (*onerous contract*) an, ist nach IAS 37.66 eine Drohverlustrückstellung zu bilden. IAS 37.10 und IAS 37.68 definieren einen Vertrag als belastend, bei dem die unvermeidbaren Kosten zur Erfüllung der vertraglichen Verpflichtungen den erwarteten wirtschaftlichen Nutzen übersteigen. Bei Warenlieferverträgen über Rohstoffe, die für die Herstellung von Vorräten bestimmt sind, trifft dies nach IAS 2.32 nur zu, wenn eine Veräußerung der fertigen Erzeugnisse und Leistungen nur noch unter Herstellungskosten möglich und folglich eine verlustfreie Fertigung insgesamt nicht mehr gegeben ist.[540] Handelt es sich nicht um einen belastenden Einkaufs-, sondern Verkaufsvertrag, leitet sich der drohende Verlust hingegen aus der Differenz zwischen Markt- und Kontraktpreis ab.[541]

3.3.3 Rechnungslegung von Rohstoffderivaten als Finanzinstrumente nach IAS 39

Rohstoffderivate[542] fallen als Finanzinstrumente in den Anwendungsbereich von IAS 39 und erfüllen die Definition eines *Derivats* nach IAS 39.9.[543]

Wie in Abbildung 3-4 veranschaulicht, klassifizieren IAS 39.9 und IAS 39.45 Finanzinstrumente entsprechend vier Hauptkategorien:

(a) finanzielle Vermögenswerte (oder finanzielle Verbindlichkeiten), die *GuV-wirksam zum beizulegenden Zeitwert bewertet* werden (*financial asset or financial liability at fair value through profit or loss*),

(b) *Kredite und Forderungen* (*loans and receivables*),

(c) *bis zur Endfälligkeit gehaltene Finanzinvestitionen* (*held-to-maturity investments*) und

---

[539] Vgl. IDW RS HFA 25 Tz. 4.

[540] Vgl. Deloitte (2006), S. 3, Freiberg (2007b), S. 232 und Karp (2007), S. 6. Siehe auch vorangegangene Darstellung zur Folgebewertung von Rohstoffvorräten in Abschnitt 3.3.1.

[541] Vgl. Freiberg (2007b), S. 232. Ein drohender Verlust besteht hier nicht, wenn „ausnahmsweise schon gegenläufige Verkaufskontrakte zu ebenfalls (aus Stichtagssicht) überhöhten Preisen abgeschlossen" (Freiberg (2007b), S. 232.) werden.

[542] Als Rohstoffderivate werden hier ausschließlich finanzielle Verträge bezeichnet, deren Basiswert ein Rohstoff ist. Die Besonderheit auf Rohstoffmärkten, dass sich auch Warenlieferverträge für eine Bewertung als Derivat nach IAS 39 qualifizieren können, wird in Kapitel 3.3.5 behandelt.

[543] Für die Definition eines Derivats nach IAS 39.9 sei auf Kapitel 2.2.5 verwiesen.

(d) *zur Veräußerung verfügbare finanzielle Vermögenswerte* (*available-for-sale financial assets*).[544]

Die erste Kategorie umfasst zwei Subkategorien: Finanzinstrumente, die *zu Handelszwecken gehalten* werden, sowie die sogenannte *Fair Value-Option*.[545]

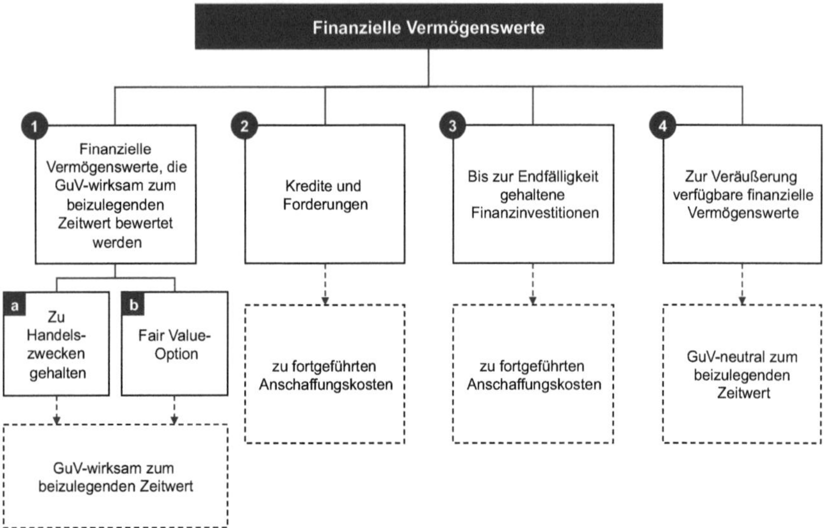

Abbildung 3-4: Kategorisierung und Folgebewertung von finanziellen Vermögenswerten nach IAS 39[546]

Für alle Finanzinstrumente gilt, dass sie zu dem Zeitpunkt anzusetzen sind, zu dem das bilanzierende Unternehmen Vertragspartei des Finanzinstruments wird.[547] Des Weiteren erfolgt ihre Erstbewertung zum beizulegenden Zeitwert.[548] Darunter ist nach IAS 39.9 der Betrag zu verstehen, „zu dem zwischen sachverständigen, vertragswilligen und voneinander unabhängi-

---

[544] Für eine ausführliche Darstellung zu allen vier Bewertungskategorien nach IAS 39 sei auf Löw/Lorenz (2005), S. 475-516 und S. 526-543 sowie Pellens et al. (2011), S. 561-589 verwiesen.

[545] Vgl. Löw/Lorenz (2005), S. 484. Die grundlegenden Züge der Fair Value-Option werden in Abschnitt 3.3.4.4 vorgestellt.

[546] Quelle: Eigene Darstellung in Anlehnung an Löw/Lorenz (2005), S. 477.

[547] Vgl. IAS 39.14.

[548] Vgl. IAS 39.43.

gen Geschäftspartnern ein Vermögenswert getauscht oder eine Schuld beglichen werden könnte“[549].

Für die Folgebewertung ist die Klassifizierung in eine der obigen vier Kategorien maßgeblich. Derivate werden gemäß IAS 39.9 grundsätzlich der ersten Kategorie und hier der Untergruppe der zu Handelszwecken gehaltenen Finanzinstrumente zugeordnet. Folglich werden Rohstoffderivate stets GuV-wirksam zum beizulegenden Zeitwert bewertet.[550]

In den anderen Kategorien gelten abweichende Folgebewertungsregeln: Finanzinstrumente, die als Kredite und Forderungen oder als bis zur Endfälligkeit gehaltene Finanzinvestitionen klassifiziert sind, werden zu fortgeführten Anschaffungskosten bewertet.[551] Zur Veräußerung verfügbare finanzielle Vermögenswerte sind zwar zum beizulegenden Zeitwert zu bewerten, jedoch im Gegensatz zu der ersten Gruppe GuV-neutral direkt gegen einen Eigenkapitalposten, die *Neubewertungsrücklage*.[552]

3.3.4 Hedge Accounting nach IAS 39

3.3.4.1 Zielsetzung des Hedge Accounting und Überblick über die Regelungen

Hedge Accounting ist begrifflich von Hedging abzugrenzen: Während Hedging das ökonomische Konzept einer Absicherung von finanzwirtschaftlichen Risiken bezeichnet,[553] bezeichnet *Hedge Accounting* die „kompensatorische Abbildung gegenläufiger Wertentwicklungen von risikobehafteten Grundgeschäften und Sicherungsgeschäften in der Buchführung“[554].

Beim Hedge Accounting handelt es sich um ein Wahlrecht im Rahmen von IAS 39 zur Vermeidung von „wirtschaftlich nicht begründbaren Ergebnisschwankungen“[555]. Diese resultieren aus dem *Mixed Model Approach*, d.h. der Bilanzierung mancher Tatbestände zu fortgeführten Anschaffungskosten und anderer zum beizulegenden Zeitwert, hier insbesondere in

---

549 IAS 39.9. Für Geschäftsberichte mit Beginn des Geschäftsjahrs nach dem 31.12.2012 findet IFRS 13 zur Ermittlung des beizulegenden Zeitwerts Anwendung. Aufgrund der im Wesentlichen inhaltsgleichen Regelungen zu den bisherigen ergeben sich für die Analyse hier keine materiellen Änderungen und wird auf eine weiterführende Berücksichtigung von IFRS 13 verzichtet. (Vgl. Lüdenbach (2012), Tz. 108.) Hierzu vertiefend siehe Löw (2011).

550 Vgl. IAS 39.46 und IAS 39.55 (a). Dies trifft nicht zu, wenn Finanzderivate im Rahmen des Hedge Accounting bilanziert werden, dessen Regelungen im anschließenden Kapitel dargestellt werden.

551 Vgl. IAS 39.46.

552 Vgl. IAS 39.55 (b).

553 Vgl. KPMG (2007b), S. 220. Weiterhin sei auf die Definition zu finanziellem Hedging in Kapitel 2.2.4 hingewiesen.

554 Löw/Lorenz (2005), S. 556.

555 Löw/Lorenz (2005), S. 557.

Form der unterschiedlichen Bewertung von Grundgeschäft und Sicherungsinstrument als Bestandteile einer ökonomischen Sicherungsbeziehung: So sind Derivate – typischerweise als Sicherungsinstrumente verwendet – GuV-wirksam zum beizulegenden Zeitwert zu bilanzieren, während Finanzinstrumente anderer Kategorien oder Rohstoffvorräte gegebenenfalls als Grundgeschäft zu fortgeführten Anschaffungs- bzw. Herstellungskosten bewertet werden. Andere Grundgeschäfte – wie zum Beispiel schwebende Geschäfte – können aufgrund des *Stichtagsprinzips* gänzlich bilanzunwirksam sein. Der GuV-Wirkung des Sicherungsinstruments steht hier nicht in jeder Berichtsperiode die kompensatorische GuV-Wirkung eines Grundgeschäfts gegenüber. Vielmehr führen die abweichenden Bewertungsvorschriften dazu, dass die Wertänderungen in unterschiedlichen Berichtsperioden erfasst werden, und bedingen somit eine ökonomisch nicht begründbare Volatilität in der Gewinn- und Verlustrechnung als *Rechnungslegungsanomalie* (*Accounting Mismatch*).[556]

Zum Zweck des Hedge Accounting wird zwischen drei Arten von Sicherungsbeziehungen unterschieden:

(a) der Absicherung des beizulegenden Zeitwerts (*Fair Value-Hedge*),

(b) der Absicherung von Zahlungsströmen (*Cash Flow-Hedge*) und

(c) der Absicherung von Währungsrisiken einer Nettoinvestition in ein Auslandsgeschäft.[557]

Die Absicherung des beizulegenden Zeitwerts sowie die Absicherung von Zahlungsströmen sind die zwei zentralen Hedge Accounting-Modelle des IAS 39. Sie kommen in der Praxis überwiegend zum Einsatz, wobei Cash Flow Hedge Accounting im Kontext der Steuerung von Rohstoffpreisrisiken eine deutlich größere Bedeutung innehat.[558]

Die Hedge Accounting-Modelle sind in Analogie zu der finanzwirtschaftlichen Terminologie hinsichtlich ihres Umfangs zu unterscheiden.[559] So werden Sicherungsbeziehungen, bei denen ein einzelnes Grundgeschäft gesichert wird, als *Mikro Hedge Accounting* bezeichnet (1:m-Beziehung zwischen Grundgeschäft und Sicherungsinstrument). Hiervon abzugrenzen sind Sicherungsbeziehungen des *Makro Hedge Accounting*, bei denen – anstelle eines Einzel-

556 Vgl. Löw/Lorenz (2005), S. 557; Pellens et al. (2011), S. 614-615; Barckow (2004), S. 29-30; Freiberg (2007a), S. 55.

557 Vgl. IAS 39.86.

558 Vgl. Löw/Lorenz (2005), S. 559 und Lopes (2007), S. 238-239.

559 Das finanzwirtschaftliche Begriffsverständnis wurde in Kapitel 2.3.4.1.1.1 vorgestellt. Die gewählte Begriffsbildung folgt Löw/Lorenz (2005), S. 590-602 und Löw/Torabian (2008), S. 612-613.

geschäfts – eine Gruppe homogener Risiken als Grundgeschäfte designiert wird (n:m-Beziehung). Die nur für Zinsrisiken von IAS 39 vorgesehenen Hedge Accounting-Modelle für Gruppen inhomogener Grundgeschäfte lassen sich unter *Portfolio Hedge Accounting* zusammenfassen (ebenfalls n:m-Beziehung). Abbildung 3-5 veranschaulicht diese Abgrenzung.

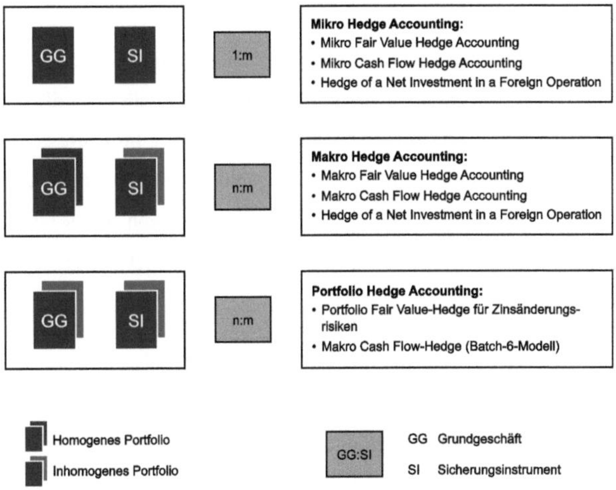

Abbildung 3-5: Abgrenzung der Hedge Accounting-Modelle nach IFRS[560]

Hedge Accounting ermöglicht es einem Unternehmen, in engen Grenzen die generellen Rechnungslegungsvorschriften aufzuheben. In diesem Zusammenhang können die Regelungen des Hedge Accounting als Privileg aufgefasst werden, das sich der Bilanzierende durch die Erfüllung bestimmter Auflagen zu „verdienen" hat.[561] Dieser Gedanke vereinfacht es, die hohen Voraussetzungen zu verstehen, die mit der Anwendung von Hedge Accounting verknüpft werden.[562]

---

560 Quelle: Eigene Darstellung in Anlehnung an Clark (2011), S. 60.

561 Vgl. Maulshagen/Walterscheidt (2010), S. 362.

562 Zur Anwendbarkeit der Fair Value-Option als Alternative zum Hedge Accounting sei auf Kapitel 3.3.4.4 verwiesen.

3.3.4.2 Grundvoraussetzungen für das Hedge Accounting

Das Wahlrecht, die Regelungen des Hedge Accounting anzuwenden, ist an strikte Kriterien geknüpft, die kumulativ und fortlaufend zu erfüllen sind. Sind diese nicht mehr gegeben, ist die Sicherungsbeziehung aufzulösen.[563]

3.3.4.2.1 Anforderungen an die Dokumentation

Zunächst sind die Anforderungen an die Dokumentation zu erfüllen. Hierfür sind zu Beginn der Sicherungsbeziehung sowohl die Sicherungsbeziehung selbst als auch die mit ihr verfolgten Risikomanagementzielsetzungen und -strategien festzuhalten. Im Laufe der Sicherungsbeziehung darf die Dokumentation nicht modifiziert werden. Die Dokumentation hält Sicherungsinstrument, Grundgeschäft bzw. die abgesicherte Position sowie die abgesicherte Risikoart fest. Zusätzlich hat sie zu erläutern, wie die Effektivität der Sicherungsbeziehung geprüft wird.[564]

Für Cash Flow Hedge Accounting sind die abgesicherten Zahlungsströme eindeutig zu dokumentieren. Das Sicherungsinstrument hat entweder in einer 1:1- oder in einer Portfoliozuordnung den künftigen Zahlungsströmen zuordenbar zu sein. Als Portfoliozuordnung wird hier beispielsweise die Absicherung eines festen Anteils der zeitlich zuerst resultierenden Cash Flows bezeichnet.[565]

Wird beabsichtigt, ein Sicherungsinstrument im Sinne einer rollierenden Sicherungsstrategie zu verlängern oder zu ersetzen, ist dies ebenso im Vorhinein explizit in der Dokumentation der Sicherungsbeziehung zu benennen, da ansonsten die Sicherungsbeziehung vorzeitig beendet werden müsste.[566]

Um diese Dokumentationsanforderungen effizient zu erfüllen, haben sich verschiedene Ansätze in der Praxis entwickelt.[567] Softwareseitig lässt sich zum Beispiel die Designation von Derivaten als Sicherungsinstrumente einschließlich der Zuordnung der dazugehörigen Grundgeschäfte unterstützen. Eine weitere Form der Automatisierung kann bei sich häufig wiederholenden, ähnlichen Sicherungsbeziehungen durch die Verwendung von Querverweisen auf

[563] Vgl. IAS 39.88 und IAS 39.91.
[564] Vgl. IAS 39.88 (a) und Löw/Lorenz (2005), S. 561.
[565] Vgl. Löw/Lorenz (2005), S. 561.
[566] Vgl. Friedhoff/Berger (2011), Tz. 246.
[567] Vgl. hierzu und im Folgenden Friedhoff/Berger (2011), Tz. 208.

ein zentrales Dokument (*master document*) erfolgen, in dem die Dokumentation bestimmter Merkmale wie Risikomanagementzielsetzung und -strategie, Art des abgesicherten Risikos, des Hedge Accounting-Modells oder der Effektivitätsmessung festgehalten werden. Durch die Definition mehrerer Typen von Sicherungsgeschäften in dem zentralen Dokument kann im Rahmen der Dokumentation der einzelnen Sicherungsbeziehungen jeweils auf diese Bezug genommen werden.

3.3.4.2.2 Zulässige Grundgeschäfte

Als Grundgeschäfte für Sicherungsbeziehungen nach IAS 39 können sich folgende Sachverhaltsgruppen qualifizieren:[568]

(a) ein bilanzwirksamer Vermögenswert oder eine bilanzwirksame Schuld,

(b) eine bilanzunwirksame feste Verpflichtung,

(c) ein zwar nicht vertraglich fixiertes, jedoch erwartetes und höchstwahrscheinlich eintretendes Geschäft in der Zukunft oder

(d) eine Nettoinvestition in einen ausländischen Geschäftsbetrieb.[569]

Derivate sind als Grundgeschäfte ausgeschlossen, da sie durch ihre Klassifizierung als zu Handelszwecken gehaltene Finanzinstrumente bereits GuV-wirksam zum beizulegenden Zeitwert in jeder Berichtsperiode erfasst werden.[570] Von diesem Designationsverbot sind gekaufte Optionen ausgenommen, die für einen Fair Value-Hedge als Grundgeschäft designiert werden und die im nächsten Abschnitt dargestellten Voraussetzungen erfüllen.[571]

In der Regel können lediglich Transaktionen mit einer nicht zum Unternehmen gehörenden dritten Partei als Grundgeschäft designiert werden. Als Ausnahme für Währungsrisiken erlaubt das IASB die Designation konzerninterner Transaktionen, wenn deren Ergebniswirkung

---

[568] Sowohl hinsichtlich Grundgeschäfte als auch Sicherungsinstrumenten wird in diesem Abschnitt nicht auf Besonderheiten für Eigenkapitaltitel oder andere Posten eingegangen, die mangels Rohstoffbezug keine Bedeutung für die nachfolgende Analyse haben.

[569] Vgl. IAS 39.78.

[570] Vgl. IAS 39.78 und Löw/Lorenz (2005), S. 562. Des Weiteren können nach IAS 39.79 bis zur Endfälligkeit gehaltene Finanzinvestitionen nicht als Grundgeschäfte für Absicherungen gegen Zins- oder Kündigungsrisiken dienen.

[571] Vgl. IAS 39.IG F.2.1 und IAS 39.AG94.

nicht nach IAS 21 durch Konsolidierung vollständig eliminiert wird.[572] Dies kann zum Beispiel bei konzerninternen Kauf- oder Verkaufsgeschäften von Vorräten gegeben sein, die schließlich an eine externe Partei veräußert werden. Diese Regelung ermöglicht auch die Designation von erwarteten Geschäften innerhalb des Konsolidierungskreises als Grundgeschäft, wenn die Transaktion in einer Währung abgeschlossen wird, die von der funktionalen Währung des die Transaktion abwickelnden Unternehmens abweicht, und wenn die Ergebniswirkung nach Konsolidierung gegeben ist.[573]

Die Ausgestaltung der Zuordnung von Grundgeschäften zu Sicherungsbeziehungen hängt davon ab, ob das Grundgeschäft einen finanziellen Posten, einen nicht-finanziellen Posten oder eine Gruppe von Sachverhalten darstellt:[574] Finanzinstrumente können entweder ganz oder teilweise als Grundgeschäft designiert werden.[575] Nicht-finanzielle Sachverhalte können entweder gegen alle Risiken, gegen währungsrisikoinduzierte Wertänderungen oder gegen das *Residualrisiko* abgesichert werden. Letzteres umfasst sämtliche Risiken abzüglich des Währungsrisikos. Der Standard führt als Begründung an, dass Wertschwankungen aufgrund einzelner Risiken (außer dem Währungsrisiko) nur äußerst schwierig zu bestimmen seien.[576]

3.3.4.2.3 Zulässige Sicherungsinstrumente

Als Sicherungsinstrumente dürfen ausschließlich derivative Finanzinstrumente designiert werden, es sei denn es sollen Währungsrisiken abgesichert werden.[577] Für diese sieht das IASB vor, dass ein Unternehmen auch solche Posten als Sicherungsinstrumente für eine bilanzielle Sicherungsbeziehung einsetzen kann, die zwar finanzieller, aber nicht-derivativer Natur sind.[578]

---

[572] Vgl. IAS 39.80. Die Schwierigkeiten, die hieraus für die Bilanzierung von Strategien zur Rohstoffrisikosteuerung resultieren, veranschaulicht die Fallstudie zur E.ON AG in Abschnitt 4.3.3.

[573] Vgl. IAS 39.AG99A-99B.

[574] Vgl. Pellens et al. (2011), S. 619-620.

[575] Vgl. IAS 39.81.

[576] Vgl. IAS 39.82; IAS 39.AG100; Pellens et al. (2011), S. 619-620; Kuhn/Albrecht (2008), S. 128 und PwC (2008a), S. 283. Entgegen der herrschenden Meinung deuten Kuhn/Scharpf (2006) Zweifel an der Designierbarkeit des Residualrisikos an und verweisen auf Äußerungen des IFRIC im Juli 2006 zur Auslegung des Begriffs *portions*, dass es sich bei diesem nicht um eine Residualgröße handeln kann. (Vgl. Kuhn/Scharpf (2006), S. 384 und IASB (2006), S. 5.) Wie die nachfolgende Analyse aufzeigt, erschwert die Einschränkung von IAS 39 hinsichtlich der Designation einer Rohstoffrisikokomponente nicht-finanzieller Grundgeschäfte regelmäßig die Effektivitätsmessung. (Siehe insbesondere Abschnitt 3.5.1.2 einschließlich Fallbeispiel 6, Abschnitt 3.5.2.1.2 einschließlich Fallbeispiel 11 sowie die Beobachtungen der Fallstudie in Kapitel 4.3.)

[577] Vgl. IAS 39.72.

[578] Vgl. IAS 39.IG F.1.2.

Eine geschriebene Option wird jedoch im Allgemeinen nicht für Zwecke des Hedge Accounting anerkannt, es sei denn, sie dient der Absicherung einer gekauften Option und erfüllt die Effektivitätskriterien.[579] Eine Kombination aus gekaufter und geschriebener Option wird als Sicherungsbeziehung anerkannt, wenn drei Eigenschaften vorliegen:[580]

(a) Zu Beginn der oder über die Laufzeit wird keine Nettoprämienzahlung vereinnahmt,

(b) die Vertragsbedingungen der gegenläufigen Optionen stimmen gänzlich oder bis auf den Ausübungspreis überein, und

(c) der Nominalbetrag der Short-Position übersteigt nicht den der Long-Position.

Diese Kriterien stellen sicher, dass die geschriebene Option auch ökonomisch Sicherungscharakter hat und nicht eine weitere Risikoposition öffnet.

Wie bei Grundgeschäften eignen sich interne Hedges nicht für Sicherungsbeziehungen nach IAS 39, wenn nicht schlussendlich eine Partei außerhalb des entsprechenden Konsolidierungskreises das Sicherungsinstrument stellt.[581] Das heißt, dass eine zentrale Treasury- oder Handelsabteilung, die als konzerninterner Kontrahent für Sicherungsgeschäfte agiert, die abgeschlossenen internen Hedges eins zu eins an eine externe Gegenpartei durchzuleiten hat. Falls sie die Risikopositionen aus den intern abgeschlossenen Sicherungsgeschäften aggregiert und nur deren Nettoposition mit einer unternehmensexternen Partei sichert, kann keine unmittelbare Zuordnung im Sinne einer bilanziellen Sicherungsbeziehung erfolgen.[582]

In gewissen Grenzen ist die anteilige Zuordnung von Sicherungsinstrumenten zum Hedge Accounting möglich: So lassen sich Sicherungsinstrumente anteilig an seinem Nominalvolumen für eine Sicherungsbeziehung designieren. Grund- und Sicherungsposition haben folglich nicht betragsgleich zu sein.[583] Hinsichtlich zeitanteiliger Zuordnung kann nur das gesamte Sicherungsinstrument der Restlaufzeit eines Grundgeschäfts zugeordnet werden. IAS 39 er-

---

[579] Vgl. IAS 39.AG94; Löw/Lorenz (2005), S. 563-564 und Pellens et al. (2011), S. 616.

[580] Vgl. IAS 39.77 und IAS 39.IG F.1.3. Diese Voraussetzungen kann zum Beispiel ein Collar als Sicherungsinstrument erfüllen, der als eine Netto-Long-Position oder als ein Zero-Cost-Collar strukturiert ist. Siehe auch die vorangegangene Darstellung in Abschnitt 2.3.4.2.2 und Abschnitt 2.3.4.3.2 zu Sicherungsstrategien mit Optionskombinationen sowie die Analyse der optionsbasierten Risikosteuerung bei der Lufthansa AG in Abschnitt 4.3.2.

[581] Vgl. IAS 39.73 und IAS 39.IG F.1.4.

[582] Vgl. IAS 39.IG F1.4-5 und IAS 39.IG F2.14-15. Wie hilfsweise ein Teil der zugrundeliegenden Risikoposition als Grundgeschäft für ein solches Sicherungsinstrument auf Nettobasis bestimmt werden kann, wird nachfolgend in Abschnitt 3.3.4.3.1 im Zusammenhang mit dem Fair Value Hedge aufgezeigt.

[583] Vgl. IAS 39.75 und Maulshagen/Walterscheidt (2010), S. 364.

laubt nicht, dass das Hedge Accounting die Laufzeit des Sicherungsinstruments unterschreitet und somit gegen Laufzeitende eine offene Position auf dem Sicherungsinstrument resultiert.[584] Die Kombination verschiedener Derivate (oder Anteile davon) zur Absicherung ist wiederum möglich.[585]

3.3.4.2.4 Umfang der Absicherung

Rohstoffgeschäfte können hinsichtlich Rohstoffpreisrisiken ausschließlich zur Gänze gesichert werden.[586] Der Absicherung einzelner Risikokomponenten bei nicht-finanziellen Posten steht IAS 39.82 entgegen.[587]

3.3.4.2.5 Effektivitätstest

Für jede Sicherungsbeziehung ist ihre hohe Effektivität zu prüfen und diese zu dokumentieren. Hierfür wird zwischen dem prospektiven und dem retrospektiven Effektivitätstest unterschieden, die kumulativ zu erfüllen sind.[588]

Im Rahmen des *prospektiven Effektivitätstests* hat das Unternehmen zu zeigen, dass die Sicherungsbeziehung zu deren Beginn sowie in den darauf folgenden Perioden jeweils als *hochwirksam* (*highly effective*) hinsichtlich der gegenläufigen Fair Value- oder Cash Flow-Änderungen bezogen auf das abgesicherte Risiko beurteilt wird. Dieser *Ex-ante-Effektivitätstest* untersucht folglich die erwartete zukünftige Wirksamkeit.[589] Als *Ex-post-Effektivitätstest* bewertet der *retrospektive Effektivitätstest* die tatsächlich eingetretene Wirksamkeit der Sicherungsbeziehung. Nur falls diese weiterhin als hoch effektiv eingeschätzt wird, kann die Sicherungsbeziehung aufrecht erhalten werden. Andernfalls ist sie aufzulösen.[590] Für den zweiten Test ist eine Bandbreite von 80-125% angegeben.[591] Dieser Korridor ist gleichermaßen für den ersten Test einzuhalten.[592]

Der Standard schreibt keine explizite Methode zur Messung der Effektivität vor. Im Rohstoffbereich finden insbesondere die Critical-Term-Match-Methode, die Dollar-Offset-Methode

---

584 Vgl. IAS 39.75; IAS 39.IG F.1.11; IAS 39.IG F.2.17 und Löw/Lorenz (2005), S. 564.
585 Vgl. IAS 39.77.
586 Siehe auch Kapitel 3.3.4.2.2 zur teilweisen Designation nicht-finanzieller Sachverhalte als Grundgeschäfte.
587 Siehe auch IAS 39.AG100 und Maulshagen/Walterscheidt (2010), S. 365.
588 Vgl. IAS 39.88 (b) und IAS 39.AG105.
589 Vgl. IAS 39.AG105 (a); IAS 39.BC136 und Löw/Lorenz (2005), S. 567.
590 Vgl. IAS 39.AG105 (b) und IAS 39.BC136.
591 Vgl. IAS 39.AG105 (b).
592 Vgl. IAS 39.BC136 und IAS 39.BC136A.

oder die Regressionsanalyse Anwendung.[593] Die gewählte Methode hat sich an der Risikomanagementstrategie des Unternehmens zu orientieren.[594]

Für die *Critical-Term-Match-Methode* werden die bewertungsrelevanten Parameter von Grund- und Sicherungsposition abgeglichen. Im Fall von Rohstoffgeschäften handelt es sich beispielsweise um Art und Menge der Ware und um Ort und Zeitpunkt der Lieferung.[595] Eine hohe Effektivität wird vermutet, wenn die beiden Positionen hinsichtlich dieser Vertragsbedingungen vollständig übereinstimmen.[596] Jedoch kann die Methode auch bei usancenbedingten Abweichungen angewandt werden, wenn von diesen keine materiellen Auswirkungen auf die jeweiligen risikoinduzierten Änderungen des beizulegenden Zeitwerts ausgehen.[597] Dieser qualitative Ansatz kann nur für den prospektiven Effektivitätstest angewandt werden.[598] Eine fortlaufende Dokumentation der Hedge-Effektivität hat weiterhin mittels einer zusätzlichen Methode vergangenheitsorientiert während der Laufzeit der Sicherungsbeziehung zu erfolgen.[599] Des Weiteren ist der Anwendungsbereich dieser Methode auf Mikro Hedges beschränkt, da nur bei einer klaren 1:1-Beziehung (bzw. 1:m-Beziehung) die Vertragsparameter verlässlich auf ihre Übereinstimmung überprüft werden können.[600]

Die *Dollar-Offset-Methode* (*Verhältnisanalyse*) als quantitative Analyse beruht auf dem Gedanken, die Änderungen des beizulegenden Zeitwerts des Sicherungsinstruments denen des Grundgeschäfts gegenüberzustellen und so Ineffektivitäten im Sinne von IAS 39.9 zu ermitteln.[601] Hierzu stellt sie die erzielten Gewinne und Verluste aus dem Sicherungsinstrument sowie die Gewinne und Verluste des gesicherten Grundgeschäfts ins Verhältnis zueinander – entweder periodenbezogen oder auf kumulierter Basis.[602] Dem Vorteil der leichten Verständlichkeit und Durchführbarkeit steht der Nachteil gegenüber, dass dieses Verfahren sehr sensibel bei kleinen Veränderungen der Marktwerte von Grund- und Sicherungsposition reagiert:[603]

---

[593] Vgl. Maulshagen/Walterscheidt (2010), S. 366. Für eine Darstellung des *Risiko-Reduktions-Verfahrens* sowie die Übertragung der genannten Methoden auf die für Rohstoffpreisrisiken nicht anwendbaren Portfolio Hedge Accounting-Modelle und die Anwendbarkeit alternativer Risikomaße siehe Clark (2011), S. 152-157 bzw. S. 171-179.

[594] Vgl. IAS 39.AG107.

[595] Vgl. IAS 39.AG108; Lüdenbach (2012), Tz. 262.

[596] Vgl. Maulshagen/Walterscheidt (2010), S. 366; Friedhoff/Berger (2011), Tz. 220.

[597] Vgl. Clark (2011), S. 130 und Kuhn/Scharpf (2006), S. 412.

[598] Vgl. Scharpf (2004), S. 7-8.

[599] Vgl. IAS 39.IG F.4.7.

[600] Vgl. IDW RS HFA 9 Tz. 395.

[601] Vgl. Clark (2011), S. 133. Für Zahlenbeispiele zur Dollar-Offset-Methode sei auf Fallbeispiel 6 und Fallbeispiel 15 verwiesen.

[602] Vgl. IAS 39.IG F.4.4; Löw/Lorenz (2005), S. 568 und Maulshagen/Walterscheidt (2010), S. 366.

[603] Vgl. Kuhn/Scharpf (2006), S. 426.

Zahlenmäßig kleine Unterschiede in den (absoluten) Wertänderungen der beiden Positionen können dann durch ihre Darstellung in Form eines Verhältnismaßes große prozentuale (relative) Abweichungen implizieren und somit eine geringe Effektivität aufzeigen, auch wenn die (absoluten) Wertunterschiede nominal nur gering sind und aus ökonomischer Sicht vernachlässigbar sein können.[604] Dies wird als *Problem der kleinen Zahlen* bezeichnet.[605] Diese Sensibilität ist bei einer periodenbezogenen Ermittlung stärker als bei einer kumulierten Berechnung ausgeprägt, bei der die Änderungen in Bezug auf den gesamten Zeitraum von Beginn der Sicherungsbeziehung ermittelt werden und sich extreme Abweichungen in der abgelaufenen Periode weniger stark auswirken.[606] Um diese Limitierung abzuschwächen, wird die Verhältnisanalyse oftmals durch einen *Toleranzwertcheck* ergänzt:[607] Anfangs werden hierfür nominale Toleranzwerte in der Währung und/oder relative Toleranzwerte als fester Prozentsatz des Nominal- bzw. Kapitalbetrags definiert. Verbleiben die Wertänderungen von Grundgeschäft und Sicherungsinstrument unterhalb dieser Grenzwerte, wird eine Ineffektivität als unwesentlich beurteilt.[608]

Im Rahmen der *Regressionsanalyse* wird der statistische Zusammenhang der Marktwertänderungen von Grundgeschäft (als unabhängige Variable) und von Sicherungsinstrument (als abhängige Variable) gemessen. Dieses Verfahren wird explizit von IAS 39.IG F.4.4 genannt. Bei einer linearen Regression wird hierzu ein linearer Zusammenhang unterstellt, der anhand entsprechender Datenpunkte bzw. Beobachtungen über die *Methode der kleinsten Quadrate* (*least squares method*) hergeleitet wird.[609] Die Effektivität kann dann anhand des *Bestimmtheitsmaß* und der *Steigung* der *Regressionsgeraden* beurteilt werden. Ersteres ermittelt den Anteil der Streuung der abhängigen Variable, der durch die lineare Abhängigkeit erklärt wird, und sollte möglichst hoch sein.[610] Um einen deutlichen statistischen Zusammenhang der

---

[604] Vgl. Friedhoff/Berger (2011), Tz. 225.

[605] Invers zum Problem der kleinen Zahlen wird teilweise die wiederum geringe Sensibilität der Dollar-Offset-Methode gegenüber großen Abweichungen der Wertänderungen zwischen Grundgeschäft und Sicherheitsinstrument als *Problem der großen Zahlen* kritisiert, dem jedoch unterschiedliches Gewicht zugesprochen wird. (Vgl. Clark (2011), S. 136.) Für eine weiterführende Analyse dieser Fälle besonders kleiner oder großer Wertänderungen sei insbesondere auf Clark (2011), S. 135-142 verwiesen.

[606] Vgl. Friedhoff/Berger (2011), Tz. 226; Lüdenbach (2012), Tz. 263. Dieser Effekt zeigt sich auch bei der Gegenüberstellung der periodenbezogenen und kumulativen Messmethode des Zahlenbeispiels in Fallbeispiel 6.

[607] Vgl. Löw/Lorenz (2005), S. 568; Kuhn/Scharpf (2006), S. 426.

[608] Vgl. Clark (2011), S. 137-138.

[609] Vgl. Kuhn/Scharpf (2006), S. 427. Hierbei ist zu beachten, dass der y-Achsenabschnitt der Regressionsgeraden durch den Ursprung verläuft oder zumindest einen Wert nahe Null hat. (Vgl. Finnerty/Grant (2002), S. 105.)

[610] Vgl. Clark (2011), S. 143.

zwei Größen zu untermauern, zeichnet sich in der Literatur ein Bestimmtheitsmaß größer gleich 0,80 als Standard ab.[611] Letztere sollte entsprechend innerhalb der zulässigen Bandbreite von -0,8 bis -1,25 liegen.[612] Im Vergleich zur Dollar-Offset-Methode verzeiht die Regressionsanalyse eher einzelne atypische Ausreißer.[613] Jedoch wird zur Durchführung eine Mindestanzahl von Datenpunkten benötigt. Hier wird üblicherweise ein Datensatz von mindestens 25 Datenpunkten empfohlen.[614] Ist der Datenbestand zu gering, können weitere Werte – sowohl für die prospektive als auch die retrospektive Effektivitätsmessung – mithilfe von Sensitivitätsanalysen, fiktiven oder historischen Szenarioanalysen oder Simulationen generiert werden. Bei entsprechender Dokumentation im Vorhinein ist es ebenfalls möglich, zunächst die Dollar-Offset-Methode und bei ausreichender Datenverfügbarkeit die Regressionsanalyse anzuwenden.[615] Diese Anforderungen an die Datenverfügbarkeit sowie die höhere mathematische Komplexität der Methode können die Anwendung erschweren.[616]

Messungen der retrospektiven Effektivität können separat je Periode oder kumulativ über alle Perioden seit der Designation als Sicherungsbeziehung erfolgen. Jedoch ist die gewählte Messart im Zeitverlauf beizubehalten und ebenfalls bei gleichartigen Sicherungsbeziehungen anzuwenden.[617] Bei einer kumulativen Betrachtung können über die gesamte Laufzeit Glättungseffekte entstehen, die Auswirkungen kurzfristiger Abweichungen aufgrund der für Rohstoffmärkte üblichen hohen Volatilitäten vermindern und die den Effektivitätsnachweis somit erleichtern.[618]

3.3.4.3 Hedge Accounting-Modelle

Im Folgenden wird die grundsätzliche Wirkungsweise des Fair Value-Hedge und des Cash Flow-Hedge als die zwei Hedge Accounting-Modelle vorgestellt, die bei Rohstoffpreisrisiken in Betracht kommen.

---

[611] Vgl. Clark (2011), S. 144 einschließlich Verweise auf Kawaller/Steinberg (2002), S. 2; Finnerty/Grant (2002), S. 105; Kawaller (2004), S. 62 und PwC (2004b), S. 16.

[612] Dies entspricht der Bandbreite von 80-125%.

[613] Vgl. Lüdenbach (2012), Tz. 263.

[614] Vgl. Clark (2011), S. 146 einschließlich Verweise auf Kawaller/Steinberg (2002), S. 2; Finnerty/Grant (2002), S. 106 und PwC (2004b), S. 16.

[615] Vgl. Lüdenbach (2012), Tz. 263; Clark (2011), S. 146.

[616] Vgl. Kuhn/Scharpf (2006), S. 427-429 und Maulshagen/Walterscheidt (2010), S. 366.

[617] Vgl. IAS 39.IG F.4.2 und Löw/Lorenz (2005), S. 568.

[618] Vgl. Löw/Lorenz (2005), S. 568. Hier sei wiederum auf die Gegenüberstellung der zwei Methoden zur Effektivitätsmessung in Fallbeispiel 6 verwiesen.

3.3.4.3.1 Fair Value Hedge Accounting

Fair Value-Hedges dienen der Absicherung von Vermögenswerten oder Schulden (bzw. Anteilen davon) gegen Schwankungen des beizulegenden Zeitwerts sowie der Absicherung fest kontrahierter schwebender Geschäfte.[619]

Sind obige Voraussetzungen zur Anwendung von Hedge Accounting erfüllt, orientiert sich die Bilanzierung des Grundgeschäfts an der Bilanzierung des Sicherungsinstruments, d.h.:[620]

(a) Der Gewinn oder Verlust aus der Bewertung des Rohstoffderivats als Sicherungsinstrument zum beizulegenden Zeitwert wird GuV-wirksam in der Gewinn- und Verlustrechnung erfasst, und

(b) der Buchwert des Grundgeschäftes ist ebenfalls GuV-wirksam – um die aus dem abgesicherten Risiko induzierte Zeitwertänderung – anzupassen.

Ineffektivitäten wirken sich unmittelbar auf das Ergebnis aus, da die Wertänderungen beider Positionen in der Gewinn- und Verlustrechnung erfasst werden und sich somit in Höhe des effektiven Teils ausgleichen.[621]

Die Sicherungsbeziehung endet gemäß IAS 39.91, wenn

(a) das Sicherungsinstrument „ausläuft oder veräußert, beendet oder ausgeübt wird"[622] (es sei denn, es wird im Rahmen einer rollierenden Absicherung unmittelbar durch eine entsprechende Sicherungsposition ersetzt),

(b) die Voraussetzungen für Hedge Accounting gemäß IAS 39.88 nicht mehr erfüllt sind oder

(c) das Unternehmen die Designation als Sicherungsbeziehung aufhebt.

Wenn eine Gruppe von gleichartigen Posten – im Sinne des Makro Hedge Accounting – zusammenfassend als ein Grundgeschäft angesetzt werden soll, haben die einzelnen Sachverhal-

---

[619] Vgl. IAS 39.86 (a). Abschnitt 3.5.2 (dort insbesondere Abschnitt 3.5.2.1) geht auf diese sogenannten *firm commitments* genauer ein. Die Darstellung in diesem Abschnitt fokussiert sich auf die Mikro Hedge Accounting- und Makro Hedge Accounting-Modelle, da die Portfolio Hedge Accounting-Modelle bei Rohstoffpreisrisiken keine Anwendung finden.

[620] Vgl. IAS 39.89.

[621] Vgl. Löw/Lorenz (2005), S. 572.

[622] IAS 39.91 (a).

te einem identischen Risikofaktor zu unterliegen und sich die risikoinduzierte Wertänderung eines Gruppenpostens im Wesentlichen proportional zur risikoinduzierten Schwankung der gesamten Gruppe zu verhalten.[623] Die Regelungen finden ansonsten analog Anwendung.

Ein Äquivalent zu der Sonderregelung des *Portfolio Fair Value-Hedges für Zinsänderungsrisiken* besteht für Rohstoffpreisrisiken nicht, so dass Unternehmen die Hedge Accounting-Regelungen ausschließlich auf homogene Gruppen von Rohstoffgeschäften anwenden können.

Da nach IAS 39.83 i.V.m IAS 39.84 Nettopositionen nicht als Grundgeschäfte designiert werden können, kann eine entsprechende Risikosteuerung ausschließlich und in engen Grenzen über einen Mikro bzw. Makro Fair Value-Hedge abgebildet werden: Hierfür wird hilfsweise ein einzelner Posten (oder Anteile davon) bzw. eine Gruppe von homogenen Posten (als Teilportfolio) aus dem Gesamtportfolio bestimmt, der bzw. die der Nettoposition in finanzieller und zeitlicher Hinsicht entspricht. D.h. es wird die ökonomisch gesicherte Nettoposition mit einzelnen Geschäften aus dem gesamten Portfolio als *Stellvertretergeschäfte* repliziert, um selektiv diese Position im Rahmen des Hedge Accounting der aufgebauten Sicherungsposition als Grundgeschäft zuzuordnen. Dieser Ansatz ist sehr komplex und oftmals in der Praxis nicht umsetzbar.[624]

3.3.4.3.2 Cash Flow Hedge Accounting

Cash Flow-Hedges finden bei der Absicherung gegen Zahlungsstromänderungen Anwendung. Als Grundgeschäfte dienen Bilanzposten oder geplante Transaktionen, aus denen dieses Risiko resultiert.[625]

Invers zum Fair Value-Hedge werden hier die Bilanzierungsregeln des Grundgeschäfts beibehalten; die Folgebewertung des Sicherungsinstruments hingegen wird angepasst. Sind die Voraussetzungen zur Anwendung des Hedge Accounting erfüllt, ist wie folgt zu bilanzieren:[626]

---

[623] Vgl. IAS 39.83 und Pellens et al. (2011), S. 619.

[624] Vgl. IAS 39.AG101; Mazur/Wolz (2007), S. 108 und Lopes (2007), S. 238.

[625] Vgl. IAS 39.86 (b). Abschnitt 3.5.2 (dort insbesondere Abschnitt 3.5.2.1.4) geht auf diese sogenannten *forecasted transactions* genauer ein.

[626] Vgl. IAS 39.95.

(a) Der wirksame Teil der Wertänderung des Sicherungsinstruments wird unmittelbar (GuV-neutral) im Eigenkapital (*Neubewertungsrücklage, hedge reserve*) erfasst, und

(b) der unwirksame Teil wird GuV-wirksam in der entsprechenden Berichtsperiode vereinnahmt.

Zur Bestimmung des effektiven bzw. ineffektiven Teils wird wie folgt vorgegangen: Übersteigt die Wertänderung der Sicherungsposition die der Grundposition (*overhedge*), ist der ineffektive Teil GuV-wirksam in der Gewinn- und Verlustrechnung zu vereinnahmen. Unterschreitet die Wertänderung des Sicherungsinstruments die des Grundgeschäfts (*underhedge*), ist sie gänzlich und ohne GuV-Wirkung als Eigenkapitelposten anzusetzen.[627]

Die Neubewertungsrücklage wird parallel zu der Ergebniswirkung der abgesicherten Zahlungsströme aufgelöst: Dies erfolgt sofort GuV-wirksam, wenn die Zahlungen – wie im Fall von Zinszahlungen – direkt zu Aufwendungen oder Erträgen führen.[628] Führen die Zahlungen hingegen – wie üblicherweise bei Rohstoffgeschäften – zu einem Vermögenswert oder einer Schuld, wird die Rücklage erst mit den Abschreibungen bzw. einer Veräußerung dieses Vermögenswertes bzw. dieser Schuld GuV-wirksam aufgelöst.[629] Für nicht-finanzielle Bilanzposten besteht das Wahlrecht, die Rücklage zu dessen Ansatz gänzlich mit seiner Erstbewertung zu verrechnen (*basis adjustment*). Somit kann die Erstbewertung des Vermögenswertes zu dem Wertansatz erfolgen, der durch das Hedging gesichert wurde.[630] Dieses Wahlrecht ist unternehmensweit einheitlich auszuüben.[631]

Hinsichtlich der Beendigung der Sicherungsbeziehung ist zwischen zwei Vorgehen zu unterscheiden, die sicherstellen, dass die vorher GuV-neutral im Eigenkapital verbuchten Wertänderungen GuV-wirksam aufzulösen sind, wenn der erwartete Nutzen aus dem gesicherten Grundgeschäft nicht mehr realisierbar erscheint:[632]

(a) Wenn die Sicherungsposition ausläuft oder veräußert, beendet oder ausgeübt wird, bleibt die Neubewertungsrücklage bestehen, bis die gesicherten Zahlungsströme sich re-

---

[627] Vgl. IAS 39.96; Löw/Lorenz (2005), S. 580 und Jamin/Krankowsky (2003), S. 506.
[628] Vgl. IAS 39.100.
[629] Vgl. IAS 39.97.
[630] Vgl. IAS 39.98.
[631] Vgl. IAS 39.99.
[632] Vgl. Pellens et al. (2011), S. 635.

alisieren. Gleiches gilt, wenn die Voraussetzungen für das Hedge Accounting nicht mehr erfüllt sind oder das Unternehmen die Designation zurückzieht.[633]

(b) Der Eigenkapitalposten ist hingegen sofort GuV-wirksam aufzulösen, wenn nicht mehr mit dem Eintritt der abgesicherten Zahlungsströme gerechnet wird.[634]

Entsprechend den obigen Ausführungen zum Makro Fair Value-Hedge[635] kann eine Gruppe von homogenen Posten als Grundgeschäft zum Zweck eines Makro Cash Flow-Hedge designiert werden. Erfolgt die Steuerung von Zahlungsstromrisiken über Nettopositionen, ist ebenfalls auf Hilfslösungen in Analogie zu den oben dargestellten Ansätzen zurückzugreifen.

Hinsichtlich der bilanziellen Abbildung von Sicherungsbeziehungen inhomogener Gruppen existiert kein Äquivalent für Rohstoffpreisrisiken zu dem als *Batch-6-Modell* bezeichneten Portfolio Hedge Accounting-Modell für Zinsrisiken.[636] Dieses Hedge Accounting-Modell sieht vor, dass die Zahlungsströme der Grundgeschäfte und Sicherungsinstrumente nach Währungen und Zinsanpassungsterminen sowie Aktiv- bzw. Passivgeschäft untergliederten Laufzeitbändern zugeordnet werden. Es gelten die genannten Dokumentations- und Effektivitätsanforderungen. In keinem der Laufzeitbänder dürfen die Zahlungsströme aus der Sicherungsposition die aus der Grundposition übersteigen. Andernfalls ist die Sicherungsbeziehung ineffektiv und GuV-wirksam aufzulösen.[637]

3.3.4.4 Die Fair Value-Option als Alternative zum Hedge Accounting bei Finanzinstrumenten

Finden die Regeln zum Hedge Accounting Anwendung, werden die GuV-Wirkungen von Grund- und Sicherungsgeschäft in derselben Periode erfasst und so eine risikoadäquate Abbildung der Sicherungsbeziehung erreicht.[638] Da die Anforderungen sehr hoch sind, unterliegt die Anwendung des Hedge Accounting jedoch stets einer Kosten-Nutzen-Abwägung.

Eine Alternative zum Hedge Accounting besteht in der Fair Value-Option. Sie stellt ein Wahlrecht dar, Finanzinstrumente in eine Unterkategorie der Finanzinstrumente zu designieren, die GuV-wirksam zum beizulegenden Zeitwert bilanziert werden. Ihre Anwendung setzt voraus,

---

633 Vgl. IAS 39.101 (a), (b) und (d).
634 Vgl. IAS 39.101 (c).
635 Vgl. Abschnitt 3.3.4.3.1.
636 Vgl. IAS 39.IG F.6.2 und IAS 39.IG F.6.3.
637 Vgl. Löw/Lorenz (2005), S. 602.
638 Vgl. Barckow (2004), S. 29.

dass die Relevanz der Abschlussinformation erhöht, die Komplexität reduziert oder die Zuverlässigkeit der Bewertung erhöht wird.[639] Die Fair Value-Option erlaubt, Ergebnisvolatilitäten zu vermindern, die durch den Mixed Model Approach ausgelöst werden und ökonomisch nicht gerechtfertigt sind.[640]

Bei Rohstoffgeschäften als nicht-finanzielle Vermögenswerte und Schulden ist die Fair Value-Option grundsätzlich nicht anwendbar, auch wenn hier – wie im nächsten Abschnitt dargestellt – gleichermaßen unterschiedliche Bewertungsverfahren für ähnliche und zusammenhängende Sachverhalte Anwendung finden.[641]

3.3.5 Warenlieferverträge als Derivate und die Ausnahme für den Eigenbedarf (Own-use Exemption)

Entgegen dem naheliegenden bilanziellen Verständnis von Kaufverträgen fallen Rohstofflieferverträge regelmäßig in den Anwendungsbereich von IAS 39, indem sie die Kriterien eines Derivats nach IAS 39.9 erfüllen und somit den Charakter von Finanzinstrumenten aufweisen.[642] Dies hat zur Folge, dass der Rohstoffliefervertrag von Anfang an bilanzwirksam wird und entsprechend der in Abschnitt 3.3.3 dargestellten Regeln zur Bilanzierung eines derivativen Finanzinstruments GuV-wirksam zum beizulegenden Zeitwert zu bewerten ist.[643]

Unter bestimmten Voraussetzungen – insbesondere der physischen Lieferung und dem Zweck, eigenen Einkaufs-, Verkaufs- oder Nutzungsbedarf zu decken – besteht jedoch für Rohstofflieferverträge die sogenannte *Ausnahme für den Eigenbedarf* (*Eigennutzungsausnahme*, *own use exemption*, *executory contract exemption* oder *normal puchase and sales exemption*), nach der die Lieferverträge als schwebende Geschäfte nach IAS 37 der Darstellung in Abschnitt 3.3.2 folgend zu bilanzieren sind.[644] Die Own-use Exemption verfolgt die Zielsetzung, „normale

---

[639] Vgl. IAS 39.9 (b) (i) und (ii) i.V.m. IAS 39.AG4C-4K und IAS 39.11A-13.

[640] Vgl. Löw (2005b), S. 1.

[641] Vgl. Löw/Blaschke (2005), S. 1733; Löw/Lorenz (2005), S. 485; Pellens et al. (2011), S. 569-570. Eine Ausnahme zum Verbot der Fair Value-Option bei nicht-finanziellen Geschäften kann für Warenlieferverträge mit eingebetteten Derivaten gelten. Dies wird in den Abschnitten 3.3.6 und 3.4.5 aufgegriffen. Für eine ausführlichere Darstellung der Fair Value-Option sei auf Löw/Blaschke (2005), Löw (2005b) sowie Löw/Schildbach (2004) verwiesen. Die Schwierigkeiten, die aus dem Mangel einer Fair Value-Option für Rohstoffgeschäfte resultieren, verdeutlicht die Analyse in Abschnitt 3.5.2, wie die Risikosteuerung mit Warenlieferverträgen nach IFRS abgebildet werden kann. Sie zeigen sich zudem in der Fallstudie in Abschnitt 4.3. Zur Überarbeitung der Fair Value-Option nach IFRS 9 siehe Abschnitt 5.1.

[642] Vgl. IAS 39.5; IAS 39.AG10 und IDW RS HFA 25 Tz. 2.

[643] Vgl. Löw/Lorenz (2005), S. 434.

[644] Vgl. IAS 39.5-7; IDW RS HFA 25 Tz. 4-5 und PwC (2004a), S. 22. Die Voraussetzungen, die zu einer Bilanzierung nach der Own-use Exemption führen, werden ausführlich in den Abschnitten 3.4.3 und 3.4.4 erläu-

Commodity-Verträge, die im Rahmen der gewöhnlichen Geschäftstätigkeit des Unternehmens abgeschlossen werden, von der Derivatebilanzierung auszunehmen"[645]. Für solche Kaufverträge mit physischer Lieferung kann in der Regel kein Spekulationsmotiv unterstellt werden, so dass kein Regelungsbedarf als Derivat nach IAS 39 besteht.[646] Im Gegensatz zu den oben ausgeführten Regelungen zum Hedge Accounting stellt die Ausnahme für den Eigenbedarf kein Wahlrecht dar.[647]

Selbst wenn ein Warenliefervertrag unter die Ausnahme für Eigenbedarf fällt, ist er auf eingebettete Derivate zu prüfen, die im nächsten Abschnitt vorgestellt werden.

3.3.6 Eingebettete Derivate als besonderer Anwendungsfall von IAS 39

Warenlieferverträge können ein oder mehrere Vertragsklauseln derivativen Charakters enthalten, die als *eingebette Derivate* bezeichnet werden.[648] Beispiele für solche Vertragsbedingungen sind fixierte Preisober- oder Preisuntergrenzen, Preisindizierungen, Mengenoptionalitäten oder Verlängerungsoptionen.[649] Allen diesen Vereinbarungen ist gemein, dass sie nicht separat von dem nicht-derivativen *Basisvertrag* handelbar, sondern ein integraler Bestandteil dessen sind und ähnlichen Schwankungen wie ein entsprechend freistehendes Derivat unterliegen.[650]

Um zu verhindern, dass derivative Komponenten durch Kopplung an einen weiteren Vertrag einer GuV-wirksamen Bewertung zum beizulegenden Zeitwert entgehen, besteht unter bestimmten Voraussetzungen eine Trennungspflicht für eingebettete Derivate.[651] Dies ist der Fall, wenn die Vertragskomponenten als freistehendes Instrument die Derivatdefinition erfüllen würde oder der Vertrag nicht bereits in seiner Gesamtheit GuV-wirksam zum Fair Value bewertet wird.[652] Als drittes und entscheidendes Kriterium ist zu untersuchen, ob die wirtschaftlichen Merkmale und Risiken des eingebetteten Derivats eng mit den wirtschaftlichen

tert.

645 PwC (2008a), S. 278.

646 Vgl. IAS 39.BC24.

647 Vgl. IAS 39.5 und IDW RS HFA 25 Tz. 6.

648 Eingebettete Derivate finden sich klassischerweise bei *hybriden Finanzinstrumenten* wie einer Wandelanleihe (vgl. Pellens et al. (2011), S. 574-576) oder *strukturierten Produkten* (vgl. Löw/Lorenz (2005), S. 546).

649 Vgl. Maulshagen/Walterscheidt (2010), S. 357. Die vorliegende Arbeit legt den Fokus auf eingebettete Rohstoffderivate. Eingebettete Währungsderivate werden nicht behandelt, da sich aus dem Rohstoffkontext keine Besonderheit ergibt.

650 Vgl. IAS 39.10 und Löw/Lorenz (2005), S. 546.

651 Vgl. IAS 39.11.

652 Vgl. IAS 39.11 (b) und IAS 39.11 (c).

Merkmalen und Risiken des Basisvertrages verbunden sind.[653] Ist die enge Verbundenheit nicht gegeben, wird das eingebettete Derivat entsprechend IAS 39 und der Basisvertrag entsprechend dem Standard bilanziert, der für diesen Posten zur Anwendung kommt.[654] Bei einem Warenliefergeschäft mit eingebettetem Derivat ist IAS 37 der anzuwendende Standard für den Basisvertrag, so dass dieser als schwebendes Geschäft bilanzunwirksam bzw. mit einer Drohverlustrückstellung angesetzt wird.[655]

Besteht die Trennungspflicht, kann alternativ das Wahlrecht der Fair Value-Option ausgeübt werden, so dass der gesamte Vertrag zum Fair Value mit Wirkung in der Gewinn- und Verlustrechnung bilanziert wird.[656] Die Anwendbarkeit der Fair Value-Option bei nicht-finanziellen Basisverträgen ist jedoch umstritten. Der IASB hatte die Absicht, IAS 39 dergestalt zu überarbeiten, dass eine Anwendbarkeit der Fair Value-Option von IAS 39.11A auf Basisverträge, die nicht unter IAS 39 fallen, nicht mehr möglich ist. Diese Änderung wurde jedoch noch nicht durchgeführt, so dass die Fair Value-Option auch bei nicht-finanziellen Basisverträgen ausgeübt werden kann.[657]

3.4 Vierstufiger Analyserahmen zur bilanziellen Untersuchung von Rohstoffgeschäften nach IFRS

3.4.1 Übersicht über den vierstufigen Analyserahmen

Im Folgenden wird ein vierstufiger Analyserahmen entwickelt. Dieser dient dazu, alle relevanten Rechnungslegungsvorschriften auf einer einheitlichen Grundlage in ihren Gesamtkontext einzuordnen, die eingangs differenzierten Rohstoffgeschäfte den einzelnen Bilanzierungsstandards zuzuordnen und – anschließend in Abschnitt 3.5 – die bilanziellen Folgen

---

[653] Vgl. IAS 39.11 (a). Das Kriterium der engen Verbundenheit wird ausführlich in der Analyse der bilanziellen Abbildung der Risikosteuerung mit Warenlieferverträgen (Kapitel 3.5.2.) sowie in Fallbeispiel 12 und Fallbeispiel 18 behandelt.

[654] Vgl. IAS 39.11.

[655] Ein Warenliefervertrag ist zu dem Zeitpunkt auf trennungspflichtige eingebettete Derivate zu überprüfen, zu dem das Unternehmen Vertragspartei wird. Eine Neubewertung zu einem späteren Zeitpunkt hat ausschließlich zu erfolgen, wenn sich wesentliche Vertragsänderungen ergeben. (Vgl. IFRIC 9.7 und Maulshagen/Walterscheidt (2010), S. 357.)

[656] Vgl. IAS 39.11A.

[657] Vgl. IDW RS HFA 25 Tz. 6, IASB (2007a), S. 2 und IASB (2009), S. 3. Die Bedeutung der Fair Value-Option für nicht-finanzielle Basisverträge zeigt insbesondere die Analyse, wie die Steuerung von Rohstoffpreisrisiken bei zweiseitig rohstoffabhängigen Industrie- und Handelsunternehmen nach IFRS abgebildet werden kann. (Vgl. Abschnitt 3.5.3.2.) Wie Abschnitt 5.1 zu den geplanten Änderungen nach IFRS 9 darstellt, hat das IASB auch hier diese Änderung nicht umgesetzt.

unterschiedlicher Ausprägungen einer Steuerung von Rohstoffpreisrisiken systematisch zu untersuchen. Die Grundstruktur des Analyserahmens illustriert Abbildung 3-6.[658]

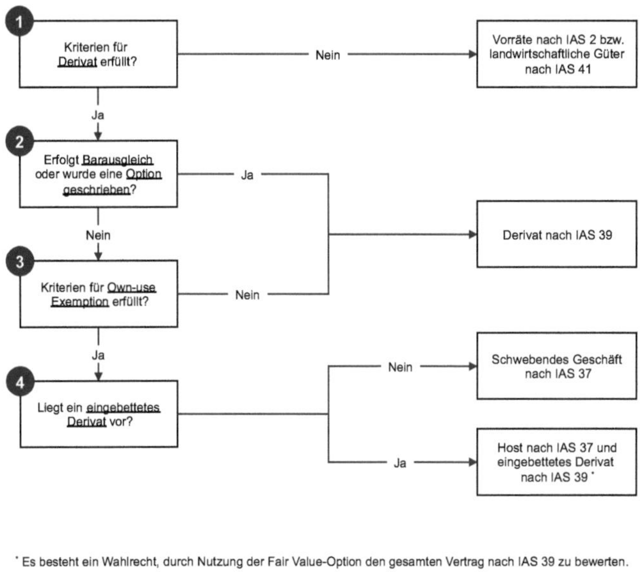

Abbildung 3-6: Skizzierung des vierstufigen Analyserahmens zur bilanziellen Untersuchung von Rohstoffgeschäften im Sinne von IFRS[659]

Zunächst ist zu fragen, ob das Rohstoffgeschäft die Kriterien für ein Derivat erfüllt. Wenn dies gegeben ist, dienen die nachgeordneten Schritte zur Abgrenzung, ob der Sachverhalt in den Anwendungsbereich von IAS 37 oder IAS 39 fällt. Dafür ist auf der zweiten Stufe zu untersuchen, ob ein Barausgleich erfolgt und/oder das Rohstoffgeschäft eine geschriebene Option umfasst. Als nächster Schritt ist zu analysieren, ob die Voraussetzungen für die Own-use Exemption erfüllt sind. Beide Punkte können zu einer Bilanzierung nach IAS 39 führen. Um in den Anwendungsbereich von IAS 37 zu fallen, ist schließlich zu prüfen, ob ein eingebettetes Derivat vorliegt, das separat vom Basisvertrag auszuweisen ist. Der Aufbau des Analy-

[658] Anhang A umfasst den vollständigen Analyserahmen einschließlich sämtlicher Schritte innerhalb der vier Analysestufen.
[659] Quelle: Eigene Darstellung.

serahmens verdeutlicht, dass für eine bilanzunwirksame Einordnung eines Rohstoffgeschäfts nach IAS 37 eine Vielzahl von Analyseschritten zu erfolgen hat.[660]

3.4.2 Stufe 1: Kriterien für ein Derivat

Die erste Stufe umfasst die in IAS 39.9 festgelegten Kriterien für ein derivatives Finanzinstrument.[661] Rohstoffgeschäfte weisen einen solchen Charakter auf,

(a) wenn sich der Wert des Vertrages in Folge von Änderungen eines Rohstoffpreises oder einer ähnlichen Variable ändert, solange diese nicht für eine der beiden Vertragsparteien spezifisch ist,

(b) wenn der Vertrag keine oder nur eine verhältnismäßig geringe Anfangsauszahlung erfordert und

(c) wenn der Vertrag zu einem zukünftigen Zeitpunkt erfüllt wird.[662]

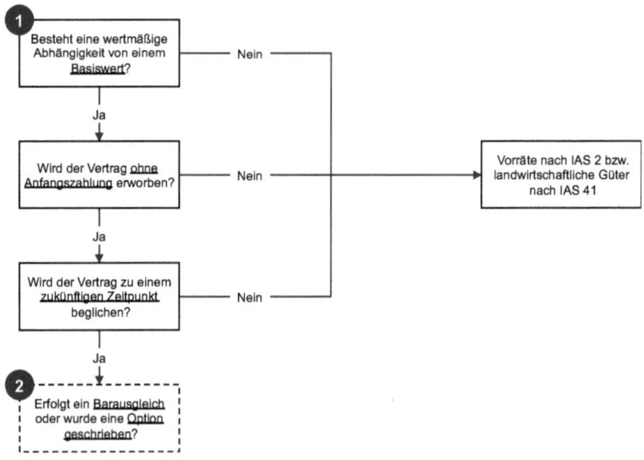

Abbildung 3-7: Analysestufe 1: Kriterien für ein Derivat[663]

---

660 Vgl. Maulshagen/Walterscheidt (2010), S. 370.

661 Auf die in IAS 39.9 genannten Merkmale greift ebenfalls die in Kapitel 2.2.5 gewählte Derivate-Definition zurück.

662 Vgl. IAS 39.9.

663 Quelle: Eigene Darstellung in Anlehnung an Maulshagen/Walterscheidt (2010), S. 348.

Sind diese Kriterien kumulativ erfüllt, ist für eine weitere Differenzierung auf Analysestufe 2 fortzufahren. Handelt es sich bei dem Rohstoffgeschäft hingegen nicht um einen derivativen Vertrag, ist es als Vorrat gemäß IAS 2 – wie in Abschnitt 3.3.1 dargelegt – oder gegebenenfalls als landwirtschaftliches Gut nach IAS 41[664] zu bilanzieren.[665]

Abbildung 3-7 veranschaulicht diese Analysestufe 1.

3.4.3 Stufe 2: Barausgleich und geschriebene Optionen

Auf Stufe 2 ist zu untersuchen, ob ein expliziter oder impliziter *Barausgleich* (*Nettoausgleich, net settlement*) vorliegt. Als Barausgleich bezeichnet IAS 39.5 einen „Ausgleich in bar oder einem anderen Finanzinstrument bzw. durch Tausch von Finanzinstrumenten“[666]. Durch diesen Analyseschritt wird sichergestellt, dass nur Verträge mit derivativem Charakter und potentiell spekulativen Komponenten unter IAS 39 fallen, die Preisdifferenzen durch mittel- oder unmittelbares Cash Settlement zu realisieren erlauben.[667] Anhand von vier Merkmalen wird ein Barausgleich unterstellt, wenn

(a) eine Vertragsklausel zumindest für eine Vertragspartei explizit einen Barausgleich – oder ein Wahlrecht für einen Barausgleich anstelle einer physischen Lieferung[668] – ermöglicht,

(b) zwar die Vertragsbedingungen nicht explizit einen Barausgleich vorsehen, jedoch eine betriebliche Praxis besteht, ähnliche Verträge durch einen Barausgleich zu erfüllen,

(c) für ähnliche Verträge eine betriebliche Praxis der Erzielung von Handelsgewinnen (*profit trading*) besteht oder

(d) der nicht-finanzielle Posten, der Vertragsgegenstand ist, leicht in Bargeld konvertiert werden kann.[669]

Die Kriterien (b) und (c) beschreiben Formen des *faktischen Nettoausgleichs*, während (a) und (d) nur die Möglichkeit eines Nettoausgleichs (*möglicher Nettoausgleich*) bedingen. Beide

---

[664] Die Besonderheiten des IAS 41 für Rohstoffgeschäfte auf Agrarmärkten werden in Fallbeispiel 5 behandelt.
[665] Kassageschäfte sind demnach entsprechend eines Aktivtauschs als Vorräte nach IAS 2 oder als landwirtschaftliches Gut nach IAS 41 anzusetzen.
[666] IAS 39.5.
[667] Vgl. IAS 39.5; IAS 39.AG10 und IDW RS HFA 25 Tz. 2.
[668] Vgl. Deloitte (2006), S. 3.
[669] Vgl. IAS 39.6 und IDW RS HFA 25 Tz. 8.

Formen des Nettoausgleichs umfassen je ein Kriterium für den unmittelbaren Ausgleich in bar – Merkmale (a) und (b) – sowie je ein Kriterium für eine physische Lieferung mit anschließender monetärer Verwertung als Form des mittelbaren Barausgleichs – Merkmale (c) und (d).[670] Abbildung 3-8 veranschaulicht die beschriebenen Abgrenzungen.

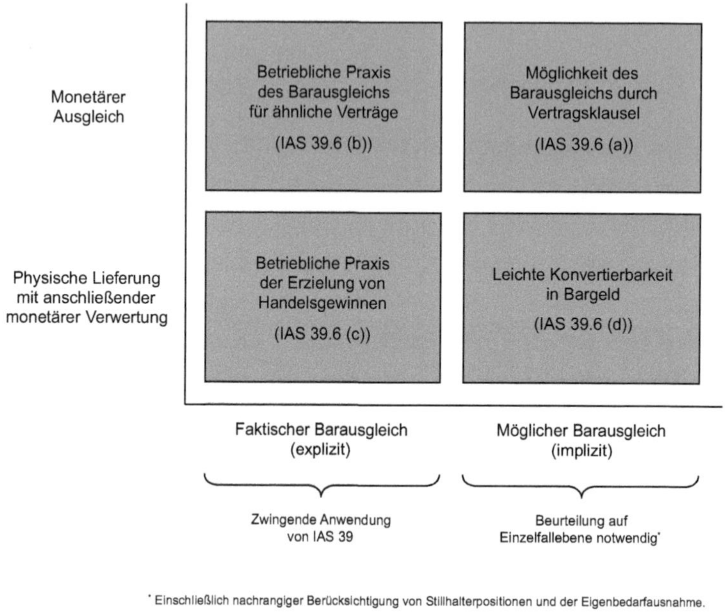

Abbildung 3-8: Klassifizierung der Formen des Barausgleichs nach IAS 39.6[671]

Verträge, die die Merkmale (b) oder (c) aufweisen sind ohne weitere Analyse zwingend nach IAS 39 zu bilanzieren, da eine solche betriebliche Praxis nicht auf Käufe bzw. Verkäufe im Rahmen des eigenen Nutzungsbedarfs, sondern lediglich auf die Realisation von Preisdifferenzen schließen lässt.[672] Hier stehen also weniger die Eigenschaften des einzelnen zu untersuchenden Kontrakts als das Verhalten des Bilanzierenden in der Vergangenheit im Vordergrund.[673]

Entsprechend Kriterium (b) geht IAS 39.6 von einem (indirekten) Nettoausgleich aus, wenn

---

670 Vgl. Fladt/Vielmeyer (2008), S. 1072.
671 Quelle: Eigene Darstellung in Anlehnung an Fladt/Vielmeyer (2008), S. 1072.
672 Vgl. Deloitte (2006), S. 2; Maulshagen/Walterscheidt (2010), S. 353 und Fladt/Vielmeyer (2008), S. 1071.
673 Vgl. Löw/Pietsch (2010), S. 57.

(a) der Vertrag von dem bzw. an den Vertragspartner zurückgekauft bzw. zurückverkauft wird,

(b) ein gegenläufiges Geschäft mit einem Dritten abgeschlossen wird oder

(c) der Vertrag an einen Dritten weiterveräußert wird.[674]

Nach Punkt (c) der obigen vier Merkmale sollen nur Rohstoffgeschäfte von der Anwendung von IAS 39 ausgenommen werden, wenn diese der *güterwirtschaftlichen Wertschöpfung* und nicht dem An- und Verkauf von Waren zur Erzielung von Gewinnen aus kurzfristigen Preisschwankungen oder Händlermargen dienen.[675]

Eine Besonderheit der beiden Punkte (b) und (c) stellt die Bezugnahme des IAS 39.6 auf *ähnliche Verträge* sowie die *betriebliche Praxis* dar. Folglich kann ein Rohstoffgeschäft selbst dann unter IAS 39 fallen, wenn es zwar „mit der Absicht einer physischen Erfüllung abgeschlossen wird, aber in der Vergangenheit bei ähnlichen Verträgen für gewöhnlich ein Nettoausgleich … stattgefunden hat“[676]. Werden gleichartige Rohstoffgeschäfte mit unterschiedlichen Zielsetzungen getätigt, besteht das Risiko der *Abfärbung*:[677] Aus einer betrieblichen Praxis, nach der bestimmte Verträge als Derivate nach IAS 39 zu bilanzieren sind, resultiert, dass selbst solche Verträge – aufgrund ihrer vergleichbaren Charakteristika – unter IAS 39 fallen, die in einer isolierten Betrachtung die Kriterien hierfür nicht erfüllen würden.[678] – Der Bilanzierende verwirkt das Vertrauen, Verträge ausschließlich zur physischen Erfüllung abzuschließen.[679] Zu Faktoren, anhand derer sich ähnliche Verträge bestimmen lassen, zählen u.a.

(a) wirtschaftlich identische Zielsetzungen der Verträge,

---

[674] Vgl. IAS 39.6 (b) und IDW RS HFA 25 Tz. 10-11. Entgegen dem Wortlaut der amtlichen deutschen Übersetzung der in der EU geltenden Fassung von IAS 39.6 (b) wird ein gegenläufiger Vertrag auch als Nettoausgleich gewertet, wenn er mit einer anderen als der ursprünglichen Vertragspartei geschlossen wird. (Vgl. Prokop (2007), S. 338.)

[675] Vgl. IAS 39.6 (c) und IDW RS HFA 25 Tz. 12-13. Zur Abgrenzung zwischen güterwirtschaftlicher Wertschöpfung und der Ausnutzung von Preisdifferenzen nennt IDW RS HFA 25 Tz. 14 beispielhafte Indikatoren entsprechend der Art des operativen Geschäfts, dessen Führung sowie der Art der Erfolgsrealisierung.

[676] IDW RS HFA 25 Tz. 15.

[677] Vgl. IDW RS HFA 25 Tz. 21.

[678] Vgl. IDW RS HFA 25 Tz. 34.

[679] Diese Regelung ist vergleichbar zu der strengen Handhabung der Bewertungskategorie bis zur Endfälligkeit gehaltener Finanzinvestitionen nach IAS 39. Verkauft ein Unternehmen vor dem Fälligkeitszeitpunkt Finanzinstrumente, die es in diese Kategorie designiert hat, hat sie sämtliche Vermögenswerte der Kategorie konzernweit auszubuchen und in die Kategorie zur Veräußerung verfügbarer finanzieller Vermögenswerte zu designieren. Statt zu fortgeführten Anschaffungskosten sind die Positionen anschließend GuV-neutral zum Fair Value zu bewerten. (Vgl. Löw/Lorenz (2005), S. 480-481.) Zu den verschiedenen Bewertungskategorien für Finanzinstrumente nach IAS 39 siehe Abschnitt 3.3.3.

(b) identische bzw. gemeinsame Märkte für die Vertragsgüter,

(c) substitutionale Beziehungen zwischen den Vertragsgütern oder

(d) einheitliche organisatorische Verantwortlichkeiten im Rahmen des Risikomanagements des bilanzierenden Unternehmens.[680]

Das IASB lässt offen, ob bereits aus einem einzelnen Barausgleich eines ähnlichen Vertrages eine Abfärbung resultiert. Nach IDW RS HFA 25 ist dies auf Einzelfallbasis zu beurteilen, wobei auf Anzahl und Volumen der netto ausgeglichenen Verträge abzustellen ist.[681] Ändert sich die betriebliche Praxis, kann die Bilanzierung für neue Rohstoffgeschäfte erst angepasst werden, wenn das geänderte Verhalten über eine bestimmte Zeit beobachtbar ist und mit einer neuen Organisationsstruktur einhergeht.[682]

Eine eindeutige Abgrenzung zwischen gleichartigen Verträgen mit unterschiedlichen Zielsetzungen kann erreicht werden, indem das Unternehmen eine *Buchstruktur* einrichtet. Die entsprechenden Verträge lassen sich somit zum Beispiel entweder einem *Buch für den Eigenbedarf* oder einem *Handelsbuch* zuordnen.[683] Um die *Willkürfreiheit* zu garantieren, wird jedoch vorausgesetzt, dass die Organisation und das Risikomanagagement die jeweiligen Bereiche unabhängig voneinander steuern und überwachen.[684] Eine Umklassifizierung von Verträgen ist grundsätzlich schädlich für den Nachweis und die Anerkennung der Buchstruktur.[685]

Mit den Kriterien (a) und (d) für einen Barausgleich ist allerdings eine Beurteilung auf Einzelfallebene verbunden. Rohstoffgeschäfte, die ein solches Merkmal des *möglichen Barausgleichs* erfüllen, fallen nicht zwangsläufig in den Anwendungsbereich von IAS 39, da diese beiden Merkmale nicht unabwendbar einer physischen Erfüllung im Einklang mit dem erwarteten Einkaufs-, Verkaufs- oder Nutzungsbedarf des Unternehmens im Wege stehen.[686]

Solche Verträge sind nach IAS 39.7 auf einer nachgelagerten Stufe hinsichtlich *geschriebener Optionen* zu untersuchen. Nur wenn das Geschäft eine Stillhalterposition umfasst, kann es

---

[680] Vgl. IDW RS HFA 25 Tz. 19. Nach der Auffassung von Kuhn/Scharpf (2006), S. 60 ist hier vornehmlich die Zielsetzung entscheidend, die zum Zeitpunkt des Vertragsabschlusses dokumentiert wurde.
[681] Vgl. Fladt/Vielmeyer (2008), S. 1073 und IDW RS HFA 25 Tz. 16.
[682] Vgl. IDW RS HFA 25 Tz. 17.
[683] Vgl. IDW RS HFA 25 Tz. 20; IDW RS HFA 25 Tz. 22 und Maulshagen/Walterscheidt (2010), S. 351.
[684] Vgl. IDW RS HFA 25 Tz. 23 und PwC (2008a), S. 281-282.
[685] Vgl. IDW RS HFA 25 Tz. 26-27.
[686] Vgl. IDW RS HFA 25 Tz. 9 und IDW RS HFA 25 Tz. 28.

nicht in den Anwendungsbereich der Own-use Exemption fallen und ist gänzlich nach IAS 39 bilanzwirksam zum beizulegenden Zeitwert zu bilanzieren, da deren Inhaber einem Verlustrisiko ausgesetzt ist: Weder kann er die Optionsausübung beeinflussen noch den Warenfluss steuern.[687] Ein klares Indiz für die Existenz einer geschriebenen Option sind Vertragsklauseln, die eine Prämienzahlung zur Kompensation des Zeitwertrisikos aus der Option zum Inhalt haben. Jedoch ist auch in weniger eindeutigen Fällen wie bei Mengenoptionen anhand geeigneter Kriterien zu testen, ob etwa eine Stillhalterposition gegeben ist.[688] Ein Rohstoffgeschäft ist gleichermaßen als Derivat nach IAS 39 zu bilanzieren, wenn es der Vertragspartei des Unternehmens eine geschriebene Option in Form eines Wahlrechts zwischen physischer Erfüllung und Nettoausgleich einräumt, da das Unternehmen auch hier die Steuerbarkeit des Warenflusses aufgibt.[689] Schließt das Rohstoffgeschäft keine geschriebene Option ein, ist auf Analysestufe 3 zu untersuchen, ob die Ausnahme für den Eigenbedarf anzuwenden ist.

Neben expliziten Vertragsklauseln können auch Vertragsstrafen bei Nichtabnahme als Form des Barausgleichs im Sinne von Kriterium (a) zu werten sein, wenn diese nicht als fixer Betrag festgeschrieben sind, sondern sich nach der Differenz zwischen Markt- und Vertragspreis richten.[690] Denn bei entsprechender Vertragsgestaltung entspricht eine solche Vertragsstrafe ökonomisch einem Cash Settlement.

Die in Merkmal (d) angeführte leichte Umwandelbarkeit in Zahlungsmittel kann für einen nicht-finanziellen Posten angenommen werden, wenn dieser aus fungiblen Einheiten besteht und notierte Preise an einem aktiven Markt vorliegen, der eine ausreichende Liquidität bietet.[691] Diese Regelung verdeutlicht die weite Auslegung des Barausgleichsbegriffs durch das IASB: Ein Barausgleich kann selbst unterstellt werden, wenn er nicht in Form einer expliziten Vertragsklausel vertraglich fixiert ist, sondern nur die mittelbare Möglichkeit der monetären Verwertung eines Vertrages im Sinne eines Spekulationsmotivs besteht.[692]

---

[687] Vgl. IAS 39.7; IDW RS HFA 25 Tz. 37 und Maulshagen/Walterscheidt (2010), S. 353.

[688] Vgl. IDW RS HFA 25 Tz. 39 und Maulshagen/Walterscheidt (2010), S. 353. Mengenoptionen in Stromverträgen und entsprechende Kriterien für ihre Einordnung als Stillhalterposition werden in Fallbeispiel 9 aufgegriffen.

[689] Vgl. IAS 39.IG A2 und IDW RS HFA 25 Tz. 38. Ein Vertrag, der wiederum dieses Wahlrecht dem bilanzierenden Unternehmen einräumt, fällt jedoch nicht zwangsläufig in den Anwendungsbereich von IAS 39. (Vgl. Deloitte (2006), S. 3.)

[690] Vgl. Deloitte (2006), S. 3 und PwC (2008b), S. 23.

[691] Vgl. Kuhn/Scharpf (2006), S. 61 sowie IDW RS HFA 25 Tz. 29 unter Verweis auf das US-GAAP-Rahmenkonzept.

[692] Welche Rolle diese Abgrenzungen für die Klassifizierung von Warenlieferverträgen spielen, vertieft Fallbeispiel 7 anhand des Strommarkts.

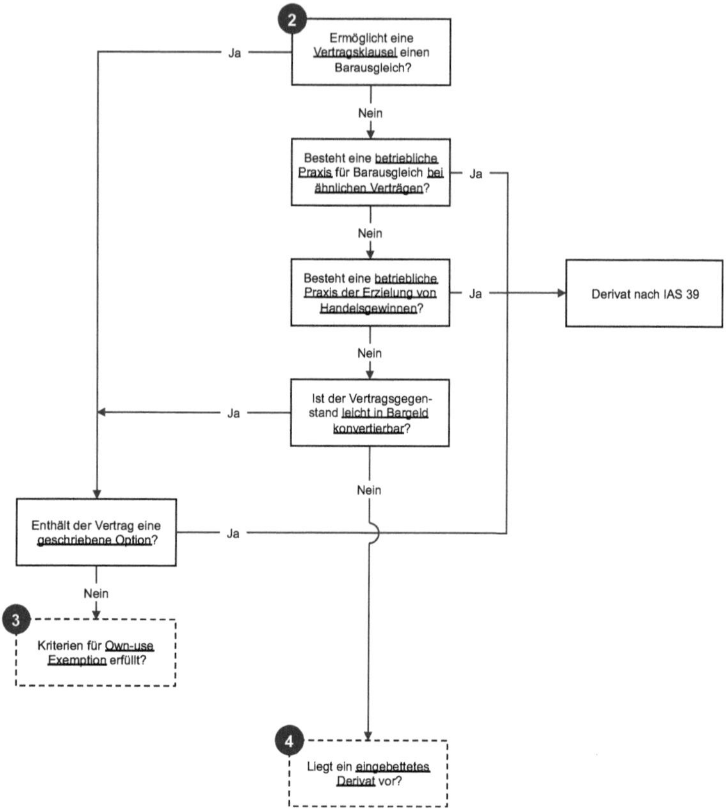

Abbildung 3-9: Analysestufe 2: Barausgleich und geschriebene Optionen[693]

Verträge sind jeweils in ihrer Gesamtheit zu beurteilen. Dies führt dazu, dass ein Rohstoffgeschäft selbst bei einer physischen Lieferung in den Anwendungsbereich von IAS 39 fällt, wenn nur ein Teil des Geschäfts durch einen Barausgleich glattgestellt oder weiterveräußert wird. Dies ist stets der Fall, wenn die vertraglich vereinbarte Menge den Eigenbedarf überschreitet.[694]

[693] Quelle: Eigene Darstellung in Anlehnung an PwC (2008a), S. 279; Fladt/Vielmeyer (2008), S. 1072 und Maulshagen/Walterscheidt (2010), S. 348.

[694] Vgl. Deloitte (2006), S. 3 sowie Lüdenbach (2012), Tz. 226 unter Verweis auf Kuhn/Scharpf (2006), S. 60. IDW RS HFA 25 Tz. 27 nimmt in engen Grenzen Bedarfsänderungen aufgrund von unvorhersehbaren Ereignissen aus dieser Regelung aus. Dies wird in Abschnitt 3.5.2.1.1 erläutert.

Erfüllt ein Vertrag keines der vier Merkmale eines Nettoausgleichs, wird unmittelbar ein Eigenbedarf vermutet und der Warenliefervertrag fällt nicht in den Anwendungsbereich von IAS 39. Dies stellt den Kontrakt jedoch nicht von der Untersuchungspflicht auf trennungspflichtige eingebettete Derivate auf Analysestufe 4 frei.[695]

Abbildung 3-9 fasst die Teilschritte dieser Analysestufe 2 zusammen.

3.4.4 Stufe 3: Own-use Exemption

Rohstoffgeschäfte, die durch eine vertragliche Klausel oder die leichte Konvertierbarkeit des Vertragsgegenstandes in Zahlungsmittel für einen möglichen Barausgleich im Sinne von IAS 39.6 qualifizieren, sind vom Anwendungsbereich von IAS 39 ausgenommen, sofern sie keine Stillhalterposition einschließen und unter die hier zu behandelnde *Ausnahme für den Eigenbedarf* fallen.[696] Es besteht kein Wahlrecht, ein solches Rohstoffgeschäft nach IAS 39 zu bilanzieren.[697]

Die Ausnahme für Eigenbedarf hat den Zweck, dass Rohstoffgeschäfte nicht nach IAS 39 zu behandeln sind, wenn sie im Rahmen der gewöhnlichen Geschäftstätigkeit des Unternehmens abgeschlossen werden.[698] Hierfür setzt ihre Anwendung kumulativ voraus, dass der Vertrag über Kauf oder Verkauf eines nicht-finanziellen Postens

(a) physisch erfüllt wird,

(b) dem erwarteten Einkaufs-, Verkaufs- oder Nutzungsbedarf des Unternehmens dient und

(c) zu diesem Zweck weiterhin gehalten wird.[699]

Durch das erste Merkmal ist der Verzicht auf eine Bilanzierung nach IAS 39 selbst dann möglich, wenn ein Vertrag zwar die Möglichkeit eines Barausgleichs explizit oder implizit vorsieht, das Unternehmen sie jedoch nicht nutzt.[700] Dieses Kriterium ist notwendig, da die vo-

---

695 Vgl. IDW RS HFA 25 Tz. 4.

696 Vgl. IAS 39.5-7; IDW RS HFA 25 Tz. 5; IDW RS HFA 25 Tz. 37.

697 Vgl. IAS 39.5; IDW RS HFA 25 Tz. 6.

698 Vgl. Maulshagen/Walterscheidt (2010), S. 352.

699 Vgl. IAS 39.5 und IAS 39.AG10.

700 Vgl. IDW RS HFA 25 Tz. 28. Börsengehandelte Termingeschäfte, die ausschließlich einen Barausgleich vorsehen, sind daher von der Anwendung der Own-use Exemption ausgenommen. Im Rahmen von Rohstoffgeschäften finden sie in der Regel als Sicherungsinstrument Anwendung.

rangestellte Analysestufe nur auf die Möglichkeit des Nettoausgleichs, jedoch nicht auf dessen tatsächliche Ausübung abstellt.

Das zweite Kriterium zielt darauf ab, ob der Vertrag im Rahmen des gewöhnlichen Geschäftsbetriebs eines Unternehmens abgeschlossen wurde, um Güter für diesen Betrieb zu beschaffen, zu verkaufen oder zu verbrauchen.[701] Schließt ein Unternehmen Rohstoffgeschäfte teilweise zum Eigenbedarf, teilweise zu spekulativen Zwecken ab, kann es die Verträge wie oben dargestellt mittels einer Buchstruktur unabhängig voneinander ausweisen.[702]

Als letzter Punkt ist sicherzustellen, dass der Vertrag über seine gesamte Laufzeit zum Eigenbedarf gehalten wird.[703] Ändert sich sein Verwendungszweck, verfällt die Ausnahme für den Eigenbedarf, selbst wenn sich die kontrahierte Vertragsmenge mit der ursprünglichen Bedarfsplanung für diese Rohstoffe deckt und sie sich jedoch aufgrund einer nachlassenden Nachfrage auf dem Absatzmarkt des Endprodukts nicht realisiert.[704] Ab diesem Zeitpunkt besteht eine Bilanzierungspflicht nach IAS 39 und der Vertrag ist GuV-wirksam zu buchen.[705] Dies kann gegebenenfalls die Anerkennung einer Buchstruktur negativ beeinflussen.[706]

In der Literatur ist umstritten, inwieweit sich ein Rohstoffgeschäft zum Beispiel mengenmäßig aufteilen ließe, um einen Teil unter der Own-use Exemption und den anderen Teil entsprechend IAS 39 auszuweisen:

Einerseits wird die Möglichkeit eingeräumt, eine solche Aufteilung in zwei Komponenten zum Zeitpunkt der Erfassung vorzunehmen, wobei das Volumen der Eigenbedarfskomponente das der anderen überschreiten sollte.[707] Hier verweist zum Beispiel Kuhn/Scharpf (2006) als Parallele auf die Regelungen zum Hedge Accounting, die erlauben, ein Sicherungsinstrument nur zu einem bestimmten Teil einer bilanziellen Sicherungsbeziehung zuzuordnen, und somit keine Betragsgleichheit zwischen Grundgeschäft und Sicherungsinstrument fordern.[708]

[701] Vgl. PwC (2008a), S. 280.
[702] Vgl. Abschnitt 3.4.3.
[703] Vgl. Maulshagen/Walterscheidt (2010), S. 354.
[704] Vgl. IDW RS HFA 25 Tz. 27.
[705] Vgl. IDW RS HFA 25 Tz. 7.
[706] Vgl. Abschnitt 3.4.3.
[707] Vgl. Ernst & Young (2009a), S. 10.
[708] Vgl. Kuhn/Scharpf (2006), S. 60. Folgt man diesem Verständnis, ließen sich womöglich Änderungen des beizulegenden Zeitwerts der letzten Komponente mit Hilfe eines *All-in-one-Hedge* ebenfalls ohne GuV-Wirkung bilanzieren, sofern dessen weiterführenden Voraussetzungen einer physischen Lieferung zum Festpreis erfüllt sind. (Die Sonderregelung zum All-in-one-Hedge wird nachfolgend in Abschnitt 3.5.2.1.4 ausge-

Mehrheitlich wird in der Literatur jedoch für eine strikte Auslegung im Sinne einer Beurteilung des Vertrages in seiner Gesamtheit plädiert.[709] Demnach können Verträge von vornherein nicht unter die Ausnahme für den Eigenbedarf fallen, deren kontrahierte Menge den voraussichtlichen Eigenbedarf überschreitet. Ein Weiterverkauf der überschüssigen Menge wird vielmehr als Barausgleich des gesamten Warengeschäfts beurteilt.[710] Im Hinblick auf den restriktiven Anwendungsbereich, für den das IASB der Ausnahme für den Eigenbedarf gewährt, wäre es kritisch einzuschätzen, in Form einer komponentenweisen Aufspaltung mittelbar die Anforderungen an die Einordnung als Eigenbedarf aufzuweichen.

Abbildung 3-10 fasst diese Stufe 3 zusammen.

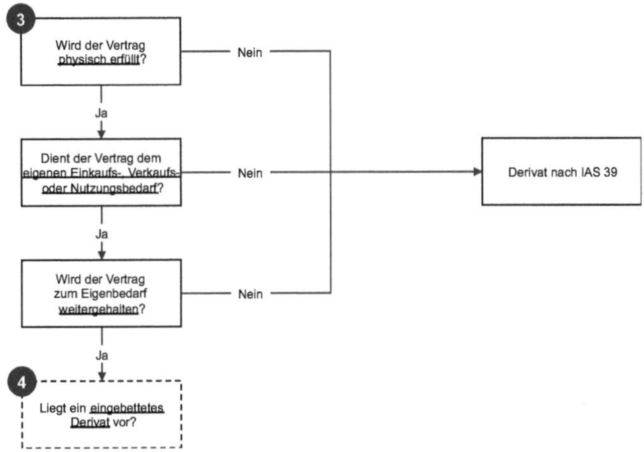

Abbildung 3-10: Analysestufe 3: Ausnahme für Eigenbedarf[711]

3.4.5 Stufe 4: Trennungspflichtige eingebettete Derivate

Auf der letzten Analysestufe sind diejenigen Rohstoffgeschäfte auf trennungspflichtige eingebettete Derivate zu untersuchen, die auf der zweiten Stufe keines der Kriterien für einen Barausgleich oder die auf der dritten Stufe die Merkmale des Eigenbedarfs erfüllt haben.[712]

---

führt.)

[709] Vgl. Deloitte (2006), S. 3; Freiberg (2007b), S. 231 und Lüdenbach (2012), Tz. 226.

[710] Vgl. Abschnitt 3.4.3.

[711] Quelle: Eigene Darstellung.

[712] Was für Vertragsbedingungen grundsätzlich als eingebettetes Derivat qualifizieren, nennt auch der einführende Abschnitt 3.3.6. Rohstoffspezifische Ausprägungen von Vertragsklauseln, die als eingebettete Derivate

Durch dieses Vorgehen stellt das IASB sicher, dass sich keine Rohstoffgeschäfte für die Anwendung von IAS 37 qualifizieren, obwohl sie derivative Komponenten umfassen, die – für sich genommen – als Finanzinstrumente entsprechend IAS 39 zu werten wären und nicht in einem sachgemäßen Zusammenhang zu dem zugrundeliegenden Rohstoffgeschäft stehen. Abbildung 3-11 veranschaulicht diese Analysestufe 4.

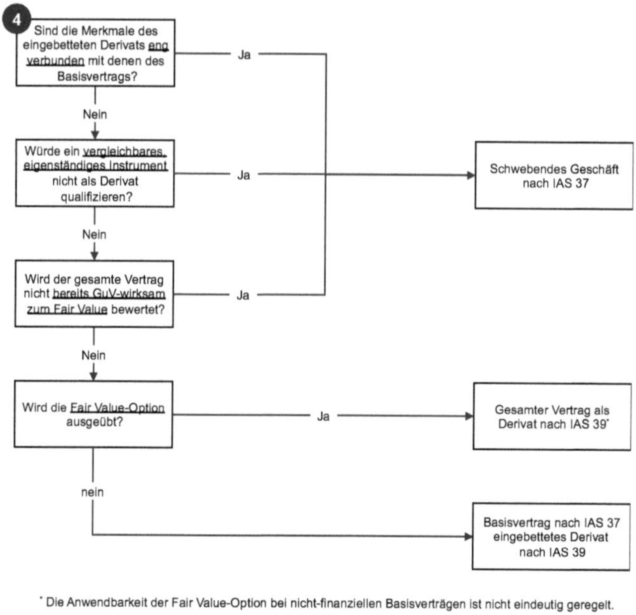

Abbildung 3-11: Analysestufe 4: Trennungspflichtige eingebettete Derivate[713]

Nach IAS 39.11 ist ein eingebettetes derivatives Finanzinstrument von dem Basisvertrag zu trennen, wenn kumulativ folgende Merkmale erfüllt sind:

(a) Die wirtschaftlichen Merkmale und Risiken des eingebetteten Derivats sind nicht eng mit den wirtschaftlichen Merkmalen und Risiken des Basisvertrags verbunden,[714]

---

qualifizieren, werden im Zusammenhang mit der Analyse von Preisformeln bei Warenlieferverträgen in Abschnitt 3.5.2.2.1 vertieft.

[713] Quelle: Eigene Darstellung.

[714] Vgl. IAS 39.11 (a) und IDW RS HFA 25 Tz. 43.

(b) ein eigenständiges Instrument mit gleichen Vertragsbedingungen wie das eingebettete Derivat würde die Definition eines Derivats erfüllen,[715] und

(c) der gesamte (zusammengesetzte) Vertrag wird nicht bereits GuV-wirksam zum beizulegenden Zeitwert bilanziert.[716]

Das wesentliche zu prüfende Kriterium ist die Frage, ob die wirtschaftlichen Eigenschaften des eingebetteten derivativen Finanzinstruments und des Basisvertrags *eng verbunden* sind. Hierfür ist ein qualitativer Nachweis darüber zu führen, dass der derivative Vertragsbestandteil nicht die Chancen und Risiken des Basisvertrags verändert. Die qualitative Beurteilung kann u.a. positiv ausfallen, wenn eine *enge ökonomische Verbindung* in Form einer Industriepraxis für die Preisbildung über eine derartige Vertragsbedingung gegeben ist oder wenn eine *enge technische Verbindung* dadurch besteht, dass das eingebettete Derivat einen Produktionsbestandteil für den Rohstoff des Basisvertrages darstellt.[717]

Eine enge Verbundenheit ist zum Beispiel ausgeschlossen, wenn das eingebettete Derivat eine Hebelwirkung besitzt. Preisober- bzw. Preisuntergrenzen wie Caps oder Floors haben darüber hinaus bei Vertragsabschluss at-the-money oder out-of-the-money zu sein. Wird der Warenliefervertrag an die Inflationsentwicklung indiziert, hat der gewählte Inflationsindex an das Wirtschaftsumfeld geknüpft zu sein, in dem das Unternehmen agiert.[718]

Für Fremdwährungsderivate, die in Warenlieferverträge eingebettet sind, gelten besondere Regeln nach IAS 39.AG33 (d). So wird eine enge Verbindung angenommen, wenn dieses Derivat weder eine Hebelwirkung noch eine Option aufweist und die Zahlung entweder in der funktionalen Währung einer der Vertragsparteien oder in einer anderen in diesem Wirtschaftsumfeld üblicherweise verwendeten Währung vorsieht.[719]

---

[715] Vgl. IAS 39.11 (b) und IDW RS HFA 25 Tz. 43.

[716] Vgl. IAS 39.11 (c) und IDW RS HFA 25 Tz. 43.

[717] Vgl. IDW RS HFA 25 Tz. 48; PwC (2008a), S. 303 und Maulshagen/Walterscheidt (2010), S. 358-359. Solche rohstoffspezifischen Kriterien für eine enge Verbindung werden im Kontext der Preisformeln bei Warenlieferverträgen ohne fixierte Lieferpreise in Abschnitt 3.5.2.2.1 vertieft und im Fallbeispiel 12 anhand der Preisbindung an Öl auf dem Erdgasmarkt veranschaulicht. Allgemeine Kriterien für eine enge Verbindung zum Beispiel zur Beurteilung von eingebetteten Fremdwährungsderivaten behandelt bereits Abschnitt 3.5.2.1.1.

[718] Vgl. Prokop (2007), S. 340; Ernst & Young (2009a), S. 11; Deloitte (2006), S. 5.

[719] Vgl. Löw/Lorenz (2005), S. 549; Prokop (2007), S. 338 und Deloitte (2006), S. 5.

Zusätzlich kann eine quantitative Beurteilung – insbesondere bei Vorliegen eines liquiden Marktes – notwendig sein, um den qualitativen Nachweis zu untermauern.[720] Sie wird anhand mathematischer Analysen durchgeführt.[721] Hierfür eignet sich insbesondere eine Regressionsanalyse, die den statistischen Zusammenhang von Preisänderungen des Rohstoffs des Basisvertrages und des Underlyings des eingebetteten Derivats misst.[722] Auch wenn das IASB keine Vorgaben nennt, sollten grundsätzliche Anforderungen an die statistische Signifikanz – zum Beispiel im Hinblick auf die Anzahl der Datenpunkte – eingehalten und eine deutlich positive Korrelation nachgewiesen werden.[723] Es wird nicht auf die Grenzwerte der Effektivitätsmessung im Hedge Accounting Bezug genommen.[724]. Eine allein quantitative Beurteilung kann jedoch nicht die qualitative Analyse ersetzen, da sie nicht den sachlichen – d.h. ökonomischen oder technischen – Zusammenhang zwischen den Vertragsbestandteilen sicherstellen kann.[725]

Die Kriterien (b) und (c) für eine Trennungspflicht sind in der Regel leichter zu bestimmen. So stellt das zweite Merkmal auf die Derivat-Definition von IAS 39.9 ab. Nach dem zuletzt genannten Kriterium bedarf es nicht der Untersuchung auf eine Trennungspflicht, wenn der gesamte Vertrag bereits GuV-wirksam zum Fair Value bewertet wird.[726]

Enthält ein Rohstoffgeschäft nach Prüfung dieser Kriterien kein trennungspflichtiges eingebettetes Derivat, ist der gesamte Vertrag als schwebendes Geschäft gegebenenfalls mit Drohverlustrückstellungen nach IAS 37 zu bilanzieren, wie in Abschnitt 3.3.2 dargestellt.[727]

Andernfalls ist das eingebettete derivative Finanzinstrument gesondert zu bilanzieren, während der Basisvertrag des Rohstoffgeschäfts wie oben behandelt wird.[728] Handelt es sich bei dem Derivat um ein unbedingtes Termingeschäft oder einen Swap, erfolgt der erstmalige Ansatz zum beizulegenden Zeitwert von null; bei einer Option kann ein anfänglicher Barwert

---

[720] Vgl. IDW RS HFA 25 Tz. 47.
[721] Vgl. Kuhn/Scharpf (2006), S. 481.
[722] Vgl. IDW RS HFA 25 Tz. 49; Maulshagen/Walterscheidt (2010), S. 359 und PwC (2008a), S. 305-306.
[723] Vgl. Maulshagen/Walterscheidt (2010), S. 359; PwC (2008a), S. 305-306.
[724] Vgl. PwC (2008a), S. 306. Siehe auch die Ausführungen zur Regressionsanalyse als Effektivitätstest für das Hedge Accounting in Abschnitt 3.3.4.2.5.
[725] Vgl. IDW RS HFA 25 Tz. 49-50; PwC (2008a), S. 305-306 und Maulshagen/Walterscheidt (2010), S. 359. Dies wird ebenfalls in den Abschnitten 3.5.2.1.1 und 3.5.2.2.1 vertieft.
[726] Vgl. Löw/Lorenz (2005), S. 548-549 und PwC (2008a), S. 302.
[727] Vgl. IAS 39.11 und IDW RS HFA 25 Tz. 45.
[728] Vgl. IAS 39.11 und IDW RS HFA 25 Tz. 45.

vorliegen. Der anfängliche Buchwert des Basisvertrags wird als Restbetrag nach Abzug des derivativen Bestandteils bestimmt.[729]

Zusätzlich besteht ein Wahlrecht, das gesamte Rohstoffgeschäft im Sinne der Fair Value-Option GuV-wirksam zum beizulegenden Zeitwert zu bilanzieren.[730]

Nach IFRIC 9.7 ist eine Neubewertung untersagt, solange sich die Vertragsbedingungen nicht erheblich ändern. Ist das jedoch der Fall, ist eine Neubewertung verpflichtend.[731]

3.4.6 Erweiterung um Hedge Accounting

Werden die Rohstoffgeschäfte durch Derivate abgesichert, ist der obige Analyserahmen um die verschiedenen Modelle des Hedge Accounting nach IAS 39 zu erweitern, um den Zusammenhang zu den Regeln zur Bilanzierung von Sicherungsbeziehungen herzustellen. Abbildung 3-12 veranschaulicht dies.

Sind die entsprechenden Voraussetzungen zur Anwendung des Hedge Accounting erfüllt, können Rohstoffgeschäfte, die als Vorräte nach IAS 2 bilanziert werden, als Grundgeschäft eines Fair Value-Hedge designiert werden.[732]

Für Rohstoffgeschäfte, die als Derivate nach IAS 39 GuV-wirksam zum beizulegenden Zeitwert bilanziert werden, kann grundsätzlich kein Hedge Accounting-Modell angewandt werden, da Derivate nach IAS 39.IG F.2.1 nicht als Grundgeschäft designiert werden können.[733] Die Wertänderungen beider Posten wirken sich unmittelbar gegenläufig auf die Gewinn- und Verlustrechnung aus.[734] Dies gilt für Rohstoffgeschäfte,

(a) für die ein Barausgleich vorgesehen bzw. zu vermuten ist oder die eine Stillhalterposition umfassen (Analysestufe 2),

[729] Vgl. IAS 39.AG28 und Maulshagen/Walterscheidt (2010), S. 357. Kann der Wert der Bestandteile nicht zuverlässig bestimmt werden, ist entweder der Wert des Derivats aus der Differenz zwischen dem gesamten Rohstoffgeschäft und dem Basisvertrag abzuleiten oder – falls dies nicht möglich ist – das gesamte Rohstoffgeschäft GuV-wirksam zum Fair Value zu bilanzieren. (Vgl. IAS 39.12-13.)

[730] Vgl. IAS 39.11A, IAS 39.AG33A und IDW RS HFA 25 Tz. 6. IAS 39.11A nennt Bedingungen für die Anwendbarkeit dieses Bilanzierungswahlrechts. Siehe auch Abschnitt 3.3.4.4.

[731] Zu einer erneuten Beurteilung eingebetteter Derivate aufgrund Änderungen der Marktgegebenheiten siehe auch Fallbeispiel 13 zum Eisenerzmarkt.

[732] Die Abschnitte 3.5.1.2 und 3.5.1.3 behandeln die bilanzielle Abbildung mittels Mikro bzw. Makro Fair Value Hedge Accounting bei Rohstoffvorräten im Detail.

[733] Vgl. Abschnitt 3.3.4.2.2. Als Ausnahme hiervon wird in Abschnitt 3.5.2.1.4 die Sonderregelung zum All-in-one-Hedge vorgestellt.

[734] Vgl. PwC (2008a), S. 287.

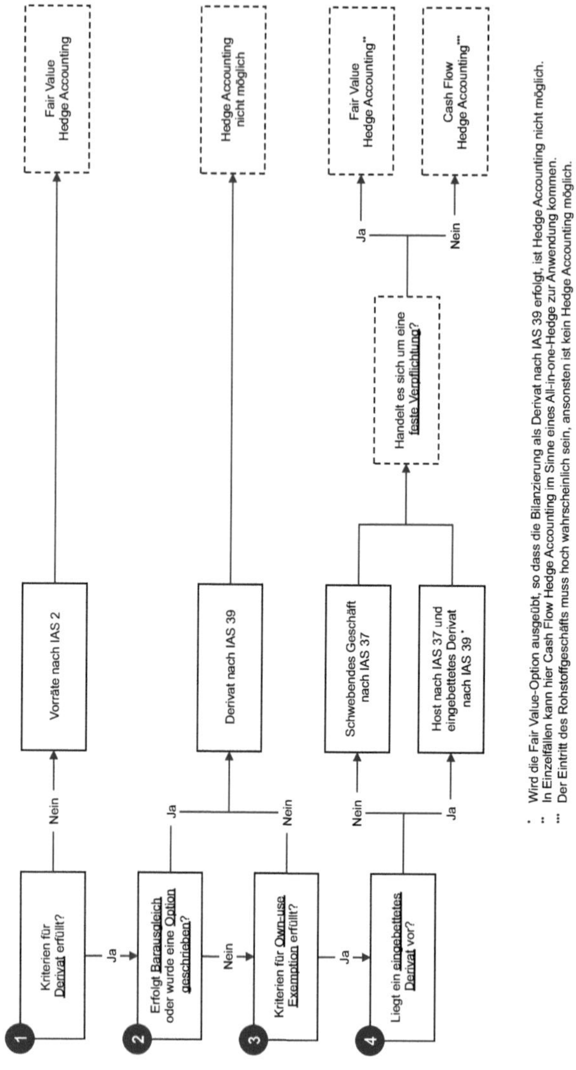

Abbildung 3-12: Erweiterung des Analyserahmens um das Hedge Accounting[735]

[735] Quelle: Eigene Darstellung.

(b) die die Merkmale des Eigenbedarfs nicht erfüllen (Analysestufe 3) oder

(c) für die – bei Vorliegen einer trennungspflichtigen eingebetteten Option – das Wahlrecht der Fair Value-Option ausgeübt wird (Analysestufe 4).

Um zu bestimmen, welche Hedge Accounting-Modelle bei Rohstoffgeschäften angewandt werden können, die dem zukünftigen Bezug bzw. Absatz von Rohstoffen dienen und nicht als Derivate nach IAS 39 zu bilanzieren sind, ist zwischen *festen Verpflichtungen* (*firm commitments*) und *erwarteten Transaktionen* (*forecast transactions*) zu unterscheiden: Erstere bedingen Fair Value Hedge Accounting, letztere hingegen Cash Flow Hedge Accounting.[736]

Als feste Verpflichtung ist ein rechtlich bindender Vertrag einzuordnen, der eine Preisfixierung zum Inhalt hat sowie Liefermenge und -zeit festlegt. Wenn eine Warenlieferung zwar nicht vertraglich geregelt, aber hoch wahrscheinlich ist, handelt es sich um eine erwartete Transaktion.[737]

Ebenfalls als erwartete Transaktion qualifiziert eine Warenliefervereinbarung, die vertraglich festgehalten ist, jedoch keinen Preis festsetzt, sondern zum Beispiel eine Preisformel vorsieht.[738] Als Preisformel wird eine Preisvereinbarung bezeichnet, in der anstelle eines Festpreises ein oder mehrere variable Preiskomponenten als Referenzwerte festgesetzt sind.[739] Ein solcher Vertrag kann die strengen Kriterien einer festen Verpflichtung nach IAS 39.9 nicht erfüllen, da er zwar gegebenenfalls Menge und Lieferzeitpunkt, aber nicht einen fixierten Preis regelt.[740] Diese Einordnung steht im Einklang mit der Zuordnung des Cash Flow-Hedge als Hedge Accounting-Modell einer Forecast Transaction, da ein Unternehmen hier stets das Zahlungsstromrisiko absichern möchte, das aus der variablen Preisgestaltung resultiert.

---

736 Vgl. IAS 39.86 (a) und (b). Warenlieferungen, die für keine der beiden Kategorien qualifizieren, können nicht als Grundgeschäft einer Sicherungsbeziehung designiert werden. Dies gilt insbesondere für Rohstoffgeschäfte, die als Warenlieferverträge ohne fixierte Preise nicht die Anforderungen an eine hohe Eintrittswahrscheinlichkeit erfüllen, auf die Abschnitt 3.5.2.2.2 eingeht, und somit nicht als erwartete Transaktion qualifizieren.

737 Vgl. IAS 39.9; PwC (2008a), S. 286 und S. 289. IAS 39.9 definiert eine feste Verpflichtung als „eine rechtlich bindende Vereinbarung zum Austausch einer bestimmten Menge an Ressourcen zu einem festgesetzten Preis und einem festgesetzten Zeitpunkt oder Zeitpunkten" und eine erwartete Transaktion als „eine noch nicht fest zugesagte, aber voraussichtlich eintretende künftige Transaktion". Die Unterscheidung hängt eng mit dem Begriffsverständnis des Bestands- bzw. antizipativen Hedging zusammen, dass jedoch auf das Sicherungsinstrument abstellt. (Vgl. Abschnitt 2.3.4.1.1.4.)

738 Vgl. Kuhn/Scharpf (2006), S. 384.

739 Vgl. PwC (2008a), S. 286. Preisformeln werden im Kontext der Abbildung von Lieferverträgen ohne Preisfixierung in Abschnitt 3.5.2.2.1 und anhand der Ölpreisbindung in Erdgasverträgen in Fallbeispiel 12 vertieft.

740 Vgl. PwC (2008a), S. 289.

Abbildung 3-13 veranschaulicht die Klassifizierung. Die nachfolgenden Abschnitte 3.5.2.1 und 3.5.2.2 führen die entsprechende Bilanzierung von Warenlieferverträgen mit bzw. ohne fixierten Preise aus. Auch wenn diese Abgrenzung sowohl den Ein- als auch den Verkauf von Rohstoffen eines Unternehmens betrifft, erfolgt die Darstellung aus Vereinfachungsgründen in der Regel aus der Sicht des Rohstoffeinkaufs. Sie hat gleichermaßen Gültigkeit für den Rohstoffverkauf, soweit nicht separat darauf hingewiesen wird.

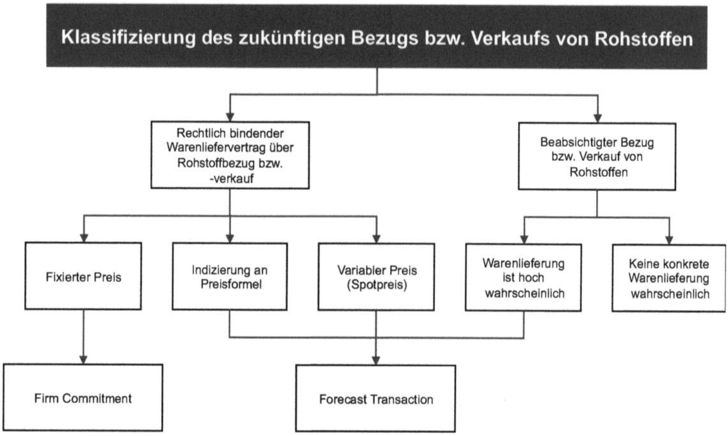

Abbildung 3-13: Klassifizierung des zukünftigen Bezugs bzw. Verkaufs von Rohstoffen[741]

Enthält ein solcher Vertrag ein trennungspflichtiges eingebettetes Derivat, kann dieses – wiederum in Abhängigkeit von obiger Klassifizierung und unter Beachtung der Voraussetzungen für das Hedge Accounting – als Sicherungsinstrument designiert werden.[742] Wenn zuvor im Rahmen der quantitativen Beurteilung eine enge Verbundenheit zu verneinen war, wird ein separiertes Derivat jedoch nicht die Anforderungen der Effektivitätsmessung erfüllen können, um als Sicherungsposition der Sicherungsbeziehung designiert zu werden, deren Grundposition sein ursprünglicher Basisvertrag darstellt.

[741] Quelle: Eigene Darstellung.
[742] Vgl. Kuhn/Albrecht (2008), S. 127.

3.5 Bilanzielle Untersuchung von Sicherungsstrategien auf Rohstoffmärkten

Nachdem im letzten Abschnitt ein Analyserahmen entwickelt wurde, der alle für die Bilanzierung von Rohstoffgeschäften relevanten Standards nach IFRS integriert, wird dieser nun eingesetzt, um die verschiedenen Formen der Risikosteuerung auf Rohstoffmärkten auf ihre bilanziellen Implikationen zu untersuchen.

Dies erfolgt zunächst für Rohstoffvorräte und anschließend für Warenlieferverträge. Bei Letzteren wird zwischen Lieferbeziehungen unterschieden, die einen festen oder einen variablen Preis vorsehen. Hierfür wird davon ausgegangen, dass das Unternehmen entweder bezugs- oder absatzseitig rohstoffabhängig ist. Die Besonderheiten von Industrie- und Handelsunternehmen, die zweiseitig rohstoffabhängig sind, werden im Anschluss herausgearbeitet.

Die Darstellung konzentriert sich auf statische Sicherungsstrategien.[743] Dynamisches Hedging im Sinne von Delta Hedging ist bei der Steuerung von Rohstoffpreisrisiken grundsätzlich möglich, spielt jedoch in der industriellen Praxis, die hier im Fokus steht, eine geringe Rolle. Des Weiteren bestehen keine rohstoffspezifischen Besonderheiten für die Bilanzierung solcher Hedging-Strategien.[744]

3.5.1 Abbildung der Risikosteuerung bei Rohstoffvorräten

3.5.1.1 Abbildung ohne Hedge Accounting

Rohstoffe, die ein Unternehmen als Vorräte auf Lager hält, erfüllen nicht die Kriterien für ein Derivat auf Analysestufe 1 und sind somit grundsätzlich zu fortgeführten Anschaffungs- bzw. Herstellungskosten nach IAS 2 zu bilanzieren.

Rohstoffproduzenten, die Rohstoffe als Vorräte im Sinne von Endprodukten ihrer Fördertätigkeit halten, ermitteln zum Stichtag den Nettoveräußerungswert anhand der Marktpreise für ihren Rohstoff. Unternehmen, bei denen die Rohstoffe als Vor- oder Zwischenprodukte in ihre Produktion eingehen, haben zur Bewertung dieser Vorräte hingegen den Nettoveräußerungswert ihres jeweiligen Fertigprodukts zu berücksichtigen. Fallbeispiel 1 veranschaulicht dieses Prinzip der Absatzmarktorientierung.

---

[743] Siehe auch Abschnitt für die Abgrenzung 2.3.4.1.1.3 zwischen statischem und dynamischem Hedging.

[744] Zur Bilanzierung dynamischer Hedging-Strategien im Allgemeinen vgl. auch KPMG (2011a), Tz. 7.7.330.

Da die historischen Anschaffungs- bzw. Herstellungskosten die Wertobergrenze im Rahmen des Wertaufholungsgebots darstellen, handelt es sich jeweils um eine *asymmetrische Folgebewertung*: Wertminderungen werden vollumfänglich bilanziell nachvollzogen, während sich ein Wertzuwachs nur bis zu dem ursprünglichen Wertansatz in der Bilanz und Gewinn- und Verlustrechnung niederschlägt.[745]

Fallbeispiel 1: Absatzmarktorientierte Bewertung von Rohstoffvorräten eines Rohstoffkonsumenten

Für Unternehmen, die Rohstoffe im Sinne von Vorprodukten für ihre Weiterverarbeitung oder ihren Verbrauch in der Produktion als Vorräte halten, ist bei der Bilanzierung zu fortgeführten Anschaffungs- bzw. Herstellungskosten zu beachten, dass der Nettoveräußerungswert ausschließlich absatzmarktorientiert zu ermitteln ist. Hier besteht ein Abschreibungsbedarf auf die Rohstoffvorräte erst, wenn der erwartete Verkaufserlös für die Fertigerzeugnisse, in denen sie aufgehen, unter die Anschaffungs- oder Herstellungskosten fällt und somit keine betriebskostendeckende Produktion mehr möglich ist.[746] Dann kann – in Ermangelung besserer Bewertungsgrundlagen – der Wiederbeschaffungswert als Vergleichsmaßstab herangezogen und somit vom Grundsatz der Absatzmarktorientierung abgewichen werden.[747] Die Bewertung der Rohstoffvorräte wird somit mittelbar an die Gewinnerzielungsmöglichkeiten aus einem anderen Vermögenswert – dem Fertigerzeugnis des Unternehmens – gekoppelt.[748]

Abbildung 3-14 verdeutlicht diesen Zusammenhang anhand eines Zahlenbeispiels: Ein Unternehmen, das Rohstoffe als Vorprodukte bezieht, hat diese als Vorräte zu 10 Geldeinheiten (GE) bilanziert. Ihr aktueller Marktpreis beträgt 8 GE. Die Verkaufskosten des Endprodukts werden als Fixbetrag mit 4 GE angenommen.[749] Für unterschiedliche Nettoveräußerungswerte des Fertigprodukts, die auf der x-Achse abgetragenen sind, zeigt die Abbildung die Bewer-

---

[745] Vgl. IAS 2.9. Siehe auch die Darstellung zur Bewertung von Vorräten nach IAS 2 in Abschnitt 3.3.1.

[746] Vgl. Theile (2012), Tz. 2251; Riese (2013), Tz. 8.

[747] Vgl. Jacobs/Schmitt (2013), Tz. 93; Meyer (2011), Tz. 70. Ein solches Verlustpotential kann nicht nur aus bilanziell angesetzten Rohstoffvorräten, sondern auch aus Rohstoffen resultieren, deren zukünftige Lieferung das Unternehmen zum Beispiel mithilfe eines Warentermingeschäfts bereits kontrahiert hat. Wenn dieses nicht als Derivat zum beizulegenden Zeitwert nach IAS 39 zu bilanzieren ist, ist gegebenenfalls eine Drohverlustrückstellung nach IAS 37 zu bilden, wie in Kapitel 3.3.2 dargestellt. (Vgl. Freiberg (2007b), S. 232.)

[748] Vgl. Jacobs/Schmitt (2013), Tz. 101.

[749] Das Beispiel unterstellt vereinfachend einen linearen Zusammenhang zwischen Marktpreis und Nettoveräußerungswert des Endprodukts. Ebenso könnten Schwankungen des Nettoveräußerungswerts des Fertigprodukts auf sich ändernde Verkaufskosten (bei stabilen oder ebenfalls variablen Marktpreisen für das Endprodukt) zurückgeführt werden. Die Annahme eines linearen Zusammenhangs dient nur der Anschaulichkeit der Analyse und hat keinen weiteren Einfluss auf ihr Ergebnis.

tung der Rohstoffvorräte, deren Höhe auf der y-Achse abgetragen ist: Solange der Nettoveräußerungswert des Endprodukts über den historischen Anschaffungs- bzw. Herstellungskosten der Rohstoffvorräte liegt und seine Herstellung somit kostendeckend ist, werden diese – entsprechend der Bilanzierung zu fortgeführten Anschaffungs- bzw. Herstellungskosten – mit 10 GE bewertet. Aufgrund der reinen Absatzmarktorientierung der Vorratsbewertung wirken sich mögliche Änderungen im Marktpreis der Rohstoffe in diesem Fall nicht aus. Wenn die Produktion jedoch nicht mehr kostendeckend ist, da der Nettoveräußerungswert des Fertigprodukts unter 10 GE fällt, ist der Marktpreis der Rohstoffe in Höhe von 8 GE im Sinne eines Wiederbeschaffungswerts maßgebend und es hat eine entsprechende Abschreibung um 2 GE zu erfolgen. Da die historischen Anschaffungs- bzw. Herstellungskosten der Rohstoffvorräte weiterhin ihre Wertobergrenze darstellen, würde sich ein möglicher späterer Anstieg ihres Marktpreises über 10 GE nicht in ihrer Bewertung wiederspiegeln.

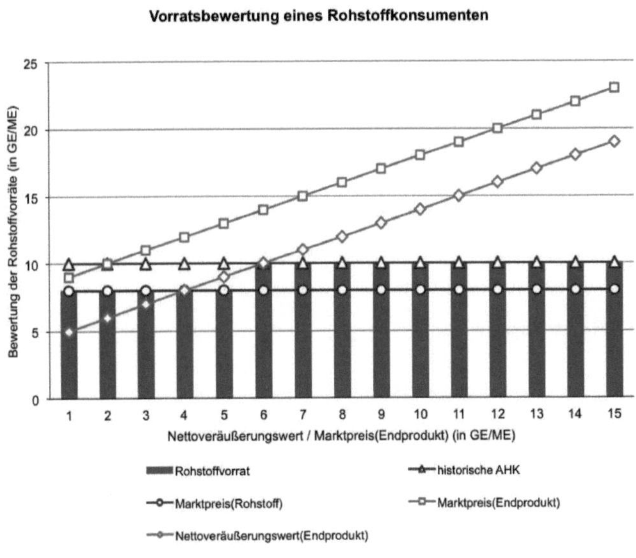

Abbildung 3-14: Absatzmarktorientierte Bewertung von Rohstoffvorräten als Vor- oder Zwischenprodukte[750]

[750] Quelle: Eigene Darstellung.

Wird ein Rohstoffderivat wie ein Termingeschäft zur Absicherung von Zeitwertänderungen des Rohstoffvorrats eingesetzt, ohne Hedge Accounting anzuwenden, ist dieses GuV-wirksam zum Fair Value nach IAS 39 zu bewerten.[751] Der unterschiedliche Wertansatz der Vorrats- und der Derivatpositionen führt zu einer ökonomisch ungerechtfertigten Volatilität in der Gewinn- und Verlustrechnung, sobald der Marktpreis der Rohstoffvorräte über die historischen Anschaffungs- bzw. Herstellungskosten steigt und somit ausschließlich das Rohstoffderivat seine (negative) Wertentwicklung nachzeichnet.

Wenn die Bewertung von Rohstoffvorräten wie in Fallbeispiel 1 von dem Nettoveräußerungswert des Produktes abhängen, in das sie eingehen, kann auch ein Ausgleich von positiven Wertänderungen des Derivats durch entsprechende Abschreibungen der Rohstoffvorräte begrenzt sein. Denn erst wenn die Produktion nicht mehr kostendeckend ist, entsteht ein Abschreibungsbedarf der Rohstoffvorräte auf ihren Wiederbeschaffungswert.[752]

Wie sich die Anwendung von Bewertungsvereinfachungsverfahren für die Vorräte auswirkt, veranschaulicht Fallbeispiel 2.

Fallbeispiel 2: Bewertungsvereinfachungsverfahren für Rohstoffvorräte im Vergleich zum beizulegenden Zeitwert

Anhand von Rohstoffvorräten, die ein Rohstoffkonsument als Vorprodukte für seine Produktion hält, soll veranschaulicht werden, wie sich die Vorratsbewertung mit dem FIFO-Verbrauchsfolgeverfahren oder der Durchschnittsmethode nach IAS 2.27 im Vergleich zum Marktwert des Rohstoffs auswirkt.[753]

FIFO unterstellt, dass die Vorräte zuerst verbraucht werden, die auch zuerst angeschafft wurden.[754] Dies entspricht einem Verbrauch entsprechend der Reihenfolge der Anschaffung. Die Durchschnittsmethode bewertet die Vorräte anhand ihrer durchschnittlichen gewichteten Anschaffungskosten und ermittelt diese entweder als gewogenen Durchschnitt über die gesamte

[751] Vgl. Abschnitt 3.3.3.

[752] In diesem Fall hätte ein Unternehmen seine Rohstoffvorräte auf Termin verkauft, um sich gegen Zeitwertänderungen des Vorratsbestands aufgrund sinkender Preise abzusichern. In der Praxis ist eher zu erwarten, dass ein Rohstoffkonsument anstelle seines bestehenden Rohstoffvorrats den zukünftigen Bezug von Rohstoffen durch Terminkäufe gegen steigende Preise sichert.

[753] Die Darstellung ist auf Rohstoffproduzenten übertragbar, die Rohstoffe als absatzseitige Vorräte halten. Hier ist jedoch zu beachten, dass die Vorratsbewertung bei steigenden Verkaufspreisen weiterhin an die Herstellungskosten gebunden ist. Nur wenn ein positiver Zusammenhang zwischen Marktpreisen und Produktionskosten unterstellt werden kann, zeichnen die Vorräte einen Wertzuwachs entsprechend nach.

[754] Vgl. Pellens et al. (2011), S. 412; Hoffmann (2012b), Tz. 45; Riese (2013), Tz. 82.

Berichtsperiode oder gleitend zu jedem Vorratszugang.[755] Diese Verfahren dienen dazu, die Anschaffungskosten des verbrauchten Teilbestands von Vorräten zu bestimmen, um somit auch den Wert der verbleibenden Vorräte zu ermitteln.[756]

Wenn die Marktpreise für die Rohstoffe fallen und das Unternehmen zu niedrigeren Preisen weitere Vorräte kauft, berücksichtigen die Wertermittlungen nach FIFO bzw. Durchschnittsmethode diese Preisbewegung. Da sie – auf unterschiedliche Weise – die vormals höheren Anschaffungskosten einbeziehen, vollziehen sie die Wertänderung nicht zur Gänze nach. Die Vorratsbewertung erfolgt jedoch – dem Niederstwertprinzip folgend – weiterhin zum niedrigeren Nettoveräußerungswert, auf den der gesamte Vorratsbestand wertzumindern ist.

Bei steigenden Marktpreisen spiegeln sich die höheren Anschaffungskosten der zuletzt beschafften Rohstoffe ebenso in der Vorratsbewertung nach FIFO bzw. Durchschnittsmethode wieder. Dieser Anstieg entspricht wiederum nicht gänzlich dem Anstieg des Marktpreises, da die Vorräte weiterhin auch die Bewertung der zu historisch niedrigeren Preisen bezogenen Rohstoffe beinhaltet.

Abbildung 3-15 verdeutlicht diesen Zusammenhang anhand eines Zahlenbeispiels mit einem einfachen Ein-Perioden-Modell, in dem anfangs ein Rohstoffvorrat über 2.000 Mengeneinheiten (ME) zu 8 Geldeinheiten pro Mengeneinheit (GE/ME) gehalten wird und der Marktpreis des Rohstoffs ebenfalls 8 GE/ME beträgt. Die Abbildung zeigt die Rohstoffbewertung (y-Achse), nachdem sich eine Periode später der Marktpreis (x-Achse) geändert hat, 1.000 ME des Rohstoffs in der Produktion verbraucht und 2.000 ME davon gekauft wurden. Es wird angenommen, dass deren Anschaffungskosten mit dem Marktpreis übereinstimmen. Der Rohstoffvorrat setzt sich somit zu einem Drittel aus dem vorherigen Bestand und zu zwei Drittel aus dem Neuzugang zusammen.

Bei fallenden Marktpreisen und Herstellungskosten erfolgt die Bewertung der Rohstoffvorräte aufgrund des Niederstwertprinzips unverändert zum Nettoveräußerungswert, da dieser unter den ermittelten Herstellungskosten liegt. Steigen die Marktpreise, reflektiert der gesamte Vorratsbestand hingegen den Kostenanstieg der zuletzt gekauften Rohstoffe.[757] Die Bewertung

[755] Vgl. Pellens et al. (2011), S. 413; Meyer (2011), Tz. 63-65; Peemöller (2011), Tz. 41. Da das nachfolgende Zahlenbeispiel nur eine Periode betrachtet, wird hier nicht weiter zwischen den beiden Durchschnittsverfahren unterschieden.

[756] Vgl. Schmidt (2009a), S. 619.

[757] Muss der Rohstoffkonsument – zum Beispiel aufgrund seiner Produktionsplanung – größere Mengen nach

nach FIFO reagiert deutlicher auf den Preisanstieg als die Durchschnittsmethode,[758] da die verbrauchte Rohstoffmenge, die zu niedrigeren Kosten bezogen wurde, nicht mehr in die Kalkulation eingeht. Die schraffierte Fläche hebt die Differenz zwischen Marktpreis und FIFO-Bewertung bzw. die zusätzliche Differenz zur Durchschnittsmethode hervor.

Falls das Unternehmen seine Rohstoffvorräte mit Termingeschäften gegen Zeitwertänderungen sichert, ohne Hedge Accounting anzuwenden, kann bei steigenden Rohstoffpreisen die höhere Bewertung des gesamten Vorratsbestands dem Zeitwertverlust aus dem Termingeschäft entgegenwirken. Jedoch verbleibt ein Nettoeffekt in der Gewinn- und Verlustrechnung, der sich aus den Bewertungsdifferenzen zum Marktpreis ergibt.

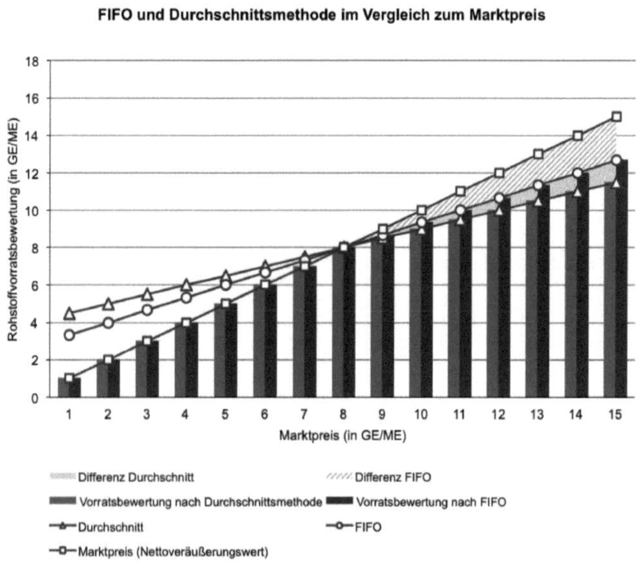

Abbildung 3-15: Vergleich der Bewertung von Rohstoffvorräten nach FIFO und Durchschnittsmethode zum Marktpreis[759]

einem Preisanstieg kaufen, schlägt dieser naturgemäß stärker auf die Vorratsbewertung durch. Umso stärker die angekaufte mit der verbrauchten Rohstoffmenge bei insgesamt niedriger Vorratshaltung übereinstimmt, desto unmittelbarer spiegelt die Vorratsbewertung das aktuelle Marktpreisniveau wider.

758 Da hier nur eine Periode betrachtet wird, wird nicht zwischen gewogenem und gleitendem Durchschnitt unterschieden.

759 Quelle: Eigene Darstellung.

Fallbeispiel 3 veranschaulicht die Bewertung von Rohstoffvorräten, über deren Verkauf ein Liefervertrag mit vereinbartem Verkaufspreis abgeschlossen ist, der als Termingeschäft vergleichbar zur obigen Darstellung eines Rohstoffderivats ebenfalls das Preisrisiko an einen Dritten überträgt, jedoch nicht nach IAS 39 zu bewerten sei.

Fallbeispiel 3: Bewertung von Rohstoffvorräten zur Veräußerung über einen Festpreisvertrag

Hinsichtlich Vorräten von geförderten bzw. verarbeiteten Rohstoffe ist der Fall zu berücksichtigen, dass ein Rohstoffproduzent oder rohstoffverarbeitendes Unternehmen zur Risikosteuerung Festpreisverträge über ihren Verkauf abschließt, die – wegen ihrer physischen Erfüllung und mangels Barausgleich – für eine Bilanzierung als schwebendes Geschäft nach IAS 37 qualifizieren und folglich nicht unmittelbar bilanzwirksam sind. Da unter diesen Voraussetzungen der Verkaufspreis der Rohstoffe unabhängig von ihrem aktuellen Marktpreis ist, wird der vereinbarte Preis als Nettoveräußerungswert der Rohstoffvorräte angesetzt und bildet somit eine Wertobergrenze für deren Bewertung.[760] Dieser Bewertungsansatz ist jedoch anteilig auf die Vorräte begrenzt, die zweckgebunden – d.h. durch einen solchen Festpreisvertrag abgedeckt – sind. Die Bewertung von weiteren Vorräten erfolgt wie üblich.[761]

Ein Zahlenbeispiel soll dies ebenfalls verdeutlichen: Ein Unternehmen hat eine Verkaufsvereinbarung zum Festpreis von 10 GE/ME abgeschlossen und erwartet Herstellungskosten in Höhe von 8 GE/ME. Üblicherweise sei der Verkauf vergleichbarer Vorräte mit Verkaufskosten in Höhe von 1 GE/ME verbunden. Zunächst sei angenommen, dass sich die erwarteten Herstellungskosten realisieren oder die Vorräte bereits mit einer Bewertung von 8 GE/ME bilanziert werden. Für den Verkauf unter dem Festpreisvertrag sollen keine weiteren Verkaufskosten anfallen, so dass eine Gewinnspanne von 2 GE/ME besteht. Die Grafiken in Abbildung 3-16 tragen die Vorratsbewertung (y-Achse) für unterschiedliche Marktpreise für den zu veräußernden Rohstoff (x-Achse) ab. Die obere Grafik zeigt, wie in dem beschriebenen Ausgangsfall die Rohstoffvorräte zum niedrigeren Wert aus Herstellungskosten (8 GE/ME) und Nettoveräußerungswert (10 GE/ME) bilanziert werden. Ihre Bewertung ist unabhängig von Schwankungen der Marktpreise. Rohstoffvorräte, die nicht unter dem Termingeschäft verkauft werden, sind hingegen bei sinkenden Marktpreisen entsprechend ihrem fallenden Nettoveräußerungswert abzuschreiben. Unter Berücksichtigung der Verkaufskosten in Höhe von

---

760 Vgl. IAS 2.31; weiterführend Pellens et al. (2011), S. 409; Riese (2013), Tz. 94 und Tz. 97.

761 Vgl. Jacobs/Schmitt (2013), Tz. 104.

1 GE/ME, die gemäß Annahme für den Verkauf von Rohstoffvorräten außerhalb des Festpreisvertrages anfallen, sind die Vorräte zum Beispiel bei einem Marktpreis von 8 GE/ME auf 7 GE/ME abzuschreiben.[762]

Die untere Grafik veranschaulicht den Fall, dass sich nach Abschluss des Festpreisvertrags zu 10 GE/ME erhöhte Herstellungskosten von 12 GE/ME realisieren. Vorräte, die unter die Vertragsvereinbarung fallen, sind entsprechend dem Festpreis zu 10 GE/ME zu bewerten. Er stellt den niedrigeren Wert aus Herstellungskosten (12 GE/ME) und Nettoveräußerungswert (10 GE/ME) dar. Weitere Vorräte hingegen können – in Abhängigkeit von ihrem Nettoveräußerungswert bzw. Marktpreis – mit bis zu 12 GE/ME (als ihre historischen Herstellungskosten) bilanziert werden.

Abbildung 3-17 zeigt nochmals die Bewertung der Rohstoffe unter dem Festpreisvertrag für verschiedene Niveaus von Herstellungskosten, die sich nach Abschluss eines Festpreisvertrages realisieren. Wenn die Herstellungskosten die erwarteten 8 GE/ME überschreiten, können die Rohstoffe maximal mit 10 GE/ME bewertet werden, da dies der vereinbarte Festpreis ist. Bei niedrigeren Herstellungskosten stellen diese den Bewertungsansatz dar.

[762] Die Notwendigkeit, Drohverlustrückstellungen für die verlustbehaftete Veräußerung dieser Rohstoffe zu bilden, kann in diesem Beispiel eintreten, wenn mit einem starken Marktpreisverfall gleichzeitig gestiegene Verkaufskosten einhergehen, so dass der Nettoveräußerungswert abzüglich Verkaufskosten negativ ist.

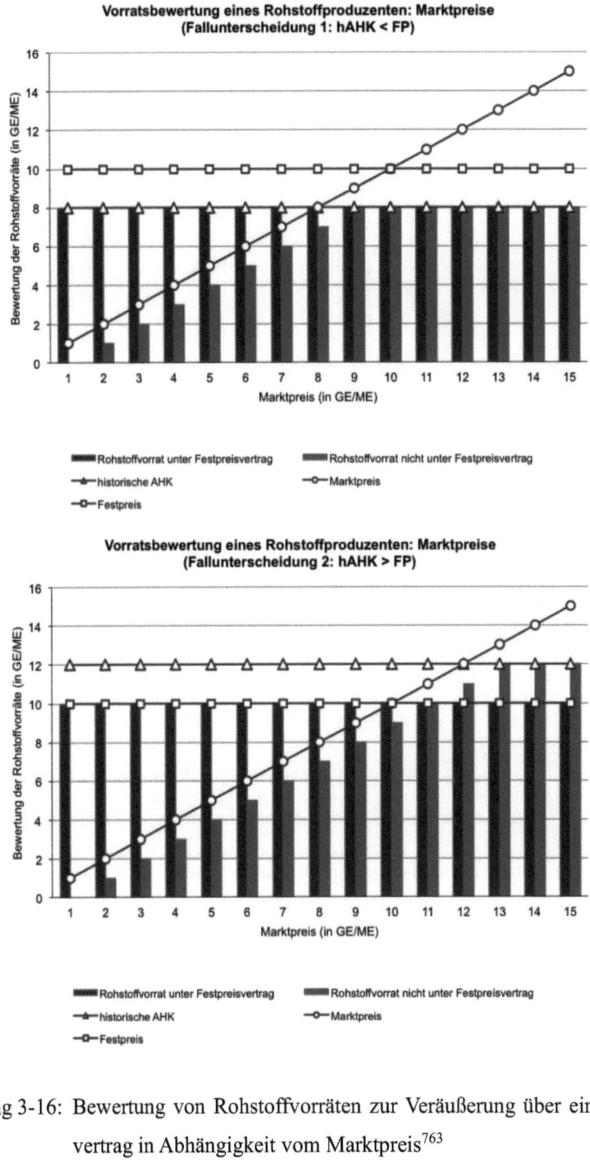

Abbildung 3-16: Bewertung von Rohstoffvorräten zur Veräußerung über einen Festpreisvertrag in Abhängigkeit vom Marktpreis[763]

[763] Quelle: Eigene Darstellung.

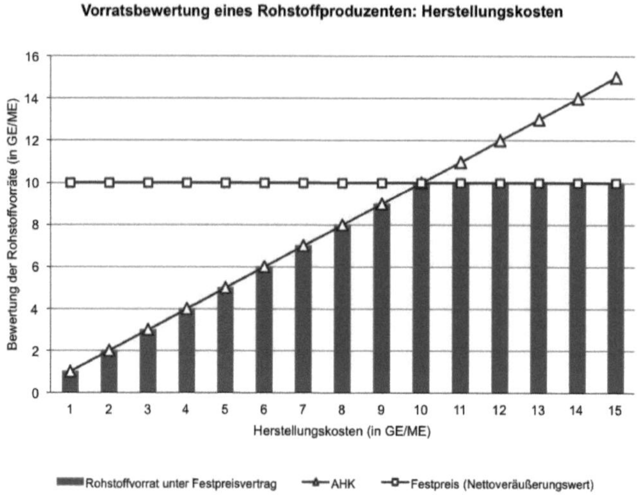

Abbildung 3-17: Bewertung von Rohstoffvorräten zur Veräußerung über einen Festpreisvertrag in Abhängigkeit von den Herstellungskosten[764]

Branchenspezifische Abweichungen für die Bilanzierung von Rohstoffvorräten bestehen zudem für Mineralien bzw. mineralische Stoffe sowie für Vermögenswerte aus landwirtschaftlicher Tätigkeit. Auf diese Regelungen gehen Fallbeispiel 4 bzw. Fallbeispiel 5 ein.

Fallbeispiel 4: Bewertung mineralischer Vorräte zum Nettoveräußerungswert als Branchenpraxis in der Förderung von Mineralien und mineralischen Stoffen

Eine Besonderheit betrifft Mineralien und mineralische Stoffe als Vorräte eines Förderunternehmens.[765] Sie werden nach IAS 2.3 (a) und IAS 2.4 GuV-wirksam zum Nettoveräußerungswert in der Berichtsperiode der Wertänderung bilanziert, wenn dies der Branchenpraxis entspricht.[766] Ein Ansatz zum Nettoveräußerungswert setzt voraus, dass für die entsprechenden

[764] Quelle: Eigene Darstellung.

[765] Diese Ausnahmeregelung ist auf Produzenten begrenzt und gilt nicht für Unternehmen, die Mineralien weiterverarbeiten oder verbrauchen. (Vgl. KPMG (2011a), Tz. 3.8.70.10.) Mit IFRS 6 besteht darüber hinaus ein Standard, der spezifisch für diese Branche ist. Er behandelt jedoch mit Fragen der Exploration und Evaulierung von mineralischen Ressourcen ausschließlich einen Ausschnitt der Rechnungslegung in der Rohstoffindustrie, der hier nicht Untersuchungsgegenstand ist. (Weiterführend zum Beispiel Ballwieser/Dobler (2011), Tz. 87-110.)

[766] Vgl. Pellens et al. (2011), S. 397. Auch wenn eine Abweichung vom Anschaffungskostenprinzip bisher in Deutschland nicht üblich und nicht zulässig war, kann diese Regelung auch für deutsche Unternehmen Anwendung finden, wenn eine solche Bewertung zum Beispiel in Ländern marktüblich ist, die für die Ausprägung der weltweiten Branchenpraxis ausschlaggebend sind. (Vgl. Hoffmann (2012a), Tz. 1.)

Mineralien oder Mineralprodukte ein aktiver Markt besteht, auf dem das Risiko der Unverkäuflichkeit vernachlässigbar ist. Eine solche Industriepraxis beschränkt sich üblicherweise auf Stoffe, die als Nebenprodukte der Förderaktivität auftreten.[767]

Wenn Mineralien gefördert und mit einem Termingeschäft abgesichert werden, das nicht bilanzwirksam und demnach nicht bereits nach IAS 39 GuV-wirksam zum Fair Value bilanziert wird, wird – vergleichbar zu Fallbeispiel 3 – der Preis des Termingeschäfts als Nettoveräußerungswert des Vorratspostens angesetzt.[768]

Handelt es sich bei den Rohstoffen um Vermögenswerte aus landwirtschaftlicher Tätigkeit, die unter den Anwendungsbereich von IAS 41 fallen, werden diese GuV-wirksam zum Fair Value bewertet. Fallbeispiel 5 stellt die Regelungen des IAS 41 im Detail vor.

Fallbeispiel 5: Bilanzierung von landwirtschaftlicher Tätigkeit nach IAS 41

IAS 41 regelt die Bilanzierung *landwirtschaftlicher Tätigkeit*, d.h. insbesondere von *biologischen Vermögenswerten* wie von lebenden Tieren und Pflanzen und von *landwirtschaftlichen Erzeugnissen* als Früchten der landwirtschaftlichen Vermögenswerte des Unternehmens bis zum Zeitpunkt der Ernte.[769] Nach der Ernte sind landwirtschaftliche Erzeugnisse als Vorräte nach IAS 2 zu bilanzieren.[770] Besteht eine entsprechende Branchenpraxis, sieht IAS 2.2 vor, sie dann zum Nettoveräußerungswert zu bewerten.[771]

Da der überwiegende Teil der land- und forstwirtschaftlichen Unternehmen in Deutschland nicht zum IFRS-Anwenderkreis zählen, hat IAS 41 hierzulande keine nennenswerte Relevanz. Für Unternehmen, die in den Anwendungsbereich von IAS 41 fallen, hat er jedoch eine hohe

[767] Vgl. PwC (2007), S. 49.

[768] Vgl. IAS 2.4 und PwC (2007), S. 51.

[769] Vgl. IAS 41.1 und IAS 41.5. IAS 41.5 definiert *landwirtschaftliche Tätigkeit* als „Management der absatzbestimmten biologischen Transformation biologischer Vermögenswerte in landwirtschaftliche Erzeugnisse oder in zusätzliche biologische Vermögenswerte durch ein Unternehmen", die *biologische Transformation* als den „Prozess des Wachstums, des Rückgangs, der Fruchtbringung und der Vermehrung, welcher qualitative oder quantitative Änderungen eines biologischen Vermögenswerts verursacht", sowie die *Ernte* als die „Abtrennung des Erzeugnisses von dem biologischen Vermögenswert oder das Ende der Lebensprozesse eines biologischen Vermögenswerts". Weiterführend zu Kriterien, die nach IAS 41.6 eine landwirtschaftliche Tätigkeit kennzeichnen, siehe auch Scharpenberg/Schreiber (2013), Tz. 16 oder Janze (2012), Tz. 6. Biologische Vermögenswerte sind – als entscheidendes Abgrenzungsmerkmal zu landwirtschaftlichen Erzeugnissen – zur biologischen Transformation fähig. (Vgl. Janze (2012), Tz. 10.)

[770] Vgl. IAS 41.3.

[771] Siehe auch Jacobs/Schmitt (2013), Tz. 9 sowie Theile (2012), Tz. 2210. Ob zur Ermittlung einer Branchenpraxis ein nationaler oder internationaler Vergleichsmaßstab zu nutzen ist, lässt das IASB offen. Im Sinne der Vergleichbarkeit von IFRS-Abschlüssen kann gefordert werden, weltweite Absatzmärkte hierfür heranzuziehen. (Vgl. Hoffmann (2012a), Tz. 1; Jacobs/Schmitt (2013), Tz. 9.)

Bedeutung, da dort Vermögenswerte aus landwirtschaftlicher Tätigkeit in der Regel einen bedeutsamen Anteil des Gesamtvermögens ausmachen.[772]

IAS 41 misst im Gegensatz zu IAS 2 der Bewertung zum beizulegenden Zeitwert eine zentrale Rolle bei, die das (damals noch) IASC mit Besonderheiten der landwirtschaftlichen Produktion wie langfristige Produktionsprozesse begründet: So könne zum Beispiel bei einer Forstbewirtschaftung mit Aufwuchsphasen von zum Teil 20-30 Jahren eine Bewertung zu Anschaffungs- bzw. Herstellungskosten weder den Wertzuwachs noch die Bedeutung der Aufwuchsphase für die Ertragsrealisation widerspiegeln.[773]

Biologische Vermögenswerte und landwirtschaftliche Erzeugnisse werden nach IAS 41 zu dem Zeitpunkt bilanziell angesetzt, zu dem das Unternehmen Kontrolle über sie erlangt.[774] Biologische Vermögenswerte werden bei erstmaligem Bilanzansatz sowie fortlaufend zum beizulegenden Zeitwert abzüglich der geschätzten Verkaufskosten GuV-wirksam bewertet.[775] Landwirtschaftliche Erzeugnisse werden nur zum Zeitpunkt ihrer Ernte anhand derselben Wertermittlung GuV-wirksam bewertet. Der beizulegende Zeitwert eines biologischen Erzeugnisses korrespondiert unmittelbar mit dem beizulegenden Zeitwert des biologischen Vermögenswerts, dessen Frucht es ist: Schließlich umfasst die Bewertung des biologischen Vermögenswerts vor der Ernte den Wert der späteren Frucht.[776] Ein solcher Wertansatz stellt

---

[772] Vgl. Kümpel (2006), S. 550-551; Janze (2007), S. 130 und S. 141-142. Jessen (2013) nennt die Bayer AG und die KWS Saat AG als Anwender von IAS 41 in Deutschland, erwartet jedoch – bedingt durch branchentypische Konzentrationstendenzen – in Zukunft eine größere Verbreitung von IAS 41. (Vgl. Jessen (2013), Tz. 2.) Weiterführend zur internationalen Bedeutung von IAS 41 vgl. auch Jessen (2013), Tz. 3.

[773] Vgl. Janze (2012), Tz. 2. Janze (2012) bezeichnet IAS 41 auch als „den bislang umfassendsten Bruch mit dem Anschaffungskostenprinzip". (Janze (2012), Tz. 2.) Ausführlicher zu den Beweggründen des IASC siehe auch Ballwieser/Dobler (2011), Tz. 27.

[774] Vgl. IAS 41.10-11.

[775] Vgl. IAS 41.12 und IAS 41.26-27. Mit dem Exposure Draft ED/2013/8 „Agriculture: Bearer Plants. Proposed amendments to IAS 16 and IAS 41" hat das IASB im Juni 2013 vorgeschlagen, bei der Bilanzierung biologischer Vermögenswerte zwischen *produzierenden biologischen Vermögenswerten* (*bearer plants*, *bearer biological assets*) und *zum Verzehr bestimmten biologischen Vermögenswerten* (*consumable biological assets*) zu unterscheiden. Als produzierende biologische Vermögenswerte werden fruchttragende Pflanzen wie Obstbäume, Weinstöcke oder Ölpalmen verstanden. Sie zeichnen sich dadurch aus, dass sie für die Produktion oder Versorgung landwirtschaftlicher Erzeugnisse gepflanzt werden, mehr als eine Berichtsperiode Früchte tragen und weder als lebende Pflanzen noch als landwirtschaftliches Erzeugnis verkauft werden. Beispiele für zum Verzehr bestimmte biologische Vermögenswerte sind hingegen Weizen oder auch Bäume, die der Holzproduktion dienen. Da Erstere nach Eintreten eines gewissen Reifezustands keiner weiteren wesentlichen biologischen Transformation mehr unterliegen und somit ihre Bewirtschaftung einem Produktionsbetrieb ähnelt, sollen sie künftig in den Anwendungsbereich von IAS 16 mit einer Bewertung ähnlich derer von Sachanlagen fallen. Nach Ablauf der Kommentierungsfrist im Oktober 2013 werden weitere Schritte für die erste Jahreshälfte 2014 erwartet. (Siehe auch Deloitte (2013a), S. 1-2 und PwC (2013), S. 3-4.)

[776] Vgl. Jessen (2013), Tz. 9. Nach der Ernte vermindert sich somit die Bewertung des biologischen Vermögenswerts entsprechend dem geernteten landwirtschaftlichen Erzeugnis. Diese Wertminderung erfolgt selbst dann, wenn das landwirtschaftliche Erzeugnis nicht unmittelbar bilanziell angesetzt wird. Dies kann zum

ebenfalls den Ausgangspunkt für die mögliche Folgebewertung dar: Er wird als Anschaffungs- bzw. Herstellungskosten im Sinne von IAS 2 fingiert.[777]

In beiden Fällen ergibt sich der beizulegende Zeitwert aus dem Marktpreis – ausgerichtet auf den gegenwärtigen Ort und Zustand – abzüglich Transportkosten und anderen Kosten, die aus dem Angebot des Vermögenswertes auf einem Markt resultieren.[778] Die Verkaufskosten bestimmen sich durch Provisionen an Händler und Makler, Abgaben an Aufsichtsbehörden und Warenterminbörsen, Verkehrssteuern, Zölle.[779]

Als Methode der vereinfachten Bewertung können Vermögenswerte aus landwirtschaftlicher Tätigkeit nach wesentlichen Eigenschaften wie Alter, Qualität, Ort, Konsumier- oder Reproduzierbarkeit gruppiert werden.[780]

Zur Bestimmung des beizulegenden Zeitwertes sieht IAS 41 eine Hierarchie der Ansätze zur Wertermittlung („fair value hierarchy"[781]) vor:[782] Zunächst wird auf einen aktiven Markt verwiesen.[783] Liegt kein aktiver Markt vor, um den beizulegenden Zeitwert zu bestimmen, ist zunächst auf vergleichbare, beobachtbare Preise zurückzugreifen. Dazu zählen Vergleichswerte aus jüngsten Transaktionen, Marktpreise für ähnliche Güter oder Branchen-Benchmarks. Lässt sich hierdurch kein marktbestimmter Preis ableiten, ist der beizulegende Zeitwert als Barwert der erwarteten Einzahlungsüberschüsse zu ermitteln.[784]

Beispiel bei einem neugeborenen Tier der Fall sein, bei dem noch nicht vom Zufluss eines wirtschaftlichen Nutzens ausgegangen werden kann, solange eine ausreichende Gesundheit des Neugeborenen noch nicht erkennbar ist. (Vgl. Scharpenberg/Schreiber (2013), Tz. 25.)

777 Vgl. IAS 41.13; IAS 41.26; IAS 41.28-29; Janze (2007), S. 131; Kümpel (2006), S. 552; Hoffmann (2012a), Tz. 24. Nachdem die Zugangsbewertung nach IAS 41 erfolgt ist, findet für die Folgebewertung dann entsprechend IAS 2 Anwendung.

778 Vgl. IAS 41.9; IAS 41.14 und IAS 41.BC.22.

779 Vgl. IAS 41.14. Für Einzelfalldarstellungen zu verschiedenen Gruppen biologischer Vermögenswerte sei auf Janze (2007), S. 132-141 verwiesen.

780 Vgl. IAS 41.15 und Kümpel (2006), S. 553. Hier wird teilweise die Ansicht vertreten, dass eine Gruppe von biologischen Vermögenswerten nicht nur hinsichtlich ihrer Natur, sondern auch hinsichtlich ihres Einsatzzwecks homogen sein muss. (Vgl. Ballwieser/Dobler (2011), Tz. 24.)

781 Scharpenberg/Schreiber (2013), Tz. 4.

782 Für Geschäftsjahre mit Beginn nach dem 31.12.2012 regelt der neue Standard IFRS 13 die Ermittlung des beizulegenden Zeitwerts. Da sich hieraus keine materiellen Änderungen für diese Arbeit ergeben, wird dies hier jedoch ausgeklammert. (Siehe auch Janze (2012), §40 Tz. 24.) Weiterführend zu IFRS 13 siehe auch Löw (2011).

783 Eine deutliche Grenze zwischen aktiven und inaktiven Märkten kann ausdrücklich nicht gezogen werden. Zu Indikatoren für die Existenz eines aktiven Markts vgl. auch Scharpenberg/Schreiber (2013), Tz. 36.

784 Vgl. IAS 41.17-18; IAS 41.20; Janze (2007), S. 131 und PwC (2009a), S. 6. Für detaillierte Ausführungen zur Ermittlung des Barwerts der erwarteten Netto-Cash Flows siehe PwC (2009a), S. 7 und Jessen (2013), Tz. 19-20.

Für landwirtschaftliche Erzeugnisse wird aufgrund ihrer grundsätzlichen Marktnähe stets angenommen, dass der beizulegende Zeitwert verlässlich bestimmt werden kann.[785]

Ausschließlich für biologische Vermögenswerte hingegen sieht IAS 41.30 eine *Verlässlichkeitsausnahme* (*reliability exception*) vor:[786] Kann der beizulegende Zeitwert auf keine der genannten Weisen verlässlich ermittelt werden, ist er mit seinen Anschaffungs- bzw. Herstellungskosten abzüglich aller kumulierten Abschreibungen und aller kumulierten Wertminderungen anzusetzen.[787] Diese Ausnahme kann nur bei erstmaligem Bilanzansatz und bis zu dem Zeitpunkt angewandt werden, zu dem der beizulegende Zeitwert verlässlich bestimmbar ist.[788]

Erstaunlicherweise schließt IAS 41.16 explizit das Heranziehen von Terminpreisen zur Ermittlung des beizulegenden Zeitwertes aus, zu denen Warentermingeschäfte zur Steuerung des Preisrisikos abgeschlossen wurden. Auch wenn das IASC diesen Schritt mit dem Zukunftsbezug solcher Transaktionen begründet, bleibt unverständlich, warum auf diese Informationsquelle zur Wertermittlung gänzlich verzichtet werden soll.[789]

Abbildung 3-18 fasst die Ermittlung des Wertansatzes für Vermögenswerte aus landwirtschaftlicher Tätigkeit zusammen.

3.5.1.2 *Abbildung mit Mikro Fair Value Hedge Accounting*

Wird die Steuerung des Zeitwertänderungsrisikos eines Warenbestands als Sicherungsbeziehung im Rahmen eines Mikro Fair Value-Hedge bilanziert, wird das Sicherungsinstrument zwar weiterhin als Derivat nach IAS 39 bewertet, für den als Grundgeschäft designierten Vorratsposten wird jedoch vom Ansatz zu fortgeführten Anschaffungs- bzw. Herstellungskosten

---

785 Vgl. IAS 41.32 und Scharpenberg/Schreiber (2013), Tz. 58. Janze (2012) betont jedoch, dass den alternativen Bewertungsmethoden in der Praxis „eine wesentlich größere Bedeutung zu[kommt], als der IASB diesen in IAS 41 beimisst." (Janze (2012), Tz. 29.) In Deutschland spielt daher insbesondere die Wertermittlung über den Barwert der erwarteten Einzahlungsüberschüsse in der landwirtschaftlichen Praxis eine wesentliche Rolle. (Vgl. Janze (2012), Tz. 45.)

786 Vgl. Janze (2012), Tz. 20-21.

787 Vgl. IAS 41.30 und Janze (2007), S. 131.

788 Vgl. IAS 41.31. Siehe auch Ballwieser/Dobler (2011), Tz. 35.

789 Vgl. ähnlich wertend Ballwieser/Dobler (2011), Tz. 33. Warenterminpreise können jedoch für die Bewertung biologischer Vermögenswerte bzw. landwirtschaftlicher Erzeugnisse relevant werden, wenn die bilanzierten Marktwerte letzterer über den Terminpreisen vereinbarter Lieferverträge liegen und somit auf die Existenz belastender Verträge nach IAS 37 zu prüfen sind. (Vgl. Janze (2012), Tz. 37.)

abgewichen. Stattdessen wird dieser Warenbestand in Höhe des effektiven Teils der Sicherung GuV-wirksam angepasst.[790]

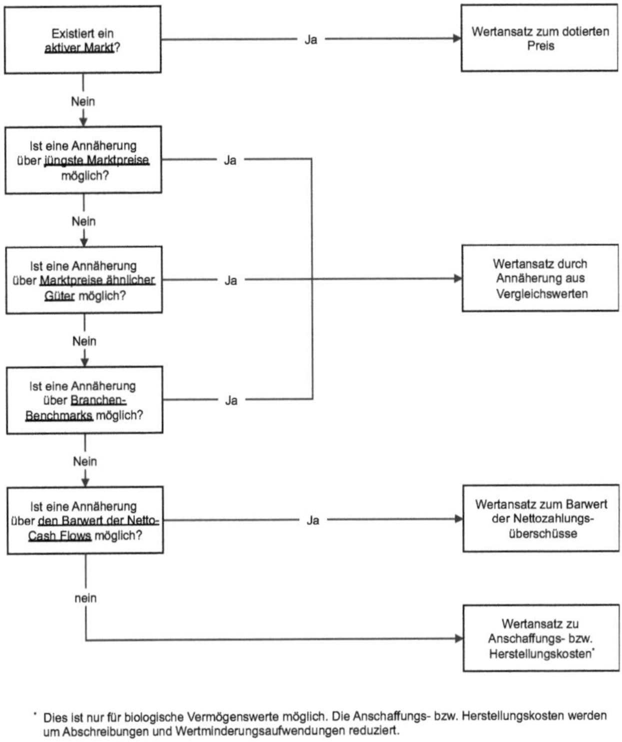

Abbildung 3-18: Ermittlung des Wertansatzes für Vermögenswerte aus landwirtschaftlicher Tätigkeit[791]

Alternativ kann ein Unternehmen das Sicherungsinstrument eines Fair Value-Hedge von Rohstoffvorräten auch im Rahmen eines Cash Flow-Hedge über den zukünftigen Verkauf des Warenbestands designieren.[792]

Zu Schwierigkeiten in der praktischen Anwendung einer Sicherungsbeziehung bei Rohstoffvorräten können die Voraussetzungen des Hedge Accounting und dessen Einschränkungen bei

---

[790] Vgl. PwC (2008a), S. 291. Für eine ausführliche Darstellung zum Fair Value Hedge Accounting siehe Abschnitt 3.3.4.3.1.

[791] Quelle: Eigene Darstellung in Anlehnung an Janze (2007), S. 131.

[792] Vgl. IAS 39.IG F.3.6 und PwC (2008a), S. 292.

nicht-finanziellen Posten führen. Ineffektivitäten außerhalb der akzeptierten Bandbreite von 80% bis 120% können aus Basisrisiken in Form von Abweichungen zwischen Grund- und Sicherungsposition hinsichtlich Qualität, Lieferort oder Lieferzeit resultieren.[793] Solche Abweichungen können zum Beispiel bei (Halb-)Fertigwaren wie veredelten oder verarbeiteten Materialen unvermeidbar sein, die neben den Wertänderungen ihrer Komponenten einen bestimmten Anteil an Wertschöpfung umfassen, jedoch nur durch Rohstoffderivate mit einer Standardqualität als Basiswert abgesichert werden können. Ineffektivitäten werden weiterhin bei Rohstoffen begünstigt, die nur auf engen oder wenig liquiden Märkten gehandelt werden, so dass entsprechende Sicherungsinstrumente nicht zur Verfügung stehen und Cross-Hedging notwendig ist. Das Verbot der Sicherung einzelner Risikokomponenten bei nicht-finanziellen Grundgeschäften verschärft diese Problematik.[794] Fallbeispiel 6 veranschaulicht die Auswirkungen von Basisrisiken auf die Effektivitätsmessung anhand eines Zahlenbeispiels für die Dollar-Offset-Methode.

Fallbeispiel 6: Effektivitätsmessung bei Basisrisiken anhand der Dollar-Offset-Methode

Ein Unternehmen sichert seine Rohstoffvorräte mit einem Termingeschäft gegen Schwankungen des Zeitwerts ab und möchte die Effektivität der bilanziellen Sicherungsbeziehung anhand der Dollar-Offset-Methode (DOM) über vier Perioden nachweisen.[795] Der Fair Value der Vorräte setzt sich zum wesentlichen Teil aus dem Wert der Rohstoffe zusammen, umfasst jedoch noch eine weitere Wertkomponente für die Wertschöpfung. Ein Beispiel hierfür können Aluminiumbleche sein, die entsprechend ihrer Weiterverarbeitung mit einer Differenz zum Aluminiumpreis gehandelt werden.[796] Diese Basis ist im Zeitverlauf nicht stabil; es wird angenommen, dass keine Korrelation zwischen ihrer Wertentwicklung und Wertschwankungen der Rohstoffkomponente besteht.

[793] Siehe auch Abschnitt 2.2.4 zu Basisrisiken im Allgemeinen, Abschnitt 2.4.3 zu Basisrisiken auf Metallmärkten, Abschnitt 2.5.2.1 bzw. 2.5.2.4 zu Basisrisiken auf Erdöl- bzw. Strommärkten sowie Abschnitt 2.6.2 zu Basisrisiken auf Agrarmärkten.

[794] Vgl. Kuhn/Albrecht (2008), S. 128-129. Zu Cross-Hedging siehe auch einführend Abschnitt 2.3.4.1.1.2, die Darstellung zum Hedging auf Energiemärkten in Abschnitt 2.5.2 sowie die Fallstudie zur Lufthansa AG in Abschnitt 4.3.2.

[795] Zur Dollar-Offset-Methode siehe auch die einführende Beschreibung der Methoden zum Effektivitätstest in Abschnitt 3.3.4.2.5. Dieses Fallbeispiel berücksichtigt nicht das Wahlrecht, nur die Kassakomponente eines Termingeschäfts als Sicherungsinstrument zu designieren. Dies veranschaulicht Fallbeispiel 15.

[796] Zudem ist davon auszugehen, dass ein weiteres Element des Basisrisikos in der Abweichung zwischen dem im Termingeschäft referenzierten Erfüllungsort und dem Standort des Produktions- bzw. Lagerorts der Aluminiumbleche besteht.

Zur Berechnung der Effektivität nach der Dollar-Offset-Methode werden für jede Periode die Fair Value-Änderungen von Grundgeschäft und Sicherungsinstrument – entweder ausschließlich auf die jeweils vorangegangene Periode oder kumulativ über alle vorherigen Perioden – ermittelt und einander als negativer Quotient der Wertänderungen des Termingeschäfts zu den Wertänderungen der Rohstoffvorräte gegenübergestellt.

Die periodenbezogenen Wertänderungen des Termingeschäfts sind im Zahlenbeispiel aufgrund der annahmegemäß hohen Korrelation betragsmäßig sehr nah an denen der Rohstoffkomponente der Vorräte. Abweichungen zu den Wertänderungen der gesamten Vorratsposition ergeben sich aus Schwankungen der Basis.

Abbildung 3-19 trägt über den gesamten Zeitraum (x-Achse) die periodenbezogenen Wertänderungen der beiden Positionen (linke y-Achse) sowie die Effektivität nach der periodenbezogenen Dollar-Offset-Methode (rechte y-Achse) ab. Die grau schraffierte Fläche hebt den Bereich innerhalb der Effektivitätsgrenzwerte von 80-125% hervor. Zum Vergleich wird ein Effektivitätswert anhand der Dollar-Offset-Methode errechnet, der für das Grundgeschäft – nicht in Übereinstimmung mit den Regeln von IAS 39 – nur die Wertänderungen der Rohstoffkomponente einbezieht.

Es wird ersichtlich, dass das Ergebnis der Effektivitätsmessung stark von dem Basisrisiko abhängt. Würde IAS 39 hingegen die Designation der Rohstoffrisikokomponente erlauben, könnten die Effektivitätsanforderungen leichter erfüllt werden.

Abbildung 3-20 stellt zum Vergleich die Effektivitätsmessung auf der Basis kumulativer Werte dar. Sie verdeutlicht, wie sich einzelne „Ausreißer“ geringer auf die ermittelte Effektivität auswirken und in diesem Zahlenbeispiel die Effektivität zumindest für drei der vier Perioden nachgewiesen werden kann.[797]

Die Wahrscheinlichkeit, dass die Effektivität nicht nachgewiesen werden kann, ist umso höher, desto größer der Anteil der Basis oder desto stärker ihre Wertschwankungen sind. Beides mindert den wertmäßigen Zusammenhang der Fair Value-Änderungen von Vorrats- und Derivatposition.

[797] Siehe auch Clark (2011), S. 133; Friedhoff/Berger (2011), Tz. 226; Lüdenbach (2012), Tz. 263.

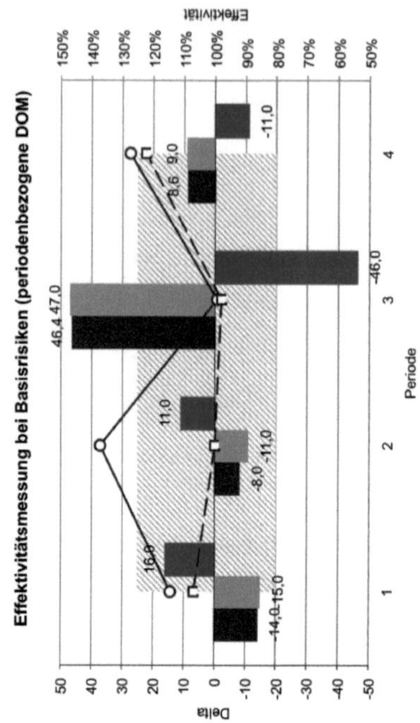

FV Vorräte	125,0	111,0	103,0	149,4	158,0
Rohstoffkomponente	100,0	85,0	74,0	121,0	130,0
FV Termingeschäft	0,0	16,0	27,0	-19,0	-30,0
Delta periodenbezogen FV Vorräte		-14,0	-8,0	46,4	8,6
Delta periodenbezogen Rohstoffkomp.		-15,0	-11,0	47,0	9,0
Delta periodenbezogen FV Termingeschäft		16,0	11,0	-46,0	-11,0
DOM periodenbezogen in %		114%	137%	99%	128%
Fiktive DOM der Rohstoffkomponente		107%	100%	98%	122%

Abbildung 3-19: Effektivitätsmessung bei Basisrisiken anhand der periodenbezogenen Dollar-Offset-Methode[798]

[798] Quelle: Eigene Darstellung.

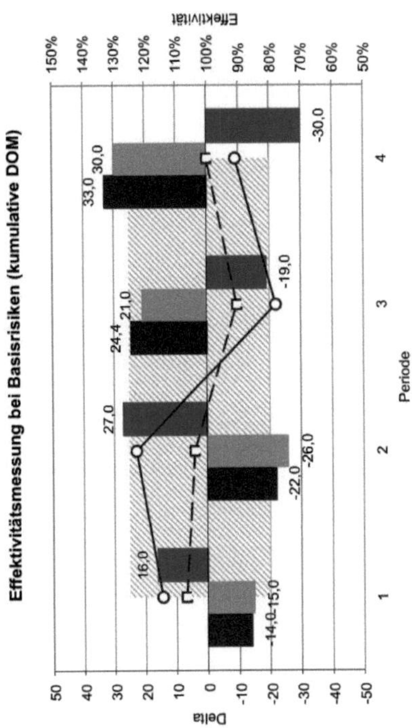

		1	2	3	4
FV Vorräte	125,0	111,0	103,0	149,4	158,0
Rohstoffkomponente	100,0	85,0	74,0	121,0	130,0
FV Termingeschäft	0,0	16,0	27,0	-19,0	-30,0
Delta kumuliert FV Vorräte		-14,0	-22,0	24,4	33,0
Delta kumuliert Rohstoffkomponente		-15,0	-26,0	21,0	30,0
Delta kumuliert FV Termingeschäft		16,0	27,0	-19,0	-30,0
DOM kumuliert in %		114%	123%	78%	91%
Fiktive DOM der Rohstoffkomponente		107%	104%	90%	100%

Abbildung 3-20: Effektivitätsmessung bei Basisrisiken anhand der kumulativen Dollar-Offset-Methode[799]

[799] Quelle: Eigene Darstellung.

3.5.1.3 *Abbildung mit Makro Fair Value Hedge Accounting*

Im Hinblick auf die Methoden zur Bewertungsvereinfachung bei Vorräten[800] ist die Grenze zwischen einem Fair Value-Hedge auf Mikro- bzw. auf Makro-Ebene fließend, da bereits aus der Anwendung der FIFO- oder der Durchschnittsmethode eine aggregierte Betrachtung erfolgt.[801]

Erfolgt die Risikosteuerung über eine Nettoposition, kann diese zwar nicht unmittelbar als Grundgeschäft bestimmt werden. Jedoch kann unter Umständen eine ähnliche Wirkung erzielt werden, wenn ein Teil der gesamten Risikoposition in Höhe der Nettoposition ermittelt und als Grundgeschäft designiert werden kann.[802]

Abbildung 3-21 fasst die verschiedenen Bilanzierungskonsequenzen für Rohstoffvorräte zusammen.

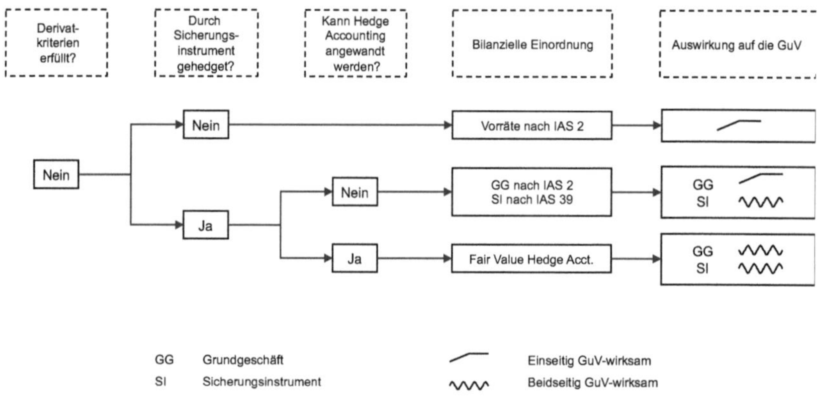

Abbildung 3-21: Bilanzielle Abbildung der Risikosteuerung bei Rohstoffvorräten[803]

---

[800] Vgl. Abschnitt 3.3.1.
[801] Siehe auch Fallbeispiel 2 für eine Gegenüberstellung der Bewertungsvereinfachungsverfahren.
[802] Vgl. Abschnitt 3.3.4.3.1.
[803] Quelle: Eigene Darstellung.

3.5.2 Abbildung der Risikosteuerung bei Warenlieferverträgen von einseitig rohstoffabhängigen Industrie- und Handelsunternehmen

3.5.2.1 Lieferverträge mit fixierten Lieferpreisen

3.5.2.1.1 Abbildung ohne Hedge Accounting

Warenlieferverträge, die ein Unternehmen über den Bezug oder Verkauf von Rohstoffen zu fixierten Lieferpreisen abschließt, erfüllen die Derivatskriterien auf der ersten Analysestufe und sind somit auf der nächsten Stufe hinsichtlich eines expliziten oder impliziten Barausgleichs sowie geschriebener Optionen zu untersuchen.

Sind Merkmale eines Nettoausgleichs erfüllt oder enthält der Vertrag eine Stillhalterposition, ist er als Derivat nach IAS 39 GuV-wirksam zum beizulegenden Zeitwert zu bilanzieren. Von der Anwendung von IAS 39 kann der Vertrag nur ausgenommen sein, wenn entweder keines der Kriterien für einen Barausgleich vorliegt oder zwar ein möglicher Barausgleich in Form einer Vertragsklausel oder durch die leichte Konvertierbarkeit seines Basiswerts in Bargeld gegeben, jedoch die Ausnahme für den Eigenbedarf anzuwenden ist.

Eine solche Konvertierbarkeit wird stets für börsengehandelte Basisobjekte angenommen, solange die Transportkosten vernachlässigbar sind. Dies ist grundsätzlich bei Strom, jedoch zum Beispiel regelmäßig nicht bei Metallen, Agrarwaren oder Öl der Fall.[804] Die Bedeutung des Barausgleichkriteriums bei Einkaufsverträgen auf dem Strommarkt verdeutlicht Fallbeispiel 7. Da sie ebenfalls für das Kriterium des Barausgleichs relevant sind, werden im Anschluss die bilanziellen Aspekte der Abrechnungsmodalitäten für Termingeschäfte an Strombörsen wie der EEX in Fallbeispiel 8 erläutert.

Die Regelungen, wann sich ein Barausgleich auf ähnliche Verträge auswirkt, konkretisiert das IDW für unvorhergesehene Ereignisse und Rahmenverträge: Demnach kann eine Infizierung ähnlicher Verträge nicht aus einem Nettoausgleich als Folge *unvorhergesehener Ereignisse* resultieren, da sich weder die Intention noch der ursprüngliche Geschäftszweck geändert haben. Diese Ausnahmeregelung ist eng gefasst und beschränkt sich auf „äußerst unwahrscheinliche nicht geplante Ereignisse“[805]. Regelmäßig auftretende Ereignisse wie Absatzschwan-

---

[804] Vgl. Kuhn/Albrecht (2008), S. 127. Siehe auch Fallbeispiel 7 zur kontextabhängigen Beurteilung der Konvertierbarkeit von Strom in Bargeld.

[805] IDW RS HFA 25 Tz. 27.

kungen oder routinemäßige Reparaturen und Wartungen können hierfür nicht qualifizieren.[806] *Rahmenvereinbarungen* über Absatz oder Beschaffung nicht-finanzieller Positionen, die keine Liefermengen spezifizieren, stellen keine Verträge nach IAS 32.13 dar, da sie keine ökonomischen Konsequenzen begründen. Transaktionen, die unter solchen Rahmenverträgen getätigt werden, sind daher nicht zwangsläufig als ähnliche Verträge zu werten. Aus der Existenz eines Rahmenvertrages resultiert somit keine unmittelbare Abfärbung.[807]

Fallbeispiel 7: Net Settlement bei Einkaufsverträgen auf dem Strommarkt

IAS 39.6 (d) stellt Verträge, deren zugrundeliegende nicht-finanzielle Posten sich jederzeit in Zahlungsmittel umwandeln lassen, mit Verträgen mit einem Nettoausgleich gleich. Zwar definiert IFRS dieses Kriterium nicht näher, jedoch kann dies nach herrschender Meinung als gegeben angesehen werden, „wenn der Vermögenswert in austauschbaren (d.h. fungiblen) Einheiten vorliegt und notierte Preise an einem aktiven Markt verfügbar sind, wobei dieser aktive Markt umgehend die vom Unternehmen gehaltenen Menge aufnehmen kann, ohne dass es zu bedeutenden Preisänderungen kommt“[808].[809]

Der Strommarkt erfüllt diese Kriterien, so dass Strom üblicherweise als leicht in Zahlungsmittel konvertierbar anzusehen ist und der Vertrag somit auf Abnehmerseite nach IAS 39 zu bilanzieren ist.[810] Jedoch ist hier in Abhängigkeit der Abnehmergruppe zwischen zwei Kategorien von Verträgen zu unterscheiden: Großhandels- und Endkundenverträge.[811]

Während für Großhandelskunden wie Stromhändler und -versorger tatsächlich von einem Marktzugang und somit deren Fähigkeit, durch Arbitragegeschäfte Gewinne zu erzielen, auszugehen ist, scheidet für einen Endkunden in der Regel die Möglichkeit eines Barausgleichs faktisch aus. Auch wenn theoretisch eine Arbitragemöglichkeit bestehen würde, könnte er sie praktisch nicht umsetzen. Vielmehr besteht aus Endverbrauchersicht in dem Abschluss eines entsprechenden Termingeschäfts gerade ein Absicherungs- und kein Spekulationsmotiv.[812] Folglich ist die generelle Umwandelbarkeit von Strom in Zahlungsmittel in diesem Fall nicht

---

806 Vgl. IDW RS HFA 25 Tz. 27.
807 Vgl. IDW RS HFA 25 Tz. 18 und Fladt/Vielmeyer (2008), S. 1073.
808 IDW RS HFA 25 Tz. 29.
809 Vgl. auch Kuhn/Scharpf (2006), S. 61 sowie IDW RS HFA 25 Tz. 29 mit Verweis auf die Definition des US-GAAP-Rahmenkonzeptes.
810 Vgl. Lopes (2007), S. 235-236 und Kuhn/Albrecht (2008), S. 127.
811 Vgl. Ernst & Young (2009a), S. 9.
812 Vgl. Freiberg (2007b), S. 231-232.

mit einem Barausgleich gleichzusetzen und bedingt nicht die zwangsläufige Bilanzierung des Vertrages nach IAS 39.

Eng mit diesem Aspekt verbunden sind die in Fallbeispiel 9 beschriebenen Besonderheiten von Mengenanpassungsklauseln auf Strommärkten und deren Bilanzierung auf Lieferantenseite.

Fallbeispiel 8: Kaskadierung und Profilierung auf dem Strommarkt

In der Energiewirtschaft haben sich zwei Besonderheiten in den Abrechnungsmodalitäten von Termingeschäften etabliert, die bilanzielle Folgefragen aufwerfen: die Kaskadierung und die Profilierung.

Kaskadierung bezeichnet die Aufteilung eines lang laufenden Termingeschäfts in mehrere kurzfristigere Verträge unmittelbar vor Eintritt seiner Lieferperiode. Die ursprüngliche Vertragsmenge ändert sich hierbei nicht. Zum Beispiel an der EEX zerfallen daher physisch zu erfüllende Jahreskontrakte zu Jahresbeginn in drei Monatskontrakte für das erste Quartal und drei Quartalskontrakte für die verbleibenden drei Quartale. Gegen Ende des jeweiligen Vorquartals kaskadiert wiederum jeder dieser Quartals- in drei Monatskontrakte. Da nur der aktuelle Liefermonat jeweils physisch erfüllt wird, erlaubt dieses Vorgehen eine Abwicklung und Abrechnung auf Monatsbasis.[813]

Technisch wird bei jeder Kaskadierung der zerfallende Kontrakt ausgebucht und durch gleichzeitige Einbuchung der kurzfristigeren Futures ersetzt. Alle Verträge werden zum Abrechnungspreis am Tag der Kaskadierung gebucht. Diese erhaltenen bzw. geleisteten Anzahlungen auf die neu bezogenen Futures werden jeweils am Ende ihres Liefermonats finanziell ausgeglichen, um die bezogenen Mengen zum ursprünglich kontrahierten Terminkurs zu erfassen.[814]

Auch wenn der ursprüngliche, lang laufende Kontrakt für die Eigenbedarfausnahme qualifiziert, könnte diese Abrechnungspraxis als Barausgleich nach IAS 39.5-6 gewertet werden. Das IDW hat jedoch klargestellt, dass eine solche Abrechnungsmodalität eines Börsenhan-

813 Vgl. EEX (2007), S. 75; Pilgram (2006), S. 337; IDW RS HFA 25 Tz. 30 und Fladt/Vielmeyer (2008), S. 1075.

814 Vgl. IDW RS HFA 25 Tz. 31 und Fladt/Vielmeyer (2008), S. 1075.

delsplatzes nicht als Nettoausgleich zu werten ist, wenn Liefermenge, Gesamtpreis, ursprüngliche Intention sowie sonstige Vertragsbedingungen unverändert bleiben.[815]

Profilierung wird verwendet, wenn die verfügbaren Kontrakte zur Bedarfsdeckung eines Unternehmens nur unzureichend dessen Bedarfsprofil in der vereinbarten Lieferperiode widerspiegeln. Hierfür werden Verträge, die eine konstante Lieferung einer fixen Menge über einen langen Lieferzeitraum vorsehen, ebenfalls durch kürzer laufende Kontrakte höherer Granularität ersetzt. Im Gegensatz zur Kaskadierung wird im selben Schritt die Lieferrate an den tatsächlichen Bedarf angepasst.[816]

Das IDW hat festgestellt, dass eine solche Abrechnungsmodalität gleichermaßen nicht als Barausgleich im Sinne von IAS 39.5-6 zu werten ist und die Anzahlung wie im Fall der Kaskadierung im Liefermonat GuV-wirksam erfasst wird. Es setzt jedoch voraus, dass

(a) der ursprüngliche Future mangels eines Kontrakts mit einer dem Bedarf entsprechenden Lieferrate abgeschlossen wird,

(b) das Unternehmen seine Intention zur Profilierung eingangs dokumentiert,

(c) das Unternehmen die ersetzenden Verträge unmittelbar zum Zeitpunkt ihrer Verfügbarkeit schließt,

(d) sich die Gesamtliefermenge nicht durch die Profilierung verringert und

(e) auch die ersetzenden Kontrakte unter die Ausnahme für den Eigenbedarf fallen.[817]

Entsteht ein Bedarf, der die ursprünglich kontrahierte Menge übersteigt und über zusätzliche Futures gedeckt werden soll, sind diese zusätzlichen Kontrakte separat auf die Voraussetzungen der Own-use Exemption zu untersuchen.[818] Durch die Konkretisierungen des IDW erwird die bilanzielle Abbildung energiewirtschaftlicher Praxis erleichtert, ohne die Anforderungen an die Ausnahme für den Eigenbedarf zu reduzieren.

---

[815] Vgl. IDW RS HFA 25 Tz. 32 und Fladt/Vielmeyer (2008), S. 1075.
[816] Vgl. IDW RS HFA 25 Tz. 33 und Fladt/Vielmeyer (2008), S. 1074-1075.
[817] Vgl. IDW RS HFA 25 Tz. 34-36.
[818] Vgl. IDW RS HFA 25 Tz. 34.

Für die dem Barausgleichskriterium nachgeordnete Untersuchung auf Stillhalterpositionen können bei einem Warenliefervertrag insbesondere Preis-, Mengen- oder Verlängerungsoptionen eine Rolle spielen.[819]

Wie Fallbeispiel 9 anhand von Mengenanpassungsklauseln auf dem Strommarkt veranschaulicht, wird in Einzelfällen eine solche geschriebene Option nicht zwingend als Stillhalterposition gewertet. Wie dort erläutert sind für diese Ausnahme kumulativ mehrere Bedingungen zu erfüllen, die insbesondere für die andere Vertragspartei einen Barausgleich aus dem Vertrag ausschließen.[820] Gleichwohl ist ein Vertrag, der dementsprechend unter die Own-use Exemption fällt, auf Analysestufe 4 dahingehend zu untersuchen, ob diese Vertragskomponente als ein eingebettetes Derivat die Kriterien für eine Trennungspflicht erfüllt.

Umfasst ein Warenliefervertrag hingegen eine Stillhalterposition, die als solche gewertet und zu einer Bilanzierung des gesamten Warenliefervertrags als Derivat nach IAS 39 führen würde, kann es ratsam sein, die geschriebene Option als separaten Vertrag zu vereinbaren. Gelingt dies, beschränkt sich die GuV-wirksame Bewertung zum Fair Value ausschließlich auf die Option.[821]

Ein solches Vorgehen entschärft die Problematik, dass das IASB nicht eindeutig geregelt hat, ob eine solche Stillhalterposition im Sinne einer eingebetteten Option vom Basisvertrag trennbar sein soll. Im Schrifttum ist umstritten, ob und unter welchen Voraussetzungen diese Abspaltung möglich ist. Einerseits wird die Ansicht vertreten, dass eine Stillhalterposition stets vom Basisvertrag abgetrennt werden kann. Dieses allgemeine Wahlrecht sei nur dadurch eingeschränkt, dass es konzernweit einheitlich auszuüben sei.[822] An anderer Stelle wird die Meinung vertreten, dass die Stillhalterposition vom Basisvertrag zu trennen und separat zu bilanzieren ist, sofern beide Vertragskomponenten klar identifizierbar sind, die Kriterien zur Abspaltung eines eingebetteten Derivats vorliegen, und der Basisvertrag unter die Ausnahme für den Eigenbedarf fällt. Wenn man dieser Ansicht folgt, würde die Bilanzierung des gesamten Vertrags nach IAS 39 implizit nur ein Wahlrecht im Sinne der Fair Value-Option bei eingebetteten Derivaten darstellen.[823]

---

819 Vgl. Fladt/Vielmeyer (2008), S. 1076.
820 Vgl. Kuhn/Albrecht (2008), S. 126.
821 Vgl. PwC (2008a), S. 282; Maulshagen/Walterscheidt (2010), S. 354 und Kuhn/Albrecht (2008), S. 126-127.
822 Lüdenbach (2012), Tz. 227; Ernst & Young (2009a), S. 9 und Freiberg (2007b), S. 231-232.
823 Vgl. Kuhn/Albrecht (2008), S. 126.

Unter Rückgriff auf die Regelungen zu eingebetteten Derivaten (im Allgemeinen nach IAS 39.11) wird hier teilweise versucht, zugunsten eines Abspaltungs*wahlrechts* der Stillhalterposition zur Vermeidung einer Fair Value-*Pflicht* (im Besonderen nach IAS 39.7) zu argumentieren. Dies scheint angreifbar, da bei eingebetteten Derivaten das Wahlrecht nicht in der Abspaltung liegt, sondern diese gegebenenfalls verpflichtend ist und das Wahlrecht nur hinsichtlich der Fair Value-Bewertung besteht. Das heißt, ein solcher Rückgriff verkennt das inverse Verhältnis von Wahlrecht und Pflicht hinsichtlich des derivativen Bestandteils und des Basisvertrags bei beiden Sachverhalten. Zudem ist das geforderte Wahlrecht zur Fair Value-Bilanzierung im Hinblick darauf kritisch, dass die Fair Value-Option für nicht-finanzielle Verträge nicht abschließend geregelt ist.[824]

Vor allem jedoch da der IASB eine geschriebene Option als Vertragsklausel eines Warenliefervertrages explizit nach IAS 39.7 als unvereinbar mit dessen Verwendung zum Eigenbedarf ansieht, wird hier keiner der beiden Meinungen gefolgt und eine allgemeine Bilanzierungspflicht als Derivat nach IAS 39 für den gesamten Vertrag angenommen.

In jedem Fall ist eine Klarstellung durch das IASB wünschenswert. Eine Festlegung zugunsten der Gleichbehandlung von Vertragsklauseln mit derivativem Charakter wie einerseits eine Stillhalterposition (auf Analysestufe 2) und andererseits einem eingebetteten Derivat (auf Analysestufe 4) hinsichtlich ihrer separaten Bilanzierbarkeit würde sicher vereinfachend wirken.

Eine Option, bei der das Ausübungsrecht im Gegensatz zu Stillhalterpositionen bei dem bilanzierenden Unternehmen liegt, kann natürlich – auf der dritten Analysestufe – als Eigenbedarf qualifizieren. Dies setzt voraus, dass der Vertrag nicht zu Handelszwecken, sondern zur gewöhnlichen Geschäftstätigkeit gekauft wird und die entsprechenden Kriterien erfüllt.[825]

Fallbeispiel 9: Mengenanpassungsklauseln als geschriebene Option bei Verkaufsverträgen auf dem Strommarkt

Die eingeschränkte Lagerbarkeit von Elektrizität bedingt bestimmte Formen von Industriepraxis wie zum Beispiel Mengenanpassungsklauseln. Diese sehen vor, dass der Abnehmer die von dem Lieferanten bereitzustellende Menge in voller Höhe abrufen kann, aber nicht

[824] Zur Anwendbarkeit der Fair Value-Option auf nicht-finanzielle Verträge mit trennungspflichtigen eingebetteten Derivaten sei auf die Darstellung in Abschnitt 3.3.6 verwiesen.

[825] Vgl. PwC (2008a), S. 297 und S. 299-300.

dazu verpflichtet ist. Aus Verkäufersicht stellen diese Flexibilitäten eine Stillhalterposition dar.[826]

Nach IAS 39.7 steht eine geschriebene Option der Anwendung der Ausnahme für Eigenbedarf für den Warenliefervertrag auf Lieferantenseite entgegen, da sich die Optionsausübung und somit die Steuerung des Warenflusses dem Einfluss des Lieferanten entzieht.[827] Das IASB hat jedoch klargestellt, dass eine solche Vertragsklausel nur als Stillhalterpositionen im Sinne von IAS 39.7 zu werten ist, wenn für den Abnehmer überhaupt die Möglichkeit eines Nettoausgleichs und somit zur opportunistischen Nutzung der Mehrmengenoption gegeben ist. Ist dies nicht erfüllt, hat der Lieferant den Vertrag gemäß der Ausnahme für Eigenbedarf als schwebendes Geschäft nach IAS 37 zu bilanzieren, es sei denn, andere Formen des Barausgleichs liegen vor.[828]

Mehrmengenoptionen werden dementsprechend nicht als eine Stillhalterposition angesehen, wenn es sich bei dem Vertragspartner um einen Endverbraucher handelt und folgende Merkmale kumulativ erfüllt sind:

(a) Die physische Erfüllung ist sichergestellt, da die zu liefernde Ware einen Grundbedarf der Vertragspartei deckt,

(b) die Vertragspartei hat keinen Marktzugang, der einen Weiterverkauf ermöglichen würde,

(c) die Vertragspartei kann nicht große Mengen des Vertragsgegenstandes lagern, und

(d) das Unternehmen ist der einzige Lieferant der Vertragspartei bezogen auf einen bestimmten Zeitraum.[829]

Insbesondere bei Stromverträgen mit Privatkunden kann angenommen werden, dass der Abnehmer Marktpreisschwankungen nicht gewinnbringend durch Ausüben der Option auszunutzen in der Lage ist, da er über keinen Marktzugang zum Weiterverkauf – d.h. zum Nettoausgleich durch Konvertierung in Barmittel nach IAS 39.6 (d) – verfügt.[830] Des Weiteren spricht

[826] Vgl. Prokop (2007), S. 339 und PwC (2008a), S. 283. Es sei angemerkt, dass eine solche Vertragsklausel nicht der Ausnahme für den Eigenbedarf auf Abnehmerseite im Wege steht. Zur Bilanzierung von Stromverträgen auf der Abnehmerseite siehe auch Fallbeispiel 7.

[827] Vgl. Abschnitt 3.4.3.

[828] Vgl. IASB (2007b), S. 5; IDW RS HFA 25 Tz. 41 und PwC (2008a), S. 284.

[829] Vgl. Kuhn/Albrecht (2008), S. 126 und Ernst & Young (2009a), S. 9.

[830] Vgl. IDW RS HFA 25 Tz. 41 und Prokop (2007), S. 339.

in der Regel die Abwesenheit einer expliziten oder impliziten Optionsprämie bei Privatkundenverträgen gegen eine Stillhalterposition auf Lieferantenseite.[831]

Schließt ein Stromversorger hingegen einen Liefervertrag mit Mehrmengenoption mit einem Energiehandelsunternehmen, kann von einer Konvertierbarkeit in Bargeld als Barausgleich nach IAS 39.6 (d) auf Abnehmerseite ausgegangen werden. Der Vertrag ist folglich als Derivat nach IAS 39 zu bilanzieren.[832]

Da die Frage der bilanziellen Folgen einer Stillhalterposition keinen aktiven Markt für den Basiswert voraussetzt, findet diese Regelung zum Beispiel gleichermaßen auf Mengenoptionen im Erdgasmarkt Anwendung.[833]

Für Warenlieferverträge, die nicht unter IAS 39 fallen, ist als letzter Analyseschritt zu untersuchen, ob eine *Abspaltungspflicht* für ein oder mehrere eingebettete Derivate besteht. Gängige Beispiele für eingebettete derivative Vertragskomponenten sind Preisformeln oder Indexierungen mit Bezug auf Produktsubstitute, Mengenanpassungsklauseln, Verlängerungsoptionen, die Kopplung an einen Inflationsindex oder eine Denomination in Fremdwährung.[834]

Wie in Abschnitt 3.4.5 dargestellt, ist hierbei das zentrale Analysekriterium, ob eine enge Verbundenheit des eingebetteten Derivats zu dessen Basisvertrag besteht. Zur Beurteilung dieses Merkmals ist zunächst ein qualitativer und gegebenenfalls anschließend ein quantitativer Nachweis zu erbringen. Um Missbrauch zu vermeiden, reicht jedoch eine erfolgreiche quantitative Analyse allein nicht aus, wenn kein qualitativer Zusammenhang besteht.[835]

Schließlich ist bei Festpreisverträgen, die entsprechend obiger Kriterien nicht in den Anwendungsbereich von IAS 39 fallen und die ein Rohstoffproduzent oder rohstoffverarbeitendes Unternehmen über den Verkauf der geförderten oder verarbeitenden Rohstoffe abschließt, Folgendes zu beachten. Wenn die Kosten für die Rohstoffgewinnung bzw. -verarbeitung den vereinbarten Veräußerungspreis übersteigen, sind – in Analogie zur absatzmarkorientierten

[831] Vgl. Maulshagen/Walterscheidt (2010), S. 353 und PwC (2008a), S. 384.
[832] Vgl. Maulshagen/Walterscheidt (2010), S. 354.
[833] Vgl. Prokop (2007), S. 339.
[834] Vgl. Maulshagen/Walterscheidt (2010), S. 357; Kuhn/Albrecht (2008), S. 127; Fladt/Vielmeyer (2008), S. 1076 und Deloitte (2006), S. 5. Eine Preisformel oder Preisindizierung führt zu der Einordnung eines Warenliefervertrages als *erwartete Transaktion*, da das Geschäft somit nicht das Kriterium einer Festpreisvereinbarung für eine *feste Verpflichtung* erfüllt. Daher wird diese für Warenlieferverträge typische Form eines eingebetteten Derivats in Abschnitt 3.5.2.2.1 behandelt.
[835] Vgl. IDW RS HFA 25 Tz. 50.

Logik von IAS 2.32[836] – Drohverlustrückstellungen zu bilden.[837] Die Rückstellungen sind darin begründet, dass die kostendeckende Produktion dann wiederum nicht gegeben ist.[838] Bevor Rückstellungen gebildet werden, haben Abschreibungen auf bestehende Vorräte des zu veräußernden Rohstoffs Vorrang.[839]

Als besondere Form eines Warenliefervertrages mit fixiertem Preis stellt Fallbeispiel 10 die bilanzielle Einordnung von Rohstoffleihen vor, die ein Förderunternehmen zum Beispiel zur Refinanzierung seines Betriebskapitals abschließt.

Fallbeispiel 10: Rohstoffleihe als Form eines Festpreis-Warenliefervertrags am Beispiel des Goldmarkts

Die in Kapitel 2.4.2 für den Goldmarkt vorgestellte Goldleihe hat in den letzten Jahren eine zunehmende Rolle als Form der rohstoffbesicherten Refinanzierung für Förderunternehmen auch außerhalb des Goldmarkt gespielt.[840]

Der Betreiber der Goldmine erhält hier ein Darlehen, das er später durch die Lieferung von Gold zurückzahlt. Die Goldleihe kann somit auch als eine Vorauszahlung auf die Goldlieferung in der Zukunft aufgefasst werden, wobei der Goldpreis fixiert wird.

Je nach Ausgestaltung kann die Goldleihe unter die Own-use Exemption oder in den Anwendungsbereich von IAS 39 fallen.

Hierfür ist zunächst zu berücksichtigen, ob der Vertrag einen Barausgleich enthält. Kann der Lieferverpflichtung nur durch physische Lieferung des in der Mine geförderten Golds erfüllt werden, liegt kein Barausgleich vor. Unschädlich für eine Beurteilung entsprechend der Eigenbedarfausnahme ist zudem eine Klausel, dass im Fall eines durch höhere Gewalt bedingtes Produktionsausfalls eine monetäre Ausgleichszahlung an die Stelle der physischen Lieferung tritt.[841] Die erhaltene Anzahlung wird bei Vertragsabschluss als Vorauszahlung GuV-neutral verbucht. Rückstellungen sind dann wiederum zu bilden, wenn die Kosten der Goldförderung

836 Vgl. Fallbeispiel 1 für die Beschreibung der Absatzmarktorientierung in der Bewertung von Rohstoffvorräten, die Unternehmen zur Weiterverarbeitung bzw. zum Verbrauch eingekauft haben.

837 Vgl. Freiberg (2007b), S. 232.

838 Opportunitätskosten im Sinne von entgangenen Gewinnen allein aufgrund nachteiliger Markentwicklungen begründen keine Drohverlustrückstellungen. (Vgl. Hoffmann (2012c), Tz. 1042; Pawelzik/Theile (2012), Tz. 3445und KPMG (2011a), Tz. 3.12.640.20.)

839 Vgl. IAS 37.69 sowie Pawelzik/Theile (2012), Tz 3446. Diese Abschreibungen auf absatzseitige Rohstoffvorräte veranschaulicht Fallbeispiel 3.

840 Vgl. Kaminska (2010).

841 Vgl. BDO (2012), S. 7.

den vereinbarten Goldpreis übersteigen, während sich anderweitige Änderungen des Marktpreises von Gold nicht bilanziell niederschlagen.

Bei Goldleihen mit längeren Laufzeiten stellt sich die Frage, inwieweit der Zeitwert der erhaltenen Zahlung bei ihrer Verbuchung als langfristige Vorauszahlung auf Vorratslieferverträge zu berücksichtigen ist. Im Frühjahr 2012 hat das IFRS Interpretations Committee hier eine unterschiedliche Handhabung in der Bilanzierungspraxis festgestellt und auf die vorgeschlagenen Änderungen in Exposure Draft ED/2011/6 „Revenue from Contracts with Customers" hingewiesen.[842] Diese sehen vor, dass der Zeitwert durch Zuschreiben des Darlehens entsprechend dem periodischen Zinsaufwand in der Gewinn- und Verlustrechnung eines Produzenten zu berücksichtigen ist, falls die Finanzierungskomponente des Vertrages als wesentlich anzusehen ist.[843]

Der Own-use Exemption steht entgegen, wenn der Minenbetreiber seinem Vertragspartner ein Wahlrecht zwischen physischer Lieferung und einem Barausgleich einräumt. Vergleichbar zu Fallbeispiel 9 verliert das Förderunternehmen hierdurch die Kontrolle über die Steuerung des Warenflusses, so dass die Klausel als Stillhalterposition zu werten ist.

Entsprechend der obigen Einordnung sind folglich drei bilanzielle Konsequenzen für einen Warenliefervertrag als Firm Commitment zu unterscheiden:

Fällt der Vertrag aus dem Anwendungsbereich von IAS 39, bleibt er als schwebender Vertrag nach IAS 37 bis zu seiner Erfüllung grundsätzlich bilanzunwirksam. Jedoch sind Drohverlustrückstellungen zu bilden, wenn der Vertrag belastende Eigenschaften entwickelt.[844] Diese Bilanzierung hat – vergleichbar zur Darstellung von Rohstoffvorräten[845] – eine asymmetrische Bewertung zur Folge: Änderungen des Zeitwertes werden nur einseitig bei sinkendem Marktwert des Rohstoffs nachvollzogen, der als Basiswert des Liefervertrages fungiert.

Umfasst ein solches Rohstoffgeschäft ein eingebettetes Derivat, für das eine Abspaltungspflicht besteht, wird für den Basisvertrag Ansatz und Bewertung wie oben beibehalten, während das separierte Derivat Marktpreisänderungen in beide Richtungen abbildet.

---

[842] Vgl. IASB (2012a).

[843] Vgl. IASB (2011), IN16 (b). Eine Konkretisierung von Indikatoren für diese Wesentlichkeitsbeurteilung stellt das IASB nach Sichtung der Comment Letters in Aussicht gestellt. (Vgl. IASB (2012b), S. 29.)

[844] Vgl. Abschnitt 3.3.2.

[845] Vgl. Abschnitt 3.3.1 und 3.5.1.1.

Fällt der gesamte Warenliefervertrag aufgrund seiner Merkmale oder der Fair Value-Option bei eingebetteten Derivaten unter IAS 39, wirken sich Fair Value-Änderungen beidseitig unmittelbar auf die Gewinn- und Verlustrechnung aus.[846]

Wenn es sich bei dem Warenliefervertrag um einen Kontrakt zum Rohstoffeinkauf handelt, hat die bilanzielle Behandlung des Festpreisvertrages auch Auswirkungen auf die Erstbewertung der Rohstoffvorräte: Fällt er unter IAS 37, erfolgt die Bewertung zu dem vertraglich vereinbarten Preis. Wenn er als Derivat nach IAS 39 bilanziert wird, wird der Rohstoffbezug als separate Transaktion betrachtet, die sowohl gegen den Kassenbestand in Höhe des fixierten Preises als auch gegen den beizulegenden Zeitwert des Derivats bei Fälligkeit gebucht wird. Der Wertansatz entspricht somit dem aktuellen Marktpreis.[847]

Steuert ein Unternehmen sein Rohstoffrisiko nicht mit fixen Preisen, da es zum Beispiel die Rohstoffpreisschwankungen an seine Endkunden weitergeben kann, hat es ein Interesse, die fixierten Lieferpreise des Warenliefervertrags mit Hilfe eines Termingeschäfts oder Swaps auf variable Preise zu drehen. Andernfalls hätte es eine offene Risikoposition durch die feste Verpflichtung.

Die GuV-Wirkung beider Positionen kann sich unmittelbar und periodengleich in der Gewinn- und Verlustrechnung ausgleichen, wenn sowohl das sichernde Rohstoffderivat als auch der Warenliefervertrag als Derivat nach IAS 39 bilanziert werden.

Wird der abgesicherte Warenliefervertrag hingegen als schwebendes Geschäft klassifiziert, resultiert aus dem unterschiedlichen Bilanzansatz des Liefervertrages und des Rohstoffderivats eine ökonomisch unbegründete Volatilität in der Gewinn- und Verlustrechnung. Dies ist mit der Beobachtung bei Rohstoffvorräten vergleichbar.

In welchem Rahmen sich diese Effekte durch die Anwendung von Fair Value-Hedges eliminieren oder minimieren lässt, stellen die beiden nachfolgenden Abschnitte dar.

---

[846] Abschnitt 3.5.2.1.4 erläutert den Sonderfall des *All-in-one-Hedge*, dass ein Unternehmen die Steuerung seines Rohstoffpreisrisikos bereits durch die Preisfixierung des Liefervertrages umsetzt und ökonomisch ungerechtfertigte Ergebnisschwankungen durch eine Bilanzierung dieses Vertrages als Derivat nach IAS 39 mit Hilfe eines Cash Flow-Hedge vermeiden kann.

[847] Vgl. KPMG (2011a), Tz. 7.1.150.30-40.

3.5.2.1.2 Abbildung mit Mikro Fair Value Hedge Accounting

Nur Warenlieferverträge, die nicht als Derivat nach IAS 39 bilanziert werden, können als Grundgeschäft designiert werden.

IAS 39.86 (a) schreibt die Absicherung des beizulegenden Zeitwerts als Hedge Accounting-Modell für Warenlieferverträge mit festen Lieferpreisen vor. Sind die formalen Anforderungen des Hedge Accounting erfüllt,[848] wird das sichernde Rohstoffderivat unverändert bilanziert, der Warenliefervertrag wird jedoch mit der Designation als Grundgeschäft bilanzwirksam. Die kumulierten Änderungen seines beizulegenden Zeitwerts, die auf das gesicherte Rohstoffpreisrisiko zurückzuführen sind, werden über die Laufzeit der Sicherungsbeziehung als Vermögenswert oder als Schuld erfasst. Diese Wertänderungen werden in der Gewinn- und Verlustrechnung verbucht, so dass sich diese in Höhe des effektiven Teils mit der GuV-Wirkung des Sicherungsinstruments ausgleichen.[849]

Im Zugangszeitpunkt des Rohstoffs wird der Bilanzposten der kumulierten Wertänderungen berücksichtigt, indem die Höhe der Anschaffungskosten, zu dem die Rohstoffvorräte aktiviert werden, um ihn erhöht bzw. gemindert werden.[850] Die Rohstoffe werden zum gesicherten Preis aktiviert.

Ist das Hedge Accounting – zum Beispiel mangels retrospektiver Effektivität – vor Eintreten der Warenlieferung zu beenden, werden die Wertänderungen des Grundgeschäfts nicht weiter erfasst, der Vermögenswert oder die Schuld aus den kumulierten Wertänderungen wird unverändert bis zur Rohstofflieferung beibehalten, und das Rohstoffderivat weiterhin GuV-wirksam bilanziert.[851]

Ein Warenliefervertrag kann mit einer Sicherungsposition abgesichert werden, für die mehrere Derivate kombiniert werden.[852] Die Wahlmöglichkeit nach IAS 39.87, bei Fremdwährungsri-

---

[848] Vgl. Abschnitt 3.3.4.2. Hier gelten ebenfalls die für Sicherungsbeziehungen bei Rohstoffvorräten genannten Einschränkungen wie das Verbot der Absicherung von Einzelrisiken bei nicht-finanziellen Verträgen nach IAS 39.82. (Vgl. Abschnitt 3.5.1.2.)

[849] Vgl. IAS 39.93; Löw/Lorenz (2005), S. 573; Pellens et al. (2011), S. 631-633 und PwC (2008a), S. 288. Zum Fair Value-Hedge als Hedge Accounting-Modell im Allgemeinen sei auf Abschnitt 3.3.4.3.1 verwiesen.

[850] Vgl. IAS 93.94.

[851] Vgl. Pellens et al. (2011), S. 632-633.

[852] Vgl. IAS 39.77.

siken feste Verpflichtungen als Cash Flow-Hedge abzubilden, findet bei Rohstoffgeschäften grundsätzlich keine Anwendung.[853]

Vergleichbar zu den in Fallbeispiel 6 aufgezeigten Schwierigkeiten für die Effektivitätsmessung bei Basisrisiken aufgrund der Nicht-Designierbarkeit nicht-finanzieller Einzelrisiken erschwert diese auch bei Warenlieferverträgen die Anwendung von Hedge Accounting.[854] Welche Alternativen für rohstoffverarbeitende Unternehmen und Rohstoffproduzenten in der Ausgestaltung von bilanziellen Sicherungsbeziehungen bestehen, illustriert Fallbeispiel 11 anhand von Edelstahlproduzenten und Bergbauunternehmen.

Fallbeispiel 11: Absicherung einzelner Risikokomponenten in der Edelstahlproduktion

Ein Edelstahlproduzent kann eine kombinierte Sicherung zum Beispiel von Nickel- und Molybdän-Preisrisiken aus einem Verkaufsvertrag – sei es eine feste Verpflichtung oder eine erwartete Transaktion – vornehmen, indem er Termingeschäfte auf Nickel und Molybdän zu einer Sicherungsposition kombiniert. Aufgrund des Verbots, die aus dem Nickel- und Molybdänpreisrisiko induzierten Wertschwankungen – im Sinne einzelner Risikoarten eines nichtfinanziellen Vertrages – als abgesichertes Risiko zu designieren, können hier Ineffektivitäten unvermeidbar sein.[855]

Führt ein selektives Hedging zu Ineffektivitäten, kann ein Edelstahlproduzent bevorzugen, die entsprechenden Einkaufsverträge über Nickel und Molybdän (bzw. Teile von diesen) als Grundgeschäft einer Sicherungsbeziehung zu bestimmen. Dieses Vorgehen vereinfacht den Effektivitätsnachweis.

Vor einer ähnlichen Situation stehen Bergbauunternehmen, die den Verkauf ihrer Metallkonzentrate absichern möchten, da diese sich in der Regel aus unterschiedlichen Erzen zusammensetzen und die Anteile der einzelnen Erze nicht über den Förderzeitraum konstant bleiben. Statt den Verkauf des Konzentrats als Ganzes als Grundgeschäft zu designieren, kann das Un-

[853] Vgl. Maulshagen/Walterscheidt (2010), S. 363. Abschnitt 3.5.2.1.4 beschreibt mit dem All-in-one-Hedge eine Ausnahme, bei der für eine feste Verpflichtung Cash Flow Hedge Accounting angewandt wird.

[854] Siehe wiederum Abschnitt 2.2.4 zu Basisrisiken im Allgemeinen, Abschnitt 2.4.3 zu Basisrisiken auf Metallmärkten, Abschnitt 2.5.2.1 bzw. 2.5.2.4 zu Basisrisiken auf Erdöl- bzw. Strommärkten sowie Abschnitt 2.6.2 zu Basisrisiken auf Agrarmärkten.

[855] Vgl. Maulshagen/Walterscheidt (2010), S. 364 und 367.

ternehmen darauf achten, den Verkauf der einzelnen Erze jeweils als ein unabhängiges Grundgeschäft für das jeweilige Sicherungsinstrument festzulegen.[856]

3.5.2.1.3 Abbildung mit Makro Fair Value Hedge Accounting

Eine homogene Gruppe von festen Verpflichtungen über Warenlieferungen kann als Makro Fair Value-Hedge gegen Zeitwertänderungen abgesichert werden.[857] Die strengen Homogenitätskriterien, die IAS 39 an ein solches Portfolio stellt, werden in der Praxis von Industrie- und Handelsunternehmen nur selten anzutreffen sein. Dies ist auf die im Vergleich zu Banken geringere Standardisierbarkeit von industriellen Produkten, ihren Produktionsverfahren und den zugrundeliegenden Warenlieferverträgen zurückzuführen.

Die Absicherung einer Nettoposition ist wiederum nicht unmittelbar möglich, sondern lässt sich nur in Analogie zu den Ausführungen zu Nettopositionen bei Rohstoffvorräten hilfsweise nachbilden, indem ein Vertrag oder eine homogene Gruppe aus Verträgen als Grundgeschäft designiert wird, die betragsmäßig der Nettoposition entspricht.[858] Eine solche Hilfskonstruktion wird sich in der Regel nicht als praxistauglich erweisen und ist im Hinblick auf eine Kosten-Nutzen-Abwägung vermutlich theoretischer Natur. Eine geeignete Grundposition aus der Gesamtheit aller Warenlieferverträge zu ermitteln und für sie die Hedge Accounting-Anforderungen zu erfüllen, ist mit hohem Aufwand verbunden und wird oftmals nicht umsetzbar sein.

3.5.2.1.4 Abbildung mit All-in-one-Hedge als Sonderregelung des Mikro Cash Flow Hedge Accounting

Die Anwendung von Fair Value-Hedges bei Lieferverträgen mit fixierten Lieferpreisen setzt voraus, dass das bilanzierende Unternehmen eine Risikoposition mit variablen Rohstoffpreisen anstrebt und hierfür einen zusätzlichen derivativen Kontrakt als Sicherungsinstrument abschließt.

Falls hingegen die Steuerung des Rohstoffpreisrisikos bereits aus dem fixierten Preis des Liefervertrages besteht, kann die Sonderregelung des *All-in-one-Hedge* nach IAS 39.IG F.2.5

856 Vgl. Ernst & Young (2009b), S. 3.
857 Vgl. Abschnitt 3.3.4.3.1.
858 Vgl. Abschnitt 3.5.1.3.

Anwendung finden. Diese sieht vor, dass ein solcher Liefervertrag als Sicherungsinstrument eines Mikro Cash Flow-Hedge designiert werden kann, wenn er

(a) als Derivat nach IAS 39 einzustufen ist,

(b) eine physische Erfüllung und

(c) die Lieferung zu einem fixierten Preis vorsieht.[859]

Dass der Vertrag für sich genommen in den Anwendungsbereich von IAS 39 fällt, kann beispielsweise aus einer betrieblichen Praxis der Erfüllung durch Barausgleich oder aus der Erzielung von Handelsgewinnen resultieren, da dies der Anwendung der Own-use Exemption entgegensteht.[860] Die Einordnung als Derivat kann gleichermaßen daraus folgen, dass die Kriterien für die Ausnahme zur Eigennutzung abzulehnen sind oder aufgrund eines trennungspflichtigen eingebetteten Derivats die Fair Value-Option ausgeübt wird.[861]

Als Grundgeschäft qualifizieren die erwarteten Zahlungsströme aus dem Wareneinkauf oder Warenverkauf. Somit stellt ein einziges Termingeschäft gleichzeitig Grundgeschäft und Sicherungsinstrument dar.[862] Aufgrund dieses unmittelbaren Zusammenhangs ist davon auszugehen, dass die Effektivität der bilanziellen Sicherungsbeziehung erfolgreich nachgewiesen werden kann.

Das IASB bietet keine weiterführenden Anwendungshilfen hinsichtlich der Frage, ob ein Unternehmen den All-in-one-Hedge nutzen kann, um ungewünschte Volatilität in der Gewinn- und Verlustrechnung aufgrund desjenigen Teils der Warenlieferverträge zu vermeiden, dessen Einsatz im Rahmen des gewöhnlichen Geschäftsbetriebs nicht ex ante sichergestellt werden kann. So ist zum Beispiel denkbar, dass ein Unternehmen den Teil seiner Beschaffung für den Eigenbedarf entsprechend der Own-use Exemption nach IAS 37 bilanziert, für den es mit Sicherheit die engen Kriterien des Eigenbedarfs einhalten kann. Gleichzeitig könnte das Unternehmen einen Cash Flow-Hedge im Sinne des All-in-one-Hedge für den darüber hinausge-

---

859 Vgl. IAS 39.IG F.2.5.

860 Vgl. IAS 39.IG F.2.5.

861 In letzterem Fall ist ein All-in-one-Hedge nur möglich, wenn nicht die Vertragsklausel zur Preisfixierung das trennungspflichtige eingebettete Derivat darstellt. Denn für eine solche Festpreisvereinbarung wäre stets eine enge Verbundenheit zu bejahen, was einer Bilanzierung des Liefervertrages nach IAS 39 und somit der Designation der Liefervertrages als Sicherungsinstrument entgegensteht. Resultiert die Abspaltungspflicht zum Beispiel aus einem eingebetteten Fremdwährungsderivat, kann die Rohstoffpreisfixierung hingegen als Sicherungsinstrument im Rahmen eines Cash Flow-Hedge qualifizieren.

862 Vgl. Löw/Pietsch (2010), S. 63.

henden Warenbezug bilden, dessen Abnahme jedoch durch nicht-planbare Bedarfsschwankungen mit Unsicherheit behaftet ist und der somit unter die Kriterien eines Barausgleichs fallen kann. Hier wäre in jedem Fall zu prüfen, inwieweit aus der Transaktion, die nach IAS 39 zu bilanzieren ist, eine Abfärbung auf die Geschäfte resultiert, die für die Ausnahme für den Eigenbedarf qualifizieren.[863]

Abbildung 3-22 fasst die verschiedenen Bilanzierungskonsequenzen für Warenlieferverträge mit fixierten Lieferpreisen zusammen.

3.5.2.2 Lieferverträge ohne fixierte Lieferpreise

3.5.2.2.1 Abbildung ohne Hedge Accounting

Für Rohstoffgeschäfte sind erwartete Transaktionen weitaus üblicher als feste Verpflichtungen – sei dies in Form von Warenlieferverträgen ohne fixierte Preise oder ausschließlich in Form von Beschaffungs- oder Absatzabsichten ohne verbindliche Verträge.[864]

Die Absicht allein, Rohstoffe zu kaufen oder zu verkaufen, ist bilanzunwirksam.

Rechtlich bindende Verträge, die als erwartete Transaktion zu klassifizieren sind, können ohne eine Preisfixierung auskommen, über eine Preisformel indiziert sein oder – als einfachste Ausprägung einer Preisformel – den zukünftigen Spotpreis referenzieren. Solche Rohstoffgeschäfte erfüllen die Kriterien eines Derivats auf der ersten Analysestufe und sind analog zu den Ausführungen zu Firm Commitments hinsichtlich eines möglichen Barausgleichs, geschriebener Optionen, gegebenenfalls der Ausnahme für den Eigenbedarf sowie eingebetteter Derivatsstrukturen und deren Trennungspflicht zu untersuchen.[865] Fällt ein Warenliefervertrag, der den Kassapreis zum Lieferdatum referenziert, nach dieser Analyse nicht unter IAS 37, ist er bilanzwirksam und mit dem Marktwert in Höhe von Null als Erstbewertung anzusetzen.[866]

---

[863] Vgl. Abschnitt 3.4.3 zur Frage, inwieweit nur der Teil eines einzelnen Vertrages zum Eigenbedarf klassifiziert werden kann.
[864] Vgl. Maulshagen/Walterscheidt (2010), S. 363.
[865] Vgl. hierzu Abschnitt 3.5.2.1.
[866] Vgl. PwC (2004a), S. 22.

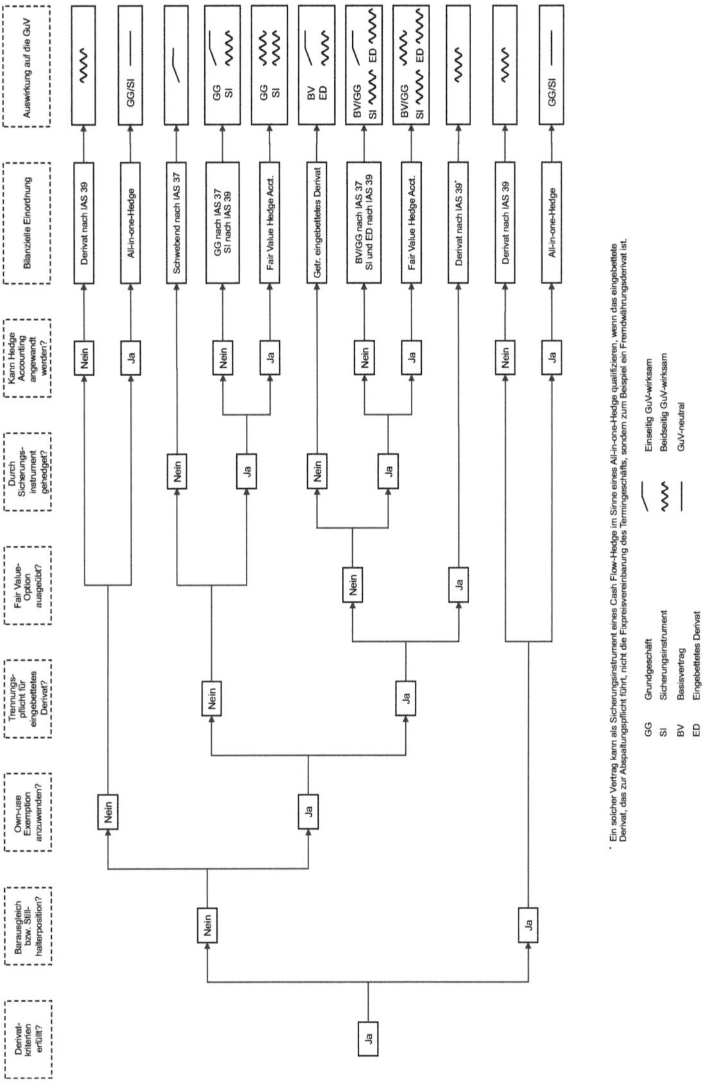

Abbildung 3-22: Bilanzielle Abbildung der Risikosteuerung bei Warenlieferverträgen mit fixierten Lieferpreisen[867]

---

[867] Quelle: Eigene Darstellung.

Bei der Untersuchung auf die Abspaltungspflicht zum Beispiel einer Preisformel oder -indizierung kann die qualitative Beurteilung zugunsten einer engen Verbundenheit ausfallen, wenn die Vertragsklausel eine ökonomische oder technische Beziehung adäquat widerspiegelt. Ersteres ist der Fall, wenn eine entsprechende Preisindizierung der gängigen Praxis in dem Industriezweig des Unternehmens entspricht. Für eine enge Verbundenheit im Sinne einer technischen Beziehung spricht eine preisliche Kopplung an die Produktionsfaktoren und/oder Substitute, wenn diese – im Gegensatz zum Produkt des Basisvertrages – auf einem aktiven Markt gehandelt werden.[868] Eine umgekehrte Preiskopplung, die den Preis von Inputfaktoren an den Preis des Outputprodukts bindet, wird nicht als eng verbunden angesehen.[869] Für Preisformeln, die entweder nicht exakt die Produktionsfaktoren für den Basiswert oder diese nicht entsprechend ihrer Gewichtung im Produktionsprozess referenzieren, ist – unabhängig von der qualitativen Beurteilung – stets eine positive quantitative Analyse notwendig.[870] Ebenso kann der qualitative Nachweis nur für Rohstoffbasiswerte ausreichen, für die kein liquider Markt existiert. Besteht ein aktiver Markt für den Rohstoff des Basisvertrages, kann selbst eine positive qualitative Beurteilung nie genügen.[871]

Fallbeispiel 12 erläutert die Bilanzierung solcher Preisformeln für an den Ölpreis angelegte Erdgaskontrakte. Im Anschluss zeigt Fallbeispiel 13 anhand der zunehmenden Liquidität im Eisenerzmarkt, wie sich ändernde Marktbedingungen auf die Beurteilung insbesondere einer Möglichkeit des Barausgleichs von Verträgen auswirken.

Fallbeispiel 12: Enge Verbundenheit der Kopplung von Erdgaslieferungen an den Ölpreis als eingebettete Derivate

Im deutschen Erdgasmarkt sind Lieferverträge in der Regel an den Erdölpreis angelehnt.[872] Diese Preiskopplung ist als eingebettetes Derivat einzuschätzen.[873] Erdgaslieferverträge, die

[868] Vgl. IDW RS HFA 25 Tz. 48; PwC (2008a), S. 303 und Maulshagen/Walterscheidt (2010), S. 358-359. Fallbeispiel 12 und Fallbeispiel 13 führen dies nachfolgend anhand von Beispielen im Erdgas- und Stahlmarkt näher aus.

[869] Vgl. PwC (2008a), S. 303.

[870] Vgl. IDW RS HFA 25 Tz. 49.

[871] Vgl. PwC (2008a), S. 303 und Maulshagen/Walterscheidt (2010), S. 359. Siehe auch Ausführungen zum quantitativen Nachweise der engen Verbundenheit eingebetteter Derivate in Abschnitt 3.4.5.

[872] Vgl. Ausführungen zum Erdgasmarkt in Abschnitt 2.5.2.2.

[873] Vgl. Deloitte (2006), S. 4.

keinen Barausgleich erlauben oder unter die Ausnahme für Eigenbedarf fallen, sind daher auf Analysestufe 4 hinsichtlich der Trennungspflicht dieses Derivats zu untersuchen.[874]

Da der nationale Markt für Erdgas nicht liquide ist,[875] reicht eine qualitative Beurteilung der Abspaltungspflicht aus.[876] Demnach kann eine enge Verbundenheit angenommen werden, wenn ein ökonomischer und/oder technischer Zusammenhang zwischen Erdgas und Erdöl besteht. Dies ist sowohl aufgrund der in der Liquidität begründeten Industriepraxis der *Anlegbarkeit* an den Erdölpreis als auch aufgrund des substitutiven Charakters der beiden Rohstoffe gegeben. Eine Trennungspflicht besteht folglich nicht. Der Liefervertrag ist als schwebendes Geschäft nach IAS 37 zu bewerten.[877]

Soll das Preisrisiko von Erdöl gesichert werden, sind Erdgaslieferverträge aufgrund dieses Preissetzungsmechanismus in der Regel als erwartete Transaktion zum Zweck der Sicherungsbilanzierung zu klassifizieren.[878] Folglich ist ein Cash Flow-Hedge als Hedge Accounting-Modell anzuwenden.[879] Für den Effektivitätsnachweis ist wiederum das Verbot zu berücksichtigen, eine einzelne Risikokomponente eines nicht-finanziellen Vermögenswerts als Grundgeschäft zu designieren. Auch wenn eine hohe Korrelation zwischen Sicherungsinstrument und der in der Preisformel referenzierten Erdölnotierung besteht, resultieren hieraus die in Fallbeispiel 6 dargestellten Einschränkungen für die Effektivitätsmessung.[880] Als Folge kann die Wahrnehmung der Fair Value-Option bei der Beurteilung der Preisformel als eingebettetes Derivats vorteilhaft sein.

Fallbeispiel 13: Paradigmenwechsel auf dem Eisenerzmarkt

In den letzten Jahren hat sich ein Paradigmenwechsel in der Preissetzung im Eisenerzhandel von langfristigen bilateralen Verträgen hin zum Spot- und Terminhandel abgezeichnet. Während seit Jahrzehnten die Preisfindung über nicht-öffentliche Verhandlungsgespräche zwi-

---

874 Vgl. Abschnitt 3.4.5. Es sei angemerkt, dass – mangels eines aktiven nationalen Erdgasmarktes – auf Analysestufe 2 für Erdgaslieferverträge in der Regel kein Barausgleich im Sinne von IAS 39.6 (d) vermutet werden kann, es sei denn, das bilanzierende Unternehmen kann durch Zugang zu liquiden internationalen Erdgasmärkten Erdgas leicht weiterverkaufen. (Vgl. Mazur/Wolz (2007), S. 103.)

875 Vgl. Mazur/Wolz (2007), S. 99.

876 Würde es sich zum Beispiel um einen Stromvertrag handeln, der an Steinkohle gekoppelt ist, wäre zumindest ein quantitativer Nachweis notwendig, da sowohl der Strom- als auch der Steinkohlemarkt liquide sind. (Vgl. Karp (2007), S. 7.)

877 Vgl. Kuhn/Scharpf (2006), S. 513; PwC (2008a), S. 303-304.

878 Micro Cash Flow Hedge Accounting bei erwarteten Transaktionen wird im nachfolgenden Abschnitt 3.5.2.2.2 dargestellt.

879 Vgl. Mazur/Wolz (2007), S. 107.

880 Vgl. Friedhoff/Berger (2011), Tz. 198.

schen Minengesellschaften und Stahlproduzenten erfolgte, setzten sich die Minenbetreiber in den jüngeren Verhandlungsrunden dafür ein, die Jahresverträge durch Quartalsverträge abzulösen, die sich an den Kassapreisen für Eisenerz orientieren. Zudem sind vermehrt Banken in den Eisenerzhandel eingestiegen. Um Referenzpreise für Eisenerz zu etablieren, haben mehrere Minenbetreiber eine zentrale Handelsplattform in London mit dem Namen Globalore ins Leben gerufen.[881]

Aus dem Wechsel eines illiquiden zu einem liquiden Markt können sich Änderungen in der Beurteilung eines impliziten Barausgleichs bei Eisenerzgeschäften sowie in der Bilanzierung eingebetteter Eisenerzderivate ergeben.[882] Kann anhand eines aktiven Marktes für Eisenerz dessen einfache Konvertierbarkeit in Bargeld angenommen werden, ist für einen Warenliefervertrag nach IAS 39 (d) die Möglichkeit eines Barausgleichs zu vermuten und er als Derivat zu bewerten.[883] Änderungen in der Bewertung eingebetteter Eisenerzderivate können daraus resultieren, dass eine qualitative Beurteilung der engen Verbundenheit nicht mehr ausreicht. Diese Änderung betrifft jedoch nur neu abgeschlossene Verträge. Für bestehende, langfristige Warenlieferverträge mit eingebetteten Eisenerzderivaten bedingt eine Änderung des Marktes von liquide zu illiquide (oder umgekehrt) keine erneute Untersuchungspflicht, es sei denn, in diesem Kontext werden Anpassungen der vertraglichen Vereinbarungen vorgenommen, die die Zahlungsströme signifikant ändern.[884]

Gegen den schwankenden Rohstoffpreis einer Forecast Transaction kann sich ein Unternehmen wiederum durch ein Rohstoffderivat absichern.[885] Wird Hedge Accounting nicht angewandt, ähneln die bilanziellen Konsequenzen für vertragliche Vereinbarungen, die als erwartete Transaktion eingestuft werden, der Konstellation für feste Verpflichtungen:

Wird der Liefervertrag als Derivat nach IAS 39 eingeordnet, heben sich die gegenläufigen Wertänderungen beider Positionen in der Gewinn- und Verlustrechnung auf. Ein Nettoeffekt verbleibt in der Gewinn- und Verlustrechnung, wenn aufgrund von Basisrisiken die Sicherung nicht gänzlich effektiv ist. Ökonomisch unbegründete GuV-Schwankungen können allerdings

---

[881] Vgl. Blas (2009); Blas (2010); Bayer/Mai (2010) und Haake (2010).

[882] Als ähnliches Beispiel geänderter Marktbedingungen nennen Kuhn/Scharpf (2006) die zunehmende Liquidität auf dem liberalisierten Strommarkt und die vormalige Praxis der Kopplung von Stromverträgen an Kohlepreisnotierungen oder an einen Kraftwerkserzeugungsmix. (Vgl. Kuhn/Scharpf (2006), S. 481.)

[883] Vgl. Abschnitt 3.4.3.

[884] Vgl. Kuhn/Scharpf (2006), S. 481 mit Verweis auf Roese et al. (2006), S. 1094; PwC (2008a), S. 306.

[885] Siehe auch Abschnitt 2.3.4.2 und 2.3.4.3. Wie ein Cash Flow-Hedge in Form des *All-in-one-Hedge* gebildet werden kann, wenn ein Unternehmen sein Rohstoffpreisrisiko bereits durch die Preisfixierung im Rahmen des Liefervertrages steuert, erläutert Abschnitt 3.5.2.1.4

aus der asymmetrischen Folgebewertung eines Warenliefervertrages als schwebender Vertrag nach IAS 37 folgen. Wertänderungen des Liefervertrages wirken sich nur einseitig bei Wertminderungen in der Gewinn- und Verlustrechnung aus. Steigt – bei entsprechender (GuV-wirksamer) Wertminderung auf der Derivatposition – der Marktwert des Warenliefervertrages über die Erstbewertung, spiegelt die Gewinn- und Verlustrechnung nicht mehr die ökonomische Realität wider.

Ist das abgesicherte Geschäft nur beabsichtigt und somit bilanzunwirksam, können die GuV-Wirkungen der beiden Geschäfte – unabhängig von der Richtung der Marktpreisänderung – nicht periodengleich vereinnahmt werden. Den beidseitigen Wertänderungen des Sicherungsinstruments in der Gewinn- und Verlustrechnung steht – unabhängig von der Entwicklung der Marktpreise – keine GuV-wirksame Position gegenüber.

3.5.2.2.2 Abbildung mit Mikro Cash Flow Hedge Accounting

Wenn ein Warenliefervertrag vom Typ erwarteter Transaktionen nicht unter IAS 39 fällt, kann ein Cash Flow-Hedge als Hedge Accounting-Modell Anwendung finden. IAS 39.86 (b) setzt in diesem Fall voraus, dass das Zustandekommen des Beschaffungs- oder Absatzgeschäftes als hoch wahrscheinlich angenommen wird.

IAS 39.IG F.3.7 erläutert die Anforderungen, die an den Grad der Eintrittswahrscheinlichkeit zu stellen sind. Zunächst hat das Zustandekommen des Geschäfts wahrscheinlicher als dessen Nicht-Zustandekommen zu sein. Die Einschätzung kann nicht allein auf den Absichten der Unternehmensführung basieren. Vielmehr sind beobachtbare Tatsachen sowie die Begleitumstände heranzuziehen. Hierzu zählen unter anderem

(a) die Häufigkeit vergleichbarer Geschäfte in der Vergangenheit,

(b) die finanzielle und operative Tragfähigkeit des Unternehmens für ein solches Geschäft,

(c) ein nennenswerter Ressourceneinsatz im Zusammenhang mit der Transaktion,

(d) das Ausmaß negativer Folgen durch den Verzicht auf dieses Geschäft,

(e) die Möglichkeit, durch alternative Handlungen eine mit dem erwarteten Geschäft vergleichbare Situation zu erreichen und

(f) die Unternehmensplanung.[886]

Das Geschäft wird als umso unwahrscheinlicher beurteilt, desto weiter es in der Zukunft liegt oder desto größer es wert- oder mengenmäßig im Verhältnis zu dem üblichen Geschäftsvolumen des Unternehmens steht.[887]

Das als Grundgeschäft designierte Rohstoffgeschäft findet keine bilanzielle Berücksichtigung. Das Sicherungsinstrument wird weiterhin zum beizulegenden Zeitwert, jedoch – in Höhe des effektiven Teils – ohne GuV-Wirkung bewertet. Der GuV-neutrale Teil der Wertänderung wird in dem Eigenkapitalposten der Neubewertungsrücklage, der inneffektive Teil unmittelbar in der Gewinn- und Verlustrechnung erfasst.[888]

Zum Zeitpunkt der Warenlieferung hat das Unternehmen ein Wahlrecht, die Neubewertungsrücklage beizubehalten und analog zu dem aktivierten Rohstoff zu behandeln oder sie auf das erworbene Vorratsvermögen umzubuchen, so dass die Waren zum gesicherten Preis aktiviert werden.[889]

Wird durch eine vertragliche Konkretisierung das erwartete Geschäft zu einer festen Verpflichtung, ist nach IAS 39.98 die Cash Flow-Hedge-Beziehung zu beenden. Da die Transaktion noch nicht eingetreten ist, bleibt der Eigenkapitalposten bis zu deren Eintreten erhalten. Es besteht die Möglichkeit, für den Zeitraum zwischen Vertragsabschluss und Lieferung Fair Value Hedge Accounting anzuwenden, wenn die Anforderungen hierfür erfüllt sind.[890]

Ist die hohe Wahrscheinlichkeit einer beabsichtigten Rohstofflieferung nicht mehr gegeben, ist die Sicherungsbeziehung aufzulösen, indem die aufgelaufene Eigenkapitalposition sofort GuV-wirksam im Periodenergebnis verbucht wird.[891] Dies kann sich schädlich auf die Anerkennung einer hohen Wahrscheinlichkeit für andere geplante Geschäfte auswirken.[892]

Es wird empfohlen, für das Hedge Accounting ein Volumen unterhalb des erwarteten Transaktionsvolumens zu bestimmen.[893] So verbleibt ein Spielraum für nachträgliche Korrekturen des

---

[886] Vgl. IAS 39.IG F.3.7.
[887] Vgl. IAS 39.IG F.3.7.
[888] Vgl. PwC (2008a), S. 289-290 und Maulshagen/Walterscheidt (2010), S. 367. Gleichermaßen sei auf Abschnitt 3.3.4.3.2 zum Mikro Cash Flow-Hedge als Hedge Accounting-Modell im Allgemeinen verwiesen.
[889] Vgl. Löw/Lorenz (2005), S. 583; PwC (2008a), S. 290 und Maulshagen/Walterscheidt (2010), S. 367.
[890] Vgl. IAS 39.98 und Veth (2006), S. 148.
[891] Vgl. Löw/Lorenz (2005), S. 583.
[892] Vgl. IAS 39.IG F.3.7.
[893] Vgl. hierzu und im Folgenden Friedhoff/Berger (2011), Tz. 212.

erwarteten Transaktionsvolumens nach unten, ohne zu riskieren, unmittelbar die Sicherungsbeziehung beenden zu müssen. Ebenso ist denkbar, das gesamte erwartete Transaktionsnominal in mehrere Bänder aufzuteilen, für die separate Sicherungsbeziehungen gebildet werden. Damit wird das Ziel verfolgt, bei einem Rückgang des realisierten Transaktionsvolumens die mögliche Auflösungspflicht der Sicherungsbeziehung auf ein oder wenige Teilbänder anstelle des gesamten Volumens zu begrenzen. In anderen Worten wird das Risiko, dass das Transaktionsvolumen unter das als Grundgeschäft designierte Volumen fällt, durch das Risiko ersetzt, dass das erwartete Volumen ein oder mehrere Bänder zur Gänze nicht eintritt. Bei diesem Ansatz ist jedoch zu berücksichtigen, dass sich der regelmäßige Ausfall solcher Sicherungsbänder ebenso negativ sowohl auf die Anerkennung bestehender Sicherungsbeziehungen erwarteter Transaktionen als auch auf die Beurteilung auswirkt, ob ein Unternehmen die Eintrittswahrscheinlich verlässlich zu schätzen in der Lage ist.

Einige Besonderheiten ergeben sich bei erwarteten Transaktionen für die Effektivitätsmessung. Zunächst kann der unbestimmte Charakter einer geplanten Rohstofflieferung Schwierigkeiten für die Effektivitätsmessung bedingen, wenn zum Beispiel die tatsächliche Qualität des Rohstoffs im Sinne einer bestimmten Güte oder eines Reinheitsgrades noch nicht feststeht. Bei einem Warenliefervertrag, der einen auf liquiden Märkten gehandelten Preisindex referenziert und diesen um einen fixen (oder variablen) Auf- oder Abschlag für Lieferort bzw. Frachtkosten korrigiert, kann die Lieferkostenkomponente zu Ineffektivitäten führen, da sie (und gegebenenfalls auch ihre Veränderung im Zeitverlauf) in die Effektivitätsberechnung einzubeziehen ist.[894]

Explizit für geplante Rohstoffkäufe, die durch ein Termingeschäft abgesichert werden, sieht IAS 39.AG108 die qualitative Beurteilung der Critical-Term-Match-Methode als ein vereinfachtes Verfahren der prospektiven Effektivitätsmessung vor. Die Sicherung wird (prospektiv) als hoch wirksam angenommen, wenn sie folgende Kriterien kumulativ erfüllt:[895]

(a) Gegenstand des Termingeschäfts ist der Erwerb eines Rohstoffs, bei dem Art, Menge, Zeit und Ort mit dem gesicherten geplanten Geschäft übereinstimmen,

---

[894] Vgl. Kuhn/Albrecht (2008), S. 128-129 und PwC (2008a), S. 283. Dies ist analog zu der Darstellung in Fallbeispiel 6.

[895] Vgl. IAS 39.AG108. Siehe auch Abschnitt 3.3.4.2.5 zur Critical-Term-Match-Methode.

(b) der Zeitwert des Termingeschäfts beträgt – als Indiz für einen Abschluss zu marktgerechten Konditionen – zu Beginn Null, und

(c) die Änderung der Terminkomponente des Termingeschäfts wird entweder nicht für die Beurteilung der Wirksamkeit berücksichtigt, sondern direkt GuV-wirksam erfasst, oder die Änderung des erwarteten Cash Flow des Grundgeschäfts wird nach Maßgabe der Forwardkurses bemessen.

Die Anforderungen an die retrospektive Effektivität bleiben bestehen.[896]

Ist ein Unternehmen nicht in der Lage, den Zeitpunkt seiner erwarteten Rohstoffverkäufe genau zu bestimmen, kann es auch eine Zeitspanne benennen, solange das Grundgeschäft eindeutig identifiziert werden kann. Dies ist zum Beispiel der Fall, wenn die ersten Verkäufe einer Zeitspanne (wie einer Woche oder eines Monats) in Höhe der abgesicherten Menge bestimmt werden.[897] Nicht eindeutig hingegen wäre nach IAS 39.IG F.3.10 die Identifizierung der letzten Verkäufe einer Zeitspanne oder die Sicherung eines festen Prozentsatzes der Geschäfte in einer Zeitspanne.

Wird eine Zeitspanne durch ein Rohstoffderivat abgesichert, das den Preis eines bestimmten Zeitpunkts referenziert, wird der Effektivitätsnachweis desto schwieriger sein, je größer die Zeitspanne ist.[898]

Ineffektivitäten bei der Absicherung mit Termingeschäften können mittels der *Spot-Methode* nach IAS 39.74 (b) gemindert werden, indem nur die Spotpreisänderungen für die Sicherungsbeziehung herangezogen werden.[899] Die Terminprämie hingegen ist der Kategorie *held for trading* zuzuordnen und wird direkt GuV-wirksam verbucht.[900]

Vergleichbar hierzu hat ein Unternehmen nach IAS 39.74 (a) ein Wahlrecht, nur die Änderungen des inneren Werts einer (gekauften) Option als Sicherungsinstrument zu designieren, mit der es eine geplante Rohstofflieferung sichert. Änderungen des Zeitwerts werden unmittelbar

---

[896] Vgl. Kuhn/Albrecht (2008), S. 129.
[897] Vgl. PwC (2008a), S. 293.
[898] Vgl. PwC (2008a), S. 293.
[899] Vgl. IAS 39.IG F.5.6 und IAS 39.IG F.6.4.
[900] Vgl. Kuhn/Scharpf (2006), S. 421.

GuV-wirksam in der Gewinn- und Verlustrechnung erfasst. Hierdurch können ebenfalls Ineffektivitäten vermieden werden.[901]

Fallbeispiel 15 veranschaulicht den Effektivitätsnachweis anhand dieser beiden Methoden. Schließlich geht Fallbeispiel 16 auf die Eignung von Sicherungsinstrumenten mit Knock-in- bzw. Knock-out-Eigenschaften ein.

Fallbeispiel 15: Effektivitätsnachweis bei Designation der Kassakomponente eines Termingeschäfts bzw. des inneren Werts einer Option als Sicherungsinstrument

Mit nachfolgendem Zahlenbeispiel wird ein Erdölkonsument beschrieben, der seine Beschaffung zukünftiger Erdöllieferungen mit Termingeschäften oder Call-Optionen gegen einen Preisanstieg hedgt. Da sich aufgrund der Liquidität des Erdölmarkts die einzelnen Komponenten der bilanziellen Sicherungsbeziehung leicht ermitteln lassen, kann er die Effektivität der Sicherungsbeziehung verbessern, indem er nur die Kassakomponente des Termingeschäfts bzw. den inneren Wert der Option als Sicherungsposition designiert.

Der Hedge erfolgt über vier Perioden ausgehend von einem Marktpreis von 100 GE. Der Terminpreis zum Kauf von Erdöl zum Ende von Periode 4 steht anfangs bei 105 GE; eine Call-Option mit einem Ausübungspreis von 110 GE und derselben Laufzeit kostet 5 GE.

Abbildung 3-23 und Abbildung 3-24 zeigen für beide Instrumente, wie sich die retrospektive Effektivitätsmessung mit der periodenbezogenen Dollar-Offset-Methode über den Sicherungszeitraum verhält.

Wird bei der Sicherungsbeziehung mit einem Erdölterminkontrakt ausschließlich die Kassakomponente als Sicherungsinstrument designiert, ist stets eine Effektivität von 100% sichergestellt.[902] Wie das Beispiel verdeutlicht, verbleibt nach Abspaltung der Kassakomponente keine reine Zinskomponente. Vielmehr reflektiert der Differenzbetrag sowohl Zins- und Lagerkosten im Sinne der cost of carry als auch den convenience yield.[903] Da gerade auf Rohstoffmärkten diese Terminkomponente starken Schwankungen unterliegen kann, ist der Vorteil der Spot-Methode besonders deutlich: Der retrospektive Effektivitätsnachweis „ist unter die-

[901] Vgl. Kuhn/Scharpf (2006), S. 421-422.
[902] Vgl. auch Pellens et al. (2011), S. 624.
[903] Vgl. Friedhoff/Berger (2011), Tz. 182. Zu diesen Bestandteilen der Terminprämie siehe die einleitende Darstellung zur Struktur von Rohstoffmärkten in Abschnitt 2.2.7.

sen Umständen eine rein formale, nach herrschender Meinung aber notwendige Übung"[904]. Würde auf die komponentenweise Designation verzichtet, wäre die Sicherungsbeziehung in diesem Zahlenbeispiel vorzeitig zu beenden, da die Effektivität in Periode 3 aus dem Toleranzbereich von 80-125% ausbricht.

Die Wertänderung der Terminkomponente wird in jeder Periode unmittelbar GuV-wirksam verbucht.

Wird bei der Absicherung mit der Call-Option nur ihr innerer Wert als Sicherungsinstrument designiert, fließen auch nur Wertänderungen des Grundgeschäfts in die Effektivitätsmessung ein, soweit sie in den Wertbereich der Sicherung fallen. Somit werden erst die Preisschwankungen oberhalb des Ausübungspreises von 110 GE ab Periode 2 den ausgleichenden Wertänderungen der Option gegenübergestellt.[905] Wie auch bei der Sicherung mit einem Termingeschäft, ist die hohe Effektivität über den gesamten Sicherungszeitraum gewährleistet. Die Änderungen des Zeitwerts werden ebenfalls in jeder Periode direkt als Finanzaufwand verbucht.[906]

Würde hingegen der Zeitwert in die Effektivitätsmessung einbezogen, könnte hier der Korridor von 80-125% Effektivität nicht eingehalten werden.

Die Trennung von internem und Zeitwert ist stets zu empfehlen, da aus einer Nichtaufspaltung kein Vorteil resultiert: Der Zeitwert, der bei einer Aufspaltung unmittelbar GuV-wirksam ist, da er nicht Teil der Sicherungsbeziehung ist, wird ebenso bei der Designation der gesamten Option als unwirksamer Teil periodenbezogen in der Gewinn- und Verlustrechnung erfasst.[907]

---

904 Lüdenbach (2012), Tz. 47.
905 Vgl. Kuhn/Scharpf (2006), S. 367.
906 Vgl. Löw/Theile (2012), Tz. 3270.
907 Vgl. Friedhoff/Berger (2011), Tz. 224.

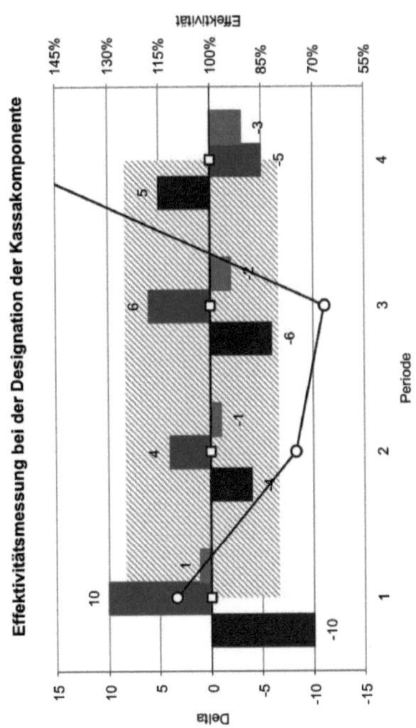

Grundgeschäft	100	110	114	120	115
Terminkurs	105	116	119	123	115
Kassakomponente	100	110	114	120	115
Terminkomponente	5	6	5	3	0
Delta Grundgeschäft		-10	-4	-6	5
Delta Sicherungsinstrument		10	4	6	-5
Delta Terminkomponente		1	-1	-2	-3
DOM periodenbezogen in % (Kassakomponente)		100%	100%	100%	100%
DOM periodenbezogen in % (Gesamtposition)		110%	75%	67%	160%

Abbildung 3-23: Effektivitätsmessung bei der Designation der Kassakomponente eines Termingeschäfts[908]

[908] Quelle: Eigene Darstellung.

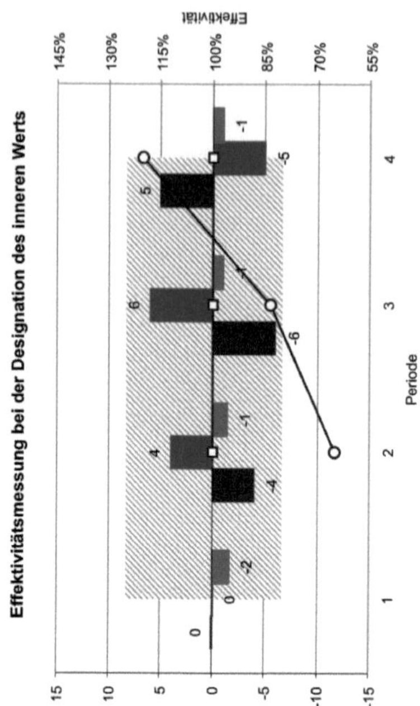

		1	2	3	4
Grundgeschäft	100	110	114	120	115
Optionswert	5	3	6	11	5
Innerer Wert	0	0	4	10	5
Zeitwert	5	3	2	1	0
Delta Grundgeschäft		0	-4	-6	5
Delta Sicherungsinstrument		0	4	6	-5
Delta Zeitwert		-2	-1	-1	-1
DOM periodenbezogen in % (innerer Wert)			100%	100%	100%
DOM periodenbezogen in % (Gesamtposition)			65%	83%	120%

Abbildung 3-24: Effektivitätsmessung bei der Designation des inneren Werts einer Call-Option[909]

[909] Quelle: Eigene Darstellung.

Fallbeispiel 16: Knock-in- und Knock-out-Merkmale von Sicherungsinstrumenten als geschriebene Optionen

Auch wenn sie – wie in Abschnitt 2.4.3 dargestellt – in der Hedging-Praxis von Nichtbanken eine geringe Rolle spielen, können auch Termingeschäfte oder Optionen mit Knock-in- bzw. Knock-out-Merkmalen als Sicherungsinstrumente zum Hedging von Lieferverträgen ohne fixierte Preise in Betracht kommen. Eine wesentliche Eigenschaft solcher Derivate ist typischerweise ein Kostenvorteil gegenüber vergleichbaren Derivaten, die ohne diese Eigenschaft auskommen.

Wird im Gegenzug für eine Knock-in- bzw. Knock-out-Klausel tatsächlich eine solche Vergünstigung eingeräumt und das Grundgeschäft beinhaltet keine gegenläufige Position mit einem vergleichbaren Merkmal, ist dies als Indikator für eine geschriebene Option zu werten, so dass eine Designation als Sicherungsinstrument nach IAS 39.AG94 ausgeschlossen ist.[910]

Selbst wenn die Designation als Sicherungsinstrument zulässig ist, wird der Nachweis einer hohen Effektivität der Sicherungsbeziehung schwierig sein, solange das Grundgeschäft nicht eine solche Eigenschaft umfasst.[911] Es ist davon auszugehen, dass die zu erzielende Sicherungswirkung umso niedriger ist, desto deutlicher die Konditionen von einem vergleichbaren Derivat ohne Knock-in- bzw. Knock-out-Eigenschaften abweichen.[912]

3.5.2.2.3 Abbildung mit Makro Cash Flow Hedge

Für das Cash Flow Hedge Accounting auf Makro-Ebene gelten dieselben Einschränkungen für Rohstoffgeschäfte wie bei Fair Value-Hedges hinsichtlich Homogenitätskriterien und Nettopositionen.[913]

Abbildung 3-25 fasst die verschiedenen Bilanzierungskonsequenzen für Warenlieferverträge ohne fixierte Lieferpreise zusammen.

Abbildung 3-26 gibt eine Übersicht zu den verschiedenen Ausprägungen, die für Warenlieferverträge möglich sind.

---

910 Vgl. KPMG (2011a), Tz. 7.7.410.10-20. Siehe auch Abschnitt 3.3.4.2.3 für die Eigenschaften zulässiger Sicherungsinstrumente.

911 Vgl. KPMG (2011a), Tz. 7.7.410.30.

912 Vgl. Kuhn/Scharpf (2006), S. 422-423.

913 Vgl. Abschnitt 3.5.2.1.3.

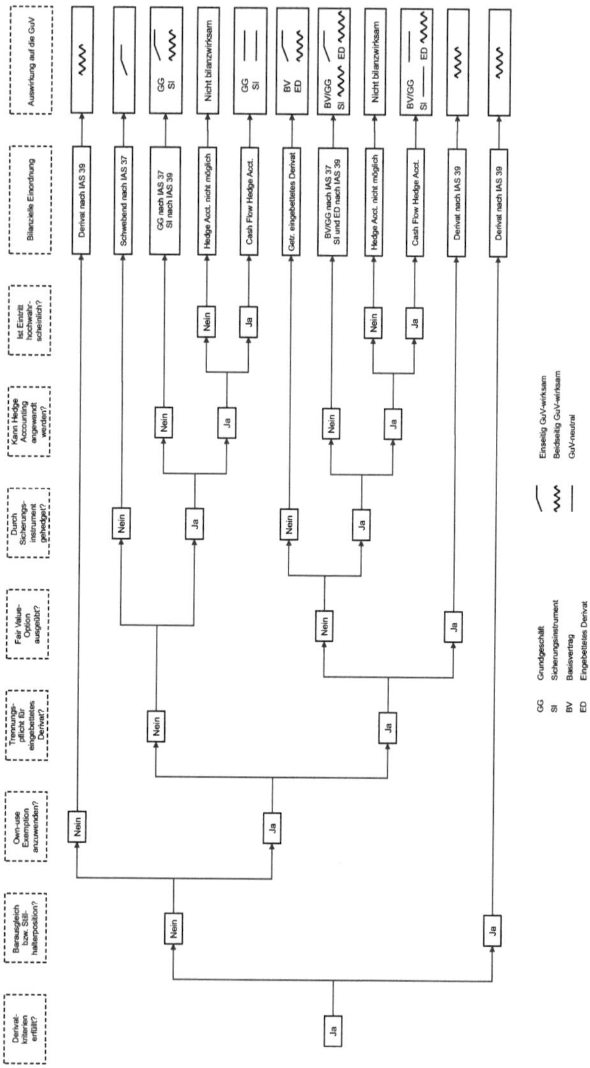

Abbildung 3-25: Bilanzielle Abbildung der Risikosteuerung bei Warenlieferverträgen ohne fixierte Lieferpreise[914]

[914] Quelle: Eigene Darstellung.

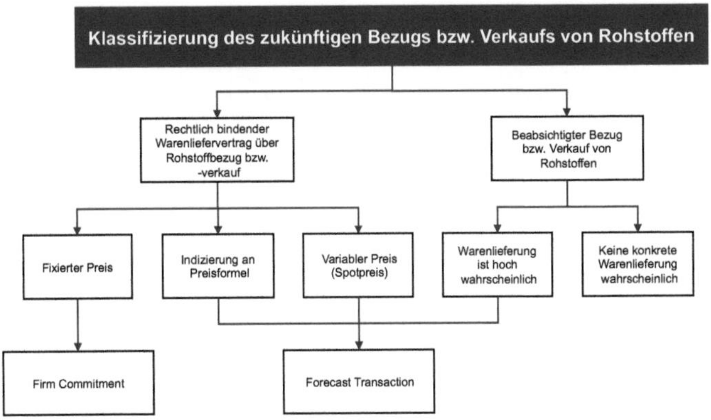

Derivat?	Ja	Ja	Ja	Nein	Nein
Own-use Exemption?	möglich	möglich	möglich	Nein	Nein
Eingebettetes Derivat?	möglich	möglich	möglich	Nein	Nein
Bilanzierung	**IAS 39 bzw. IAS 37**	**IAS 39 bzw. IAS 37**	**IAS 39 bzw. IAS 37**	**Nicht bilanzwirksam**	**Nicht bilanzwirksam**
Hedge Accounting	Fair Value Hedge Accounting*	Cash Flow Hedge Accounting	Cash Flow Hedge Accounting	Cash Flow Hedge Accounting	Hedge Accounting nicht möglich

* In Einzelfällen kann hier Cash Flow Hedge Accounting im Sinne eines All-in-one-Hedge zur Anwendung kommen.

Abbildung 3-26: Übersicht zu den Abbildungsmodellen der Steuerung von Warenlieferverträgen bei einseitig rohstoffabhängigen Industrie- und Handelsunternehmen[915]

3.5.3 Besonderheiten bei zweiseitig rohstoffabhängigen Industrie- und Handelsunternehmen

Die bisherige Untersuchung der Abbildung von Warenlieferverträgen und ihrer Steuerung hat sich auf *einseitig rohstoffabhängige* Industrie- und Handelsunternehmen beschränkt. Dies umfasst Marktteilnehmer, die einem unmittelbaren Rohstoffpreisrisiko entweder als Rohstoffproduzent, -förderunternehmen bzw. -erzeuger in ihrem Verkauf oder als Rohstoffverbraucher in ihrem Einkauf ausgesetzt sind.[916]

Im Folgenden werden Besonderheiten bei *zweiseitig rohstoffabhängigen* Unternehmen analysiert. Es handelt sich hierbei um Unternehmen, die sowohl auf Beschaffungs- als auch auf

---

915 Quelle: Eigene Darstellung.

916 Hier sei auf die Darstellung zu den Teilnehmern auf Rohstoffmärkten und ihrer Rolle in der Wertschöpfung in Abschnitt 2.2.8 verwiesen.

Absatzseite unmittelbar Rohstoffpreisschwankungen ausgesetzt sind. Bei einem Rohstoffhändler kann es sich in beiden Fällen um denselben Rohstoff handeln. In einem rohstoffverarbeitenden Unternehmen unterscheiden sich die Rohstoffe im Ein- und Verkauf, deren Preisänderungen es zu steuern hat.

3.5.3.1 Rohstoffhändler

Im Gegensatz zu den bisher untersuchten Rohstoffgeschäften ist bei einem Rohstoffhändler von einem An- oder Verkauf nicht zum Eigenbedarf, sondern ausschließlich zum Handelszweck auszugehen.

Für Händler und Makler sieht IAS 2.3 (b) daher eine Ausnahme von der Anwendung der Bewertungsvorschriften des IAS 2 vor, wonach sie ihre Vorräte zum Fair Value abzüglich Veräußerungskosten bewerten können. Dieses Wahlrecht erlaubt solchen Unternehmen, die Wertänderungen ihrer Vorratsposten unmittelbar in der Berichtsperiode der Marktpreisschwankung GuV-wirksam werden zu lassen.[917]

An die Anwendbarkeit der *Händler-Makler-Ausnahme* knüpft IAS 2.5 Voraussetzungen: Das Unternehmen hat mit dem Rohstoff für Dritte oder auf eigene Rechnung zu handeln und diese vornehmlich in der Absicht zu erwerben, sie kurzfristig zu verkaufen, um entweder aus der Preisschwankung oder einer Makler-/Händlermarge einen Überschuss zu generieren.[918]

Aufgrund des ausschließlichen Handelszwecks ist für Rohstofflieferverträge selbst bei einer physischen Erfüllung kein Eigenbedarf anzunehmen. Daher sind sie stets nach IAS 39 als *held for trading* einzustufen und wie ein Derivat zu bewerten. Die Prüfung auf eingebettete Derivate ist folglich nicht erforderlich.

Die Hedge Accounting-Modelle des IAS 39 lassen sich grundsätzlich nicht anwenden.[919] Da die Wertänderungen direkt in der Gewinn- und Verlustrechnung verbucht werden, gleichen sich gegenläufige Preisschwankungen unmittelbar in derselben Periode aus.

---

[917] Die Händler-Makler-Ausnahme findet im Rahmen der Fallstudienuntersuchung bei ThyssenKrupp Metallurgie Anwendung. Siehe auch Abschnitt 4.3.1.5.2.

[918] Für Abgrenzungskriterien für Warenhändler und Broker sei auf Kuhn/Albrecht (2008), S. 125 verwiesen.

[919] Es ist denkbar, dass bei physisch erfüllten Warenlieferverträgen, die einen festen Lieferpreis vorsehen, Cash Flow Hedge Accounting im Sinne des All-in-one-Hedge angewandt wird. Für einen Händler, der seine Positionen in der Regel auf Grundlage von Marktpreisen steuert, wird dies jedoch geringe Relevanz haben.

3.5.3.2 *Rohstoffverarbeitende Industrieunternehmen*

Bei weiterverarbeitenden Rohstoffunternehmen steht die Steuerung des Margenrisikos im Vordergrund, das aus den Preisentwicklungen des Rohstoffs auf der Einkaufsseite und des veredelten Rohstoffs auf der Verkaufsseite resultiert.

Bei den zugrundeliegenden Rohstoffgeschäften spielen auf beiden Märkten Warenlieferverträge eine wesentliche Rolle. Inwieweit aus den beschaffungs- und absatzseitigen Lieferverträgen eine offene Risikoposition resultiert, hängt von den Preissetzungsmechanismen der Verträge ab. Abbildung 3-27 stellt die Fallunterscheidungen in einer Übersicht dar.

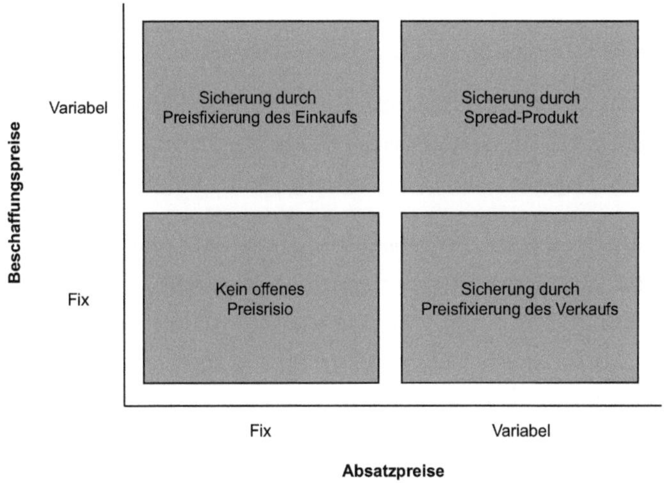

Abbildung 3-27: Steuerung des Margenrisikos bei rohstoffverarbeitenden Industrieunternehmen bei identischen Mengen[920]

Änderungen der Rohstoffmarktpreise können sich nicht auf die Produktionsmarge auswirken, wenn die Verträge sowohl im Ein- als auch im Verkauf jeweils feste Lieferpreise vorsehen.[921]

Eine Nettorisikoposition verbleibt, wenn nur auf einer Seite der Rohstoff zu fixen Preisen kontrahiert wird, während die Preise auf der anderen Seite variabel sind. In diesem Fall lässt

---

920 Quelle: Eigene Darstellung.

921 Die Analyse unterstellt, dass die verarbeiteten Produkte mengenmäßig mit den Vorprodukten übereinstimmen. In Abhängigkeit des Produktions- oder Verarbeitungsverfahrens kann das mengenmäßige Verhältnis von Vor- und Fertigprodukt variieren und stellt nicht zwangsläufig ein 1:1-Verhältnis dar.

sich die Verarbeitungsmarge zum Beispiel durch ein Termingeschäft oder einen Swap absichern. Die bilanzielle Behandlung erfolgt in Analogie zur Darstellung für einseitig rohstoffabhängige Unternehmen.[922]

Schließt das Unternehmen sowohl auf seinen Beschaffungs- als auch auf seinen Absatzmärkten die Rohstofflieferungen zu jeweils variablen Preisen ab,[923] besteht weiterhin ein Margenrisiko hinsichtlich der relativen Entwicklung von Ein- und Verkaufspreisen. Durch ein Spread-Produkt kann das Unternehmen die Produktionsmarge fixieren.[924]

Die Schwierigkeiten der bilanziellen Abbildung von Hedging mittels Spread-Produkten behandelt Fallbeispiel 17 am Beispiel eines Kohle-Strom-Swaps.

Fallbeispiel 17: Bilanzielle Abbildung von Spread-Produkten

Bei Spread-Produkten wie einem Kohle-Strom-Swap kann ein Stromerzeuger seine Marge aus der Elektrizitätserzeugung mit Kohle absichern, indem er den schwankenden Kohle-Strom-Spread an die Vertragspartei zahlt und im Gegenzug eine fixe Ausgleichszahlung erhält.[925]

Dem Spread-Swap als einem Sicherungsinstrument steht eine Grundposition gegenüber, die zumindest aus zwei (kontrahierten oder erwarteten) Warenlieferverträgen besteht. Werden diese nicht nach IAS 39 bilanziert, wäre die Anwendung von Hedge Accounting zur Vermeidung ökonomisch unbegründeter Ergebnisvolatilitäten wünschenswert.

Nach IAS 39.76 kann ein einzelnes Sicherungsinstrument zur Absicherung verschiedener Risiken eingesetzt werden, wenn das Unternehmen in der Lage ist,

(a) die abzusichernden Risiken eindeutig zu identifizieren,

(b) die Effektivität der Sicherungsbeziehung nachzuweisen sowie

(c) eine eindeutige Zuordnung des Sicherungsinstruments zu den verschiedenen Risikopositionen zu gewährleisten.[926]

---

[922] Vgl. Abschnitt 3.5.2.

[923] Abgesehen von Warenlieferverträgen mit entsprechenden Preisformeln oder einer Indizierung an den zukünftigen Spotpreis, können variable Ein- und Verkaufspreise – wie in Abschnitt 3.4.6 dargestellt – auch aus beabsichtigten Käufen bzw. Verkäufen ohne vertragliche Grundlage resultieren. (Vgl. Abbildung 3-13.)

[924] Auf die Bedeutung von Spread-Produkten wurde bereits im Kontext des Hedging auf Energie- bzw. Agrarmärkten in den Abschnitten 2.5.2 bzw. 2.6.2 eingegangen.

[925] Vgl. Abschnitt 2.5.2 und insbesondere Abschnitt 2.5.2.3 für Spread-Produkte im Kohlemarkt.

IAS 39.76 setzt nicht voraus, dass die unterschiedlichen Risiken allein aus einem Grundgeschäft resultieren. Vielmehr kann das Sicherungsinstrument mehreren Grundgeschäften zugeordnet werden, wenn jedes Grundgeschäft jeweils eine Risikokomponente aufweist.[927] Ebenfalls beschränkt sich IAS 39.76 nicht auf die Anwendung eines einzelnen Hedge Accounting-Modells für diese Sicherung.[928]

Die praktische Anwendbarkeit von bilanziellen Sicherungsbeziehungen für ein Spread-Produkt wird jedoch dadurch eingeschränkt, dass die Designation lediglich einzelner Komponenten eines Derivats als Sicherungsinstrumente unzulässig ist.[929] Sobald für eine der beiden Grundpositionen IAS 39 anzuwenden ist oder die Effektivität nicht nachgewiesen werden kann, ist demnach auch für die andere Grundposition keine Bilanzierung nach Hedge Accounting möglich.[930]

Aufgrund des hybriden Charakter der Bilanzierung von Warenlieferverträgen nach IAS 37 oder IAS 39 sowie des Verbots, nicht-finanzielle Einzelrisiken für eine bilanzielle Sicherungsbeziehung zu designieren, können diese Fälle oft eintreten. Ökonomisch unbegründete Volatilität in der Gewinn- und Verlustrechnung lässt sich dann nicht vermeiden.

Soweit das Unternehmen zumindest einseitig Lieferungen zu variablen Preisen vorsieht, besteht eine alternative Absicherungsmöglichkeit durch *vertragsfremde Preiskopplung* als eine Form von Cross-Hedging, indem die Preissetzung der gegenüberstehenden Lieferungen an den anderen Rohstoff gekoppelt wird. So kann zum Beispiel die Preissetzung der Verkaufsverträge an die Preisentwicklung eines oder mehrerer eingekaufter Rohstoffe gekoppelt sein. Ein inverses Vorgehen ist ebenfalls denkbar.

---

926 Vgl. IAS 39.76.

927 Vgl. IAS 39.IG F.1.13; IAS 39.IG F.2.18 und IDW RS HFA 9 Tz. 306.

928 Vgl. IAS 39.IG F.1.12 und IDW RS HFA 9 Tz. 306.

929 Vgl. Kuhn/Scharpf (2006), S. 359.

930 Dies ist vergleichbar zum Hedging mit einem Cross-Currency-Zinsswap oder einem Basisswap, der als Sicherungsinstrument eines kombinierten Grundgeschäfts designiert werden kann, das sowohl einen Vermögenswert als auch eine korrespondierende Schuld mit den entsprechenden Risikokomponenten umfasst. (Vgl. IAS 39.IG.F.2.18 bzw. KPMG (2011a), Tz. 7.7.380.40.)

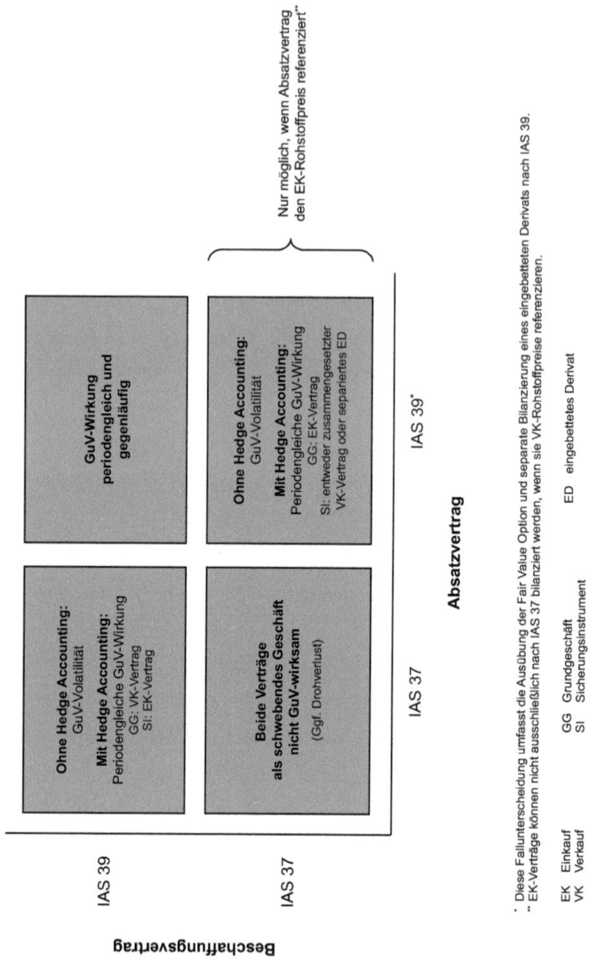

Abbildung 3-28: Konsequenzen der bilanziellen Einordnung von Lieferverträgen mit vertragsfremder Preiskopplung bei zweiseitig rohstoffabhängigen Industrieunternehmen[931]

In einem solchen Fall sind zunächst die beschaffungs- und absatzseitigen Lieferverträge nach obigem Analyserahmen auf ihre bilanzielle Einordnung zu untersuchen. Nach dieser Kategorisierung können vier Fälle unterschieden werden, die Abbildung 3-28 veranschaulicht.

---

[931] Quelle: Eigene Darstellung.

Sind sowohl Kauf- als auch Verkaufsverträge als schwebende Geschäfte bilanzunwirksam, kann nur im Fall von Drohverlustrückstellungen eine ökonomisch unbegründete GuV-Wirkung auftreten. Ein solcher Ergebniseinfluss ließe sich nicht vermeiden, da das IASB für nicht-finanzielle Sicherungsinstrumente keine Ausnahme vergleichbar zu der Designation finanzieller nicht-derivativer Sicherungsinstrumente bei Währungsrisiken entsprechend IAS 39.72 vorsieht.[932]

Die GuV-Wirkung der Verträge erfolgt ebenfalls periodengleich, wenn diese jeweils als Derivat nach IAS 39 zu bilanzieren sind. Dies trifft auch zu, wenn die Kopplung des nicht dem Basisvertrag zugrundeliegende Rohstoffs als eingebettetes Derivat separat GuV-wirksam auszuweisen ist oder aufgrund dessen für den gesamten Vertrag von der Fair Value-Option Gebrauch gemacht wird.

Ist nur auf einer Seite der Vertrag (bzw. ein eingebettetes Rohstoffderivat) nach IAS 39 zu bilanzieren, ist ohne Hedge Accounting keine synchrone Abbildung der GuV-Wirkung möglich.[933] Werden die Anforderungen an eine Sicherungsbeziehung erfüllt, ist denkbar, den nach IAS 39 bilanzierten Vertrag (bzw. das eingebettete Derivat) als Sicherungsinstrument und den nach IAS 37 bilanzierten Vertrag als Grundgeschäft zu designieren. Es ist zu beachten, dass für einen Beschaffungsvertrag, der die Preisentwicklung des verarbeiteten Rohstoffs referenziert, stets eine Abspaltungspflicht dieses eingebetteten Derivats besteht. Daher besteht hier die Möglichkeit der bilanziellen Einordnung des gesamten Beschaffungsvertrages als schwebendes Geschäft nach IAS 37 nur, wenn der Absatzvertrag sich auf den Preis des Beschaffungsmarktes und nicht umgekehrt der Beschaffungsvertrag sich auf den Preis des Absatzmarktes bezieht.[934]

Fallbeispiel 18 veranschaulicht Möglichkeiten der Risikosteuerung über vertragsfremde Preiskopplung anhand eines Stahlproduzenten.

---

932 Diese Ausnahme wird im Zusammenhang mit den Vorschriften zu zulässigen Sicherungsinstrumenten für bilanzielle Sicherungsbeziehungen nach IAS 39 in Abschnitt 3.3.4.2.3 dargestellt.

933 Der Anwendung der in Abschnitt 3.5.2.1.4 dargestellten Sonderregel zum All-in-one-Hedge steht hier die vertragsfremde Preiskopplung entgegen, die sich nicht mit der Voraussetzung eines festen Preises vereinbaren lässt.

934 Siehe auch die Darstellung zu Preisformeln bei Lieferverträgen ohne fixierte Preise in Abschnitt 3.5.2.2.1.

Fallbeispiel 18: Eingebettete Cross-Commodity-Derivate in der Stahlproduktion

Am Beispiel der Stahlproduktion lassen sich zwei Formen der Steuerung des Rohstoffpreisrisikos mittels Cross-Commodity-Derivaten darstellen: Der Edelstahlproduzent kann seine Verkaufspreise an die Preisentwicklung seiner Produktionsfaktoren koppeln. Dies ist in Form des Legierungszuschlags für u.a. Chrom und Nickel branchenüblich. Alternativ kann das Unternehmen Einkaufsverträge an seine Produktpreise binden, indem es beispielsweise seinen Strombezug an den Stahlpreis indiziert.

Diese Vertragsklauseln stellen eingebettete Derivate dar, die auf Analysestufe 4 hinsichtlich ihrer Abspaltungspflicht zu untersuchen sind. Im ersten Fall wird die Preisformel als ein Bündel von eingebetteten Derivaten beurteilt. Eine enge Verbundenheit kann angenommen werden, wenn – wie es hier der Fall ist – eine Industriepraxis für die Preisindizierung in Form eines Legierungszuschlages besteht und wenn die Preisformel dem tatsächlichen Einsatzverhältnis der Produktionsfaktoren entspricht.[935] Der quantitative Nachweis ist notwendig, wenn das Einsatzverhältnis in der Produktion von der Preisformel abweicht oder für die Basiswerte ein liquider Markt vorliegt.[936]

Im zweiten Fall ist die Indizierung an den Stahlpreis hingegen trennungspflichtig, da die Berücksichtigung des Endproduktpreises bei dem Preis eines Produktionsfaktors nie als eng verbunden beurteilt wird.[937]

3.6 Regelanalyse

Nachdem das Kapitel untersucht hat, in welcher Form die Rechnungslegung nach IFRS die Steuerung von Rohstoffpreisrisiken abzubilden erlaubt, sind diese anhand der Beurteilungskriterien kritisch zu würdigen, die eingangs aus dem IFRS-Rahmenwerk hergeleitet und um zwei rohstoffspezifische Anforderungen erweitert wurden.[938]

Hier stehen zunächst die zwei Primärgrundsätze des IFRS-Rahmenwerks im Vordergrund, Relevanz und glaubwürdige Darstellung, die die Entscheidungsnützlichkeit der Informationen sicherstellen sollen. Die Entscheidungsrelevanz der Informationen aus der Rechnungslegung

---

[935] Vgl. Kuhn/Scharpf (2006), S. 513. Siehe ebenso Abschnitt 3.5.2.2.1 sowie dort Fallbeispiel 12 zur Einschätzung der engen Verbundenheit bei Erdgasverträgen, die an den Ölpreis gekoppelt sind.

[936] Vgl. IDW RS HFA 25 Tz. 49 und PwC (2008a), S. 304.

[937] Vgl. PwC (2008a), S. 303.

[938] Vgl. Abschnitt 3.2.

ist vor allem dann anfechtbar, wenn Accounting Mismatches zu Verzerrungen zwischen den ökonomischen Sachverhalten und ihrer bilanziellen Abbildung führen. Wie das vorliegende Kapitel gezeigt hat, kann sie insbesondere bei Sachverhalten nicht gewährleistet sein, die im Zusammenhang zueinander – im Sinne von Grundgeschäft und Sicherungsinstrument – zu sehen sind, jedoch unterschiedlichen Bewertungsvorschriften unterliegen. Wenn nicht mithilfe von Hedge Accounting eine Angleichung der Bewertungsmodelle der Positionen erfolgt,[939] bedingt die periodenungleiche Realisierung von Wertänderungen in der Gewinn- und Verlustrechnung, dass die im Jahresabschluss bereitgestellten Informationen für die Adressaten fehlleitend sind.

Durch bilanzielle Sicherungsbeziehungen die Relevanz der Informationen zu erhöhen, knüpft das IASB grundsätzlich an strenge Voraussetzungen.[940] Wie die Untersuchung veranschaulicht hat, stellen diese gerade bei Rohstoffgeschäften den Bilanzierenden vor besondere Herausforderungen. Dies betrifft zunächst das Verbot, bei nicht-finanziellen Grundgeschäften Einzelrisiken als Grundgeschäft zu designieren. Dadurch wird erschwert, den Korridor von 80-125% bei der Effektivitätsmessung einzuhalten und somit die Volatilität in der Gewinn- und Verlustrechnung auf den ineffektiven Teil der Sicherungsstrategie zu beschränken.[941] Des Weiteren sind die Möglichkeiten, Sicherungsstrategien auf Basis aggregierter Positionen bilanziell abzubilden, begrenzter als zum Beispiel bei Zinsrisiken. Während für homogene Gruppen von Rohstoffgrundgeschäften dies noch im Rahmen des Makro Hedge Accounting mit zum Mikro Hedge Accounting vergleichbaren Einschränkungen möglich ist, liegt kein Hedge Accounting-Modell für die Risikosteuerung von Portfolien über Nettopositionen oder Laufbänder vor.

Hier kann versucht werden, mit in der Praxis hohem Aufwand eine Nettoposition über passende Mikro-Hedges zu replizieren. Da solche Sicherungsbeziehungen jedoch nur zum Zweck der Bilanzierung konstruiert werden und nicht das tatsächliche Sicherungsverhalten wiederspiegeln, kann nicht mehr von einer glaubwürdigen Darstellung ausgegangen werden. Ähnlich verhält es sich mit internen Hedges, die nicht in einer 1:1-Beziehung zu einem externen Kontrahenten durchgeleitet werden, sondern beispielsweise im Kontext einer zentralisierten Risikosteuerung über Nettopositionen eingesetzt werden.[942] Auch hier sind die zwei Primär-

---

939 Vgl. Abschnitte 3.5.1.2, 3.5.2.1.2 und 3.5.2.2.2.
940 Vgl. Abschnitt 3.3.4.2.
941 Vgl. Fallbeispiel 6 und Fallbeispiel 11.
942 Vgl. Abschnitte 3.3.4.2.2 und 3.3.4.2.3.

merkmale nicht gewährleistet, wenn Hedge Accounting nicht oder nur durch Zuhilfenahme konstruierter Hedge-Beziehungen angewandt werden kann.

Welche zusätzlichen Schwierigkeiten für beidseitig rohstoffabhängige Unternehmen bestehen, konnte – in dieser Form erstmalig – gezeigt werden.[943] Sie betrifft namentlich die Besonderheit der Spread-Produkte. Da das IASB voraussetzt, dass beide Paare aus Grundgeschäft und (anteiligem) Sicherungsinstrument die Anforderungen an Hedge Accounting erfüllen, ist es nach aktuellem Stand oftmals nicht möglich, die Wertänderungen von Grund- und Sicherungsposition synchron zu vereinnahmen. Ebenso gewährt das IASB keine Ausnahme von dem Verbot, nicht-finanzielle, nicht-derivative Vermögenswerte als Sicherungsinstrumente zu designieren und somit schwebende bezugs- und absatzseitige Warenlieferbeziehungen zu einer Sicherungsposition zusammenzuführen, wie es bei Fremdwährungsrisiken vorgesehen ist.[944]

Jedoch bereits wenn die zu bilanzierende Risikosteuerung auf alleinstehenden Rohstoffgeschäften basiert, können Relevanz und glaubwürdige Darstellung beeinträchtigt sein: In Abhängigkeit von der Beurteilung und Ausprägung von Vertragsmerkmalen hinsichtlich Barausgleich, Stillhalterpositionen, Eigenbedarf und trennungspflichtiger eingebetteter Derivate können ähnliche Sachverhalte gänzlich unterschiedliche Bewertungsvorschriften nach sich ziehen. So können für ein Industrie- und Handelsunternehmen untypische Schwankungen in der Gewinn- und Verlustrechnung vornehmlich aus Warenlieferverträgen resultieren, deren Festpreisvereinbarungen zwar der Steuerung rohstoffpreisinduzierter Cash Flow-Risiken entsprechen, die jedoch nach IAS 39 zu bilanzieren sind.[945] Gleichermaßen können – nicht zuletzt durch die Abfärbung auf andere Verträge bei Fragen des Barausgleichs bzw. Eigenbedarfs – unterschiedliche Sachverhalte identisch zu bilanzieren sein.

Beide Aspekte wirken sich negativ auf die weiteren Beurteilungskriterien der Vergleichbarkeit – im Zeitverlauf sowie unternehmensübergreifend – und der Verständlichkeit aus. Grundsätzlich vermindert ebenso das Wahlrecht hinsichtlich Hedge Accounting die Vergleichbarkeit von Geschäftsberichten zwischen Anwendern und Nicht-Anwendern dieser Regelungen. Aufgrund

[943] Vgl. Abschnitt 3.5.3 sowie Fallbeispiel 17 und Fallbeispiel 18.
[944] Vgl. Abschnitt 3.5.3.2.
[945] Wie Abschnitt 3.5.2.1.4 erläutert, kann in Einzelfällen der All-in-one-Hedge als besondere Form des Cash Flow Hedge Accounting hier die bilanzielle Abbildung einer Risikosteuerung durch physisch erfüllte Festpreislieferverträge vereinfachen.

der hohen Anwendungsvoraussetzungen ist der Komplexität bereits der bilanziellen Einordnung einzelner Rohstoffgeschäfte sicher größere Bedeutung beizumessen.

Als Beispiele für den hohen Grad an Komplexität sind zunächst die vier Formen des expliziten und impliziten Barausgleichs[946] und die damit verbundenen Abgrenzungsfragen hinsichtlich eines aktiven Marktes[947] zu nennen. Gleichermaßen wird die Bilanzierung durch die formale Unterscheidung sehr ähnlicher Sachverhalte auch im Fall einer Stillhalterposition und eines eingebetteten Derivats erschwert: Während der derivative Charakter einer Vertragsklausel bei einer Stillhalterposition zu einer Bilanzierung des gesamten Warenliefervertrages zum Fair Value führt, ist für ihn bei der Beurteilung als eingebettetes Derivat gegebenenfalls eine Abspaltungspflicht vorgesehen.[948] Wenn das IASB seine ursprüngliche Ankündigung umsetzen würde, die Anwendbarkeit der Fair Value-Option bei nicht-finanziellen Basisverträgen zu untersagen, würde dies zu einer gänzlich konträren Bilanzierung der beiden ähnlichen Sachverhalte führen.[949]

Weitere Punkte werden widersprüchlich in der Literatur aufgefasst und bedürfen einer Klarstellung durch das IASB. Dies betrifft die Frage, ob Stillhalterpositionen im Sinne eines eingebetteten Derivats separat von einem Basisvertrag bilanziert werden können, der – für sich genommen – die Kriterien der Own-use Exemption erfüllt. Ebenfalls besteht Unklarheit dahingehend, ob ein Warenliefervertrag teilweise für den Eigenbedarf klassifiziert werden kann und somit nur einzelne Vertragskomponenten in den Anwendungsbereich von IAS 39 fallen sowie ob für letztere eine GuV-Wirkung dementsprechend mithilfe eines All-in-one-Hedge vermieden werden könnte.

Der Spielraum für Auslegungsfragen, der in der Komplexität und den unterschiedlichen Auffassungen zu einzelnen Punkten begründet ist, vermindert Vergleichbarkeit und Verständlichkeit.

Die hohe Komplexität setzt sich in der Umsetzung der Regelungen in der betrieblichen Praxis fort und ist somit auch für die Kosten-Nutzen-Abwägung aus Sicht des Standardsetters zu berücksichtigen, die ebenfalls zur Beurteilung der IFRS herangezogen werden soll. Beispiel-

[946] Vgl. Abschnitt 3.4.3 und 3.5.2.1.1
[947] Vgl. Fallbeispiel 7 und Fallbeispiel 9.
[948] Vgl. Abschnitt 3.4.3 und 3.4.5.
[949] Vgl. Abschnitt 3.4.5. Die geplanten Änderungen von IFRS 9, die für Rohstoffgeschäfte relevant sind, fasst Abschnitt 5.1 zusammen.

haft sei auf die Erfordernisse für die Dokumentation von Bedarfsprofilen, Buchstrukturen und der güterwirtschaftlichen Wertschöpfung des Unternehmens sowie für die Identifikation von Stillhalterpositionen und eingebetteten Derivaten hingewiesen.[950] Die organisatorischen Folgeanforderungen reichen von einem entsprechend abgestimmten Vertragsmanagement einschließlich einer detaillierten Vertrags-, Risiko- und Umfeldanalyse des Unternehmens bis zu einer abteilungs- und disziplinübergreifenden Koordination zum Beispiel zwischen Einkauf und Treasury.[951] Großkonzerne verfügen sicher eher als kleine und mittelgroße Unternehmen über die notwendige Infrastruktur, um die Regeln standardgerecht und vollumfänglich anzuwenden.

Für das bilanzierende Unternehmen geht das Wahlrecht zur Anwendung von Hedge Accounting mit einer Abwägung von Kosten und Nutzen einher, da mit dessen Ausübung der Komplexitätsgrad zusätzlich ansteigt. Die entsprechenden Anforderungen sind im Rohstoffbereich in der Regel höher als zum Beispiel im Zins- oder Währungsbereich einzuschätzen.[952] Wenn unbegründete Volatilität in der Gewinn- und Verlustrechnung durch eine Buchstruktur vermieden werden kann,[953] hat das bilanzierende Unternehmen zudem einen deutlichen Flexibilitätsverlust für sein operatives Bestandsmanagement in Kauf zu nehmen.[954]

Im Hinblick auf die rohstoffspezifischen Beurteilungskriterien, die als Rohstoffadäquanz zusammengefasst wurden, wurde die Bedeutung des Geschäftszwecks hervorgehoben, der entweder in der Erwirtschaftung von Produktionsmargen aus der Verarbeitung von industriellen Gütern oder in der Erzielung von Handelsmargen begründet ist. Nach IFRS wird eine solche Unterscheidung durchaus vorgenommen, wenn für die Own-use Exemption Rohstoffgeschäfte voneinander abgegrenzt werden, die im Rahmen einer gewöhnlichen industriellen Geschäftstätigkeit oder zu Spekulationsmotiven abgeschlossen werden. Der Geschäftszweck spiegelt sich auch in den Formen des faktischen Barausgleichs wieder, die auf die betriebliche Praxis abstellen.

Die vier Formen des Barausgleich reflektieren ebenso das weitere Beurteilungskriterium der Hybridität, das den grundsätzlichen Charakter von Rohstoffen beschreibt, einerseits Bestand-

950 So auch Fladt/Vielmeyer (2008), S. 1076.
951 So auch Prokop (2007), S. 341; Fladt/Vielmeyer (2008), S. 1076 und Maulshagen/Walterscheidt (2010), S. 371.
952 So auch Maulshagen/Walterscheidt (2010), S. 362 und S. 371.
953 Vgl. Abschnitt 3.4.3.
954 So auch Prokop (2007), S. 339.

teil des industriellen Produktionsprozesses, andererseits marktfähiges Handelsobjekt sein zu können.

Dem entgegen steht jedoch, dass Rohstoffgeschäften bestimmte Regeln als nicht-finanzielle Vermögenswerte bzw. Schulden versagt werden oder sie von Ausnahmen ausgenommen werden: So ist nicht zuletzt im Hinblick auf die hybride Natur von Warenlieferverträgen unverständlich, dass die Fair Value-Option nicht gleichermaßen zur Vermeidung von Accounting Mismatches bei Rohstoffgeschäfte angewandt werden kann.[955] Die Untersuchung hat verdeutlicht, wie eine solche Regelung in vielen Fällen erlauben würde, dass eine Hedging-Strategie, die ökonomisch die Ergebnisvolatilität verringert, nicht zu Verzerrungen in der Rechnungslegung führt. Die vom IASB genannten Kriterien einer Erhöhung der Relevanz von Abschlussinformationen und der Zuverlässigkeit der Bewertung sowie einer Komplexitätsreduktion würden in vielen Fällen ebenso auf eine Fair Value-Option für Rohstoffgeschäfte zutreffen.[956]

Für Rohstoffgeschäfte widerspricht auch das Verbot der Designation von Einzelrisiken als Grundgeschäfte bei nicht-finanziellen Posten der Hybridität.[957] Entgegen der Meinung des IASB ließe sich der Effekt einzelner Rohstoffpreisänderungen oftmals ermitteln, und zwar nicht nur etwa wenn Lieferverträge explizit Marktnotierungen referenzieren.[958] Eine Ausnahme von diesem Verbot, wie IAS 39.82 es für Währungsrisiken bereits vorsieht und es somit auch Nichtbanken vertraut ist, wäre in vielen Anwendungsfällen umsetzbar und erstrebenswert.[959]

Insbesondere stellt sich die Frage, ob nicht bereits für die Einordnung von Rohstoffgeschäften in den Anwendungsbereich von IAS 37 bzw. IAS 39 eine stärkere Ausrichtung auf den Geschäftszweck als primäre Intention der Unternehmensführung die Komplexität deutlich reduzieren würde. Dies würde den ebenfalls am Geschäftszweck orientierten Ansatz aufgreifen, den das IASB bereits in den Kriterien für den Barausgleich bzw. die Own-use Exemption im-

---

955 Vgl. Abschnitt 3.3.4.4.

956 Gleiches gilt für die Vereinfachungen, mit denen das IASB die Fair Value-Option in IAS 39.BC74A begründet.

957 Vgl. Abschnitt 3.3.4.2.2.

958 So auch Kuhn/Scharpf (2006), S. 385. Diese Auffassung spiegelt sich zudem in zahlreichen Comment Letters zu Überarbeitungen von IAS 39 bzw. zu IFRS 9 wieder. (Vgl. Daimler (2008), S. 10-11; DRSC (2008), S. 3 und S. 6-7; Ernst & Young (2008a), S. 4; Nestlé (2008a), S. 1; PwC (2008c), S. 3; Suez (2008), S. 1-3; GDF Suez (2008), S. 2.)

959 Bereits im Mai 2010 hat das IASB für IFRS 9 in Aussicht gestellt, vertraglich spezifizierte Risikokomponenten sowohl für finanzielle als auch für nicht-finanzielle Posten zur Designation als Grundgeschäft zuzulassen. (Vgl. IASB (2010), S. 4.) Die geplanten Änderungen durch IFRS 9 werden im Rahmen des Ausblicks in Abschnitt 5.1 erörtert.

pliziert, ähnlich in Form der Händler-Makler-Ausnahme von IAS 2 für die Bewertung von Rohstoffvorräten vorsieht sowie für die Klassifikation von Finanzinstrumenten nach IFRS 9 beschlossen hat.

Zusammenfassend für die theoretische Analyse lässt sich festhalten, dass die bestehenden Möglichkeiten, die Steuerung von Rohstoffpreisrisiken bilanziell abzubilden, kaum dem aus dem IFRS-Rahmenwerk abgeleiteten und erweiterten Beurteilungsrahmen genügen können. Auf der Grundlage der bisher gewonnenen Erkenntnisse ist eine Überarbeitung der Regelungen nicht nur zu bilanziellen Sicherungsbeziehungen, sondern gleichermaßen zur Klassifikation von Rohstoffgeschäften unvermeidlich. Die nachfolgende empirische Analyse hat daher diese Einschränkungen näher und kontextabhängig in ihrer natürlichen Anwendung in der Unternehmenspraxis zu untersuchen.

3.7 Zwischenfazit

Um einen geeigneten Rahmen für die Beurteilung der nachfolgenden Analyse zu schaffen, hat dieses Kapitel zunächst Kriterien dafür entwickelt, dass sich Rechnungslegungsvorschriften für die Bilanzierung der Steuerung von Rohstoffpreisrisiken bei Industrie- und Handelsunternehmen eignen. Hier wurde zum einen auf das IFRS-Rahmenwerk Bezug genommen, zum anderen rohstoffspezifische Kriterien entwickelt.

Aufbauend auf der Darstellung zur Risikosteuerung auf Rohstoffmärkten im vorangegangenen Kapitel wurde anschließend die einzelnen Rechnungslegungsvorschriften eingeführt, die für Rohstoffgeschäfte relevant sind. Diese umfassen insbesondere IAS 2, IAS 37 und IAS 39 einschließlich Hedge Accounting. Als wesentlicher Beitrag wurde ein integrierter Analyserahmen entwickelt, der auf eine ganzheitliche Betrachtung der verschiedenen Rohstoffgeschäfte – im Sinne von Rohstoffvorräten, Warenlieferverträgen und Rohstoffderivaten – bei Industrie- und Handelsunternehmen ausgelegt ist und hierfür gleichermaßen Wert auf nichtderivative und derivative Formen der Risikosteuerung legt.[960]

Forschungsfrage 1 fortführend wurde anhand dieses Analyserahmens aufgezeigt, welche bilanziellen Konsequenzen aus den Sicherungsstrategien unterschiedlicher Marktteilnehmer resultieren und wann diese zu Verzerrungen führen. Anhand von mehreren Fallbeispielen

[960] Anhang B fasst grafisch die Ergebnisse der Analyse in Abschnitt 3.5 zusammen, wie die Risikosteuerung bei den unterschiedlichen Rohstoffgeschäften bilanziell einzuordnen ist.

wurde dies sowohl für einzelne Formen der Risikosteuerung und typische Problemfelder veranschaulicht als auch für die Besonderheiten einzelner Rohstoffmärkte näher untersucht.

Es wurde deutlich, dass ein sehr komplexes Regelwerk an vielen Stellen zu Einschränkungen in dem Ausweis von Sicherungsstrategien in der Rechnungslegung führt. Signifikante Schwierigkeiten bestehen bereits darin, zu bestimmen, in den Anwendungsbereich welcher Vorschriften einzelne Rohstoffgeschäfte fallen. Hier wirkt sich aus, dass eine solche Einordnung aufgrund mehrerer Kriterien sehr komplex ausgestaltet ist, Rohstoffgeschäfte von wichtigen Vorschriften ausgenommen sind und es an verschiedener Stelle der Klarstellung durch das IASB bedarf. Beispielhaft sei hier auf die vier Formen des Barausgleichs, die Ausnahme nicht-finanzieller Vermögenswerte von der Anwendung der Fair Value-Option sowie die nicht eindeutig geregelte Abspaltbarkeit von Stillhalterpositionen oder anteilige Klassifikation einer Lieferbeziehung zum Eigenbedarf verwiesen.

Seiner Zielsetzung, Rechnungslegungsanomalien zu reduzieren, kann das Hedge Accounting oftmals nicht nachkommen: Insbesondere das Verbot, einzelne Risikokomponenten als Grundgeschäfte zu designieren und somit für die Effektivitätsmessung isoliert rohstoffpreisinduzierte Wertänderungen zu berücksichtigen, verhindert leicht den erfolgreichen Effektivitätsnachweis und somit die Anwendung bilanzieller Sicherungsbeziehungen. Zweiseitig rohstoffabhängige Unternehmen sind bei der Sicherung ihrer Spread-Risiken von weiteren Einschränkungen betroffen. So gelingt die verzerrungsfreie Abbildung von Basis-Swaps nur, wenn für beide Paare aus Grundgeschäft und Sicherungsinstrument die Effektivitätsgrenzen eingehalten werden; schwebende Lieferbeziehungen, die sich als nicht-finanzielle, nicht-derivative Vermögenswerte bezugs- und absatzseitig gegenüberstehen, können nicht zu einer Sicherungsposition zusammengeführt werden. Das IASB sieht somit weder für die Designation einzelner Risikokomponenten als Grundgeschäft noch für die Designation eines nicht-derivativen Rohstoffgeschäfts als Sicherungsinstrument Ausnahmen vor, wie es sie für Fremdwährungsrisiken erlaubt und wie sie aus diesem Bereich Industrie- und Handelsunternehmen vertraut sind.

Die aufgeführten Einschränkungen zeigen sich nicht erst bei anspruchsvollen Sicherungsstrategien, sondern bereits bei einfacheren, wie sie sich in Kapitel 2 als durchaus typisch für die Steuerung von Rohstoffpreisrisiken bei Industrie- und Handelsunternehmen erwiesen haben.

Schließlich wurden die Rechnungslegungsvorschriften auf Grundlage der eingangs eingeführten Beurteilungskriterien bewertet. Die Defizite, die sich in den vorangegangenen Abschnitten abgezeichnet haben, hat die kritische Würdigung sowohl im Hinblick auf die Merkmale der Standardkonformität als auch der Rohstoffadäquanz klar herausgearbeitet und bestätigt. Auf Basis der theoretischen Analyse kann daher für Forschungsfrage 2 nicht davon ausgegangen werden, dass die IFRS ein geeignetes Rechnungslegungssystem darstellen, um die Steuerung von Rohstoffpreisrisiken bei Nichtbanken bilanziell abzubilden.

Ziel des nächsten Kapitels ist daher, die theoretische Analyse durch eine empirische Untersuchung der Auswirkungen der Rechnungslegungsvorschriften in ihrem natürlichen Kontext der Anwendung bei Industrie- und Handelsunternehmen zu erweitern, was auf Grundlage einer Fallstudie erfolgt.

4 Fallstudie zur bilanziellen Behandlung des Risikomanagements auf Rohstoffmärkten

4.1 Motivation und methodische Einordnung

Nachdem die theoretische Analyse die Schwierigkeiten und Diskrepanzen im Zusammenwirken der Steuerung von Rohstoffpreisrisiken bei Nichtbanken und den bilanziellen Konsequenzen typischer Sachverhalte offengelegt hat, stellt sich die Frage nach einer geeigneten Forschungsmethode, um realiter beobachtbare Ausprägungen und Auswirkungen dieser Defizite in der Unternehmenspraxis und die formulierten Forschungsfragen somit gleichermaßen in ihrem realen Kontext zu untersuchen.

Wie eingangs dargestellt, hat auch aus der Sicht empirischer Forschung dieser Zusammenhang im Kontext von Rohstoffpreisrisiken bei Industrie- und Handelsunternehmen selten und dann eher als „Nebenprodukt" breiter angelegter – meist umfragebasierter – Studien Berücksichtigung gefunden.[961] Mit Middelberg (2011) ist hier auch nur eine Arbeiten bekannt, die – anhand des südafrikanischen Agrarmarkts – in Fallstudienform unternehmensinterne, private Informationen aufarbeitet.

Als Forschungsmethode wird die *wissenschaftliche Fallstudie* als Form der *qualitativen Forschung* gewählt. Ferreira/Merchant (1992) machen fünf Aspekte aus, durch die dieser Ansatz typischerweise gekennzeichnet ist und die ihn von anderen Forschungsmethoden abgrenzen:

(a) Im Forschungsprozess besteht unmittelbarer, eingehender Kontakt zur untersuchten Organisation – insbesondere mittels Interviews und direkter Beobachtung – und dieser stellt die Primärquelle des Datenmaterials dar;

(b) die Studie widmet sich realen Aufgaben oder Prozessen, nicht künstlich herbeigeführter Situationen;

(c) das methodische Vorgehen ist nicht gänzlich strukturiert, sondern entwickelt sich mit den Beobachtungen fort,

(d) Kontext und Praktiken des Untersuchungsobjekts werden umfassend und detailliert beschrieben; und

---

[961] Vgl. unter anderem Eichhorn/Heil (2007), Glaum/Klöcker (2009), Servaes et al. (2009) oder Clark (2011).

(e) die Veröffentlichung richtet sich an die akademische Gemeinschaft.[962]

Auch wenn Fallstudien in der Rechnungslegungsforschung zunehmende Anwendung gefunden haben,[963] wird der Begriff nicht einheitlich in der Literatur verwendet. Teilweise werden Einzel- von Mehrfachfallstudien unterschieden und letztere zum Beispiel als *Feldstudien* oder *komparative Fallstudien* bezeichnet. Aufgrund des schlussendlich methodisch identischen Vorgehens und der untergeordneten Rolle der Stichprobengröße bei einer Fallstudien-basierten Herangehensweise wird diese Abgrenzung hier jedoch nicht übernommen.[964]

Es gibt gleichermaßen unterschiedliche Ansätze, um Arten von Fallstudien in der Rechnungslegung voneinander abzugrenzen: Scapens (1990) orientiert sich an der Intention der Untersuchung und unterscheidet zwischen *deskriptiven, illustrativen, experimentalen, explorativen* und *explanativen* Fallstudien.[965] In Anlehnung an Patton (2002) stellen Cooper/Morgan (2008) hingegen auf die Fallauswahl ab, wenn sie zwischen *extremen* bzw. *normabweichenden, Maximalabweichungs-, kritischen* und *paradigmatischen Fallstudien* differenzieren.[966] Beide Einordnungen betonen jedoch, dass die Grenzen jeweils fließend sein können.[967]

Deskriptive Fallstudien dienen der Beschreibung von Systemen, Techniken und Vorgehensweisen in der Rechnungslegung eines oder mehrerer Unternehmen, um Ähnlichkeiten und Unterschiede herauszuarbeiten. *Illustrative Fallstudien* hingegen konzentrieren sich auf neuartige und gegebenenfalls innovative Praktiken von bestimmten einzelnen Firmen und arbeiten in der Regel mit der Annahme, dass diese Arbeitsweisen den Praktiken anderer Unternehmen überlegen sind. *Experimentelle Fallstudien* setzen Wissenschaftler ein, um in der Forschung neu entwickelte Verfahren auf ihre Implementierbarkeit und Vor- und Nachteile zu

---

962 Vgl. Ferreira/Merchant (1992), S. 4. Ähnlich auch Yin (2009), Ahrens/Dent (1998), Bailey (1996), Huber/van de Ven (1995) oder Merchant/van der Stede (2006). Aus diesen Kriterien lässt sich auch die klare Abgrenzung zu Lehr-Fallstudien ableiten. (Vgl. Yin (2009), S. 14-15.) Für einen Vergleich zu anderen Methoden und ihrer jeweiligen Eignung für entsprechende Forschungsfragen siehe zum Beispiel Yin (2009), S. 8-14.

963 So zeigen die Bestandsaufnahmen von Ferreira/Merchant (1992) und Merchant/van der Stede (2006) am Beispiel der Disziplin des Management Accounting, wie die wissenschaftliche Fallstudie nach entsprechenden Aufrufen von Hopwood (1983), Kaplan (1984) und Kaplan (1986), Phänomene des Rechnungswesens im natürlichen Kontext ihres Auftretens zu untersuchen, zunehmende Verbreitung gefunden hat. Als Fallstudien-basierte Forschung zum Externen Rechnungswesen führen Cooper/Morgan (2008) beispielsweise Lys/Vincent (1995), Neimark (1992), Tinker/Neimark (1987), Robson (1993), Mezias/Scarselletta (1994) und Merino/Neimark (1982) an. (Vgl. Cooper/Morgan (2008), S. 169-171.)

964 So auch Eisenhardt (1989), S. 534, Ferreira/Merchant (1992), S. 4, Yin (2009), S. 19 oder Cooper/Morgan (2008), S. 160. Anders zum Beispiel bei Smith (2005), S. 134.

965 So zum Beispiel auch bei Ryan et al. (2002), S. 114 oder Smith (2005), S. 134-135.

966 Vgl. Cooper/Morgan (2008), S. 165-166.

967 Vgl. Scapens (1990), S. 265-266 und Cooper/Morgen (2008), S. 165. Für eine Übersicht zu weiteren Klassifizierungsansätzen siehe auch Merriam (2009), S. 46-50.

testen. Bei *explorativen Fallstudien* werden die Gründe für bestimmte Praktiken der Rechnungslegung mit der Zielsetzung untersucht, Ideen und Hypothesen für weiterführende Forschung zu generieren und solche Gründe bereits verallgemeinern zu können. *Explanative Fallstudien* schließlich stellen weniger darauf ab, Verallgemeinerungen abzuleiten, sondern vielmehr Theorien im Kontext der Erklärung bestimmter Rechnungslegungspraktiken einzusetzen und zu testen.[968]

Extreme bzw. *normabweichende Fallstudien* machen sich das Lernpotential von ungewöhnlichen Ausnahmefällen zunutze, während *Maximalabweichungsfallstudien* ein bestimmtes Problem bzw. eine bestimmte Theorie anhand mehrerer Fälle untersuchen, die sich im Hinblick auf eine oder mehrere Dimensionen unterscheiden. *Kritische Fallstudien* untersuchen ebenfalls Ausnahmesituationen, jedoch um zum Beispiel logische Rückschlüsse auf die Falsifikation von Theorien zu ermöglichen. In Form von besonders anschaulichen oder plastischen Fällen sollen *paradigmatische Fallstudien* neue Perspektiven oder ein neuartiges theoretisches Verständnis untermauern.[969]

Die Verallgemeinbarkeit der Beobachtungen einer Fallstudie beruht auf der *Replizierungslogik* als *theoretische* (oder *analytische*) *Generalisierbarkeit*, nicht auf einer *statistischen Generalisierbarkeit*.[970] Während letztere bestrebt sind, Aussagen über statistische Ausprägungen einer bestimmten Grundgesamtheit zu treffen und somit das Verständnis empirischer Beobachtungen auf einer aggregierten Ebene und gegebenenfalls die Vorhersage von Ausprägungen in einer Grundgesamtheit zu vereinfachen, möchten erstere Theorien dergestalt verallgemeinern, dass sie gemachte individuelle Beobachtungen erklären.[971] Yin (2009) drückt dies in der Eignung von Fallstudien zur Beantworten von Fragen zum Wie und Warum aus.[972]

In diesem Zusammenhang ist auch die manchmal vertretene Meinung zu sehen, Fallstudien erlauben aufgrund der kleinen Stichprobe nur schwer statistische Rückschlüsse auf die Grundgesamtheit und eignen sich daher vornehmlich für exploratives Gewinnen erster Hypo-

968 Vgl. Scapens (1990), S. 265.

969 Vgl. Cooper/Morgan (2008), S. 165-166.

970 Vgl. Lukka/Kasanen (1995), S. 77. Ähnlich Cook/Campbell (1979), die zwischen einer *statistischen Verallgemeinerung* (bezüglich einer Grundgesamtheit) und einer *empirischen Verallgemeinerung* (über mehrere Grundgesamtheiten) unterscheiden. (Vgl. Cook/Campbell (1979), S. 71-73.)

971 Vgl. Scapens (1990), S. 270-271. Scapens (1990) sieht daher auch eine stärkere methodische Nähe zu *Experimenten* als zum Beispiel zu *Umfragen*. (Vgl. Scapens (1990) , S. 270.)

972 Vgl. Yin (2009), S. 9-10. Er betont dementsprechend auch die explanatorische Eignung von Fallstudien.

thesen in wenig erforschten Bereichen.[973] Jedoch ist die Fähigkeit von Fallstudien hinsichtlich der Deduktion von allgemeingültigen Aussagen gerade darin begründet, dass das Verständnis durch Theoriebildung erweitert wird, die individuelle Beobachtungen in ihrem konkreten Kontext erklären lässt.[974] Scapens (1990) spricht daher auch von einer zweiseitigen Interaktion von Theorie und Beobachtungen: „Theories will be used to explain observations, and observations will be used to modify theory."[975] Ferreira/Merchant (1992) und Merchant/van der Stede (2006) greifen diese vermeintliche Limitierung von Fallstudien auf, indem sie die Generalisierbarkeit über eine klar definierte Subpopulation in den Vordergrund stellen.[976]

Die hier durchgeführte Fallstudie soll aufzeigen, wie rohstoffabhängige Nichtbanken ihr Management von Rohstoffpreisrisiken und dessen Bilanzierung nach IFRS in ihrer Unternehmenspraxis umsetzen, mit welchen Schwierigkeiten sie hierbei konfrontiert sind und worauf diese zurückzuführen sind. Sie führt somit den Fokus auf die integrierte Betrachtung von Risikosteuerung und Bilanzierung fort und soll hierfür die methodische Flexibilität bieten, Problemfelder zu identifizieren, die sich nicht in der vorangegangenen theoretischen Analyse offenbart haben. Sie vereint deskriptive und vor allem explanative Elemente, soll jedoch auch die methodischen Vorzüge der Offenheit und Flexibilität zugunsten der Möglichkeit explorativer Aspekte nutzen. Die Arbeit trägt zudem zum aktuellen Stand der Forschung bei, indem sie Erklärungen für Beobachtungen bisheriger empirischer Arbeiten, die auch Rohstoffrisiken bei Industrie- und Handelsunternehmen berücksichtigen, erarbeiten soll.

Die Methodenwahl fällt auf die wissenschaftliche Fallstudie, da sie sich zur Untersuchung der gewählten Forschungsfragen in besonderem Maße eignet: Sie gilt als „particularly powerful for studying issues that are not yet well understood, that are complex or contextually contingent, that are sensitive in ways that might cause serious response biases in a survey study, or that require analysis of data that are not publicly available"[977].

Die beobachteten Zusammenhänge sind als durchaus komplex und kontextabhängig einzustufen, nicht zuletzt aufgrund des hybriden Charakter als Produktions- bzw. Handelsgut von

---

973 Hierzu zum Beispiel Eisenhardt (1989): Fallstudien sind „particularly well-suited to new research areas or research areas for which existing theory seems inadequate. This type of work is highly complementary to incremental theory building from normal science research. The former is useful in early stages of research on a topic or when a fresh perspective is needed, while the latter is useful in later stages of knowledge." (Eisenhardt (1989), S. 548-549.)

974 Vgl. Scapens (1990), S. 271.

975 Scapens (1990), S. 272.

976 Vgl. Ferreira/Merchant (1992), S. 24-25 und Merchant/van der Stede (2006), S. 118.

977 Ferreira/Merchant (1992), S. 24.

Rohstoffen, der unterschiedlichen Geschäftsmodelle von rohstoffabhängigen Industrieunternehmen sowie des organisatorischen Kontexts an den Schnittstellen von Risikomanagement und Rechnungslegung.[978]

Die Breite an Forschung zum Einsatz von Derivaten in Industrie- und Handelsunternehmens im Allgemeinen verdeutlicht das Interesse, jedoch gleichzeitig auch die Sensibilität des Themas. Eine Analyse unter Zuhilfenahme von nicht öffentlich verfügbaren Informationen, wie sie im Rahmen einer Fallstudie erhoben werden können, wird hier eine willkommene Bereicherung sein.

Schließlich unterstreicht die Methodenwahl die anwendungsorientierte, praxisnahe Natur der Rechnungslegungsforschung[979] und greift die in diesem Kontext angeführte Forderung nach einem Methodenpluralismus auf.[980] Gleichermaßen wird sie der Bedeutung der Unternehmenspraxis für die Weiterentwicklung in diesem Feld gerecht.[981]

4.2 Methodisches Vorgehen und Aufbau

4.2.1 Methoden der Datenerhebung

4.2.1.1 Experteninterviews

4.2.1.1.1 Kriterien für Auswahl der Gesprächspartner

Zur Datenerhebung werden vornehmlich *Experteninterviews* eingesetzt. Hierbei handelt es sich um eine spezielle Form des *Leitfadeninterviews.*[982] Der Expertencharakter der Gesprächspartner zeigt sich in ihrer Rolle als „Funktionseliten innerhalb eines organisatorischen und institutionellen Kontextes“[983], die für den Entwurf, die Umsetzung oder auch die Kontrolle einer Problemlösung verantworten oder einen privilegierten Zugang zu Informationen ver-

---

[978] Hier sei auf Kapitel 2.2.8 für die Einordnung der Marktteilnehmer anhand ihrer Position in der Wertschöpfungskette sowie Kapitel 3.5.3 hinsichtlich der Besonderheiten zweiseitig rohstoffabhängiger Unternehmen verwiesen.

[979] Vgl. zum Beispiel Archer (1993), S. 108 und Fülbier/Weller (2008), S. 365.

[980] So zum Beispiel Humphrey/Scapens (1996): „our intention is to invoke a change of spirit and, through it, a pluralistic approach to the promotion, conduct, content and presentation of accounting research“ (Humphrey/Scapens (1996), S. 101); oder Ryan et al. (2002): „a plurality of methodologies is possible and each can lead to fruitful research“ (Ryan et al. (2002), S. 30); beide zitiert in Fülbier/Weller (2008), S. 362. Ähnlich auch Hopwood (2002), Ittner/Larcker (2002), Luft/Shields (2002), Lukka/Mouritsen (2002) oder Hoque et al. (2013). Kritisch hingegen insbesondere Zimmerman (2001).

[981] Vgl. auch Ferreira/Merchant (1992), S. 24.

[982] Vgl. Liebold/Trinczek (2002), S. 33 und Flick (2012), S. 214.

[983] Flick (2012), S. 37-38.

fügen.[984] Die Adressaten wirken somit als Repräsentanten einer Gruppe von Experten, nicht als Einzelpersonen.[985]

Als Gesprächspartner für diese Fallstudie kommen Leiter und Mitarbeiter der Abteilungen Rechnungswesen, Interne Revision, Controlling bzw. Risikocontrolling, Treasury bzw. Corporate Finance, Einkauf, Verkauf und Handel (gegebenenfalls auf Konzern- und/oder Konzerngesellschaftsebene) als Gesprächspartner in Betracht.

Als regelmäßig schwierig erweist sich in der Praxis, die geeigneten Gesprächspartner zu identifizieren und ihre Bereitschaft zur Zusammenarbeit zu gewinnen. Ein weiterer limitierender Faktor ist üblicherweise die Zeit, die Interviewpartner zur Verfügung stehen, und die Bereitschaft, einen Tonbandmitschnitt des Gesprächs zu erlauben.[986]

Ein umfassender Expertenzugang konnte in dieser Arbeit insbesondere erreicht werden, indem der Kontakt zu den jeweiligen Gesprächspartnern über Referenzen hergestellt, die Vertraulichkeit der Tonbandaufzeichnungen zugesichert und die Gelegenheit zur Freigabe vor Veröffentlichung vereinbart wurde. Von einer Partei wurde um eine Anonymisierung des bzw. der Gesprächspartner gebeten, die aus Kohärenzgründen für alle Unternehmen umgesetzt wurde.

Die Auswahl der Experten erfolgte nach fachlicher Kompetenz unter der Nebenbedingung der Verfügbarkeit: „Researchers do not select informants to be representative of the members of a studied organization in any statistical sense. Rather, they are chosen because they are supposedly knowledgeable about the issues being researched and able and willing to communicate about them."[987] Mit einer solchen Datenerhebung über Schlüsselinformanten geht die Gefahr von Verzerrungen einher (*key informant bias*), die sich zum Beispiel durch eine mangelnde Differenzierung zwischen eigener und Unternehmensmeinung oder durch strategisch motivierte Antworten zur Beeinflussung des Forschungsresultats äußern können.[988] Zur Wahrung der Validität und Reliabilität wird daher dazu geraten, mehrere Experten innerhalb einer Or-

984 Vgl. Liebold/Trinczek (2002), S. 37-38. Weiterführend zum Expertenbegriff zum Beispiel Liebold/Trinczek (2002), S. 35-38 und Flick (2012), S. 214-215 sowie die dortigen Literaturverweise.
985 Vgl. Fehr (2013), S. 144, die mit einer *cross-sectional field study* eine verwandte Methode anwendet.
986 Vgl. Ferreira/Merchant (1992), S. 25 und Flick (2012), S. 218.
987 Kumar et al. (1993), S. 1634.
988 Vgl. Fehr (2013), S. 146 und Kumar et al. (1993), S. 1634 einschließlich der jeweils weiterführenden Verweise.

ganisation zu befragen.[989] Dies ist in dieser Arbeit mit bis zu fünf Teilnehmern pro Gesprächsrunde erreicht worden.

4.2.1.1.2 Kriterien für Auswahl der Unternehmen

Neben den Kriterien zur Auswahl der Gesprächspartner sind die Kriterien zur Auswahl der Unternehmen wichtig, um anschließend das Interviewsample bestimmen zu können.[990]

Die Grundgesamtheit von Unternehmen, die sich für die Fallstudienuntersuchung eignen, besteht aus rohstoffabhängigen Unternehmen, die nach IFRS bilanzieren. In Einklang mit der eingangs getroffenen thematischen Abgrenzung handelt es sich hierbei um Nichtbanken. Aufgrund der Zugänglichkeit der Unternehmen mithilfe bestehender Netzwerke und der örtlichen Nähe (und den daraus resultierenden Vorteilen hinsichtlich Flexibilität in der Terminvereinbarung und Budget) wird eine Begrenzung auf deutsche Industrie- und Handelsunternehmen vorgenommen, so dass insbesondere Experten aus rohstoffabhängigen DAX- und MDAX-Unternehmen für die Ansprache in Betracht kommen.

4.2.1.1.3 Auswahl des Interviewsamples

Die Auswahl des Interviewsamples ist von den ex ante festgelegten Kriterien geleitet. Wie für die Methode der Fallstudie üblich liegt der Fokus nicht auf einer Auswahl, die repräsentativ ist, sondern soll die theoretische Generalisierbarkeit gegeben sein.[991]

Mit E.ON, Lufthansa und ThyssenKrupp konnten drei Unternehmen für die Teilnahme an der Fallstudie gewonnen und die ursprüngliche Erwartung übertroffen werden, ein Unternehmen (einschließlich gegebenenfalls verschiedener Geschäftsbereiche) untersuchen zu können. Zu ThyssenKrupp wurde der Kontakt über die betreuenden Professoren hergestellt. E.ON und Lufthansa haben ihre Zusammenarbeit nach Ansprache der Finanzvorstände auf einem Finanzkongress im Frühjahr 2009 zugesagt, die jeweils den Kontakt zu den entsprechenden Ansprechpartnern in ihrem Haus herstellten.

Diese bewusste Auswahl von Unternehmen und Gesprächspartnern für Fallstudien ist erfolgt, um die Bereitschaft zum Teilen von Informationen während und letztlich deren Freigabe am Ende der Untersuchung zu gewährleisten.[992]

---

[989] Vgl. Seidler (1974); Schwenk (1985); Bagozzi et al. (1991).
[990] Vgl. Eisenhardt (1989), S. 537.
[991] Vgl. Smith (2005), S. 135.

Mit den drei Unternehmen ergibt sich ein Sample, das einen wertvollen Einblick in die Breite des rohstoffspezifischen Risikomanagement- und Bilanzierungskomplexes bietet. Obwohl es sich – bedingt durch die Anforderung der Rechnungslegung nach IFRS – zunächst um eine recht homogene Gruppe großer, deutscher Industrieunternehmen zu handeln scheint, zeigt die Analyse signifikante Unterschiede auf. Diese resultieren zum einen aus den verschiedenen Rohstoffmärkten, auf denen die Unternehmen agieren (Metallmärkte im Fall von ThyssenKrupp, Energiemärkte im Fall von E.ON und Lufthansa), zum anderen aus den jeweiligen Spezifika ihrer Geschäftsmodelle, die unmittelbar mit ihrer Rolle in der Wertschöpfungskette zusammenhängen: Die Studie umfasst somit Rohstoffproduzenten, rohstoffverarbeitende Unternehmen, Rohstoffkonsumenten und Rohstoffhändler. In dieser Hinsicht kann das Sampling als *maximalabweichend* verstanden werden und greift somit die Empfehlung von Eisenhardt (1989) und Pettigrew (1990) zum Sampling auf: „it makes sense to choose cases such as extreme situations and polar types in which the process of interest is ‚transparently observable.' Thus, the goal of theoretical sampling is to choose cases which are likely to replicate or extend the emergent theory.“[993] Mit den drei Geschäftsbereichen Stahl, Edelstahl und Handel, die seitens ThyssenKrupp für die Studie zur Verfügung standen, sowie E.ON und Lufthansa umfasst die Fallstudie insgesamt fünf Fälle. Dies liegt in der Bandbreite der Empfehlung von Eisenhardt (1989) hinsichtlich Fallanzahl, um zwischen Überzeugungskraft und Komplexität bzw. Datenvolumen zu optimieren.[994]

Gleichzeitig kann der Auswahl ein *extremer* bzw. *normabweichender* Charakter zugesprochen werden, da bei allen drei Unternehmen eine deutliche Rohstoffabhängigkeit und somit eine überdurchschnittlich starke Relevanz von Rohstoffpreisrisiken und Präsenz dieses Themas in der Organisation erwartet werden kann.[995] Aufgrund des hohen Grads an Know-how und Ressourcen, über die die ausgewählten Unternehmen zur Lösung von Schwierigkeit in den untersuchten Fragestellungen verfügen, besitzt das Sample ebenso Elemente einer *kritischen Fallstudie*.

[992] Die Arbeit folgt somit entsprechenden Empfehlungen zum Beispiel bei Bruns/McKinnon (1993), S. 90 und Lillis/Mundy (2005), S. 130.

[993] Vgl. Eisenhardt (1989), S. 537.

[994] Vgl. Eisenhardt (1989), S. 545.

[995] Glaum/Klöcker (2009) und Gebhardt/Ruß (1999) zeigen, dass die Bedeutung von Rohstoffpreisrisiken bei Nichtbanken sehr branchenspezifisch ist. (Vgl. Glaum/Klöcker (2009), S. 14-15; Gebhardt/Ruß (1999), S. 66-67.)

Alle diese Aspekte machen die Auswahl nicht nur aus wissenschaftlicher Sicht besonders interessant.[996] Nicht zuletzt aufgrund der letzten zwei Punkte kann auch entsprechende Relevanz der Fallstudie für Praktiker erwartet werden,[997] für die ein besonderes Interesse an Erkenntnissen aus der Sicht von Unternehmen besteht, für die Rohstoffpreisrisiken (und deren Bilanzierung) zentrale Themen sind und die diese gleichzeitig mit einem überdurchschnittlichen Ressourceneinsatz bearbeiten können.

4.2.1.1.4 Interviewleitfaden

Experteninterviews sind thematisch strukturierte Interviews, die auf Grundlage eines Interviewleitfadens geführt werden; es wird somit ein semi-strukturierter Interviewprozess mit einem strukturierten Interviewleitfaden kombiniert.[998] Dieser ist „offen und unbürokratisch zu handhaben“[999], um freie Erzählpassagen mit eigenen Schwerpunktsetzungen zu ermöglichen und somit inhaltlichen Fokus und selbstläufige Darstellungen der Gesprächspartner miteinander zu vereinen.[1000] Der Leitfaden ist als Gedächtnisstütze zu verstehen und soll mithilfe von offenen oder quasi-offenen Fragen eine Offenheit und Flexibilität in der Gesprächstechnik motivieren.[1001]

Der Aufbau des Interviewleitfadens leitet sich aus den Forschungsfragen ab und konzentriert sich im ersten Abschnitt auf das finanzwirtschaftliche Risikomanagement von Rohstoffpreisrisiken, im zweiten Abschnitt auf die Implikationen für die Rechnungslegung nach IFRS. Der Interviewleitfaden wurde zunächst mit einem der Betreuer und einem Experten, der nicht zum Kreis der untersuchten Unternehmen gehörte, im Sinne eines *Pretests* auf Vollständigkeit, Klarheit und Verständlichkeit geprüft.[1002] Aus dem allgemeinen Interviewleitfaden, abgebildet in Anhang C, wird für die einzelnen Gespräche ein spezifischer Leitfaden abgeleitet, der – auch als Form der Respektbekundung gegenüber dem Adressaten[1003] – vorangegangene Recherchen und Besonderheiten des Falls berücksichtigt. Er wird den Adressaten vorab zur Verfügung gestellt, so dass sie – wie teilweise von Unternehmensseite gewünscht – mit den Fra-

---

[996] Hier sei gleichermaßen auf die sowohl geographisch als auch branchen-bezogen deutliche Abgrenzung von Middelberg (2011) verwiesen.

[997] Vgl. Cooper/Morgan (2008), S. 165. Weiterführend zur Bedeutung der praktischen Relevanz für die Rechnungslegungsforschung zum Beispiel Fülbier/Weller (2008) oder van der Meer-Kooistra/Vosselman (2012).

[998] Vgl. Lillis (1999), S. 86; Liebold/Trinczek (2002), S. 39.

[999] Liebold/Trinczek (2002), S. 39.

[1000] Vgl. Liebold/Trinczek (2002), S. 39 sowie seinen Verweis auf Hopf (1978).

[1001] Vgl. Hopf (2012), S. 351; Liebold/Trinczek (2002), S. 43. Weiterführend zu den Vorteilen einer offenen Frageführung vgl. auch Atteslander (2010), S. 146-149.

[1002] Vgl. Groves et al. (2009), S. 265.

[1003] Vgl. Liebold/Trinczek (2002), S. 35.

gen und der Zielsetzung des Interviews vertraut sind und sich gegebenenfalls vorbereiten können. Der Leitfaden wird somit zudem seiner „Steuerungsfunktion im Hinblick auf den Ausschluss unergiebiger Themen“[1004] gerecht.

Dieses Vorgehen stellt sicher, dass der Heterogenität der Gesprächspartner und der zugrundeliegenden Sachverhalte der jeweiligen Geschäftsmodelle Rechnung getragen wird und der methodeninhärente Raum für explorative Freiheitsgrade zur Identifikation von Problemfeldern genutzt wird, die die theoretische Analyse nicht aufzeigen konnte.[1005] Diese Eigenschaften von semi-strukturierten Experteninterviews eignen sich insbesondere für den Umgang mit sensiblen Themen wie dem Derivateeinsatz bei Nichtbanken und lassen durch die strukturelle Offenheit die Möglichkeit für „Überraschungen“, wie sie Ferreira/Merchant (1992) bei den Ergebnissen vorangegangener Fallstudien beobachten.[1006]

4.2.1.1.5 Zeitlicher Ablauf und Details zu Gesprächspartnern

Mit Bezug auf die Grundgesamtheit der Unternehmen wurden Ende 2008 zunächst zwei Firmen identifiziert, zu denen durch das Netzwerk der betreuenden Professoren die Anbahnung erfolgen konnte. Nachdem eines der Unternehmen kein Interesse gezeigt hatte, konnte Anfang 2009 die ThyssenKrupp AG für eine Zusammenarbeit gewonnen werden. Kurz darauf – ebenfalls Anfang 2009 – sagten die Finanzvorstände von E.ON und Lufthansa E.ON nach persönlicher Ansprache auf einem Finanzkongress zu.

Die Experteninterviews wurden im Frühjahr 2009 jeweils in persönlichen Treffen durchgeführt. Eine anonymisierte Übersicht der Gesprächstermine findet sich in Abbildung 4-1.

Bei den Gesprächspartnern handelte es sich um Leiter und Mitarbeiter aus den Abteilungen Rechnungswesen bzw. Interne Revision, Controlling bzw. Risikocontrolling, Treasury bzw. Corporate Finance, Einkauf und Handel sowohl auf Konzern- als auch auf Konzerngesellschaftsebene. Insgesamt wurde mit 16 Personen gesprochen.

[1004] Vgl. Flick (2012), S. 216.
[1005] Vgl. Eisenhardt (1989), S. 539.
[1006] Vgl. Ferreira/Merchant (1992), S. 5 und S. 25 sowie Merchant/van der Stede (2006), S. 118.

Art	Abteilung/Position
Interview vor Ort	Leiter(in) Konzernrechnungswesen
	Mitarbeiter(in) Konzernrechnungswesen
Interview vor Ort	Mitglied der(in) Geschäftsleitung
	Mitarbeiter(in) Konzernrechnungswesen
Interview vor Ort	Mitarbeiter(in) Corporate Finance
	Mitarbeiter(in) Konzernrechnungswesen
Interview vor Ort	Leiter(in) Einkauf
	Mitarbeiter(in) Konzernrechnungswesen
Interview vor Ort	Mitarbeiter(in) Rechnungswesen
	Mitarbeiter(in) Rechnungswesen
	Mitarbeiter(in) Rechnungswesen
	Mitarbeiter(in) Rechnungswesen
	Mitarbeiter(in) Konzernrechnungswesen
Interview vor Ort	Leiter(in) Konzern-Finanzrisikocontrolling
	Mitarbeiter(in) Konzern-Finanzrisikocontrolling
Interview vor Ort	Mitarbeiter(in) Konzernrechnungswesen
Verifikation	Mitarbeiter(in) Rechnungswesen
	Mitarbeiter(in) Rechnungswesen
	Mitarbeiter(in) Konzernrechnungswesen
Verifikation	Leiter(in) Einkauf
Verifikation	Mitarbeiter(in) Controlling / Rechnungswesen
	Mitarbeiter(in) Controlling / Rechnungswesen
Verifikation	Leiter(in) Konzern-Finanzrisikocontrolling
	Mitarbeiter(in) Konzern-Finanzrisikocontrolling
Verifikation	Mitarbeiter(in) Konzernrechnungswesen
	Mitarbeiter(in) Konzernrechnungswesen

Abbildung 4-1: Übersicht Experteninterviews und Verifikationen der Fallstudie[1007]

4.2.1.2 Geschäftsberichte und weiterführende Informationen

Nicht nur zu Vorbereitung der Gespräche, sondern insbesondere als Mittel zur späteren Triangulation wurden die Konzerngeschäftsberichte aus den Geschäftsjahren unmittelbar vor den Experteninterviews (insbesondere 2007 und 2008) sowie bei Verfügbarkeit Geschäftsberichte der Konzerngesellschaften, SEC-Veröffentlichungen und Fachartikel im Rahmen der Datenerhebung hinzugezogen.

[1007] Quelle: Eigene Darstellung.

Insbesondere bei ThyssenKrupp und Lufthansa wurde des Weiteren Einblick in firmeninternes Datenmaterial wie ein EDV-System oder interne Schulungsunterlagen gewährt.

4.2.2 Methoden der Datenauswertung

Zur Auswertung der Daten aus den Interviews und weiterführenden Dokumenten wird die Methode der *qualitativen Inhaltsanalyse* (*content analysis*) gewählt. Sie zeichnet sich durch eine systematische, regel- und theoriegeleitete Analyse von fixierter Kommunikation aus und verfolgt das Ziel, valide Rückschlüsse aus den untersuchten Aspekten über den Kontext ihrer Nutzung ziehen zu können.[1008] Sie kann von verschiedenen Formen der quantitativen Inhaltsanalyse abgegrenzt werden, die eine Auswertung hinsichtlich Häufigkeit (*Frequenzanalyse*), Intensität (*Valenz- oder Intensitätsanalysen*) oder Zusammenhang (*Kontingenzanalyse*) bestimmter Themen oder Textpassagen vornehmen.[1009]

Der Analyse vorangestellt ist die Transkription der Experteninterviews. Die Gesprächspartner stimmten einer Aufzeichnung der Experteninterviews unter der Voraussetzung zu, dass die wortwörtlichen Aussagen vertraulich bleiben und nach Abschluss der Untersuchung gelöscht werden. Die Gespräche wurden mithilfe der Transkriptionssoftware f4 übertragen und mit in der Regel umfangreichen Gesprächsnotizen abgeglichen. Nur bei einem Termin bestand nicht die Möglichkeit einer Tonbandaufzeichnung, so dass – der Empfehlung von Kvale (2009) folgend – während des Gesprächs eine Mitschrift angefertigt und diese unmittelbar nach dem Gespräch erweitert wurde.[1010]

Die Arbeit folgt einem dreistufigen Analysemodell, das auf den drei Grundformen qualitativer Analysetechniken basiert, wie es Mayring (2010) vorschlägt.[1011] Im Rahmen der *Zusammenfassung* wird zunächst der Inhalt der Experteninterviews verdichtet, um „durch Abstraktion einen überschaubaren Corpus zu schaffen, der immer noch Abbild des Grundmaterials ist."[1012] Das Ergebnis wird anschließend während der *Explikation* – entgegengesetzt zur vorangegangenen Reduktion – um Informationen aus dem weiteren Datenmaterial angereichert, um den sachlichen Kontext zu unterstützen.[1013] Zuletzt erfolgt die *Strukturierung*, bei der ein Katego-

---

[1008] Vgl. Krippendorff (2004), S. 18-19; Mayring (2010), S. 13. Vgl. auch Mayring (2010), S. 11-13 für einen Überblick zu verschiedenen Definitionen und Auffassungen der Inhaltsanalyse.
[1009] Vgl. Mayring (2010), S. 13-16.
[1010] Vgl. Kvale (2009), S. 56.
[1011] Vgl. Mayring (2010), S. 65.
[1012] Mayring (2010), S. 65.
[1013] Wie in Abschnitt 4.2.1.2 beschrieben, handelt es sich bei dem hier herangezogenen Datenmaterial zum Bei-

riensystem entwickelt und der Datenbestand diesen Strukturierungsdimensionen zugeordnet wird.[1014]

Flick (2012) beschreibt die Kategorisierung auch als Ausdruck der Formalisierung des Vorgehens, die nicht zuletzt dazu dient, den Vergleich von verschiedenen Fällen zu erleichtern, auf die es durchgängig angewandt wird.[1015] Je nach Ziel der Strukturierung sind unterschiedliche Formen der Kategorisierung zu unterscheiden. Zur qualitativen Inhaltsanalyse für Leitfadeninterviews eignet sich ein Kategoriensystem im Sinne der *inhaltlichen Strukturierung*.[1016] Diese hat zum Ziel, „bestimmte Themen, Inhalte, Aspekte aus dem Material herauszufiltern und zusammenzufassen."[1017]

Als Kategorien werden hierzu die Fragen, aus denen sich der Interviewleitfaden zusammensetzt und die unmittelbar aus den Forschungsfragen abgeleitet wurden, in logische Einheiten zusammengefasst. Es ist somit als theoriegeleitetes, *deduktives Kategoriensystem* einzuordnen. Das Kategoriensystem ist in Anhang D dargestellt. Es setzt sich aus den Oberkategorien Beschreibung der Geschäftsfelder bzw. Unternehmensstruktur, der Risikopolitik und des Risikomanagements sowie der Bilanzierung sowie den jeweiligen Unterkategorien zusammen.

Das Kategoriensystem muss die Voraussetzungen der Unabhängigkeit, Vollständigkeit, Exklusivität, Einheitlichkeit und Eindeutigkeit erfüllen:[1018] Die Kategorien haben *unabhängig* voneinander zu sein, so dass die Zuordnung eines Elements zu einer Kategorie nicht die Einordnung anderer Elemente bedingt. Die *Vollständigkeit* setzt voraus, dass das Kategoriensystem alle interessierenden Aspekte abdeckt, die von Interesse sind, und somit eine Einordnung der entsprechenden Inhalte erlaubt. Die Überschneidungsfreiheit der Kategorien stellt sicher, dass derselbe Sachverhalt *exklusiv* einer Kategorie zugeordnet wird. Das Klassifikationsprinzip hat *einheitlich* zu sein, so dass eine Vergleichbarkeit der Daten möglich ist. Schließlich sind die Kategorien *eindeutig* zu bestimmen, um eine Trennschärfe zu erreichen.

spiel um unternehmensinterne Unterlagen, in die im Rahmen der Experteninterviews Einsicht genommen werden konnte, sowie die Rechnungslegungswerke der Unternehmen.

1014 Vgl. Borchardt/Göthlich (2007), S. 42; Mayring (2010), S. 65. Weiterführend vgl. Mayring (2010), S. 67-104 und Schmidt (2012), S. 447-456.

1015 Vgl. Flick (2012), S. 416. Die zentrale Rolle des Kategoriensystems betont bereits Berelson (1971).

1016 Vgl. Mayring (2010), S. 66.

1017 Mayring (2010), S. 98.

1018 Vgl. hierzu und im Folgenden Atteslander (2010), S. 204-205.

Die Kategorisierung wird mithilfe von Microsoft Word als Textverarbeitung technisch unterstützt.[1019] Im Sinne der Explikation werden hier auch jeweils Verweise zu weiteren Informationsquellen wie Daten aus den Geschäftsberichten oder weiteren Unterlagen eingepflegt.

Der aus dem Material extrahierte Fall wird den Gesprächspartnern zur Verifikation der Gesprächsinhalte sowie zur Freigabe vorgelegt. Damit wird der Empfehlung der *kommunikativen Validierung* entsprochen, um inhaltliche Fehler aus der Datenerhebung oder -verdichtung zu vermeiden.[1020] Im Rahmen dieses Verifikationsprozesses werden auch gegebenenfalls verbleibende Fragen in einem kurzen telefonischen Anschlussgespräch geklärt und somit die Möglichkeit von Fallstudien zur iterativen Erkenntnisgewinnung genutzt.[1021] In einem Fall wird der Bitte nachgekommen, zwei kurze Textfragmente – aus Gründen der Vertraulichkeit bzw. des Wettbewerbs – zu modifizieren. Beide Textfragmente haben keine Auswirkung auf die inhaltlichen Rückschlüsse im Hinblick auf die Forschungsfragen.

Zur Auswertung des strukturierten Datenmaterials wird sich der Analysetechniken der *Untersuchung auf Muster* (*pattern matching*) sowie der *fallübergreifenden Synthese* (*cross-case synthesis*) bedient. Im Rahmen des pattern matching werden die Fallstudien jeweils auf empirische Muster untersucht, die mit theoretischen Mustern – sei es aus Erkenntnissen der vorangegangenen theoretischen Untersuchung oder der bestehenden Literatur – verglichen werden. Hierzu werden die Ergebnisse der Fallstudie den Ergebnissen bisheriger Forschung gegenübergestellt und somit gleichermaßen der Kontext zur bestehenden Theorie hergestellt. Die *interne Validität* der Analyse wird gestärkt, wenn somit Zusammenhänge aufgezeigt werden können.[1022] Die cross-case synthesis hingegen erlaubt die Robustheit der Ergebnisse zu untermauern, indem die Ergebnisse von mehr als einem Fall herangezogen und vergleichend untersucht werden.[1023] Beide Analysetechniken dienen dem Erkenntnisgewinn aufgrund einer *Replizierungslogik* (*replication logic*) – sei es in Form der *literal replication*, wenn ähnliche

[1019] Vgl. Mayring (2010), S. 111.
[1020] Vgl. Borchardt/Göthlich (2007), S. 43.
[1021] Vgl. Yin (2009), S. 143-144 und Cooper/Morgan (2008), S. 172. Weiterführend auch Eisenhardt (1989), der die Flexibilität und Anpassbarkeit als methodischen Vorteil von Fallstudien betont. (Vgl. Eisenhardt (1989), S. 539.) Dieser Vorteil wird hier nicht nur hinsichtlich der Möglichkeit einer Spezifizierung der Fragen im Review-Prozess, sondern auch durch die ex ante erfolgte fallweise Anpassung der Fragebögen und das „opportunistische" Heranziehen weiterer verfügbarer Daten wie internes Material ausgeschöpft.
[1022] Vgl. Yin (2009), S. 136-137; Borchardt/Göthlich (2007), S. 43.
[1023] Vgl. Yin (2009), S. 156.

Sachverhalte beobachtet werden, oder der *theoretical replication*, wenn zwar gegensätzliche, aber vorhersehbar erklärbare Sachverhalte beobachtet werden.[1024]

Die *Falldarstellung* führt in jeden Fall mit einer Kurzübersicht der Geschäftsfelder und Unternehmensstruktur sowie der Risikopolitik und des Risikomanagementsystems ein. Die jeweilige Steuerung von Rohstoffpreisrisiken und deren bilanzielle Abbildung bilden anschließend den Kern der Analyse. Anschließend werden die empirischen Beobachtungen wiederum anhand des im Vorhinein festgelegten Beurteilungsrahmens gewürdigt und dabei in den Zusammenhang mit den Ergebnissen der vorangegangenen Analyse gestellt. Schließlich werden sie zusammengefasst und in den Kontext bestehender empirischer Studien eingeordnet.[1025]

4.2.3 Gütekriterien qualitativer Forschung

Inhärente Limitierungen der Fallstudien-Methodik liegen in dem Potential für Verzerrungen durch die Auswahl des Sample, bei Interviewantworten oder bei deren Interpretation sowie in der Nichtverfügbarkeit statistischer Kontrollmöglichkeiten.[1026] Als Gütekriterien für qualitative Forschungsmethoden werden unterschiedliche Ansätze diskutiert, die sich entweder an den Anforderungen orientieren, die für quantitative Forschung definiert sind, oder bewusst Unterschiede zu diesen betonen – jeweils mit der Zielsetzung, die genannten Einschränkungen zu kompensieren und die Stärken der Fallstudien-Methodik sicherzustellen. In dieser Arbeit wird dem Vorschlag von Yin (2009) gefolgt, der im Einklang mit der empirischen Sozialforschung im Allgemeinen die Kriterien der *Validität* (*Gültigkeit*) – in ihren drei Ausprägungen Konstruktvalidität, innere Validität und äußere Validität – und *Reliabilität* (*Verlässlichkeit*) zur Beurteilung der Datenerhebung und -auswertung anführt.[1027] Letztere beschreibt, inwieweit eine Wiederholung mit gleichen Bedingungen und denselben Probanden zu dem gleichen Ergebnis führt. Die Validität dient der Prüfung, inwieweit tatsächlich die gewünschte Variable gemessen wird.[1028]

Die *Konstruktvalidität* dient dazu, die richtigen operationalen Größen zur Messung der zu untersuchenden Konzepte zu identifizieren.[1029] Im Fall von Fallstudien werden zur Steigerung

---

[1024] Vgl. Yin (2009), S. 54.
[1025] Vgl. Eisenhardt (1989), S. 544.
[1026] Vgl. Ferreira/Merchant (1992), S. 26.
[1027] Vgl. hierzu und im Folgenden Yin (2009), S. 40. Eine Übersicht alternativer Gütekriterien findet sich zum Beispiel bei Steinke (2012), S. 319-331; Flick (2012), S. 500-501 und Mayring (2010), S. 118-122.
[1028] Vgl. Atteslander (2010), S. 296.
[1029] Vgl. Yin (2009), S. 40-41.

der Konstruktvalidität insbesondere die *Methodentriangulation* und *kommunikative Validierung* empfohlen, die hier beide Verwendung finden. Durch die Erhebung und Zusammenführung von Datenmaterial aus verschiedenen Quellen können Verzerrungen in der Datenerhebung kompensiert werden. So wird in dieser Arbeit das im Rahmen der Experteninterviews erhobene Datenmaterial zum einen mit handschriftlichen Notizen vor, während und unmittelbar nach den Gesprächen,[1030] zum anderen mit weiterführenden unternehmensinternen wie auch öffentlichen Dokumenten trianguliert.[1031] Zudem erlauben die in der theoretischen Analyse gewonnenen Erkenntnisse die Vorstrukturierung des Interviewleitfadens zum Zweck der zielgerichteten Erhebung relevanter Daten.[1032] Diese Formen der *inter-methodischen Triangulation* wird durch die Befragung mehrerer Experten als *intra-methodische Triangulation* ergänzt, die zudem der Minimierung eines key informant bias dient.[1033] Die Verifikation der Gesprächsinhalte durch das befragte Subjekt führen zu einem Gewinn der Authentizität, indem einerseits die inhaltliche Zustimmung zu den Aussagen eingeholt und diese in ihrem komplexen Kontext konkretisiert werden können.[1034] Somit darf die Konstruktvalidität als gewährleistet angesehen werden.

Die *innere Validität* bezieht sich auf die Gültigkeit der aufgestellten Kausalzusammenhänge.[1035] Zur Sicherstellung der inneren Validität bei Fallstudien eignen sich insbesondere der fortlaufende Vergleich zwischen mehreren untersuchten Fällen und ihren einzelnen Aspekten.[1036] Mit den drei bzw. fünf in dieser Arbeit untersuchten Fällen wird hierfür der Empfehlung von Eisenhardt (1989) hinsichtlich der Anzahl der Fälle gefolgt[1037] und im Rahmen des pattern matching und der cross-case synthesis als Analysetechniken die Erkenntnisse auf Fallebene und fallübergreifend abgeglichen.[1038] Der Logik der literal replication und theoretical replication folgend[1039] wird die Validität hier gleichermaßen durch Fälle erhöht, die aufgrund

---

[1030] Vgl. Eisenhardt (1989), S. 539. Siehe auch Ausführungen hierzu in Abschnitt 4.2.2.
[1031] Vgl. Ferreira/Merchant (1992), S. 5. Siehe auch Ausführungen hierzu in Abschnitt 4.2.1.2.
[1032] Vgl. Borchardt/Göthlich (2007), S. 45. Siehe auch Ausführungen hierzu in Abschnitt 4.2.1.1.4.
[1033] Vgl. Smith (2005), S. 135. Siehe auch Ausführungen zum key informant bias in Abschnitt 4.2.1.1.1 und zu den Gesprächspartnern in Abschnitt 4.2.1.1.5.
[1034] Vgl. Flick (2012), S. 495. Siehe auch Ausführungen hierzu in Abschnitt 4.2.2.
[1035] Vgl. Yin (2009), S. 40 und 42-43.
[1036] Vgl. Borchardt/Göthlich (2007), S. 45. Merriam (2009) führt auch die Methodentriangulation und kommunikative Validierung als Mittel zur Stärkung ebenso der inneren Validität an. (Vgl. Merriam (2009), S. 215-219.)
[1037] Vgl. Eisenhardt (1989), S. 545. Siehe auch Ausführungen hierzu in Abschnitt 4.2.1.1.3.
[1038] Vgl. Yin (2009), S. 43. Siehe auch Ausführungen hierzu in Abschnitt 4.2.2.
[1039] Siehe ebenfalls die Darstellung der beiden Analysetechniken in Abschnitt 4.2.2.

identischer Befunde Kausalzusammenhänge bestätigen oder die eine Präzisierung oder Erweiterung der Theorie durch konfligierende Beobachtungen erlauben.[1040]

Die *äußere Validität* als Ausdruck der Generalisierbarkeit der in der Fallstudie gewonnenen Erkenntnisse über ihre Grenzen hinaus beruht – wie in Abschnitt 4.2.1.1.2 dargelegt – nicht auf einer statistischen, sondern auf einer theoretischen Generalisierbarkeit.[1041] Sie ist im Zusammenhang mit der definierten Grundgesamtheit der rohstoffabhängigen deutschen Nichtbanken zu verstehen, die nach IFRS bilanzieren.[1042] Die äußere Validität wird in dieser Arbeit zum einen aus dem Design der Fallstudie als auch aus ihrer Einbettung erhöht: Die Vielseitigkeit der ausgewählten Unternehmen hinsichtlich Geschäftsmodelle und Rohstoffmärkte, auf denen sie aktiv sind, ergibt bereits eine erstaunliche Breite von Beobachtungen und vereinfacht die Übertragbarkeit der Ergebnisse.[1043] Die Erkenntnisse werden zusätzlich durch die fallübergreifende Synthese unter Anwendung der Replizierungslogik untermauert, bei der – nicht zuletzt aufbauend auf dem genannten Vorteil des gewählten Samples – durch andauernde vergleichende Analyse Übereinstimmungen und Abweichungen in den beobachteten Fällen zur Erkenntnisgewinnung genutzt werden. Schließlich erfolgt ein Abgleich und eine Kontrastierung der Erkenntnisse mit der bestehenden Literatur und somit über die Grenzen des Kreises untersuchter Unternehmen hinaus.[1044]

Als *Reliabilität* wird die Zielsetzung beschrieben, Fehler und Verzerrungen in der Fallstudie zu minimieren und somit so gut wie möglich sicherzustellen, dass ein späterer Forscher beim Wiederholen der gleichen Fallstudie unter Anwendung der gleichen Prozeduren die gleichen Ergebnissen und Schlussfolgerungen replizieren kann.[1045] Aufgrund der sich stetig wandelnden und somit praktisch nicht wiederholbaren Natur von Untersuchungsobjekten in der qualitativen Forschung ist diese Replizierung nicht als eine tatsächliche Wiederholung des Forschungsprozesses zu verstehen. Stattdessen ist sie im Sinne einer *Konsistenz* der Ergebnisse mit dem erhobenen Datenmaterial aufzufassen, so dass ein späterer Forscher auf dieser Grundlage die gleichen Schlüsse ziehen würde.[1046] Hierfür ist zunächst – wie in den Abschnit-

[1040] Vgl. Borchardt/Göthlich (2007), S. 45.
[1041] Vgl. Yin (2009), S. 43.
[1042] Siehe auch Abschnitt 4.2.1.1.2 zur Definition der Grundgesamtheit.
[1043] Vgl. Merriam (2009), S. 228.
[1044] Vgl. Eisenhardt (1989), S. 544-555.
[1045] Vgl. Yin (2009), S. 45 und Merriam (2009), S. 220.
[1046] Vgl. Merriam (2009), S. 220-223.

ten 4.1 und vor allem 4.2 erfolgt – das Vorgehen genau zu dokumentieren.[1047] Im Kontext der Datenerhebung und -auswertung behandelt die Literatur insbesondere den *interviewer bias* als das Risiko von Verzerrungen durch die Erhebung, Auswertung und Interpretation des Datenmaterials durch den Forscher.[1048] Hier wird empfohlen, die Reliabilität zum Beispiel über die bereits beschriebene Methodentriangulation oder durch eine zeitlich versetzte, erneute Kodierung des Datenmaterials anhand des Kategoriensystems zu stärken (*Intracoderreliabilität*).[1049] Hierfür wurde die Kodierung der Interviewinhalte zum Ende der Fallstudienaufbereitung wiederholt, wobei im Hinblick auf die rein qualitative Natur der Untersuchung eher Lerneffekte als inhaltlich wesentliche Abweichungen erkannt werden konnten.[1050] Aus Gründen der den Gesprächspartnern zugesicherten Vertraulichkeit wurde auf einen Test der Kodierung durch andere Personen (*Intercoderreliabilität*) verzichtet.

4.3 Falldarstellung und analytische Untersuchung

4.3.1 ThyssenKrupp AG

4.3.1.1 Geschäftsfelder und Unternehmensstruktur

Die ThyssenKrupp AG ist ein weltweit tätiger Technologiekonzern und Deutschlands größtes Stahlunternehmen. Die Konzernaktivitäten untergliedern sich in Stahl, Industriegüter und Dienstleistungen, die von mehreren Geschäftssegmenten abgedeckt werden. Zum Zeitpunkt der Untersuchung ist der ThyssenKrupp-Konzern dezentral organisiert und umfasst die fünf Segmente *Steel*, *Stainless*, *Technologies*, *Elevator* und *Services*.[1051] Die ThyssenKrupp AG bildet die Konzernholding. Zu ihren Aufgaben gehören insbesondere die Unternehmensstrategie, das Risikomanagement und die zentrale Finanzierung. Die einzelnen Segmente werden von rechtlich selbstständigen Führungsgesellschaften geleitet, die als hundertprozentige Tochtergesellschaften eigenständig ihre markt- und kundenorientierten Aktivitäten steuern.[1052]

[1047] Vgl. Yin (2009), S. 45 und Flick (2012), S. 490-492.
[1048] Vgl. Smith (2005), S. 111 mit Verweis auf Lillis (1999). Weiterführend zur Rolle des Interviewers insbesondere Groves et al. (2009), S. 291-324.
[1049] Vgl. Merriam (2009), S. 222; Mayring (2010), S. 117-118.
[1050] Vgl. Atteslander (2010), S. 206.
[1051] Die Darstellung entspricht der bis zum 30. September 2009 geltenden Organisationsstruktur, wie sie zum Zeitpunkt der Expertenbefragung galt. Die vom Aufsichtrat am 4. September 2009 beschlossene und zum 1. Oktober 2009 in Kraft getretene Neuorganisation des ThyssenKrupp-Konzerns wird hier nicht behandelt. (Vgl. ThyssenKrupp AG (2009), S. 73-74.)
[1052] Vgl. ThyssenKrupp AG (2008), S. 53-54.

Aufgrund der abweichenden Aktivitäten sind die in den einzelnen Segmenten relevanten Rohstoffpreisrisiken unterschiedlich ausgeprägt. Daher werden im Folgenden kurz die wichtigsten Segmente vorgestellt.

Das Segment *Steel* wird von der ThyssenKrupp Steel AG als einem der weltweit größten Stahlproduzenten und dem größten operativen Einzelunternehmen des ThyssenKrupp-Konzerns geführt. Herstellung und Vertrieb von hochwertigem Qualitätsflachstahl sowie damit verbundene Dienstleistungen einschließlich von spezialisierten Werkstofflösungen und von produktspezifischer Anarbeitung stehen im Mittelpunkt der Segmenttätigkeiten. Das operative Geschäft ist in die Divisionen *Steelmaking*, *Industry*, *Auto* und *Processing* unterteilt.[1053]

Das Segment *Stainless* leitet die ThyssenKrupp Stainless AG. Es ist weltweit marktführend für nichtrostende Edelstahl-Flachprodukte und hält eine Spitzenposition für Hochleistungswerkstoffe, d.h. für Nickellegierungen und Titan.[1054]

Das Segment *Technologies* mit der ThyssenKrupp Technologies AG als Führungsgesellschaft umfasst die Geschäftsaktivitäten als hochtechnologieorientierter, internationaler Anlagen- und Maschinenbauer sowie als Komponentenhersteller. Die Divisionen *Plant Technology*, *Marine Systems*, *Mechanical Components*, *Automotive Solutions* und *Transrapid* produzieren innovative Systeme, Module und Komponenten und bieten ergänzende Dienstleistungen an. Mit seinen Produkten nimmt das Segment jeweils weltweit starke Marktpositionen ein.[1055]

Das Segment *Elevator*, an dessen Spitze die ThyssenKrupp Elevator AG steht, ist ein führender Produzent und Dienstleister für Personentransportsysteme mit weltweiter Präsenz. Als einziger Anbieter bietet Elevator Neubau, Modernisierung und Service aus einer Hand und für die komplette Produktbreite von Aufzügen, Fahrtreppen, Fahrsteigen, Fluggastbrücken bis hin zu Treppen- und Plattformliften an.[1056]

Das Segment *Services* umfasst Werkstoff- und Industriedienstleistungen sowie die Rohstoffversorgung der produzierenden und verarbeitenden Industrie vornehmlich in Europa und der Nafta-Region. Sein Marktauftritt untergliedert sich in die Divisionen *Materials Services*

[1053] Vgl. ThyssenKrupp AG (2008), S. 87 und S. 212; ThyssenKrupp Steel AG (2006), S. 4.
[1054] Vgl. ThyssenKrupp AG (2008), S. 91 und S. 212; ThyssenKrupp Stainless AG (2008), S. 3.
[1055] Vgl. ThyssenKrupp AG (2008), S. 95 und S. 212-213.
[1056] Vgl. ThyssenKrupp AG (2008), S. 98 und S. 213.

International, *Materials Services North America*, *Industrial Services* und *Special Products*. Die Führungsgesellschaft des Segments ist die ThyssenKrupp Services AG.[1057]

Im Fokus der Untersuchung stehen die Segmente Stainless, Steel und Services, da die Segmente Technologies und Elevator vornehmlich von Wechselkursrisiken betroffen sind.[1058] Im Segment Services wird die ThyssenKrupp Metallurgie GmbH, Teil der Division Special Products, näher untersucht. Ihr Kerngeschäft ist der Handel von Metallen und Legierungen einschließlich der Distribution für die stahlerzeugende und chemische Industrie.

4.3.1.2 Risikopolitik und Risikomanagement

Im Rahmen seiner Risikopolitik setzt ThyssenKrupp die Sicherung des Unternehmensfortbestandes sowie die systematische und kontinuierliche Steigerung des Unternehmenswerts als Ziel seines Risikomanagements fest. Die Risikostrategie sieht vor, dass im Kerngeschäft – entsprechend einer Chancen-Risiko-Beurteilung – "angemessene, überschaubare und beherrschbare Risiken"[1059] bewusst eingegangen und in Unterstützungsprozessen solche Risiken gegebenenfalls an Dritte übertragen werden. Andere Risiken sind zu vermeiden.[1060] Das finanzwirtschaftliche Risikomanagement hat zum Ziel, im operativen Geschäft und in damit verbundenen Finanzierungserfodernissen begründete Risiken zu begrenzen oder gänzlich zu eliminieren. Hierzu werden sowohl derivative als auch nicht-derivative Sicherungsinstrumente eingesetzt.[1061]

Um ein ordnungsgemäßes und zukunftsorientiertes Risikomanagement sicherzustellen, sind den Mitarbeitern verbindliche Grundsätze und konkrete Prozesse durch das Handbuch „Risikomanagement“ und weitere Konzernrichtlinien vorgegeben. Spekulationsgeschäfte und sonstige Tätigkeiten spekulativen Charakters werden grundsätzlich ausgeschlossen.[1062]

Mit Hilfe von Risikoinventuren (Risk Maps) werden Risiken mindestens zweimal im Jahr in allen Konzerngesellschaften nach Eintrittswahrscheinlichkeiten und Schadenshöhe bewertet und klassifiziert und von den Konzernunternehmen an ihre Segmentführungsgesellschaft berichtet. Maßnahmen der Risikoreduktion sowie Frühwarnindikatoren werden entsprechend

---

[1057] Vgl. ThyssenKrupp AG (2008), S. 101 und S. 213.
[1058] ThyssenKrupp AG, Interview vom 4. März 2009 in Düsseldorf.
[1059] ThyssenKrupp AG (2008), S. 133.
[1060] Vgl. ThyssenKrupp AG (2008), S. 133.
[1061] Vgl. ThyssenKrupp AG (2008), S. 207-208.
[1062] Vgl. ThyssenKrupp AG (2008), S. 133 und S. 206.

aktualisiert. Der Vorstand der Konzernholding wird regelmäßig im Zweiwochenrhythmus während der Vorstandsberichterstattung durch die Segmentvorstände über die zusammengefasste Risikolage unterrichtet. Für kurzfristig auftretende Risiken besteht ein Eilverfahren.[1063] Der Vorstand wiederum informiert den Aufsichtsrat über die Risikoentwicklung. Ein vom Aufsichtsrat eingesetzter Prüfungsausschuss kontrolliert die Wirksamkeit des internen Kontroll- und Risikomanagementsystems. Als weiteres Prüforgan überwacht die interne Revision die Vorgaben des Risikomanagementsystems.[1064]

Die Risikosteuerung für Zins- und Wechselkursrisiken erfolgt zentral. Für die Steuerung von Rohstoffpreisrisiken sind – wie auch für den Rohstoffeinkauf – dezentral die Segmentgesellschaften verantwortlich. Die Absicherung von Rohstoffpreisrisiken hat jeweils bei Abschluss des Geschäfts zu erfolgen. Nicht zuletzt im Hinblick auf die Bilanzierung werden vornehmlich einfache Derivate wie Warentermingeschäfte eingesetzt. Ökonomisch sinnvolle Absicherungen werden durchgeführt, selbst wenn sie mangels Anwendung von bilanziellen Sicherungsbeziehungen zu einer verzerrten Ergebnisdarstellung führen können.[1065]

4.3.1.3 ThyssenKrupp Steel AG - Stahlerzeugung

4.3.1.3.1 Steuerung von Rohstoffpreisrisiken

Seit dem Verkauf von Rohstoffförder- und Rohstoffproduktionsaktivitäten konzentriert sich der ThyssenKrupp-Konzern auf seine Rolle als rohstoffverarbeitendes Unternehmen. Daher ist der Konzern in seinen operativen Segmenten in besonderem Maß Rohstoffpreisrisiken ausgesetzt.[1066]

Ausgangspunkt der Stahlerzeugung ist der sogenannte *Rohstahl*. Für dessen Herstellung (*Primärmetallurgie*) werden insbesondere Eisenerz und Kohle benötigt. Ersteres wird zum größten Teil in Form von *Eisenerz* als Primärrohstoff bezogen, der im *Hochofen* zu *Roheisen* verarbeitet wird, und um *Stahlschrott* als Sekundärrohstoff im *Stahlkonverter* ergänzt. Der Bedarf

---

[1063] Vgl. ThyssenKrupp AG (2008), S. 134 und S. 206.

[1064] Vgl. ThyssenKrupp AG (2008), S. 27 und S. 206.

[1065] ThyssenKrupp AG, Interview vom 11. März 2009 in Düsseldorf; ThyssenKrupp Steel AG, Interview vom 12. März 2009 in Duisburg.

[1066] ThyssenKrupp Stainless AG, Interview vom 18. März 2009 in Düsseldorf. Zur Veranschaulichung sei beispielhaft auf Preissteigerungen von Eisenerz um bis zu 87%, eine Verdreifachung des Kokskohlepreises oder sortenspezifische Preisanstiege von Hochofenkoks um 130% verwiesen, wie sie der Jahresbericht 2007/2008 aufführt. (Vgl. ThyssenKrupp AG (2008), S. 81-85.) Soweit nicht anders gekennzeichnet, basiert dieser und der nachfolgende Abschnitt zu ThyssenKrupp Steel auf der Befragung von ThyssenKrupp Steel AG, Interview vom 12. März 2009 in Duisburg.

an Kohle umfasst sowohl *Kokskohle*, die zur Erzeugung von *Koks* eingesetzt wird, als auch *Einblaskohle* (*PCI-Kohle*). Koks und Einblaskohle werden als *Reduktionsmittel* im Hochofen eingesetzt. In der Nachbehandlung des Stahls (*Sekundärmetallurgie*) wird durch verschiedene Bearbeitungsmethoden – wie Entschwefelung (mittels Magnesium) oder Deoxidation (mittels Aluminium) und unter Hinzufügen von *Legierungen* wie Ferromangan, Ferrotitan und Ferroniob – die gewünschte Güteklasse erreicht.[1067] Erze und Reduktionsmittel stellen mit jeweils etwas mehr als einem Viertel am jährlichen Rohstoffaufwand die wichtigste Kostenposition dar.[1068]

Der Markt für Eisenerz unterliegt einer hohen Konzentration auf der Angebotsseite mit drei großen Eisenerzproduzenten: Vale (Brasilien), Rio Tinto (Australien) und BHP Billiton (Australien). Als Konkurrenz zu der über Jahrzehnte etablierten Preissetzung über das Benchmark-System hat sich auf Initiative dieser Marktteilnehmer ein noch recht kleiner Spotmarkt entwickelt, auf dem der Papiermarkt für Eisenerz basiert.[1069] Für die von ThyssenKrupp Steel benötigten großen Eisenerzmengen reicht das dort gehandelte Volumen nicht aus. Daher deckt ThyssenKrupp Steel seinen Eisenerzbedarf mittels Langfristverträgen, die den Preis für ein Jahr und die Abnahmemengen auf einen ein- bis mehrjährigen Zeithorizont fixieren.[1070]

Stahlschrott dient als weitere Quelle, um den Eisenbedarf des Segments Steel zu decken. Als wesentlicher Primärrohstoff zur Stahlproduktion wird er über Händler bezogen. Der Schrottmarkt zeichnet sich durch seinen regionalen Charakter, kaufmännisch versierte Händler und eine prozyklische Preisentwicklung aus. Der Einkauf erfolgt auf Monatsbasis. Möglichkeiten zur Absicherung bestehen nicht.

Stahlproduzenten stellen ihren Koksbedarf in der Regel zum weitaus überwiegenden Teil selbst her. Zur Koksproduktion nutzt ThyssenKrupp Kokereien, in denen die Kokskohle verkokt wird.

[1067] Für eine ausführliche Darstellung der Veredelungsprozesse für Weißblech sei auf Rasselstein GmbH (2007) verwiesen.

[1068] ThyssenKrupp Steel AG, Interview vom 12. März 2009 in Duisburg; ThyssenKrupp Steel AG (2006), S. 12-26; ThyssenKrupp Steel AG (2009), S. 12 und Gronwald (2008), S. 318. Das Segment Steel fasst unter seinem Rohstoffaufwand gleichermaßen die Frachtkosten zusammen. Diese werden hier jedoch nicht näher betrachtet.

[1069] Diese Entwicklung wird in Fallbeispiel 13 ausführlicher dargestellt.

[1070] Siehe auch ThyssenKrupp AG (2008), S. 136. Seit April 2010 hat das Segment Steel seine Lieferverträge für Eisenerz auf Quartalspreise umgestellt.

Der zugekaufte Koks beschränkt sich im Segment Steel auf ca. 1/8 des Koksbedarfs.[1071] Diese flexible Beschaffung wird entsprechend einer Grenzwertbetrachtung in Abhängigkeit des erzielbaren Stahlpreises genutzt, um sich an Bedarfsschwankungen anzupassen. Der Verkokungsprozess lässt sich nur in geringem Maße auf Nachfrageschwankungen einstellen, so dass Koks – vergleichbar zu Schrott – eine hohe Konjunkturabhängigkeit aufweist.

Aufgrund von Mindestanforderungen an ihren Heizwert ist die benötigte Einblaskohle nicht vergleichbar mit der börsengehandelten (Kraftwerks-)Kohle und wird zum Teil mit einem deutlichen Aufschlag gehandelt. Zwischen den beiden Reduktionsmitteln Einblaskohle und der bis zu dreimal teureren Kokskohle besteht eine begrenzt substitutive Beziehung: Zur Produktion von einer Tonne Stahl wird eine halbe Tonne Reduktionsmittel benötigt, die sich im Idealfall aus ca. 330 kg Koks und ca. 170 kg Einblaskohle zusammensetzt. Dies stellt das kosteneffiziente Mischverhältnis dar. Nimmt konjunkturbedingt der Gesamtbedarf an Reduktionsmitteln ab, kann Einblaskohle durch den selbst produzierten Koks ersetzt werden.

Durch den bedarfsgerechten Zukauf von Koks sowie die Substitution von Einblaskohle durch selbst produzierten Koks kann der zyklische Charakter von Koksangebot und -nachfrage abgemildert werden.

ThyssenKrupp Steel bezieht die Kokskohle überwiegend über Rahmenverträge auf Basis von Jahrespreisen.[1072] Der Zukauf von Koks erfolgt ausschließlich zu Spotpreisen. Da diese kurzfristige Bedarfsplanung sich an den Grenzkosten orientiert, wird von Hedging abgesehen.

Absatzseitig steuert ThyssenKrupp sein Preisrisiko für Erz und Kohle, indem höhere Rohstoffkosten möglichst in den Produktpreisen weitergegeben und die abnahmeseitigen Lieferverträge vermehrt zeitlich auf die Einkaufsverträge abgestimmt werden.[1073]

Legierungen sind meist sehr teure und volatile Materialien, die zur *Einstellung* bestimmter Stahlqualitäten in der Sekundärmetallurgie benötigt werden. Sie werden über Händler auf der Basis von Monats-, Quartals- oder Jahresverträgen bezogen, die häufig an einen Index gekoppelt sind. Diese Indizes werden in der Regel von Brancheninformationsdiensten, nicht von

[1071] Weltweit beträgt die verfügbare Handelsmenge an Koks nur 3% des Weltbedarfs.
[1072] Siehe auch ThyssenKrupp AG (2008), S. 136. Der Erz-, Kohle- und Koksbezug über langfristige Lieferverträge wird regelbasiert gegen Fremdwährungsrisiken abgesichert. (Vgl. ThyssenKrupp AG (2008), S. 208.)
[1073] Vgl. ThyssenKrupp AG (2008), S. 83, S. 138 und S. 140.

Börsen, bereitgestellt. Zur Steuerung des Preisrisikos vereinbart das Segment Steel vereinzelt Legierungszuschläge – ebenfalls als Form der Preisweitergabe – in den Kundenverträgen.

Um den hohen Energiebedarf der Stahlproduktion abzusichern, steuert ThyssenKrupp konzernweit seine Energiekosten sowohl in Form einer strukturierten Beschaffung auf dem Strommarkt als auch über langfristige Erdgasverträge.[1074] Das Segment Steel verfügt zusätzlich über Kraftwerke zur Stromerzeugung.[1075]

4.3.1.3.2 Bilanzielle Abbildung

Rohstoffvorräte bewertet ThyssenKrupp in der Regel entsprechend der Durchschnittskostenmethode nach IAS 2.25.[1076]

Da das Segment Steel keine Warentermingeschäfte oder Optionen zur Steuerung des Rohstoffpreisrisikos einsetzt, findet weder die Bilanzierung von Finanzderivaten noch Hedge Accounting Anwendung.[1077]

Die langfristigen Lieferverträge für Eisenerz, Kokskohle und Koks[1078] dienen der Eigenbedarfdeckung und werden physisch erfüllt, so dass sie unter die Own-use Exemption fallen und als schwebende Geschäfte nach IAS 37 – gegebenenfalls mit Drohverlustrückstellungen[1079] – zu bilanzieren sind. Die kurzfristige Beschaffung von Stahlschrott und Koks wird ebenfalls nach IAS 37 angesetzt und bewertet.

Verträge, die ThyssenKrupp zur Energiebeschaffung einsetzt, fallen unter die Ausnahme für den Eigenbedarf und somit nicht in den Anwendungsbereich von IAS 39.[1080]

[1074] Vgl. ThyssenKrupp AG (2008), S. 138. Unter strukturierter Strombeschaffung ist hier der Strombezug über einer Kombination aus Jahres-, Quartals- und Monatsverträgen sowie über den Spotmarkt zu verstehen.

[1075] ThyssenKrupp AG, Interview vom 11. März 2009 in Düsseldorf.

[1076] ThyssenKrupp AG, Interview vom 11. März 2009 in Düsseldorf. Siehe auch ThyssenKrupp AG (2008), S. 165.

[1077] Das Segment Steel setzt jedoch Cash Flow Hedge Accounting für CO_2-Emissionsrechte ein. (ThyssenKrupp AG, Interview vom 11. März 2009 in Düsseldorf.)

[1078] Vgl. ThyssenKrupp AG (2008), S. 136 und S. 210.

[1079] Vgl. ThyssenKrupp AG (2008), S. 196 („Rückstellungen für sonstige absatz- und beschaffungsmarktbezogene Risiken“).

[1080] Vgl. ThyssenKrupp AG (2008), S. 210.

4.3.1.4 *ThyssenKrupp Stainless AG - Edelstahlproduktion und Hochleistungswerkstoffe*

4.3.1.4.1 *Steuerung von Rohstoffpreisrisiken*

Das Produktangebot von ThyssenKrupp Stainless ist heterogen: Es umfasst rost-, säure- und hitzebeständige (RSH) Edelstahlflachprodukte (u.a. ThyssenKrupp Nirosta GmbH) – wiederum unterschiedlicher Güten – sowie Nickellegierungen (ThyssenKrupp VDM GmbH) und Titan (ThyssenKrupp Titanium GmbH) als Hochleistungswerkstoffe.[1081]

Zur Edelstahlproduktion werden *legierter* und *unlegierter Schrott* zusammen mit *Legierungsmitteln* – insbesondere *Nickel*, *Chrom* und *Molybdän* – im *Elektrolichtbogenofen* und *AOD-Konverter* des Stahlwerks eingeschmolzen.[1082] Die Sekundärmetallurgie umfasst verschiedene Veredelungsprozesse in *Warm-* und *Kaltwalzwerken* sowie die kundengerechte Konfektionierung in der *Adjustage*.[1083]

Nickellegierungen bestehen aus mindestens 30% *Nickel*. Durch die Verwendung von *Nickel-*, *Eisen-*, *Chrom-*, *Molybdän-* und *Kobalt*-haltigen Mehrstoff-Legierungen werden die an den Werkstoff gestellten Anforderungen bzw. die gewünschten Produkteigenschaften erzielt.[1084] Titan als weiterer Hochleistungswerkstoff wird entweder als *Reintitan* oder in Form von *Titanlegierungen* hergestellt, die bis zu 20% Zusätze wie *Aluminium*, *Vanadium*, *Zinn*, *Molybdän* oder *Zirkonium* enthalten.[1085]

Die Umsätze des Segments Stainless sind strukturell stärker abhängig von Rohstoffpreisen (ca. 90% des Umsatzes) als die des Segments Steel (ca. 70% des Umsatzes). Ein großer Teil des Umsatzes ist auf die Kosten für Nickel und Chrom zurückzuführen, während Erz und Kohle eine deutlich geringere Rolle spielen. Jedoch genießt ThyssenKrupp Stainless im Ver-

---

[1081] Vgl. ThyssenKrupp Stainless AG (2008), S. 3 und 7. Soweit nicht anders gekennzeichnet, basiert dieser und der nachfolgende Abschnitt zu ThyssenKrupp Stainless auf der Befragung von ThyssenKrupp Stainless AG, Interview vom 18. März 2009 in Düsseldorf.

[1082] Da Edelstahlschrott bereits Legierungen in unterschiedlichen Mengen enthält, werden Legierungsmittel nur in einer Feindosierung dem Schmelzprozess hinzugefügt. Im Gegensatz zum Segment Steel wird Eisenerz nicht separat erworben.

[1083] Vgl. ThyssenKrupp Stainless AG (2008), S. 8-10 und S. 12-16.

[1084] Vgl. ThyssenKrupp Stainless AG (2008), S. 24.

[1085] Vgl. ThyssenKrupp Stainless AG (2008), S. 32.

gleich zum Segment Steel eine höhere Flexibilität in der Produktion, da sich Elektrolichtbogenöfen leichter als Hochöfen an- bzw. abschalten lassen.[1086]

Hinsichtlich der Steuerung der Rohstoffpreisrisiken in der Edelstahlproduktion ist zwischen der Absicherung marktgehandelter und nicht-marktgehandelter Rohstoffe zu unterscheiden. Letztere werden primär durch langfristige Einkaufsverträge, erstere mittels Rohstoffderivate und über einen preisfixierten Einkauf (auf der Beschaffungsseite) oder durch Preisweitergaben an den Abnehmer (auf der Absatzseite) gesteuert.[1087]

Unter den börsengehandelten Rohstoffen spielt Nickel eine zentrale Rolle – vor allem aufgrund seiner Volatilität. ThyssenKrupp Stainless bezieht Nickel vornehmlich durch langfristige Lieferverträge mit Nickelproduzenten, die über eine Preisformel die LME-Preise für Nickel referenzieren.

Die Vertragsgestaltung im Sinne einer Preisweitergabe an den Abnehmer ist daher das wichtigste Instrument zur Risikosteuerung.[1088] Der Preis für Edelstahl setzt sich somit aus dem Basispreis und dem Legierungszuschlag (*Legierungsanhänger*) zusammen. Letzterer besteht aus einer Formel, in die im Wesentlichen Nickel, aber auch Chrom und in der Regel Molybdän eingehen und die auf die Preise der vergangenen vier bis acht Wochen Bezug nimmt.[1089]

Der Legierungszuschlag ist insbesondere in Europa und den USA gängige Industriepraxis – oft auch über die Stahlindustrie hinweg auf nachgelagerten Wertschöpfungsstufen der Käufer.[1090] Resultiert aus dem unterschiedlichen Zeithorizont zwischen Referenzpreis des Legierungsanhängers und Durchlauf im Produktionsprozess ein Basisrisiko, wird dieses zusätzlich durch LME-Kontrakte reduziert.

Werden absatzseitig Jahresverträge zu fixen Preisen abgeschlossen, wird dementsprechend Nickel langfristig über LME-Termingeschäfte gesichert.[1091] Diese Kontrakte dienen vornehmlich als Sicherungsposition zu den oben genannten langfristigen Nickel-Einkaufsverträgen,

---

[1086] ThyssenKrupp Steel AG, Interview vom 12. März 2009 in Duisburg.

[1087] ThyssenKrupp AG, Interview vom 11. März 2009 in Düsseldorf und ThyssenKrupp Stainless AG, Interview vom 18. März 2009 in Düsseldorf. Siehe auch ThyssenKrupp AG (2008), S. 135-136 und S. 141.

[1088] Siehe auch ThyssenKrupp AG (2008), S. 141.

[1089] Dieser Zeitraum orientiert sich an den ungefähr 60 Tagen Rohstoffdurchlauf in der Produktion von Flachstahl.

[1090] In Asien und China ist eine solche Vertragsgestaltung weniger üblich.

[1091] Der Einsatz von Rohstoffderivaten wird umfassend im Rahmen des regelmäßigen Reportings überwacht. (Siehe auch ThyssenKrupp AG (2008), S. 135 und S. 208.)

die ebenfalls den LME-Preis referenzieren. Nur im Einzelfall werden LME-Verträge zum physischen Bezug von Nickel eingesetzt, wenn kurzfristiger Bedarf gedeckt werden soll. Darüber hinaus werden festpreisige Absatzverpflichtungen in geringem Maße durch preisfixierte Nickel-Einkaufsverträge gedeckt. Es werden keine Risikopositionen offen gehalten.

Bei den nicht-marktgehandelten Rohstoffen stehen Schrott und Chrom im Vordergrund. Schrott zeichnet sich durch eine verhältnismäßige niedrige Volatilität aus. Zwar können Preisschwankungen von Nickel in den Preis von nickelhaltigem Schrott[1092] durchschlagen, jedoch ist diese Preiskomponente aufgrund der Industriepraxis des Legierungszuschlags unkritisch. Zu den Schrotthändlern bestehen langfristige Lieferbeziehungen, um die hohen Qualitätsanforderungen zu gewährleisten, die ThyssenKrupp an den Schrott stellt. Chrom wird über langfristige Lieferverträge – vergleichbar zu den Eisenerzen im Segment Steel – bezogen.

Schließlich entwickelt ThyssenKrupp Werkstoffalternativen als Substitute für bestimmte Legierungsstähle wie Chromnickelstahlgüten, um die Abhängigkeit von einzelnen, hochpreisigen Rohstoffen abzumildern.[1093]

In der Produktion von Hochleistungswerkstoffen unterscheidet sich das Geschäftsmodell von dem in der Edelstahlproduktion. So hat ThyssenKrupp VDM beispielsweise Lieferzeiten von bis zu einem Jahr für seine Nickellegierungen. Anstelle des Legierungszuschlags treten hier Festpreisverträge auf der Absatzseite, deren Preissetzung sich aus der Nickelterminkurve ableitet und die gänzlich zum Zeitpunkt des Vertragsabschlusses über LME-Kontrakte abgesichert werden.

Zur Steuerung von Energiepreisrisiken setzt ThyssenKrupp Stainless auf die zum Segment Steel dargestellten Methoden. Das Segment verfügt jedoch über keine eigenen Elektrizitätskraftwerke.[1094]

4.3.1.4.2 *Bilanzielle Abbildung*

Zum überwiegenden Teil kann die Ausnahme für den Eigenbedarf auf die Warenlieferverträge angewandt werden, so dass diese nicht in den Anwendungsbereich von IAS 39 fallen.[1095]

[1092] Die Substitutionsbeziehung zwischen Schrotten, die Nickel oder Chrom enthalten, und diesen Rohstoffen kann die Preisverhandlungen bzw. Preissetzung für den Rohstoffeinkauf beeinflussen.

[1093] Vgl. ThyssenKrupp Stainless AG (2008), S. 40.

[1094] Vgl. Abschnitt 4.3.1.3.1.

Die Anwendbarkeit der Own-use Exemption wird nicht durch Weiterverkäufe eingeschränkt. Nickelvorräte zum Beispiel lassen sich oftmals nicht weiterveräußern, da kein Markt für diese spezifischen Güten existiert. Überschüssige Vorräte werden daher gelagert. Eine Ausnahme besteht für Strom: Mangels Lagerbarkeit war dieser als Reaktion auf den ungewöhnlich starken Nachfrage- und Produktionsrückgang in Folge der Finanzkrise zu verkaufen. Durch die Wertung der Finanzkrise als unvorhergesehenes Ereignis hat dies jedoch nicht zu einer betrieblichen Praxis des Barausgleichs geführt, die die Bilanzierung ähnlicher Stromeinkaufsverträge als Derivate nach IAS 39 implizieren würde. Diese Einschätzung lässt sich aus der Pressemitteilung des IASB vom 13. Oktober 2008 ableiten, in der das IASB klargestellt hat, dass die negative Entwicklung an den Weltfinanzmärkten als Folge der Insolvenz von Lehman Brothers im dritten Quartal 2008 als unvorhergesehenes Ereignis („rare circumstances") zu werten ist.[1096]

Eingebettete Derivate spielen vornehmlich bei Fremdwährungen, jedoch nicht bei Rohstoffen eine Rolle. Für Vertragsklauseln hinsichtlich eines Legierungszuschlags besteht keine Trennungspflicht, da sie als Industriepraxis zu werten sind.

Rohstoffderivate wie die LME-Termingeschäfte auf Nickel werden basierend auf offiziellen Börsennotierungen zum beizulegenden Zeitwert bewertet. Zeitwertänderungen werden vornehmlich GuV-wirksam im betrieblichen Ergebnis erfasst.[1097]

Wie auch im Gesamtkonzern wird der weitaus überwiegende Teil der Sicherungsgeschäfte nicht als Sicherungsbeziehung im Rahmen des Hedge Accounting designiert. Abbildung 4-2 zeigt das Verhältnis von Warenderivaten ohne bilanzielle Sicherungsbeziehung zu Derivaten im Cash Flow- bzw. Fair Value-Hedge auf Konzernebene für die Geschäftsjahre 2007/2008 und 2008/2009.

Wie für ein Industrieunternehmen zu erwarten, wendet ThyssenKrupp Stainless vorwiegend den Cash Flow-Hedge als Hedge Accounting-Modell an. So können Nickeleinkaufsverträge, die den LME-Preis referenzieren, als Grundgeschäft und die entsprechenden LME-Kontrakte auf Nickel als Sicherungsinstrumente einer bilanziellen Sicherungsbeziehung qualifizieren.

[1095] Anhang E fasst die verschiedenen Bilanzierungstatbestände bei der ThyssenKrupp Stainless AG in schematischer Form zusammen.

[1096] Vgl. IASB (2008a), S. 1.

[1097] Vgl. ThyssenKrupp AG (2008), S. 210.

Gleiches gilt für den geringen Anteil an Verkaufsverträgen, die ebenfalls an den LME-Preis gekoppelt sind.

	Nominalwert 30.09.2007	Beizulegender Zeitwert 30.09.2007	Nominalwert 30.09.2008	Beizulegender Zeitwert 30.09.2008	Nominalwert 30.09.2009	Beizulegender Zeitwert 30.09.2009
Aktiva						
Warenderivate ohne Hedge Accounting	829	67	1.113	269	669	55
Warenderivate im Cash Flow-Hedge	9	1	116	17	129	53
Warenderivate im Fair Value-Hedge	16	0	44	6	41	0
Insgesamt	854	68	1.273	292	839	108
Passiva						
Warenderivate ohne Hedge Accounting	760	84	670	117	310	39
Warenderivate im Cash Flow-Hedge	48	2	143	34	23	2
Warenderivate im Fair Value-Hedge	19	0	10	1	41	0
Insgesamt	827	86	823	152	374	41

Abbildung 4-2: Nominalwerte und beizulegende Zeitwerte der von der ThyssenKrupp AG eingesetzten Warenderivate für die Geschäftsjahre 2007/2008 und 2008/2009 (in Mio. €)[1098]

Fair Value Hedge Accounting wird in geringem Ausmaß angewandt: In Einzelfällen werden Einkaufsverträge in Form von festen Verpflichtungen als Grundgeschäft einer solchen Sicherungsbeziehung designiert.

Für Vorräte – wie die von ThyssenKrupp Nirosta zur Deckung kurzfristiger Nachfrage vorgehaltenen Stahlgüten – lässt sich Fair Value Hedge Accounting nicht anwenden. Da der Nickelanteil in den Edelstahl-Coils nicht allein als zu sicherndes Risiko designiert werden kann, können keine bilanziellen Sicherungsbeziehungen gebildet werden.

Auch wenn für Geschäfte Hedge Accounting nicht angewandt werden kann, führt ThyssenKrupp Sicherungsmaßnahmen durch, um Warenpreisrisiken ökonomisch zu sichern.[1099] Die bilanziellen Auswirkungen sind für solche Fälle für Lieferverträge ungünstiger als für Vorräte,

[1098] Quellen: ThyssenKrupp AG (2008), S. 205 und ThyssenKrupp AG (2009), S. 225.
[1099] Siehe auch ThyssenKrupp AG (2008), S. 168.

da die Asymmetrien hier nicht nur die Bewertung an sich, sondern auch den Zeitpunkt des Bilanzansatzes des Vermögenswertes betreffen.

Die Kosten-Nutzen-Abwägung, die mit der Anwendung von Hedge Accounting einhergeht, betrifft jedoch nicht nur die Kosten, die unmittelbar aus den Rechnungslegungsvorschriften resultieren, wie das zum Beispiel für die Dokumentationsanforderungen gilt. Gewichtiger ist der Flexibilitätsverlust für das operative Geschäft, den die Anforderungen der Rechnungslegung bedingen können.

Zeitliche Verzögerungen und Planänderungen sind natürliche Begleiterscheinungen der schwerindustriellen Produktionsprozesse von ThyssenKrupp und fester Bestandteil der täglichen Produktions- und Absatzplanung. Produktionsseitig können sie durch geplante oder ungeplante Produktionsstopps im Sinne von Wartungen bzw. Ausfällen bedingt sein. Weitere Auslöser sind kurzfristige Abrufänderungen auf Kundenseite.

So ist beispielsweise die kurzfristige Beschaffung von Nickel über LME-Kontrakte aufgrund operativer Flexibilitätsanforderungen nicht abbildbar. ThyssenKrupp VDM verzichtet – trotz seiner langfristig laufenden Verträge – gänzlich auf qualifizierte Sicherungsbeziehungen zugunsten der operativen Flexibilität.

4.3.1.5 ThyssenKrupp Metallurgie GmbH - Rohstoffhandel

4.3.1.5.1 Steuerung von Rohstoffpreisrisiken

ThyssenKrupp Metallurgie deckt die Rohstoffhandelsaktivitäten des ThyssenKrupp-Konzerns ab und umfasst drei Geschäftsbereiche: Ferro-Legierungen, NE-Metalle (wie Kupfer, Nickel, Zink, Zinn und Blei) sowie Pulvermetalle. Sowohl bei den Ferro-Legierungen als auch bei den NE-Metallen ist ThyssenKrupp Metallurgie Marktführer in Deutschland und unter den drei führenden Anbietern in Europa. Aufgrund ihres Know-how ist ThyssenKrupp Metallurgie zusätzlich konzerninterner Ansprechpartner und Dienstleister für Absicherungsgeschäfte.[1100]

Die Metallurgie schließt 60-70% ihrer Verträge zu flexiblen Preisen auf Grundlage der LME-Notierung des Rohstoffes zuzüglich einer fixierten Güteprämie ab. Dieses Preissetzungsverfahren wird auch für Jahresverträge angewandt.

[1100] Soweit nicht anders gekennzeichnet, basiert dieser und der nachfolgende Abschnitt zu ThyssenKrupp Metallurgie auf der Befragung von ThyssenKrupp Metallurgie GmbH, Interview vom 6. März 2009 in Essen.

Im Gegensatz zu den Segmenten Steel oder Stainless erlaubt das Geschäftsmodell der Metallurgie in der Regel keine Risikosteuerung in Form von Back-to-back-Geschäften, bei denen die Verkaufs- auf die Einkaufskonditionen (oder die Einkaufs- auf die Verkaufskonditionen) abgestimmt werden können. Die Handelsaktivitäten von ThyssenKrupp Metallurgie bedingen daher eine unmittelbare Sicherung über die LME-Termingeschäfte, deren Preis in den physischen Geschäften referenziert wird. Auf Optionen wird üblicherweise mangels Optionalität im Handelsgeschäft und aufgrund der hohen Kosten verzichtet.

ThyssenKrupp Metallurgie verfügt über umfangreiche Instrumente zur Bewertung, Analyse und Steuerung seines Handelsportfolios, die sowohl die physischen Verträge als auch die LME-Termingeschäfte zu ihren mark-to-market Brutto- und Nettopositionen zusammenführen.

Alle Verträge werden dafür täglich zu Marktpreisen bewertet: Der Marktwert der LME-Termingeschäfte wird anhand der LME-Preise ermittelt. Die Bewertung der physischen Geschäfte wird aus der Produktterminkurve der LME-Notierung zuzüglich einer Markt- und/ oder Vertragsprämie,[1101] abzüglich der Kosten zum Beispiel für Transport und Versicherung abgeleitet.

Die Güteprämie wird bei Vertragsabschluss fixiert. Jedoch ist sie gleichermaßen eine Funktion von Angebot und Nachfrage und unterliegt folglich Schwankungen im Zeitverlauf. Daraus resultieren Marktpreisänderungen der physischen Geschäfte, auch wenn diese auf eine Preisfixierung durch Kopplung an die LME-Notierung verzichten.

4.3.1.5.2 Bilanzielle Abbildung

ThyssenKrupp Metallurgie nimmt eine Sonderrolle im ThyssenKrupp-Konzern ein. Im Rahmen ihrer Handelsaktivitäten bezieht sie zwar physische Metalle, jedoch ausschließlich in der Absicht, sie kurzfristig weiterzuverkaufen und Gewinne aus Preisschwankungen oder aus einer Händlermarge zu erzielen.

Aufgrund dieses Geschäftsmodells finden sowohl die Händler-Makler-Ausnahme für Vorräte als auch die Bewertung physisch erfüllter Rohstofflieferverträge als Derivate Anwendung:

[1101] Hier sind bis zu sechs Waren- bzw. Gütegruppen pro Metall mit entsprechenden Auf-/Abschlägen definiert.

Nach IAS 2.3 (b) i.V.m. IAS 2.5 kann ThyssenKrupp Metallurgie seine Vorräte zum beizulegenden Zeitwert abzüglich Veräußerungskosten GuV-wirksam bewerten, wenn sie diese zum profit trading erwirbt.[1102] Die Voraussetzung zur Anwendung dieses Wahlrechts sind im Fall der ThyssenKrupp Metallurgie gegeben.

Die Rohstofflieferverträge der ThyssenKrupp Metallurgie erfüllen die Kriterien eines Barausgleichs nach IAS 39.6 (c), der einer Anwendung der Ausnahme für den Eigenbedarf entgegen steht: ThyssenKrupp Metallurgie veräußert physisch angenommene Rohstoffe kurz nach der Anlieferung wieder im Sinne des profit trading. Folglich werden sowohl die physischen Warentermingeschäfte als auch die LME-Verträge ebenfalls GuV-wirksam zum beizulegenden Zeitwert bilanziert. Aufgrund der separaten Organisationsstruktur von ThyssenKrupp Metallurgie resultiert hieraus keine Abfärbung dieser Verträge auf die Bilanzierung ähnlicher Verträge beispielsweise in den Segmenten Steel oder Stainless.[1103]

Da somit alle Rohstoffgeschäfte identischen Bilanzierungs- und Bewertungsvorschriften unterliegen, gleichen sich gegenläufige Preiseffekte in der Gewinn- und Verlustrechnung einer Periode aus. Für ThyssenKrupp Metallurgie ergibt sich folglich kein Bedarf, mittels Hedge Accounting Bewertungsasymmetrien zu vermeiden.

Bevor diese Ausnahmeregelungen anwendbar waren, bestand für ThyssenKrupp Metallurgie die Notwendigkeit, aus den einzelnen Handelsgeschäften bilanzielle Sicherungsbeziehungen zu konstruieren. Auch wenn die Praxis der unmittelbaren Absicherung von Handelsgeschäften eine leichte Bestimmbarkeit von Sicherungsbeziehungen vermuten ließe, entspricht dies nicht der operativen Realität eines Handelsgeschäfts. So lässt sich eine solche Beziehung zweier Geschäfte im Tagesgeschäft in der Regel hinsichtlich physischer Auslieferung der Lagerbestände nicht aufrecht erhalten, da die Steuerung des Preisrisikos und die physischen Auslieferungen voneinander zu trennen sind.

4.3.1.6 Zwischenergebnis

Die Untersuchung hat gezeigt, dass der ThyssenKrupp-Konzern in seinen operativ produzierenden Segmenten vornehmlich drei Ansätze zur Steuerung von Rohstoffpreisrisiken verfolgt: langfristige Rahmenlieferverträge, Preisweitergabe zum Beispiel durch den Legierungszu-

[1102] Vgl. Kapitel 3.5.3.1.
[1103] Vgl. Kapitel 3.4.3.

schlag oder aufeinander abgestimmte Beschaffungs- und Absatzverträge sowie an der LME gehandelte Warentermingeschäfte. Sowohl die Verfügbarkeit der einzelnen Ansätze als auch die gängige Industriepraxis bestimmen, welches Instrument zur Risikosteuerung eingesetzt wird.

Für Vorräte können diese Segmente kein Fair Value Hedge Accounting anwenden, da mangels Designierbarkeit einzelner Rohstoffrisiken die Anforderungen des Effektivitätstestes nicht erfüllt werden können.

Warenlieferverträge fallen fast gänzlich unter die Ausnahme für den Eigenbedarf und sind als schwebende Geschäfte nach IAS 37 zu bilanzieren. In der Regel erfolgt kein Weiterverkauf der bezogenen Rohstoffe, der als Barausgleich zu werten wäre. Geschriebene Optionen oder trennungspflichtige eingebettete Derivate spielen – abgesehen von als Industriepraxis einzuordnende Legierungsanhänger – im Rohstoffbereich keine Rolle.

Hedge Accounting wird nur in geringem Maß bei Rohstoffgeschäften angewandt; die Warentermingeschäfte ohne bilanzielle Sicherungsbeziehung übersteigen deutlich die qualifizierten Sicherungsbeziehungen. Übereinstimmend mit der Erwartung für Industrie- und Handelsunternehmen ist der Cash Flow-Hedge das vorherrschende der beiden Hedge Accounting-Modelle.

Der weitgehende Verzicht auf Hedge Accounting wird vor allem mit einem drohenden Flexibilitätsverlust für die operative Geschäftsplanung begründet. Als weitere Gründe werden Kosten-Nutzen-Abwägungen hinsichtlich des regulatorischen Aufwands sowie die Nicht-Erfüllbarkeit der Anwendungsvoraussetzungen angeführt.

Eine Sonderrolle nimmt das Handelsgeschäft der ThyssenKrupp Metallurgie ein. Die Risikosteuerung erfolgt hier ausschließlich über LME-Kontrakte. Die Marktwertschwankungen der Handelspositionen wirken sich – gleichermaßen bei den Vorräten (Händler-Makler-Ausnahme) und den Lieferverträgen (Barausgleich durch kurzfristige Handelsgeschäfte) – unmittelbar in der Gewinn- und Verlustrechnung und periodengleich gegenläufig aus.

Trotz der Schwierigkeiten in der bilanziellen Abbildung werden die wirtschaftlichen Entscheidungen zugunsten einer Absicherung selbst dann nicht durch die Bilanzierungsregeln beeinträchtigt, wenn die Auswirkungen gravierend sind. Auch wenn die IFRS somit nicht zur Beibehaltung offener Risikopositionen führen, beeinflussen sie dennoch die Ausgestaltung der Risikosteuerung beispielsweise bei der Begünstigung einfacher Hedging-Instrumente.

4.3.2 Deutsche Lufthansa AG

4.3.2.1 Geschäftsfelder und Unternehmensstruktur

Als weltweit operierendes Luftverkehrsunternehmen umfasst die Deutsche Lufthansa AG zum Zeitpunkt der Untersuchung fünf Geschäftsfelder, in denen sie jeweils eine Führungsrolle einnimmt.

Der Passagier-Linienluftverkehr des Segments *Passagierbeförderung* stellt das Kerngeschäft des Konzerns dar. Die Konzerngesellschaften wie insbesondere Lufthansa Passage Airlines, SWISS und Germanwings sowie Beteiligungen an British Midland (bmi),[1104] JetBlue und SunExpress positionieren sich als Qualitätsanbieter.[1105]

Das Segment *Logistik* (Lufthansa Cargo AG) bündelt den Fracht-Linienluftverkehr des Lufthansa-Konzerns. Lufthansa Cargo ist in den drei Produktsegmenten Standard-, Express- und Speziallogistik aktiv. Letztere dient dem Transport von temperaturempfindlichen Gütern, lebendigen Tieren, Luftpost und besonders wertvollen Waren.[1106]

In den Segmenten *Technik* (Lufthansa Technik AG), *IT Services* (Lufthansa Systems AG) und *Catering* (LSG Lufthansa Service Holding AG) bietet Lufthansa Dienstleistungen sowohl für Konzerngesellschaften als auch für Dritte an.[1107]

Die Deutsche Lufthansa AG ist Obergesellschaft des Konzerns mit entsprechenden Konzernleitungsfunktionen und mit der Passagierbeförderung zugleich ihre größte operative Einzelgesellschaft. Die anderen Geschäftsfelder werden von eigenen Konzerngesellschaften gesteuert, die für ihre Geschäfte und Ergebnisse eigenverantwortlich tätig sind und von Mitgliedern des Konzernvorstands als Vertreter im Aufsichtsrat der jeweiligen Gesellschaft kontrolliert werden.[1108]

[1104] Im Geschäftsjahr 2009 übernahm der Lufthansa-Konzern British Midlands (bmi) sowie Austrian Airlines vollständig. (Vgl. Lufthansa AG (2009), S. 85-86.)
[1105] Vgl. Lufthansa AG (2008), S. 37 und S. 74.
[1106] Vgl. Lufthansa AG (2008), S. 37 und S. 86.
[1107] Vgl. Lufthansa AG (2008), S. 37.
[1108] Vgl. Lufthansa AG (2008), S. 38.

4.3.2.2 Risikopolitik, Risikomanagement und die Steuerung von Rohstoffpreisrisiken

Der Lufthansa-Konzern geht unternehmerische und branchenspezifische Chancen und Risiken ein, wenn sie ein marktgerechtes Rendite-Risiko-Verhältnis sowie eine angemessene Wertschaffung darstellen und die Risikotragfähigkeit nicht übersteigen. Sein Risikomanagement ist – mit Ausnahme des Finanzrisikomanagements – dezentral organisiert. Konzernweite Richtlinien werden durch *Risikomanagement-Beauftragte* in den Konzerngesellschaften umgesetzt. Der *Risikomanagement-Ausschuss* überwacht als zentrale Instanz das gesamte Risikomanagementsystem. Als Instrumente des Risikomanagementprozesses dienen die regelmäßig aktualisierte *Risikolandkarte* sowie der quartalsweise verfasste *Chancen- und Risikobericht*.[1109]

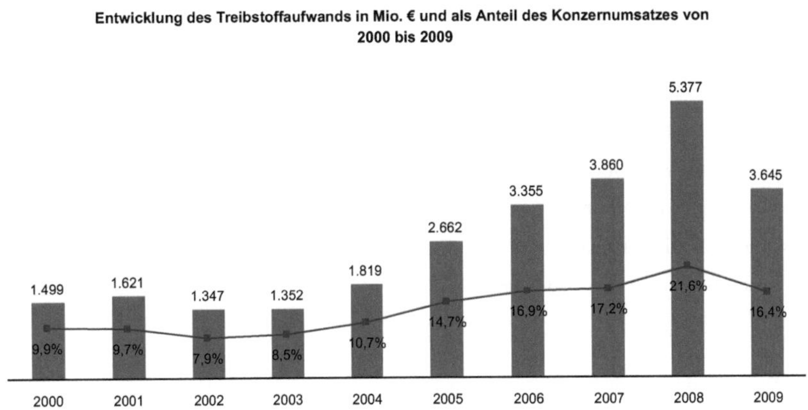

Abbildung 4-3: Entwicklung des Treibstoffaufwands in Mio. € und als Anteil des Konzernumsatzes von 2000 bis 2009[1110]

Die Entwicklung des Ölpreises und der Preisdifferenz zwischen Öl und Kerosin gehört zu den wichtigsten wirtschaftlichen Rahmenbedingungen des Konzerns: Treibstoff stellt regelmäßig die größte Einzelposition innerhalb des Materialaufwands von Lufthansa dar und spielt daher eine zentrale Rolle im Risikomanagement des Konzerns.[1111] Abbildung 4-3 veranschaulicht

[1109] Vgl. Lufthansa AG (2008), S. 114. Soweit nicht anders gekennzeichnet, basieren dieser und der nachfolgende Abschnitt zur Deutschen Lufthansa AG auf der Befragung von Deutsche Lufthansa AG, Interview vom 17. Februar 2009 in Frankfurt.

[1110] Quelle: Eigene Darstellung basierend auf Lufthansa AG (2009), S. 222.

[1111] Vgl. Lufthansa AG (2008), S. 46 und 53. Aufgrund der hohen Bedeutung des Treibstoffpreises werden Flug-

die Bedeutung dieser Risikoposition als wesentlichen Kostenfaktor anhand der Entwicklung der absoluten Treibstoffkosten und des Anteils der Treibstoffkosten am Konzernumsatz über die letzten zehn Jahre.

Aufgrund seiner hohen Bedeutung analysiert, bewertet, steuert und überwacht der Lufthansa-Konzern das Treibstoffrisiko – zusammen mit Zins- und Fremdwährungsrisiken – zentral als Teil des Finanzrisikomanagements.[1112] Der *Treibstoffeinkauf* und dessen Abwicklung als Abteilungen der *Konzernfinanzen* (Treasury) sowie das *Konzern-Finanzrisikocontrolling* als Abteilung im *Konzerncontrolling* sind organisatorisch getrennt. Der Einkauf ist gleichermaßen für die weltweite Treibstoffversorgung der Konzernflotten (einschließlich Betankungsabläufe und Logistik) sowie für die Umsetzung der Treibstoffsicherungspolitik verantwortlich. Das Finanzrisikocontrolling überwacht diese Aktivitäten und unterstützt durch methodisches Spezialistenwissen oder bei der Überarbeitung der Risikopolitik.

Im Vergleich zu einer dezentralen Zuständigkeit der Einkaufsabteilungen liegen die Vorteile der Zentralisierung des Treibstoffrisikomanagements für Lufthansa darin, dass das Treasury mit der organisatorischen Aufgabentrennung und den Standardinstrumenten der Steuerung von Preisrisiken vertraut ist und ihm – als Folge der Zentralisierung – die Dimension der konzernweiten Treibstoffpreisrisiken immer bekannt ist. Die Entscheidung zugunsten einer Zentralisierung des Risikomanagements eines Rohstoffs hängt im Allgemeinen davon ab, ob die entsprechenden Sicherungsinstrumente börsennotiert sind und wie hoch das Preisänderungsrisiko ist.[1113]

Das Finanzrisikomanagement folgt einem Regelkreis entsprechend Abbildung 4-4, der vergleichbar zu dem in dieser Arbeit vorgestellten Risikomanagementprozess ist.[1114]

Da das Treibstoffpreisrisiko einer Linienfluggesellschaft systemimmanent ist und sich nicht gänzlich neutralisieren lässt, ist es Ziel der Treibstoffpreissicherung, die Auswirkungen von

gesellschaften oft als Idealbeispiel für das Rohstoffhedging eines Konsumenten gesehen. (Siehe auch Amic/Lautard (2004), S. 221-222.)

1112 Siehe auch Lufthansa AG (2008), S. 119.

1113 Strom wird zum Beispiel wegen seiner geringen Bedeutung auf Gesamtkonzernebene dezentral im Einkauf verantwortet. Das Finanzrisikocontrolling unterstützt hier unter anderem bei der Vertragsgestaltung.

1114 Vgl. Abbildung 2-5.

Marktpreisschwankungen auf das operative Ergebnis zu reduzieren. Der Schwerpunkt liegt daher auf einer regelbasierten Sicherung zur Erzielung von Durchschnittskursen.[1115]

Lufthansa bezieht seinen Treibstoff zum überwiegenden Teil über langfristige Einkaufsverträge, die über Preisgleitklauseln an die Platts- oder Argus-Notierungen für Kerosin gekoppelt sind. Innerhalb dieser Rahmenverträge werden jährlich Individualverträge ausgeschrieben, die zusätzlich u.a. einen fixierten Aufschlag für Transport, Betankung und Service festlegen.

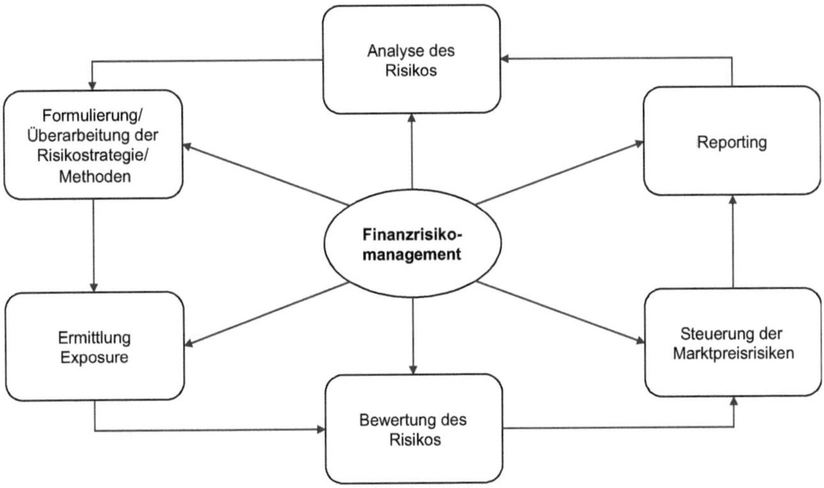

Abbildung 4-4: Finanzrisikomanagementprozess der Deutschen Lufthansa AG[1116]

Zur Steuerung des Preisrisikos werden – losgelöst von der physischen Treibstoffbeschaffung – OTC-Derivate mit Barausgleich abgeschlossen.[1117] Die Ausgestaltung der Sicherungspraxis hängt von den Geschäftsmodellen der einzelnen Konzernfluggesellschaften, ihrem Wettbewerb und der Industriepraxis ab. Aus dem jeweiligen Risikoprofil leiten sich Sicherungsgrad und Sicherungshorizont ab.[1118]

Im Passagier-Linienflugverkehr wird das Treibstoff-Exposure der Lufthansa Passage Airlines und der SWISS entsprechend einer nachfolgend dargestellten gestaffelten Sicherungsstrategie

[1115] Siehe auch Lufthansa AG (2008), S. 119 und S. 184.
[1116] Quelle: Deutsche Lufthansa AG, Interview vom 17. Februar 2009 in Frankfurt.
[1117] Derivative Finanzinstrumente werden ausschließlich zur Sicherung eines Grundgeschäfts abgeschlossen. (Vgl. Lufthansa AG (2008), S. 119 und S. 145.)
[1118] Siehe auch Lufthansa AG (2008), S. 120 und S. 184.

gesteuert. Bei den *No-Frills*-Konzerngesellschaften wie Germanwings spielt die Treibstoffsicherung wettbewerbsbedingt nur eine geringe Rolle, da die meisten Konkurrenten Treibstoffpreise nicht sichern.[1119]

Im Charter-Geschäft werden ganze Sitzplatzkontingente für eine Saison als Blockverkauf vertrieben. In der Hauptsaison kann das *Sitzplatzrisiko* vollständig an den Veranstalter überwälzt werden. Da die Konzerngesellschaft das Sitzplatzkontingent zu einem festen Preis an den Veranstalter verkauft, kann sie bereits zum Zeitpunkt des Vertragsabschlusses eindeutig ihre Treibstoffkosten quantifizieren und durch Sicherungsgeschäfte fixieren.[1120] In der Nebensaison trägt die Charter-Gesellschaft (aufgrund ihrer saisonal bedingt geringeren Verhandlungsmacht) in der Regel einen Teil des Sitzplatzrisikos. Der Reiseveranstalter kann mithin eine bestimmte Anzahl an Sitzplätzen, die er nicht weiterzuverkaufen in der Lage war, an die Charter-Gesellschaft zurückgeben. Diese Optionalität bedingt, dass die Lufthansa-Tochter ihre Treibstoffkosten nicht schon bei Vertragsabschluss gänzlich fixieren kann und resultiert in einem entsprechend reduzierten Sicherungsgrad.

Im Fracht-Linienluftverkehr ist es branchenüblich, dass Treibstoffpreise unmittelbar auf den Kunden abgewälzt werden.

Abgesehen von den Besonderheiten im Charter- und Frachtgeschäft basiert die konzernweite Sicherungspolitik grundsätzlich auf einem gestaffelten Sicherungsmechanismus, der als *Layered Hedging-Modell* bezeichnet wird:[1121] Bis zu 24 Monate in die Zukunft sichert der Lufthansa-Konzern damit bis zu 85% seines Treibstoffbedarfs, indem er jeden Monat OTC-Kontrakte auf Rohöl (und in begrenztem Ausmaß Heizöl) für jeden der bis zu 24 darauffolgenden Monate bis zu circa 5% (85% / 18 Monate) des geplanten, jeweiligen Monatsbedarfs abschließt. Der Treibstoffbedarf für die nächsten sechs Monate ist somit bis zu 85% gehedgt.[1122] Da sich der Preis, zu dem Lufthansa in einem Monat Treibstoff bezieht, somit aus den Einzelpreisen der Kontrakte über die darauf folgenden (mindestens) achtzehn Monaten

---

1119 Billigfluggesellschaften werden als sogenannte *No-Frills*-Anbieter bezeichnet.

1120 Siehe auch Das (2006a), S. 562.

1121 Das Layer-Konzept wird insbesondere für Lufthansa Passage Airlines und SWISS angewandt. Für die Charter-Aktivitäten wird das Treibstoff-Exposure entweder gänzlich direkt gesichert oder teilweise direkt, teilweise durch ein gestaffeltes Hedging gesteuert.

1122 Siehe auch Lufthansa AG (2008), S. 120-121 und S. 145. Da das Frachtgeschäft von Lufthansa Passage Airlines an Bedeutung gewonnen hat und dort die Abwälzung der Treibstoffpreisentwicklung auf den Kunden üblicher als in der Passage ist, wurde im Geschäftsjahr 2008 der Zielsicherungsgrad von 90% auf 85% gesenkt. Der konzernweite Sicherungsgrad zum Ende des Geschäftsjahres betrug 62,9% des Treibstoffbedarfs in 2009. (Vgl. Lufthansa AG (2008), S. 120 und S. 184.)

zusammensetzt, wird die Preisentwicklung geglättet. Zusätzlich führt das Sicherungsschema zu einer zeitlichen Verzögerung, bis sich Marktpreisänderungen auf das operative Ergebnis auswirken. Dies erlaubt dem Konzern sich auf eine veränderte Kostenstruktur einzustellen und operative Gegenmaßnahmen einzuleiten. Die Durchschnittsbildung und die zeitliche Komponente begründen den Wettbewerbsvorteil dieser Sicherungsstrategie.[1123] Abbildung 4-5 veranschaulicht das Layer-Konzept.

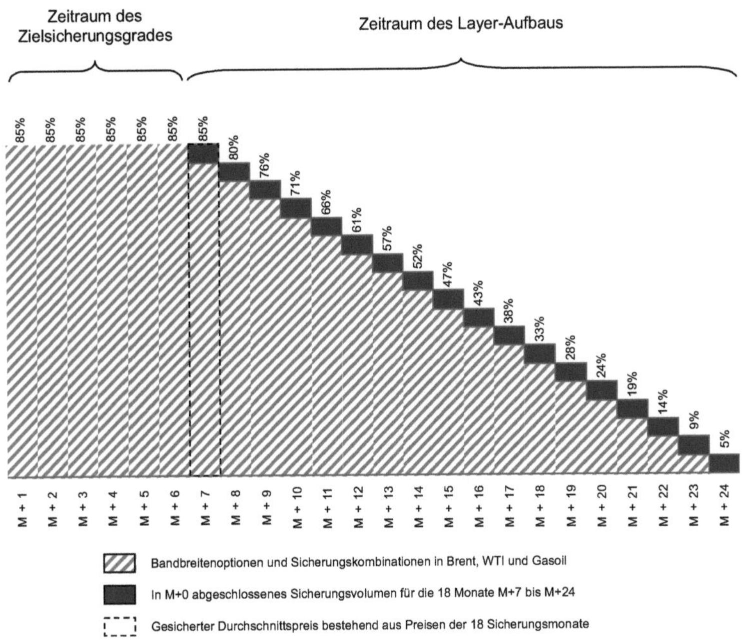

Abbildung 4-5: Layered Hedging-Modell der Deutschen Lufthansa AG[1124]

Im Geschäftsjahr 2007 setzte Lufthansa ergänzend zum Hedging mit Ölkontrakten Kerosin-Crack-Spread-Produkte ein, um das Basisrisiko der Preisdifferenz zwischen Öl – als Underlying der allgemeinen Sicherungsstrategie – und dem physisch bezogenen Kerosin zu steuern.[1125] So wurden über einen Zeitraum von sechs Monaten in die Zukunft solche Kontrakte –

[1123] Der Lufthansa-Konzern gehört mit seiner Hedging-Strategie zu den größten deutschen Nutzern von derivativen Sicherungsgeschäften. (Vgl. Toller (2010).)

[1124] Quelle: Eigene Darstellung nach Deutsche Lufthansa AG, Interview vom 17. Februar 2009 in Frankfurt und Lufthansa AG (2008), S. 120.

[1125] Die Rolle von Spread-Instrumenten für das Hedging von Preisdifferenzen zwischen Öl und Ölprodukten wird in Abschnitt 2.5.2.1 dargestellt.

ebenfalls gestaffelt mit jeweils 7,5% des erwarteten Bedarfs – bis zu einem Sicherungsgrad von 45% abgeschlossen.[1126] Diese Form der Kerosinpreissicherung wurde jedoch mangels Liquidität der Sicherungsinstrumente und wegen der hohen Absicherungskosten auf eine Anwendung nur unter bestimmten Kriterien reduziert.[1127]

Zur Umsetzung dieses Absicherungsmodells setzt Lufthansa Bandbreitenoptionen und Sicherungskombinationen in Form von *3-Ways* und vor allem *4-Ways* ein.[1128] Wie Abbildung 4-6 veranschaulicht, zeichnet sich insbesondere ein 4-Way dadurch aus, dass er Schutz vor einem Treibstoffpreisanstieg und ein niedriges *Preisverfallrisiko* durch Partizipation an fallenden Preisen mit einem niedrigen Prämienaufwand verbindet.

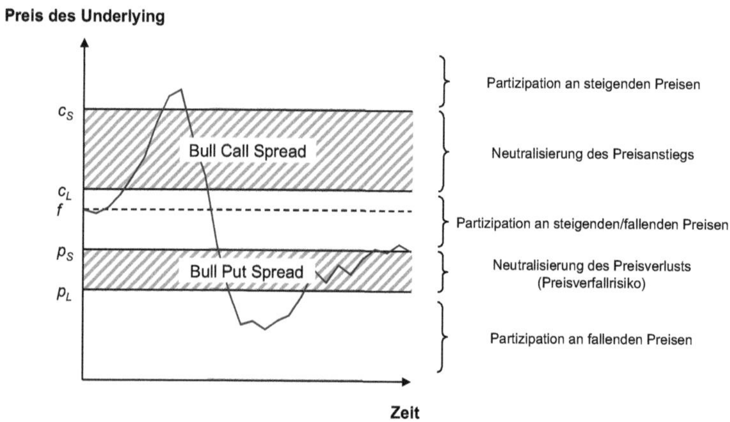

Abbildung 4-6: 4-Way als Sicherungskombination[1129]

4-Ways setzen sich aus jeweils einer Short- und einer Long-Position in einer Call- und einer Put-Option zusammen, d.h. aus einem Bull Call Spread mit Ausübungspreisen über dem Terminkurs und einem Bull Put Spread mit Ausübungspreisen unter dem Terminkurs. Lufthansa partizipiert an Marktpreisänderungen innerhalb fester Schwellenwerte rund um den Terminpreis *f* von Rohöl, neutralisiert Preisanstiege in einem breiten Korridor oberhalb des Strike-

[1126] Vgl. Lufthansa AG (2007), S. 106.

[1127] Die Illiquidität des Kerosinmarktes ist unter anderem auf das mangelnde Interesse der Erdölraffinerien als Produzenten zurückzuführen, bei denen Kerosin als Nebenprodukt ihres Raffinerieprozesses anfällt.

[1128] Die Funktionsweise von 3-Ways wurde bereits in Abschnitt 2.4.3 dargestellt.

[1129] Quelle: Eigene Darstellung nach Deutsche Lufthansa AG, Interview vom 17. Februar 2009 in Frankfurt.

Preises c_L der gekauften Call-Option und gegenfinanziert diesen Hedge durch den Verkauf einer Put-Option zum Ausübungspreis p_S. Um das Preisverfallrisiko zu reduzieren, wird die Put-Option zu einem niedrigeren Strike-Preis p_L zurückgekauft.

Oberhalb des Call Spreads (ab dem Ausübungspreis c_S) ist der Konzern nicht gegen einen weiteren Preisanstieg abgesichert. Da Lufthansa durch den tieferen Strike-Preis p_S der verkauften Put-Option und den schmaleren Korridor des Put Spreads stärker an einem Preisverfall als an einem Preisanstieg partizipiert, ist eine Netto-Prämienzahlung notwendig.

Die Kriterien zur Ausgestaltung der 4-Ways definiert eine interne Richtlinie über festgesetzte Parameter für die Nettoprämienzahlung sowie die Weite des Call Spreads und des Put Spreads.

Abbildung 4-7 verdeutlicht, wie der Konzern durch eine solche Sicherungskombination stärker an einem Preisverfall als an einem Preisanstieg von Rohöl partizipiert.

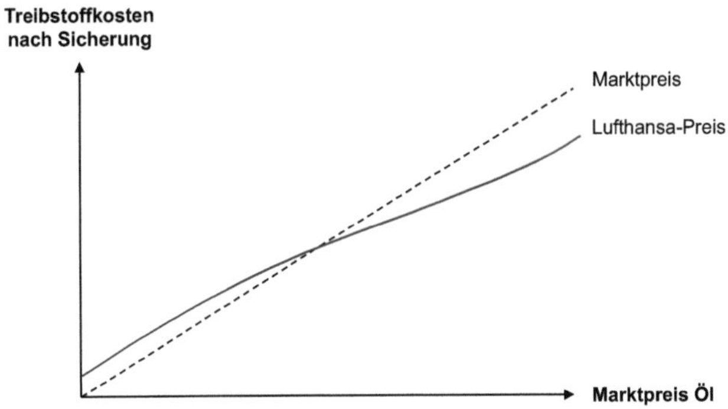

Abbildung 4-7: Schematisierte Ölpreissensitivität des Lufthansa-Konzerns[1130]

Auch wenn dieser regelbasierte Ansatz grundsätzlich eine rein situative Absicherung ersetzt, sieht die Risikopolitik des Lufthansa-Konzerns ergänzende Freiheitsgrade in der Umsetzung der Sicherung im Rahmen des *Aktiven Risikomanagements* und der *Strategischen Sicherung* vor, um Nachteile eines statisch-mechanistischen Sicherungsalgorithmus zu vermeiden.

[1130] Quelle: Eigene Darstellung nach Deutsche Lufthansa AG, Interview vom 17. Februar 2009 in Frankfurt und Lufthansa AG (2008), S. 120.

Das *Aktive Risikomanagement* bezeichnet die Flexibilität der Treibstoffeinkaufsabteilung, von der Regelsicherung abzuweichen. Es wird ein rein regelbasierter Abschluss von Sicherungsgeschäften zu ungünstigen Marktkonditionen vermieden, indem temporäre Marktungleichgewichte durch Marktreaktionen auf Sonderereignisse (wie extreme Wetterlagen oder Terroranschläge) oder durch saisonale Muster berücksichtigt werden können.[1131] Durch eine Limitsystematik sind für das Aktive Risikomanagement enge Grenzen definiert. Dieses Limit ist als Abweichung des Portfolios der tatsächlichen Sicherungspositionen (*Ist-Portfolio*) von einem aus den Sicherungsregeln abgeleiteten *Benchmark-Portfolio* von Sicherungspositionen definiert. Die Wertänderungsrisiken, die aus dem Aktiven Risikomanagement resultieren, werden über den Vergleich von Ist- und Benchmark-Portfolio gemessen. Dieses Vorgehen ergänzt die Sensitivitäts- und Value-at-Risk-Analysen, die allgemein zur Quantifizierung des Treibstoffpreisrisikos eingesetzt werden.[1132]

Die *Strategische Absicherung* dient dazu, besondere Marktbedingungen wahrzunehmen. So können in diesem Rahmen der monatliche Sicherungsgrad oder Zeithorizont erhöht oder eine Sicherungsstrategie ausgesetzt werden. Alle Abteilungen haben ein Vorschlagsrecht. Aktivitäten im Rahmen der Strategischen Absicherung bedürfen der Zustimmung durch den Finanzvorstand. Der Handel wird nicht anhand dieser Aktivitäten gemessen.

Der Treibstoffzuschlag als Instrument zur Preisweitergabe an den Kunden ist sehr wettbewerbsgetrieben und eignet sich damit nicht als Instrument der Treibstoffpreissteuerung im engeren Sinne.[1133]

4.3.2.3 Bilanzielle Abbildung der Steuerung von Rohstoffpreisrisiken

Die langfristigen Treibstoffbeschaffungsverträge der Deutschen Lufthansa AG dienen dem physischen Bezug von Kerosin zum Eigenbedarf, so dass sie unter die Own-use Exemption fallen und als schwebende Geschäfte nach IAS 37 zu bewerten sind.

Eingebettete Derivate spielen keine Rolle. Der absatzseitige Kerosinzuschlag ist nicht als trennungspflichtiges eingebettetes Derivat zu werten, da er einer Industriepraxis im Sinne von IAS 39.11 (a) entspricht.

[1131] Siehe auch Lufthansa AG (2008), S. 184.
[1132] Siehe auch Lufthansa AG (2008), S. 120 und S. 185.
[1133] Siehe auch Lufthansa AG (2008), S. 121.

Der Lufthansa-Konzern setzt im Rahmen der Treibstoffsicherung ausschließlich Cash Flow-Hedges als Hedge Accounting-Modell ein.[1134] Die Lieferverträge als erwartete Transaktionen werden in zwei Komponenten unterteilt: die Bindung an den Kerosin-Index und den fixierten Service-Aufschlag. Die geplanten, hochwahrscheinlichen Zahlungsmittelabflüsse aus der ersten Vertragskomponente werden als Grundgeschäft designiert. Die Bandbreitenoptionen und Sicherungskombinationen auf Rohöl (und gegebenenfalls Heizöl) werden als Sicherungsposition bestimmt.

Da Grund- und Sicherungsposition unterschiedliche Rohstoffe referenzieren, kann die Critical Term Method nicht zur Effektivitätsmessung angewandt werden. Stattdessen wird durch eine quartalsweise rollierende Korrelationsanalyse der statistische Zusammenhang zwischen Kerosin einerseits und Brent, WTI und Gasoil andererseits über einen Zeitraum von zehn Jahren untersucht. Durch Korrelationskoeffizienten von jeweils über 99% kann die Effektivität nachgewiesen werden.

Um den ineffektiven Teil zu ermitteln, werden die Preise von Kerosin und der Ölprodukte entsprechend der Sicherungsgradbetrachtung in die Einheit US-Dollar pro Tonne überführt und der Zusammenhang jeweils mittels einer Regressionsanalyse über den Zeitraum von zwei Jahren analysiert. Er ist in allen Fällen hoch. Obwohl ein ineffektiver Teil besteht, ist dieser nicht GuV-wirksam zu buchen, da die Wertänderung des hypothetischen (Kerosin-)Derivats (als Grundgeschäft) stets die des jeweiligen Sicherungsderivats (auf Brent, WTI oder Gasoil) übersteigt (underhedge) und folglich der ineffektive Teil auf das hypothetische Derivat entfällt.[1135]

Wenn sich das Grundgeschäft realisiert, wird die im Eigenkapital erfasste Position aus den Wertänderungen des Sicherungsgeschäfts in den Treibstoffaufwand gebucht.[1136]

Rohstoffderivate, die nicht als Sicherungsinstrumente qualifizieren, werden nach IAS 39 GuV-wirksam zum beizulegenden Zeitwert bilanziert.[1137] Der Lufthansa-Konzern führt ökonomisch erwünschte Sicherungen durch, auch wenn sie sich nicht als bilanzielle Sicherungsbeziehungen abbilden lassen.

[1134] Vgl. Lufthansa AG (2008), S. 184.
[1135] Vgl. Abschnitt 3.3.4.3.2.
[1136] Vgl. Lufthansa AG (2008), S. 145 und S. 184.
[1137] Vgl. Lufthansa AG (2008), S. 145 und S. 165-166.

Mit dem Amendment zu IAS 39 Eligible Hedged Items hat das IASB im Juli 2008 die bilanziellen Sicherungsbeziehungen von Optionen konkretisiert. So kann ein im Rahmen des Hedge Accounting abgesichertes *einseitiges Risiko*[1138] nur den inneren Zeitwert einer Option und nicht deren Zeitwert umfassen. Die Designation sowohl des inneren als auch des Zeitwerts würde zur Ineffektivität der Sicherung eines erwarteten Rohstoffbezugs (ohne optionalen Charakter) führen, da das abgesicherte Risiko und somit das designierte Grundgeschäft keinen Zeitwert enthalten.[1139]

Als Folge dieser Regelung sind die Änderungen des inneren Werts und des Zeitwerts separat zu bilanzieren: Schwankungen des inneren Werts des Sicherungsinstruments werden GuV-neutral im Eigenkapital erfasst. Änderungen des Zeitwerts wirken sich unmittelbar in der Gewinn- und Verlustrechnung aus. Zum Bilanzstichtag können sich somit deutliche Verzerrungen in der Ergebnisdarstellung zeigen.

Entspricht beispielweise zum Bilanzstichtag der Spotpreis dem Ausübungspreis der verkauften Call-Option eines 4-Ways, ist der innere Wert der Sicherungskombination maximiert, der Zeitwert hingegen kann nur negativ sein, da die potentiellen Auszahlungen nur sinken können. GuV-wirksam wird trotz des Szenarios einer maximalen Sicherung gegen einen Treibstoffanstieg nur der negative Zeitwert ausgewiesen.[1140]

Des Weiteren entspricht der GuV-wirksame Ausweis des Zeitwerts nicht der ökonomischen Realität, da er sich nicht auf die Vermögens- und Finanzlage auswirkt, wenn sich die Zeitwertänderungen – wie im Fall der Sicherungsstrategie des Lufthansa-Konzerns – bis zu Realisationszeitpunkt ausgleichen. Denn der Zeitwert bei Abschluss der Sicherungsgeschäfte und Realisierung der Rohstoffoptionen ist stets Null.[1141]

Diese Regelung führt zu einer Benachteiligung von optionsbasierten Sicherungsstrategien. Der Bilanzierende entsprechender Sicherungsstrategien tauscht durch den Einsatz von Hedge Accounting die ökonomisch unbegründete Ergebnisvolatilität aus dem asymmetrischen Be-

---

[1138] Als *einseitiges Risiko* bezeichnet IAS 39.AG99BA (amend 2008) Zahlungsstrom- oder Marktwertänderungen über oder unter einem bestimmten Schwellenwert, die als Grundgeschäft einer bilanziellen Sicherungsbeziehung designiert sind.

[1139] Vgl. IAS 39.AG99BA (amend 2008), IAS 39.AG110A (amend 2008) und IAS 39.AG110B (amend 2008). Die Berücksichtigung eines hypothetischen Zeitwerteffekts im Grundgeschäft zum Zweck des Effektivitätsnachweises ist somit unzulässig. (Vgl. Glaum/Klöcker (2009), S. 63.)

[1140] Air France-KLM (2008) führt diese Problematik anhand der Hedging-Strategie für Flugzeugtreibstoff bei Air France-KLM aus.

[1141] Vgl. Lufthansa AG (2009), S. 152.

wertungsmodell von IFRS gegen ökonomisch nicht begründete Schwankungen in der Gewinn- und Verlustrechnung aus der Änderung der Optionszeitwerte.

4.3.2.4 Zwischenergebnis

Die Deutsche Lufthansa AG ist in deutlichem Umfang Treibstoffpreisrisiken ausgesetzt. Sie steuert dieses Risiko durch eine regelgestützte, gestaffelte Absicherungsstrategie. In engen Grenzen bestehen Freiheitsgrade in der Umsetzung, um auf Marktanomalien reagieren zu können.

Als Sicherungsinstrumente werden im Treibstoffbereich vornehmlich Bandbreitenoptionen und Sicherungskombinationen eingesetzt. Der Sicherungsmechanismus verfolgt das Ziel, Preisschwankungen zu glätten und ihre Wirkung zu verzögern, um eine operative Anpassung zu ermöglichen.

Durch die gewählten Instrumente ist der Konzern in der Lage, sich bei niedrigem Prämieneinsatz gegen Preisanstiege in einem relativ breiten Korridor abzusichern und trotzdem an einem Preisverfall zu weiten Teilen zu partizipieren.

Der physische Bezug von Treibstoff erfolgt losgelöst von der Risikosteuerung über langfristige Lieferverträge. Diese fallen unter die Ausnahme für den Eigenbedarf. Eine Trennungspflicht für eingebettete Derivate besteht in der Regel nicht.

Hedge Accounting wird intensiv für die bilanzielle Abbildung der Risikosteuerung angewandt. Wie für ein Industrieunternehmen zu erwarten, werden durch die Klassifikation der Einkaufsverträge als erwartete Transaktionen vornehmlich Cash Flow-Hedges designiert. Trotz Cross-Hedging über Rohöl- und Heizölkontrakte werden die Effektivitätsanforderungen erfüllt. Fair Value Hedge Accounting wird für Rohstoffpreisrisiken nicht genutzt.

Die IFRS beeinflussen ökonomische Absicherungsentscheidungen nicht. Aus der zukünftig erforderlichen, GuV-wirksamen Buchung von Zeitwertschwankungen der Optionsgeschäfte können ab dem Geschäftsjahr 2010 trotz Hedge Accounting kurzfristige Ergebnisvolatilitäten resultieren, die nicht die Vermögens- und Finanzlage des Konzerns widerspiegeln.

4.3.3 E.ON AG

4.3.3.1 Geschäftsfelder und Unternehmensstruktur

Als eines der weltweit größten privaten Energieunternehmen, als eine der führenden Gasgesellschaften Europas und als weltweit größter privater Erdgasimporteur verfolgt die E.ON AG ein vertikal und horizontal integriertes Geschäftsmodell. E.ON ist somit entlang der gesamten Wertschöpfungskette – von der Stromerzeugung in Kraftwerken bzw. der Gasproduktion (*upstream*) über den Großhandel (*midstream*) bis zum Vertrieb an den Endkunden (*downstream*) – im Strom- sowie im Gasmarkt aktiv.[1142]

Geführt von der E.ON AG ist der Konzern geographisch und funktional in zehn Segmente (*Market Units*) organisiert, deren Führungsgesellschaften die Geschäftsaktivitäten in ihren Zielmärkten verantworten.[1143]

Die Market Unit *Central Europe* mit der E.ON Energie AG als Führungsgesellschaft betreibt das Geschäft sowohl für Erzeugung, Übertragung, Verteilung und Vertrieb von Strom als auch für Verteilung und Vertrieb von Erdgas in zahlreichen zentraleuropäischen Ländern.[1144]

Die E.ON Ruhrgas AG führt die Geschäftsaktivitäten der Market Unit *Pan-European Gas*. Die europäischen Gasaktivitäten von E.ON umfassen alle Stufen der Wertschöpfungskette von Exploration und Förderung über Transport, Speicherung und Großhandel bis zu Verteilung und Vertrieb.[1145]

Unter der Market Unit *Energy Trading* – geführt von der E.ON Energy Trading AG – wurden 2008 alle europäischen Handelsaktivitäten für Strom, Gas, Kohle, Öl und CO_2-Zertifikate zusammengeführt. Dieses Segment verantwortet das konzernweite Rohstoffrisikomanagement und die Optimierung der konzernweiten Vertragsportfolios sowie den Eigenhandel. Die Vertragsoptimierung schließt die Brennstoffbeschaffung, das Management von Kraftwerks- bzw. Gasportfoliokapazitäten und die Vertriebsbeschaffung ein.[1146]

[1142] Vgl. E.ON AG (2008a), S. 4; E.ON AG (2008b), S. 2 und S. 8. Die Darstellung entspricht der zum Geschäftsjahr 2008 geltenden Organisationsstruktur, wie sie zum Zeitpunkt der Datenerhebung galt.
[1143] Vgl. E.ON AG (2008a), S. 4-5; E.ON AG (2008b), S. 2.
[1144] Vgl. E.ON AG (2008a), S. 43 und S. 45; E.ON AG (2008b), S. 3, S. 60 und S. 139.
[1145] Vgl. E.ON AG (2008a), S. 43 und S. 49; E.ON AG (2008b), S. 3, S. 60 und S. 139.
[1146] Vgl. E.ON AG (2008a), S. 43 und S. 65; E.ON AG (2008b), S. 4, S. 60 und S. 139.

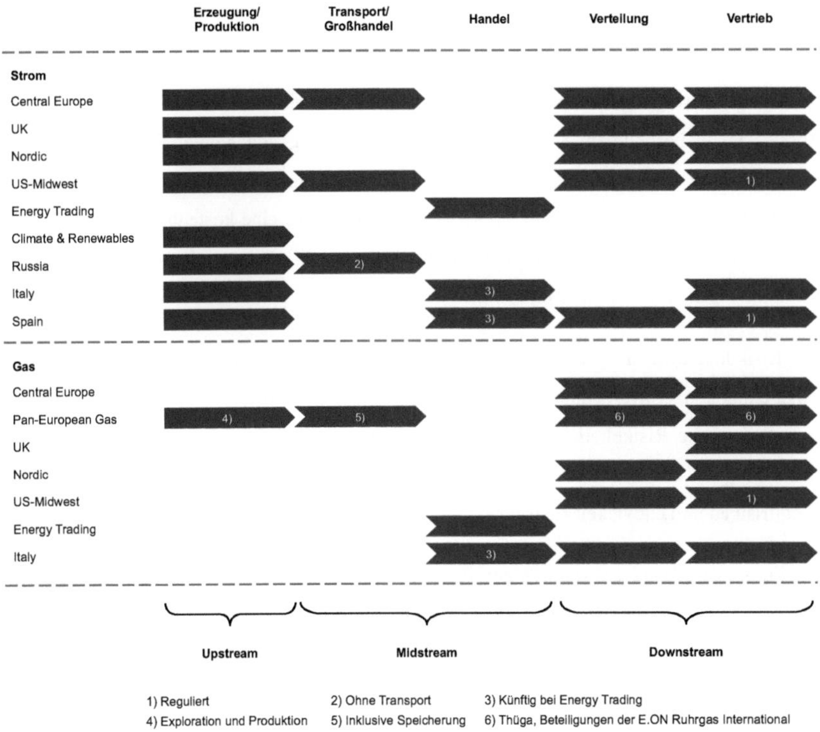

Abbildung 4-8: Aktivitäten des E.ON-Konzerns auf den einzelnen Wertschöpfungsstufen der Strom- und Gasmärkte[1147]

Die Market Units *UK* (E.ON UK plc), *Nordic* (E.ON Nordic AB) und *US-Midwest* (E.ON U.S. LLC) verantworten jeweils die Energieaktivitäten in ihren Märkten. Die Market Units *Climate & Renewables*, *Russia*, *Italy* und *Spain* sind in dem Segment *Neue Märkte* zusammengeführt.[1148]

Abbildung 4-8 veranschaulicht die Aktivitäten des E.ON-Konzerns auf den jeweiligen Strom- und Gasmärkten.[1149]

[1147] Quelle: Eigene Darstellung nach E.ON AG (2008a), S. 9.

[1148] Vgl. E.ON AG (2008b), S. 60 und S. 139.

[1149] Zur aufgebrochenen Wertschöpfungskette bei Energieversorgungsunternehmen sei auch auf Scholz/Schuler (2006), S. 512-517 verwiesen.

4.3.3.2 Risikopolitik, Risikomanagement und die Steuerung von Rohstoffpreisrisiken

Als Energieversorgungsunternehmen ist die E.ON AG sowohl auf Beschaffungs- als auch auf Absatzseite in besonderem Maß von der Preisentwicklung von Kohle, Erdgas, Erdöl und Strom abhängig.[1150] Das Ausmaß des Preisrisikos bestimmt sich u.a. aus der jeweiligen Marktstruktur. In regulierten Märkten herrscht üblicherweise eine kostenbasierte Preisgestaltung vor, die das Preisrisiko eliminiert. Auf deregulierten Märkten spielt das Preisänderungsrisiko hingegen eine zentrale Rolle.

Das Risikomanagementsystem von E.ON umfasst konzernweite Richtlinien und Berichtssysteme, einen konzernweit einheitlichen Strategie-, Planungs- und Controllingprozess, die innere Revision, die Risikoberichterstattung sowie ein Risikokomitee. Letzteres überwacht die Umsetzung der durch den Vorstand beschlossenen Risikostrategie hinsichtlich Rohstoff- und Kreditrisiken und entwickelt sie weiter.[1151]

Die Funktionen Handel (*Front Office*), Risikocontrolling (*Middle Office*) und Finanzabwicklung (*Back Office*) sind getrennt voneinander. Das Finanzcontrolling ist für die Steuerung von und die Berichterstattung zu Zins-, Fremdwährungs-, Kredit- und Liquiditätsrisiken verantwortlich.[1152]

Im Rohstoffbereich erfolgt die Risikoanalyse dezentral innerhalb der Market Units, die ihre jeweiligen Rohstoff-Exposures an E.ON Energy Trading berichten. Diese ist zentral für die einheitliche Risikosteuerung und -berichterstattung einschließlich der Portfoliooptimierung für alle liquiden europäischen Rohstoffmärkte zuständig. Die Risikoberichterstattung ist funktional vom Handel getrennt.[1153]

E.ON Energy Trading führt das *Systemportfolio*, das die operativen Grundgeschäfte, bestehende Beschaffungs- und Absatzverträge und zu Sicherungszwecken und zur Kraftwerksoptimierung genutzten Rohstoffderivate umfasst, und das *Eigenhandelsportfolio* als zwei separate Bücher. Das Risiko des Systemportfolios resultiert aus der offenen Position zwischen Planbeschaffung und -erzeugung sowie den Planabsatzmengen. Es wird über die Kennzahl

---

1150 Vgl. E.ON AG (2008b), S. 12-15 und S. 23. Des Weiteren spielen CO_2-Zertifikate eine wichtige Rolle für E.ON; sie sind jedoch nicht Gegenstand dieser Arbeit.
1151 Vgl. E.ON AG (2008b), S. 44.
1152 Vgl. E.ON AG (2008b), S. 44 und S. 134.
1153 Vgl. E.ON AG (2008b), S. 134-136.

Profit-at-Risk (*PaR*) gemessen, die die Höhe der offenen Position sowie die Preise, Volatilität und Liquidität der zugrundeliegenden Energierohstoffe berücksichtigt. Sie bestimmt den erwarteten Verlust mit einer Wahrscheinlichkeit von 95%, wenn die offenen Positionen schnellstens geschlossen werden. Das Eigenhandelsportfolio wird über die Value-at-Risk-Kennzahl gesteuert, die für ein Konfidenzintervall von 95% und einen Zeithorizont von fünf Tagen berechnet wird. Diese beiden Kennzahlen werden zusammen mit Stop-Loss-Werten als Grenzwerte eines Limitsystems für beide Portfolien eingesetzt. Das Systemportfolio wird für einen Planungshorizont von drei Jahren gesteuert. Zusätzlich setzt E.ON Sensitivitätsanalysen zur Risikomessung ein.[1154]

	Nominalwert 31.12.2008	Beizulegender Zeitwert 31.12.2008	Nominalwert anteilig 31.12.2008
Stromtermingeschäfte	40.486	-595	40%
Börsengehandelte Stromtermingeschäfte	13.503	6	13%
Stromswaps	1.812	-376	2%
Stromoptionen	3.049	-85	3%
Kohletermingeschäfte und -swaps	9.525	-350	10%
Börsengehandelte Kohletermingeschäfte	33	-10	0%
Ölbezogene Derivate	9.393	-1.000	9%
Gastermingeschäfte	21.947	-8	22%
Gasswaps	355	-141	0%
Börsengehandelte Gastermingeschäfte	53	2	0%
Insgesamt	100.156	-2.557	100%

Abbildung 4-9: Gesamtvolumen der strom-, gas-, kohle- und ölbezogenen Derivate der E.ON AG im Geschäftsjahr 2008 (in Mio. €)[1155]

Zur Steuerung des Rohstoffpreisrisikos setzt E.ON Energy Trading vor allem Termingeschäfte und Swaps auf Strom, Gas, Kohle und Öl ein, die entweder physisch oder durch Barausgleich erfüllt werden. Optionen nutzt E.ON teilweise im Strom- und Gasbereich. Der Einsatz von OTC- oder börsengehandelten Kontrakten ist abhängig von der Liquidität im jeweiligen Markt. OTC-Instrumente stellen jedoch den weitaus größeren Anteil dar.[1156] Abbildung 4-9 veranschaulicht die Volumina der einzelnen Rohstoffderivatepositionen der E.ON AG im Geschäftsjahr 2008.Das Hedging von Vorräten spielt eine geringe Rolle, da zum Beispiel im

[1154] Vgl. E.ON AG (2008b), S. 134-136. Zu *Profit-at-Risk* siehe auch Scholz/Schuler (2006), S. 497-498.
[1155] Quelle: Eigene Darstellung nach E.ON AG (2008b), S. 129.
[1156] Vgl. E.ON AG (2008b), S. 67 und S. 135.

Kohlebereich durch die Sicherung über Industrieindizes wie den *All Publications Index* (*API*) ein großes Basisrisiko verbliebe.[1157]

4.3.3.3 Bilanzielle Abbildung der Steuerung von Rohstoffpreisrisiken

Hedge Accounting findet bei der E.ON AG vornehmlich für Sicherungsbeziehungen bei Wechselkurs- oder Zinsrisiken, jedoch selten im Rohstoffbereich Anwendung.[1158]

Dies liegt zum einen an der großen Bedeutung von Back-to-back-Geschäften im Rohstoffbereich. Des Weiteren erschweren Cross-Hedging oder die Nichtverfügbarkeit bestimmter Sicherungsinstrumente und das daraus resultierende Basisrisiko, die Effektivitätsanforderungen zu erfüllen. Dokumentationen wie im Fall der hohen Eintrittswahrscheinlichkeit einer erwarteten Transaktion können teilweise nur schwer erbracht werden oder zum Beispiel eine finanzielle Erfüllung steht dem Hedge Accounting entgegen.

Insbesondere scheint E.ON mangels entsprechender Rechnungslegungsvorschriften für das Hedge Accounting von Nettopositionen bei Rohstoffrisiken nicht in der Lage zu sein, seine portfolioorientierte Steuerung von Rohstoffpreisrisiken entsprechend bilanziell abzubilden.

Aufgrund der Kosten, die für ein marktorientiert handelndes und auf operative Flexibilitäten angewiesenes Energieversorgungsunternehmen mit der Anwendung von Hedge Accounting verbunden sind, verzichtet E.ON somit größtenteils auf bilanzielle Sicherungsbeziehungen bezüglich Rohstoffpreisrisiken.[1159]

In geringem Ausmaß wird Hedge Accounting bei Rohstoffgeschäften für Cash Flow-Hedges angewandt. Dies erfolgt bei der Absicherung von Zahlungsstromrisiken aus zu variablen Preisen kontrahierten Strom-, Kohle- oder Gasverträgen. Die Laufzeit solcher Grundgeschäfte beträgt bis zu fünf Jahre.[1160]

Wichtiger und häufig problematischer scheint die Anwendbarkeit der Ausnahme für den Eigenbedarf – sowohl bei beschaffungs- als auch bei absatzseitigen Lieferverträgen zu sein.[1161]

[1157] Zu Sicherungsstrategien auf dem Kohlemarkt siehe auch Abschnitt 2.5.2.3.
[1158] Vgl. E.ON AG (2008b), S. 126.
[1159] Den großen Anteil von als Handelsgeschäfte eingeordneten Energiederivaten veranschaulicht die Aufstellung in E.ON AG (2007a), S. F73.
[1160] Vgl. E.ON AG (2008b), S. 126.
[1161] Vgl. E.ON AG (2008b), S. 23 und S. 27.

Bei den Elektrizitätslieferverträgen auf Absatzseite können Mengenanpassungsklauseln als geschriebene Put-Optionen gewertet werden. Eine solche Stillhalterposition steht wiederum einer Anwendung der Ausnahme für den Eigenbedarf entgegen, wenn diese nicht vom Basisvertrag getrennt werden kann. Die Beurteilung einer solchen Vertragsklausel im Einzelfall hängt insbesondere davon ab, ob der Abnehmer die Möglichkeit besitzt, diese Option zu seinem ökonomischen Nutzen auszuüben.[1162]

Schließlich sind die Verträge zum Erdgaseinkauf üblicherweise an Preise von Wettbewerbsenergien wie Erdöl gekoppelt. Solche Klauseln sind als eingebettetes Derivat einzuschätzen und somit auf ihre Trennungspflicht zu untersuchen. Im Fall der Anlehnung der Gasverträge an den Ölpreis ist von einer Industriepraxis auszugehen, so dass keine Trennungspflicht besteht.[1163]

4.3.3.4 Zwischenergebnis

Die Zentralisierung des Rohstoffrisikomanagements bei der E.ON Energy Trading AG unterstreicht die marktorientierte Steuerung von Energiepreisrisiken des E.ON-Konzerns. E.ON sichert Rohstoffrisiken mit einem breiten Spektrum von börsen- und nicht-börsengehandelten Derivaten auf Strom, Erdgas, Erdöl und Kohle, die auf Grundlage von Profit-at-Risk- und Value-at-Risk-Modellen basierten Limitsystemen abgeschlossen werden.

Mangels formaler oder praktischer Anwendbarkeit – insbesondere im Hinblick auf ein geeignetes Portfolio Hedge Accounting-Modell für Rohstoffrisiken nach IFRS – werden bilanzielle Sicherungsbeziehungen nur in geringem Umfang genutzt. Gegebenenfalls setzt E.ON im Rohstoffbereich Cash Flow Hedge Accounting ein, um die Steuerung von Zahlungsstromrisiken aus erwarteten Transaktionen abzubilden.

Gewichtiger als Hedge Accounting und regelmäßig problematisch erweist sich die Anwendbarkeit der Ausnahme für den Eigenbedarf. Aufgrund der Praxis im Energiemarkt ist sie oftmals durch Grenzfälle geprägt, die zu deutlich abweichenden bilanziellen Konsequenzen führen können. Dies erschwert eine Abbildung der ökonomischen Realität.

[1162] Die bilanzielle Beurteilung von Mengenanpassungsklauseln auf Energiemärkten wird detailliert in Fallbeispiel 9 behandelt.

[1163] Die Bilanzierung von an den Ölpreis angelehnten Erdgasverträgen wird in Fallbeispiel 12 vorgestellt.

Als Folge der beiden Problembereiche Hedge Accounting und Ausnahme für den Eigenbedarf wird ein erheblicher Teil der Rohstoffgeschäfte als Derivat nach IAS 39 GuV-wirksam zum beizulegenden Zeitwert ausgewiesen.

Trotz der Schwierigkeiten einer entsprechenden bilanziellen Abbildung nach IFRS verzichtet E.ON nicht auf ökonomisch sinnvolle Hedging-Geschäfte. Dies ist sicher unter anderem auf das Adjusted EBIT als konzernweite Steuergröße zurückzuführen. Sie ist um Effekte aus der stichtagsbezogenen Marktbewertung der Derivate korrigiert, die E.ON zur Sicherung des operativen Geschäfts gegen Preisrisiken einsetzt.[1164]

4.4 Regelanalyse

Anhand der im realen Unternehmenskontext gewonnenen Erkenntnisse kann die Fallstudie nicht nur die Kritik untermauern, die in Kapitel 3.6 an der Eignung der IFRS zur bilanziellen Abbildung der Steuerung von Rohstoffpreisen auf Grundlage der vorangegangenen theoretischen Analyse geübt wurde, sondern auch weitere Defizite offenlegen. Die Ergebnisse können zudem zu großen Teilen Beobachtungen anderer – auf Makro-Ebene durchgeführter – empirischer Untersuchungen unterstützen und weiterführende Erklärungsansätze bieten.

Bereits die theoretische Analyse hat verdeutlicht, wie die Relevanz der bereitgestellten Informationen über die Steuerung von Rohstoffpreisrisiken bei Industrie- und Handelsunternehmen beeinträchtigt wird, wenn Hedge Accounting nicht angewandt wird. Clark (2011), Glaum/Klöcker (2009), KMPG (2008a) und KPMG (2009a) haben gezeigt, dass Nichtbanken nur in geringem Maß bilanzielle Sicherungsbeziehungen für Rohstoffderivate nutzen.[1165] Des Weiteren haben Panaretou et al. (2013) nachweisen können, dass die Anwendung von Hedge Accounting die Güte von Analystenprognosen und folglich die Entscheidungsnützlichkeit positiv beeinflusst.[1166] Diese Beobachtungen können anhand der Fallstudie nachvollzogen werden. Während Hedge Accounting für ThyssenKrupp Steel mangels Rohstoffgeschäften, die unter IAS 39 fallen, nicht in Betracht kommt, designiert ThyssenKrupp Stainless nur wenige ihrer Derivate als Sicherungsinstrumente, auch wenn die Steuerung der Rohstoffpreisrisikopositionen unmittelbar bei Kontrahierung auf einer 1:1-Basis erfolgt und für Mikro Hedge

[1164] Vgl. E.ON AG (2008b), S. 26-27.

[1165] Vgl. Clark (2011), S. 224-225 und Glaum/Klöcker (2009), S. 43 und S. 46. KPMG (2008a) und KPMG (2009a) zeigen, dass im Öl- und Gassektor 60% der befragten Unternehmen nur teilweise und 12% überhaupt keine bilanziellen Sicherungsbeziehungen bilden und dass in der Bergbauindustrie 67% der befragten Unternehmen nur zum Teil Hedge Accounting nutzen. (Vgl. KPMG (2008a), S. 125 und KPMG (2009a) S. 155.)

[1166] Vgl. Panaretou et al. (2013), S. 128 und S. 136.

Accounting somit grundsätzlich geeignet sein sollte. E.ON bildet ebenfalls kaum bilanzielle Sicherungsbeziehungen für ihre Rohstoffderivate. Beide sind folglich Verzerrungen in der Abbildung ihrer Risikosteuerung ausgesetzt, die die Relevanz der bereitgestellten Informationen mindern.

ThyssenKrupp führt hierfür das Designationsverbot einzelner Risikokomponenten an, so dass eine Vermutung von Glaum/Klöcker (2009) in diese Richtung bekräftigt werden kann.[1167] Ähnlich zu werten ist die Begründung von E.ON, bei der der Effektivitätsnachweis bei Rohstoffrisiken durch hohe Basisrisiken, die insbesondere aus Cross-Hedging resultieren, beeinträchtigt ist.[1168] Somit wird gleichermaßen die Beobachtung von Glaum/Klöcker (2009) gestützt, dass Unternehmen schon in Antizipation von Problemen mit der Effektivitätsmessung auf Hedge Accounting verzichten.[1169] Des Weiteren bestätigen die Beobachtungen bei E.ON, deren Risikosteuerung zentralisiert auf der Basis von Nettopositionen erfolgt, dass es den IFRS an einem geeigneten Portfolio Hedge Accounting-Modell und entsprechender Regelungen hinsichtlich interner Hedges mangelt.[1170]

Lufthansa hingegegen gelingt durch eine komponentengerechte Ausgestaltung der Lieferbeziehungen eine positive Effektivitätsmessung selbst bei Cross-Hedging. Bei ihr verbleiben jedoch Schwierigkeiten aufgrund der Volatilität der Optionszeitwerte, die sie – entsprechend dem Wahlrecht der Trennung vom inneren Wert der Optionen – nicht als Teil der Sicherungsbeziehung designiert. Die Zeitwerte sind auch bei Hedge Accounting GuV-wirksam zu verbuchen, selbst wenn sie sich aus Sicht des bilanzierenden Unternehmens zum Laufzeitende ausgleichen und sich bei einer solchen Sicherungspraxis nie realisieren würden.[1171] Gerade wenn sich die Sicherungsposition im Geld befindet und sich somit die Sicherungsstrategie des bilanzierenden Unternehmens auszahlt, kann der Zeitwert hier negativ auszuweisen sein und

---

1167 Vgl. Abschnitt 4.3.1.4.2. Diese Begründung für Schwierigkeiten in der Anwendung von Hedge Accounting für Rohstoffgeschäfte wird ebenso von einer Vielzahl von Comment Letters aufgegriffen. (Vgl. DRSC (2008), S. 3 und S. 6-7; EFRAG (2008), S. 15; Ernst & Young (2008a), S. 4; Ernst & Yount (2008b), S. 15; PwC (2008c), S. 3; Daimler (2008), S. 10-11; Nestlé (2008a), S. 1; RWE (2008a), S. 1; RWE (2008b), S. 5-6; Suez (2008), S. 1-3; GDF Suez (2008), S. 2 und S. 9; Unilever (2008), S. 4-5.) Die Aussagen zu Kosten-Nutzen-Abwägungen seitens ThyssenKrupp Stainless werden nachfolgend im Zusammenhang mit diesem Beurteilungskriterium angeführt.

1168 Siehe auch RWE (2008), S. 3.

1169 Vgl. Glaum/Klöcker (2009), S. 40.

1170 Auch wenn in der Fallstudie nur E.ON eine Steuerung auf Basis von aggregierten Risikopositionen verfolgt, ist davon auszugehen, dass ein größeres Interesse an einem entsprechenden Portfolio Hedge Accounting-Modell bei Nichtbanken besteht. So geben bei Glaum/Klöcker (2009) 26% der befragten Unternehmen an, regelmäßig auf Nettobasis ihre Rohstoffpreisrisiken zu sichern. (Vgl. Glaum/Klöcker (2009), S. 49. Ähnlich auch Gebhardt/Ruß (1999), S. 45.)

1171 So auch Air France-KLM (2008).

somit die Wahrnehmung einer wertgenerierenden Sicherung verfälschen. Dass die Fallstudie diese Beobachtung machen kann, ist nicht zuletzt wertvoll, da nur wenige Unternehmen von dem Wahlrecht Gebrauch machen.[1172] Die Fallstudie verdeutlicht in dieser Hinsicht, wie das Kriterium der glaubwürdigen Darstellung im Hinblick auf solche Auswirkungen optionsbasierter Sicherungsstrategien nicht als erfüllt anzusehen ist.

Zu der Bedeutung einzelner Hedge Accounting-Modelle halten Clark (2011) und Glaum/Klöcker (2009) fest, dass Cash Flow Hedge Accounting eine größere Rolle als Fair Value Hedge Accounting für Nichtbanken spielt.[1173] Anhand von ThyssenKrupp Stainless und Lufthansa verdeutlicht die Fallstudie, dass dies die Ausrichtung der Risikosteuerung an Cash Flow-Risiken zukünftiger Warenlieferbeziehungen widerspiegelt.[1174]

Eine zentrale Rolle spielt auch das Wirtschaftlichkeitsprinzip, das insbesondere ThyssenKrupp Stainless als weitere Begründung für die geringe Nutzung von Hedge Accounting anführt. Während die Analyse in Kapitel 3 sowie bisherige Studien hier jedoch die Kosten-Nutzen-Abwägung vornehmlich auf den unmittelbaren administrativen Aufwand zum Beispiel durch Dokumentationsanforderungen bezogen haben,[1175] hebt ThyssenKrupp Stainless als neuen Aspekt indirekte Kosten hervor, die aus Flexibilitätsverlusten für den Produktionsprozess resultieren. Aufgrund seines schwerindustriellen Charakters sowie kurzfristiger kundenseitiger Abnahmeänderungen ist er durch eine stetige Anpassung der Produktionspläne geprägt, die die Anwendung von Hedge Accounting prohibitiv teuer macht.[1176] Die Entscheidung von E.ON auf Hedge Accounting zu verzichten, kann schließlich auch auf eine Form der Abwägung von Kosten und Nutzen zurückgeführt werden.[1177] Dieses Ergebnis ist besonders bezeichnend, da sich gerade Größenvorteile von Konzernen wie ThyssenKrupp und E.ON in

[1172] So verzichten 68% der Unternehmen bei Glaum/Klöcker (2009), dieses Wahlrecht für Zins-, Fremdwährungs- oder Rohstoffoptionen auszuüben. (Vgl. Glaum/Klöcker (2009), S. 63-64.)

[1173] Clark (2011) findet, dass 9% der Nichtbanken Fair Value Hedge Accounting und 39% Cash Flow Hedge Accounting für Rohstoffpreisrisiken anwenden. Bei Glaum/Klöcker (2011) nutzen 21% der Unternehmen Cash Flow Hedge Accounting für erwartete Transaktionen und 11% Fair Value Hedge Accounting für feste Verpflichtungen und Vermögenswerte. (Vgl. Clark (2011), S. 224-225 und Glaum/Klöcker (2009), S. 44 und S. 46.)

[1174] Siehe auch Glaum/Klöcker (2009), S. 34-35.

[1175] Vgl. Glaum/Klöcker (2009), S. 50 und Eichhorn/Heil (2007), S. 80. So auch Shell (2008), S. 6.

[1176] So auch Nestlé (2008b), S. 7.

[1177] Ähnlich RWE (2008b), S. 5. Neben den Implementierungskosten nennt BHP Billiton (2008) vor allem die aus dem hohen Komplexitätsgrad resultierende Sorge davor, Regeln nicht richtig anzuwenden, als Grund, teilweise auf Hedge Accounting zu verzichten. (Vgl. BHP Billiton (2008), S. 1 und S. 4.)

einer – im Vergleich zu kleineren Unternehmen – besseren Kosten-Nutzen-Einschätzung niederschlagen sollten.[1178]

Ebenfalls im Hinblick auf Vergleichbarkeit und Verständlichkeit kann die Fallstudie die kritische Einschätzung aus der theoretischen Untersuchung und ihre Berücksichtigung nicht nur von bilanziellen Sicherungsbeziehungen sondern auch von einzelnen Rohstoffgeschäften bekräftigen: Insbesondere der Fall von E.ON verdeutlicht, wie bereits die Klassifikation von Warenlieferverträgen innerhalb oder außerhalb des Anwendungsbereichs von IAS 39 regelmäßig von Grenzfällen geprägt sein kann.[1179] Hier konkurrieren die Vorschriften wiederum mit operativen Flexibilitätsanforderungen. So kann ein Barausgleich durch Weiterverkauf in der Kraftwerksoptimierung unmittelbar aus der Nichtlagerbarkeit von Elektrizität folgen, da ein Energieversorgungsunternehmen Abweichungen der Ist-Nachfrage von dem Planabsatz nicht durch Lagerhaltung ausgleichen kann.[1180] In der Folge können solche Bedarfsanpassungen ebenso den Nachweis einer hohen Wahrscheinlichkeit einer Transaktion für die Designation als Grundgeschäft eines Cash Flow-Hedge vereiteln. Dass dies in letzter Konsequenz die Ausrichtung an einer Adjusted EBIT-Kennzahl – auch in der externen Kommunikation – zur Folge hat, fällt nicht nur negativ auf die Einschätzung zurück, inwieweit die Rechnungslegungsvorschriften der Vergleichbarkeit und Verständlichkeit, sondern auch dem Kriterium der Relevanz genügen können. Dies ist besonders kritisch zu werten, wenn sich ein solches Vorgehen als Branchenpraxis abzeichnet, wie es Suez (2008) und GDF Suez (2008) anführen.[1181]

Schließlich verdeutlichen die Fälle aufgrund ihrer Vielfalt, wie gering die Robustheit von IFRS hinsichtlich der Kriterien Hybridität und Geschäftszweck ausgeprägt ist. Wenn wie bei ThyssenKrupp Metallurgie quasi keine Hybridität vorliegt, da es sich bei den Rohstoffen aus-

---

[1178] Glaum/Klöcker (2009) schließen auf Größenvorteile in der Anwendung der Vorschriften zu bilanziellen Sicherungsbeziehungen für Zins-, Fremdwährungs- und Rohstoffpreisrisiken, wenn sie zeigen, dass mit zunehmender Unternehmensgröße auch der Anteil der Hedge Accounting-Anwender steigt. (Vgl. Glaum/Klöcker (2009), S. 40, S. 53 und S. 64.) Vergleichbar hierzu beobachten Smistad/Pustylnick (2012), dass drei der vier größten untersuchten kanadischen Öl- und Gasproduzenten Hedge Accounting – und zwar als einzige der insgesamt zwölf untersuchten Unternehmen – anwenden. (Vgl. Smistad/Pustylnick (2012), S. 55.)

[1179] Wie die Äußerungen von Ernst & Young (2008b) und GDF Suez (2008) sowie die beispielhaften Beschreibungen mit ähnlichen Beobachtungen bei KPMG (2008a) und KPMG (2008b) verdeutlichen, ist davon auszugehen, dass es sich bei diesen Schwierigkeiten in der Klassifikation von Rohstoffgeschäften nicht um Einzelfälle handelt. (Vgl. Ernst & Young (2008b), S. 16; GDF Suez (2008), S. 1, S. 3 und S. 5-6; KPMG (2008a), S. 124 und KPMG (2008b), S. 115.) Siehe auch das Ergebnis von Clark (2011), dass 77% der Nichtbanken Rohstoffderivate zur Risikosteuerung einsetzen und mit 39% deutlich weniger angeben, Rohstoffgeschäfte entsprechend der Own-use Exemption auszuweisen. (Vgl. Clark (2011), S. 222.)

[1180] So auch RWE (2008b), S. 2-3; Ernst & Young (2008b), S. 16; GDF Suez (2008), S. 6.

[1181] Vgl. Suez (2008), S. 2; GDF Suez (2008), S. 11.

schließlich um Handelsware handelt, erweist sich die Bilanzierung der Risikosteuerung als erstaunlich einfach. Die Defizite treten deutlich im direkten Vergleich mit E.ON zu Tage, wo die Steuerung der Rohstoffpreise über das gesamte Portfolio von Rohstoffen als Produktionsfaktoren oder Handelsobjekten erfolgt, dementsprechend die Hybridität stark ausgeprägt ist und auch beide Extreme des Geschäftszwecks vertreten sind. Selbst dass die Steuerung getrennt auf Grundlage eines System- und eines Handelsportfolios im Sinne einer Buchstruktur durchgeführt wird, kann diese Schwierigkeiten offensichtlich nicht abmildern.

Wie die Steel- und Stainless-Segmente von ThyssenKrupp verdeutlichen, ist dies jedoch nicht allein von einer eindeutigen Ausprägung des Geschäftszwecks abhängig. Beiden ist das Ziel gemein, Produktionsmargen zu erwirtschaften. Bei ThyssenKrupp Steel fallen jedoch alle Rohstoffgeschäfte unter den Eigenbedarf und folglich einheitlich in den Anwendungsbereich von IAS 37. ThyssenKrupp Stainless kann die aus unterschiedlichen Bewertungsmodellen resultierenden Rechnungslegungsanomalien nicht ausgleichen, da sie wie bereits dargestellt größtenteils auf Hedge Accounting verzichten muss.

Der Vergleich dieser vier Fälle führt anschaulich vor Augen, wie die unterschiedlichen Bewertungsmodelle des Mixed Model Approach ökonomisch ungerechtfertigte Verzerrungen begründen. Die erhöhten Schwierigkeiten bei Rohstoffpreisrisiken sind nicht nur auf die Einschränkungen in der Anwendbarkeit von Hedge Accounting zurückzuführen, dessen Ziel in der Vermeidung solcher Rechnungslegungsanomalien besteht. Vielmehr treten sie bereits bei der Klassifikation von einzelnen Rohstoffgeschäften auf, die für sich genommen bereits die Risikosteuerung widerspiegeln können.[1182]

Der All-in-one-Hedge kommt bei den untersuchten Unternehmen nicht zur Anwendung, so dass keine Einschätzung darüber getroffen werden kann, inwieweit von ihm deutliche Erleichterungen für bestimmte Einzelfälle zu erwarten wären. Inwiefern dies auf einen geringen Bekanntheitsgrad der Regelung oder auf Unsicherheit über ihre Ausgestaltung im Detail zurückzuführen ist, lässt sich nicht aus der Fallstudie ableiten. Abgesehen von Stillhalterpositionen im Energiemarkt spielen ebenso eingebettete Rohstoffderivate, für die eine Trennungspflicht besteht, in der Fallstudie eine untergeordnete Rolle.[1183] Jedoch wird deutlich, dass eine Aus-

[1182] So auch RWE (2008b), S. 4.

[1183] Hier können KPMG (2008c) und Ernst & Young (2008b) die Interpretations- und Anwendungsprobleme bestätigen, die sich in der theoretischen Analyse gezeigt haben. Zudem verweist BHP Billiton (2008) in diesem Kontext auf die Schwierigkeiten in der Bewertung eingebetteter Derivate, deren lange Laufzeit den Zeitraum überschreiten, für den ein aktiver Markt besteht. (Vgl. KPMG (2008c), S. 5; Ernst & Young (2008b),

weitung des Anwendungskreises der Fair Value-Option auf Rohstoffgeschäfte eine signifikante Vereinfachung in ihrer Klassifikation sowie als Alternative zum Hedge Accounting darstellen kann.[1184] Hier ist dem gegenteiligen Schluss, den Glaum/Klöcker (2009) aus dem seltenen Gebrauch des Wahlrechts bei Industrie- und Handelsunternehmen für finanzielle Vermögenswerte zieht, zu widersprechen.[1185]

Die Ergebnisse von Clark (2011), dass bei Rohstoffpreisrisiken im Vergleich zu Zins- oder Fremdwährungsrisiken seltener Hedge Accounting eingesetzt wird und sich ein nur schwacher Zusammenhang zwischen Risikomanagement und Hedge Accounting nachweisen lässt, können anhand der Erkenntnisse der Fallstudie nachvollzogen und erklärt werden.[1186] Alle drei untersuchten Unternehmen betonen, dass sie trotz der Einschränkungen nicht auf ökonomisch sinnvolle Sicherungsaktivitäten verzichten. Rückwirkungen der Rechnungslegungsvorschriften, wie sie auch von Glaum/Klöcker (2009) gefunden werden, lassen sich jedoch – zum Beispiel bei der komponentenweisen Vertragsgestaltung bei Lufthansa – nicht ausschließen.[1187]

Anhand des Katalogs von Beurteilungskriterien, die zu einem großen Teil auf dem IFRS-Rahmenwerk basieren, unterstreicht die Regelanalyse, dass die Rechnungslegungsvorschriften nach IFRS das Sicherungsverhalten nicht adäquat abzubilden erlauben.[1188] Die Fallstudie bekräftigt das Ergebnis der theoretischen Analyse, dass die aktuellen Regelungen nicht den Anforderungen des Beurteilungsrahmens genügen können.

4.5 Zwischenfazit

Dieses Kapitel hat die Erkenntnisse der vorangegangenen theoretischen Analyse um eine empirische Untersuchung der Auswirkungen der Rechnungslegungsvorschriften in ihrem natürlichen Kontext der Unternehmenspraxis erweitert. Hierzu wurde eingangs die Wahl der Fallstudie als empirische Methode sowie Vorgehen und Aufbau erläutert. Die fallstudienbasierte

S. 16; BHP Billiton (2008), S. 3 und S. 5.)

1184 So auch KPMG (2008c), S. 3; KPMG (2009b), S. 18; Daimler (2008), S. 7-8; RWE (2008b), S. 4; Unilever (2008), S. 6. Nestlé (2008b) spricht sich zudem für eine eindeutige Anwendbarkeit der Fair Value-Option bei Derivaten aus, die in nicht-finanzielle Vermögenswerte eingebettet sind. (Vgl. Nestlé (2008b), S. 10.).

1185 Vgl. Glaum/Klöcker (2009), S. 69. Clark (2011) zeigt beispielsweise, dass die Fair Value-Option insbesondere bei Banken als Alternative zum Hedge Accounting weit verbreitet ist. (Vgl. Clark (2011), S. 227.)

1186 Vgl. Clark (2011), S. 231-240. Ähnlich auch Eichhorn/Heil (2007), S. 80 und Glaum/Klöcker (2009), S. 43.

1187 Einen solchen Einfluss beobachten Glaum/Klöcker (2009) für die Mehrheit der von Ihnen befragten Nichtbanken: 41,3% geben an, dass sie die bilanzielle Abbildung bei ihrem Hedging-Verhalten zumindest berücksichtigen, während 13,3% die bilanziellen Vorschriften sogar als dominierend für ihr Hedging-Verhalten bezeichnen. (Vgl. Glaum/Klöcker (2009), S. 73-74.)

1188 Siehe auch Glaum/Klöcker (2009), S. 52-53.

Untersuchung eignet sich vornehmlich für diesen Zweck, da sie die detailreiche Beobachtung des Rohstoffrisikomanagements und der bilanziellen Behandlung der Rohstoffrisikosteuerung in der Anwendung bei den drei Nichtbanken ThyssenKrupp, Lufthansa und E.ON erlaubt. Sie stützt sich vornehmlich auf Experteninterviews, die um weitere öffentliche und firmeninterne Informationen ergänzt werden. Nicht zuletzt da sie unterschiedliche sowohl börsengehandelte als auch nicht-börsengehandelte Rohstoffe in den Energie- und Metallmärkten sowie verschiedene Rollen in der Wertschöpfungskette und Geschäftsmodelle umfasst, ergibt sie ein breites Bild praktischer Problemstellungen.

Risikopolitik und Ausgestaltung des Risikomanagements erweisen sich als deutlich von Geschäftsmodell und Wettbewerbsumfeld eines Unternehmens abhängig, wie beispielsweise der unterschiedliche Zentralisierungsgrad des Rohstoffrisikomanagements zeigt.[1189] Die Umsetzung in Form der Risikosteuerung ist durch Industriepraxis und die verfügbaren Absicherungsmethoden geprägt.[1190] Neben Rohstoffderivaten wird oft eine Vielfalt von nicht-derivativen Steuerungsinstrumenten wie langfristige Rahmenverträge, Preisweitergaben oder aufeinander abgestimmte Back-to-back-Geschäfte eingesetzt.[1191] Abgesehen von ThyssenKrupp Metallurgie und E.ON überwiegt ein Mikro Hedging-Ansatz auf Einzeltransaktionsbasis.[1192] Dies ist sicher auf die zum Teil hohe Liquidität in den Rohstoffmärkten zurückzuführen, auf denen ThyssenKrupp Metallurgie und E.ON agieren, so dass umfangreiche Informationssysteme leicht die Rohstoffpositionen bewerten und aggregieren können. Ein weiterer Erklärungsansatz kann sein, dass die produzierenden Sparten von ThyssenKrupp und Lufthansa in der Regel kaum originär gegenläufigen Rohstoffpositionen ausgesetzt sind, die eine Steuerung auf Basis von Nettopositionen vorteilhaft machen.

1189 Siehe auch Clark (2011) und Glaum/Klöcker (2009), die jeweils für ihr Sample zeigen, dass Industrieunternehmen eine Tendenz zum zentralisierten Risikomanagement haben. Glaum/Klöcker (2009) zeigen zudem, dass die Zentralisierung bei Rohstoffpreisrisiken geringer als bei Fremdwährungs- und Zinsrisiken ausgeprägt ist. (Vgl. Clark (2011), S. 216 sowie Glaum/Klöcker (2009), S. 21-22.)

1190 Siehe auch Haushalter (2000), der für die Öl- und Gasbranche zeigt, dass die Höhe von Basisrisiken negativ mit den Hedging-Aktivitäten korreliert. (Vgl. Haushalter (2000), S. 135 und S. 146.)

1191 Die zentrale Rolle von nicht-derivativen Steuerungsinstrumenten für das Rohstoffrisiko von Industrie- und Handelsunternehmen finden gleichermaßen Servaes et al. (2009) in ihrer Untersuchung. (Vgl. Servaes et al. (2009), S. 71.) Ihrem Befund, dass 53% der Unternehmen mangels geeigneter Sicherungsinstrumente auf die Absicherung von Rohstoffrisiken verzichten, kann hier eher in Einzelfällen und für Nischenbereiche gefolgt werden. (Vgl. Servaes/Tufano (2006), S. 32.)

1192 Glaum/Klöcker (2009) zeigen für das Sample ihrer Studie, dass 43% der untersuchten Unternehmen regelmäßig oder einzelfallabhängig Rohstoffrisiken auf Mikro-Ebene sichern. 26% der Unternehmen geben an, regelmäßig über Nettopositionen ihr Rohstoff-Exposure zu sichern. (Vgl. Glaum/Klöcker (2009), S. 48-49.)

Wie auch bei anderen Studien dominieren Forwards und Futures die Derivatnutzung im Rohstoffbereich.[1193] Für den Verzicht auf Optionen wird beispielsweise von ThyssenKrupp angeführt, dass die Grundgeschäfte in der Regel keine Optionalität enthalten und mit den Optionsprämien hohe Absicherungskosten verbunden sind. Spread-Produkte, deren problembehaftete Abbildung die theoretische Analyse gezeigt hat, finden höchstens vereinzelt Anwendung.

Auf der Bilanzierungsseite unterscheidet sich die Bedeutung einzelner Themenbereiche in Abhängigkeit des jeweiligen Geschäftsmodells eines Unternehmens. Grundsätzlich bestätigen sich die Klassifikation von Rohstoffgeschäften sowie Hedge Accounting auch in der Unternehmenspraxis als zentrale Problemfelder.

Wie in der Regelanalyse aufgezeigt, finden sich in der Fallstudie auch Beobachtungen anderer empirischer Studien hierzu wieder und können weiterführend erklärt werden.[1194] Die Schwierigkeiten in der Klassifikation von Rohstoffgeschäften sowohl eines System- bzw. Produktions- als auch eines Handelsportfolios gehören vor allem bei E.ON zum Tagesgeschäft und erweisen sich bei Einbezug von Comment Letters als weder unternehmens- noch branchenspezifisch. ThyssenKrupp Stainless kann einer Wertung eines Konjunktureinbruch-bedingten Weiterverkaufs von zur Produktion bestimmtem Strom als Barausgleich einschließlich entsprechendem Abfärbungsrisiko nur entgehen, da dieser einmalig im Kontext eines unvorhersehbaren Ereignisses nicht als solcher einzuordnen ist.

Dass Hedge Accounting nur eingeschränkt seine Rolle wahrnehmen kann, Accounting Mismatches zu vermeiden, verdeutlich zunächst die geringe Nutzung bilanzieller Sicherungsbeziehungen bei ThyssenKrupp und E.ON. Hierfür führen die Unternehmen zum einen die Nicht-Designierbarkeit von nicht-finanziellen Einzelrisiken und den folglich erschwerten Effektivitätsnachweis als Grund an und bestätigen somit die Erkenntnisse der theoretischen Analyse und Vermutungen anderer empirischer Studien. Auch wenn die Beobachtungen bei E.ON den Bedarf an einem Portfolio Hedge Accounting-Modell entsprechend der Steuerung von Nettopositionen sowie an Regelungen für konzerninterne Transaktionen jeweils auch für Rohstoffpreisrisiken verdeutlichen,[1195] verzichtet bereits ThyssenKrupp Stainless trotz einer Sicherungsstrategie auf Basis von 1:1-Beziehungen zwischen Grund- und Sicherungsposition

[1193] Vgl. Bodnar/Gebhardt (1999), S. 176-177; Gebhardt/Ruß (1999), S. 68; Haushalter (2000), S. 121 und S. 125; Eichhorn/Heil (2007), S. 79; KPMG (2009a), S. 150-151; Smistad/Pustylnick (2012), S. 54 und S. 56.

[1194] Vgl. Abschnitt 4.4.

[1195] Siehe auch Abschnitt 3.3.4.2.2 zu der bestehenden Ausnahmeregelung für konzerninterne Fremdwährungstransaktionen nach IAS 39.80.

größtenteils auf Hedge Accounting. Als Grund für eine Negativeinschätzung der Kosten-Nutzen-Abwägung wird nicht nur der – auch in anderen Studien beobachtete – direkte administrative Aufwand bestätigt, sondern es werden als bisher wenig beachteter Aspekt die konfligierenden Flexibilitätsanforderungen insbesondere schwerindustrieller Produktionsprozesse hervorgehoben.

Des Weiteren können selbst bei Anwendung von Hedge Accounting Rechnungslegungsanomalien verbleiben, wie sich bei der optionsbasierten Sicherungsstrategie von Lufthansa im Hinblick auf den Zeitwert herausstellt. Wird dies von Unternehmen als Tendenz des IASB zur Benachteiligung solcher Sicherungsansätze gewertet, kann nicht ausgeschlossen werden, dass die IFRS die Umsetzung der Risikosteuerung hinsichtlich Instrumentenwahl beeinflussen.

Der All-in-one-Hedge und die mangelnde Regelungsklarheit bei eingebetteten Rohstoffderivaten oder der teilweisen Klassifikation zum Eigenbedarf spielen in der Fallstudie keine Rolle, so dass hierzu keine weiteren Aussagen getroffen werden können. Jedoch lässt sich im Vergleich der untersuchten Unternehmen die Vorteilhaftigkeit einer erweiterten Fair Value-Option auch für Rohstoffgeschäfte klar bejahen. Die Fallstudie bedingt somit eine differenziertere Einschätzung als bisherige empirische Studien, die den Wert der Fair Value-Option für Nichtbanken als gering ansehen, jedoch nur die bestehende Anwendbarkeit für finanzielle Vermögenswerte berücksichtigen.

Zusammenfassend kann die Fallstudie die Erkenntnisse der vorangegangenen Analyse hinsichtlich der zwei Forschungsfragen wesentlich um Beobachtungen aus dem realen Kontext erweitern und gleichermaßen in Zusammenhang mit weiteren empirischen Untersuchungen stellen. Auch wenn keines der beobachteten Unternehmen auf ökonomisch sinnvolle Absicherungsmaßnahmen trotz möglicher oder erwarteter Ergebnisverzerrungen verzichtet, zeigen sich somit nicht zuletzt schon bei Großkonzernen mit nennenswertem Rohstoffexposure und überdurchschnittlichen Ressourcen signifikante Probleme für die Bilanzierung ihrer Risikosteuerung. Schließlich unterstreicht die Fallstudie die kritische Einschätzung der Eignung der bestehenden Rechnungslegungsvorschriften nach IFRS anhand des ex ante definierten Kriterienkatalogs.

5 Ausblick und Zusammenfassung

5.1 Ablösung von IAS 39 durch IFRS 9

Nachdem IAS 39 bereits seit seiner Einführung in 1999 als Kompromiss- bzw. Übergangslösung angesehen wurde, hat das IASB im Frühjahr 2008 als Reaktion auf die Kritik während der Finanzkrise mit der Veröffentlichung des Discussion Paper „Reducing Complexity in Reporting Financial Instruments“[1196] die Überarbeitung und Ablösung von IAS 39 aufgenommen.[1197] Hierfür hat das IASB insbesondere als Ziel vorgegeben, prinzipienorientierte und weniger komplexe Rechnungslegungsvorschriften zu entwerfen sowie die Konvergenz mit US-GAAP voranzutreiben.[1198] Als Ausblick auf die zukünftige Entwicklung der Rechnungslegungsvorschriften werden im Folgenden die bisher diskutierten und zum Teil verabschiedeten Neuregelungen erläutert. Für die Beurteilung ihrer Auswirkungen auf die Bilanzierung der Rohstoffrisikosteuerung werden ergänzend die Comment Letters hinzugezogen, in denen auf diesen Aspekt Bezug genommen wird.

Für die Umsetzung hat das IASB entschieden, die Überarbeitung in drei Phasen zu untergliedern: Die erste Phase umfasst die Vorschriften für Klassifizierung und Bewertung von Finanzinstrumenten, die im November 2009 zunächst mit Fokus auf finanzielle Vermögenswerte veröffentlicht, im Oktober 2010 um die Regelungen zu finanziellen Verbindlichkeiten erweitert und im November 2013 nochmals um begrenzte Änderungen ergänzt wurden.[1199] In der zweiten Phase hat sich das IASB mit der Neuregelung von Wertminderungen beschäftigt und im März 2013 einen Standardentwurf mit einem dreistufigen Wertminderungsmodell vorgestellt.[1200] Als Ergebnis der dritten Phase wurden im November 2013 die neuen Regelungen zum Hedge Accounting veröffentlicht, die das IASB insbesondere mit dem Ziel überarbeitet

---

[1196] Siehe IASB (2008b).

[1197] Vgl. IASB (2008b), IN1; Löw/Theile (2012), Tz. 2416; Clark (2011), S. 250; Löw/Lörenz (2005), S. 420-422; Schmidt (2008), S. 643; Märkl/Schaber (2009), S. 533. Für eine Übersicht über die stetigen Überarbeitungen von IAS 39 im Zeitverlauf siehe auch Große (2010), S. 192 und S. 196.

[1198] Vgl. IASB (2008b), IN1-2; Schmidt (2008), S. 644.

[1199] Vgl. IFRS 9.IN7; Eckes et al. (2013), S. 59-60; Löw/Theile (2012), S. 2416; Beyer et al. (2010), S. 325-326. Weitere im Umfang begrenzte Änderungen stehen entsprechend dem im November 2012 veröffentlichten Exposure Draft „ED/2012/4 Classification and Measurement: Limited Amendments to IFRS 9 (proposed amendments to IFRS 9 (2010))“ noch aus.

[1200] Bevor das dreistufige Modell des Exposure Draft „ED/2013/3 Financial Instruments: Expected Credit Losses“ entwickelt wurde, wurden die vorangegangenen Vorschläge des ursprünglichen Exposure Draft „ED/2009/12 Amortised Cost and Impairment“ sowie des späteren Ergänzungsdokuments „Supplement to ED/2009/12 Financial Instruments: Impairment“ verworfen. Weiterführend hierzu sei auf Schaber et al. (2010) und Flick et al. (2010a) bzw. Flick et al. (2010b) und Helke et al. (2011) sowie Kirsch et al. (2012) verwiesen.

hat, die Bilanzierung von Sicherungsbeziehungen stärker mit dem Risikomanagement zu verknüpfen.[1201] Die Vorschriften beschränken sich auf die allgemeinen Hedge Accounting-Modelle, nachdem das Hedge Accounting für offene Portfolien als separates Projekt ausgegliedert wurde, für das das Discussion Paper noch aussteht.[1202]

Ebenfalls im November 2013 wurde nach bereits vorangegangener Verzögerung die Festlegung des Anwendungszeitpunkts zunächst aufgehoben und auf einen späteren Zeitpunkt in Abhängigkeit des weiteren Projektfortschritts verschoben.[1203] Im Februar 2014 hat sich das IASB vorläufig auf den 1. Januar 2018 als Zeitpunkt der verpflichtenden Erstanwendung festgelegt.[1204] Bereits im November 2009 hat die EU das Übernahmeverfahren ausgesetzt und angekündigt, erst nach vollständigem Vorliegen des Standards hierüber zu entscheiden.[1205] Die Anwendbarkeit von IFRS 9 für europäische Unternehmen ist somit noch offen.[1206]

Im Hinblick auf die bilanziellen Konsequenzen der Rohstoffrisikosteuerung resultieren die wesentlichen Änderungen aus Phase III, so dass die neuen Regelungen der ersten beiden Phasen im Folgenden nur kurz vorgestellt werden.[1207] Die Vorschriften zu Ansatz und Bewertung nach Phase I stellen zwar eine umfangreiche Neugestaltung dar, übernehmen jedoch hinsichtlich ihres Anwendungskreises zunächst die bestehenden Regelungen von IAS 39.[1208] Im Grunde behält das IASB den Mixed Model Approach bis auf Weiteres bei,[1209] reduziert die Bewertungskategorien jedoch auf eine Oberkategorie mit einer Bewertung zu fortgeführten Anschaffungskosten und eine Oberkategorie mit einer Bewertung zum beizulegenden Zeitwert.[1210] Da bei Letzterer als Unterkategorien zwischen GuV-wirksamer und -neutraler Bilan-

---

1201 Vgl. IFRS 9.IN8 (b); Löw/Clark (2011), S. 126; Märkl/Glaser (2011), S. 124; Pollmann (2012), S. 412; Echterling et al. (2014), S. 5.

1202 Vgl. IFRS 9.IN8 (c); Bauer et al. (2013), S. 333.

1203 Vgl. IFRS 9.C15-C16 sowie Exposure Draft „ED/2011/3 Mandatory Effective Date of IFRS 9". In der Sitzung vom 21. November 2013 hat das IASB in Aussicht gestellt, frühestens für Geschäftsjahre beginnend am 1. Januar 2017 die Anwendung von IFRS 9 verpflichtend zu machen. (Vgl. IASB (2013a).)

1204 Vgl. IASB (2014), S. 7.

1205 Vgl. EFRAG (2011a), S. 5-6; Löw/Theile (2012), Tz. 2416; Pellens et. al. (2011), S. 555; Märkl/Schaber (2010), S. 65.

1206 Vgl. Löw/Theile (2012), Tz. 2416.

1207 Für ausführlichere Darstellungen der in der Phase I erarbeiteten Vorschriften sei auf Leibfried/Jaskolski (2009), Märkl/Schaber (2009), Schmidt (2009b), Beyer et al. (2010), Märkl/Schaber (2010), Kuhn (2010), Naumann (2010a), Wenk (2010) und Wiechens/Kropp (2010) verwiesen. Eine Analyse der Stellungnahmen zu ED/2009/7 findet sich bei Kholmy (2011). Zu den Auswirkungen auf die Bilanzierung bei Kreditinstituten und insbesondere von strukturierten Finanzprodukten siehe auch Sellhorn/Hahn (2010), Glischke et al. (2011), Bertram et al. (2012), Eckes et al. (2013) und König (2013).

1208 Vgl. IFRS 9.2.1; Kuhn (2010), S. 104.

1209 Vgl. Vgl. IFRS 9.DO1-DO22; IFRS 9.BC13-BC14; Kuhn (2010), S. 104.

1210 Vgl. IFRS 9.4.1.1; Löw/Theile (2012), Tz. 2416; Löw (2012), Tz. 2627; Gilgenberg/Weiss (2009), S. 1426; Märkl/Schaber (2009), S. 533-534.

zierung unterschieden wird, bleiben implizit drei der vormals vier Bewertungsmöglichkeiten erhalten und nur die Kategorie der bis zu Endfälligkeit gehaltenen Finanzinstrumente wird aufgegeben.[1211]

Die Einordnung der Sachverhalte in die zwei Oberkategorien stellt auf die zwei Kriterien des Geschäftsmodells zur Steuerung finanzieller Vermögenswerte sowie der Eigenschaften von ihren Zahlungsströmen ab.[1212] Das erste Kriterium sieht vor, dass das Unternehmen das Finanzinstrument zu halten und die vertraglich vereinbarten Zahlungsströme zu vereinnahmen beabsichtigt (*Geschäftsmodellbedingung*); entsprechend dem zweiten Kriterium hat die vertragliche Ausgestaltung des Finanzinstruments ausschließlich Zahlungsströme zu umfassen, die in Tilgungs- und Zinszahlungen auf den ausstehenden Nominalwert begründet sind (*Zahlungsstrombedingung*). Für eine Einordnung als Finanzinstrument, das zu fortgeführten Anschaffungskosten zu bewerten ist, sind die zwei Bedingungen kumulativ zu erfüllen.[1213] Die Einordnung in die zweite Oberkategorie erfolgt demnach im Sinne einer Residualkategorie, deren Bewertung zum beizulegenden Zeitwert grundsätzlich GuV-wirksam ist.[1214] Die Fair Value-Option für finanzielle Vermögenswerte bleibt als zweite Unterkategorie erhalten, kann jedoch nur noch angewandt werden, wenn dadurch Accounting Mismatches beseitigt oder signifikant vermindert werden.[1215] Schließlich umfasst die Fair Value-Oberkategorie noch eine Unterkategorie für hier nicht näher betrachtete Eigenkapitalinstrumente, die nicht zu Handelszwecken gehalten werden und daher im Rahmen eines einmaligen, unwiderruflichen Wahlrechts zum Zeitpunkt des Ansatzes für eine GuV-neutrale Bewertung zum beizulegenden Zeitwert bestimmt werden können.[1216]

1211 Vgl. Clark (2011), S. 256-257; Naumann (2010b), S. 781. Wenn die Unterkategorie der Fair Value-Option eingerechnet wird, bleibt es faktisch bei vier Klassifizierungskategorien. (Vgl. Löw (2012), Tz. 2627.)

1212 Vgl. IFRS 9.4.1.1; Löw (2012), Tz. 2627; Clark (2011), S. 256; Kuhn (2010), S. 104.

1213 Vgl. IFRS 9.4.1.2; Löw (2012), Tz. 2628; Pellens et al. (2011), S. 576 und 578. Die Zahlungsströme dürfen neben Tilgungs- und Zins- keine weiteren Komponenten umfassen. (Vgl. IASB (2012a), S. 2.) Für Industrie- und Handelsunternehmen bedeuten die neuen Vorschriften grundsätzlich, dass Forderungen gegen Kunden, nahestehende oder verbundene Unternehmen und Mitarbeitern, zum Zweck des Factoring veräußerte Forderungen gegen Kunden, die wegen Risikorückbehalt nicht ausgebucht werden, sowie Anlagen freier Mittel, die nicht primär der Realisierung von Wertsteigerungen dienen, als Finanzinstrumente zu fortgeführten Anschaffungskosten qualifiziert werden können. (Vgl. Hartenberger (2013), Tz. 367.)

1214 Vgl. IFRS 9.4.1.4; Löw (2012), Tz. 2629. Für eine kritische Würdigung siehe auch Naumann (2010b), S. 780.

1215 Vgl. IFRS 9.4.1.5 und IFRS 9.B4.1.27-32; Pellens et al. (2011), S. 578; Leibfried/Jaskolski (2009), S. 472; Schmidt (2009b), S. 1078. Ausführlicher zur Bedeutung der Geschäftsmodell-Bedingung für Kreditinstitute siehe Hallpap/Lellmann (2011).

1216 Vgl. IFRS 9.5.7.5; Kuhn (2010), S. 104-105. Vertiefend hierzu siehe auch König (2013), S. 78-81 und Eckes et al. (2013), S. 60.

Die Behandlung von eingebetteten Derivaten ist künftig davon abhängig, ob der Basisvertrag die Eigenschaften eines finanziellen Vermögenswerts erfüllt und somit in den Anwendungsbereich von IFRS 9 fällt. Für einen solchen *finanziellen Basisvertrag* (*financial host*) sieht IFRS 9 nicht mehr eine Trennungspflicht für das eingebettete Derivat, sondern vielmehr eine Bewertung gänzlich – das heißt einschließlich des eingebetteten Derivats – entsprechend der Kategorien von IFRS 9 vor.[1217] Erfüllt der Basisvertrag hingegen nicht die Eigenschaften eines Finanzinstruments, so dass es sich um einen *nicht-finanziellen Basisvertrag* (*non-financial host*) handelt, finden weiterhin Vorschriften zur Prüfung auf eine Trennungspflicht wortgleich zu IAS 39 Anwendung.[1218] Der Basisvertrag wird hier entsprechend der einschlägigen IFRS, das abgespaltene trennungspflichtige Derivat GuV-wirksam zum beizulegenden Zeitwert nach IFRS 9 bilanziert.[1219] Alternativ stellt das IASB klar, dass ein Wahlrecht im Sinne der Fair Value-Option besteht, den gesamten nicht-finanziellen Vermögenswert als GuV-wirksam zum beizulegenden Zeitwert zu designieren.[1220] Dieses Wahlrecht wird dergestalt beschränkt, dass das eingebettete Derivat die Zahlungsströme des Basisvertrags signifikant verändern muss und seine Abspaltung zulässig ist.[1221]

Die Klassifizierung finanzieller Vermögenswerte nach IFRS 9 fasst Abbildung 5-1 zusammen.

Als Folge der Kritik an der tendenziell späten Wertberichtigung im Rahmen des *Incurred Loss*-Modells von IAS 39 hat das IASB mit der zweiten Phase dessen Ablösung durch ein dreistufiges *Expected Loss*-Modell vorangetrieben.[1222] Im Gegensatz zu Letzterem, nach dem Wertminderungen erst bei Vorliegen eines objektiven Hinweises des Wertminderungsbedarfs vorgenommen werden, stellt das Expected Loss-Modell auf einen zukunftsgerichteten und erwartete Zahlungsströme abbildenden Ansatz ab, der bereits noch nicht eingetretene, aber absehbare Ausfälle berücksichtigt.[1223]

[1217] Vgl. IFRS 9.4.3.2; IFRS 9.BC57; Löw (2012), Tz. 2644; Gilgenberg/Weiss (2009), S. 1426; Märkl/Schaber (2009), S. 534.

[1218] Vgl. IFRS 9.4.3.3; IFRS 9.BC60; IAS 39.11-13; IAS 39.AG27-AG33B; Kuhn (2010), S. 108-109; Schmidt (2009b), S. 1078-1079. Dies gilt nach IFRS 9.4.3.3 (c) auch für ein Derivat, das in eine finanzielle Verbindlichkeit eingebettet ist.

[1219] Vgl. IFRS 9.4.3.4 i.V.m. IFRS 9.4.1; Hartenberger (2013), Tz. 519; Kuhn (2010), S. 109; Leibfried/Jaskolski (2009), S. 472.

[1220] Vgl. IFRS 9.4.3.5; Hartenberger (2013), Tz. 520.

[1221] Vgl. IFRS 9.4.3.5 (a) und (b).

[1222] Vgl. Flick et al. (2010a), S. 221; Gehrer/Theiss (2013), S. 191. Siehe auch Financial Stability Forum (2009), S. 4 sowie Flick et al. (2010a), S. 222 für eine ausführlichere Darstellung der Kritik.

[1223] Vgl. Hartenberger (2013), Tz. 378. Da die Änderungen der Phase II nur auf Finanzinstrumente Anwendung finden, die in die Oberkategorie zur Bewertung zu fortgeführten Anschaffungskosten klassifiziert sind, sei für eine weiterführende Zusammenfassung des aktuellen Stands der Diskussion entsprechend ED/2013/3 auf

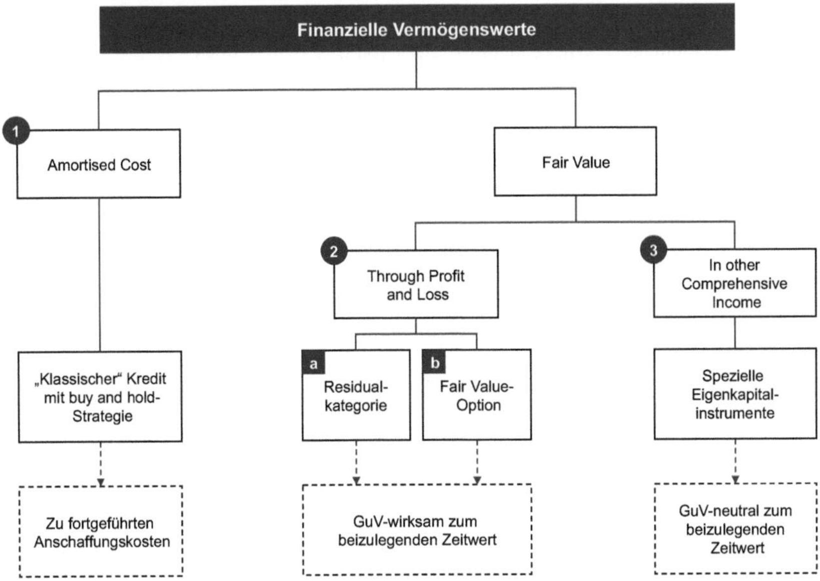

Abbildung 5-1: Klassifizierung finanzieller Vermögenswerte nach IFRS 9[1224]

Die Auswirkungen der Phase I und II auf die Bilanzierung von Rohstoffgeschäften ist somit begrenzt: Rohstoffderivate werden nach IFRS 9 weiterhin als derivative Finanzinstrumente GuV-wirksam zum beizulegenden Zeitwert bilanziert. Sowohl die Kriterien zum Anwendungsbereich der Vorschriften für Finanzinstrumente auf Warenlieferverträge einschließlich der Ausnahme zum Eigenbedarf als auch die Regelungen zur Trennungspflicht von Derivaten, die in nicht-finanziellen Basisverträgen eingebettet sind, bleiben unverändert.

Während das IASB im Rahmen der nachfolgend dargestellten Phase III eine signifikante Neuausrichtung des Hedge Accounting auf eine Geschäftsmodellorientierung im Sinne des Management Approach vorgenommen hat,[1225] wurde diese Chance für die vorgelagerte Frage des Anwendungsbereichs des neuen Standards vertan.[1226] Als Folge dieser Entscheidung wird

Brixner et al. (2013), Gehrer/Theiss (2013) und Gehrer et al. (2013) verwiesen.

1224 Quelle: Eigene Darstellung in Anlehnung an Löw (2012), Tz. 2632.

1225 Vgl. Hallpap/Lellmann (2011), S. 731; Hartenberger (2013), Tz. 363. Kritisch hierzu zum Beispiel Page (2012).

1226 Vgl. Kuhn (2010), S. 111. Entsprechende Kritik, die bereits in Comment Letters auf das Discussion Paper vorgetragen wurde, wurde nicht aufgegriffen. (Vgl. Ernst & Young (2008b), S. 16; GDF Suez (2008), S. 4 und S. 10.)

gleichermaßen keine Klarstellung zu dem Großteil der bisher nicht eindeutig geregelten Fragen in der Bestimmung des Anwendungsbereichs von IAS 39 bzw. IFRS 9 erzielt.

Demnach können Warenlieferverträge weiterhin in den Anwendungsbereich von IFRS 9 fallen, auch wenn sie nicht für Handelszwecke abgeschlossen werden. Die Aufspaltbarkeit von Warenlieferverträgen in Komponenten zum Eigenbedarf und zum bedarfsabhängigen späteren Barausgleich bleibt ungeklärt.[1227]

Die Klarstellung zugunsten einer Anwendbarkeit der Fair Value-Option auf nicht-finanzielle Basisverträge eines eingebetteten Derivats ist grundsätzlich zu begrüßen.[1228] Inwieweit die Abspaltbarkeit von Stillhalterpositionen vorgesehen ist, die zur Bilanzierung des gesamten Liefervertrags als Derivat führen, wurde weiterhin nicht eindeutig geregelt.[1229]

Mit der Überarbeitung der Hedge Accounting-Vorschriften in Phase III hat das IASB die Absicht verfolgt, den Adressaten der Rechnungslegung entscheidungsrelevantere Informationen bereitzustellen, indem die bilanziellen Sicherungsbeziehungen stärker mit dem tatsächlichen unternehmerischen Risikomanagement verknüpft sind, einen deutlich prinzipienorientierteren Ansatz zu verfolgen sowie Unstimmigkeiten und Schwachstellen der bestehenden Regelungen auszuräumen.[1230] Dies zog umfangreiche Änderungen nach sich, die nachfolgend mit dem Fokus auf für Industrie- und Handelsunternehmen und ihre Steuerung von Rohstoffpreisrisiken relevante Modifikationen erläutert werden.[1231]

Auch wenn grundsätzlich weiterhin bilanzielle Vermögenswerte und Verbindlichkeiten, feste Verpflichtungen, erwartete Transaktionen und Nettoinvestitionen in Auslandsgeschäfte sowie Gruppen hiervon als Grundgeschäfte qualifizieren,[1232] wurde der Kreis der zulässigen Grundgeschäfte wesentlich erweitert.

Zunächst hat das IASB die Designierbarkeit einzelner Risikokomponenten als Grundgeschäft dergestalt vereinheitlicht, dass sie auch bei nicht-finanziellen Vermögenswerten und Verbind-

---

[1227] Vgl. auch GDF Suez (2011), S. 15.

[1228] Zur der bisher nicht eindeutigen Regelung und der ursprünglichen Ankündigung des IASB, die Fair Value-Option nicht für diesen Anwendungszweck verfügbar zu machen, sie auch Abschnitt 3.3.6 sowie Abschnitt 3.5.3.2 zu den hiermit verbundenen Schwierigkeiten.

[1229] Vgl. auch Kuhn (2010), S. 111; GDF Suez (2011), S. 16-17; RWE (2011), S. 16-17.

[1230] Vgl. IFRS 9.IN8 (b); Echterling et al. (2014), S. 5; Wiese/Spindler (2012), S. 347; Pollmann (2012), S. 412; Löw/Clark (2011), S. 126.

[1231] Für eine Darstellung mit Schwerpunkt auf die Auswirkungen für Kreditinstitute sei auf Flick et al. (2011), Barz/Weigel (2011), Barz et al. (2012) sowie Fuß/Kunert (2012) verwiesen.

[1232] Vgl. IFRS 9.6.3.1; Echterling et al. (2014), S. 7; Löw/Clark (2011), S. 128.

lichkeiten angewandt werden kann, soweit sie separat identifiziert und verlässlich bewertet werden können.[1233] Hierzu hat das Unternehmen den Kontext der jeweiligen Marktstruktur zu berücksichtigen.[1234] Diese Beurteilung fällt vergleichsweise leicht, wenn die Risikokomponente *vertraglich spezifiziert* ist. IFRS 9 führt als Beispiel an, dass die Preisformel eines langfristigen Gasliefervertrags sich neben weiteren Faktoren insbesondere auf Gasölnotierungen bezieht, die als separat identifizierbar und – nach einer entsprechenden Einschätzung des Gasölterminmarkts –als verlässlich bewertbar angesehen werden.[1235] Als weiteres Beispiel nennt IFRS 9 Verträge über die Lieferung des Rohöl eines bestimmten Ölfelds, dessen Preis mit einem konstanten Abschlag zu einem Erdöl-Benchmark unter Berücksichtigung eines absoluten Floor ermittelt wird.[1236]

Bei *nicht-vertraglich spezifizierten Risikokomponenten* ist der Risikofaktor mittelbar Bestandteil der Zeitwerte oder Cash Flows einer Position, die entweder wie bei einer erwarteten Transaktion kein Vertrag oder zwar vertraglich fixiert ist, jedoch nicht explizit die entsprechende Risikokomponente referenziert.[1237] Hier verweist IFRS 9 auf das Beispiel eines kaffeeverarbeitenden Unternehmens:[1238] Es steuert seinen physischen Bezug über Lieferverträge, die den Preis der Kaffee-Futures als Branchenbenchmark zuzüglich eines fixen Aufschlags sowie einer weiteren Preisformel für die (schwankenden) Transportkosten referenzieren und die für die Own-use-Exemption qualifizieren. Des Weiteren sichert es diese Benchmark-Komponente mithilfe von Kaffee-Futures ab – und zwar über einen längerfristigen Zeitraum, der die Verfügbarkeit physischer Lieferverträge übersteigt. Für den Zeithorizont, zu dem physische Lieferverträge bereits abgeschlossen werden, stellt die Bezugnahme der Preisformel auf den Benchmark-Preis eine vertraglich spezifizierte Risikokomponente analog zu obigem Beispiel eines Gasliefervertrages dar. Aufgrund der Markstruktur und üblichen Ausgestaltung der Lieferverträge kann auch bei den Kaffee-Futures mit längeren Laufzeiten eine separate Identifizierbarkeit und verlässliche Wertermittlung für die Benchmark-Risikokomponente erwarteter Transaktionen angenommen werden. Somit kann das Unternehmen diese Termingeschäfte als Sicherungsinstrumente für die Risikokomponente designieren.

[1233] Vgl. IFRS 9.6.3.1; IFRS 9.6.3.7; IFRS 9.B6.3.7-15; Löw (2012), Tz. 3291; Löw/Clark (2011), S. 127.
[1234] Vgl. IFRS 9.6.3.7 (a) und IFRS 9.B6.3.9.
[1235] Vgl. IFRS 9.B6.3.10 (a). Dies ist ähnlich zu Fallbeispiel 12.
[1236] Vgl. IFRS 9.B6.3.25.
[1237] Vgl. IFRS 9.B6.3.10.
[1238] Vgl. IFRS 9.B6.3.10 (b). Dies ist ähnlich zu Fallbeispiel 6.

Als weiteres Beispiel einer nicht-vertraglich spezifizierten Risikokomponente führt IFRS 9 den physischen Kerosinbezug einer Fluggesellschaft an, dessen vertragliche Ausgestaltung nicht explizit auf einzelne Risikokomponenten Bezug nimmt.[1239] Entsprechend der Verfügbarkeit liquider Termingeschäfte steuert das Unternehmen sein Kerosinpreisrisiko langfristig mit Kontrakten auf Brent-Öl, mittelfristig mit Gasöl-Derivaten und kurzfristig mit Kerosinverträgen. Diese spiegeln das Änderungsrisiko des Ölpreises und der Raffineriemargen wieder, die entsprechend der Marktstruktur als Bestandteil des Kerosinpreises zu werten sind. Demnach qualifizieren auch die Derivate auf Brent-Öl und Gasöl als Sicherungsinstrumente für die entsprechenden Risikokomponenten erwarteter Kerosinbeschaffungstransaktionen.

Als weitere Form der komponentenweisen Designation von Grundgeschäften führt IFRS 9 *nominale Komponenten* (*components of a nominal amount*) ein, bei denen das IASB *prozentuale Komponenten* von *Schichten* (*layer components*) abgrenzt.[1240] Eine prozentuale Komponente ist als relativer Teil einer absoluten Bezugsgröße zu bestimmen – zum Beispiel 50% eines Liefervertrags über 100 Barrel Rohöl.[1241] Eine Schicht hingegen bezeichnet den absoluten Teil einer entweder definierten, aber betragsmäßig offenen oder einer betragsmäßig bestimmten Menge.[1242] Das IASB nennt explizit Teile eines physischen Volumens wie die Bodenschicht in Höhe von 5 Mio. m^3 Erdgas einer bestimmten Lagerstätte sowie physische oder andere Teile einer Transaktion wie die ersten 100 Barrel Rohöl bzw. ersten 100 MWh Strom, die in einem festgelegten Zeitraum bezogen werden, als Beispiel.[1243] Eine komponentenweise Designation setzt stets voraus, dass die gewählte Art der bilanziellen Sicherungsbeziehung der originären Risikomanagementzielsetzung entspricht.[1244]

Mit *aggregierten Risikopositionen* (*aggregated exposures*) erlaubt das IASB zudem, dass eine Kombination aus einer Risikoposition und einem Derivat als Grundgeschäft qualifizieren und somit erstmalig ein Derivat Bestandteil eines Grundgeschäfts sein kann.[1245] IFRS 9 setzt einschränkend voraus, dass das Unternehmen eine solche aggregierte Position auch tatsächlich

[1239] Vgl. IFRS 9.B6.3.10 (c). Dies ist ähnlich zu Fallbeispiel 11.
[1240] Vgl. IFRS 9.6.3.7 (c); IFRS 9.B6.3.16; Pollmann (2012), S. 413; Flick et al. (2011), S. 118-119.
[1241] Vgl. IFRS 9.B6.3.17; Deloitte (2013b), S. 6.
[1242] Vgl. IFRS 9.B6.3.18.
[1243] Vgl. IFRS 9.B6.3.18 (b) und (c). Die Designation von Schichten ermöglicht somit die Berücksichtigung von Verbrauchsfolgeverfahren. (Vgl. Deloitte (2013b), S. 6.)
[1244] Vgl. IFRS 9.B6.3.16; Märkl/Glaser (2011), S. 126
[1245] Vgl. IFRS 9.6.3.4; Wiese/Spindler (2012), S. 348; Löw/Clark (2011), S. 128. Dies umfasst auch kombinierte Positionen aus einer erwarteten Transaktion und einem Derivat unter der Voraussetzung, dass die aggregierte Position hochwahrscheinlich ist und sie bei Eintritt der erwarteten Transaktion als Grundgeschäft qualifiziert.

als Einheit steuert.[1246] Das IASB verweist als Beispiel auf das Hedging des Preisrisikos bei einem hochwahrscheinlichen zukünftigen Kaffeebezug mithilfe von Kaffee-Termingeschäften. Die Kombination aus erwarteter Transaktion und Termingeschäft kann später als aggregierte Risikoposition gegen ein entsprechendes Fremdwährungsrisiko gesichert werden.[1247] Neben solchen zeitlich gestaffelten Sicherungsstrategien vereinfacht die neue Regelung auch die Bildung von bilanziellen Sicherungsbeziehungen, die einen Basis-Swap umfassen.[1248]

Schließlich hat das IASB die Designation von *Gruppen* von Grundgeschäften überarbeitet, die – ähnlich der Vorschriften von IAS 39 zu homogenen Portfolien – für *geschlossene Portfolien* angewandt werden können.[1249] Mehrere Positionen können in Form einer Gruppe als Grundgeschäft qualifizieren, wenn sie jeweils für sich genommen dafür qualifizieren würden, auch im Risikomanagement als Gruppe gesteuert werden und im Falle eines Cash Flow Hedge ein Fremdwährungsrisiko mit entsprechender Spezifizierung der erwarteten Grundgeschäfte in der Dokumentation abgesichert wird.[1250] Dies trifft auch auf die Designation von Komponenten oder Schichten von Gruppen zu.[1251] Die früheren Anforderungen an die Homogenität einer solchen Gruppe, wie sie IAS 39 vorsieht, entfallen.[1252]

Diese Regelung soll auch die Designation von Gruppen ermöglichen, innerhalb derer sich die Zahlungsströme einzelner Positionen ausgleichen, um somit *Nettopositionen* auf Bruttobasis abzubilden.[1253] Dies ersetzt die bisher notwendige Identifikation und Designation von Stellvertretergeschäften, mithilfe derer die Nettoposition losgelöst von der Risikosteuerung ausschließlich zum Zweck des Hedge Accounting repliziert wird.[1254] Damit Gruppen als Netto-

[1246] Vgl. IFRS 9.B6.3.3; Märkl/Glaser (2011), S. 125. Nicht vorausgesetzt wird, dass Hedge Accounting auf die zwei Positionen des aggregierten Grundgeschäfts angewandt wird oder dass die Sicherungen auf der ersten und zweiten Stufe gleichartig sind. Aggregierte Risikopositionen können somit dafür eingesetzt werden, ursprüngliche Hedges zu neutralisieren. Die Anzahl der Stufen wird nicht begrenzt. (Vgl. Märkl/Glaser (2011), S. 126.)

[1247] Vgl. IFRS 9.B6.3.3 (a). Als Antwort auf den Klarstellungswunsch in Stellungnahmen auf den Exposure Draft hat das IASB somit explizit bestätigt, dass erwartete Transaktionen als Teil einer aggregierten Risikoposition qualifizieren. (Vgl. IFRS 9.BC6.168; Echterling et al. (2014), S. 10; IDW (2011), S. 5.)

[1248] Vgl. Bauer et al. (2013), S. 333; Folk (2013), S. 233; Löw/Clark (2011), S. 128.

[1249] Mit dem Hedge Accounting von Portfolien, die dynamisch gesteuert und daher im Zeitverlauf angepasst werden (*offene Portfolien*), setzt sich das IASB in dem separaten Macro Hedge Accounting-Projekt auseinander. (Vgl. Löw/Clark (2011), S. 129.)

[1250] Vgl. IFRS 9.6.6.1; Echterling et al. (2014), S. 7-8; Märkl/Glaser (2011), S. 127.

[1251] Vgl. IFRS 9.6.6.2-3; IFRS 9.B6.6.11-12.

[1252] Vgl. Flick et al. (2011), S. 118.

[1253] Vgl. IFRS 9.B6.6.4; Löw/Clark (2011), S. 129. Anstelle der Nettoposition ist das Gesamtportfolio als Bruttoposition zu designieren, das zu der ökonomischen Nettoposition führt. (Vgl. Märkl/Glaser (2011), S. 127.)

[1254] Vgl. Deloitte (2013b), S. 5. Siehe auch Abschnitt 3.3.4.3.1 zur Replizierung von Nettopositionen Stellvertre-

position qualifizieren, setzt IFRS 9 voraus, dass das Unternehmen nachweislich eine Risikomanagementstrategie auf der Basis dieser Nettopositionen verfolgt.[1255]

Als Sonderform der Nettoposition sieht IFRS 9 zudem die Designation von *Nettonullpositionen* (*net nil positions*) vor, bei denen sich bereits die gegenläufigen Positionen des Grundgeschäfts ausgleichen und es so (zumindest im Ausgangspunkt) nicht eines weiteren Sicherungsinstruments bedarf. Hierfür sind vier Anwendungsvoraussetzungen zu erfüllen: Die Sicherung muss Teil einer rollierenden Sicherungsstrategie sein, nach der das Unternehmen routinemäßig wiederum neue Risikopositionen dieses Typs sichert. Nettopositionen, die aus Änderungen der ursprünglichen Nettonullposition im Zeitverlauf resultieren, werden durch das Hedging mit weiteren Sicherungsinstrumenten eliminiert. Für eine vergleichbare Nettoposition würde das Unternehmen ebenfalls das Nettorisiko mit Sicherungsinstrumenten sichern und im Rahmen von Hedge Accounting designieren. Durch das Bilden einer Nettonullposition können Inkonsistenzen in der Bilanzierung vermieden werden, weil sich andernfalls die gegenläufigen Risikopositionen nicht entsprechend bilanziell niederschlagen würden.[1256]

Während Fair Value Hedge Accounting für Gruppen von Positionen, Nettopositionen und Nettonullpositionen ohne weitere Einschränkungen verfügbar ist, ist Cash Flow Hedge Accounting solcher Risikopositionen auf die Sicherung von Fremdwährungsrisiken limitiert, so dass erwartete Transaktionen bei einer Steuerung von Rohstoffpreisrisiken auf Gruppen- bzw. Nettobasis nicht für bilanzielle Sicherungsbeziehungen berücksichtigt werden können.[1257]

Den Kreis der zulässigen Sicherungsinstrumente erweitert IFRS 9 auf *nicht-derivative finanzielle Vermögenswerte und Verbindlichkeiten*, die zum beizulegenden Zeitwert bewertet werden[1258] und *(netto) geschriebene Optionen*, wenn sie der Sicherung einer erworbenen Option dienen.[1259] Die Designation einzelner Risikokomponenten eines nicht-derivativen Sicherungsinstruments schließt IFRS 9 für alle Hedges außer bei Sicherungen von Fremdwährungsrisiken aus. Dies gilt auch für nicht-finanzielle Vermögenswerte oder Verbindlichkeiten, die GuV-

tergeschäften.

[1255] Vgl. IFRS 9.B6.6.1.

[1256] Vgl. IFRS 9.6.6.6; IFRS 9.B6.6.3.

[1257] Vgl. IFRS 9.B6.6.7-10; IFRS 9.BC6.454; Echterling et al. (2014), S. 7-8.

[1258] Vgl. IFRS 9.6.2.2; Wiese/Spindler (2012), S. 349. Dies umfasst grundsätzlich auch nicht-derivative Finanzinstrumente, die durch Ausübung der Fair Value-Option GuV-wirksam zum beizulegenden Zeitwert bilanziert werden. Ausgenommen sind hiervon finanzielle Verbindlichkeiten, deren bonitätsinduzierten Wertänderungen GuV-neutral im Eigenkapital verbucht werden.

[1259] Vgl. IFRS 9.6.2.6; IFRS 9.B6.2.4.

wirksam zum beizulegenden Zeitwert bilanziert werden.[1260] Eine (netto) geschriebene Option kann bei Warenlieferverträgen als Sicherungsinstrument Anwendung finden, in die eine Option eingebettet ist, deren Ausübungsrecht bei dem bilanzierenden Unternehmen liegt.

Wenn das Wahlrecht wahrgenommen wird, nur den inneren Wert einer Option als Sicherungsinstrument zu bestimmen,[1261] wird nach IFRS 9 der Zeitwert als Kosten für die Absicherung gewertet und einschließlich der kumulierten Änderungen des beizulegenden Zeitwerts, der über die Laufzeit aus der Zeitwertkomponente der Option resultiert, GuV-neutral in einer Eigenkapitalposition erfasst. Die Wertänderung der Option, die auf diese Komponente entfällt, ist mithilfe einer hypothetischen Option zu ermitteln, deren Vertragskonditionen einen perfekten Hedge für das Grundgeschäft darstellen.[1262]

Wie die Eigenkapitalposition in die Gewinn- und Verlustrechnung aufgelöst wird, hängt davon ab, ob es sich um eine *transaktions-* oder eine *zeitraumbezogene Absicherung* handelt. Diese Abgrenzung ist unabhängig vom gewählten Hedge Accounting-Modell und bestimmt sich vielmehr aufgrund der Eigenschaften des Grundgeschäfts:[1263] Bei einem transaktionsbasierten Hedge spiegelt der Zeitwert eine Form von Kosten für eine Transaktion wieder und wird daher mit Eintritt und GuV-Wirkung dieses Grundgeschäfts GuV-wirksam umgegliedert. IFRS 9 nennt als Beispiel die Sicherung eines Rohstoffkaufs oder -verkaufs gegen Rohstoffpreisrisiken. Wenn es sich bei dem Grundgeschäft um einen nicht-finanziellen Vermögenswert, eine nicht-finanzielle Verbindlichkeit oder eine feste Verpflichtung über eine solche Position handelt, wirkt sich die Auflösung der Eigenkapitalposition als Anpassung der Anschaffungskosten im Bilanzansatz im Sinne eines basis adjustment aus.[1264] Bei einem zeitraumbezogenen Hedge steht der Zeitwert hingegen als Kosten für die Absicherung über einen bestimmten Zeitraum im Vordergrund, so dass die Eigenkapitalposition in Form einer systematischen und sachgerechten Amortisierung über den gesicherten Zeitraum GuV-wirksam aufgelöst wird. Ein Beispiel ist die Sicherung von Rohstoffvorräten gegen sinkende Rohstoffpreise für sechs Monate.[1265]

[1260] Vgl. IFRS 9.B6.2.5; IFRS 9.BC6.126 und IFRS 9.BC6.121.
[1261] Siehe auch Abschnitte 3.5.2.2.2 und 4.3.2.3 sowie Fallbeispiel 15.
[1262] Vgl. IFRS 9.6.2.4 (a); IFRS 9.6.5.15; IFRS 9.B6.5.32-33; Deloitte (2013b), S. 9; Märkl/Glaser (2011), S. 131.
[1263] Vgl. IFRS 9.6.5.15 (a); IFRS 9.B6.5.2; Deloitte (2013b), S. 10.
[1264] Vgl. IFRS 9.6.5.15 (b); IFRS 9.B6.5.29 (a); Deloitte (2013b), S. 10. Zum basis adjustment siehe auch Abschnitt 3.3.4.3.2.
[1265] Vgl. IFRS 9.6.5.15 (c); IFRS 9.B6.5.29 (b); IFRS 9.B6.5.30; Deloitte (2013b), S. 10. Das Vorgehen gilt je-

Ähnlich wird verfahren, wenn bei einem Termingeschäft nur die Kassakomponente als Sicherungsinstrument designiert wird.[1266] Die Terminkomponente wird zunächst als Eigenkapitalposition erfasst und dann – wiederum entsprechend der Einordnung als transaktions- oder zeitraumbasierte Sicherung – GuV-wirksam aufgelöst.[1267]

Mit der Neuregelung des Effektivitätsnachweises hat das IASB zudem die Anforderungen an eine bilanzielle Sicherungsbeziehung hinsichtlich ihrer Wirksamkeit grundlegend modifiziert und mit Verweis auf folgende drei Kriterien stärker prinzipienorientiert ausgerichtet:[1268] So hat ein ökonomischer Zusammenhang zwischen Grundgeschäft und Sicherungsinstrument zu bestehen, d.h. gegenläufige Wertänderungen beider Positionen resultieren systematisch aus demselben Risiko und sind nicht zufälliger Natur.[1269] Die Wertänderungen, die in diesem ökonomischen Zusammenhang begründet sind, dürfen nicht von einem Kreditrisiko-Effekt entweder beim Grundgeschäft oder beim Sicherungsinstrument überlagert werden, so dass der ökonomische Sicherungszweck verfehlt wird.[1270] Die Hedge-Ratio zum Zweck des Hedge Accounting hat mit der Quote übereinzustimmen, die sich aus den tatsächlichen Mengen von Grundgeschäft und Sicherungsinstrument ergeben, die das Unternehmen für seine Risikomanagementzielsetzung einsetzt. Von diesem unmittelbaren Bezug wird abgewichen, wenn andernfalls gezielt Ineffektivitäten entstehen würden, so dass sich die bilanziellen Folgen nicht mehr mit dem Zweck der Sicherungsbeziehung decken.[1271]

Die Effektivitätsmessung sieht keinen retrospektiven Effektivitätstest und keine feste Bandbreite von 80-125% für den Effektivitätsgrad mehr vor. Sie erfolgt nach IFRS 9 nur noch zukunftsgerichtet ähnlich dem prospektiven Effektivitätstest nach IAS 39. Die Effektivität ist zu Beginn und während der Laufzeit des Hedge Accounting, mindestens zu jeder Berichtsperiode

---

weils analog für Zero-Cost-Collars. (Vgl. IFRS 9.B6.5.31.)

[1266] Siehe auch Abschnitt 3.5.2.2.2 und Fallbeispiel 15.

[1267] Vgl. IFRS 9.6.2.4 (b); IFRS 9.6.5.16; IFRS 9.B6.5.34-38.

[1268] Vgl. IFRS 9.6.4.1 (c).

[1269] Vgl. IFRS 9.6.4.1 (c) (i); IFRS 9.B6.4.4-6; Bosse/Topper (2013a), S. 11.

[1270] Vgl. IFRS 9.6.4.1 (c) (ii); IFRS 9.B6.4.7. IFRS 9.B6.4.8 führt hier ein unbesichertes Rohstoffderivat zur Sicherung eines Rohstoffpreisrisikos als Beispiel an, dessen Wertänderungen signifikant stärker durch die sinkende Bonität der Gegenpartei als durch den referenzierten Rohstoffpreis beeinflusst werden.

[1271] Vgl. IFRS 9.6.4.1 (c) (iii); IFRS 9.B6.4.9-10; Bosse/Topper (2013a), S. 10; Löw/Clark (2011), S. 131; Wiese/Spindler (2012), S. 350. Für den Zweck des Hedge Accounting soll somit nicht eine Hedge-Ratio unmittelbar aus der Menge des Grundgeschäfts und des Sicherungsinstruments übernommen werden, wenn diese dazu dient, den Ausweis von Ineffektivitäten bei einem Cash Flow Hedge zu vermeiden oder die Bewertung zum beizulegenden Zeitwert eines Fair Value Hedge auf einen größeren Kreis von Grundgeschäften zu erweitern. Eine Abweichung kann trotz Ineffektivitäten gerechtfertigt sein, wenn zum Beispiel ein Sicherungsinstrument nur in bestimmten Losgrößen verfügbar ist und somit nicht exakt die gewünschte Hedge-Ratio erzielt werden kann. (Vgl. IFRS 9.B6.4.9.11.)

oder bei Eintritt von für die Effektivität relevanten Änderungen nachzuweisen, ohne dass eine ausschließlich ex post negativ zu bewertende Effektivität für die Vorperiode die Beendigung der bilanziellen Sicherungsbeziehung bedingt. Um Hedge Accounting weiter anwenden zu können, hat der vorausschauende Effektivitätsnachweis jedoch positiv auszufallen.[1272]

Das IASB möchte explizit keine spezifische Methode zur Effektivitätsmessung vorschreiben, weitet gleichwohl den Anwendungsbereich der Critical-Term-Match-Methode als qualitativen Ansatz aus, indem an Stelle einer vollständigen Übereinstimmung der wesentlichen Merkmale nur noch eine enge Verbundenheit (*closely aligned*) tritt. Ist diese nicht gegeben, so dass Unsicherheit hinsichtlich des Grads der Gegenläufigkeit beider Positionen besteht, ist ein quantitativer Effektivitätsnachweis – zum Beispiel über die Dollar-Offset-Methode oder eine Regressionsanalyse – hinzuzuziehen. Hierfür kann das Unternehmen dieselbe Methode wie für die Bestimmung der Hedge-Ratio verwenden. Die Informationen zur Ermittlung der Wirksamkeit sollen hauptsächlich aus dem Risikomanagement und seinem Management-Reporting stammen.[1273]

Ineffektivitäten sind weiterhin zu ermitteln und grundsätzlich GuV-wirksam zu bilanzieren. Die Verwendung der Hypothetische-Derivate-Methode zur Bewertung der Ineffektivität ist nicht auf ein Hedge Accounting-Modell begrenzt und findet gleichermaßen für den Effektivitätsnachweis und die Ermittlung der Ineffektivität Anwendung.[1274]

Hinsichtlich der grundsätzlichen Hedge Accounting-Modelle ergeben sich keine grundlegenden Änderungen. Die zunächst vom IASB vorgeschlagene Angleichung des Fair Value Hedge Accounting an das Cash Flow Hedge Accounting, indem der effektive Teil der Wertänderungen von Grundgeschäft und Sicherungsinstrument auch in einer Eigenkapitalposition und nur der ineffektive Teil in der Gewinn- und Verlustrechnung verbucht würden, wurde verworfen.[1275] Das vormalige Wahlrecht, bei einem Cash Flow Hedge, der zum Bilanzansatz eines nicht-finanziellen Grundgeschäfts führt, die kumulierten Wertänderungen als Teil der An-

---

[1272] Vgl. IFRS 9.B6.4.12; Deloitte (2013b), S. 13; Löw/Clark (2011), S. 131.

[1273] Vgl. IFRS 9.B6.4.13-19; Bosse/Topper (2013b), S. 71-72; Hartenberger (2013), Tz. 538-540; Löw/Clark (2011), S. 130; Märkl/Glaser (2011), S. 128. Siehe auch Abschnitt 3.3.4.2.5 und Fallbeispiel 6 zur Dollar-Offset-Methode. Für einen weiterführenden Überblick einschließlich Würdigung der quantitativen Methoden der Effektivitätsmessung nach IFRS 9 siehe auch Bosse/Topper (2013b).

[1274] Vgl. IFRS 9.B6.5.5-6; Deloitte (2013b), S. 13-14; Löw/Clark (2011), S. 131.

[1275] Vgl. IFRS 9.6.5.2; IFRS 9.6.353-361; Bosse/Topper (2013a), S. 12; Wiese/Spindler (2012), S. 349; Löw/Clark (2011), S. 132.

schaffungskosten aufzulösen, wird durch eine verpflichtende Anwendung dieser Regel ersetzt.[1276]

Die geplanten Änderungen für das Hedge Accounting von offenen Portfolien konzentrieren sich zunächst auf Zinsrisiken.[1277] Die Berücksichtigung von Fremdwährungs- und Rohstoffpreisrisiken wird bereits in einem Staff Paper vom Dezember 2012 behandelt; das weitere Vorgehen soll jedoch erst auf Grundlage der Rückmeldungen zu dem Discussion Paper entschieden werden.[1278]

Die Beendigung von Hedge Accounting ist unter bestimmten Voraussetzungen verpflichtend und künftig nicht mehr freiwillig möglich. Hierzu gehört, dass die Anwendungsvoraussetzungen nicht mehr erfüllt sind, das Sicherungsinstrument abgegangen ist, sich der Zweck der Sicherung geändert hat oder eine erwartete Transaktion des Grundgeschäfts nicht mehr hochwahrscheinlich ist.[1279] Wenn durch eine *Rekalibrierung* (*rebalancing*) der Sicherungsbeziehung – das heißt eine nachträgliche Anpassung der Hedge-Ratio – ihre Wirksamkeit aufrechterhalten wird, kann sie fortbestehen. Eine Rekalibrierung und die Fortführung von Hedge Accounting sind verpflichtend, wenn dadurch die Wirksamkeit wiederhergestellt werden kann und der Zweck der Sicherung unverändert ist.[1280]

Schließlich hat das IASB den Anwendungsbereich der Fair Value-Option auf Verträge über nicht-finanzielle Positionen ausgeweitet, die für die Own-use Exemption qualifizieren. Sie kann ausschließlich bei Zugang der Position und unter der Voraussetzung ausgeübt werden, dass dadurch Accounting Mismatches eliminiert oder signifikant reduziert werden.[1281]

Grundsätzlich sind die mit der Phase III verabschiedeten Änderungen zum allgemeinen Hedge Accounting-Modell nach IFRS für die bilanzielle Abbildung der Steuerung von Rohstoffpreisrisiken positiv zu werten.[1282] Nicht zuletzt in den wiederholten Beispielen aus Rohstoffmärk-

[1276] Vgl. IFRS 9.6.5.11 (d) (i); Märkl/Glaser (2011), S. 131.

[1277] Vgl. IASB (2013b), S. 2; Folk (2013), S. 237. Weiterführend zu Entwicklung und Stand des separaten Hedge Accounting-Projekts für offene Portfolien siehe auch Bauer et al. (2013) und Folk (2013).

[1278] Vgl. IASB (2012c); IASB (2013b), S. 4-5.

[1279] Vgl. IFRS 9.6.5.5; IFRS 9.6.5.15; IFRS 9.B6.5.22-23; IFRS 9.B6.5.25-27; Wiese/Spindler (2012), S. 350; Löw/Clark (2011), S. 131; Märkl/Glaser (2011), S. 129. Die frühere Praxis einer teilweisen Dedesignation wurde explizit in den Standard aufgenommen. (Vgl. IFRS 9.B6.5.27.)

[1280] Vgl. IFRS 9.6.5.5; IFRS 9.6.5.15; IFRS 9.6.5.7-21; Löw/Clark (2011), S. 131-132; Wiese/Spindler (2012), S. 350.

[1281] Vgl. IAS 32.8 und IAS 39.5A.

[1282] Eine allgemein positive Einschätzung der Änderungen und einer durch sie erwarteten Annäherung zwischen Risikomanagement und Hedge Accounting spiegeln sich nach Kholmy/Weiherich bereits in 76% bzw. 71% der Stellungnahmen auf den Exposure Draft wieder. (Vgl. Kholmy/Weiherich (2012), S. 226-227. Vergleich-

ten, die das IASB zur Erläuterung heranzieht, spiegelt sich wieder, dass bei der Überarbeitung die Besonderheiten von Industrie- und Handelsunternehmen in diesem Bereich ausgeprägter berücksichtig wurden.

Auch wenn bei nicht-vertraglich spezifizierten Risikokomponenten Auslegungsfragen hinsichtlich der Beurteilung der Marktstruktur zu erwarten sind,[1283] resultiert eine signifikante Annäherung an die Steuerung von Rohstoffpreisen insbesondere aus der Designierbarkeit einzelner Risikokomponenten für nicht-finanzielle Positionen.[1284] Wie diese Arbeit gezeigt hat, entspricht eine solche Sicherungsstrategie der gängigen Praxis rohstoffabhängiger Unternehmen. Aggregierte Risikopositionen vereinfachen gleichzeitig die Bilanzierung einer zeitlich gestaffelten Sicherung verschiedener Risikokomponenten. Zusammen mit der prinzipienorientierten Ausrichtung des Wirksamkeitsnachweises und zukunftsgerichteten Effektivitätsmessung lässt sich eine höhere Robustheit designierter Sicherungsbeziehungen erwarten, selbst wenn in der Vergangenheit zum Beispiel unerwartete Volatilität von Basisrisiken und ein entsprechend negativ ausfallender retrospektiver Effektivitätsnachweis die Dedesignation einer Sicherungsbeziehung bedingt hätten.[1285]

Vereinfachungen in der Effektivitätsmessung, die aus der größeren Bedeutung der Critical-Term-Match-Methode resultieren, beschränken sich für rohstoffabhängige Unternehmen vornehmlich auf das Hedge Accounting von Warenlieferverträgen, die im Rahmen einer Preisformel einen börsengehandelten Kontrakt als Benchmark referenzieren, der gleichzeitig als Sicherungsinstrument eingesetzt wird. Andernfalls resultieren aus dem closely aligned-

---

bar auch die Analyse der Stellungnahmen von Echterling et al. (2014), S. 6.)

[1283] So auch Deloitte (2011), S. 6-7; EFRAG (2011b), S. 6; Ernst & Young (2011), S. 14-15; KPMG (2011b), S. 8-9; Lilly (2011), S. 3; PwC (2011), S. 3 und S. 8. Als Reaktion auf die Stellungnahmen hat das IASB die Application Guidance um weitere Erläuterungen ergänzt. (Vgl. IFRS 9.BC6.191; IFRS 9.B6.3.10. Siehe auch Echterling et al. (2014), S. 9; Kholmy/Weiherich (2012), S. 231.)

[1284] So auch Echterling et al. (2014), S. 9; Märkl/Glaser (2011), S. 132; Archer Daniels Midland (2011), S. 3-4; EFRAG (2011b), S. 6; PwC (2011), S. 3 und S. 7.

[1285] So auch Echterling et al. (2014), S. 10; Bosse/Topper (2013a), S. 12 und Kholmy/Weiherich (2012), S. 227. Archer Daniels Midland (2011), Nestlé (2011), NOPA (2011), Qantas (2011), Syngenta (2011) und Unilever (2011) gehen aufgrund der Neuregelung von einer häufigeren Anwendbarkeit von Hedge Accounting für die Steuerung von Rohstoffpreisrisiken aus. Unilever (2011) verweist explizit auf die Steuerung der Aluminiumpreiskomponente für den Einkauf von Aluminiumdosen, die nach den bisherigen Vorschriften von IAS 39 nicht unter Hedge Accounting abgebildet werden konnte. (Vgl. Archer Daniels Midland (2011), S. 4-5; Nestlé (2011), S. 4; NOPA (2011), S. 7; Qantas (2011), S. 1; Syngenta (2011), S. 3; Unilever (2011), S 2.) Kritisch zur operativen Umsetzung aggregierter Risikopositionen siehe Deloitte (2011), S. 5-6; DRSC (2011), S. 4-5; EFRAG (2011b), S. 6 und FirstEnergy (2011), S. 2.

Kriterium Abgrenzungsfragen, wann eine quantitative Effektivitätsmessung verpflichtend ist.[1286]

Obwohl die Regeln im Detail als komplexer einzustufen sind,[1287] kann für die geänderte Bilanzierungsfolgen des Wahlrechts, nur den inneren Wert einer Option oder die Kassakomponente eines Termingeschäfts als Sicherungsinstrument festzulegen, davon ausgegangen werden, dass Verzerrungen der Periodenergebnisse zum Beispiel durch hohe Volatilität des Zeitwerts oder der Termin- bzw. Verfügbarkeitsprämie vermindert werden.

Zunächst ist daher die Erwartung des IASB nachvollziehbar, dass die Neuregelungen der dritten Phase insbesondere für Nichtbanken die bilanzielle Abbildung ihrer Risikosteuerung verbessern.[1288] Gerade für diesen Anwenderkreis verbleiben jedoch auch einige Schwächen und Inkonsistenzen, für die eine weitere Überarbeitung zu begrüßen wäre.

Dies betrifft zum Beispiel die anhaltende Ungleichbehandlung verschiedener Risikoarten, so dass Rohstoffpreisrisiken von Regelungen ausgenommen sind, die für Fremdwährungsrisiken zur Verfügung stehen: Gerade bei Cash Flow Hedge Accounting, das sich in dieser Arbeit für Industrie- und Handelsunternehmen und die Bilanzierung ihrer Rohstoffrisikosteuerung als bevorzugtes Hedge Accounting-Modell erwiesen hat, wird die Designation von Gruppen, Nettopositionen und Nettonullpositionen auf die Sicherung von Fremdwährungsrisiken beschränkt. Des Weiteren steht die Designation einzelner Risikokomponenten nicht-derivativer Sicherungsinstrumente nur für Fremdwährungsrisiken zur Verfügung. Nicht-finanzielle Sicherungsinstrumente wie Warenlieferverträge, die zum beizulegenden Zeitwert bewertet werden, sind hiervon ebenfalls ausgenommen.[1289]

1286 So auch Petrochina (2011), S. 4. Ähnlich bereits GDF Suez (2008), S. 8.

1287 So auch Märkl/Glaser (2011), S. 132; DRSC (2011), S. 10; EFRAG (2011b), S. 14-15; GDF Suez (2011), S. 11-12; IDW (2011), S. 12; Tata (2011), S. 6. Das IASB hat die Beibehaltung der vorgeschlagenen Regelungen in der finalen Fassung von IFRS 9 mit der Vermeidung von Inkonsistenzen und höheren Vergleichbarkeit begründet. (Vgl. IFRS 9.BC6.404; IFRS 9.BC6.406; IFRS 9.BC6.409; Echterling et al. (2014), S. 15.)

1288 Vgl. IASB (2013c), S. 4.

1289 Vgl. IFRS 9.B6.2.5; IFRS 9.BC6.124-141. Die Stellungnahmen von Archer Daniels Midland (2011) und NOPA (2011) betonen, dass für rohstoffverarbeitende Unternehmen in der Landwirtschaft eine Steuerung der Rohstoffpreisrisiken auf Gruppen- bzw. Nettobasis üblich ist und daher großes Interesse an einem entsprechenden Cash Flow Hedge Accounting-Modell sowie geeigneten Portfolio Hedge Accounting-Modellen besteht. (Vgl. Archer Daniels Midland (2011), S. 6; NOPA (2011), S. 7-8.) Ähnlich kritisch zu der Beschränkung bei nicht-derivativen Sicherungsinstrumenten zum Beispiel EFRAG (2011b), S. 6; IDW (2011), S. 5 sowie zu den ursprünglich vorgesehenen Beschränkungen von Cash Flow Hedges für geschlossene Portfolien auch Archer Daniels Midland (2011), S. 7; Centrica (2011), S. 8; easyJet (2011), S. 3-4; KPMG (2011b), S. 3 und S. 15-16; PwC (2011), S. 3-4 und S. 15-16; Löw/Clark (2011), S. 129-130.)

Eine ähnliche Ungleichbehandlung besteht in der Bilanzierung von eingebetteten Derivaten: Ein finanzieller Basisvertrag kann nur als Sicherungsinstrument für alle oder für Fremdwährungsrisiken eingesetzt werden. Bei nicht-finanziellen Basisverträgen kann hingegen auch ein eingebettetes Rohstoffderivat separat bilanziert und nur dessen Risikokomponente als Sicherungsinstrument bestimmt werden.[1290] Dies beschränkt zum Beispiel das Hedge Accounting eines Rohstoffproduzenten, dessen Sicherungsstrategie Refinanzierungen einschließt, deren Zinszahlungen an Benchmarknotierungen dieses Rohstoffs gekoppelt sind. Eine Referenzierung dieser Rohstoffpreise in seinen Stromeinkaufsverträgen, für die als nicht-finanzielle Basisverträge die Abspaltung des eingebetteten Rohstoffderivats weiterhin möglich ist, kann hingegen für Hedge Accounting qualifizieren.[1291]

In beiden Fällen ist sich das IASB der Ineffektivitäten bewusst, die aus diesen Beschränkungen resultieren können.[1292]

Ob der All-in-one-Hedge als Sonderform des Mikro Cash Flow Hedge weiterhin angewandt werden kann, ist unklar, nachdem die bisheringen Erläuterungen nicht in die Implementation Guidance von IFRS 9 übernommen und entsprechende Hinweise in den Kommentierungsphasen nicht aufgegriffen wurden.[1293]

Mit der Rekalibrierung ist von einer Vereinfachung der Steuerung auf Basis dynamischer Sicherungsstrategien auszugehen, da dies nicht mehr die regelmäßige Dedesignation und Re-Designation von Sicherungsbeziehungen bedingt. Kritisch zu werten ist, wenn mit dem verpflichtenden Rebalancing ein Eingriff der Rechnungslegungsvorschriften in die Steuerung einhergeht und das Prinzip des Management Approach durchbrochen wird.[1294] Es muss sich in

---

[1290] Vgl. IFRS 9.B6.2.1; IFRS 9.BC6.117-122. Ähnlich Löw/Clark (2011), S. 130.

[1291] In den Stellungnahmen verweist zum Beispiel Alcoa (2011) auf seine Stromeinkaufsverträge, die seiner Produktion von Aluminium dienen und an LME-Aluminium-Notierungen gekoppelt sind. Alcoa (2011) verweist zudem auf Schwierigkeiten unter IAS 39, die Preisformel bestimmter Verträge nach ihrer Abspaltung vom Basisvertrag als Sicherungsinstrument eines Cash Flow Hedge der erwarteten Aluminium-Verkäufe zu designieren. (Vgl. Alcoa (2011), S. 2-3.)

[1292] Vgl. IFRS 9.BC6.442-455; IFRS 9.BC6.121; IFRS 9.BC6.126. Ähnlich Echterling et al. (2014), S. 8; Löw/Clark (2011), S. 130; Märkl/Glaser (2011), S. 124.

[1293] Vgl. PwC (2011), S. 21; Singapore ASC (2011), S. 16; EFRAG (2013), S. 10.

[1294] So auch Löw/Clark (2011), S. 132; Centrica (2011), S. 6; Ernst & Young (2011), S. 17-18; IDW (2011), S. 9; KPMG (2011b), S. 10-11; Linde (2011), S. 6. Das IASB hat entsprechende Bedenken mit der Konkretisierung abzumildern versucht, dass sich die Hedge-Ratio aus den in der Steuerung verwendeten Mengen bestimmt. (Vgl. IFRS 9.BC6.308-313; Echterling et al. (2014), S. 11 und S. 13.) Der insbesondere von Kreditinstituten und Versicherungen vorgetragene Forderung, weiterhin Hedge Accounting freiwillig beenden zu können, verwehrte sich das IASB mit Verweis auf den Zusammenhang zum Risikomanagement und dem Stetigkeitsprinzip in der bilanziellen Abbildung. (Vgl. IFRS 9.BC6.319; IFRS 9.BC6.327; Echterling et al. (2014), S. 14.)

der Praxis zeigen, inwieweit die Möglichkeit der Rekalibrierung Hedge Accounting besser mit den Flexibilitätsanforderungen vereinbaren lässt, die zum Beispiel für schwerindustrielle Produktionsprozesse beobachtet wurden.[1295]

Trotz der Modifikationen, mit denen das IASB auf eine verbesserte Bilanzierung der Risikosteuerung auf Grundlage einer aggregierten Risikobetrachtung abzielt, wurden keine Änderungen hinsichtlich interner Sicherungsgeschäfte vorgenommen.[1296] Folglich sind Abweichungen in der Bilanzierung dieser Sicherungsstrategien von der tatsächlichen Risikosteuerung unvermeidlich.[1297]

Sowohl in der theoretischen als auch empirischen Analyse hat die vorliegende Arbeit gezeigt, dass von einer Anwendbarkeit der Fair Value-Option auf nicht-finanzielle Positionen eine Reduzierung von Verzerrungen zu erwarten ist, so dass dieser Schritt sehr positiv zu werten ist.[1298] Das IASB hat sich nicht der Accounting Mismatches angenommen, die verbleiben, wenn die Sicherungspositionen eines rohstoffabhängigen Unternehmens nicht nur Rohstoffderivate und Warenlieferverträge, sondern auch weitere Vermögenswerte wie Vorräte oder Elektrizitätskraftwerkskapazitäten umfassen, die selbst unter der erweiterten Fair Value-Option nicht für eine Bilanzierung zum beizulegenden Zeitwert qualifizieren.[1299] Zudem ist das Wahlrecht auf Lieferverträge beschränkt, die einen möglichen Barausgleich entsprechend IAS 39.6 (a) und (d) umfassen,[1300] auch wenn ein Rohstoffunternehmen Warenlieferverträge

---

[1295] Ähnlich zu den Beobachtungen bei der ThyssenKrupp Stainless AG verweist Alcoa (2011) auf zeitliche Verschiebungen von erwarteten Cash Flows, die aus unvorhergesehenen und unkontrollierbaren Ereignissen resultieren. Linde (2011) äußert zudem Bedenken, inwieweit Änderungen der erwarteten Cash Flows einer zukünftigen Transaktion regelmäßig eine Anpassungspflicht der Hedge-Ratio auslösen können. (Vgl. Abschnitt 4.3.1.4.2 sowie Alcoa (2011), S. 1 und Linde (2011), S. 5.) Mehrere Stellungnahmen führen Anwendungsschwierigkeiten hinsichtlich der Abgrenzung an, wann eine Rekalibrierung verpflichtend durchzuführen ist und welche Kosten damit verbunden sind. (Siehe auch Centrica (2011), S. 5; Daimler (2011), S. 6-7; Deloitte (2011), S. 11-12; EFRAG (2011b), S. 10; Ernst & Young (2011), S. 2-3, S. 17-19 und S. 21-24; KPMG (2011b), S. 10-12; Nestlé (2011), S. 6; PwC (2011), S. 2 und S. 10.)

[1296] Vgl. IRS 9.6.2.3; IFRS 9.6.3.5; IFRS 9.BC6.142-147.

[1297] So auch Löw/Clark (2011), S. 130; BMW (2011), S. 3; EFRAG (2011b), S. 20.

[1298] So auch Archer Daniels Midland (2011), S. 8; Linde (2011), S. 9; KPMG (2011b), S. 3; NOPA (2011), S. 3; Unilever (2011), S. 6.

[1299] Vgl. IFRS 9.BC24M. AarhusKarlshamm (2011), EFRAG (2011b) und NOPA (2011) weisen zum Beispiel auf Raffinerien hin, die ihre Lieferverträge und Vorräte auf Fair Value-Basis steuern und weiterhin ihre Vorräte zu fortgeführten Anschaffungskosten nach IAS 2 zu bilanzieren haben, da sie weder Rohstoffproduzent sind noch für die Händler-Makler-Ausnahme qualifizieren. (Vgl. AarhusKarlshamm (2011), S. 1-2; EFRAG (2011b), S. 18; NOPA (2011), S. 1 und S. 3-6. Siehe auch Archer Daniels Midland (2011), S. 8; Daimler (2011), S. 12-13; DRSC (2011), S. 13; KPMG (2011b), S. 17-18; Linde (2011), S. 9.) Insbesondere in Stellungnahmen aus der Energiebranche wird aus diesem Grund um weitreichendere Überarbeitungen des Anwendungsbereichs von IFRS 9 gebeten. (Vgl. Centrica (2011), S. 11-12; GDF Suez (2011), S. 15-16; RWE (2011), S. 15-16.)

[1300] Siehe auch Abschnitt 3.4.3.

ohne eine Form von Barausgleich auf Fair Value-Basis steuert.[1301] Im Zusammenhang mit dieser Änderung, die das IASB in der dritten Phase vorgenommen hat, sich jedoch wiederum auf die erste Phase auswirkt, wurde nicht der Zusammenhang zu den Bedingungen klargestellt, die IFRS 9 für die Fair Value-Option nicht-finanzieller Basisverträge mit eingebetteten Derivaten vorsieht, so dass hieraus Anwendungsschwierigkeiten resultieren können. Obwohl bereits in ED/2009/7 angekündigt, wurde die Bilanzierung hybrider Positionen mit nichtfinanziellem Basisvertrag auch mit Abschluss der dritten Phase nicht überarbeitet.[1302]

Im Hinblick auf die wiederholten Anpassungen an bereits abgeschlossenen Phasen im weiteren Projektverlauf ist zusammenfassend festzuhalten, dass sich praktische Bedeutung und Auswirkungen der Hedge Accounting-Möglichkeiten abseits klassischer 1:1-Beziehungen erst nach erfolgreichem Abschluss des ausgegliederten Projekts zum Hedging offener Portfolien und möglicher Rückwirkungen auf die verabschiedeten Vorschriften von IFRS 9 abschließend beurteilen lassen werden.[1303] Werden die aktuellen Limitierungen und der (bisherige) Fokus des separaten Portfolio Hedge Accounting-Projekts auf Zinsrisiken berücksichtigt, ist die Aussicht auf ein branchen- und risikoübergreifend anwendbares Hedge Accounting-Modell fraglich.[1304]

5.2 Thesenförmige Zusammenfassung

- Das Risikomanagement von Rohstoffpreisen hat in den letzten Jahren zunehmend an Bedeutung für Industrie- und Handelsunternehmen gewonnen, die beschaffungs- und/oder absatzseitig von Rohstoffen abhängig sind. Wie der Literaturüberblick eingangs aufgezeigt hat, haben sich Beiträge der wissenschaftlichen und praktischen Literatur zwar mit dem Management von Rohstoffpreisrisiken und dessen Rechnungslegung befasst. Jedoch ist der wissenschaftliche Erkenntnisstand zu den komplexen Zusammenhängen zwischen den beiden Feldern insbesondere vor dem Hintergrund der Rechnungslegungsvorschriften nach IFRS für europäische Nichtbanken und den Besonderheiten bestimmter Rohstoffmärkte begrenzt.

[1301] So auch AarhusKarlshamm (2011), S. 4; Deloitte (2011), S. 17; PwC (2011), S. 18. Vgl. auch Kholmy/Weiherich (2012), S. 232.

[1302] Vgl. ED/2009/7.BC47 und Leibfried/Jaskolski (2009), S. 472.

[1303] So auch Märkl/Glaser (2011), S. 132; Flick et al. (2011), S. 125; AarhusKarlshamm (2011), S. 3; Ernst & Young (2011), S. 4.

[1304] So auch Löw/Clark (2011), S. 129.

- Die vorliegende Arbeit hat daher das Ziel verfolgt, in einer integrierten Betrachtung zu untersuchen, welche Formen von Rohstoffgeschäften Industrie- und Handelsunternehmen für die Steuerung ihrer Rohstoffpreisrisiken einsetzen, wie die Besonderheiten einzelner Rohstoffmärkte ihre Steuerung beeinflussen, welche Implikationen sich daraus für die Bilanzierung nach IFRS ergeben und wie deren Eignung im Hinblick vor allem auf das IFRS-Rahmenwerk zu würdigen ist. Im Vordergrund stehen dabei die Risikosteuerung und die Preisrisiken auf Rohstoffmärkten. Erstere schafft die Sachverhalte, die in der Rechnungslegung abzubilden sind. Letzteres ist das vornehmlich finanzwirtschaftlich gesteuerte Rohstoffrisiko.
- Im Vergleich zu Währungs-, Zins- und Kreditmärkten sind Rohstoffmärkte durch die physischen Eigenschaften der Warengüter wie beispielsweise die Nichtlagerbarkeit von Strom und sich daraus ableitenden Besonderheiten für die Struktur physischer und finanzieller Märkte geprägt. Entsprechend ihrer Position in der Wertschöpfung nehmen die Marktteilnehmer unterschiedliche Rollen – insbesondere als Produzent, verarbeitendes Unternehmen, Verbraucher oder Händler – wahr und sind unterschiedlichen Risikoprofilen ausgesetzt.
- Um den Kontext der Sicherungsaktivitäten von Industrie- und Handelsunternehmen zu erläutern, wurde der Risikomanagementprozess einschließlich seiner Instrumente und Methoden in der Risikoidentifikation, der Risikomessung und -bewertung, der strategischen und operativen Risikosteuerung, der Risikoüberwachung und -kontrolle sowie der Überwachung des Risikomanagementsystems an sich dargestellt.
- Die Arbeit hat detailliert aufgezeigt, wie die Risikosteuerung in den einzelnen Energie-, Edelmetall-, Metall- und Agrarmärkten ausgestaltet ist und wie die Sicherungspraxis von Branchenusancen und Existenz entwickelter Märkte für Sicherungsprodukte abhängt. Dies wird insbesondere im Fall der Edelmetall- und Energiemärkte deutlich, wo eine Vielzahl von komplexen Hedging-Strategien zur Verfügung steht. Grundsätzlich überwiegen jedoch Sicherungsstrategien, die auf einfacheren Instrumenten wie Termingeschäften und Optionskontrakten – entweder in Form von Derivaten oder der Vertragsgestaltung der Lieferbeziehungen – basieren. Aufgrund von Unterschieden der physischen zu den finanziellen Kontrakten spielen zudem regelmäßig nennenswerte Basisrisiken hinsichtlich Fälligkeit, Lieferort oder Produktgüten eine Rolle.
- Auf der Grundlage der qualitativen Anforderungen des IFRS-Rahmenwerks und mit zwei weiteren rohstoffspezifischen Aspekten wurde ein Katalog allgemeingültiger Kri-

terien hergeleitet, der als Beurteilungsrahmen für die Analyse der Rechnungslegungsvorschriften herangezogen wurde.

- Mit Rohstoffvorräten, Warenlieferverträgen und Rohstoffderivaten wurden drei Formen von Rohstoffgeschäften definiert, für die ein integrierter vierstufiger Analyserahmen entwickelt wurde, der die Untersuchung der bilanziellen Auswirkungen der Risikosteuerung anhand aller Ausprägungen von Rohstoffgeschäften ermöglicht und strukturiert. Hierbei wurden insbesondere die Vorschriften von IAS 2, IAS 37 und IAS 39 einbezogen und in Zusammenhang zueinander gestellt, um die Rolle sowohl nicht-derivativer als auch derivativer Formen der Rohstoffrisikosteuerung widerzuspiegeln.
- Aufbauend auf dem Analyserahmen wurde mithilfe von Fallunterscheidungen, die sowohl die Position in der Wertschöpfungskette als auch eine auf fixierten bzw. auf variablen Preisen basierte Steuerungsstrategie berücksichtigen, gezeigt, wie bereits einseitig rohstoffabhängige Unternehmen regelmäßig Schwierigkeiten haben, dass ihr Sicherungsverhalten ökonomisch richtig in der Bilanzierung relektiert wird. Ebenso wurden die spezifischen Schwierigkeiten von Rohstoffhändlern und rohstoffverarbeitenden Unternehmen als zweiseitig rohstoffabhängige Marktteilnehmer aufgearbeitet. Mit zahlreichen Fallbeispielen wurden zudem einzelne Problemfelder veranschaulicht und die Besonderheiten einzelner Rohstoffmärkte näher untersucht.
- Es wurde festgestellt, dass ein hoher Komplexitätsgrad der Rechnungslegungsvorschriften wiederholt den Ausweis von Sicherungsstrategien einschränkt. Schon die Einordnung von im Rohstoffrisikomanagement gängigen Sachverhalten nach IFRS ist mit signifikanten Schwierigkeiten verbunden. Hier ist insbesondere auf die Abgrenzungen hinsichtlich eines Barausgleichs sowie auf die uneinheitlichen Bilanzierungsfolgen ähnlicher Sachverhalte wie einer Stillhalterposition und eines eingebetteten Derivats zu verweisen. Des Weiteren ist die Frage strittig, inwieweit ein Warenliefervertrag teilweise zum Eigenbedarf und teilweise als Derivat (und dieses gegebenenfalls als Sicherungsinstrument eines All-in-one-Hedge) klassifiziert werden kann.
- Die Regelungen zum Hedge Accounting können oftmals nicht ihrer Zielsetzung gerecht werden, Accounting Mismatches zu vermindern. Nicht zuletzt aufgrund des Verbots, Einzelrisiken zu designieren, erweist sich Hedge Accounting häufig als nicht praxistauglich, so dass sich eine Verringerung der Ergebnisvolatilität im Einklang mit dem ökonomischen Hedging bilanziell nicht nachvollziehen lässt. Im Gegensatz zum Beispiel zu Regelungen bei Fremdwährungsrisiken berücksichtigen die IFRS rohstoff-

spezifische Besonderheiten nicht, die – wie Basisrisiken hinsichtlich Lieferort, Lieferzeit und Qualität oder wie die Unbestimmtheit der Warengüte einer erwarteten Rohstoffbeschaffung – aus den Eigenschaften von Rohstoffen als Realgüter resultieren und die den Effektivitätsnachweis erschweren. Während für Rohstoffhändler eine erweiterte Bewertung zu beizulegenden Zeitwerten auch für Rohstoffvorräte verfügbar ist, ist ein ökonomisch sinnvoller Ausweis der Sicherungsstrategien von rohstoffverarbeitenden Unternehmen stärker von den verschiedenen Bewertungsmodellen abhängig, denen die einzelnen Positionen unterliegen. Des Weiteren fehlt insbesondere die Möglichkeit, eine Risikosteuerung auf Basis von Nettopositionen angemessen abzubilden, wie es das IASB für Zinsrisiken mit spezifischen Portfolio Hedge Accounting-Modellen vorsieht.

- Die Arbeit hat aufgezeigt, dass die beobachteten Einschränkungen nicht nur auf komplexe Hedging-Sachverhalte wie im Fall von Commodity-Spread-Produkten, sondern bereits auf verhältnismäßig einfache Hedging-Strategien zutreffen, die auf Termin- und Optionsgeschäften basieren und wie sie auch vorangehend als typisch für den Einsatz bei Industrie- und Handelsunternehmen ausgemacht wurden.
- Die Defizite, die die theoretische Analyse der Rechnungslegungsvorschriften offengelegt hat, spiegeln sich in der kritischen Würdigung anhand des eingangs definierten Beurteilungsrahmen in den Kriterien sowohl der Standardkonformität als auch der Rohstoffadäquanz wider. So konnte festgehalten werden, dass sich neben der Klassifikation von Rohstoffgeschäften gerade die Vorschriften zum Hedge Accounting negativ auf die Relevanz der Informationen sowie auf eine glaubwürdige Darstellung auswirken können. Vergleichbarkeit und Verständlichkeit sind vor allem durch die Auslegungsfragen beeinträchtigt, die das IASB nicht eindeutig geregelt hat. Negativ auf die Kosten-Nutzen-Abwägung wirken sich zudem die formalen Anforderungen aus. Die Vorschriften zur Einordnung von Rohstoffgeschäften berücksichtigen den Geschäftszweck, jedoch ist von einer deutlich stärkeren Orientierung an diesem Kriterium eine Reduktion der Komplexität zu erwarten. Gerade im Hinblick auf die Hybridität konnte gezeigt werden, dass eine Fair Value-Option für nicht-finanzielle Vermögenswerte dem Charakter von Warenlieferverträgen – als schwebende Verträge oder als Derivate – gerecht würde.
- Für die empirische Untersuchung wurde die Fallstudienmethode gewählt, um die Erkenntnisse der theoretischen Analyse vornehmlich basierend auf Experteninterviews um Beobachtungen des Rohstoffrisikomanagements und der Auswirkungen der Rechnungslegungsvorschriften in ihrem natürlichen Kontext zu erweitern. Mit der Thys-

senKrupp AG, Lufthansa AG und E.ON AG standen drei führende rohstoffabhängige Großunternehmen als Untersuchungsobjekte zur Verfügung, die als Produzenten, verarbeitende Unternehmen, Verbraucher oder Händler von Rohstoffen in den Energie- bzw. Metallmärkten ein umfassendes Bild der Unternehmenspraxis zu gewinnen ermöglichen.

- Die Fallstudie hat verdeutlicht, dass sich die Risikomanagementsysteme der Unternehmen in der Regel zwar einander ähneln, dass die Praxis jedoch ein breites Spektrum von Ansätzen und Instrumenten zur Risikosteuerung entwickelt hat. Die konkrete Ausgestaltung des Rohstoffrisikomanagements wird durch das Geschäftsmodell, den Wettbewerb, die Industriepraxis, verfügbare Instrumente und – in bestimmten Fällen – durch die Bilanzierbarkeit bestimmt.
- Die zentrale Rolle von nicht-derivativen Instrumenten – wie langfristigen Lieferverträgen, Preisweitergabemechanismen und Back-to-Back-Geschäfte – findet sich auch bei den drei beobachteten Unternehmen. Bei Rohstoffderivaten werden ebenfalls einfache Sicherungsinstrumente bevorzugt. ThyssenKrupp und E.ON setzen vor allem Terminkontrakte ein. Die Hedging-Strategie von Lufthansa basiert vornehmlich auf kombinierten Optionsgeschäften. Komplexere Sicherungsinstrumente wie Spread-Produkte finden höchstens in Einzelfällen Anwendung.
- Hinsichtlich der bilanziellen Behandlung hat die Fallstudie die praktische Bedeutung der Problemfelder bestätigt, die die theoretische Analyse aufgezeigt hat. Insbesondere im Energiesektor treten Fragen des Barausgleichs, von Stillhalterpositionen und der Abfärbung häufig auf. Dies lässt sich auf die fortgeschrittenen Methoden der Risikosteuerung im Energiemarkt zurückführen, bei denen eine integrierte Betrachtung sowohl der aus dem originären Geschäftsbetrieb stammenden Positionen als auch der Handelspositionen erfolgt.
- Bilanzielle Sicherungsbeziehungen haben bei ThyssenKrupp und E.ON eine untergeordnete Bedeutung. Wenn Hedge Accounting angewandt wird, liegt erwartungsgemäß üblicherweise ein Cash Flow-Hedge vor. Die geringe Nutzung von bilanziellen Sicherungsbeziehungen lässt sich zu einem großen Teil auf Schwierigkeiten bei dem Effektivitätsnachweis zurückführen, die unter anderem daraus resultieren, dass Einzelrisiken nicht als Grundgeschäfte designiert werden können. Zudem ist naheliegend, dass die bilanzielle Abbildung der Risikosteuerung gleichermaßen von den Ausnahmeregelungen profitieren würde, die das IASB in ähnlicher Form für Währungsrisiken im Hinblick auf konzerninterne Transaktionen oder nicht-derivative Sicherungsinstrumente vorsieht.

- Es beeindruckt, wie ThyssenKrupp Metallurgie, das Metallhandelsgeschäft von ThyssenKrupp, seine Risikosteuerung durch eine Bilanzierung aller Posten zum Fair Value auffallend einfach und problemfrei abzubilden in der Lage ist. Dies unterstreicht, dass eine allgemeine Fair Value-Option für Rohstoffgeschäfte durchaus ein angemessener Weg sein kann, um einem Unternehmen eine Alternative zu dem komplexen Regelwerk sowohl der Grundgeschäfte für sich als auch des Hedge Accounting zu bieten.
- Positiv zu bewerten ist, dass ThyssenKrupp, Lufthansa und E.ON gleichermaßen ökonomisch sinnvolle Sicherungsentscheidungen umsetzen, auch wenn diese mit adversen Bilanzierungsfolgen einhergehen können. Die Präferenz für einfache Sicherungsstrategien lässt jedoch vermuten, dass die IFRS zu einem gewissen Grad die Ausgestaltung der Risikosteuerung beeinflussen. Als Beispiel für eine Tendenz zur Begünstigung einfacher Sicherungsinstrumente durch die IFRS lässt sich die optionsbasierte Hedging-Strategie der Lufthansa anführen. Dort wird in Kauf genommen, dass die Trennung von innerem Wert und Zeitwert einer Option zu ökonomisch unbegründeter Ergebnisvolatilität führen kann.
- Im Hinblick auf die untersuchten Unternehmen ist zu berücksichtigen, dass es sich um ressourcenstarke Großkonzerne handelt, die bezüglich ihres Know-how als Klassenbeste einzustufen sind. So lässt sich festhalten, dass vor allem bei kleineren als den hier untersuchten Unternehmen wegen des hohen Komplexitätsgrades der Regelungen eine homogene Anwendung der IFRS im Rohstoffbereich fraglich ist.
- Hinsichtlich der Beurteilungskriterien untermauert die Fallstudie die Einschätzung der Rechnungslegungsvorschriften auf Grundlage der theoretischen Analyse. Als Ausdruck einer Kosten-Nutzen-Abwägung wird der regelmäßige Verzicht auf Hedge Accounting von ThyssenKrupp und E.ON mit Verweis auf das Verbot, Einzelrisiken für Sicherungsbeziehungen zu designieren, und die damit eng verbundenen Schwierigkeiten in der Effektivitätsmessung begründet. Dies schränkt die Relevanz der zur Verfügung gestellten Informationen grundlegend ein. Für ThyssenKrupp stehen insbesondere operative Flexibilitätsanforderungen in der Produktion im Konflikt mit der Wirtschaftlichkeitseinschätzung von Hedge Accounting. Verzerrungen in der Gewinn- und Verlustrechnung, die für Lufthansa aus ihrer optionsbasierten Sicherungsstrategie resultieren, sind ein Beispiel, wie die glaubwürdige Darstellung negativ beeinflusst wird. Insbesondere bei der konzernübergreifenden Rohstoffrisikosteuerung bei E.ON zeigen sich die Defizite für Vergleichbarkeit und Verständlichkeit, die aus den Regelungen zur Einordnung von Rohstoffgeschäften und den damit verbundenen Grenzfällen folgen. Indem die Beobachtungen bei E.ON sowie den verschiedenen Geschäftsbe-

reichen von ThyssenKrupp gegenübergestellt wurden, wurde zudem die mangelnde Robustheit der Rechnungslegungsvorschriften hinsichtlich Geschäftszweck und Hybridität verdeutlicht. Schließlich konnten die Erkenntnisse der Fallstudie in Zusammenhang mit vorangegangenen Studien gestellt und Erklärungsansätze für deren Beobachtungen erarbeitet werden.

- Mit den aktuellen Änderungen nach IFRS 9 wurde ein Ausblick auf die in Zukunft für Rohstoffgeschäfte relevanten Rechnungslegungsvorschriften gegeben. Zunächst profitiert das Hedge Accounting insbesondere von dem prinzipienorientierteren Effektivitätsnachweis, dem modifizierten Ausweis des Zeitwerts von Optionen sowie der generellen Designierbarkeit einzelner Risikokomponenten und aggregierter Risikopositionen. Jedoch bestehen Inkonsistenzen zum Beispiel in der Behandlung verschiedener Risikoarten und eingebetteter Derivate, das Cash Flow Hedge Accounting-Modell wird in seiner Anwendung signifikant begrenzt und Änderungen zur Bilanzierung von offenen Portfolien – und möglicherweise dadurch bedingte Anpassungen der verabschiedeten Phasen – sind noch abzuwarten. Obwohl das IASB den Anwendungsbereich der Fair Value-Option auf nicht-finanzielle Grundgeschäfte ausgeweitet hat, die unter die Ausnahme zum Eigenbedarf fallen, ist es kritisch zu bewerten, dass die problembehaftete Definition des Anwendungsbereichs von IAS 39 in die Regelungen nach IFRS 9 übernommen wurden, ohne die bestehenden Fragen zu klären.
- Gerade im Hinblick auf IFRS 9 bleibt der in dieser Arbeit behandelte Themenkomplex auf absehbare Zeit ein interessantes Untersuchungsobjekt. Weitere Arbeiten könnten zum Beispiel in Form von Simulationsstudien ex ante die Auswirkungen der neuen Vorschriften auf die Rechnungslegungswerke analysieren. Ebenso kann nach erfolgreichem Endorsement durch die EU das Entscheidungsverhalten rohstoffabhängiger Unternehmen hinsichtlich einer vorzeitigen Anwendung von IFRS 9 untersucht werden. Hier bietet sich erneut die wissenschaftliche Fallstudie als Forschungsmethode an. Aus einer komparativen Studie der Güte von Analystenprognosen vor und nach Einführung von IFRS 9 könnten Aussagen zur Entscheidungsnützlichkeit abgeleitet werden. Schließlich kann aus Sicht der Lobbyismus-Forschung von Interesse sein, wie sich verschiedene Interessengruppen und Branchen in den einzelnen Projektphasen eingebracht haben und inwiefern sich ihre Positionen in dem finalen Standard wiederfinden.

Anhang A: Analyserahmen zur bilanziellen Untersuchung von Rohstoffgeschäften nach IFRS[1305]

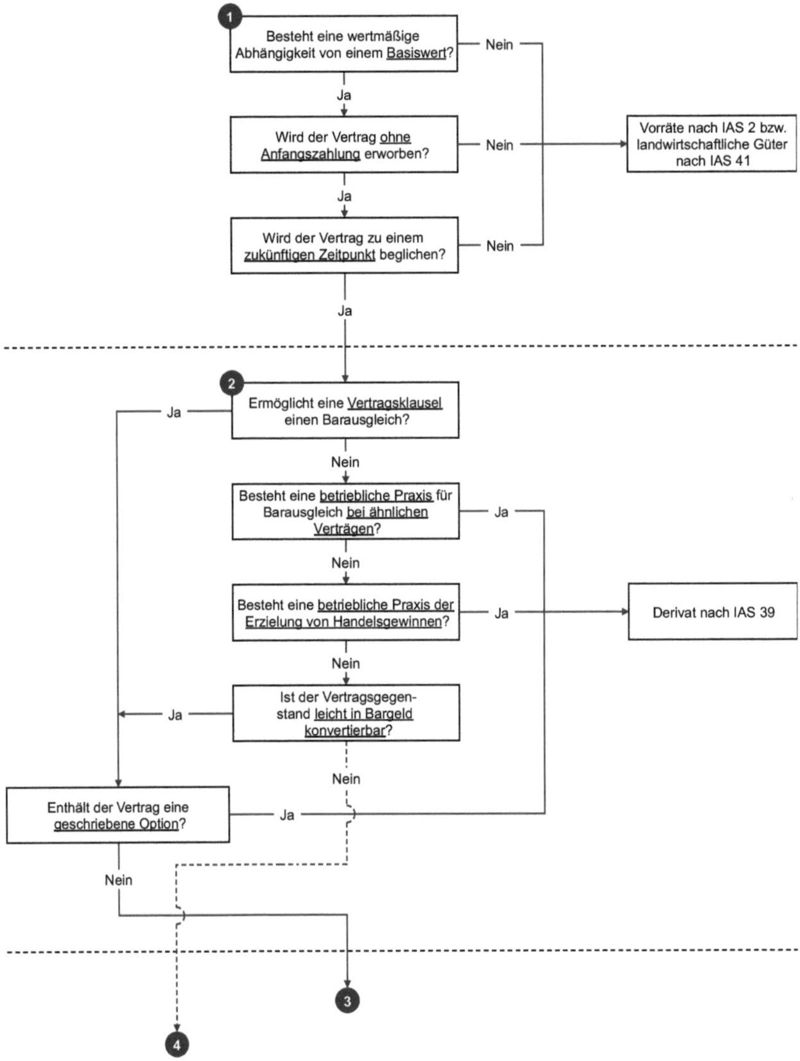

[1305] Quelle: Eigene Darstellung.

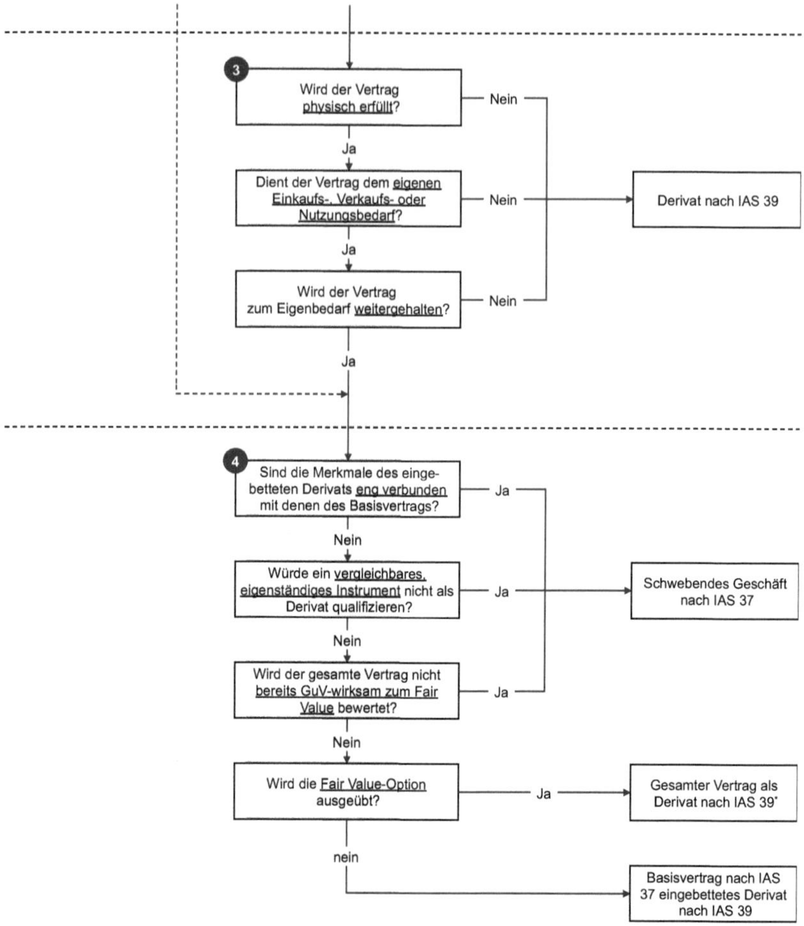

* Die Anwendbarkeit der Fair Value-Option bei nicht-finanziellen Basisverträgen ist nicht eindeutig geregelt.

Anhang B: Bilanzielle Abbildung der Risikosteuerung bei Rohstoffgeschäften[1306]

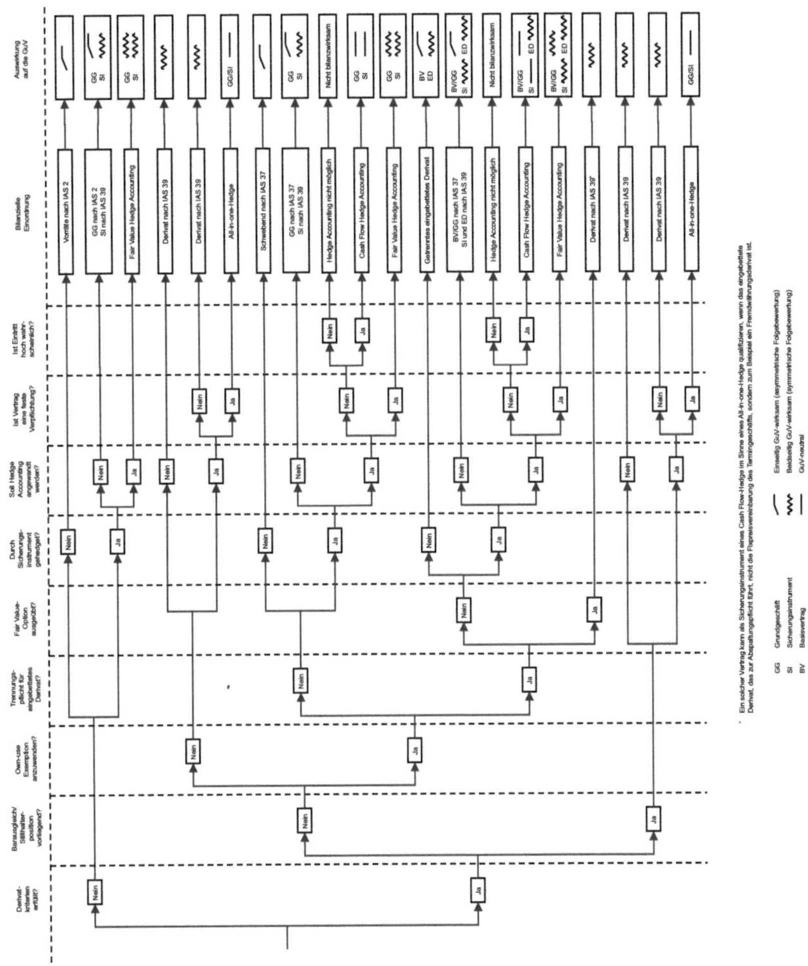

[1306] Quelle: Eigene Darstellung.

Anhang C: Allgemeiner Interviewleitfaden für die Experteninterviews

1. Risikomanagementsystem und die Steuerung von Rohstoffpreisrisiken

- Wie ist das Risikomanagementsystem aufgebaut? Welche Aspekte erfolgen zentral, welche dezentral?
- Welches Gewicht haben die verschiedenen Typen von Rohstoff-Exposures, denen das Unternehmen ausgesetzt ist?
- Welche Rolle spielt das finanzielle Hedging im Vergleich zum operativen Hedging (zum Beispiel Gestaltung der Lieferverträge, Weitergabe von Preissteigerungen an Abnehmer)? Welche Bedeutung haben langfristige Lieferverträge für die Steuerung von Rohstoffpreisrisiken?
- Inwiefern baut die Steuerung von Rohstoffpreisrisiken auf einem bestimmten Hedging-Schema auf? Gab es gegebenenfalls alternative Absicherungsansätze?
- Setzt das Unternehmen primär auf OTC- oder auf börsengehandelte Derivate für das Rohstoffpreis-Hedging?
- Wie erlaubt das Risikomanagementsystem, Risikopositionen entsprechend einer Einschätzung der Rohstoffpreisentwicklung offen zu halten?
- Wie sieht die Handhabung von Basisrisiken aus? Ist das Sicherungsverhalten von kurzfristigen Verzerrungen von Marktpreisen (zum Beispiel veränderte Korrelationen) betroffen?

2. Bilanzielle Behandlung der Rohstoffrisikosteuerung nach den IFRS

- Stellen die IFRS für das Unternehmen ein geeignetes Rechnungslegungssystem dar, um die Risikosteuerung auf Rohstoffmärkten bilanziell abzubilden?
    - Wie weit können die Hedging-Aktivitäten bilanziell in dem gewünschten Maß abgebildet werden?
    - Wo bestehen Grenzen?
- Welche Auswirkungen haben die Regelungen der IFRS zum Hedge Accounting auf die Bilanzierung von Sicherungsbeziehungen von Rohstoffen bei dem Unternehmen?
    - Bei welchen Typen von Absicherungsgeschäften nutzt das Unternehmen

      a) die Regeln des IAS 39 zum Hedge Accounting,

b) die Fair Value-Option bzw.

c) die Own Use Exemption?

- Muss aufgrund der Rechnungslegungsvorschriften nach IFRS auf Hedging-Geschäfte verzichtet werden?

Anhang D: Kategoriensystem der qualitativen Inhaltsanalyse

Kategorie	Bezeichnung	Beschreibung
A	**Unternehmensbeschreibung**	
A.1	Geschäftsaktivitäten	Grundlegende Unternehmensbeschreibung
A.2	Geschäftsfelder	Beschreibung der Märkte, auf denen das Unternehmen aktiv ist, und der Unternehmensstruktur
B	**Risikopolitik und Risikomanagementsystem**	
B.1	Risikopolitik	Politik und Strategie für den Umgang mit (Rohstoffpreis-)Risiken
B.2	Risikoorganisation	Organisatorische Verankerung des (Rohstoffpreis-)Risikomanagements
B.3	Zentralisierungsgrad	Überwiegend zentral oder dezentral organisiertes Risikomanagement
B.4	Risikomanagementprozess	Methoden und Verantwortlichkeiten der Prozessschritte
C	**Risikosteuerung**	
C.1	Relevante Rohstoffpreisrisiken	Preisrisiken hergestellter, weiterverarbeiteter oder verbrauchter Rohstoffe, Ausgestaltung von Beschaffung und Absatz von Rohstoffen, Bedeutung von Basisrisiken
C.2	Sicherungsverhalten	Umsetzung der Sicherungsstrategie

C.3	Nicht-derivative Risikosteuerung	Vertragsgestaltung, Preisformeln, Branchenpraxis
C.4	Derivative Risikosteuerung	Warentermingeschäfte, Optionen, Swaps, strukturierte Finanzinstrumente, börsennotiert versus over-the-counter
C.5	Spekulative Positionen	Positionen, die aus einem Spekulationsmotiv eingegangen bzw. ungesichert belassen werden
D	**Bilanzierung**	
D.1	Bilanzierung der Rohstoffgeschäfte	Klassifikation, Händler-Makler-Ausnahme, Barausgleich, Own-use Exemption, eingebettete Derivate
D.2	Hedge Accounting	Anwendung, Hedge Accounting-Modelle, Ausgestaltung und Hindernisse bei bilanziellen Sicherungsbeziehungen
D.3	Accounting Mismatches und andere Einschränkungen	Verbleibende Rechnungslegungsanomalien, Grenzen der Abbildbarkeit
D.4	Rückwirkungen auf die Risikosteuerung	Verzicht auf ökonomisch sinnvolle Sicherungen, Einfluss auf Vertragsgestaltung

Anhang E: Schematische Übersicht der Bilanzierungstatbestände bei der ThyssenKrupp Stainless AG[1307]

Edelstahl

Schrott

Einkauf auf dem Spotmarkt .... IAS 2

Chrom

Einkauf über langfristige Lieferverträge .... IAS 37 (OUE)[1308]

Nickel

Edelstahlverkauf zu variablen Preisen (Legierungszuschlag)

Edelstahlverkauf zu Basispreis zzgl. Legierungszuschlag .... IAS 37 (OUE)
Nickeleinkauf über langfristige Lieferverträge mit variablem Preis .... IAS 37 (OUE)
Ggf. Feinjustierung durch LME-Futures .... IAS 39

Edelstahlverkauf zu fixen Preisen

Edelstahlverkauf über Jahresverträge mit Fixpreisen .... IAS 37 (OUE)

Nickeleinkauf:

a) Nickeleinkauf über langfristige Lieferverträge mit variablem Preis ... IAS 37 (OUE)
LME-Futures (auf Nickel) zur Absicherung .... IAS 39
Sicherungsbeziehung mit forecast transaction als Grundgeschäft .... CFHA
b) Nickeleinkauf kurzfristig über physisch gelieferte LME-Futures .... IAS 37 (OUE)
c) Nickeleinkauf durch Lieferverträge mit fixem Preis .... IAS 37 (OUE)

Nickellegierungen

Verkauf der Nickellegierungen über Festpreislieferverträge .... IAS 37 (OUE)
Nickeleinkauf über langfristige Lieferverträge mit variablem Preis .... IAS 37 (OUE)
Absicherung durch LME-Futures .... IAS 39
(ThyssenKrupp VDM praktiziert kein Hedge Accounting.)

1307 Quelle: Eigene Darstellung in Anlehnung an ThyssenKrupp Stainless AG, Interview vom 18. März 2009 in Düsseldorf; ThyssenKrupp AG (2008) und ThyssenKrupp Stainless AG (2008).

1308 OUE: Anwendung der Eigennutzungsausnahme („Own-use Exemption")

Literaturverzeichnis

AarhusKarlshamm (Hrsg.) (2011): *Comment Letter 91: ED Hedge Accounting, 16.03.2011*, abrufbar unter: http://www.ifrs.org/Current-Projects/IASB-Projects/Financial-Instruments-A-Replacement-of-IAS-39-Financial-Instruments-Recognitio/Phase-III-Hedge-accounting/edcl/comment-letters/Documents/AAKCommentLetter.pdf

Abuaf, Niso; Schoess, Stephan (1988): *Foreign-Exchange Exposure Management*, New York: Executive Enterprises Publications & Co.

Achenbach et al. (Hrsg.) (2003): *Strategische und internationale Perspektiven des Managements. Festschrift zum 60. Geburtstag von Prof. Dr. Martin K. Welge*, Lohmar/Köln: Eul

Adam, Tim et al. (2007): *Financial Constraints, Competition, and Hedging in Industry Equilibrium*, in: Journal of Finance, 62. Jg., Nr. 5, S. 2445-2473

Adam, Tim R.; Fernando, Chitru S. (2006): *Hedging, speculation, and shareholder value*, in: Journal of Financial Economics, 81. Jg., Nr. 2, S. 283-309

Adam, Tim R.; Fernando, Chitru S. (2008): *Can Companies Use Hedging Programs to Profit from the Market? Evidence from Gold Producers*, in: Journal of Applied Corporate Finance, 20. Jg., Nr. 4, S. 86-97

Adams, Zeno; Gerner, Mathias (2012): *Cross hedging jet-fuel price exposure*, in: Energy Economics, 34. Jg., Nr. 5, S. 1301-1309

Adler, Michael; Dumas, Bernard (1984): *Exposure to Currency Risk: Definition and Measurement*, in: Financial Management, 13. Jg., Nr. 2, S. 41-50

Aeschimann, Stefan (2007): *Stromhandel als zentrales Wettbewerbselement im liberalisierten europäischen Strommarkt*, in: Weber, Rolf H. (Hrsg.) (2007a): *Stromhandel*, Zürich/Basel/Genf: Schulthess, S. 13-22

Ahrens, Thomas; Dent, Jeremy (1998): *Accounting and Organizations. Realizing the Richness of Field Research*, in: Journal of Management Accounting Research, 10. Jg., S. 1-39

Aïd, René et al. (2011): *Hedging and Vertical Integration in Electricity Markets*, in: Management Science, 57. Jg., Nr. 8, S. 1438-1452

Air France-KLM (Hrsg.) (2008): *Relevant Material 13: Round-table on global financial crisis*, 12.11.2008, abrufbar unter: http://www.ifrs.org/Current-Projects/IASB-Projects/Round-tables-on-global-financial-crisis/Relevant-materials/Documents/13AFKL.pdf

Albers, Sönke et al. (Hrsg.) (2007): *Methodik der empirischen Forschung*, 2. Auflage, Wiesbaden: Gabler

Alcoa (Hrsg.) (2011): *Comment Letter 169: ED Hedge Accounting, 09.03.2011*, abrufbar unter: http://www.ifrs.org/Current-Projects/IASB-Projects/Financial-Instruments-A-Replacement-of-IAS-39-Financial-Instruments-Recognitio/Phase-III-Hedge-accounting/edcl/comment-letters/Documents/AlcoaIASBHedgeAccountingEDResponse.pdf

Alexander, Carol (2004): *Correlation in Crude Oil and Natural Gas Markets*, in: Kaminski, Vincent (Hrsg.) (2004): *Managing Energy Price Risk. The New Challenges and Solutions*, 3. Auflage, London: Risk Books, S. 573-604

Alkebäck, Per et al. (2006): *Derivative usage by non–financial firms in Sweden 1996 and 2003: What has changed?*, in: Managerial Finance, 32. Jg., Nr. 2, S. 101-114

Alkebäck, Per; Hagelin, Niclas (1999): *Derivative Usage by Nonfinancial Firms in Sweden with an International Comparison*, in: Journal of International Financial Management and Accounting, 10. Jg., Nr. 2, S. 105-120

Allen, Marcus T. et al. (1994): *Over-Reactions in U.S. Agricultural Commodity Prices*, in: Journal of Agricultural Economics, 45. Jg., Nr. 2, S. 240-251

Amhof, Roger; Schweizer, Markus (2000): *Positives Risikomanagement*, in: Der Schweizer Treuhänder, 74. Jg., Nr. 8, S. 713-721

Amic, Etienne; Lautard, Philippe (2004): *The Oil Market*, in: Kaminski, Vincent (Hrsg.) (2004): *Managing Energy Price Risk. The New Challenges and Solutions*, 3. Auflage, London: Risk Books, S. 215-262

Amihud, Yakov (1994): *Exchange Rates and the Valuation of Equity Shares*, in: Amihud, Yakov; Levich, Richard M. (Hrsg.) (1994): *Exchange rates and corporate performance*, Burr Ridge: Irwin, S. 49-59

Amihud, Yakov; Levich, Richard M. (Hrsg.) (1994): *Exchange rates and corporate performance*, Burr Ridge: Irwin

Ammon, Norbert (1998): *Why Hedge? A Critical Review of Theory and Empirical Evidence*, ZEW Discussion Papers, No. 98-18

Ansoff, H. Igor (1976): *Managing Surprise and Discontinuity – Strategic Response to Weak Signals*, in: Zeitschrift für betriebswirtschaftliche Forschung, 28. Jg., Nr. 3, S. 129-152

Anson, Mark J. P. (2008): *The Pricing and Economics of Commodity Futures*, in: Fabozzi, Frank J. et al. (Hrsg.) (2008a): *The Handbook of Commodity Investing*, Hoboken, NJ: John Wiley & Sons, S. 38-55

Archer Daniels Midland (Hrsg.) (2011): *Comment Letter 171: ED Hedge Accounting, 09.03.2011*, abrufbar unter: http://www.ifrs.org/Current-Projects/IASB-Projects/Financial-Instruments-A-Replacement-of-IAS-39-Financial-Instruments-Recognitio/Phase-III-Hedge-accounting/edcl/comment-letters/Documents/IASB_Hedge_ED_ADM_Comments.pdf

Archer, Simon (1993): *On the methodology of a conceptual framework for financial accounting. Part 2. From jurisprudence to soft systems analysis*, in: Accounting, Business & Financial History, 3. Jg., Nr. 1, S. 62-122

Aretz, Kevin; Bartram, Söhnke M. (2010): *Corporate Hedging and Shareholder Value*, in: Journal of Financial Research, 33. Jg., Nr. 4, S. 317-371

Aruga, Kentaka; Managi, Shunsuke (2011): *Price linkages in the copper futures, primary, and scrap markets*, in: Resources, Conservation and Recycling, 56. Jg., Nr. 1, S. 43-47

Atteslander, Peter (2010): *Methoden der empirischen Sozialforschung*, 13. Auflage, Berlin: Schmidt

Bachev, Hrabrin (2012): *Governing Agrarian Risks*, Working Paper, abrufbar unter: http://ssrn.com/abstract=2154508

Bachmeier, Lance J.; Griffin, James M. (2006): *Testing for market integration crude oil, coal, and natural gas*, in: Energy Journal, 27. Jg., Nr. 2, S. 55-71

Baetge, Jörg (1998): *Instrumente eines effizienten Risikomanagement und Controlling*, in: Reichmann, Thomas (Hrsg.) (1998): *Tagungsband zum 13. Deutschen Controlling Congress*, Dortmund: Gesellschaft für Controlling, S. 63-88

Baetge, Jörg et al. (2012): *Bilanzen*, 12. überarbeitete Auflage, Düsseldorf: IDW-Verlag

Baetge, Jörg et al. (Hrsg.) (2013): *Rechnungslegung nach IFRS. Kommentar auf Grundlage des deutschen Bilanzrechts*, 2. Auflage, 20. Ergänzungslieferung (Juli 2013), Stuttgart: Schäffer-Poeschel

Baetge, Jörg; Schulze, Dennis (1998): *Möglichkeiten der Objektivierung der Lageberichterstattung über „Risiken der künftigen Entwicklung": ein Vorschlag zur praktischen Umsetzung der vom KonTraG verlangten Berichtspflichten*, in: Der Betrieb, 51. Jg., Nr. 19, S. 937-948

BaFin (2009): *Mindestanforderungen an das Risikomanagement – MaRisk*, in: Rundschreiben 15/2009, 14.08.2009, abrufbar unter: http://www.bafin.de/cln_161/nn_722758/SharedDocs/Veroeffentlichungen/DE/Service/Rundschreiben/2009/rs__0915__ba__marisk.html#doc1650106bodyText12

Bagozzi, Richard P. et al. (1991): *Assessing Construct Validity in Organizational Research*, in: Administrative Science Quarterly, 36. Jg., Nr. 3, S. 421-458

Bailey, Carol A. (1996): *A Guide to Field Research*, Thousand Oaks, CA: Sage Publications

Baldursson, Fridrik M. (1999): *Modelling the price of industrial commodities*, in: Economic Modelling, 16. Jg., Nr. 3, S. 331-353

Bali, Turan G. et al. (2007): *A New Look at Hedging With Derivatives: Will Firms Reduce Market Risk Exposure?*, in: Journal of Futures Markets, 27. Jg., Nr. 11, S. 1053–1083

Ballwieser, Wolfgang (2013): *IFRS-Rechnungslegung: Konzept, Regeln und Wirkungen*, 3. Auflage, München: Vahlen

Ballwieser, Wolfgang et al. (Hrsg.) (2002): *Handwörterbuch der Rechnungslegung und Prüfung,* 3. Auflage, Stuttgart: Schäffer-Poeschel

Ballwieser, Wolfgang; Dobler, Michael (2011): *Abschnitt 26. Branchenspezifische Rechnungslegungsvorschriften*, in: Mackenzie, Bruce; Ballwieser, Wolfgang (Hrsg.) (2011): *Handbuch International Financial Reporting Standards 2011*, Weinheim: Wiley, S. 1033-1070

Bamberg, Günter; Coenenberg, Adolf Gerhard (1974): *Betriebswirtschafliche Entscheidungslehre*, München: Verlag Vahlen

Banse, Gerhard; Bechmann, Gotthard (1998): *Interdisziplinäre Risikoforschung. Eine Bibliographie*. Opladen: Westdeutscher Verlag

Barckow, Andreas (2004): *Die Bilanzierung von derivativen Finanzinstrumenten und Sicherungsbeziehungen. Eine Gegenüberstellung des deutschen Bilanzrechts mit SFAS 133 und IAS 32/39*, Düsseldorf: IDW Verlag (zugl. Diss. Universität Paderborn, 2003)

Bartram, Söhnke M. (1999): *Corporate Risk Management: Eine empirische Analyse der finanzwirtschaftlichen Exposures deutscher Industrie- und Handelsunternehmen*, Bad Soden/Ts.: Uhlenbruch (zugl. Diss. Wissenschaftliche Hochschule für Unternehmensführung Koblenz, 1998)

Bartram, Söhnke M. (2004): *Linear and nonlinear foreign exchange rate exposures of German nonfinancial corporations*, in: Journal of International Money and Finance, 23. Jg., Nr. 4, S. 673–699

Bartram, Söhnke M. (2005): *The Impact of Commodity Price Risk on Firm Value - An Empirical Analysis of Corporate Commodity Price Exposures*, in: Multinational Finance Journal, 9. Jg., Nr. 3/4, S. 161-187

Bartram, Söhnke M. et al. (2009): *International Evidence on Financial Derivatives Usage*, in: Financial Management, 38. Jg., Nr. 1, S. 185-206

Barz, Katja et al. (2012): *Der Review Draft Hedge Accounting im Vergleich zu IAS 39 für Kreditinstitute*, in: Zeitschrift für Internationale Rechnungslegung, 7. Jg., Nr. 12, S. 451-489

Bauer, Markus et al. (2013): *IASB Projekt: Accounting for Macro Hedging. Status quo und relevante Aspekte für das geplante discussion paper*, in: Fachzeitschrift für internationale und kapitalmarktorientierte Rechnungslegung, 13. Jg., Nr. 7-8, S. 333-342

Baum, Heinz-Georg et al. (1999): *Strategisches Controlling*, 2. Auflage, Stuttgart: Schäffer-Poeschel

Bayer, Tobias; Mai, Christine (2010): *Revolution im Eisenerzhandel*, in: Financial Times Deutschland, 25.03.2010, abrufbar unter: http://www.ftd.de/finanzen/maerkte/rohstoffe/:rohstoffe-revolution-im-eisenerzhandel/50093199.html

Bayram, Murat (2007): *Risikomanagement im internationalen Konzern. Grundlagen und Risikomanagementsysteme*, Saarbrücken: VDM Verlag Dr. Müller

BDO (2012): *IFRS in Practice. Accounting for commodity loans*, abrufbar unter: http://www.bdointernational.com/Services/Audit/IFRS/IFRS%20in%20Practice/Documents/Accounting%20for%20Commodity%20Loans.pdf

Beltratti, Andrea et al. (2004): *Scenario modelling for selective hedging strategies*, in: Journal of Economic Dynamics & Control, 28. Jg., Nr. 5, S. 955-974

Beneda, Nancy (2013): *The impact of hedging with derivative instruments on reported earnings volatility*, in: Applied Financial Economics, 23. Jg., Nr. 2, S. 165-179

Benninga, Simon et al. (1984): *The Optimal Hedge Ratio in Unbiased Futures Markets*, in: Journal of Futures Markets, 4. Jg., Nr. 2, S. 155-159

Berelson, Bernard (1971): *Content analysis in communication research*, New York: Hafner

Berger, Manfred (1990): *Hedging: effiziente Kursabsicherung festverzinslicher Wertpapiere mit Finanzterminkontrakten*, Wiesbaden: Gabler (zugl. Diss. Universität Bremen, 1990)

Bertram, Christian et al. (2012): *Auswirkungen des IFRS 9 auf die externe Berichterstattung von Kreditinstituten*, in: Zeitschrift für Internationale Rechnungslegung, 7. Jg., Nr. 9, S. 355-361

Bertus, Mark et al. (2009): *Minimum Variance Cross Hedging under Mean-Reverting Spreads, Stochastic Convenience Yields, and Jumps: Application to the Airline Industry*, in: The Journal of Futures Markets, 29. Jg., Nr. 8, S. 736-756

Beyer, Bettina et al. (2010): *Die Änderung der Fair Value-Option bei finanziellen Verbindlichkeiten durch den ED/2010/4*, in: Zeitschrift für Internationale Rechnungslegung, 5. Jg., Nr. 7/8, S. 325-331

BHP Billiton (Hrsg.) (2008): *Comment Letter 149: IASB Discussion Paper – Reducing Complexity in Reporting Financial Instruments*, 29.09.2008, abrufbar unter: http://www.ifrs.org/Documents/files/IASBCommentonDiscussionPaperBHPBillitonReducingComplexityinReportingFinancialInstrum.pdf

Bierman, Harold Jr. et al. (1991): *Hedge Accounting: An Exploratory Study of the Underlying Issues*, Norwalk: Financial Accounting Standard Board

Birt, Jacqueline et al. (2013): *Derivatives use and financial instrument disclosure in the extractives industry*, in: Accounting and Finance, 53. Jg., Nr. 1, S. 55-83

Bischof, Jannis et al. (2011): *Fair Value Accounting and the Business Model of Banks*, IAAER international conference: Accounting Renaissance, Università Ca'Foscari, Venedig, abrufbar unter http://www.uni-bamberg.de/fileadmin/uni/fakultaeten/sowi_lehrstuehle/steuerlehre/Download_Eierle/EUFIN_2011/Bischof_Gebhardt_Daske.pdf

Bitz, Michael (1981): *Entscheidungstheorie*, München: Verlag Vahlen

Bitz, Michael (1993): *Grundlagen des finanzwirtschaftlich orientierten Risikomanagements*: in: Gebhardt, Günther et al. (Hrsg.) (1993): *Handbuch des Finanzmanagements. Instrumente und Märkte der Unternehmensfinanzierung*, München: Beck, S. 641-668

Black, Fischer; Scholes, Myron (1972): *The Valuation of Option Contracts and a Test of Market Efficiency*, in: The Journal of Finance, 27. Jg., Nr. 2, S. 399-417

Black, Fischer; Scholes, Myron (1973): *The Pricing of Options and Corporate Liabilities*, in: Journal of Political Economy, 81. Jg., Nr. 3, S. 637-654

Blanco, Carlos et al. (2005): *Airlines Hedging Strategies: The Shareholder Value Perspective*, in: Commodities Now, S. 31-34

Blas, Javier (2009): *Banken steigen in Eisenerzhandel ein*, in: Financial Times Deutschland, 12.05.2009, abrufbar unter: http://www.ftd.de/finanzen/maerkte/rohstoffe/:neue-aera-bei-rohstoffen-banken-steigen-in-eisenerzhandel-ein/512493.html

Blas, Javier (2010): *Zeitenwende auf dem Eisenerz-Markt*, in: Financial Times Deutschland 22.03.2010, abrufbar unter: http://www.ftd.de/finanzen/maerkte/rohstoffe/: orientierung-am-spotmarkt-zeitenwende-auf-dem-eisenerz-markt/50091635.html

Blomberg, Jerry; Söderholm, Patrik (2009): *The economics of secondary aluminium supply: An econometric analysis based on European data*, in: Resources, Conservation and Recycling, 53. Jg., Nr. 8, S. 455-463

BMW (Hrsg.) (2011): *Comment Letter 87: ED Hedge Accounting, 09.03.2011*, abrufbar unter: http://www.ifrs.org/Current-Projects/IASB-Projects/Financial-Instruments-A-Replacement-of-IAS-39-Financial-Instruments-Recognitio/Phase-III-Hedge-accounting/edcl/comment-letters/Documents/CL_HedgeAccounting_BMWGroup.pdf

Bodea, Anamaria (2012): *Valuation of Swing Options in Electricity Commodity Markets*, Heidelberg: Dissertation Ruprecht-Karls-Universität Heidelberg

Bodie, Zvi; Merton, Robert C. (1997): *Finance*, Upper Saddle River, NJ: Prentice-Hall

Bodnar, Gordon M. et al. (1995): *Wharton Survey of Derivatives Usage by U.S. Non-Financial Firms*, in: Financial Management, 24. Jg., Nr. 2, S. 104-114

Bodnar, Gordon M. et al. (1996): *1995 Wharton Survey of Derivative Usage by US Non-Financial Firms*, in: Financial Management, 25. Jg., Nr. 4, S. 113-133

Bodnar, Gordon M. et al. (2003): *The Impact of Institutional Differences on Derivatives Usage: a Comparative Study of US and Dutch Firms*, in: European Financial Management, 9. Jg., Nr. 3, S. 271-297

Bodnar, Gordon M. et al. (2008): *A Survey on Risk Management and Usage of Derivatives by Non-Financial Italian Firms*, CAREFIN Working Paper, Nr. 7/08, abrufbar unter http://ssrn.com/abstract=1305033

Bodnar, Gordon M. et al. (2012): *Risk Management for Italian Non-Financial Firms: Currency and Interest Rate Exposure*, in: European Financial Management (Artikel im Druck)

Bodnar, Gordon M.; Gebhardt, Günther (1999): *Derivatives Usage in Risk Management by US and German Non-Financial Firms: A Comparative Survey*, in: Journal of Financial Management and Accounting, 10. Jg., Nr. 3, S. 153-187

Bohl, Werner et al. (Hrsg.) (2013): *Beck'sches IFRS-Handbuch. Kommentierung der IFRS/IAS*, 4. Auflage, München: Beck

Borchardt, Andreas; Göthlich, Stephan E. (2007): *Erkenntnisgewinnung durch Fallstudien*, in: Albers, Sönke et al. (Hrsg.) (2007): *Methodik der empirischen Forschung*, 2. Auflage, Wiesbaden: Gabler, S. 33-48

Borchert, Jörg et al. (2006): *Stromhandel. Institutionen, Marktmodelle, Pricing und Risikomanagement*, Stuttgart: Schäffer-Poeschel

Borensztein, Eduardo et al. (2013): *Macro-hedging for commodity exporters*, in: Journal of Development Economics, 101. Jg., S. 105-116

Börger, Reik et al. (2009): *Cross-Commodity Analysis and Applications to Risk Management*, in: Journal of Futures Markets, 29. Jg., Nr. 3, S. 197-217

Borovkova, Svetlana (2006): *Detecting Market Transitions and Energy Futures Risk Management using Principal Components*, in: European Journal of Finance, 12. Jg., Nr. 6/7, S. 495-512

Borovkova, Svetlana; Geman, Hélyette (2006): *Seasonal and stochastic effects in commodity forward curves*, in: Review of Derivatives Research, 9. Jg., Nr. 2, S. 167-186

Börsig, Clemens; Coenenberg, Adolf G. (Hrsg.) (1998): *Controlling und Rechnungswesen im internationalen Wettbewerb. Kongress-Dokumentation, 51. Deutscher Betriebswirtschafter-Tag 1997*, Stuttgart: Schäffer-Poeschel

Bosse, Michael; Topper, Jürgen (2013a): *Stabiles hedge accounting. Ausgestaltung der Effektivitätsmessung im Normenkontext von IAS 39 und IFRS 9 (Teil 1)*; in: Fachzeitschrift für internationale und kapitalmarktorientierte Rechnungslegung, 13. Jg., Nr. 1, S. 8-12

Bosse, Michael; Topper, Jürgen (2013b): *Stabiles hedge accounting. Ausgestaltung der Effektivitätsmessung im Normenkontext von IAS 39 und IFRS 9 (Teil 2)*; in: Fachzeitschrift für internationale und kapitalmarktorientierte Rechnungslegung, 13. Jg., Nr. 2, S. 71-78

Bracher, Kevin; Smith, Kenneth L. (1999): *Detecting and modeling changing volatility in the copper futures market*, in: Journal of Futures Markets, 19. Jg., Nr. 1, S. 79-100

Braun, Herbert (1984): *Risikomanagement. Eine spezifische Controllingaufgabe*, Darmstadt: Toeche-Mittler (zugl. Diss. Universität Stuttgart)

Brennan, Michael J. (1958): *The Supply of Storage*, in: American Economic Review, 48. Jg., Nr. 1, S. 50-72

Brixner, Joachim et al. (2013): *Der Exposure Draft ED/2013/3 „Expected Credit Losses" – Überblick über die neuen Wertminderungsvorschriften und deren Implikationen auf den Bilanzansatz und die Erfolgswirkung*, in: Fachzeitschrift für internationale und kapitalmarktorientierte Rechnungslegung, 13. Jg., Nr. 5, S. 221-235

Brooks, Robert (2012): *A Life Cycle View of Enterprise Risk Management: The Case of Southwest Airlines Jet Fuel Hedging*, Working Paper, abrufbar unter: http://ssrn.com/abstract=1554971

Brötzmann, Ingo (2004): *Bilanzierung von güterwirtschaftlichen Sicherungsbeziehungen nach IAS 39 zum Hedge Accounting*, Düsseldorf: IDW-Verlag (zugl. Diss. Westfälische Wilhelms-Universität Münster, 2004)

Brown, Gregory W. (2001): *Managing foreign exchange risk with derivatives*, in: Journal of Financial Economics, 60. Jg., Nr. 2/3, S. 401-448

Brown, Gregory W. et al. (2006): *Are Firms Successful at Selective Hedging?*, in: Journal of Business, 79. Jg., Nr. 6, S. 2925-2949

Brühwiler, Bruno (1979): *Risiko-Management*, in: Industrielle Organisation, 48. Jg., Nr. 7/8, S. 353-357

Bruns, William J. Jr.; McKinnon, Sharon M. (1993): *Information and managers. A field study*, in: Journal of Management Accounting Research, 1993, Nr. 5, S. 84-108

Brunzell, Tor (2011): *The use of derivatives in Nordic firms*, in: The European Journal of Finance, 17. Jg., Nr. 5-6, S. 355-376

Buckley, Adrian A. (1986): *Multinational finance*, Oxford: Philip Allan

Buhl, Hans Ulrich et al. (2011): *The Impact of Commodity Price Risk Management on the Profits of a Company,* in: Resources Policy, 36. Jg., Nr. 4, S. 346-353

Bühler, Wolfgang (1998): *Risikocontrolling in Industrieunternehmen*, in: Börsig, Clemens; Coenenberg, Adolf G. (Hrsg.) (1998): *Controlling und Rechnungswesen im internationalen Wettbewerb. Kongress-Dokumentation, 51. Deutscher Betriebswirtschafter-Tag 1997*, Stuttgart: Schäffer-Poeschel, S. 205-233

Bühler, Wolfgang et al. (1998): *Ermittlung von Eigenkapitalanforderungen mit „Internen Modellen". Eine empirische Studie zur Messung von Zins-, Währungs- und Optionsrisiken mit Value-at-Risk-Ansätzen*, in: Die Betriebswirtschaft, 58. Jg., Nr. 1, S. 64-85

Bühler, Wolfgang; Korn, Olaf (1998): *Hedging langfristiger Lieferverpflichtungen mit kurzfristigen Futures: möglich oder unmöglich?*, ZEW Discussion Papers, No. 98-20

Bühlmann, Beat (1998): *Corporate Hedging. Über die Wertsteigerungsmöglichkeiten durch finanzwirtschaftliches Risikomanagement*, Zürich: Versus (zugl. Diss. Universität Zürich, 1998)

Bullock, David W. et al. (2007): *Strategic use of futures and options by commodity processors*, in: International Review of Economics and Finance, 16. Jg., Nr. 4, S. 578-591

Bunn, Derek W.; Gianfreda, Angelica (2010): *Integration and shock transmissions across European electricity forward markets*, in: Energy Economics, 32. Jg., Nr. 2, S. 278-291

Bünting, Hans (2007): *Commodity-Risikomanagement*, in: Seethaler, Peter; Steitz, Markus (Hrsg.) (2007): *Praxishandbuch Treasury-Management. Leitfaden für die Praxis des Finanzmanagements*, Wiesbaden: Gabler, S. 395-411

Burger, Anton; Buchhart, Anton (2002): *Risiko-Controlling*, München/Wien: Oldenbourg (Lehr- und Handbücher der Betriebswirtschaftslehre)

Büschgen, Hans E. (Hrsg.) (1993): *Mitteilungen und Berichte, Institut für Bankwirtschaft und Bankrecht*, Köln: Universität Köln

Buschhüter, Michael; Striegel, Andreas (Hrsg.) (2011): *Kommentar Internationale Rechnungslegung IFRS*, Wiesbaden: Gabler

Buschmann, Wolfgang F. (1992): *Risiko-Controlling: Anforderungen an die Steuerung von derivativen Finanzinstrumenten*, in: Die Wirtschaftsprüfung, 45. Jg., Nr. 23, S. 720-729

Bussmann, Karl F. (1955): *Das betriebswirtschaftliche Risiko*, Meisenheim am Glan: Hain (Schriften zur wirtschaftswissenschaftlichen Forschung, Band 4)

Campello, Murillo et al. (2011): *The Real and Financial Implications of Corporate Hedging*, in: Journal of Finance, 66. Jg., Nr. 5, S. 1615-1647

Carter, Dave A. et al. (2004): *Fuel Hedging in the Airline Industry: The Case of Southwest Airlines*, Working Paper, abrufbar unter: http://ssrn.com/abstract=578663

Carter, Dave A. et al. (2006a): *Does Hedging Affect Firm Value? Evidence from the US Airline Industry*, in: Financial Management, 35. Jg., Nr. 1, S. 53-86

Carter, Dave A. et al. (2006b): *Hedging and Value in the U.S. Airline Industry*, in: Journal of Applied Corporate Finance, 18. Jg., Nr. 4, S. 21-33

Casassus, Jaime; Collin-Dufresne, Pierre (2005): *Stochastic Convenience Yield Implied from Commodity Futures and Interest Rates*, in: Journal of Finance, 60. Jg., Nr. 5, S. 2283-2331

CBOT (Hrsg.) (2004): *Agricultural Futures & Options. A Hedger's Self-Study Guide*, abrufbar unter: http://www.cbot.com/cbot/docs/52302.pdf

Centrica (Hrsg.) (2011): *Comment Letter 98: ED Hedge Accounting, 09.03.2011*, abrufbar unter: http://www.ifrs.org/Current-Projects/IASB-Projects/Financial-Instruments-A-Replacement-of-IAS-39-Financial-Instruments-Recognitio/Phase-III-Hedge-accounting/edcl/comment-letters/Documents/CentricaplcResponsetoIASBEDonHedgeAccounting.pdf

Chan, Wing H.; Young, Denise (2006): *Jumping Hedges: An Examination of Movements in Copper Spot and Futures Markets*, in: Journal of Futures Markets, 26. Jg., Nr. 2, S. 169-188

Chew, Donald H. (Hrsg.) (2001): *The New Corporate Finance: Where Theory Meets Practice*, 3. Auflage, New York: McGraw-Hill

Chew, Lillian (1994): *Shock Treatment*, in: Risk, 7. Jg., Nr. 9, S. 63- 70

Choi, Jongmoo Jay et al. (2013): *Corporate Risk Management under Information Asymmetry*, in: Journal of Business Finance & Accounting, 40. Jg., Nr. 1/2, S. 239-271

Clark, Joyce (2011): *Hedge-Effektivität im Spannungsfeld zwischen Risikomanagementstrategie und internationalen Accounting-Regelungen*, Düsseldorf: IDW-Verlag (Wissenschaftliche Schriften zur Wirtschaftsprüfung; zugl. Diss. WHU – Otto Beisheim School of Management, Vallendar, 2010)

CME (Hrsg.) (2008a): *Self-Study Guide to Hedging with Grain and Oilseed Futures and Options*, abrufbar unter: http://www.cmegroup.com/trading/agricultural/files/AC-216_HedgersGuideNewBoilerplate.pdf

CME (Hrsg.) (2008b): *Self-Study Guide to Hedging with Livestock Futures and Options*, abrufbar unter: http://www.cmegroup.com/trading/agricultural/files/AC-215_Self Stuy_GuideNYMEX.pdf

CME (Hrsg.) (2009a): *CME Group Livestock Futures and Options: Introduction to Underlying Market Fundamentals*, abrufbar unter: http://www.cmegroup.com/trading/agricultural/files/LivestockFundamentals.pdf

CME (Hrsg.) (2009b): *An Introduction to Trading Dairy Futures and Options*, abrufbar unter: http://www.cmegroup.com/trading/agricultural/files/AC-226_DairyProductBroch_final.pdf

CME (Hrsg.) (2009c): *An introductory guide to random length lumber Futures and options*, abrufbar unter: http://www.cmegroup.com/trading/agricultural/files/AC-243_RanLen LumberBrochure.pdf

Comiskey, Eugene E.; Mulford, Charles W. (2008): *The Non-Designation of Derivatives as Hedges for Accounting Purposes*, in: Journal of Applied Research in Accounting and Finance, 3. Jg., Nr. 2, S. 3-16

Cook, Thomas D.; Campbell Donald T. (1979): *Quasi-Experimentation. Design and Analysis Issues for Field Settings*, Chicago, IL: Rand-McNally

Cooper, David J.; Morgan, Wayne (2008): *Case Study Research in Accounting*, in: Accounting Horizons, 22. Jg., Nr. 2, S. 159-178

Crane, Dwight. B. et al. (Hrsg.) (1995): *The Global Financial System: A Functional Perspective*, Boston: Harvard Business School Press

Cross, Jessica (2000): *Gold Derivatives: The market view*, London: World Gold Council

Crouhy, Michel et al. (2001): *Risk management*, New York: McGraw Hill

Cusatis, Patrick; Thomas, Martin (2005): *Hedging Instruments and Risk Management*, New York u.a.: McGraw-Hill

D'Arista, Jane (2009): *The evolving international monetary system*, in: Cambridge Journal of Economics, 33. Jg., Nr. 4, S. 633-652

Daimler (Hrsg.) (2008): *Comment Letter 136: IASB Discussion Paper – Reducing Complexity in Reporting Financial Instruments*, 23.09.2008, abrufbar unter: http://www.ifrs.org/Current-Projects/IASB-Projects/Financial-Instruments-A-Replacement-of-IAS-39-Financial-Instruments-Recognitio/Discussion-Paper-and-Comment-Letters/comment-letters/Documents/CL136.pdf

Daimler (Hrsg.) (2011): *Comment Letter 39: ED Hedge Accounting, 04.03.2011*, abrufbar unter: http://www.ifrs.org/Current-Projects/IASB-Projects/Financial-Instruments-A-Replacement-of-IAS-39-Financial-Instruments-Recognitio/Phase-III-Hedge-accounting/edcl/comment-letters/Documents/DAIMLERAG_CommentLetterEDHedgeAccounting.pdf

Das, Satyajit (2006a): *Structured Products Volume 2: Equity, Commodity, Credit & New Markets*, 3. Auflage, Singapur: John Wiley & Sons (The Swaps & Financial Derivatives Library)

Das, Satyajit (2006b): *Structured Products Volume 1: Exotic Options; Interest Rates & Currencies*, 3. Auflage, Singapur: John Wiley & Sons (The Swaps & Financial Derivatives Library)

Däuper, Olaf (2009): *The Oil Market*, in: Zenke, Ines; Schäfer, Ralf (Hrsg.) (2005a): *Energiehandel in Europa: Öl, Gas, Strom, Derivate, Zertifikate*, München: C.H. Beck, S. 22-36

Däuper, Olaf; Lokau, Bernhard (2009): *Der Markt für Gas*, in: Zenke, Ines; Schäfer, Ralf (Hrsg.) (2005a): *Energiehandel in Europa: Öl, Gas, Strom, Derivate, Zertifikate*, München: C.H. Beck, S. 37-59

Dées, Stéphane et al. (2007): *Modelling the world oil market: Assessment of a quarterly econometric model*, in: Energy Policy, 35. Jg., Nr. 1, S. 178-191

Deloitte (Hrsg.) (2006): *ifrs-forum 2/2006. Aktuelle Informationen von Ihren IFRS-Experten*, abrufbar unter: http://www.iasplus.de/documents/ifrs-forum_2006_2.pdf

Deloitte (Hrsg.) (2011): *Comment Letter 168: ED Hedge Accounting, 09.03.2011*, abrufbar unter: http://www.ifrs.org/Current-Projects/IASB-Projects/Financial-Instruments-A-Replacement-of-IAS-39-Financial-Instruments-Recognitio/Phase-III-Hedge-accounting/edcl/comment-letters/Documents/DTTLCommentLetteron201013.pdf

Deloitte (Hrsg.) (2013a): *IFRS in Focus. IASB proposes amendments to IAS 16 and IAS 41 for bearer plants*, abrufbar unter: http://www.iasplus.com/de/publications/publikationen-des-ifrs-global-office/ifrs-in-focus-newsletter/2013/bearer-plants/file

Deloitte (Hrsg.) (2013b): *IFRS fokussiert. Hedge Accounting*, abrufbar unter: http://www.iasplus.com/de/publications/german-publications/ifrs-fokussiert-news letter/2013/hedge-accounting/at_download/file/IFRS_fokussiert_Hedge%2011_2013.pdf

Dembo, Ron S.; Freeman, Andrew (1998): *Die Revolution des finanziellen Riskmanagements: Gesetze, Regeln, Instrumente*, München: Gerling Akademie

Deng, Shi-Jie et al. (2001): *Exotic electricity options and the valuation of electricity generation and transmission assets*, in: Decision Support Systems, 30. Jg., Nr. 3, S. 383-392

Deng, Shijie J.; Oren, Shmuel S. (2006): *Electricity derivatives and risk management*, in: Energy, 31. Jg., Nr. 6/7, S. 940-953

Deutsch, Hans-Peter (1997): *Interne Risikomodelle*, in: Börsen-Zeitung, 12.08.1997, S. 11

Deutsch, Hans-Peter (2004): *Derivate und interne Modelle – Modernes Risikomanagement*, 3. Auflage, Stuttgart: Schäffer-Poeschel

Deutsche Bank (Hrsg.) (2006): *A User Guide To Commodities*, abrufbar unter: http://dbfunds.db.com/Pdfs/dbuserguidetocomm.pdf

Deutsche Lufthansa AG (Hrsg.) (2007): *Geschäftsbericht 2007*, Köln: Selbstverlag

Deutsche Lufthansa AG (Hrsg.) (2008): *Geschäftsbericht 2008*, Köln: Selbstverlag

Deutsche Lufthansa AG (2009), Frankfurt am Main: *Interview vom 17. Februar 2009*

Deutsche Lufthansa AG (Hrsg.) (2009): *Geschäftsbericht 2009*, Köln: Selbstverlag

Diederichs, Marc (2004): *Risikomanagement und Risikocontrolling. Risikocontrolling – ein integrierter Bestandteil einer modernen Risikomanagement-Konzeption*, München: Verlag Vahlen (zugl. Diss. Universität Dortmund, 2004)

Dincerler, Cantekin et al. (2005): *An Empirical Analysis of Commodity Convenience Yields*, Working Paper, abrufbar unter: http://ssrn.com/abstract=748884

Dobler, Michael (2004): *Risikoberichterstattung. Eine ökonomische Analyse*, Frankfurt am Main: Lang (Betriebswirtschaftliche Studien, Rechnungs- und Finanzwesen, Organisation und Institution, Band 67; zugl. Diss. Ludwig-Maximilians-Universität München, 2004)

Dörner, Dietrich et al. (Hrsg.) (1999): *Reform des Aktienrechts, der Rechnungslegung und Prüfung. KonTraG – KapAEG – EuroEG – StückAG*, Stuttgart: Schäffer-Poeschel

Dörner, Dietrich et al. (Hrsg.) (2000): *Praxis des Risikomanagements: Grundlagen, Kategorien, branchenspezifische und strukturelle Aspekte*, Stuttgart: Schäffer-Poeschel

Dowd, Kevin (1998): *Beyond Value at Risk – The New Science of Risk Management*, Chichester: Wiley

DRSC (Hrsg.) (2008): *Comment Letter 40: ED IAS 39 – Exposures Qualifying for Hedge Accounting*, 10.01.2008, abrufbar unter: http://www.ifrs.org/Current-Projects/IASB-Projects/Financial-Instruments/IAS-39%E2%80%94Exposures-Qualifying-for-Hedge-Accounting/Comment-Letters/Documents/CL40.pdf

DRSC (Hrsg.) (2011): *Comment Letter 187: ED Hedge Accounting, 10.03.2011*, abrufbar unter: http://www.ifrs.org/Current-Projects/IASB-Projects/Financial-Instruments-A-Replacement-of-IAS-39-Financial-Instruments-Recognitio/Phase-III-Hedge-accounting/edcl/comment-letters/Documents/110310_CL_GASB_IASB_ED_HedgeAccounting.pdf

Dufey, Günter (1993): *Derivative Finanzinstrumente und Unternehmensfinanzierung*, in: Zeitschrift für das gesamte Kreditwesen, 46. Jg., Nr. 13, S. 614-617

Dufey, Günter; Srinivasulu, Sam L. (1983): *The Case for Corporate Management of Foreign Exchange Risk*, in: Financial Management, 12. Jg., Nr. 4, S. 54-62

Duffie, Darrell; Pan, Jun (1997): *An Overview of Value at Risk*, in: Journal of Derivatives, 4. Jg., Nr. 3, S. 7-49

E.ON AG (Hrsg.) (2007a): *Form 20-F 2006*, abrufbar unter: http://www.eon.com/de/downloads/2006_Form20F.pdf

E.ON AG (Hrsg.) (2007b): *Geschäftsbericht 2007*, Düsseldorf: Selbstverlag

E.ON AG (Hrsg.) (2008a): *Geschäftsbericht Teil I/II. Unternehmensbericht 2008*, Düsseldorf: Selbstverlag

E.ON AG (Hrsg.) (2008b): *Geschäftsbericht Teil II/II. Finanzbericht 2008*, Düsseldorf: Selbstverlag

easyJet (Hrsg.) (2011): *Comment Letter 107: ED Hedge Accounting, 09.03.2011*, abrufbar unter: http://www.ifrs.org/Current-Projects/IASB-Projects/Financial-Instruments-A-Replacement-of-IAS-39-Financial-Instruments-Recognitio/Phase-III-Hedge-accounting/edcl/comment-letters/Documents/Hedgeaccountingcommentletter_final_.pdf

Echterling, Fabian et al. (2014): *Die neuen Regelungen zum hedge accounting nach IFRS 9. Inwieweit wurden die Stellungnahmen zum Exposure Draft im finalen Standard berücksichtigt?*, in: Fachzeitschrift für internationale und kapitalmarktorientierte Rechnungslegung, 14. Jg., Nr. 1, S. 5-17

Eckes, Burkhard et al. (2013): *Neuerungen in der Klassifizierung und Bewertung von Finanzinstrumenten durch ED/2012/4 und deren Auswirkungen auf Kreditinstitute*, in: Zeitschrift für Internationale Rechnungslegung, 8. Jg., Nr. 2, S. 59-65

EEX (Hrsg.) (2007): *Einführung in den Börsenhandel an der EEX auf Xetra und Eurex*, abrufbar unter: http://www.eex.com/de/document/4423/Einf%C3%BChrung%20B%C3%B6rsenhandel_Releas e_01B.pdf

EEX (Hrsg.) (2008a): *Produktbroschüre Gas*, abrufbar unter: http://www.eex.com/de/document/41003/Konzept_Gas_Release_03A.pdf

EEX (Hrsg.) (2008b): *Produktbroschüre Strom*, abrufbar unter: http://www.eex.com/en/document/4429/Konzept_Strom_Release_01C.pdf

EEX (Hrsg.) (2010): *Produktbroschüre Kohle*, abrufbar unter: http://www.eex.com/de/document/85250/02082010_EEX_Produktbrosch%C3%BCre_Kohle_1B_dt.pdf

Efken, Josef et al. (2009): *Der Markt für Fleisch und Fleischprodukte*, in: Agrarwirtschaft, 58. Jg., Nr. 1, S. 53-65

EFRAG (Hrsg.) (2008): *Comment Letter 151: IASB Discussion Paper – Reducing Complexity in Reporting Financial Instruments*, 30.09.2008, abrufbar unter: http://www.ifrs.org/Current-Projects/IASB-Projects/Financial-Instruments-A-Replacement-of-IAS-39-Financial-Instruments-Recognitio/Discussion-Paper-and-Comment-Letters/comment-letters/Documents/CL151.pdf

EFRAG (Hrsg.) (2011a): *Protokoll der öffentlichen Diskussion von EFRAG/DRSC am 09.05.2011*, abrufbar unter: http://www.drsc.de/docs/presentations/2011-05-09_outreach_Protokoll.pdf

EFRAG (Hrsg.) (2011b): *Comment Letter 212: ED Hedge Accounting, 11.03.2011*, abrufbar unter: http://www.ifrs.org/Current-Projects/IASB-Projects/Financial-Instruments-A-Replacement-of-IAS-39-Financial-Instruments-Recognitio/Phase-III-Hedge-accounting/edcl/comment-letters/Documents/CL212.pdf

EFRAG (Hrsg.) (2013): *Letter on the IASB's Review Draft IFRS 9 Hedge Accounting, 17.01.2013*, abrufbar unter: http://www.efrag.org/files/Hedge%20accounting/RD_Hedge_Accounting_-_letter_to_the_IASB_-final-_clean.pdf

Eggin, Ruud et al. (2010): *The World Gas Model. A multi-period mixed complementarity model for the global natural gas market*, in: Energy, 35. Jg., Nr .10, S. 4016-4029

Eichhorn, Franz-Josef; Heil, Yvonne (2007): *State of the Art des Finanzrisikomanagements von großen deutschen Industrieunternehmen*, in: Zeitschrift für das gesamte Kreditwesen, 60. Jg., Nr. 2, S. 73-82

Eisenhardt, Kathleen M. (1989): *Building Theories from Case Study Research*, in: Academy of Management Review, 14. Jg., Nr. 4, S. 532-550

Eller, Roland et al. (Hrsg.) (2010): *Management von Rohstoffrisiken. Strategien, Märkte und Produkte*, Wiesbaden: Gabler

Eller, Roland; Sagerer, Christian (2008): *An Overview of Commodity Sectors*, in: Fabozzi, Frank J. et al. (Hrsg.) (2008a): *The Handbook of Commodity Investing*, Hoboken, NJ: John Wiley & Sons, S. 681-711

Ellerman, A. Denny (1995): *The world price of coal*, in: Energy Policy, 23. Jg., Nr. 6, S. 499-506

Ellis, Andrew et al. (2000): *Structural change in Europe's gas markets: Three scenarios for the development of the European gas market to 2020*, in: Energy Policy, 28. Jg., Nr. 5, S. 297-309

Emm, Ekaterina E. et al. (2007): *Choices and Best Practice in Corporate Risk Management Disclosure*; in: Journal of Applied Corporate Finance, 19. Jg., Nr. 4, S. 82-93

Emmerich, Gerhard (1999): *Risikomanagement im Industrieunternehmen – gesetzliche Anforderungen und Umsetzung nach dem KonTraG*, in: Zeitschrift für betriebswirtschaftliche Forschung, 51. Jg., Nr. 11, S. 1075-1089

EPEX (Hrsg.) (2009): *EPEX Produktbroschüre Strom*, abrufbar unter: http://www.epexspot.com

Erichsen, Jörgen (2004): *Risikomanagement und -controlling*, in: Accounting, Nr. 8, S. 4-5

Ernst & Young (Hrsg.) (2008a): *Comment Letter 26: ED IAS 39 – Exposures Qualifying for Hedge Accounting*, 11.01.2008, abrufbar unter: http://www.ifrs.org/Current-Projects/IASB-Projects/Financial-Instruments/IAS-39%E2%80%94Exposures-Qualifying-for-Hedge-Accounting/Comment-Letters/Documents/CommentLetterExposureDraftofproposedamendmentstoIAS39.pdf

Ernst & Young (Hrsg.) (2008b): *Comment Letter 143: IASB Discussion Paper – Reducing Complexity in Reporting Financial Instruments*, 03.10.2008, abrufbar unter: http://www.ifrs.org/Current-Projects/IASB-Projects/Financial-Instruments-A-Replacement-of-IAS-39-Financial-Instruments-Recognitio/Discussion-Paper-and-Comment-Letters/comment-letters/Documents/CL143.pdf

Ernst & Young (Hrsg.) (2009a): *Mastering the challenge. Practical IFRS guidance for power and utilities*, abrufbar unter: http://www.ey.com/Publication/vwLUAssets/Mastering_the_challenge_IFRS_power_utilities/%24FILE/Mastering_the_challenge_IFRS_power_utilities_GL_IFRS.pdf

Ernst & Young (Hrsg.) (2009b): *The rise in hedging metal concentrates*, abrufbar unter: http://www.ey.com/Publication/vwLUAssets/Industry_Mining_and_Metals_Refining_IFRS_March_2009/%24File/Industry_Mining_and_Metals_Refining_IFRS_March_2009.pdf (Mining and Metals: Refining IFRS)

Ernst & Young (Hrsg.) (2011): *Comment Letter 161: ED Hedge Accounting, 09.03.2011*, abrufbar unter: http://www.ifrs.org/Current-Projects/IASB-Projects/Financial-Instruments-A-Replacement-of-IAS-39-Financial-Instruments-Recognitio/Phase-III-Hedge-accounting/edcl/comment-letters/Documents/CommentletterEDHedgeaccounting.pdf

Eurex (Hrsg.) (2009): *Neue Agrar-Futures an Eurex: Piglets und Hogs*, abrufbar unter: http://www.eurexchange.com/download/documents/publications/Factsheet_Schweine_de.pdf

Europäische Kommission (Hrsg.) (2001): *Risk Management Tools for EU Agriculture with a special focus on insurance*, Working Document, abrufbar unter: http://ec.europa.eu/agriculture/publi/insurance/text_en.pdf

Europäische Kommission (Hrsg.) (2005): *Mitteilung der Kommission an den Rat über das Risiko- und Krisenmanagement in der Landwirtschaft*, abrufbar unter: http://ec.europa.eu/agriculture/publi/communications/risk/com74_de.pdf

Fabozzi, Frank J. et al. (Hrsg.) (2008a): *The Handbook of Commodity Investing*, Hoboken, NJ: John Wiley & Sons

Fabozzi, Frank J. et al. (2008b): *A Primer on Commodity Investing*, in: Fabozzi, Frank J. et al. (Hrsg.) (2008a): *The Handbook of Commodity Investing*, Hoboken, NJ: John Wiley & Sons, S. 3-37

Fama, Eugene F.; French, Kenneth R. (1987): *Commodity Futures Prices: Some Evidence on Forecast Power, Premiums, and the Theory of Storage*, in: The Journal of Business, 60. Jg., Nr. 1, S. 55-73

FAO (Hrsg.) (2004): *The State of Agricultural Commodity Markets*, abrufbar unter: ftp://ftp.fao.org/docrep/fao/007/y5419e/y5419e00.pdf

FAO (Hrsg.) (2006): *The State of Agricultural Commodity Markets*, abrufbar unter: ftp://ftp.fao.org/docrep/fao/009/a0950e/a0950e.pdf

FAO (Hrsg.) (2009): *The State of Agricultural Commodity Markets*, abrufbar unter: ftp://ftp.fao.org/docrep/fao/012/i0854e/i0854e.pdf

Farahmand, Hossein; Doorman, Gerard L. (2012): *Balancing market integration in the Northern European continent*, in: Applied Energy, Nr. 96, S. 316-326

Farny, Dieter (1978): *Stellungnahme im Meinungsspiegel*, in: Betriebswirtschaftliche Forschung und Praxis, 30. Jg., Nr. 4, S. 324-340

Fayol, Henri (1916): *Administration industrielle et générale*, Paris: Dunod

Fehr, Jane (2013): *Die künftige Leasingbilanzierung nach IFRS : Auswirkungen auf das Entscheidungsverhalten der Akteure*, Frankfurt am Main: PL Academic Research (zugl. Diss. Universität Bayreuth, 2012)

Ferreira, Lourdes D.; Merchant Kenneth A. (1992): *Field Research in Management Accounting and Control. A Review and Evaluation*, in: Accounting, Auditing & Accountability Journal, 5. Jg., Nr. 4, S. 3-34

Fiechter, Peter (2011): *The Effects of the Fair Value Option under IAS 39 on the Volatility of Bank Earnings*, in: Journal of International Accounting Research, 10. Jg., Nr. 1, S. 85-108

Fiege, Stefanie (2006): *Risikomanagement- und Überwachungssystem nach KonTraG. Prozess, Instrumente, Träger*, Wiesbaden: Deutscher Universitäts-Verlag (zugl. Diss. Technische Universität Berlin, 2005)

Figuerola-Ferretti, Isabel; Gilbert, Christopher L. (2005): *Price discovery in the aluminum market*, in: Journal of Futures Markets, 25. Jg., Nr. 10, S. 967-988

Figuerola-Ferrettia, Isabel; Gonzalo, Jesús (2010): *Modelling and measuring price discovery in commodity markets*, in: Journal of Econometrics, 158. Jg., Nr. 1, S. 95-107

Financial Stability Forum (Hrsg.) (2009): *Report of the Financial Stability Forum on Addressing Procyclicality in the Financial System*, abrufbar unter: http://www.financialstabilityboard.org/publications/r_0904a.pdf

Finnerty, John D.; Grant, Dwight (2002): *Alternative Approaches to Testing Hedge Effectiveness under SFAS 133*, in: Accounting Horizons, 16. Jg., Nr. 2, S. 95-108

FirstEnergy (Hrsg.) (2011): *Comment Letter 138: ED Hedge Accounting, 09.03.2011*, abrufbar unter: http://www.ifrs.org/Current-Projects/IASB-Projects/Financial-Instruments-A-Replacement-of-IAS-39-Financial-Instruments-Recognitio/Phase-III-Hedge-accounting/edcl/comment-letters/Documents/FEResponsetoIASBonHedgeAcctg_3_9_11.pdf

Fladt, Guido; Vielmeyer, Uwe (2008): *IDW ERS HFA 25: Einzelfragen zur Bilanzierung von Verträgen über den Kauf oder Verkauf von nicht-finanziellen Posten nach IAS 39*, in: Die Wirtschaftsprüfung, 61. Jg., Nr. 22, S. 1070-1076

Flick, Peter et al. (2010a): *Wertberichtigungen von Finanzinstrumenten nach IFRS – Der Expected Cash Flow Approach des ED/2009/12*, in: Zeitschrift für Internationale Rechnungslegung, 5. Jg., Nr. 5, S. 221-230

Flick, Peter et al. (2010b): *Geplante Änderungen des ED/2009/12 zur Impairment-Ermittlung – Bedeutung für Kreditinstitute*, in: Zeitschrift für Internationale Rechnungslegung, 5. Jg., Nr. 12, S. 547-552

Flick, Peter et al. (2011): *Der ED Hedge Accounting aus Sicht der Kreditinstitute*, in: Zeitschrift für Internationale Rechnungslegung, 6. Jg., Nr. 3, S. 117-125

Flick, Uwe (2012): *Qualitative Sozialforschung. Eine Einführung*, 5. Auflage, Reinbek: Rowohlt

Flick, Uwe et al. (Hrsg.) (2012): *Qualitative Forschung. Ein Handbuch*, 9. Auflage, Reinbek: Rowohlt

Folk, Rolf (2013): *Hedge Accounting im Wandel. Praxisrelevante Einblicke für Anwender von Fremdwährungsabsicherungen sowie Sicherungsgeschäften auf Makroebene (Macro Hedging)*, in: Fachzeitschrift für internationale und kapitalmarktorientierte Rechnungslegung, 13. Jg., Nr. 6, S. 233-237

Freiberg, Jens (2007a): *Hedging vs. hedge accounting – Sicherungsgeschäfte aus ökonomischer und bilanzieller Perspektive*, in: Praxis der internationalen Rechnungslegung, 3 Jg., Nr. 8, S. 54–56

Freiberg, Jens (2007b): *Schwebende Geschäfte über Güter- und Energielieferungen als Finanzinstrumente*, in: Praxis der internationalen Rechnungslegung, 3. Jg., Nr. 2, S. 230–233

Frenkel, Michael et al. (Hrsg.) (2005): *Risk Management. Challenge and Opportunity*, Berlin/ Heidelberg: Springer

Fridgen, Gilbert et al. (2013): *Die Absicherung von Rohstoffrisiken – Eine Disziplinen übergreifende Herausforderung für Unternehmen*, in: Zeitschrift für Betriebswirtschaft, 65. Jg., Nr. 2, S. 167-190

Friedhoff, Martin; Berger, Jens (2011): *IAS 39 - Financial Instruments: Recognition and Measurement*, in: Buschhüter, Michael; Striegel, Andreas (Hrsg.) (2011): *Kommentar Internationale Rechnungslegung IFRS*, Wiesbaden: Gabler, S. 1039-1158

Funk, Joachim; Lassmann, Gert (Hrsg.) (1986): *Langfristiges Anlagengeschäft – Risiko-Management und Controlling*, Düsseldorf/Frankfurt am Main: Verlags-Gruppe Handelsblatt (Zeitschrift für betriebswirtschaftliche Forschung, Sonderheft 20)

Fusaro, Peter C. (Hrsg.) (1998a): *Energy Risk Management. Hedging Strategies and Instruments for the International Energy Markets*, New York u.a.: McGraw-Hill

Fusaro, Peter C. (1998b): *Why Use These Financial Tools?* in: Fusaro, Peter C. (Hrsg.) (1998a): *Energy Risk Management. Hedging Strategies and Instruments for the International Energy Markets*, New York u.a.: McGraw-Hill, S. 1-7

Fuß, Eric; Kunert, Alexander (2012): *Handlungsbedarf: Bilanzierung von Sicherungsbeziehungen nach IFRS 9*, in: Zeitschrift für das gesamte Kreditwesen, 65. Jg., Nr. 2, S. 82-85

Gabillon, Jacques (1995): *Analysing the Forward Curve*, in: Jameson, Robert (Hrsg.) (1995): *Managing Energy Price Risk*, London: Risk Publications, S. 29-38

Gallagher, Russell B. (1956): *Risk Management: New Phase of Cost Control*, in: Harvard Business Review, 34. Jg., Nr. 5, S. 75-86

Gay, Gerald D. et al. (1994): *(Micro) Fads in Asset Prices. Evidence from the Futures Market*, in: Journal of Futures Markets, 14. Jg., Nr. 6, S. 637-660

Gay, Gerald D. et al. (2011): *Corporate derivatives use and the cost of equity,* in: Journal of Banking & Finance, 35. Jg., Nr. 6, S. 1491–1506

GDF Suez (Hrsg.) (2008): *Comment Letter 140: IASB Discussion Paper – Reducing Complexity in Reporting Financial Instruments*, 23.09.2008, abrufbar unter: http://www.ifrs.org/Current-Projects/IASB-Projects/Financial-Instruments-A-Replacement-of-IAS-39-Financial-Instruments-Recognitio/Discussion-Paper-and-Comment-Letters/comment-letters/Documents/GDFSuezDPComplexityinreportingIF.pdf

GDF Suez (Hrsg.) (2011): *Comment Letter 219: ED Hedge Accounting, 09.03.2011*, abrufbar unter: http://www.ifrs.org/Current-Projects/IASB-Projects/Financial-Instruments-A-Replacement-of-IAS-39-Financial-Instruments-Recognitio/Phase-III-Hedge-accounting/edcl/comment-letters/Documents/GDFSUEZanswerED201013.pdf

Gebhardt, Günther (1995): *Berichterstattung deutscher Unternehmen über den Einsatz derivativer Finanzinstrumente*, in: Die Wirtschaftsprüfung, 48. Jg., Nr. 18, S. 609-617

Gebhardt, Günther (1997): *Entwicklungen in der Berichterstattung über das Risikomanagement unter Einsatz derivativer Instrumente bei deutschen Industrie- und Handelsunternehmen*, in: Recht der Internationalen Wirtschaft, 43. Jg., Nr. 5, S. 390-401

Gebhardt, Günther (2002): *Risikocontrolling*, in: Küpper, Hans-Ulrich; Wagenhofer, Alfred (Hrsg.) (2002): *Handwörterbuch Unternehmensrechnung und Controlling*, 4. Auflage, Stuttgart: Schäffer-Poeschel (Enzyklopädie der Betriebswirtschaftslehre, Band 3), Sp. 1713-1726

Gebhardt, Günther (2012): *Financial instruments in non-financial firms: what do we know?*, in: Accounting and Business Research, 42. Jg., Nr. 3, S. 267-289

Gebhardt, Günther et al. (Hrsg.) (1993): *Handbuch des Finanzmanagements. Instrumente und Märkte der Unternehmensfinanzierung*, München: Beck

Gebhardt, Günther; Mansch, Helmut (Hrsg.) (2001): *Risikomanagement und Risikocontrolling in Industrie- und Handelsunternehmen: Empfehlungen des Arbeitskreises „Finanzierungsrechnung" der Schmalenbach-Gesellschaft für Betriebswirtschaft e. V.*, Düsseldorf/Frankfurt am Main: Verlags-Gruppe Handelsblatt (Zeitschrift für betriebswirtschaftliche Forschung, Sonderheft 46)

Gebhardt, Günther; Naumann, Thomas K. (1999): *Grundzüge der Bilanzierung von Financial Instruments und von Absicherungszusammenhängen nach IAS 39*, in: Der Betrieb, 52. Jg., Nr. 19, S. 1461-1469

Gebhardt, Günther; Pellens, Bernhard (Hrsg.) (1999): *Rechnungswesen und Kapitalmarkt. Beiträge anläßlich eines Symposiums zum 70. Geburtstag von Prof. Dr. Dr. h.c. mult. Walther Busse von Colbe*, Düsseldorf: Verlagsgruppe Handelsblatt

Gebhardt, Günther; Ruß, Oliver (1999): *Einsatz von derivativen Finanzinstrumenten im Risikomanagement deutscher Industrieunternehmen*, in: Gebhardt, Günther; Pellens, Bernhard (Hrsg.) (1999): *Rechnungswesen und Kapitalmarkt. Beiträge anläßlich eines Symposiums zum 70. Geburtstag von Prof. Dr. Dr. h.c. mult. Walther Busse von Colbe*, Düsseldorf: Verlagsgruppe Handelsblatt, S. 23-83

Gehrer, Judith et al. (2013): *ED/2013/3 Financial Instruments: Expected Credit Losses – Aktuelle Fragestellungen in der Bankenpraxis*, in: Zeitschrift für Internationale Rechnungslegung, 8. Jg., Nr. 11, S. 431-436

Gehrer, Judith; Theiss, Wolfgang (2013): ED/*2013/3 Financial Instruments: Expected Credit Losses – Die neuen Vorschriften zum Impairment auf der Zielgeraden*, in: Zeitschrift für Internationale Rechnungslegung, 8. Jg., Nr. 5, S. 191-198

Geman, Hélyette (2005): *Commodities and Commodity Derivatives: Modeling and Pricing for Agriculturals, Metals and Energy*, Chichester: John Wiley & Sons

Geman, Hélyette; Ohana, Steve (2008): *Time-consistency in managing a commodity portfolio: A dynamic risk measure approach*, in: Journal of Banking & Finance, 32. Jg., Nr. 10, S. 1991-2005

Gerke, Wolfgang (Hrsg.) (2001): *Handwörterbuch des Bank- und Finanzwesens*, Stuttgart: Schäffer-Poeschel

Gerke, Wolfgang et al. (2000): *Der Stromhandel. Grundlagen, Profile, Perspektiven*, Frankfurt am Main: F.A.Z.-Institut für Management-, Markt- und Medieninformation

Gernoth, Jan P. (2001): *Die Überwachungspflichten des Aufsichtsrats im Hinblick auf das Risiko-Management und die daraus resultierenden Haftungsfolgen für den Aufsichtsrat*, in: Deutsches Steuerrecht, 39. Jg., Nr. 8, S. 299-309

Geyer, Christian; Seifert, Werner G. (2005): *Introducing New Risk Classes to Organized Exchanges: The Case of Electricity Derivatives*, in: Frenkel, Michael et al. (Hrsg.) (2005): *Risk Management. Challenge and Opportunity*, Berlin/Heidelberg: Springer, S. 651-670

Gilgenberg, Bernhard; Weiss, Jochen (2009): *Neufassung des IAS 39: Fortschritt oder Rolle Rückwärts?*, in: Versicherungswirtschaft, 64. Jg., Nr. 18, S. 1426-1429

Giot, Pierre (2003): *The Information Content of Implied Volatility in Agricultural Commodity Markets*, in: Journal of Futures Markets; 23. Jg., Nr. 5, S. 441-454

Giot, Pierre; Laurent, Sébastien (2003): *Market risk in commodity markets: a VaR approach*, in: Energy Economics, 25. Jg., Nr. 5, S. 435-457

Glaum, Martin (2000): *Finanzwirtschaftliches Risikomanagement deutscher Industrie- und Handelsunternehmen*, Frankfurt am Main: Fachverlag Moderne Wirtschaft

Glaum, Martin, Roth, Andreas (1993): *Wechselkursrisiko-Management in deutschen internationalen Unternehmungen – Ergebnisse einer empirischen Untersuchung*, in: Zeitschrift für Betriebswirtschaft, 63. Jg., Nr. 11, S. 1181-1206

Glaum, Martin; Klöcker, André (2009): *Hedging von Finanzrisiken und Hedge Accounting gemäß IAS 39. Ergebnisse einer Befragung zur Bilanzierung von Sicherungsbeziehungen*, Frankfurt am Main: Fachverlag Moderne Wirtschaft

Glaum, Martin; Klöcker, André (2011): *Hedge accounting and its influence on financial hedging: when the tail wags the dog*, in: Accounting and Business Research, 41. Jg., Nr. 5, S. 459-489

Glaum, Martin; Roth, Andreas (1993): *Wechselkursrisiko-Management in deutschen internationalen Unternehmungen. Ergebnisse einer empirischen Untersuchung*, in: Zeitschrift für Betriebswirtschaft, 63. Jg., Nr. 11, S. 1181-1206

Gleason, James T. (2001): *Risikomanagement – Wie Unternehmen finanzielle Risiken messen, steuern und optimieren*, Frankfurt am Main/New York: Campus

Glischke, Thomas et al. (2011): *Klassifizierung und Bewertung von strukturierten Verbriefungen unter IFRS 9*, in: Fachzeitschrift für internationale und kapitalmarktorientierte Rechnungslegung, 11. Jg., Nr. 11, S. 513-522

Goetzke, Wolfgang; Sieben, Günter (Hrsg.) (1979): *Risk Management. Strategien zur Risikobeherrschung, Bericht von der 5. Kölner BFuP-Tagung am 5. und 6. Oktober 1978 in Leverkusen*, Köln: GEBERA

Götze, Uwe et al. (Hrsg.) (2001): *Risikomanagement*, Heidelberg: Physica-Verlag

Grebe, Uwe (1993): *Finanzwirtschaftliches Risikomanagement in Nichtbanken. Eine konzeptionelle Analyse unter Berücksichtigung innovativer Instrumente*, Frankfurt am Main u.a.: Lang (Europäische Hochschulschriften, Reihe 5, Band 1415; zugl. Diss. Universität Gießen, 1993).

Gronwald, Leo (2008): *Rohstoffversorgung der Stahlindustrie am Beispiel ThyssenKrupp Steel AG*, in: bergbau, o. Jg. (2008), Nr. 7, S. 318-321

Große, Jan-Velten (2010): *Ablösung von IAS 39 – Implikationen für das Hedge Accounting*, in: Fachzeitschrift für internationale und kapitalmarktorientierte Rechnungslegung, 10. Jg., Nr. 4, S. 191-199

Groves, Robert M. et al. (2009): *Survey Methodology*, 2. Auflage, Hoboken, NJ: Wiley

Guay, Wayne; Kothari S. P. (2003): *How much do firms hedge with derivatives?*, in: Journal of Financial Economics, 70. Jg., Nr. 3, S. 423–461

Haake, Gregor (2010): *Minenkonzernen gelingt Revolution im Eisenerzhandel*, in: Financial Times Deutschland, 30.03.2010, abrufbar unter: http://www.ftd.de/unternehmen/industrie/:rohstoffmarkt-minenkonzernen-gelingt-revolution-im-eisenerzhandel/50095147.html

Hager, Peter (2004): *Corporate Risk Management, Cash Flow at Risk und Value at Risk*, Frankfurt am Main: Bankakademie-Verlag (zugl. Diss. Universität Siegen)

Hague, Ian P. N. (2004): *IAS 39: Underlying Principles*, in: Accounting in Europe, 1. Jg., Nr. 1, S. 21-26

Hahn, Dietger (1979): *Frühwarnsysteme, Krisenmanagement und Unternehmensplanung*, in: Zeitschrift für Betriebswirtschaft, 49. Jg., Sonderheft 2, S. 25-46

Hahn, Dietger (1987): *Risiko-Management. Stand und Entwicklungstendenzen*, in: Zeitschrift für Organisation, 56. Jg., Nr. 3, S. 137-150

Haller, Matthias (1978): *Risiko-Management – neues Element in der Führung*, in: Industrielle Organisation, 47. Jg., Nr. 11, S. 483-487

Haller, Matthias (1986): *Risiko-Management – Eckpunkte eines integrierten Konzepts*, in: Jacob, Herbert (Hrsg.) (1986): *Risiko-Management*, Wiesbaden: Gabler (Schriften zur Unternehmensführung, Band 33), S. 7-43

Hallpap, Patrick; Lellmann, Peter (2011): *Die Bedeutung der Geschäftsmodell-Bedingung nach IFRS 9 für Kreditinstitute*, in: Die Wirtschaftsprüfung, 64. Jg., Nr. 15, S. 722-731

Härle-Willerich, Christa; von Rekowski, Klaus (2005): *Financial Risk Management (FiRM): Risikomanagement im Überblick*, in: Priermeier, Thomas (Hrsg.) (2005a): *Finanzrisikomanagement im Unternehmen. Ein Praxishandbuch*, München: Vahlen, S. 1-13

Hartenberger, Heike (2013): *§3. Finanzinstrumente*, in: Bohl, Werner et al. (Hrsg.) (2013): *Beck'sches IFRS-Handbuch. Kommentierung der IFRS/IAS*, 4. Auflage, München: Beck, S. 129-281

Haushalter, David et al. (2007): *The influence of product market dynamics on a firm's cash holdings and hedging behavior*, in: Journal of Financial Economics, 84. Jg., Nr. 3, S. 797-825

Haushalter, G. David (2000): *Financing Policy, Basis Risk, and Corporate Hedging: Evidence from Oil and Gas Producers*, in: Journal of Finance, 85. Jg., Nr. 1, S. 107-152

Heaney, Richard (2006): *An Empirical Analysis of Commodity Pricing*, in: Journal of Futures Markets, 26. Jg., Nr. 4, S. 391-415

Heinen, Edmund (1991): *Industriebetriebslehre: Entscheidungen im Industriebetrieb*, 9. Auflage, Wiesbaden: Gabler

Heinen, Edmund (1992): *Einführung in die Betriebswirtschaftslehre*, 9. Auflage, Wiesbaden: Gabler

Helke, Iris et al. (2011): *Neuer gemeinsamer Vorschlag des IASB und des FASB zur Bilanzierung von Wertminderungen bei finanziellen Vermögenswerten, die in offenen Portfolien gesteuert werden*, in: Die Wirtschaftsprüfung, 64. Jg., Nr. 10, S. 453-461

Helten, Elmar (1992): *Bewertung von Versicherung und anderen Risiko-politischen Maßnahmen zur Meidung, Minderung, Überwälzung oder Finanzierung betrieblicher Umweltschäden*, in: Wagner, Gerd R. (Hrsg.) (1992): *Ökonomische Risiken und Umweltschutz*, München: Vahlen, S. 85-99

Herzig, Norbert; Mauritz, Peter (1998): *Ökonomische Analyse von Konzepten zur Bildung von Bewertungseinheiten: Micro-Hedges, Macro-Hedges und Portfolio-Hedges – wünschenswert im deutschen Bilanzrecht?*, in: Zeitschrift für betriebswirtschaftliche Forschung, 50. Jg., Nr. 2, S. 99-128

Heuser, Paul J.; Theile, Carsten (Hrsg.) (2012): *IFRS Handbuch. Einzel- und Konzernabschluss*, 5. Auflage, Köln: Otto Schmidt

Higgins, Chuck; Verraster, James (2008): *Copper hedging*, in: CIM Magazine, 3. Jg., Nr. 4, S. 44-45

Hinterhuber, Hans H. et al. (Hrsg.) (1998): *Betriebliches Risikomanagement*, Wien: Österreichische Staatsdruckerei

Hinz, Juri (2006): *Valuing virtual production capacities on flow commodities*, in: Mathematical Methods of Operations Research, 64. Jg., Nr. 2, S. 187-209

Hoag, Dana L. (Hrsg.) (2010): *Applied Risk Management in Agriculture*, Boca Raton/London/New York: CRC Press

Hochradl, Markus; Rammerstorfer, Margarethe (2011): *The Convenience Yield Implied in European Natural Gas Hub Trading*, in: Journal of Futures Markets, 32. Jg., Nr. 5, S. 459-479

Hoffmann, Wolf-Dieter (2012a): *§17 Vorräte*, in: Lüdenbach, Norbert; Hoffmann, Wolf-Dieter (Hrsg.) (2012): *Haufe IFRS-Kommentar*, 10. Auflage, Freiburg: Haufe, S. 885-906

Hoffmann, Wolf-Dieter (2012b): *§8 Anschaffungs- und Herstellungskosten, Neubewertung*, in: Lüdenbach, Norbert; Hoffmann, Wolf-Dieter (Hrsg.) (2012): *Haufe IFRS-Kommentar*, 10. Auflage, Freiburg: Haufe, S. 345-396

Hoffmann, Wolf-Dieter (2012c): *§21 Rückstellungen, Verbindlichkeiten*, in: Lüdenbach, Norbert; Hoffmann, Wolf-Dieter (Hrsg.) (2012): *Haufe IFRS-Kommentar*, 10. Auflage, Freiburg: Haufe, S. 1017-1113

Hölscher, Reinhold (2002): *Von der Versicherung zur integrativen Risikobewältigung: Die Konzeption eines modernen Risikomanagements*, in: Hölscher, Reinhold; Efgen, Ralph (Hrsg.) (2002): *Herausforderung Risikomanagement. Identifikation, Bewertung und Steuerung industrieller Risiken*, Wiesbaden: Gabler, S. 3-31

Hölscher, Reinhold et al. (1996): *Industrieversicherungen als Element des modernen Risikomanagements, Ergebnisse einer empirischen Untersuchung*, Studien zum Finanz-, Bank- und Versicherungsmanagement des Lehrstuhls für Finanzierung und Investition der Universität Kaiserslautern, Kaiserslautern: Universität Kaiserslautern

Hölscher, Reinhold; Efgen, Ralph (Hrsg.) (2002): *Herausforderung Risikomanagement. Identifikation, Bewertung und Steuerung industrieller Risiken*, Wiesbaden: Gabler

Holst, Jonny; Holtkamp, Willy (2000): *Risikoquantifizierung und Frühwarnsystem auf Basis der Value at Risk-Konzeption*, in: Betriebs-Berater, 55. Jg., Nr. 16, S. 815-819

Holton, Glyn (1998): *Simulating Value-at-Risk*, in: Risk, 11. Jg., Nr. 5, S. 60-63

Hommel, Ulrich (2005): *Value-Based Motives for Corporate Risk Management*, in: Frenkel, Michael et al. (Hrsg.) (2005): *Risk Management. Challenge and Opportunity*, Berlin/ Heidelberg: Springer, S. 455-478

Hong, Gwangheon; Sarkar, Sudipto (2008): *Commodity betas with mean reverting output prices*, in: Journal of Banking & Finance, 32. Jg., Nr. 7, S. 1286–1296

Hopf, Christel (1978): *Die Pseudo-Exploration. Überlegungen zur Technik qualitativer Interviews in der Sozialforschung*, in: Zeitschrift für Soziologie, 7. Jg., Nr. 2, S. 97-115

Hopf, Christel (2012): *Qualitative Interviews. Ein Überblick*, in: Flick, Uwe et al. (Hrsg.) (2012): *Qualitative Forschung. Ein Handbuch*, 9. Auflage, Reinbek: Rowohlt, S. 349-360

Hopwood, Anthony G. (1983): *On trying to study accounting in the contexts in which it operates*, in: Accounting, Organizations and Society, 8. Jg., Nr. 2-3, S. 287-305

Hopwood, Anthony G. (2002): *'If only there were simple solutions, but there aren't': some reflections on Zimmerman's critique of empirical management accounting research*, in: European Accounting Review, 11. Jg., Nr. 4, S. 777-785

Hoque, Zahirul et al. (2013): *Theoretical triangulation and pluralism in research methods in organizational and accounting research*, in: Accounting, Auditing & Accountability Journal, 26. Jg., Nr. 7, S. 1170-1198

Hornung, Karlheinz et al. (1999): *Risikomanagement – Teil I: Konzeptionelle Ansätze zur pragmatischen Realisierung gesetzlicher Anforderungen*, in: Controlling, 11. Jg., Nr. 7, S. 317-325

Hornung, Karlheinz et al. (2000): *Wertorientierung und KonTraG als Determinanten des Risikomanagements der Metallgesellschaft AG*, in: Zeitschrift für Controlling, 12. Jg., Nr. 3, S. 153-161

Howard, Charles T.; D'Antonio, Louis J. (2005): *Cost-Effective Hedges and Accounting Standards*, in: Accounting Horizons, 19. Jg., Nr. 4, S. 205-222

Howard, Thomas A. Z. (2004): *Growing LNG trade accelerating integration of global gas markets*, in: Oil and Gas Journal, 102. Jg., Nr. 11, S. 18-20

Hua, Jian; Went, Peter (2010): *Large shocks and commodity market volatility*, Working Paper, abrufbar unter: http://ssrn.com/abstract=1571961

Huber, George P.; van de Ven, Andrew (Hrsg.) (1995): *Longitudinal field research methods. Studying processes of organizational change*. Thousand Oaks, CA: Sage Publications

Hughen, Linda (2010): *When Do Accounting Earnings Matter More than Economic Earnings? Evidence from Hedge Accounting Restatements*, in: Journal of Business Finance & Accounting, 37. Jg., Nr. 9/10, S. 1027-1056

Hull, John C. (2003): *Options, Futures and other Derivatives*, 5. Auflage, Upper Saddle River, NJ: Prentice Hall

Hummel, Detlev et al. (Hrsg.) (1997): *Banken in globalen und regionalen Umbruchsituationen. Festschrift für Johann Heinrich von Stein zum 60. Geburtstag,* Stuttgart: Schäffer-Poeschel

Humphrey, Christopher; Scapens, Robert W. (1996): *Theories and case studies of organizational accounting practices. Limitation or liberation?*, in: Accounting, Auditing & Accountability Journal, 9. Jg., Nr. 4, S. 86-106

Hünerwadel, Andreas (2007): *Arten und Formen des Stromhandels, insbesondere Börsen und Derivathandel*, in: Weber, Rolf H. (Hrsg.) (2007a): *Stromhandel*, Zürich/Basel/Genf: Schulthess, S. 49-63

IASB (Hrsg.) (2006): *IFRIC Update, Juli 2007*, abrufbar unter: http://www.ifrs.org/Updates/IFRIC-Updates/2006/Documents/july06.pdf

IASB (Hrsg.) (2007a): *IASB Update, Dezember 2007*, abrufbar unter: http://www.ifrs.org/NR/rdonlyres/EB87B9C7-AAF1-4107-8E13-125FA5615394/0/Upd0712.pdf

IASB (Hrsg.) (2007b): *IFRIC Update, März 2007*, abrufbar unter: http://www.ifrs.org/NR/rdonlyres/F6112E16-C723-49D0-8E52-7D0CA6FD8874/0/IFRIC0703.pdf

IASB (Hrsg.) (2008a): *IASB amendments permit reclassification of financial instruments, Press Release*, 13.10.2008, abrufbar unter: http://www.ifrs.org/NR/rdonlyres/7AF46D80-6867-4D58-9A12-92B931638528/0/PRreclassifications.pdf

IASB (Hrsg.) (2008b): *Reducing Complexity in Reporting Financial Instruments*, abrufbar unter: http://www.ifrs.org/Current-Projects/IASB-Projects/Financial-Instruments-A-Replacement-of-IAS-39-Financial-Instruments-Recognitio/Discussion-Paper-and-Comment-Letters/Documents/DPReducingComplexity_ReportingFinancialInstruments.pdf

IASB (Hrsg.) (2009): *IASB Update, Januar 2009*, abrufbar unter: http://www.ifrs.org/NR/rdonlyres/913D6F8B-86D4-45FA-A408-ED9A23E5A33F/0/IASBUpdateJanuary2009.pdf

IASB (Hrsg.) (2010): *IASB Update, Mai 2010*, abrufbar unter: http://www.ifrs.org/NR/rdonlyres/D8454142-59FA-4F1F-BA2D-DE61C211B1F6/0/IASBUpdateMay.pdf

IASB (Hrsg.) (2011): *Exposure Draft ED/2011/6 Revenue from Contracts with Customers*, abrufbar unter http://www.ifrs.org/Current-Projects/IASB-Projects/Revenue-Recognition/EDNov11/Documents/RevRec_EDII_Standard.pdf

IASB (Hrsg.) (2012a): *IASB Update, Februar 2012*, abrufbar unter http://www.ifrs.org/Updates/IASB-Updates/Documents/IASBupdateFebruary2012.pdf

IASB (Hrsg.) (2012b): *Exposure Draft ED/2011/6 Revenue from Contracts with Customers. Feedback summary from comment letters and outreach*, abrufbar unter http://www.ifrs.org/Documents/RR0512b07A.PDF

IASB (Hrsg.) (2012c): *Staff Paper zum Projekt „Accounting for Macro Hedging. Risks Other than Interest Rate". 13.-19. Dezember 2012*, abrufbar unter: http://www.ifrs.org/Meetings/MeetingDocs/IASB/2012/December/4-Macro-1212.pdf

IASB (Hrsg.) (2013a): *Protokoll der Sitzung des IASB am 21. November 2013*, abrufbar unter: http://www.ifrs.org/Current-Projects/IASB-Projects/Financial-Instruments-A-Replacement-of-IAS-39-Financial-Instruments-Recognitio/Impairment/Meeting-Summaries/Pages/IASB-Nov-13.aspx

IASB (Hrsg.) (2013b): *Staff Paper zum Projekt „Accounting for Macro Hedging. Due Process and Permission to Ballot". Oktober 2013*, abrufbar unter: http://www.ifrs.org/Meetings/MeetingDocs/IASB/2013/October/AP04-Accounting%20for%20macro%20hedging. pdf

IASB (Hrsg.) (2013c): *IFRS 9 Financial Instruments. Project Summary*, abrufbar unter: http://www.ifrs.org/Current-Projects/IASB-Projects/Financial-Instruments-A-Replacement-of-IAS-39-Financial-Instruments-Recognitio/Phase-III-Hedge-accounting/Documents/IFRS-9-FI-Project-Summary-November-2013.pdf

IASB (Hrsg.) (2014): *IASB Update, Februar 2014*, abrufbar unter: http://media.ifrs.org/2014/IASB/February/IASB-Update-February-2014.pdf

Iatridis, George (2012): *Hedging and earnings management in the light of IFRS implementation: Evidence from the UK stock market*, in: The British Accounting Review, 44. Jg., Nr. 1, S. 21-35

IDW (Hrsg.) (2007): *IDW Stellungnahme zur Rechnungslegung: Einzelfragen zur Bilanzierung von Finanzinstrumenten nach IFRS (IDW RS HFA 9)*, in: IDW Fachnachrichten, o. Jg. (2007), Nr. 6, S. 326-401

IDW (Hrsg.) (2009): *IDW Stellungnahme zur Rechnungslegung: Einzelfragen zur Bilanzierung von Verträgen über den Kauf oder Verkauf von nicht-finanziellen Posten nach IAS 39 (IDW RS HFA 25)*, in: IDW-Fachnachrichten, o. Jg. (2009), Nr. 5, S. 255-262

IDW (Hrsg.) (2011): *Comment Letter 223: ED Hedge Accounting, 14.03.2011*, abrufbar unter: http://www.ifrs.org/Current-Projects/IASB-Projects/Financial-Instruments-A-Replacement-of-IAS-39-Financial-Instruments-Recognitio/Phase-III-Hedge-accounting/edcl/commentletters/Documents/IDW_CL_IASB_ED_Hedge_Accounting_20110314_final_Logo.pdf

Imboden, Carlo (1983): *Risikohandhabung: Ein entscheidbezogenes Verfahren*, Bern/Stuttgart: Haupt (Prüfen und Entscheiden, Band 9)

Irwin, Scott H. et al. (1996): *Monte Carlo Analysis of Mean Reversion in Commodity Futures Prices*, in: American Journal of Agricultural Economics, 78. Jg., Nr. 2, S. 387-399

Ittner, Christopher; Larcker, David (2002): *Empirical managerial accounting research: are we just describing management consulting practice?*, in: European Accounting Review, 11. Jg., Nr. 4, S. 787-794

Jackson, Patricia et al. (1997): *Bank Capital and Value at Risk*, in: Journal of Derivatives, 4. Jg., Nr. 3, S. 73-90

Jacob, Herbert (Hrsg.) (1986): *Risiko-Management*, Wiesbaden: Gabler (Schriften zur Unternehmensführung, Band 33)

Jacobs, Otto H.; Schmitt, Gregor A. (2013): *IAS 2. Vorräte*, in: Baetge, Jörg et al. (Hrsg.) (2013): *Rechnungslegung nach IFRS. Kommentar auf Grundlage des deutschen Bilanzrechts*, 2. Auflage, 20. Ergänzungslieferung (Juli 2013), Stuttgart: Schäffer-Poeschel, S. 1-40

Jameson, Robert (Hrsg.) (1995): *Managing Energy Price Risk*, London: Risk Publications

Jameson, Robert (Hrsg.) (1997): *Managing Metals Price Risk*, London: Risk Publications

Jamin, Wolfgang; Krankowsky, Matthias (2003): *Die Hedge Accounting-Regeln des IAS 39*, in: Fachzeitschrift für internationale und kapitalmarktorientierte Rechnungslegung, 3. Jg., Nr. 11, S. 502-515

Janze, Christian (2007): *Umsetzungsempfehlungen des IAS 41 für einzelne Gruppen biologischer Vermögenswerte*, in: Fachzeitschrift für internationale und kapitalmarktorientierte Rechnungslegung, 7. Jg., Nr. 3, S. 130-142

Janze, Christian (2012): *§40 Landwirtschaft*, in: Lüdenbach, Norbert; Hoffmann, Wolf-Dieter (Hrsg.) (2012): *Haufe IFRS-Kommentar*, 10. Auflage, Freiburg: Haufe, S. 2401-2422

Jarrow, Robert A. (2009): *Convenience yields*, in: Review of Derivatives Research, 13. Jg., Nr. 1, S. 25-43

Jenni, Oskar (1952): *Die Frage des Risikos in der Betriebswirtschaftslehre*, Bern: DUVAG (zugl. Diss. Universität Bern, 1952)

Jessen, Dirk (2013): *§41. Landwirtschaft*, in: Bohl, Werner et al. (Hrsg.) (2013): *Beck'sches IFRS-Handbuch. Kommentierung der IFRS/IAS*, 4. Auflage, München: Beck, S. 1707-1718

Jin, Hyun J. (2007): *Heavy-Tailed Behavior of Commodity Price Distribution and Optimal Hedging Demand*, in: Journal of Risk and Insurance, 74. Jg., Nr. 4, S. 863-881

Jin, Xiaoye et al. (2012): *Volatility transmission and volatility impulse response functions in crude oil markets*, in: Energy Economics, 34. Jg., Nr. 6, S. 2125–2134

Johanning, Lutz (1998): *Value-at-Risk zur Marktrisikosteuerung und Eigenkapitalallokation*, Bad Soden/Ts.: Uhlenbruch (zugl. Diss. Ludwig-Maximilians-Universität München)

Johanning, Lutz; Rudolph, Bernd (Hrsg.) (2000a): *Handbuch Risikomanagement. Risikomanagement für Markt-, Kredit- und operative Risiken*, Band 1, Bad Soden/Ts.: Uhlenbruch

Johanning, Lutz; Rudolph, Bernd (Hrsg.) (2000b): *Handbuch Risikomanagement. Risikomanagement für Markt-, Kredit- und operative Risiken*, Band 2, Bad Soden/Ts.: Uhlenbruch

Johnson, Leland L. (1960): *The Theory of Hedging and Speculation in Commodity Futures*, in: The Review of Economic Studies, 27. Jg., Nr. 3, S. 139-151

Jorion, Philippe (1997): *Value at Risk – The New Benchmark for Controlling Derivatives Risk*, New York: McGraw-Hill

Judge, Amrit (2006a): *The Determinants of Foreign Currency Hedging by U.K. Non-Financial Firms*, in: Multinational Finance Journal, 10. Jg., Nr. 1/2, S. 1-41

Judge, Amrit (2006b): *Why and How UK Firms Hedge*, in: European Financial Management, 12. Jg., Nr. 3, S. 407-441

Judge, Amrit (2006c): *Why Do Firms Hedge? A Review of the Evidence*, Working Paper, abrufbar unter http://ssrn.com/abstract=899632

Kaiser, Thomas (Hrsg.) (2007): *Wettbewerbsvorteil Risikomanagement: Erfolgreiche Steuerung der Strategie-, Reputations- und operationellen Risiken*, Berlin: Schmidt

Kajüter, Peter (2003): *Risikomanagement in internationalen Konzernen*, in: Achenbach et al. (Hrsg.) (2003): *Strategische und internationale Perspektiven des Managements. Festschrift zum 60. Geburtstag von Prof. Dr. Martin K. Welge*, Lohmar/Köln: Eul, S. 41-74

Kaldor, Nicholas (1939): *Speculation and Economic Stability*, in: Review of Economic Studies, 7. Jg., S. 1-27

Kaminska, Izabella (2010): *Just like a giant secured loan to commodity producers*, in: Financial Times, abrufbar unter http://ftalphaville.ft.com/2010/10/19/374861/just-like-a-giant-secured-loan-to-commodity-producers

Kaminski, Vincent (Hrsg.) (2004): *Managing Energy Price Risk. The New Challenges and Solutions*, 3. Auflage, London: Risk Books

Kaminski, Vincent; Prevatt, Ross (2004): *The Natural Gas Market*, in: Kaminski, Vincent (Hrsg.) (2004): *Managing Energy Price Risk. The New Challenges and Solutions*, 3. Auflage, London: Risk Books, S. 263-323

Kaplan, Robert S. (1984): *The Evolution of Management Accounting*, in: Accounting Review, 59. Jg., Nr. 3, S. 390-418

Kaplan, Robert S. (1986): *The role for empirical research in management accounting*, in: Accounting, Organizations and Society, 11. Jg., Nr. 4, S. 429-452

Karp, Thorbjörn (2007): *Own Use Exemption verhindert Derivatebilanzierung*, in: Accounting, 7. Jg., Nr. 3, S. 5-8

Kawaller, Ira G. (2004): *Ways to test Hedge Effectiveness. Reconsidering Regression Analysis*, in: AFP Exchange Magazine, Nr. 6, S. 62-63

Kawaller, Ira G.; Steinberg, Reva B. (2002): *Hedge Effectiveness Testing. Using Regression Analysis*, in: AFP Exchange Magazin, Nr. 5, S. 1-5

Kendall, Tom (2004): *London Platinum and Palladium Market*, in: Platinum Metals Review, 48. Jg., Nr. 1, S. 13-14

Kholmy, Khaled (2011): *Die aktuellen Reformen zu IFRS 9 – eine kritische Würdigung der Stellungnahmen zum ED/2009/7*, in: Fachzeitschrift für internationale und kapitalmarktorientierte Rechnungslegung, 11. Jg., Nr. 2, S. 79-88

Kholmy, Khaled; Weiherich, Niko (2012): *IFRS 9 Phase III – Eine kritische Würdigung der Stellungnahmen zum hedge accounting*, in: Fachzeitschrift für internationale und kapitalmarktorientierte Rechnungslegung, 12. Jg., Nr. 5, S. 224-233

Kimmig, Jens M. (2001): *Risiko-Controlling in der Unternehmung: Unsicherheit im Warentermingeschäft*, Wiesbaden: Deutscher Universitäts-Verlag (zugl. Diss. Johannes Gutenberg-Universität Mainz, 2000)

Kirk, Ewan (1995): *Correlation in the Energy Markets*, in: Jameson, Robert (Hrsg.) (1995): *Managing Energy Price Risk*, London: Risk Publications, S. 71-78

Kirsch, Hans-Jürgen et al. (2012): *Die Vorschläge des IASB zu den künftigen Wertminderungsvorschriften des IFRS 9 vor dem Hintergrund der qualitativen Anforderungen des Conceptual Framework*, in: Fachzeitschrift für internationale und kapitalmarktorientierte Rechnungslegung, 12. Jg., Nr. 12, S. 563-571

Klatt, Tobias et al. (2010): *Monte-Carlo-basierte Risikoaggregation und Risikoberichterstattung*, in: Fachzeitschrift für internationale und kapitalmarktorientierte Rechnungslegung, 10. Jg., Nr. 12, S. 644-651

Knafo, Samuel (2006): *The gold standard and the origins of the modern international monetary system*, in: Review of International Political Economy, 13. Jg., Nr. 1, S. 78-102

Knechel, W. Robert (2007): *The business risk audit: Origins, obstacles and opportunities*, in: Accounting, Organizations and Society, 32. Jg., Nr. 4/5, S. 383-408

Knill, April et. al. (2006): *Selective Hedging, Information Asymmetry, and Futures Prices*, in: Journal of Business, 79. Jg., Nr. 3, S. 1475-1501

Köhne, Marc Felix (2007): *Risikoartenübergreifende Steuerung in Industrieunternehmen*, in: Kaiser, Thomas (Hrsg.) (2007): *Wettbewerbsvorteil Risikomanagement: Erfolgreiche Steuerung der Strategie-, Reputations- und operationellen Risiken*, Berlin: Schmidt, S. 307-325

Kolb, Roberg W. et al. (1994): *Regression to the Mean and Mean Reversion in Futures Markets*, in: Journal of Financial Engineering, 3. Jg., Nr. 2, S. 159-175

Kolbeck, Rosemarie (Hrsg.) (1990): *Die Finanzmärkte der Neunziger Jahre - Perspektiven und Strategien,* Frankfurt am Main: Knapp

König, Elke (2013): *Auswirkungen der Kategorisierung von Finanzinstrumenten nach IAS 39 und IFRS 9 auf die Berechnung des regulatorischen Eigenkapitals von Banken*, in: Betriebswirtschaftliche Forschung und Praxis, 65. Jg., Nr. 1, S. 72-87

KPMG (Hrsg.) (2007a): *Energie- und Rohstoffpreise – Risiken und deren Absicherung*, abrufbar unter: http://www.kpmg.at/de/files/Energie_und_Rohstoffpreise.pdf

KPMG (Hrsg.) (2007b): *International Financial Reporting Standards. Einführung in die Rechnungslegung nach den Grundsätzen des IASB*, 4. Auflage, Stuttgart: Schäffer-Poeschel

KPMG (Hrsg.) (2008a): *The Application of IFRS: Oil and Gas*, London: Selbstverlag

KPMG (Hrsg.) (2008b): *The Application of IFRS: Power and Utilities*, London: Selbstverlag

KPMG (Hrsg.) (2008c): *Comment Letter 126: IASB Discussion Paper – Reducing Complexity in Reporting Financial Instruments*, 22.09.2008, abrufbar unter: http://www.ifrs.org/Current-Projects/IASB-Projects/Financial-Instruments-A-Replacement-of-IAS-39-Financial-Instruments-Recognitio/Discussion-Paper-and-Comment-Letters/comment-letters/Documents/CL126.pdf

KPMG (Hrsg.) (2009a): *The Application of IFRS: Mining*, London: Selbstverlag

KPMG (Hrsg.) (2009b): *Comment Letter 119: IASB Exposure Draft ED/2009/7 - Financial Instruments: Classification and Measurement*, 14.09.2009, abrufbar unter: http://www.ifrs.org/Current-Projects/IASB-Projects/Financial-Instruments-A-Replacement-of-IAS-39-Financial-Instruments-Recognitio/Phase-I-Classification-and-measurement/Exposure-Draft-Comment-Letters/Comment-Letters/Documents/CL119.pdf

KPMG (Hrsg.) (2011a): *Insights into IFRS: KPMG's practical guide to International Financial Reporting Standards*, 8. Auflage, London: Sweet & Maxwell

KPMG (Hrsg.) (2011b): *Comment Letter 147: ED Hedge Accounting, 09.03.2011*, abrufbar unter: http://www.ifrs.org/Current-Projects/IASB-Projects/Financial-Instruments-A-Replacement-of-IAS-39-Financial-Instruments-Recognitio/Phase-III-Hedge-accounting/edcl/comment-letters/Documents/CL147new.pdf

Kramer, Jost W. (2002): *Vom Rechnungswesen zum Risikomanagement. Aktuelle Fragestellungen im Controlling*, München: Rainer Hampp Verlag

Krippendorff, Klaus (2004): *Content Analysis. An Introduction to its Methodology*, 2. Auflage, Thousand Oaks: Sage Publications

Kropp, Matthias (1999): *Management und Controlling finanzwirtschaftlicher Risikopositionen. Einschließlich einer Fallstudie zu den Ölminengeschäften der Metallgesellschaft*, Bad Soden/Ts.: Uhlenbruch (Reihe Risikomanagement und Finanzcontrolling, Band 2; zugl. Diss. Universität Frankfurt am Main, 1998)

Krumnow, Jürgen (1990): *Risikoanalyse im Controlling einer Großbank*, in: Kolbeck, Rosemarie (Hrsg.) (1990): *Die Finanzmärkte der Neunziger Jahre - Perspektiven und Strategien,* Frankfurt am Main: Knapp, S. 93-119

Krumnow, Jürgen (1993): *Die Steuerung des Zinsänderungsrisikos bei Banken*, in: Büschgen, Hans E. (Hrsg.) (1993): *Mitteilungen und Berichte, Institut für Bankwirtschaft und Bankrecht*, Köln: Universität Köln, S. 19-32

Krumnow, Jürgen (1995a): *Das derivative Geschäft als Motor des Wandels für das Bankcontrolling*, in: Die Betriebswirtschaft, 55. Jg., Nr. 1, S. 11-21

Krumnow, Jürgen (1995b): *Derivative Instrumente - Implikationen für Bankcontrolling und -organisation*, in: Schierenbeck, Henner; Moser, Hubertus (Hrsg.) (1995): *Handbuch Bankcontrolling,* Wiesbaden: Gabler, S. 735-755

Krumnow, Jürgen (1995c): *Risikosteuerung im derivaten Geschäft*, in: Lanfermann, Josef (Hrsg.) (1995): *Internationale Wirtschaftsprüfung: Festschrift zum 65. Geburtstag von Prof. Dr. Dr. h. c. Hans Havermann*, Düsseldorf: IDW-Verlag, S. 343-372

Krumnow, Jürgen (1997a): *Bankencontrolling für derivative Geschäfte*, in: Hummel, Detlev et al. (Hrsg.) (1997): *Banken in globalen und regionalen Umbruchsituationen. Festschrift für Johann Heinrich von Stein zum 60. Geburtstag,* Stuttgart: Schäffer-Poeschel, S. 291-315

Krumnow, Jürgen (1997b): *Die Absicherung von Währungs- und Zinsrisiken bei Kreditinstituten*, in: Lutter, Marcus et al. (Hrsg.) (1997): *Handbuch der Konzernfinanzierung*, Köln: O. Schmidt, S. 833-870

Krumnow, Jürgen (2000): *Zur strategischen Bedeutung des Risikomanagements für die Kreditinstitute*, in: Johanning, Lutz; Rudolph, Bernd (Hrsg.) (2000b): *Handbuch Risikomanagement. Risikomanagement für Markt-, Kredit- und operative Risiken*, Band 2, Bad Soden/Ts.: Uhlenbruch, S. 683-700

Krumnow, Jürgen (2002): *Risikomanagement bei Kreditinstituten*, in: Ballwieser, Wolfgang et al. (Hrsg.) (2002): *Handwörterbuch der Rechnungslegung und Prüfung,* 3. Auflage, Stuttgart: Schäffer-Poeschel, Sp. 2047-2057

Krumnow, Jürgen et al. (Hrsg.) (2002): *Gabler Bank Lexikon*, 13. Auflage, Wiesbaden: Gabler

Kühl, Stefan; Strodtholz, Petra (Hrsg.) (2002): *Methoden der Organisationsforschung. Ein Handbuch*, Reinbek: Rowohlt

Kuhn, Steffen (2010): *Neuregelung der Bilanzierung von Finanzinstrumenten: Welche Änderungen ergeben sich aus IFRS 9*, in: Zeitschrift für Internationale Rechnungslegung, 5. Jg., Nr. 3, S. 103-111

Kuhn, Steffen; Albrecht, Thomas (2008): *Bilanzierung von Commodity-Risiken nach IAS 39*, in: Zeitschrift für Internationale Rechnungslegung, 3. Jg., Nr. 3, S. 123-129

Kuhn, Steffen; Scharpf, Paul (2006): *Rechnungslegung von Financial Instruments nach IFRS. IAS 32, IAS 39 und IFRS 7*, 3. Auflage, Stuttgart: Schäffer-Poeschel

Kumar, Nirmalya et al. (1993): *Conducting interorganizational research using key informants*, in: Academy of Management Journal, 36. Jg., Nr. 6, S. 1633-1651

Kümpel, Thomas (2006): *IAS 41 als spezielle Bewertungsvorschrift für die Landwirtschaft*, in: Fachzeitschrift für internationale und kapitalmarktorientierte Rechnungslegung, 6. Jg., Nr. 9, S. 550-558

Küpper, Hans-Ulrich; Wagenhofer, Alfred (Hrsg.) (2002): *Handwörterbuch Unternehmensrechnung und Controlling*, 4. Auflage, Stuttgart: Schäffer-Poeschel (Enzyklopädie der Betriebswirtschaftslehre, Band 3)

Kvale, Steinar (2009): *Doing Interviews*, Thousand Oaks: Sage Publications

Lanfermann, Josef (Hrsg.) (1995): *Internationale Wirtschaftsprüfung: Festschrift zum 65. Geburtstag von Prof. Dr. Dr. h. c. Hans Havermann*, Düsseldorf: IDW-Verlag

Larson, Donald F. et al. (1998): *Commodity Risk Management and Development*, Policy Research Working Paper Nr. 1963, abrufbar unter: http://www-wds.worldbank.org/external/default/WDSContentServer/IW3P/IB/1998/11/17/000009265_3981005112553/Rendered/PDF/multi0page.pdf

Laux, Christian (2012): *Financial instruments, financial reporting, and financial stability*, in: Accounting and Business Research, 42. Jg., Nr. 3, S. 239-260

Leibfried, Peter et al. (2010): *Offenlegung von Wetterrisiken in der Energiebranche*, in: Fachzeitschrift für internationale und kapitalmarktorientierte Rechnungslegung, 10. Jg., Nr. 7/8, S. 372-378

Leibfried, Peter; Jaskolski, Torsten (2009): *Der neue Vorschlag des IASB zur Klassifikation von Finanzinstrumenten Schnellschuss oder dauerhafte Lösung?*, in: Zeitschrift für Internationale Rechnungslegung, 4. Jg., Nr. 11, S. 469-474

Leland, Hayne E.; Rubinstein, Mark (1988): *The Evolution of Portfolio Insurance*, in: Luskin, Donald L. (Hrsg.) (1988): *Portfolio Insurance: A Guide to Dynamic Hedging*, New York: Wiley, S. 3-10

Leong, Kenneth; Siddiqui, Riaz (1998): *Value at Risk for Power Markets*, in: Fusaro, Peter C. (Hrsg.) (1998a): *Energy Risk Management. Hedging Strategies and Instruments for the International Energy Markets*, New York u.a.: McGraw-Hill, S. 157-178

Lewis, Richard; Dawson, Paul (2004): *The Development of European Electiricity Markets*, in: Kaminski, Vincent (Hrsg.) (2004): *Managing Energy Price Risk. The New Challenges and Solutions*, 3. Auflage, London: Risk Books, S. 325-347

Li, Raymond (2010): *The evolution of the international steam coal market*, in: International Journal of Energy Sector Management, 4. Jg., Nr. 4, S. 514-534

Liebold, Renate; Trinczek, Rainer (2002): *Experteninterview*, in: Kühl, Stefan; Strodtholz, Petra (Hrsg.) (2002): *Methoden der Organisationsforschung. Ein Handbuch*, Reinbek: Rowohlt, S. 33-71

Liebwein, Peter (2000): *Strukturierung von Rückversicherungsentscheidungen: ein entscheidungstheoretisches Modell der Risikopolitik von Versicherungsunternehmen*, Karlsruhe: VVW (zugl. Diss. Ludwigs-Maximilians-Universität München, 1998)

Lillis, Anne M. (1999): *A framework for the analysis of interview data from multiple field research sites*, in: Accounting and Finance, 39. Jg., Nr. 1, S. 79-105

Lillis, Anne M.; Mundy, Julia (2005): *Cross-Sectional Field Studies in Management Accounting Research. Closing the Gaps between Surveys and Case Studies*, in: Journal of Management Accounting Research, 17. Jg., Nr. 1, S. 119-141

Lilly (Hrsg.) (2011): *Comment Letter 199: ED Hedge Accounting, 08.03.2011*, abrufbar unter: http://www.ifrs.org/Current-Projects/IASB-Projects/Financial-Instruments-A-Replacement-of-IAS-39-Financial-Instruments-Recognitio/Phase-III-Hedge-accounting/edcl/comment-letters/Documents/HedgeAccountingCommentLetter.pdf

Lin, Bingxuan; Lin, Chen-Miao (2012): *Asymmetric Information and Corporate Risk Management by Using Foreign Currency Derivatives*, in: Review of Pacific Basin Financial Markets and Policies, 15. Jg., Nr. 1, S. 1-19

Lin, Rueyjiau; Chang, Yuanchen (2009): *Does Hedging Add Value? Evidence from the Global Airline Industry*, Working Paper, abrufbar unter: http://ssrn.com/abstract=1342850

Linde (Hrsg.) (2011): *Comment Letter 165: ED Hedge Accounting, 09.03.2011*, abrufbar unter: http://www.ifrs.org/Current-Projects/IASB-Projects/Financial-Instruments-A-Replacement-of-IAS-39-Financial-Instruments-Recognitio/Phase-III-Hedge-accounting/edcl/comment-letters/Documents/TheLindeGroupCommentLetterED_2010_13.pdf

Lindeiner-Wildau, Klaus von (1986): *Risiken und Risiko-Management im Anlagenbau*, in: Funk, Joachim; Lassmann, Gert (Hrsg.) (1986): *Langfristiges Anlagengeschäft – Risiko-Management und Controlling*, Düsseldorf/Frankfurt am Main: Verlags-Gruppe Handelsblatt (Zeitschrift für betriebswirtschaftliche Forschung, Sonderheft 20), S. 21-37

Lins, Karl V. et al. (2011): *Does Fair Value Reporting Affect Risk Management? International Survey Evidence*, in: Financial Management, 40. Jg., Nr. 3, S. 525-551

Lintner, John (1965): *The Valuation of Risk Assets and the Selection of Risky Investments in Stock Portfolios and Capital Budgets*, in: Review of Economics and Statistics, 47. Jg., Nr. 1, S. 13-37

Lisowsky, Artur (1947): *Risiko-Gliederung und Risiko-Politik I*, in: Die Unternehmung, 2. Jg., Nr. 12, S. 97-110

Liu, Shi-Miin; Chou, Chih-Hsien (2003): *The gold standard and the origins of the modern international monetary system*, in: Applied Financial Economics, 13. Jg., Nr. 12, S. 879-891

Liu, Tingjun; Parlour, Christine A. (2009): *Hedging and competition*, in: Journal of Financial Economics, 94. Jg., Nr. 3, S. 492-507

Locarek-Junge, Hermann (2001): *Hedging*, in: Gerke, Wolfgang (Hrsg.) (2001): *Handwörterbuch des Bank- und Finanzwesens*, Stuttgart: Schäffer-Poeschel, Sp. 1016-1022

Lokau, Bernhard; Ritzau, Michael (2009): *Der Markt für Strom*, in: Zenke, Ines; Schäfer, Ralf (Hrsg.) (2005a): *Energiehandel in Europa: Öl, Gas, Strom, Derivate, Zertifikate*, München: C.H. Beck, S. 59-79

Lopes, Patrícia Teixeira (2007): *Accounting for electricity derivatives under IAS 39*, in: Journal of Derivatives & Hedge Funds, 13. Jg., Nr. 3, S. 233-246

Loss, Frederic (2012): *Optimal Hedging Strategies and Interactions between Firms*, in: Journal of Economics & Management Strategy, 21. Jg., Nr. 1, S. 79-129

Löw, Edgar (Hrsg.) (2005a): *Rechnungslegung für Banken nach IFRS. Praxisorientierte Einzeldarstellungen*, 2. Auflage, Wiesbaden: Gabler

Löw, Edgar (2005b): *Partielles Endorsement von IAS 39: Fair-Value-Option*, in: Betriebs-Berater, 60. Jg., Nr. 4, S. 1

Löw, Edgar (2006): *Risikomanagement, Risikocontrolling und IFRS*, in: Wagenhofer, Alfred (Hrsg.) (2006): *Controlling und IFRS-Rechnungslegung. Konzepte, Schnittstellen, Umsetzung*, Berlin: Erich Schmidt Verlag, S. 169-201

Löw, Edgar (2011): *Fair Value Measurement nach IFRS 13 unter besonderer Berücksichtigung von Finanzinstrumenten*, in: Recht der Finanzinstrumente, 1. Jg., Nr. 5, S. 345-353

Löw, Edgar (2012): *12. IFRS 9 Finanzinstrumente*, in: Heuser, Paul J.; Theile, Carsten (Hrsg.) (2012): *IFRS Handbuch. Einzel- und Konzernabschluss*, 5. Auflage, Köln: Otto Schmidt, Tz. 2625-2799

Löw, Edgar; Blaschke, Silke (2005): *Verabschiedung des Amendments zu IAS 39 Financial Instruments: Recognition and Measurement – The Fair Value Option*; in: Betriebs-Berater, 60. Jg., Nr. 32, S. 1727-1736

Löw, Edgar; Clark, Joyce (2011): *Neuregelungen zum Hedge Accounting nach IFRS – näher am Risikomanagement?*, in Recht der Finanzinstrumente, 1. Jg., Nr. 2, S. 126-134

Löw, Edgar; Lorenz, Karsten (2005): *Ansatz und Bewertung von Finanzinstrumenten*, in: Löw, Edgar (Hrsg.) (2005a): *Rechnungslegung für Banken nach IFRS. Praxisorientierte Einzeldarstellungen*, 2. Auflage, Wiesbaden: Gabler, S. 415-604

Löw, Edgar; Pietsch, Nicolle (2010): *Management und Bilanzierung von Emissionsrechten. Strategien und Handlungsoptionen*, Wiesbaden: Gabler

Löw, Edgar; Roggenbuck, Harald E. (2002): *Performancemaße, risikoorientierte*, in: Küpper, Hans-Ulrich; Wagenhofer, Alfred (Hrsg.) (2002): *Handwörterbuch Unternehmensrechnung und Controlling*, 4. Auflage, Stuttgart: Schäffer-Poeschel (Enzyklopädie der Betriebswirtschaftslehre, Band 3), Sp. 1395-1404

Löw, Edgar; Schildbach, Stephan (2004): *Financial Instruments – Änderungen von IAS 39 aufgrund des Amendments Project des IASB*; in: Betriebs-Berater, 59. Jg., Nr. 16, S. 875-882

Löw, Edgar; Theile, Carsten (2012): *X. Finanzielle Vermögenswerte (IAS 39, IAS 32, IFRS 7, IFRS 9)*, in: Heuser, Paul J.; Theile, Carsten (Hrsg.) (2012): *IFRS Handbuch. Einzel- und Konzernabschluss*, 5. Auflage, Köln: Otto Schmidt, Tz. 2400-2624

Löw, Edgar; Torabian, Farhood (2008): *Auswirkungen des Entwurfs des BilMoG auf die Bilanzierung von Finanzinstrumenten*, Zeitschrift für das gesamte Kreditwesen, 61. Jg., Nr. 13, S. 608-614

Lück, Wolfgang (1999a): *Risikomanagement und Überwachungssystem nach KonTraG*, in: Reichmann, Thomas (Hrsg.) (1999): *Tagungsband zum 14. Deutschen Controlling Congress*, Dortmund: Gesellschaft für Controlling, S. 17-33

Lück, Wolfgang (1999b): *Betriebswirtschaftliche Aspekte der Einrichtung eines Überwachungssystems und eines Risikomanagementsystems*, in: Dörner, Dietrich et al. (Hrsg.) (1999): *Reform des Aktienrechts, der Rechnungslegung und Prüfung. KonTraG – KapAEG – EuroEG – StückAG*, Stuttgart: Schäffer-Poeschel, S. 139-176

Lück, Wolfgang (Hrsg.) (2001): *Risikomanagementsystem und Überwachungssystem. KonTraG: Anforderungen und Umsetzung in der betrieblichen Praxis*, 2. Auflage, München/Karlsruhe: Ernst Grässer (Schriftenreihe des Universitäts-Forums für Rechnungslegung, Steuern und Prüfung, Band 5)

Lüdenbach, Norbert (2012): *§28 Finanzinstrumente*, in: Lüdenbach, Norbert; Hoffmann, Wolf-Dieter (Hrsg.) (2012): *Haufe IFRS-Kommentar*, 10. Auflage, Freiburg: Haufe, S. 1573-1793

Lüdenbach, Norbert; Hoffmann, Wolf-Dieter (Hrsg.) (2012): *Haufe IFRS-Kommentar*, 10. Auflage, Freiburg: Haufe

Luft, Joan; Shields, Michael (2002): *Zimmerman's contentious conjectures: describing the present and prescribing the future of empirical management accounting research*, in: European Accounting Review, 11. Jg., Nr. 4, S. 795-803

Lukka, Kari; Kasanen, Eero (1995): *The problem of generalizability. Anecdotes and evidence in accounting research*, in: Accounting, Auditing & Accountability Journal, 8. Jg., Nr. 5, S. 71-90

Lukka, Kari; Mouritsen, Jan (2002): *Homogeneity or heterogeneity of research in management accounting?*, in: European Accounting Review, 11. Jg., Nr. 4, S. 805-811

Luskin, Donald L. (1987): *Index Options & Futures: The Complete Guide*, New York: Wiley

Luskin, Donald L. (Hrsg.) (1988): *Portfolio Insurance: A Guide to Dynamic Hedging*, New York: Wiley

Lutter, Marcus et al. (Hrsg.) (1997): *Handbuch der Konzernfinanzierung*, Köln: O. Schmidt

Lys, Thomas; Vincent, Linda (1995): *An analysis of value destruction in AT&T's acquisition of NCR*, in: Journal of Financial Economics, 39. Jg., Nr. 2, S. 353-378

Ma, Christopher K. et al. (1990): *Testing Rationality in Futures Markets*, in: Journal of Futures Markets, 10. Jg., Nr. 2, S. 137-152

Mackay, Peter; Moeller, Sara B. (2007): *The Value of Corporate Risk Management, in: Journal of Finance*, 62. Jg., Nr. 3, S. 1379-1419

Mackenzie, Bruce; Ballwieser, Wolfgang (Hrsg.) (2011): *Handbuch International Financial Reporting Standards 2011*, Weinheim: Wiley

Makkonen, Mari et al. (2012): *Competition in the European electricity markets - Outcomes of a Delphi study*, in: Energy Policy, Nr. 44, S. 431-440

Manfredo, Mark R.; Leuthold, Raymond M. (1998): *Agricultural Applications of Value-at-Risk Analysis: A Perspective*, OFOR Paper Number 98-04, abrufbar unter http://ssrn.com/abstract=127008

Mariano, Ventosa et al. (2005): *Electricity market modeling trends*, in: Energy Policy, 33. Jg., Nr. 7, S. 897-913

Märkl, Helmut; Glaser, Andreas (2011): *IFRS 9 Financial Instruments: Neuerungen beim hedge accounting durch ED/2010/13*, in: Fachzeitschrift für internationale und kapitalmarktorientierte Rechnungslegung, 11. Jg., Nr. 3, S. 124-132

Märkl, Helmut; Schaber, Mathias (2009): *Zur Nachfolgeregelung des IAS 39: Inhalt und kritische Würdigung des ED „Classification and Measurement"*, in: Fachzeitschrift für internationale und kapitalmarktorientierte Rechnungslegung, 9. Jg., Nr. 10, S. 533-544

Märkl, Helmut; Schaber, Mathias (2010): *IFRS 9 Financial Instruments: Neue Vorschriften zur Kategorisierung und Bewertung von finanziellen Vermögenswerten*, in: Fachzeitschrift für internationale und kapitalmarktorientierte Rechnungslegung, 10. Jg., Nr. 2, S. 65-74

Markowitz, Harry (1952): *Portfolio Selection*, in: The Journal of Finance, 7. Jg., Nr. 1, S. 77-91

Mason, Scott P. (1995): *The Allocation of Risk*, in: Crane, Dwight. B. et al. (Hrsg.) (1995): *The Global Financial System: A Functional Perspective*, Boston: Harvard Business School Press, S. 153-195

Maulshagen, Olaf; Walterscheidt, Sven (2010): *Bilanzierung von Derivaten des Rohstoffmanagements*, in: Eller, Roland et al. (Hrsg.) (2010): *Management von Rohstoffrisiken. Strategien, Märkte und Produkte*, Wiesbaden: Gabler, S. 345-371

Mayring, Philipp (2010): *Qualitative Inhaltsanalyse. Grundlagen und Techniken*, 11. Auflage, Weinheim: Beltz

Mazur, Michael; Wolz, Matthias (2007): *Die Absicherung von Marktpreisrisiken im Gasgeschäft deutscher Energieversorger nach IAS 39*, in: Zeitschrift für Internationale Rechnungslegung, 2. Jg., Nr. 2, S. 99-108

Mengle, David (1997a): *Precious Metals OTC Options*, in: Jameson, Robert (Hrsg.) (1997): *Managing Metals Price Risk*, London: Risk Publications, S. 29-46

Mengle, David (Hrsg.) (1997b): *The J.P. Morgan/Arthur Andersen Guide to Corporate Risk Management*, London: Risk Publications

Merchant, Kenneth A.; van der Stede, Wim A. (2006): *Field-Based Research in Accounting. Accomplishments and Prospects*, in: Behavioral Research in Accounting, 18. Jg., Nr. 1, S. 117-134

Merino, Barbara D.; Neimark, Marilyn D. (1982): *Disclosure regulation and public policy. A sociohistorical reappraisal*, in: Journal of Accounting and Public Policy, 1. Jg., Nr. 1, S. 33-57

Merriam, Sharan B. (2009): *Qualitative Research. A Guide to Design and Implementation*, San Francisco: Jossey-Bass

Merton, Robert C. (1973): *Theory of Rational Option Pricing*, in: The Bell Journal of Economics and Management Science, 4. Jg., Nr. 1, S. 141-183

Meyer, Stephanie (2011): *IAS 2 – Inventories*, in: Buschhüter, Michael; Striegel, Andreas (Hrsg.) (2011): *Kommentar Internationale Rechnungslegung IFRS*, Wiesbaden: Gabler, S. 286-307

Mezias, Stephen J.; Scarselletta, Mario (1994): *Resolving financial reporting problems. An institutional analysis of the process*, in: Administrative Science Quaterly, 39. Jg., Nr. 4, S. 654-678

Middelberg, Susanna L. (2011): *The accountancy implications of commodity derivatives in the agricultural sector*, Potchefstroom: Dissertation North-West University

Middelberg, Susanna L. et al. (2012): *The accountancy implications of commodity derivatives: A South African agricultural sector case study*, in: Agricultural Economics Research, Policy and Practice in Southern Africa, 51. Jg., Nr. 3, S. 97-116

Middelberg, Susanna L.; Buys, Pieter W. (2012): *Commodity Derivative Transaction Comparability: Evidence From South Africa*, in: Journal of Applied Business Research, 28. Jg., Nr. 3, S. 441-448

Mikes, Anette (2011): *From counting risk to making risk count: Boundary-work in risk management*, in: Accounting, Organizations and Society, 36. Jg., Nr. 4/5, S. 226-245

Mikus, Barbara (2001): *Risiken und Risikomanagement – Ein Überblick*, in: Götze, Uwe et al. (Hrsg.) (2001): *Risikomanagement*, Heidelberg: Physica-Verlag, S. 3-28

Miller, Kent D. (1992): *A Framework for Integrated Risk Management in International Business*, in: Journal of International Business Studies, 23. Jg., Nr. 2, S. 311-331

Miller, Nedia (1998): *Options Theory and Its Application to Energy*, in: Fusaro, Peter C. (Hrsg.) (1998a): *Energy Risk Management. Hedging Strategies and Instruments for the International Energy Markets*, New York u.a.: McGraw-Hill, S. 133-155

Millo, Yual; MacKenzie, Donald (2009): *The usefulness of inaccurate models: Towards an understanding of the emergence of financial risk management*, in: Accounting, Organizations and Society, 34. Jg., Nr. 5, S. 638–653

Milonas, Nikolaos T.; Henker, Thomas (2001): *Price spread and convenience yield behaviour in the international oil market*, in: Applied Financial Economics, 11. Jg., Nr. 1, S. 23-36

Modigliani, Franco; Miller, Merton H. (1958): *The Cost of Capital, Corporation Finance, and the Theory of Investment*, in: American Economic Review, 48. Jg., Nr. 3, S. 261-297

Mohan, Sushil (2007): *Market-based Price-risk Management for Coffee Producers*, in: Development Policy Review, 25. Jg., Nr. 3, S. 333-354

Monda, Barbara et al. (2013): *Rationales for Corporate Risk Management: a critical literature review*, Working Paper, abrufbar unter: http://ssrn.com/abstract=2203546

Mork, Erling (2000): *Emergence of financial markets for electricity: A European perspective*, in: Energy Policy, 27. Jg., Nr. 1, S. 7-15

Morrell, Peter; Swan, William (2006): *Airline Jet Fuel Hedging: Theory and Practice*, in: Transport Reviews, 26. Jg., Nr. 6, S. 713-730

Mossin, Jan (1966): *Equilibrium in a Capital Asset Market*, in: Econometrica, 34. Jg., Nr. 4, S. 768–783

Mugler, Josef (1979): *Risk Management in der Unternehmung*, Wien: Orac (Unternehmung und Gesellschaft, Band 6; zugl. Habil.-Schr. Wirtschaftsuniversität Wien)

Müller, Wolfgang (1979): *Instrumente des Risk Management. Gestaltungsformen und Konsequenzen*, in: Goetzke, Wolfgang; Sieben, Günter (Hrsg.) (1979): *Risk Management. Strategien zur Risikobeherrschung, Bericht von der 5. Kölner BFuP-Tagung am 5. und 6. Oktober 1978 in Leverkusen*, Köln: GEBERA, S. 69-81

Nain, Amrita (2004): *The Strategic Motives for Corporate Risk Management*, AFA 2005 Philadelphia Meetings und EFA 2004 Maastricht Meetings Paper No. 5060, abrufbar unter: http://ssrn.com/abstract=558587

Nan, Lin (2008): *The Agency Problems of Hedging and Earnings Management*, in: Contemporary Accounting Research, 25. Jg., Nr. 3, S. 859-889

Naumann, Klaus-Peter (2010a): *IFRS 9 und die Zukunft der internationalen Rechnungslegung*, in: Die Wirtschaftsprüfung, 63. Jg., Nr. 8, S. I

Naumann, Klaus-Peter (2010b): *Fair Value: Wie geht es weiter? – Anwendung und Prüfbarkeit der Standards*, in: Die Wirtschaftsprüfung, 63. Jg., Nr. 15, S. 780-782

Neimark, Marilyn D. (1992): *The Hidden Dimensions of Annual Reports. Sixty Years of Conflict at General Motors*, New York, NY: Marcus Wiener

Nestlé (Hrsg.) (2008a): *Comment Letter 47: ED IAS 39 – Exposures Qualifying for Hedge Accounting*, 11.01.2008, abrufbar unter: http://www.ifrs.org/Current-Projects/IASB-Projects/Financial-Instruments/IAS-39%E2%80%94Exposures-Qualifying-for-Hedge-Accounting/Comment-Letters/Documents/CL47.pdf

Nestlé (Hrsg.) (2008b): *Comment Letter 141: IASB Discussion Paper – Reducing Complexity in Reporting Financial Instruments*, 23.09.2008, abrufbar unter: http://www.ifrs.org/Current-Projects/IASB-Projects/Financial-Instruments-A-Replacement-of-IAS-39-Financial-Instruments-Recognitio/Discussion-Paper-and-Comment-Letters/comment-letters/Documents/CL141.pdf

Nestlé (Hrsg.) (2011): *Comment Letter 174: ED Hedge Accounting, 09.03.2011*, abrufbar unter: http://www.ifrs.org/Current-Projects/IASB-Projects/Financial-Instruments-A-Replacement-of-IAS-39-Financial-Instruments-Recognitio/Phase-III-Hedge-accounting/edcl/comment-letters/Documents/CL174.pdf

Neuberger, Anthony (2001): *Gold Derivatives: The market impact*, London: World Gold Council

Nguyen, Tristan (2007): *Bilanzielle Abbildung von Finanzderivaten und Sicherungsgeschäften. Hedge Accounting nach HGB und IAS/IFRS*, München: Herbert Utz Verlag (Hochschulschriften zur Betriebswirtschaftslehre, Band 149; zugl. Diss. Universität Ulm, 2007).

Nolte, Stephan; Grethe, Harald (2009): *Der Markt für Zucker*, in: Agrarwirtschaft, 58. Jg., Nr. 1, S. 26-35

NOPA (Hrsg.) (2011): *Comment Letter 37: ED Hedge Accounting, 07.03.2011*, abrufbar unter: http://www.ifrs.org/Current-Projects/IASB-Projects/Financial-Instruments-A-Replacement-of-IAS-39-Financial-Instruments-Recognitio/Phase-III-Hedge-accounting/edcl/comment-letters/Documents/NOPACommentLettertoIASB_030711.pdf

NYMEX (Hrsg.) (2000): *Crack Spread Handbook*, abrufbar unter: http://www.nymex.com/media/crackspread.pdf

NYMEX (Hrsg.) (2006): *NYMEX Metals Complex*, abrufbar unter: http://www.nymex.com/broch_main.aspx

o. V. (2007): *Rohstoffpreise machen Clariant zu schaffen*, in: Frankfurter Allgemeine Zeitung, 03.08.2007, Nr. 178, S. 15

O'Brien, Thomas J. (1997): *Accounting versus economic exposure to currency risk*, in: Journal of Financial Statement Analysis, 2. Jg., Nr. 4, S. 21-29

OECD (Hrsg.) (2009): *Managing Risk in Agriculture. A Holistic Approach*, Paris: OECD Publishing

Oehler, Andreas; Unser, Matthias (2002): *Finanzwirtschaftliches Risikomanagement*, 2. Auflage, Berlin/Heidelberg/New York: Springer

Paape, Leen; Speklé, Roland F. (2012): *The Adoption and Design of Enterprise Risk Management Practices: An Empirical Study*, in: European Accounting Review, 21. Jg., Nr. 3, S. 533-564

Page, Michael (2012): *Business models as a basis for regulation of financial reporting*, in: Journal of Management & Governance, October 2012, S. 1-13

Palm, Regine (2009): *Wenn Rohstoffpreise Achterbahn fahren*, in: Handelsblatt, 21.08.2009, Nr. 160, S. 19

Panaretou, Argyro (2013): *Corporate risk management and firm value: evidence from the UK market*, in: The European Journal of Finance, S. 1-26 (Artikel im Druck)

Panaretou, Argyro et al. (2013): *Corporate Risk Management and Hedge Accounting*, in: Contemporary Accounting Research, 30. Jg., Nr. 1, S. 116-139

Patton, Michael Q. (2002): *Qualitative Research and Evaluation Methods*, Thousand Oaks, CA: Sage Publications

Pausenberger, Ehrenfried; Glaum, Martin (1993): *Management von Währungsrisiken*, in: Gebhardt, Günther et al. (Hrsg.) (1993): *Handbuch des Finanzmanagements. Instrumente und Märkte der Unternehmensfinanzierung*, München: Beck, S. 763-785

Pausenberger, Ehrenfried; Roth, Andreas (1997): *Störfaktoren im internationalen Controlling*, in: Zeitschrift für betriebswirtschaftliche Forschung, 49 Jg., Nr. 6, S. 580-596

Pawelzik, Kai Udo; Theile, Carsten (2012): *XIV. Rückstellungen (IAS 37)*, in: Heuser, Paul J.; Theile, Carsten (Hrsg.) (2012): *IFRS Handbuch. Einzel- und Konzernabschluss*, 5. Auflage, Köln: Otto Schmidt, Tz. 3400-3599

Peemöller, Volker H. (2011): *Abschnitt 8. Vorräte*, in: Mackenzie, Bruce; Ballwieser, Wolfgang (Hrsg.) (2011): *Handbuch International Financial Reporting Standards 2011*, Weinheim: Wiley, S. 293-320

Pellens, Bernhard et al. (2011): *Internationale Rechnungslegung*, 8. Auflage, Stuttgart: Schäffer-Poeschel

Peterson, Richard L. et al. (1992): *Dependence on Commodity Prices*, in: Journal of Futures Markets, 12. Jg., Nr. 4, S. 429-446

Petrochina (Hrsg.) (2011): *Comment Letter 45: ED Hedge Accounting, 02.03.2011*, abrufbar unter: http://www.ifrs.org/Current-Projects/IASB-Projects/Financial-Instruments-A-Replacement-of-IAS-39-Financial-Instruments-Recognitio/Phase-III-Hedge-accounting/edcl/comment-letters/Documents/FeedbackonExposuredraftHedgeAccounting.doc

Pettigrew, Andrew M. (1990): *Longitudinal field research on change. Theory and practice*, Organization Science, 1. Jg., Nr. 3, S. 267-292

Pfennig, Michael; Schäfer, Klaus (1999): *Preisrisiken bei Commodities – Systematisierung und Implikationen für die Quantifizierung*, in: Zeitschrift für betriebswirtschaftliche Forschung, 69. Jg., Nr. 5/6, S. 569-592

Philipp, Fritz (1967): *Risiko und Risikopolitik*, Stuttgart: Poeschel

Pilgram, Thomas (2006): *Formen des Handels an der EEX*, in: Schwintowski, Hans-Peter (Hrsg.) (2006): *Handbuch Energiehandel*, Berlin: Erich Schmidt Verlag, S. 297-354

Pindyck, Robert S. (1993): *The Present Value Model of Rational Commodity Pricing*, in: The Economic Journal, 103. Jg., Nr. 418, S. 511-530

Pindyck, Robert S.; Rotemberg, Julio J. (1990): *The Excess Co-Movement of Commodity Prices*, in: The Economic Journal, 100. Jg., Nr. 403, S. 1173-1189

Pirchegger, Barbara (2006): *Hedge Accounting Incentives for Cash Flow Hedges of Forecasted Transactions*, in: European Accounting Review, 15. Jg., Nr. 1, S. 115-135

Pollmann, René (2012): *IAS 39 Replacement: IFRS 9 Chapter 6 Hedge Accounting*, in: Zeitschrift für Internationale Rechnungslegung, 7. Jg., Nr. 11, S. 411-414

Power, Michael (2009): *The risk management of nothing*, in: Accounting, Organizations and Society, 34. Jg., Nr. 6/7, S. 849-855

Prahl, Reinhard; Naumann, Thomas K. (2005): *Abt. II/10: Financial Instruments*, in: Wysocki, Klaus von et al. (2005): *Handbuch des Jahresabschlusses in Einzeldarstellungen*, Köln: O. Schmidt

Prichett, James (2010): *Marketing and Price Risk*, in: Hoag, Dana L. (2010): *Applied Risk Management in Agriculture*, Boca Raton/London/New York: CRC Press, S. 271-297

Priermeier, Thomas (Hrsg.) (2005a): *Finanzrisikomanagement im Unternehmen. Ein Praxishandbuch*, München: Vahlen

Priermeier, Thomas (2005b): *Der Prozess der Risikosteuerung*, in: Priermeier, Thomas (Hrsg.) (2005a): *Finanzrisikomanagement im Unternehmen. Ein Praxishandbuch*, München: Vahlen, S. 15-101

Pritsch, Gunnar; Hommel, Ulrich (1997): *Hedging im Sinne des Aktionärs. Ökonomische Erklärungsansätze für das unternehmerische Risikomanagement*, in: Die Betriebswirtschaft, 57. Jg., Nr. 5, S. 672-693

Prokop, Jörg (2007): *Die Einstufung von Warentermingeschäften als Finanzinstrumente nach IFRS*, in: Die Wirtschaftsprüfung, 60. Jg., Nr. 8, S. 336-341

PwC (Hrsg.) (2004a): *Crunch Time. Einbettung der International Financial Reporting Standards in die Öl- und Gas- und die Versorgungsindustrie*, abrufbar unter: http://www.pwcglobal.com/de/ger/ins-sol/publ/Crunch_Time_d_aktualisiert.pdf

PwC (Hrsg.) (2004b): *Die Vorschriften zum Hedge Accounting nach IAS 39*, abrufbar unter: http://www.pwc.de/fileserver/RepositoryItem/fs_Hedge%20Accounting_Download.pdf?itemId=58817

PwC (Hrsg.) (2007): *Financial reporting in the mining industry*, abrufbar unter: http://www.pwc.com/en_GX/gx/energy-utilities-mining/pdf/ifrs-mining.pdf (Energy, Utilities & Mining)

PwC (Hrsg.) (2008a): *Derivative Finanzinstrumente in Industrieunternehmen. Einsatz, Risikomanagement und Bilanzierung nach HGB und IFRS*, 4. Auflage, Frankfurt am Main: Fachverlag Moderne Wirtschaft

PwC (Hrsg.) (2008b): *Financial reporting in the utilities industry,* abrufbar unter: http://www.pwc.com/gx/en/energy-utilities-mining/pdf/ifrsutilities.pdf (Energy, Utilites & Mining)

PwC (Hrsg.) (2008c): *Comment Letter 15: ED IAS 39 – Exposures Qualifying for Hedge Accounting*, 07.01.2008, abrufbar unter: http://www.ifrs.org/Current-Projects/IASB-Projects/Financial-Instruments/IAS-39%E2%80%94Exposures-Qualifying-for-Hedge-Accounting/Comment-Letters/Documents/PwCHedgingPortionsCL_FINAL_.pdf

PwC (Hrsg.) (2009a): *A practical guide to accounting for agricultural assets*, abrufbar unter: http://download.pwc.com/ie/pubs/a_practical_guide_to_accounting_for_agricultural_assets_nov2009.pdf

PwC (Hrsg.) (2009b): *Die Annäherung zwischen physischen und finanziellen Commodity-Märkten. Commodity-Risiken in der Energiewirtschaft*, abrufbar unter: http://www.pwc.de/de/energiewirtschaft/assets/die-annaherung-zwischen-physischen-und-finanziellen-commodity-markten.pdf

PwC (Hrsg.) (2011): *Comment Letter 152: ED Hedge Accounting, 09.03.2011*, abrufbar unter: http://www.ifrs.org/Current-Projects/IASB-Projects/Financial-Instruments-A-Replacement-of-IAS-39-Financial-Instruments-Recognitio/Phase-III-Hedge-accounting/edcl/comment-letters/Documents/HedgingcommentletterfinalPwC9March2011.pdf

PwC (Hrsg.) (2013): *International Accounting News, Ausgabe 7, Juli 2013*, abrufbar unter: http://www.pwc.de/de/newsletter/kapitalmarkt/assets/ifrs-newsletter_2013-07.pdf

Qantas (Hrsg.) (2011): *Comment Letter 239: ED Hedge Accounting, 24.03.2011*, abrufbar unter: http://www.ifrs.org/Current-Projects/IASB-Projects/Financial-Instruments-A-Replacement-of-IAS-39-Financial-Instruments-Recognitio/Phase-III-Hedge-accounting/edcl/comment-letters/Documents/CL239.pdf

Ramirez, Juan (2007): *Accounting for Derivatives: Advanced Hedging under IFRS*, Chichester: John Wiley & Sons

Rasselstein GmbH (2007): *Wege der Produktion*, Andernach: Selbstverlag

Reichling, Peter (1991): *Hedging mit Warenterminkontrakten*, Bern: Haupt (zugl. Diss. Universität Ulm, 1991)

Reichling, Peter et al. (2007): *Praxishandbuch Risikomanagement und Rating*, 2. Auflage, Wiesbaden: Gabler

Reichmann, Thomas (Hrsg.) (1998): *Tagungsband zum 13. Deutschen Controlling Congress*, Dortmund: Gesellschaft für Controlling

Reichmann, Thomas (Hrsg.) (1999): *Tagungsband zum 14. Deutschen Controlling Congress*, Dortmund: Gesellschaft für Controlling

Reichmann, Thomas; Form, Stephan (2000): *Balanced Chance- and Risk-Management*, in: Controlling, 12. Jg., Nr. 4/5, S. 189-198

Reuter, Peter (2010): *Riskantes Spiel mit Rohstoffen*, in: Handelsblatt, 23.10.2010, Nr. 205, S. 64

Riddermann, Friedrich; Straßenberger, Mario (1998): *Bewertung von Absicherungsgeschäften mit Derivaten in Deutschland*, Dresdner Beiträge zur Betriebswirtschaftslehre Nr. 11/98, Dresden: Technische Universität Dresden

Riese, Joachim (2013): *§8. Vorräte*, in: Bohl, Werner et al. (Hrsg.) (2013): *Beck'sches IFRS-Handbuch. Kommentierung der IFRS/IAS*, 4. Auflage, München: Beck, S. 449-472

Ripple, Ronald D.; Moosa; Imad A. (2007): *Hedging effectiveness and futures contract maturity: the case of NYMEX crude oil futures*, in: Applied Financial Economics, 17. Jg., Nr. 9, S. 683-689

Robson, Keith (1993): *Accounting policy making and „interests". Accounting for research and development*, in: Critical Perspectives on Accounting, 4. Jg., Nr. 1, S. 1-27

Rodt, Marc (2003): *Optimale Strategien zum Management von Elektrizitätsrisiken mit Futures*, Lohmar/Köln: Josef Eul Verlag (zugl. Diss. Ludwigs-Maximilians-Universität München, 2003)

Roese, Bernd et al. (2006): *IFRIC 9. Neubeurteilung der Abspaltungspflicht eingebetteter Derivate*, in: Die Wirtschaftsprüfung, 59. Jg., Nr. 17, S. 1089-1095

Roll, Richard (1984): *Orange Juice and Weather*, in: American Economic Review, 74. Jg., Nr. 5, S. 861-880

Rosenau-Tornow, Dirk et al. (2009): *Assessing the long-term supply risks for mineral raw materials-a combined evaluation of past and future trends*, in: Resources Policy, 34. Jg., Nr. 4, S. 161-175

Ross, Stephen (1976): *The Arbitrage Theory of Capital Asset Pricing*, in: Journal of Economic Theory, 13. Jg., Nr. 3, S. 341-360

Rößler, Irene; Ungerer, Albrecht (2008): *Statistik für Wirtschaftswissenschaftler*, Heidelberg: Physica-Verlag

Routledge, Bryan R. et al. (2000): *Equilibrium Forward Curves for Commodities*, in: Journal of Finance, 55. Jg., Nr. 3, S. 1297-1338

Rudolph, Bernd; Johanning, Lutz (2000): *Entwicklungslinien im Risikomanagement*, in: Johanning, Lutz; Rudolph, Bernd (Hrsg.) (2000a): *Handbuch Risikomanagement. Risikomanagement für Markt-, Kredit- und operative Risiken*, Band 1, Bad Soden/Ts.: Uhlenbruch, S. 15-52

Rudolph, Bernd; Schäfer, Klaus (2005): *Derivative Finanzinstrumente*, Berlin/Heidelberg: Springer

Ruß, Oliver (2002): *Hedging-Verhalten deutscher Unternehmen: Empirische Analyse der ökonomischen Bestimmungsfaktoren*, Wiesbaden: Deutscher Universitäts-Verlag (zugl. Diss. Johann Wolfgang Goethe-Universität Frankfurt am Main, 2002)

RWE (Hrsg.) (2008a): *Comment Letter 57: ED IAS 39 – Exposures Qualifying for Hedge Accounting*, 14.01.2007, abrufbar unter: http://www.ifrs.org/Current-Projects/IASB-Projects/Financial-Instruments/IAS-39%E2%80%94Exposures-Qualifying-for-Hedge-Accounting/Comment-Letters/Documents/CL57.pdf

RWE (Hrsg.) (2008b): *Comment Letter 41: IASB Discussion Paper – Reducing Complexity in Reporting Financial Instruments*, 16.09.2008, abrufbar unter: http://www.ifrs.org/Current-Projects/IASB-Projects/Financial-Instruments-A-Replacement-of-IAS-39-Financial-Instruments-Recognitio/Discussion-Paper-and-Comment-Letters/comment-letters/Documents/CL41.pdf

RWE (Hrsg.) (2011): *Comment Letter 88: ED Hedge Accounting, 08.03.2011*, abrufbar unter: http://www.ifrs.org/Current-Projects/IASB-Projects/Financial-Instruments-A-Replacement-of-IAS-39-Financial-Instruments-Recognitio/Phase-III-Hedge-accounting/edcl/comment-letters/Documents/20110309090312_09_03_2011_ED_2010_13RWEHedgeAccounting.pdf

Ryan, Bob et al. (2002): *Research Method and Methodology in Finance and Accounting*, 2. Auflage, London: Thomson Learning

Saito, Richard; Schiozer, Rafael Felipe (2005): *Derivatives Usage and Risk Management by Non Financial Firms: A Comparison between Brazilian and International Evidence*, Working Paper, abrufbar unter http://ssrn.com/abstract=677862

Saitz, Bernd; Braun, Frank (Hrsg.) (1999): *Das Kontroll- und Transparenzgesetz: Herausforderungen und Chancen für das Risikomanagement*, Wiesbaden: Gabler

Sanda, Gaute Egeland et al. (2013): *Selective hedging in hydro-based electricity companies*, in: Energy Economics, Nr. 40, S. 326-338

Sauerwein, Elmar; Thurner, Matthias (1998): *Der Risiko-Management-Prozeß im Überblick*, in: Hinterhuber, Hans H. et al. (Hrsg.) (1998): *Betriebliches Risikomanagement*, Wien: Österreichische Staatsdruckerei, S. 19-42

Savant, Rohit (2008): *Fundamental Analysis of the World Sugar Market*, in: Fabozzi, Frank J. et al. (Hrsg.) (2008a): *The Handbook of Commodity Investing*, Hoboken, NJ: John Wiley & Sons, S. 888-908

Scapens, Robert W. (1990): *Researching Management Accounting Practice. The Role of Case Study Methods*, in: British Accounting Review, 22. Jg., Nr. 3, S. 259-281

Scarpa, Elisa; Manera, Matteo (2008): *Pricing and Hedging Illiquid Energy Derivatives: An Application to the JCC Index*, in: Journal of Futures Markets, 28. Jg., Nr. 5, S. 464-487

Schaber, Mathias et al. (2010): *IFRS 9 Financial Instruments: Exposure Draft zu fortgeführten Anschaffungskosten und Wertminderungen*, in: Fachzeitschrift für internationale und kapitalmarktorientierte Rechnungslegung, 10. Jg., Nr. 5, S. 241-246

Schapp, Keith; Dan, Bernard W. (2003): *Agricultural Futures and Options*, in: Scott, Nigel (Hrsg.) (2003): *Agribusiness and Commodity Risk. Strategies and Management*, London: Risk Books, S. 21-32

Scharpenberg, Reinhard; Schreiber, Stefan (2013): *IAS 41. Landwirtschaft*, in: Baetge, Jörg et al. (Hrsg.) (2013): *Rechnungslegung nach IFRS. Kommentar auf Grundlage des deutschen Bilanzrechts*, 2. Auflage, 20. Ergänzungslieferung (Juli 2013), Stuttgart: Schäffer-Poeschel, S. 1-36

Scharpf, Paul (2004): *Hedge Accounting nach IAS 39: Ermittlung und bilanzielle Behandlung der Hedge (In)-Effektivität*, in: Fachzeitschrift für internationale und kapitalmarktorientierte Rechnungslegung, 4. Jg., Nr. 1, S. 3-22

Scharpf, Paul; Luz, Günther (2000): *Risikomanagement, Bilanzierung und Aufsicht von Finanzderivaten*, 2. Auflage, Stuttgart: Schäffer-Poeschel (Handelsblatt-Reihe)

Scheffler, Jan (1994): *Hedge-Accounting. Jahresabschlußrisiken in Banken*, Wiesbaden: Gabler (zugl. Diss. Hochschule St. Gallen für Wirtschafts-, Rechts- u. Sozialwissenschaften, 1993)

Scheib, Philipp (2008): *Netzzugang im liberalisierten deutschen Gasmarkt. Eine modellgestützte Analyse zur Bildung von Marktgebieten*, Karlsruhe: Universitätsverlag Karlsruhe (zugl. Diss. Universität Karlsruhe, 2008)

Schierenbeck, Henner (Hrsg.) (2000): *Risk Controlling in der Praxis: rechtliche Rahmenbedingungen und geschäftspolitische Konzeptionen in Banken, Versicherungen und Industrie*, Stuttgart: Schäffer-Poeschel

Schierenbeck, Henner (2003a): *Ertragsorientiertes Bankmanagement, Band 1: Grundlagen, Marktzinsmethode und Rentabilitäts-Controlling*, 8. Auflage, Wiesbaden: Gabler

Schierenbeck, Henner (2003b): *Ertragsorientiertes Bankmanagement, Band 2: Risiko-Controlling und integrierte Rendite-/Risikosteuerung*, 8. Auflage, Wiesbaden: Gabler

Schierenbeck, Henner; Moser, Hubertus (Hrsg.) (1995): *Handbuch Bankcontrolling,* Wiesbaden: Gabler

Schmidt, Christiane (2012): *Analyse von Leitfadeninterviews*, in: Flick, Uwe et al. (Hrsg.) (2012): *Qualitative Forschung. Ein Handbuch*, 9. Auflage, Reinbek: Rowohlt, S. 447-456

Schmidt, Claude (1996): *Hedge Accounting mit Optionen und Futures. Ein Konzept für die Schweiz unter Berücksichtigung nationaler und internationaler Rahmenbedingungen*, Zürich: Schluthess (zugl. Diss. Universität Zürich, 1995)

Schmidt, Martin (2008): *Das IASB-Diskussionspapier „Reducing Complexity in Reporting Financial Instruments"*, in: Die Wirtschaftsprüfung, 61. Jg., Nr. 14, S. 643-650

Schmidt, Martin (2009a): *Zur Zulässigkeit von Verbrauchsfolgeverfahren und der Durchschnittsbewertung bei der Bilanzierung von Finanzinstrumenten nach IFRS*, in: Fachzeitschrift für internationale und kapitalmarktorientierte Rechnungslegung, 9. Jg., Nr. 11, S. 618-622

Schmidt, Martin (2009b): *Entwurf des IASB zur Kategorisierung und Bewertung von Finanzinstrumenten: Exposure Draft ED/2009/7*, in: Die Wirtschaftsprüfung, 62. Jg., Nr. 21, S. 1076-1080

Schofield, Neil C. (2007): *Commodity Derivatives. Markets and Applications*, Chichester: John Wiley & Sons

Scholz, Frank; Schuler, Andreas (2006): *Formen des Risikomanagemens im Energiehandel*, in: Schwintowski, Hans-Peter (Hrsg.) (2006): *Handbuch Energiehandel*, Berlin: Erich Schmidt Verlag, S. 417-518

Schöndube-Pirchegger, Barbara (2006): *Hedging, hedge accounting, and speculation in a rational expectations equilibrium*, in: Journal of Accounting and Public Policy, 25. Jg., Nr. 6, S. 687-705

Schröder, Michael (1999): *Messung des Marktrisikos von Kapitalanlagen*, in: Finanz-Betrieb, 1. Jg., Nr. 11, S. 383-388

Schumacher, Klaus-Dieter; Chilla, Bernhard (2009): *Der Markt für Getreide und Ölfrüchte*, in: Agrarwirtschaft, 58. Jg., Nr. 1, S. 15-25

Schwartz, Eduardo S. (1997): *The Stochastic Behavior of Commodity Prices: Implications for Valuation and Hedging*, in: Journal of Finance, 52. Jg., Nr. 3, S. 923-973

Schwartz, Eduardo S.; Smith, James E. (2000): *Short-Term Variations and Long-Term Dynamics in Commodity Prices*, in: Management Science, 46. Jg., Nr. 7, S. 893-911

Schwarz, Christian (2006): *Derivative Finanzinstrumente und hedge accounting. Bilanzierung nach HGB und IAS 39*, Berlin: Erich Schmidt Verlag (Bilanz-, Prüfungs- und Steuerwesen, Band 5; zugl. Diss. Universität Saarbrücken, 2006)

Schwenk, Charles R. (1985): *The use of participant recollection in the modeling of organizational decision process*, in: Academy of Management Review, 10. Jg., Nr. 3, S. 496-503

Schwintowski, Hans-Peter (Hrsg.) (2006): *Handbuch Energiehandel*, Berlin: Erich Schmidt Verlag

Scott, Nigel (Hrsg.) (2003): *Agribusiness and Commodity Risk. Strategies and Management*, London: Risk Books

Scott, Nigel; Wijnen, Hendrik (2003): *OTC Instruments*, in: Scott, Nigel (Hrsg.) (2003): *Agribusiness and Commodity Risk. Strategies and Management*, London: Risk Books, S. 33-44

Seethaler, Peter; Steitz, Markus (Hrsg.) (2007): *Praxishandbuch Treasury-Management. Leitfaden für die Praxis des Finanzmanagements*, Wiesbaden: Gabler

Segelmann, Frank (1959): *Industrielle Risikopolitik*, Berlin: Dissertation Technische Universität Berlin

Seidl, Albert (2000): *Hedge-Accounting und Risikomanagement, Operationalisierung und Anforderungs- und Bewertungskriterien*, Wiesbaden: Deutscher Universitäts-Verlag (zugl. Diss. Universität Wien, 1999)

Seidler, John (1974): *On Using Informants. A Technique for Collecting Quantitative Data and Controlling Measurement Error in Organization Analysis*, in: American Sociological Review, 39. Jg., Nr. 6, S. 816-831

Seifert, Werner G. (1980): *Risk management im Lichte einiger Ansätze der Entscheidungs- und Organisationstheorie*, Frankfurt am Main: Haag und Herchen (zugl. Diss. Universität Hamburg, 1978)

Sellhorn, Thorsten; Hahn, Stefan (2010): *Bilanzierung strukturierter Finanzprodukte vor dem Hintergrund aktueller Entwicklungen*, in: Zeitschrift für Internationale Rechnungslegung, 5. Jg., Nr. 9, S. 397-404

Senior, Brian (2004): *VAR, Stress Testing and Supplementary Methodologies: Uses and Constraints in Power and Energy Portfolio Risk Management*, in: Kaminski, Vincent (Hrsg.) (2004): *Managing Energy Price Risk. The New Challenges and Solutions*, 3. Auflage, London: Risk Books, S. 401-422

Sercu, Piet; Uppal, Raman (1995): *International Financial Markets and the Firm*, London: Chapman & Hall

Servaes Henri et al. (2009): *The Theory and Practice of Corporate Risk Management*, in: Journal of Applied Corporate Finance, 21 Jg., Nr. 4, S. 60-78

Servaes, Henri; Tufano, Peter (2006): *Corporate Risk Management. The Theory and Practice of Corporate Risk Management Policy*, abrufbar unter: https://www.dbbonds.com/docs/lsg/sessions/Corporate%20Risk%20Management/media/documents/Corporate%20Risk%20Management%20-%20Full%20Paper.pdf (Working Paper, Deutsche Bank Liability Strategies Group)

Shafiee, Shahriar; Topal, Erkan (2010): *An overview of global gold market and gold price forecasting*, in: Resources Policy, 35. Jg., Nr. 3, S. 178-189

Shapiro, Alan C.; Titman, Sheridan (1985): *An Integrated Approach to Corporate Risk Management*, in: Midland Corporate Finance Journal, 3. Jg., S. 41-56

Sharpe, William F. (1964): *Capital Asset Prices: A Theory of Market Equilibrium under Conditions of Risk*, in: Journal of Finance, 19. Jg., Nr. 3, S. 425-442

Shell (Hrsg.) (2008): *Comment Letter 123: IASB Discussion Paper – Reducing Complexity in Reporting Financial Instruments*, 19.09.2008, abrufbar unter: http://www.ifrs.org/Current-Projects/IASB-Projects/Financial-Instruments-A-Replacement-of-IAS-39-Financial-Instruments-Recognitio/Discussion-Paper-and-Comment-Letters/comment-letters/Documents/CL123.pdf

Siliverstovs, Boriss et al. (2005): *International market integration for natural gas? A cointegration analysis of prices in Europe, North America and Japan*, in: Energy Economics, 27. Jg., Nr. 4, S. 603-615

Simons, Dirk; Weißenberger, Barbara E. (2008): *Die Konvergenz von externem und internem Rechnungswesen – Kritische Faktoren für die Entwicklung einer partiell integrierten Rechnungslegung aus theoretischer Sicht*, in: Betriebswirtschaftliche Forschung und Praxis, 60. Jg., Nr. 2, S. 137-160

Simons, Robert (1999): *Interne Unternehmensrisiken genauer messen*, in: Harvard Business Manager, 21. Jg., Nr. 6, S. 46-56

Singapore ASC (Hrsg.) (2011): *Comment Letter 93: ED Hedge Accounting, 09.03.2011*, abrufbar unter: http://www.ifrs.org/Current-Projects/IASB-Projects/Financial-Instruments-A-Replacement-of-IAS-39-Financial-Instruments-Recognitio/Phase-III-Hedge-accounting/edcl/comment-letters/Documents/EDHedgeAccountingfinalcomment letter.pdf

Smistad, Rikard; Pustylnick, Igor (2012): *Hedging, Hedge Accounting and Speculation: Evidence from Canadian Oil and Gas Companies*, in: Global Journal of Business Research, 6. Jg., Nr. 3, S. 49-62

Smith, Andy (1997): *Precious Metals Swaps and Forwards*, in: Jameson, Robert (Hrsg.) (1997): *Managing Metals Price Risk*, London: Risk Publications, S. 13-28

Smith, Clifford W.; Stulz, René M. (1985): *The Determinants of Firms' Hedging Policies*, in: Journal of Financial & Quantitative Analysis, 20. Jg., Nr. 4, S. 391-405

Smith, Kenneth L; Bracker, Kevin (2003): *Forecasting Changes in Copper Futures Volatility with GARCH Models Using an Iterated Algorithm*, in: Review of Quantitative Finance and Accounting, 20. Jg., Nr. 3. S. 245-265

Smith, Malcolm (2005): *Research Methods in Accounting*, London/Thousand Oaks/New Delhi: Sage Publications

Smithson, Charles; Simkins, Betty J. (2005): *Does Risk Management Add Value? A Survey of the Evidence*, in: Journal of Applied Corporate Finance, 17. Jg., Nr. 3, S. 8-17

Smithson, Charles; Smith, Clifford W. (2001): *Strategic Risk Management*, in: Chew, Donald H. (Hrsg.) (2001): *The New Corporate Finance: Where Theory Meets Practice*, 3. Auflage, New York: McGraw-Hill, S. 393-410

Sørensen, Carsten (2002): *Modeling Seasonality in Agricultural Commodity Futures*, in: Journal of Futures Markets, 22. Jg., Nr. 5, S. 393-426

Sperber, Herbert; Sprink, Joachim (1999): *Finanzmanagement internationaler Unternehmen. Grundlagen – Strategien – Instrumente*, Stuttgart/Berlin/Köln: Verlag W. Kohlhammer

Spicker, Jörg (2006): *Formen des OTC-Handels*, in: Schwintowski, Hans-Peter (Hrsg.) (2006): *Handbuch Energiehandel*, Berlin: Erich Schmidt Verlag, S. 29-139

Spurga, Ronald C. (2008): *The Fundamentals of Agricultural and Livestock Commodities*, in: Fabozzi, Frank J. et al. (Hrsg.) (2008a): *The Handbook of Commodity Investing*, Hoboken, NJ: John Wiley & Sons, S. 863-887

Srivastava, Anurag K. et al. (2011): *Electricity markets: An overview and comparative study*, in: International Journal of Energy Sector Management, 5. Jg., Nr. 2, S. 169-200

Starp, Michael (2006): *Integriertes Risikomanagement im landwirtschaftlichen Betrieb*, Berlin: Duncker & Humblot (zugl. Diss. Universität Bonn, 2005)

Staudt, Anton; Weinberger, German (1997): *Cross-Hedging von Währungspositionen und deren bilanzielle Bewertung am Beispiel von Devisentermingeschäften – Theoretische Grundlagen und empirische Untersuchung*, in: Die Wirtschaftsprüfung, 50. Jg., Nr. 2, S. 44-62

Steffin, Uwe (2002): *Das risikopolitische Potential von Warentermingeschäften und Konzeption eines Entscheidungsunterstützungssystems zur Durchführung von Warentermingeschäften in der landwirtschaftlichen Praxis*, München: Dissertation Technische Universität München

Steiner, Manfred; Wittrock, Carsten (1993): *Märkte für Instrumente zur Risikoabsicherung*, in: Gebhardt, Günther et al. (Hrsg.) (1993): *Handbuch des Finanzmanagements. Instrumente und Märkte der Unternehmensfinanzierung*, München: Beck, S. 669-719

Steinke, Ines (2012): *Gütekriterien qualitativer Forschung*, in: Flick, Uwe et al. (Hrsg.) (2012): *Qualitative Forschung. Ein Handbuch*, 9. Auflage, Reinbek: Rowohlt, S. 319-331

Stevens, Stanley C. (1991): *Evidence for a Weather Persistence Effect on the Corn, Wheat, and Soybean Growing Season Price Dynamics*, in: Journal of Futures Markets, 11. Jg., Nr. 1, S. 81-88

Strohmeier, Georg (2007): *Ganzheitliches Risikomanagement in Industriebetrieben*, Wiesbaden: Deutscher Universitäts-Verlag (zugl. Diss. Montanuniversität Leoben, 2006)

Suez (Hrsg.) (2008): *Comment Letter 35: ED IAS 39 – Exposures Qualifying for Hedge Accounting*, 11.01.2008, abrufbar unter: http://www.ifrs.org/Current-Projects/IASB-Projects/Financial-Instruments/IAS-39%E2%80%94Exposures-Qualifying-for-Hedge-Accounting/Comment-Letters/Documents/IAS3911012008.pdf

Syngenta (Hrsg.) (2011): *Comment Letter 149: ED Hedge Accounting, 09.03.2011*, abrufbar unter: http://www.ifrs.org/Current-Projects/IASB-Projects/Financial-Instruments-A-Replacement-of-IAS-39-Financial-Instruments-Recognitio/Phase-III-Hedge-accounting/edcl/comment-letters/Documents/IFRS9SyngentacommentletteronHedgingEDFINAL09032011.pdf

Tata (Hrsg.) (2011): *Comment Letter 25: ED Hedge Accounting, 01.03.2011*, abrufbar unter: http://www.ifrs.org/Current-Projects/IASB-Projects/Financial-Instruments-A-Replacement-of-IAS-39-Financial-Instruments-Recognitio/Phase-III-Hedge-accounting/edcl/comment-letters/Documents/TataSteelEuropeLimitedResponsetoED201013.pdf

Telser, Lester G. (1958): *Futures Trading and the Storage of Cotton and Wheat*, in: Journal of Political Economy, 66. Jg., Nr. 3, S. 233-255

Theile, Carsten (2012): *VIII. Vorräte (IAS 2)*, in: Heuser, Paul J.; Theile, Carsten (Hrsg.) (2012): *IFRS Handbuch. Einzel- und Konzernabschluss*, 5. Auflage, Köln: Otto Schmidt, Tz. 2200-2299

Thielemann, Thomas et al. (2007): *Lignite and hard coal: Energy suppliers for world needs until the year 2100 – An outlook*, in: International Journal of Coal Geology, 72. Jg., Nr. 1, S. 1-14

ThyssenKrupp AG (Hrsg.) (2008): *Geschäftsbericht 2007/2008*, Düsseldorf: Selbstverlag

ThyssenKrupp AG (2009), Düsseldorf: *Interview vom 4. März 2009*

ThyssenKrupp AG (2009), Düsseldorf: *Interview vom 11. März 2009*

ThyssenKrupp AG (Hrsg.) (2009): *Geschäftsbericht 2008/2009*, Düsseldorf: Selbstverlag

ThyssenKrupp Metallurgie GmbH (2009), Essen: *Interview vom 6. März 2009*

ThyssenKrupp Stainless AG (Hrsg.) (2008): *Wissen für die Werkstoffe von morgen: Unsere Technologien, Prozesse und Mitarbeiter*, Duisburg: Selbstverlag

ThyssenKrupp Stainless AG (2009), Düsseldorf: *Interview vom 18. März 2009*

ThyssenKrupp Steel AG (Hrsg.) (2006): *Werke und Produktionsanlagen. Die Anlagenwelt von ThyssenKrupp Steel*, Duisburg: Selbstverlag

ThyssenKrupp Steel AG (2009), Duisburg: *Interview vom 12. März 2009*

ThyssenKrupp Steel AG (Hrsg.) (2009): *Warmband. Qualität in großer Bandbreite*, Duisburg: Selbstverlag

Tinker, Anthony M.; Neimark, Marilyn D. (1987): *The role of annual reports in gender and class contradictions at General Motors*, in: Accounting, Organizations and Society, 12. Jg., Nr. 1, S. 71-88

Toller, Andreas (2010): *Wie Spekulanten mit Lebensmitteln zocken*, in: WirtschaftsWoche, 11.08.2010, abrufbar unter: http://www.wiwo.de/finanzen/wie-spekulanten-mit-lebensmitteln-zocken-438042

Tomek, William G.; Peterson, Hikaru Hanawa (2001): *Risk Management in Agricultural Markets: A Review*, in: Journal of Futures Markets, 21. Jg., Nr. 10, S. 953-985

Trapp, Rouven (2012): *Konvergenz des internen und externen Rechnungswesens. Etablierung oder Auflösung eines Theorie-Praxis-Paradoxons?*, in: Zeitschrift für Betriebswirtschaft, 82. Jg., Nr. 9, S. 969-1008

Treynor, Jack L. (1961): *Market Value, Time, and Risk*, unveröffentlichtes Manuskript

Treynor, Jack L. (1962): *Toward a Theory of Market Value of Risky Assets*, unveröffentlichtes Manuskript

Triki, Thouraya (2005): *Research on Corporate Hedging Theories: A Critical Review of the Evidence to Date*, Working Paper 05-04, abrufbar unter http://ssrn.com/abstract=734406

Trummer, Martina (2006): *Eine interdisziplinäre Betrachtung von Risiko mit dem Fokus auf die wirtschaftswissenschaftliche Sichtweise*, Discussion Paper Nr. 6/2006, abrufbar unter: http://www.hsu-hh.de/download-1.4.1.php?brick_id=X5kSZgj4Ve5Iu0Qp

Tudor, Jason A. (1997): *Exchange-Based Metals Markets*, in: Jameson, Robert (Hrsg.) (1997): *Managing Metals Price Risk*, London: Risk Publications, S. 47-64

Tufano, Peter (1996): *Who Manages Risk? An Empirical Examination of Risk Management Practices in the Gold Mining Industry*, in: Journal of Finance, 81. Jg., Nr. 4, S. 1097-1137

Tufano, Peter; Serbin, Jon D. (1993): *American Barrick Resources Corporation: Managing gold price risk*, Harvard Business School, Fallstudie Nr. 293-128

Tuor, Roman (2003): *Genauigkeit versus Rechenaufwand. Ein Vergleich Monte-Carlo-basierter Value-at-Risk-Methoden*, St. Gallen: Dissertation Universität St. Gallen

UBS (Hrsg.) (2005): *UBS research focus. Rohstoffe*, Zürich: Selbstverlag

Ulmke, Hans Gisbert; Schmale, Stefan (1999): *Unternehmensweites Value-at-Risk als Möglichkeit, globales Risiko mit einer einzigen Kennzahl zu steuern*, in: Saitz, Bernd; Braun, Frank (Hrsg.) (1999): *Das Kontroll- und Transparenzgesetz: Herausforderungen und Chancen für das Risikomanagement*, Wiesbaden: Gabler, S. 209-229

Ulrich, Hans (1978): *Unternehmenspolitik*, Bern: Haupt (Unternehmung und Unternehmungsführung, Band 6)

Unilever (Hrsg.) (2008): *Comment Letter 56: IASB Discussion Paper – Reducing Complexity in Reporting Financial Instruments*, 18.09.2008, abrufbar unter: http://www.ifrs. org/Current-Projects/IASB-Projects/Financial-Instruments-A-Replacement-of-IAS-39-Financial-Instruments-Recognitio/Discussion-Paper-and-Comment-Letters/comment-letters/Documents/IAS39ConsultationUnileverResponse.pdf

Unilever (Hrsg.) (2011): *Comment Letter 92: ED Hedge Accounting, 09.03.2011*, abrufbar unter: http://www.ifrs.org/Current-Projects/IASB-Projects/Financial-Instruments-A-Replacement-of-IAS-39-Financial-Instruments-Recognitio/Phase-III-Hedge-accounting/edcl/comment-letters/Documents/UnileverCommentLetteronHedgeAccountingExposureDraft.pdf

Ushijima, Toshiaki (2001): *Structural changes and future of the world oil market*, in: Journal of the Japan Institute of Energy, 80. Jg., Nr. 5, S. 314-323

Van der Meer-Kooistra, Jeltje; Vosselman, Ed (2012): *Research paradigms, theoretical pluralism and the practical relevance of management accounting knowledge*, in: Qualitative Research in Accounting & Management, 9. Jg. Nr. 3, S. 245-264

Varela, Oscar (1999): *Futures and realized cash or settle prices for gold, silver, and copper*, in: Review of Financial Economics, 8. Jg., Nr. 2, S. 121-138

Veit, Daniel J. et al. (2009): *An agent-based analysis of the German electricity market with transmission capacity constraints*, in: Energy Policy, 37. Jg., Nr. 10, S. 4132-4144

Veth, Christian (2006): *Bilanzierung von Sicherungsbeziehungen nach IAS 39 bei Industrieunternehmen. Eine empirische Analyse der Entscheidungsnützlichkeit aus Sicht der Eigenkapitalgeber*, Würzburg: Dissertation Bayerische Julius-Maximilans-Universität Würzburg

Wagenhofer, Alfred (2008): *Konvergenz von intern und extern berichteten Ergebnisgrößen am Beispiel von Segmentergebnissen*, in: Betriebswirtschaftliche Forschung und Praxis, 60. Jg., Nr. 2, S. 161-176

Wagenhofer, Alfred (Hrsg.) (2006): *Controlling und IFRS-Rechnungslegung. Konzepte, Schnittstellen, Umsetzung*, Berlin: Erich Schmidt Verlag

Wagner, Gerd R. (Hrsg.) (1992): *Ökonomische Risiken und Umweltschutz*, München: Vahlen

Wallbaum, Jörg (2005): *Ertragssteuerliche Implikationen von Commodity-Derivaten am Beispiel derivativer Instrumente im Stromhandel*, Lohmar/Köln: Eul (Rechnungslegung und Wirtschaftsprüfung, Band 6; zugl. Diss. Westfälische Wilhelms-Universität Münster, 2004)

Wårell, Linda (2005): *Defining geographic coal markets using price data and shipments data*, in: Energy Policy, 33. Jg., Nr. 17, S. 2216-2230

Wårell, Linda (2006): *Market Integration in the International Coal Industry: A Cointegration Approach*, in: Energy Journal, 27. Jg., Nr. 1, S. 99-118

Weber, Jürgen et al. (1999a): *Ausgestaltung eines unternehmerischen Chancen- und Risikomanagements nach dem KonTraG*, in: Deutsches Steuerrecht, 37. Jg., Nr. 41, S. 1710-1716

Weber, Jürgen et al. (1999b): *Risk Tracking and Reporting: Unternehmerisches Chancen- und Risikomanagement nach dem KonTraG*, Reihe Advanced Controlling, Band 11, Vallendar: WHU Koblenz

Weber, Jürgen et al. (2001): *Risk Tracking & Reporting – Ein umfassender Ansatz unternehmerischen Chancen- und Risikomanagements*, in: Götze, Uwe et al. (Hrsg.) (2001): *Risikomanagement*, Heidelberg: Physica-Verlag, S. 47-65

Weber, Rolf H. (Hrsg.) (2007a): *Stromhandel*, Zürich/Basel/Genf: Schulthess

Weber, Rolf H. (2007b): *Stromhandel – Einleitung*, in: Weber, Rolf H. (Hrsg.) (2007a): *Stromhandel*, Zürich/Basel/Genf: Schulthess, S. 1-11

Weidemann, Morten; Wieben, Hans-Jürgen (2001): *Zur Zertifizierbarkeit von Risikomanagement-Systemen*, in: Der Betrieb, 54. Jg., Nr. 34, S. 1789-1795

Weißenberger, Barbara E. et al. (2011): *Business Reporting für Kapitalmärkte als Treiber einer integrierten Rechnungslegung? Empirische Evidenz aus deutschen Großunternehmen*, in: Der Betrieb, 64. Jg., Nr. 39, S. 2157-2161

Weißenberger, Barbara E.; Angelkort, Hendrik (2011): *Integration of financial and management accounting systems: The mediating influence of a consistent financial language on controllership effectiveness*, in: Management Accounting Research, 22. Jg., Nr. 3, S. 160-180

Weltbank (Hrsg.) (2014): *Commodity Price Indices*, abrufbar unter: http://go.worldbank.org/H48PU90NW0

Wenk, Marc Oliver (2010): *IFRS 9 – Verbesserung des „true and fair view" durch den neuen Standard für Finanzinstrumente?*, in: Zeitschrift für Internationale Rechnungslegung, 5. Jg., Nr. 5, S. 205-206

Wiechens, Gero; Kropp, Matthias (2010): *Bilanzierung finanzieller Verbindlichkeiten nach ED/2010/4*, in: Fachzeitschrift für internationale und kapitalmarktorientierte Rechnungslegung, 10. Jg., Nr. 11, S. 540-545

Wiechens, Gero; Kropp, Matthias (2011): *Bilanzierung finanzieller Verbindlichkeiten nach IFRS 9 (2010). Zugleich ein Update zum Beitrag aus KoR 2010 S. 540 ff.*, in: Fachzeitschrift für internationale und kapitalmarktorientierte Rechnungslegung, 11. Jg., Nr. 5, S. 225-229

Wiedemann, Arnd (2000): *Studie „Finanzielles Risikomanagement in Unternehmen"*, in: Finanz-Betrieb, 2. Jg., Nr. 6, S. 382-384

Wiese, Roland; Spindler, Michael (2012): *Neuregelungen zum Hedge Accounting (Draft Hedge Accounting)*, in: Praxis der internationalen Rechnungslegung, 8. Jg., Nr. 11, S. 346-352

Wilcox, Jeremy (1998): *European Electricity Trading Markets*, in: Fusaro, Peter C. (Hrsg.) (1998a): *Energy Risk Management. Hedging Strategies and Instruments for the International Energy Markets*, New York u.a.: McGraw-Hill, S. 107-117

Williams, Chester et al. (1998): *Risk Management and Insurance*, 8. Auflage, Boston: McGraw-Hill

Williamson, Rohan (2001): *Exchange rate exposure and competition: evidence from the automotive industry*, in: Journal of Financial Economics, 59. Jg., Nr. 3, S. 441-475

Wilson, William W. et al. (2007): *Value-at-Risk in Bakery Procurement*, in: Review of Agricultural Economics, 29. Jg., Nr. 3, S. 581-595

Winter, Peter (2007): *Risikocontrolling in Nicht-Finanzunternehmen. Entwicklung einer tragfähigen Risikocontrolling-Konzeption und Vorschlag zur Gestaltung einer Risikorechnung*, Lohmar/Köln: Eul (Controlling, Band 5)

Wittmann, Edgar (2000a): *Risikomanagement in internationalen Konzernen*, in: Dörner, Dietrich et al. (Hrsg.) (2000): *Praxis des Risikomanagements: Grundlagen, Kategorien, branchenspezifische und strukturelle Aspekte*, Stuttgart: Schäffer-Poeschel, S. 789-820

Wittmann, Edgar (2000b): *Organisation des Risikomanagements im Siemens Konzern*, in: Schierenbeck, Henner (Hrsg.) (2000): *Risk Controlling in der Praxis: rechtliche Rahmenbedingungen und geschäftspolitische Konzeptionen in Banken, Versicherungen und Industrie*, Stuttgart: Schäffer-Poeschel, S. 457-482

Wojakowski, Rafal M. (2012): *How should firms selectively hedge? Resolving the selective hedging puzzle*, in: Journal of Corporate Finance, 18. Jg., Nr. 3, S. 560-569

Wolf, Klaus; Runzheimer, Bodo (2003): *Risikomanagement und KonTraG*; 4. Auflage. Wiesbaden: Gabler Verlag 2003

Wolke, Thomas (2008): *Risikomanagement*, 2. Auflage, München: Oldenbourg

Working, Holbrook (1948): *Theory of the Inverse Carrying Charge in Futures Markets*, in: Journal of Farm Economics, 30. Jg., Nr. 1, S. 1-28

Working, Holbrook (1949): *The Theory of the Price of Storage*, in: American Economic Review, 39. Jg., Nr. 6, S. 1254-1262

Würtenberger, Eva et al. (2009): *Der Markt für Obst*, in: Agrarwirtschaft, 58. Jg., Nr. 1, S. 66-72

Xiarchos, Irene M.; Fletcher, Jerald J. (2009): *Price and volatility transmission between primary and scrap metal markets*, in: Resources, Conservation and Recycling, 53, Jg., Nr. 12, S. 664-673

Yin, Robert K. (2009): *Case Study Research. Design and Methods*, Thousand Oaks: Sage Publications

Zenke, Ines; Schäfer, Ralf (Hrsg.) (2005): *Energiehandel in Europa: Öl, Gas, Strom, Derivate, Zertifikate*, München: C.H. Beck

Zhang, Haiwen (2009): *Effect of derivative accounting rules on corporate risk-management behavior*, in: Journal of Accounting and Economics, 47. Jg., Nr. 3, S. 244-264

Zhou, Victoria Yun; Wang, Peijie (2013): *Managing foreign exchange risk with derivatives in UK non-financial firms*, in: International Review of Financial Analysis, Nr. 29, S. 294-302

Zimmerman, Jerold L. (2001): *Conjectures regarding empirical management accounting research*, in: Journal of Accounting and Economics, 32. Jg., Nr. 1, S. 411-427

Zweifel, Peter; Eisen, Roland (2003): *Versicherungsökonomie*, 2. Auflage, Berlin/Heidelberg/New York: Springer